中国轻工业“十三五”规划教材

食品工程高新技术

（第二版）

主编　高福成　郑建仙

中国轻工业出版社

图书在版编目（CIP）数据

食品工程高新技术/高福成，郑建仙主编．—2 版．—北京：中国轻工业出版社，2021. 12

ISBN 978-7-5184-2997-4

Ⅰ．食…　Ⅱ．①高…②郑…　Ⅲ．①食品工业-高技术　Ⅳ．①TS2-39

中国版本图书馆 CIP 数据核字（2020）第 082955 号

责任编辑：贾　磊　　　　责任终审：劳国强　　整体设计：锋尚设计
策划编辑：李亦兵　贾　磊　　责任校对：李　靖　　责任监印：张　可

出版发行：中国轻工业出版社（北京东长安街 6 号，邮编：100740）
印　　刷：三河市国英印务有限公司
经　　销：各地新华书店
版　　次：2021 年 12 月第 2 版第 2 次印刷
开　　本：787×1092　1/16　印张：29. 25
字　　数：680 千字
书　　号：ISBN 978-7-5184-2997-4　定价：68. 00 元
邮购电话：010-65241695
发行电话：010-85119835　传真：85113293
网　　址：http://www.chlip.com.cn
Email：club@ chlip. com. cn
如发现图书残缺请与我社邮购联系调换
211582J1C202ZBW

《食品工程高新技术》（第二版） 编委会

主　　编　高福成　郑建仙

编　　委　（排名不分先后）

王海鸥　杨瑞金　黄寿恩　许学勤　郇延军

章建浩　汪　园　董庆亮　周　丹　邓雯婷

唐　蕾　王满生　胡涵翠

编 写 分 工

高福成　第一章

郑建仙　第二章第一、三节，第五章第二、三节

王海鸥　第三章第一、二节，第五章第一节，第六章第一~三节，第七章

杨瑞金　第四章，第五章第五节

黄寿恩　第六章第五节，第八章第三节

许学勤　第三章第三节，第六章第四节

郇延军　第八章第一、二节

章建浩　第六章第六节

汪　园　第九章第一、四、五节

董庆亮　第五章第四节

周　丹　第九章第三节

邓雯婷　第九章的应用实例部分

唐　蕾　第二章第二节

王满生　第六章第七节

胡涵翠　第九章第二节

全书由高福成、郑建仙统稿

前言（第二版） | Preface

食品工业是一个与人类共存亡的永恒产业，是一个永不落山的朝阳工业。利用高新技术改造传统食品工业，让工业化食品走进家庭、走向世界，是中国食品工业的一个重要发展方向。

早在1997年，高福成教授主编了国内首部专著《现代食品工程高新技术》，引起中国食品教育界、科技界和产业界的广泛关注。无锡轻工大学（现江南大学），率先在食品科学本科专业开设该课程，效果良好。由于该书内容过于庞大，2008年由高福成、郑建仙教授主持对上述专著进行大篇幅的修订，删去了落后于时代发展的内容和过于烦琐的计算公式，补充了学科发展的最新成就，对全书结构进行了重新调整，出版了高等学校专业教材《食品工程高新技术》（第一版）。

新课程“食品工程高新技术”是对目前我国食品科学专业主干课程《食品工程原理》（或《化工原理》）的重要补充，也是当今国际食品工业发展的必然要求。有鉴于此，国内有很多高等院校食品科学及相关学科都相继开设了该课程，并选择《食品工程高新技术》（第一版）作为教材或参考书。该书自2009年出版以来，由于具有科学性、系统性、实用性等特点，受到了相关院校师生的广泛欢迎。

当今，食品工程技术的发展日新月异，满足了人类对健康和长寿的渴求及时代发展的要求。在这种背景下，我们决定组织力量再次修订，补充学科发展的最新成就，重点讨论各种高新工程技术的原理、装置以及在食品工业中的应用，以使学生能更好、更简洁地掌握这些高新技术，为今后的工作需要奠定更为坚实的基础。本次修订增加了液膜分离技术、臭氧杀菌技术、低温等离子体杀菌技术、脉冲电场杀菌技术、变温压差膨化干燥技术五种高新技术。

《食品工程高新技术》（第二版）继续强调科学性、系统性和实用性原则，立足启发性和可读性，时代气息浓厚，可作为高等院校食品科学及相关学科的专业教材，也可供食品工业的科研和工程技术人员在设计新工艺、开发新产品时参考，对食品行业的管理决策人员也不失是一本很好的参考书。

鉴于高福成教授在食品工程领域的贡献和威望，本教材第二版保留高福成教授主编的署名。

中国轻工业出版社长期以来鼎力支持，各位参编人员齐心协作，主编在此致以衷心的感谢！

由于作者编写水平有限，不妥之处，敬请各位专家批评指正。

郑建仙

2020年元旦

目录 Contents

第一章 绪论

CHAPTER 1

[学习目标]

1. 了解食品工程单元操作和化学工程单元操作的异同点。
2. 了解食品工程技术的独特性和发展进程。
3. 了解高新技术在食品工业中的应用情况。

古代人类的膳食生活单纯，主要是栽培、狩猎、饲养和简单的加工贮藏。自工业革命之后，人们试图应用科学原理来解释过去的经验贮存方法，并陆续找到更为科学的贮藏方法，以及优质的食品制造技术。从此以后，原先依靠手工操作的食品制作技术转变成依靠动力和机械的食品加工技术。由原料的粉碎、筛分、分离和浓缩等方法而获得纯度远比过去为高的食品原材料，如面粉、奶油、植物油等，开始出现类似现在的经初级分离重组后的组合食品，如饼干、冰淇淋等。

19 世纪初期，法国人尼古拉斯·阿佩尔（Nicolas Appert）的罐藏法是划时代的革新。当时拿破仑拨款悬赏征求久藏食品的方法，阿佩尔发明了把食物煮熟后密封在瓶子里、之后浸泡在沸水中的方法。如此制成的罐头食品经过海军历时 8 个月的海上运输、酷暑和潮湿的考验，仍然鲜美可口。阿佩尔由此获得拿破仑一笔巨额的奖赏，以此开办了世界上第一家罐头食品厂。此后半个世纪内，出现了英国的马口铁锡焊制罐、俄国的白铁盒肉类罐头，以及美国的广口玻璃瓶罐头。

一、化学工程单元操作

大约在 100 多年前，开发石油面临着各种重要的课题，化学工程学就是从这时期开始发展起来的一门工程学。所以，从其发展过程来看，它是以蒸馏技术、吸收技术、加热炉技术、过滤技术等石油工业所必要的技术设计理论基础为主体的学科。

人们在长期从事化工生产实践中，自然而然地把组成不同化工行业生产过程所共有的基本操作过程抽提出来，研究其各自的内在规律性，并在理论上加以总结和提高，再应用到生产实践中去。这些基本操作过程称为化工单元操作，例如上述蒸馏、吸收、加热炉技术等即属于此。这样，化工生产虽然行业繁多，制造方法也各不相同，但究其实，均不过是由若干个单元操作经过合理地组合并加以运用而已。

单元操作的概念是强有力的。单元操作的划分不仅有可能被认为是各不相同的独立的化工生产过程，而且有可能使人们系统而深入地研究每一单元操作的内在规律和基本原理，从而更为有效地促进化工生产技术的发展。而所有这些单元操作的综合，就构成了化学工程的基础学科“化学工程原理”。

二、 食品工程单元操作

现代食品工业与化学工程学之间的关系，随着食品工业的发展而越来越密切。

从历史上看，食品加工的出现远较化学加工为早。人类以家庭烹调和手工方式加工食品延续了许多世纪之久，但食品工业的出现则仅是近百年来的事。在这期间，食品工业仍然处于“必然王国”的时期又是漫长的。长期以来食品工业是以其加工经验和传统方法为其生产方式的基础。时至今日，仍有许多食品的生产，与其说是科学，不如说是艺术。食品加工的这一事实有力地说明，虽然食品工业的出现较化学工业为早，但食品科学的出现则远较化学工业为晚。就科学意义上说，化学工业的进展是遥遥领先的。只是从较晚的时期起，科学才开始进入食品加工领域，产生了年轻的食品科学。

食品加工科学化的一个重要表现就是化工单元操作的引入和运用。虽然化工单元操作被引入食品加工领域为时较晚，但一旦引入和运用，就更促进食品工业迅速向着大规模、连续化、自动化的生产发展。例如，以豆类为原料制造蛋白质制品和饲料的现代化工程就是具体应用这些化工单元操作的典型成果。前者是由粉碎、离心分离、沉降、浓缩、喷雾干燥，后者是由粉碎、配料、混合、造粒等单元操作科学而巧妙地组合而成的食品工程。

三、 食品工程的独特性

食品工业中引入和应用化工单元操作的研究发展相对比较迟缓，主要原因在于食品加工在原料性质上存在着极为显著的差别。

食品加工的原料是农、林、牧、副、渔业的动植物产品。这些原料的结构和成分非常复杂。原料的成分随品种、成熟度及贮藏条件而变化。某些成分如蛋白质、酶之类都是具有生物学活性的物质，在加工条件下会引起变性、钝化或破坏。某些成分如色素、脂肪等，在有氧气存在的条件下，也会发生变色或腌败。而某些芳香类物质则又会因加工条件不当而损失。总之，作为人类食用的食品，不得不考虑在加工时这些色、香、味、营养成分的变化问题。这就是长期以来食品加工固守传统方法的原因所在。

然而，也正因为加工原料和加工要求有如上述的特殊性，所以化工单元操作一经与食品加工相结合，就产生课题研究方向的不同，从而其实践经验积累也不相同。

热敏性和氧化变质是动物性原料和植物性原料显而易见的共有特点。为避免食品加工的高温破坏和氧化变质，加工条件就不得不采用低温、低压，特别是低压。在一定条件下，低温是与低压紧密相关的。所以单元操作的理论研究和技术运用就更多地集中于诸如真空输送、真空过滤、真空脱气、真空冷却、真空蒸发、真空结晶、真空造粒、真空干燥、真空蒸馏、真空成形、真空包装、冷冻浓缩、冷冻干燥等方面。

易腐性是食品加工原料和制品共有的又一明显特点。食品加工原料和制品含有人类不可缺少的多种营养物质，因而也是微生物活动的良好场所。食品正是在这种微生物及其本身所含的酶的作用下发生腐败变质的。食品加工的目的，就在于如何抑制这些微生物和酶的活动，以便于提高制品的保藏性。因此，浓缩食品、干制食品、冷冻和速冻食品已成为目前食品工业的重要领域。而作为这些食品加工基础的浓缩、干燥和冷冻等单元操作，就势必在食品加工工程中占有特别重要的地位。而且，由于上述食品加工对低温和真空的要求，一般的蒸发浓缩、热风干燥和冷冻等方法已远不能满足全部要求。这样近年来又逐渐开发了新型的冷冻浓缩、半透膜浓缩、辐射干燥、冷冻干燥、低温冷冻、速冻等食品加工操作。由此可见，化工单元操作一经与食品加工相结合，必然给食品工程本身带来它所需要的许多特点。就浓缩、干燥、冷冻这三者来说，其进展反而较化学工业为迅速。

用于食品加工的动物性原料和植物性原料，其相态几乎全部为固态和液态。这点与化工主要生产部门（如酸、碱、氮肥、石油化工等）所经常遇到的，以气相加工为主的过程是截然不同的。在化学工业方面，吸收、蒸馏是占有突出地位的操作。在食品工业方面，要使固体或液体原料成为多种美味可口、营养丰富的食品，首先必须提取其精华，扬弃其糟粕，分离出不同成分并组合制成不同种类的制品。同时为了做到有益无毒，风味别致，又必须反复提纯和精制。所以有关提取、分离、精制，以及混合、乳化、粉碎等单元操作就必须相应占有相当重要的地位。在食品工业中，不仅一般的液体吸附、离子交换、固体浸出、过滤分离成为重要的单元操作，而且由于食品加工的特殊需要，近年来已开发了半透膜分离技术、电渗析技术、凝胶过滤、酶萃取等新型的提取、分离和提纯操作。必须指出，在食品工业中，水是具有特殊意义的液体，它既是一般的工业用水，又是生产饮料（包括汽水、啤酒、果汁等）的主要原料水。要达到严格的原料水要求，不只是一般的软化问题，而且还涉及纯水的制造问题，这也不外乎使用分离、提纯的一系列单元操作。最后，还必须指出，食品生产中所遇到的固体物料不同于化工生产的原料，往往具有硬度低、有韧性等特点。

食品加工过程中的液体原料、液体半成品和液体成品多为非牛顿液体。凡是源于生物系统的液体，如蛋白质和多糖类的溶液、天然形成的高分子聚合物，不论是液态或溶解状态，都多少带有非牛顿性质。非牛顿液体的性质与如水之类的牛顿液体不同，所以在流体食品的输送、加热或冷却以及搅拌混合等方面都具有非牛顿液体的特性，这也是反映在食品工程上的一种特色。

四、 食品工程技术的发展

由此可见，食品工程单元操作与化学工程单元操作，二者既有彼此相联系之处，又有本身的特殊性。现代多种学科都面临着综合和分化的课题，同样，化工单元操作正在向食品工业渗透，经过这些单元操作在食品加工领域内的实践和提高，并结合适应食品加工特殊要求的新单元操作的开发，问世了研究食品工程单元操作的崭新学科“食品工程原理”。

长期以来，食品腐败的机理和罐头为什么能防止腐败一直是不解之谜，食品的开发不是靠系统的实验，也不是靠科学的方法，而是靠偶然的发现或随意的探索。真正科学的食品技术始于 140 年前法国科学家路易斯·巴斯德（Louis Pasteur），他在向法国科学院的报告中，用科学的原理阐明了食品腐败是由于细菌的作用引起的。这一发现对罐头食品和其他保藏食品的发展起了至关重要的作用。也就是从那时起，科学家在食品加工和食品开发方面所起的作用越来越大。至第一次世界大战爆发时，迫切需要粮食和副食品的大量加工和运输，食品的干燥技术、罐藏技术和其他加工技术突飞猛进地发展起来。第二次世界大战又使这些技术得到进一步的发展。此时的食品，不仅具有耐藏性和耐运输特性，同时也出现了具有方便特性的新食品及其加工技术，如马铃薯片、速溶咖啡、冷冻食品等。

第二次世界大战前后，欧美各地普遍形成了加工食品的规模化生产局面。加上后来生物化学、有机化学、营养学、微生物学、酶学、卫生学等学科的进步，以及机械工程、化学工程、电子工程、高分子化工的发展，由这些科学技术综合起来的食品加工技术取得了划时代飞跃的进步。也就是说，从这时起，人们才有可能进行以提高加工食品品质为前提的高效连续化大生产，才有可能开发出新的食品素材和新型食品，才有可能进行保证品质安全前提下的高效食品流通。值得一提的是1955年以来，由于石油化工的进步，出现了价格低廉、性能优越的塑料包装材料，从而产生了食品包装的第二次革命。此外，在食品加工单元操作中由于引入了电子技术，使得传统凭经验和直觉的食品制作技术，有可能重组形成不接触人手的连续化自动化生产系统，从而使传统的加工食品能够满足消费者不同的嗜好和要求，而且供应价格低，能够被消费者接受。这一时期，出现了诸如速冻烹调食品，高温短时杀菌牛乳和果汁，无菌包装牛乳和果汁，无菌过滤鲜啤酒、生酱油，喷雾干燥粉末油脂、调料或香料，各种优质冷冻干燥食品，高压杀菌软罐头食品，以及用固定化酶技术生产的异构化糖浆等新型食品或新型食品原料。

人类未来食品的生产和消费趋势，与未来社会经济发展的变化密切联系，例如与人口增长、土地和人口向扩张中城镇的转移、粮食资源和能源的匮乏等因素都密切相关。由于先进的保藏技术和高新加工技术的发明和采用、农作物单产的提高、新资源开发利用的成功，使得人们的生活方式和相应的膳食生活将发生很大的变化。

社会劳动生产率的不断提高，将使人们拥有的休假日增多、家庭收入增加，这就使得家居饮食生活不断追求享乐性、方便性、休闲性和具有自我创作、自我鉴赏性，以及饮食生活的外食化，如家常餐厅、新式家族餐厅、专席餐厅、点心沙龙和咖啡厅等不断涌现出来。

娱乐、旅游、登山和体育运动等，是人们消遣休闲、有益身心健康的好方法。这些活动在时间上、空间上，要求食品具有突出的方便性和特殊的生理功效等。

生活水平的提高也必给人们带来对精神生活的更高追求，艺术将渗入膳食生活中，对食品将更重视审美价值，传统古代名宴的复制、豪华膳席摆设的展现、高级餐具和饮具的陪衬等都是这方面明显的例子。

富有、闲适和享乐的人生，必将伴随着对生命的重视，对健康和长寿的追求，对新生一代优生优育的关怀。寻求在正常生理条件下能有效防御现代“文明病”，寻求不同年龄群（老人、儿童、孕产妇）在特殊生理状态下能延年益寿、顺利康复、健康成长，寻求在特殊生活方式下能消疲劳、抗应激等作用的所谓功能性食品，已成为当今全球性的开发热潮，并将成为未来食品研究所追逐的重要目标，低能量食品、高纤维食品、增智食品、养胃食品、防便秘食品、美容食品、清脂食品、抗肿瘤食品、保护前列腺功能食品等均属于此。另一方面，对健康和长寿的重视必然从反面带来对一切包括功能性食品在内的工业化食品的恐惧，从而颇有使食物回归天然、复归原始鲜食的愿望。最低限度加工保藏的食品，便是现时和未来实现这种愿望的一种现实可行的方案。加上对动物脂肪和胆固醇的疑惧，植物性食品（素食）便受到人们的重视。中国和亚洲许多信仰佛教的国家，素食有悠久的历史，开发精美的现代化素食具有很大的潜力。

时代在发生巨变，生活方式在发生重大变化，人们的膳食生活也随之走向未来。“未来食品”似乎是不可捉摸的幻想食品，正像科幻小说所描绘的那样给读者以扑朔迷离、荒诞无稽的感觉。

传统食品具备两个基本的要素，即保持和修补机体处于正常状态下的营养素补给源和维持机体必要运动的能量补给源，这是生理学、生物学上所必需的要素；以及色、香、味、行、质构的享受和食欲的满足，这是心理学上所必需的要素。对于未来食品，虽然万变仍不离这两个要素，但要给予强调和扩充。生理学、生物学所需要的不只在于补给源的提供，而且还包括消化吸收的促进，体内合成代谢的协调，宁静、节奏、动作的调节，健康的增进和疾病的预防等。很多人称之为食品的第三功能或补充功能，称具有这种功能的工业化食品为功能性食品。中华宝贵的“医食同源、药食同用”的理论和实践遗产，以及以此为依据而开发的形形色色功能性食品，已经在世界范围内引人注目。另外，心理学上所必需的要素也不只限于色、香、味、形、质构的享受和食欲的满足，而且还要满足便携、即席、豪华、气派、艺术等心理上的要求。

功能性食品是社会和科学发展及其交互影响的产物，它已为越来越多的消费者所需求，已为越来越多的工业界人士所赏识，正在成为现代食品工业的一个崭新领域。它的出现，标志着作为食品中的关键组分开始从重点要求大量的传统营养素，转向重点要求微量的生物活性物质。从充分利用天然食物资源出发，日益兴起一种专门生产微量生物活性物质的新兴工业，以供应功能性食品工业所需要的配料。要制成能满足消费者需求的这类新型的功能性食品，单凭传统的分离重组工程技术往往不能奏效。由于功能性素材的“微量”和“生物活性”，传统分离重组的方法、系统和设备不能完全保证分离重组的效率和保留配料的生物活性。因此，需要依靠现代化的高新工程技术才能完成这一任务。

五、 食品工程高新技术

食品工业是一个与人类共存亡的永恒工业，是一个永不落山的朝阳工业。利用高新技术改造传统食品工业，让工业化食品走进家庭、走向世界，是中国食品工业的一个重要发展方向。食品工程高新技术是当今国际食品工程领域的重要发展方向。本教材讨论 32 种应用于食品工业中的高新工程技术，重点论述它们的原理、装置和应用。

（一）食品粉碎造粒高新技术

1. 超微粉碎技术

超微粉碎技术是将物料粉碎至 10μm 以下粒度的单元操作，常用气流式粉碎。在功能性食品制造上，由于功效成分的使用量通常很小，需超微粉碎至足够细小，才能保证它的均匀分布。

2. 冷冻粉碎技术

冷冻粉碎技术是将冷冻与粉碎两种单元操作相结合，使物料在冻结状态下，利用其低温脆性实现粉碎。它有很多优点，可以粉碎常温下难以粉碎的物料，可以使物料颗粒流动性更好、粒度分布更理想，不会因粉碎时物料发热而出现氧化、分解、变色等现象，特别适合诸如功效成分之类物料的粉碎。

3. 微胶囊造粒技术

微胶囊造粒技术是将固体、液体或气体物质包埋、封存在一种微型胶囊中成为一种固体微粒产品的技术。微胶囊内部装载的物料称为心材（或称囊心物质），外部包裹的壁膜称为壁材（或称包裹材料）。微胶囊造粒可以改变物质的色泽、形状、质量、体积、溶解性、反应性、耐热性和贮藏性等性质，使心材物质在需要时释放出来。微胶囊造粒的基本过程：将心材分散入微胶囊化的介质中，通过特定的方法使壁材聚集、沉渍或包敷在已分散的心材周围，之后利用化学或物理的方法进行处理微胶囊膜壁，使其具有一定的机械强度。

（二）食品冷冻高新新技术

1. 冷冻干燥技术

冷冻干燥技术将含水物料温度降至冰点以下，使水分凝固成冰，然后在较高真空度下使冰直接升华为蒸汽，从而除去水分。

冷冻干燥在低于水的三相点压力以下进行，其对应的相平衡温度低，因此物料干燥时的温度低。它特别适用于含热敏性功效的产品和易氧化食品的干燥，可以很好地保留产品的色香味。

2. 冷冻浓缩技术

冷冻浓缩技术利用冰与水溶液之间的固液相平衡原理，将稀溶液中的水冻结，并分离冰晶从而使溶液浓缩的方法。它对热敏性功效成分的浓缩特别有利。

冷冻浓缩与常规冷却法结晶过程的不同在于：只有当水溶液的浓度低于低共熔点时，冷却的结果才是冰晶析出而溶液被浓缩；而当溶液浓度高于低共溶点时，冷却的结果是溶质结晶析出，而溶液变得更稀。

3. 流化速冻技术

流化速冻技术是在一定流速的冷空气作用下，使食品单体在流态化操作条件下实现快速冻结的理想技术。食品的流态化速冻需满足两个前提：冷空气在流经被冻结食品时必须具有足够的流速，必须是自下而上通过食品；单个食品的体积不能过大。流化速冻主要适用于快速冻结颗粒状、片状和块状类食品等。

（三）食品加热高新技术

1. 微波加热技术

微波加热是一种不依赖热传导，利用电磁波把能量传递到被加热物体的内部，使之进行内部加热的方法。它具有加热速度快、加热均匀、易于瞬时控制、加热效率高等特点。

2. 过热蒸汽应用技术

过热水蒸气是一种对人体安全的加热热源，也是最适宜作为直接接触加热的理想介质。与饱和水蒸气相比，它加热时失去一定的热含量之后不要求变成汽凝水，因而克服饱和蒸汽直接加热的稀释效应所带来的缺点。与热空气加热相比，它又具有传热阻力小和加热效率高的优点。

3. 水油混合油炸技术

水油混合式油炸是指在同一敞口容器内加入油和水，相对密度小的油占据容器的上半部，相对密度大的水则占据容器的下半部分，在油层中部水平设置加热器加热。油炸时，食品处于油淹过电热管 60cm 左右的上部油层中，食品的残渣则沉入底部的水中。如果严格控制上下油层的温度，就可使得油的氧化程度显著降低，污浊情况明显改善，另外用后的油无须进行过滤，只需将食品渣滓随水放掉即可。因此，在炸制过程中油始终保持新鲜状态，节油效果显著，所炸出的食品不但色、香、味俱佳，而且外观干净漂亮。

4. 真空油炸技术

真空油炸技术可在减压的条件下，降低食品中水分汽化温度，使之在短时间内迅速脱水，从而实现低温条件下对食品油炸的目的。真空低温油炸技术将油炸和脱水作用有机地结合在一块，具有广泛的适应性，尤其对含水量高的果蔬。真空油炸的油温一般只有100℃左右，减少了食品内外层的营养成分损失，因此较好地保留食品原有风味和营养价值。

（四）食品分离高新技术

1. 超临界萃取技术

一般情况下，物质的黏度随压力增加而提高，但当其中溶有某些超临界流体（如CO_2、N_2等）时，其黏度随着压力升高而显著降低。因为扩散系数与黏度成反比，故被萃取相也有较高的扩散系数。由于超临界流体的自扩散系数大、黏度小、渗透性好，与普通液体萃取相比，可以更快地完成传质，达到平衡，有力促进了高效分离过程的实现。

2. 反渗透与超滤技术

在特定的推动力（如压强差、浓度差或电磁力等）作用下，膜允许某种或某几种特定组分透过，同时阻止另外几种组分透过，这种选择性是膜分离的基础。反渗透与超滤是两种成熟的膜分离方法。如果在膜的两侧施加一个逆向的压强差，使其大于渗透平衡时的压强差，就会出现溶剂倒流现象，使浓度较高的溶液进一步得到浓缩，这种现象称为“反渗透”。如果膜只阻留大分子物质，而且大分子的渗透压不明显，这种情况称为“超滤”。一般而言，反渗透与超滤没有明显的界线，比超滤更精密的过滤过程视为反渗透。

3. 电渗析技术

电渗析技术是在外电场的作用下，利用离子交换膜对不同离子的选择透过性而使溶液中的阳离子、阴离子、溶剂相互分离的技术。在食品工业中，电渗析目前主要用于生物制品的脱盐精制和食品组分的分离提纯。

4. 液膜色谱分离技术

液膜是一层很薄的液体，它能够把两个组成不同而又互溶的溶液隔开，并通过渗透现象起到分离一种或一类物质的作用。这层液体可以是水溶液，也可以是有机溶液。同时这种液体膜可以通过表面活性剂提高它的制作效率，可以通过不同的表面活性剂或添加剂来改善膜的性能，从而适合不同物质分离的需求。

液膜是悬浮在液体中很薄的一层乳液微粒。通常是3~5μm的液滴组成的膜。它能把两个组成不同而又互溶的溶液隔开，并通过渗透现象起到分离的作用。在液膜分离过程中，组分主要是依靠在互不相溶的两相间的选择性渗透、化学反应、萃取和吸附等机理而进行分离，从而促使分离组分从膜外相透过液膜进入内相而富集起来。

5. 工业色谱分离技术

工业色谱有四个特点：进料浓度大；色谱柱径大；色谱柱的装填要求高；尽可能矩形波进料。工业色谱分离按固定相的状态，分为固定床、逆流移动床和模拟移动床色谱分离。各种微量高效功效成分的提纯和精制，需要相对昂贵的色谱分离技术。

（五）食品杀菌高新技术

1. 超高温杀菌技术

超高温（UHT）杀菌的加热温度为135~150℃、加热时间为2~8s，加热后产品达到商业无菌的要求。因为微生物对高温具有敏感性，远大于多数食品组分对高温的敏感性。所以，它能在很短时间有效地杀死它们。超高温杀菌可对热敏性功效成分的保持发挥重要作用。

2. 欧姆杀菌技术

欧姆杀菌技术是利用电极将电流直接导入食品，利用食品本身介电性质而在内部产生热量，从而达到杀菌的目的。对于带颗粒（粒径小于15mm）的食品，要使固体颗粒内部达到杀菌温度，其周围液体必须过热，这势必导致含颗粒食品杀菌后质地软烂、外形改变而影响产品品质。而采用欧姆杀菌技术以使颗粒的加热速率与液体的加热速率相接近，可获得更快的颗粒加热速率和短的加热时间。

3. 高压杀菌技术

高压杀菌技术是将食品物料以某种方式包装起来，置于高压（200MPa）装置中加压处理，从而达到灭菌的目的。因为高压会导致微生物的形态结构、生化反应及细胞壁膜等发生多方面的变化，从而影响其活动机能，产生致死作用。

4. 辐照杀菌技术

辐照杀菌技术是利用辐射源放出射线，释放能量，使受到辐照物质的原子发生电离作用，从而起到杀菌作用。辐照杀菌技术效果好，而且基本保持食品原来的新鲜感官特征。经平均剂量10kGy以下辐照处理的任何食品都是安全的。

5. 臭氧杀菌技术

臭氧对包括细菌芽孢在内的各类微生物具有显著的杀灭效果。臭氧处理是一种食品杀菌的化学方法，能够改善食品的微生物安全性，延长保质期，由于杀菌过程无温变、无残留，臭氧杀菌基本上不会改变产品的营养、化学和物理性质。

6. 低温等离子体杀菌技术

利用食品周围介质产生的光电子、离子和活性自由基团与微生物表面接触，导致其细胞破坏，达到杀菌目的。低温等离子体冷杀菌是新型的高效非热源性食品冷杀菌技术，能够与气调包装（MAP）技术有机结合。低温等离子体杀菌不会产生二次污染，产生杀菌作用的等离子体来源于包装内部气体，不会产生化学残留，安全性高。尽管使用的电压非常高，但电流微小、杀菌处理过程很短不会产生热量、没有温升，而且能耗很低、操作简便。它主要适用于生鲜畜禽鱼类肉制品及调理产品、新鲜果蔬及鲜切菜等热敏感食品的冷杀菌。

7. 脉冲电场杀菌技术

脉冲电场杀菌是将物料作为电解质放置在两个电极之间进行处理，使细胞膜发生不可逆电穿孔效应，因此实现细胞失活的效果。它特别适用于果蔬汁、流体乳制品和液态蛋等黏性和电导率相对较低的液态食品。但是脉冲电场对微生物杀灭的广谱性较差，对不同微生物、同一种微生物不同的生长期的杀灭效果不同，与传统的热杀菌还存在一定的差距。因此，往往需要与其他杀菌方式协同处理来弥补脉冲电场杀菌广谱性不足这一缺陷。

（六）食品包装高新技术

1. 无菌包装技术

无菌包装技术是在无菌条件下，将无菌的或已灭菌的产品充填到无菌容器中并加以密封。无菌包装的三大要素：食品物料的杀菌；包装容器的灭菌；充填密封环境的无菌。

无菌包装的关键是保证无菌，即包装前要保证食品物料和包装材料无菌，包装时或包装后又要防止微生物再污染，并保证环境无菌。

2. 软罐头包装技术

蒸煮袋是由聚酯、铝箔、聚烯烃等材料复合而成的多层复合薄膜制成的软质包装容器，适宜于充填多种食品，可热熔封口，能耐受高温高湿热杀菌。蒸煮袋装食品属于软包装食品，也称软罐头食品，简称软罐头。与常规的罐装容器相比，软罐头具有重量轻、体积小、传热快、安全卫生性好、外观美观、易携带、可速食、能耗低等优势。

（七）食品质构调整高新技术

1. 挤压蒸煮技术

挤压机是集混合、调湿、搅拌、熟化、挤出成型于一体的高新设备。挤压过程是一个高温高压处理过程，通过某些参数的调节，可以比较方便地调节挤压过程中的压力、剪切力、温度和挤压时间。

含有一定水分的物料，在挤压套筒内受到螺杆的推进作用，受到高强度的挤压、剪切、摩擦，加上外部加热和物料与螺杆、套筒的内部摩擦热的共同作用，结果使物料处于高达3~8MPa的高压和200℃左右的高温状态下，最后被迫通过模孔而挤出。这时，物料由高温高压状态突然变到常压状态，水分急骤蒸发好像喷爆一样，挤压物即刻膨化成形。挤压蒸煮技术，对制造富含膳食纤维的功能性食品有重要的应用。

2. 气流膨化技术

与挤压蒸煮类似，气流膨化能使谷物原料在瞬间由高温、高压突然降到常温、常压，导致原料水分瞬间汽化闪蒸，进而使谷物组织呈现海绵状结构，体积增大几倍到十几倍，实现膨化。

但是，气流膨化与挤压蒸煮也具有截然不同的特点。挤压膨化机具有自热式和外热式，气流膨化所需热量全部靠外部加热。挤压膨化高压的形成是物料在挤压推进过程中，螺杆与套筒间空间结构的变化和加热时水分的汽化以及气体的膨胀所致；而气流膨化高压的形成是靠密闭容器中加热时水分的汽化和气体的膨胀所产生。

挤压膨化适合的对象原料一般是粒状或粉状的，而气流膨化的对象原料基本上是粒状的。挤压膨化过程中，物料会受到剪切、摩擦作用，产生混炼与均质效果，而在气流膨化过程中并不存在混炼与均质。在挤压过程中，由于原料受到剪切的作用，可以产生淀粉和蛋白质分子结构的变化而呈线性排列，可以进行组织化产品的生产，但气流膨化不具备此特点。挤压膨化不适合于水分含量和脂肪含量高的原料的生产，而气流膨化在较高的水分和脂肪含量情况下，仍能完成膨化过程。

3. 变温压差膨化干燥技术

变温压差膨化干燥是基于相变和气体的热压效应原理，将物料置于低温高压的膨化罐中，利用罐内的温度和压差的改变，引起物料内部的水分瞬间汽化蒸发，使物料形成具有一定膨化度和脆度的多孔状结构。变温压差膨化干燥中的物料膨化温度和真空干燥温度不同，范围一般为75~135℃。压差由外界空气通过压缩机形成，导致被加工物料在膨化瞬间经历由高压到低压的过程，范围一般为0.1~0.5MPa。

（八）食品生物技术

生物技术是应用生命科学、工程学原理，依靠微生物、动物、植物细胞及其产生的活性物质，作为某种化学反应的执行者，将原料进行加工成某种产品的技术。

1. 基因工程技术

基因工程技术是对某种目的产物在体内的合成途径、关键基因及其分离鉴别进行研究，将外源基因通过体外重组后导入受体细胞内，使这个基因受体细胞内复制、转录和翻译表达，使某种特定性能得以强烈表达，或按照人们意愿遗传并表达出新性状的整个工程技术。

一个完好的基因工程，包括基因的分离、重组、转移，基因在受体细胞的保持、转录、翻译表达等全过程。基因工程的实施，至少要有 4 个必要条件，即工具酶、基因、载体和受体细胞。

在食品工业上，常用基因工程原理进行微生物菌种选育。另外，高效甜味剂索马甜（Thaumatin）和阿斯巴甜等有应用基因工程进行制造，不过尚处于理论研究阶段，暂无经济价值。

利用分子生物学技术，将某些生物的一种或几种外源性基因转移到其他的生物物种中，从而改造生物的遗传物质使其有效地表达相应的产物（多肽或蛋白质），并出现原物种不具有的性状或产物。用转基因生物为原料制造而得的食品就是转基因食品（gene modified foods）。

2. 发酵工程技术

发酵工程技术又称微生物工程技术，是利用微生物的生长和代谢活动，通过现代化工程技术手段进行工业规模生产的技术，是微生物、发酵工艺和发酵设备的协调，根据发酵目的对微生物的采集、分离和选育提出要求，对发酵工艺进行设计和优化，对发酵设备提出改进和配套选型的工程技术。它的主要内容包括工业生产菌种的选育，最佳发酵条件的选择和控制，生化反应器的设计以及产品的分离、提取和精制等过程。

发酵工程在食品的应用十分广泛，如糖醇、乳酸菌、富含 ω-3 多不饱和脂肪酸的微生物、海藻、真菌多糖、氨基酸、维生素等的发酵法培养，是这方面的应用实例。

3. 细胞工程技术

细胞工程技术是将动物和植物的细胞或者是去除细胞壁所获原生物质体，在离体条件进行培养、繁殖及其他操作，使其性状发生改变，达到积累生产某种特定代谢产物或形成改良种甚至创造新物种的目的的工程技术。也就是借助微生物发酵对动植物细胞大量繁殖的技术，以及在杂交育种基础上发展形成的细胞（原生质体）融合技术。

4. 酶工程技术

酶工程技术利用酶的催化作用进行物质转化的技术，将生物体内具有特定催化功能的酶分离，结合化工技术，在液体介质中固定在特定的固相载体上，作为催化生化反应的反应器，以及对酶进行化学修饰，或采用多肽链结构上的改造，使酶化学稳定性、催化性能甚至抗原性能等发生改变，以达到特定目的的工程技术。

酶工程在食品的应用广泛，如功能性低聚糖、肽、氨基酸、维生素等功效成分的制造，是这方面的实用例子。

5. 蛋白质工程技术

蛋白质工程技术是通过蛋白质化学、蛋白质晶体学和动力学的研究获取关于蛋白质物理、化学等各方面的信息，在此基础上对编码该蛋白质的基因进行有目的的设计、改造，并通过基因工程等手段将其进行表达和分离纯化，最终将其投入实际应用的技术。

思考题

1. 食品工程单元操作有哪些独特性？
2. 高新技术对食品工业的发展有什么促进作用？
3. 我国食品工程高新技术的发展前景如何？

第二章

CHAPTER 2

食品粉碎造粒高新技术

[学习目标]

1. 掌握超微粉碎技术的原理、设备和应用。
2. 掌握冷冻粉碎技术的原理、设备和应用。
3. 掌握微胶囊造粒技术的原理、装置和应用。

当今世界，科技进步、高新技术及其产业已成为经济增长的重要源泉。食品高新技术的出现，给传统的食品工业提供了广阔的改造和提升空间，注入了全新的活力。新型食品粉碎、造粒技术的出现，迎合了某些食品消费和生产的需要，拓宽了某些原料在食品工业中的应用，最大限度地保持物料原有的营养和生物活性，提高原料利用率和产品附加值，满足了工业化食品的生产需要。

第一节　超微粉碎技术

粉碎操作在食品工业中占有非常重要的地位，主要表现：

① 迎合某些食品消费和生产的需要，如面粉是以粉末形式使用的，巧克力等很多食品的生产需将各种配料粉碎至足够细小的颗粒才能保证物料的均匀分布和终产品的品质；

② 增加固体表面积以有利于后道处理的顺利进行，如果蔬干燥前和玉米湿加工前需将大块物料粉碎成小块物料；

③ 工业化配方食品和功能性食品的生产需要，各种配料粉碎后才能混合均匀，粉碎的好坏对终产品的质量影响很大。

随着现代食品工业的不断发展，普通的粉碎手段已开始不足以适应生产的需要，于是出现了超微粉碎手段，并得到了迅猛的发展。在功能性食品生产上，某些微量活性物质（如硒）的添加量很小，如果颗粒稍大，就可能带来毒副作用。这就需要非常有效的超微粉碎手段将之粉碎至足够细小的粒度，加上有效的混合操作才能保证它在食品中的均匀分布。

因此，超微粉碎技术已成为现代食品加工的重要新技术之一。因为在超微粉碎过程中能量的利用率很低，目前对该技术本身的研究集中在如何提高能量的利用率上。例如，大型球磨机粉碎过程中的能量利用率仅为0.6%，其余99.4%以摩擦、热量和噪声等形式损失掉，而气流式超微粉碎机的能量利用率也仅为2%。

一、粉碎的定义和分类

粉碎是用机械力的方法来克服固体物料内部凝聚力达到使之破碎的单元操作。习惯上有时将大块物料分裂成小块物料的操作称为破碎，将小块物料分裂成细粉的操作称为磨碎或研磨，两者又统称为粉碎。

物料颗粒的大小称为粒度，它是粉碎程度的代表性尺寸。对于球形颗粒来说，其粒度即为直径。对于非球形颗粒，则有以面积、体积或质量为基准的各种名义粒度表示法。

根据被粉碎物料和成品粒度的大小，粉碎可分为粗粉碎、中粉碎、微粉碎和超微粉碎4种：

① 粗粉碎：原料粒度为40~1500mm，成品颗粒粒度为5~50mm；

② 中粉碎：原料粒度为10~100mm，成品粒度为5~10mm；

③ 微粉碎（细粉碎）：原料粒度为5~10mm，成品粒度为100μm以下；

④ 超微粉碎（超细粉碎）：原料粒度为5~10mm，成品粒度在10μm以下。

粉碎前后的粒度比称为粉碎比或粉碎度，主要指粉碎前后的粒度变化，同时近似反映出粉碎设备的作用情况。一般粉碎设备的粉碎比为3∶1~30∶1，但超微粉碎设备可远远超出这个范围，达到300∶1以上。对于一定性质的物料来说，粉碎比是确定粉碎作业程度、选择设备类型和尺寸的主要根据之一。

干法超微粉碎或微粉碎的形式很多，根据产生粉碎力的原理不同，有气流式、高频振动式和旋转球（棒）磨式等。表2-1所示为干法超微粉碎的主要类型。

表2-1　干法超微粉碎的主要类型

类型	级别	基本原理	典型设备举例
气流式	超微粉碎	利用气体通过压力喷嘴的喷射产生剧烈的冲击、碰撞和摩擦等作用力实现对物料的粉碎	环形喷射式、圆盘式、对喷式、超音速式和靶式气流粉碎机
高频振动式	超微粉碎	利用球或棒形磨介作高频振动产生冲击、摩擦和剪切等作用力实现对物料的粉碎	间歇式和连续式振动磨
旋转球（棒）磨式	超微粉碎	利用球或棒形磨介作水平回转时产生冲击和摩擦等作用力实现对物料的粉碎	球磨机、棒磨机、管磨机和球棒磨机

二、气流式超微粉碎技术

气流式粉碎机是一种比较成熟的超微粉碎设备，它是利用空气、过热蒸汽或其他气体，通过一定压力的喷嘴喷射产生高度的湍流和能量转换流，物料颗粒在这高能气流作用下悬浮输送着。相互之间发生剧烈的冲击、碰撞和摩擦等作用，加上高速喷射气流对颗粒的剪切冲击作用，使得物料颗粒间得到充足的研磨而粉碎成超微粒子，同时进行均匀混合。由于欲粉碎的食品物料熔点大多较低或者不耐热，故通常使用空气为介质。被压缩的空气在粉碎室内膨胀，产生的冷效应与粉碎时产生热效应相互抵消。

气流式超微粉碎的特点，概括起来包括以下六个方面：

①粉碎比大，粉碎颗粒成品的平均粒径在5μm以下；

②粉碎设备结构紧凑，磨损小且维修容易，但动力消耗大；

③在粉碎过程设备有一定的分级作用，粗颗粒由于受到离心力作用，不会混到颗粒成品中，有利于保证成品粒度的均匀性；

④压缩空气（或过热蒸汽）膨胀时会吸收很多能量，产生制冷作用，造成较低的温度，所以对热敏性物料进行超微粉碎较为合适；

⑤易实现多单元联合操作，例如可利用热压缩气体同时进行粉碎和干燥处理，在粉碎同时还能对两种配比例相差很远的物料进行很好的混合操作。此外，在粉碎的同时计喷入所需的包囊溶液对粉碎颗粒进行包囊处理；

⑥易实现无菌操作，卫生条件好。

气流式超微粉碎过程是在专用的气流式粉碎机上完成的。气流式粉碎机又称为流体能量磨（流能磨，或射流磨），有环形喷射式、圆盘式、对喷式和超音速式等类型。

（一）气流式粉碎机的效率

从理论上分析，粉碎机的粉碎能力与动力消耗关系如式（2-1）所示。

$$P = c(H_p)^{\delta}, \frac{dP}{dH_p} = c \cdot \delta H_p^{\delta-1} \tag{2-1}$$

式中 P——粉碎能力，t/h

H_p——粉碎动力消耗，kW

δ——粉碎动力指数，无量纲

c——实验测得的系数，与所用单位制有关

dP/dH_p——单位功耗粉碎能力，t/（kW·h）

球磨机的粉碎动力指数为1.1~1.17，锤式粉碎机1.4~1.5，而气流粉碎机为2.0~2.23。由此可见，气流粉碎机的能力和效率均随输入功率增大而较快增长，如何合理提高粉碎效率是一个十分重要的研究课题。

要提高气流粉碎机的能量效率，必须增加颗粒之间的碰撞概率与颗粒的破碎率——应力概率，还必须考虑被粉碎物料的物化性质、受力时的塑性变形、高真空时产生的龟裂以及颗粒粒度等因素。通过增大进料量，可以提高气流粉碎机内的颗粒密度，从而增加了颗粒间的冲击与碰撞概率。但这有一定限度，因为粉碎室内颗粒密度太大，颗粒间互相干扰作用增强，反而会使粉碎效率下降。要提高反应（致碎应力）概率，一般可增加冲击速度，对于不同性质的物料与不同直径的颗粒，应选择与之相应的最佳冲击速度。

在粉碎过程中，如果进料速率低，则物料在粉碎室内停留时间长，导致循环次数增加，使粉碎细度提高。但由于进料速率低，单位容积内的颗粒数量减少，颗粒间碰撞概率相应降低，使得粉碎粒度也因此下降。若进料速率过高，则停留时间太短，对粉碎也不利，提高粉碎压力

会增大冲击速度，这样粉碎的应力概率也增大，对粉碎过程有利。

根据上述关系，在粉碎时必须选用合理的粉碎压力（PN）和最佳气固比（S∶G），以提高粉碎效率。粉碎效率的计算方法为：

$$\eta = \frac{\Delta L - E_S}{E} \times 100\% \tag{2-2}$$

式中　ΔL——粉碎每单位成品所需的理论能量

E_S——成品颗粒的比表能

E——粉碎每单位成品所需的实际能量

（二）环形喷射式气流粉碎机

图 2-1 所示为环形喷射式气流粉碎机的工作原理和结构。待粉碎物料出喂料装置输送至环形粉碎室底部喷嘴上，压缩空气从管道下方的一系列喷嘴中喷出形成了高速喷射气流（射流），夹带着物料颗粒进行运动。在管道内的射流大致可分为外层、中层和内层 3 层，各层射流的运动速度不等，迫使物料颗粒在粉碎室内相互冲击、碰撞、摩擦以及受射流的剪切作用而达到粉碎目的。物料自右下方进入管道，大致沿管道运动一圈后由右上方排出。由于外层射流的运动路程最长，该层的颗粒群受到的碰撞和研磨作用也最强。经喷嘴射入的流体，也首先作用于外层的颗粒群。中层射流的颗粒群在旋转过程中产生一定的分级作用，较粗粒级的颗粒在离心力作用下进入外层射流与新输入的物料一起重新粉碎，而细粒级颗粒在射流的径向速度作用下向内层射流聚集，并经排料口排出。

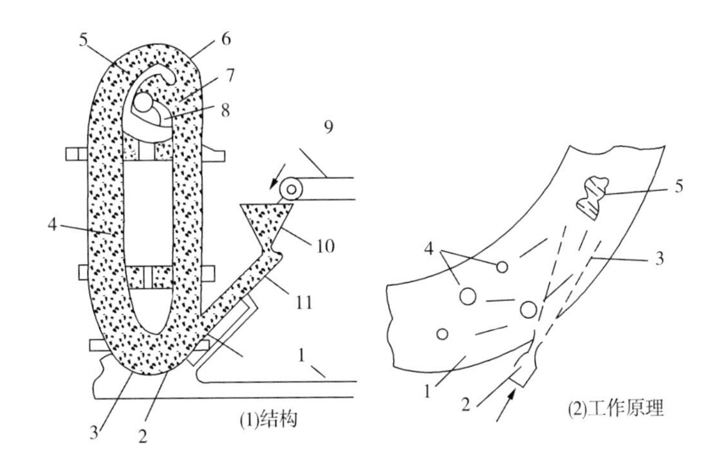

图 2-1　环形喷射式气流粉碎机的结构和工作原理

（1）1—气流管　2—喷嘴　3—粉碎室　4—上行管　5、6—分级区

7—惯性分级装置　8—产品出口　9—加料器　10—料斗　11—喷射式加料器

（2）1—粉碎室　2—喷嘴　3—喷射流　4—运动的颗粒　5—相互碰撞的颗粒

（三）圆盘式气流粉碎机

图 2-2 所示为圆盘式气流粉碎机的工作原理，粉碎室呈扁平圆形，沿着它的圆壁等距离地设置若干个喷嘴。喷嘴形成的射流与圆周切向成 45°，将粉碎室分成靠周边的粉碎区和中间的分级区。由于各层射流的速率不一样，使夹带的物料颗粒间产生冲击、碰撞和研磨，达到粉碎的目的；不同粒度的颗粒在旋转气流中的离心速度不同，粒度大的颗粒离心速度大，粒度小的

离心速度小，所以颗粒在粉碎室内能同时进行分级，粗颗粒被甩向外围重新进行粉碎，符合要求的细颗粒则随气流自圆盘中部向下方排出，而射流则从上方排出。

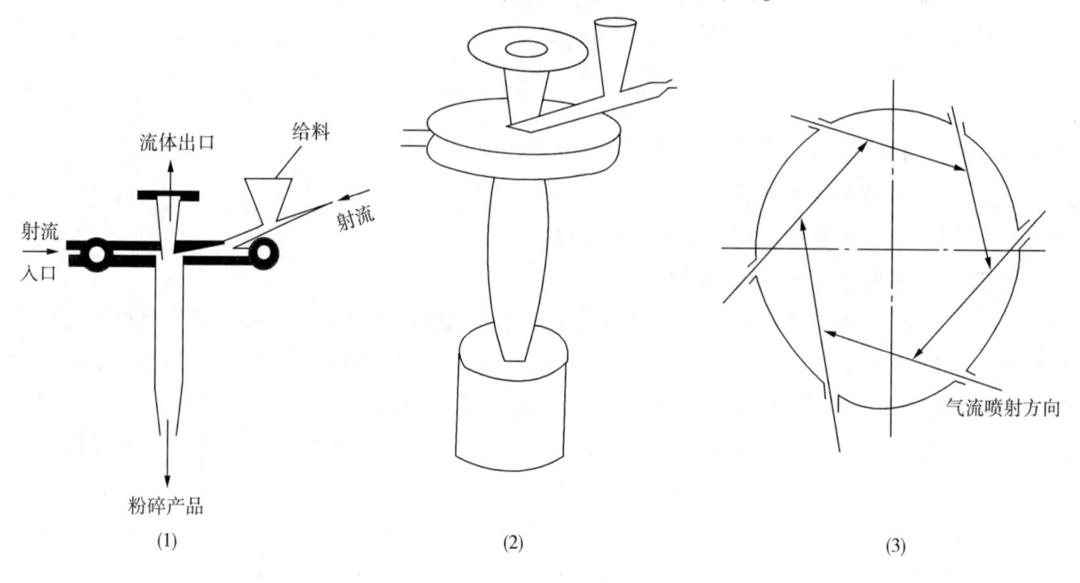

图 2-2 圆盘式气流粉碎机的工作原理

圆盘式气流粉碎机的进料颗粒粒度通常要求小于 0.15mm，最大不超过 6mm，成品粒度在 0.2~5μm，进料粒度应力求均匀，否则将使产品的粒度变大。

（四）对喷式气流粉碎机

如图 2-3 所示，对喷式气流粉碎机的下部在相对方向设有 2 个喷嘴，物料经螺旋进料器选入后，受到由相对方向射入机内的射流所产生的湍动、冲击和研磨作用。射流及粉碎产品向上运动至上部的机械分级机中进行分级，粗粒级经环形空间向下运动受到上升气流的淘洗作用后，经两个溜槽返回至粉碎区。粉碎产品的粒度由射流压力、喷嘴间距、鼓风机风量和分级机转速等控制。

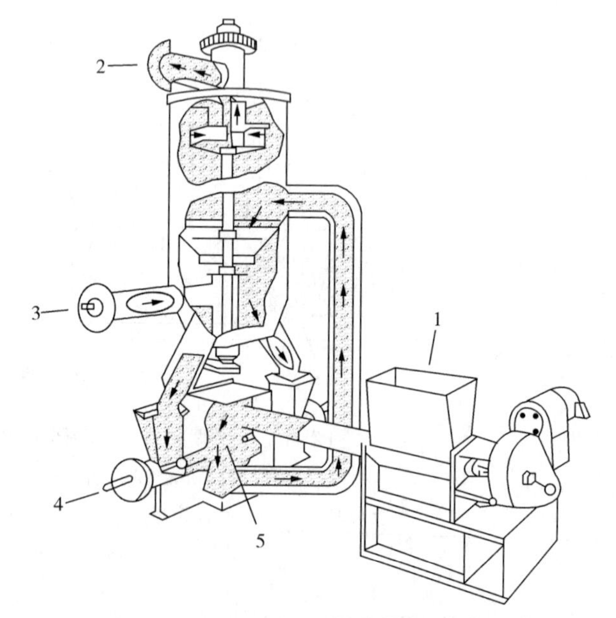

图 2-3 对喷式气流粉碎机的工作原理

1—进料 2—粉碎成品出口 3—鼓风机气流入口

4—压缩气体 5—粉碎区

图 2-4 所示的特罗斯特（Trost）气流粉碎机采用逆向对喷气流结构，分级部分采用圆盘式气流式粉碎机的结构。它结构新颖，用途广泛，颇受人们欢迎。被粉碎物料随气流上升到分级室 2 内，在这里气流形成主旋流使颗粒发生分级。粗颗粒处于分级室外围，在气流带动下返回粉碎室 6 进一步粉碎；细颗粒经由产品出口 1 到粉碎机外进行气固分离而成为成品。一次分级有 30%~50%的细颗粒成为合格

产品。这种气流式粉碎机有多种规格，实验室用的小型设备粉碎能力 50~200g/h，而工业生产设备的生产能力可达 1600kg/h。

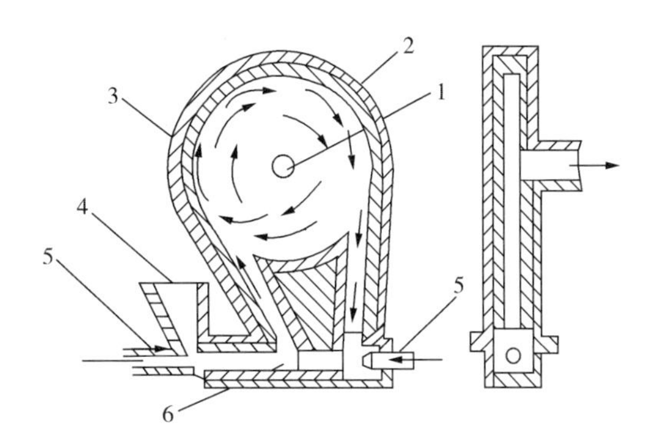

图 2-4 Trost 气流粉碎机工作原理

1—产品审查 2—分级室 3—内衬 4—进料口 5—气流入口 6—粉碎室

（五）超音速式气流粉碎机

如图 2-5 所示，在超音速式气流粉碎机的粉碎室周壁安装有喷嘴，欲粉碎的物料颗粒先于压缩空气混合形成气固混合流，之后以超音速的速度由喷嘴喷入粉碎室内，产生强烈的冲击，碰撞和摩擦等相互作用力而被粉碎。不同粒度的颗粒由于在旋转气流作用下的离心速度不同而得以分级，符合要求的超微粒子经旋风分离器排出机外，较粗的颗粒重新进入粉碎室内与新进入的气固混合流一起重复上述粉碎过程。

超音速式和圆盘式气流式粉碎机的工作原理基本相似，所不同的是前者喷嘴喷射的是气固混合物；而后者喷嘴喷射的是单一气流。在前者中，物料颗粒在气体混合时受到了湍动作用而得以部分粉碎，它有助于整个粉碎操作的进行。

（六）靶式气流粉碎机

在这类气流式粉碎机中，物料的粉碎方式是颗粒与固定板（靶）进行冲击碰撞。图 2-6 示出早期的靶式气流粉碎机，由加料管 5 进入粉碎室 3 中的物料，被喷嘴 1 喷出的气流吸入并加速，经混合管 2 进一步均化，开加速后直接与冲击板 4 发生强烈冲击碰撞。冲击板 4 又称靶板，是用坚硬的耐磨材料如刚玉或炭化钨等制成。为了更好地均化并加速颗粒，混合管多做成超声速缩扩型喷管状。粉碎后的细颗粒被气流带出粉碎区，至冲击板 4 上方的分级器（图中未画出）进行分级，细颗粒被气流带走经收集后成为产品，粗颗粒重新进入粉碎室。在粉碎坚硬物料时，冲击板和混合管磨损严重。除采用耐磨材料制造外，还要求做到拆卸迅速，以便于及时更换。

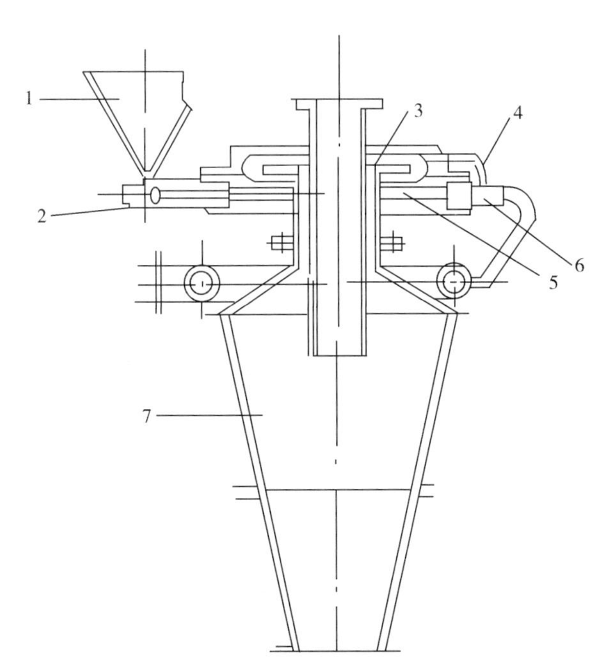

图 2-5 超音速式气流式粉碎机工作原理

1—给料斗 2—空气喷嘴 3—分级室 4—回送管 5—粉碎室 6—原料喷出粉碎管 7—产品收集器

这种早期的靶式气流粉碎机，因产品粒度较粗，且动力消耗也较大，故应用很有限。图 2-7 所示为经过改进的现代撞击板式气流粉碎机。它采用气流分级器以取代传统的转子型离心通风式风力分级器。鉴于这种气流粉碎机的进料要求很细，其中可能含有相当数量的合格粒级。因此物料在粉碎前，需在上升管 6 中经气流带入分级器进行预分级，以分出较粗颗粒进入粉碎室内进行粉碎。

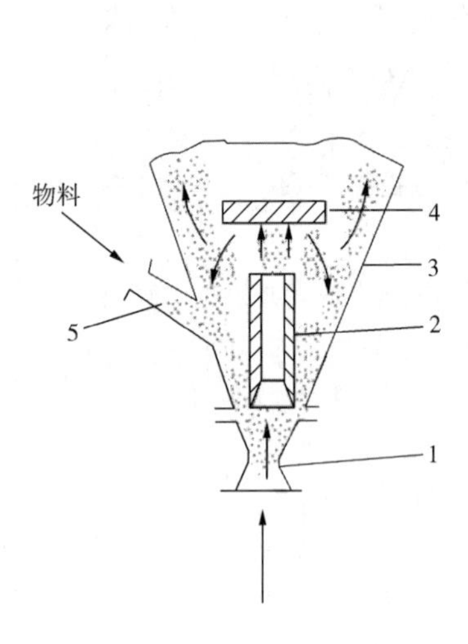

图 2-6 早期的靶式气流粉机

1—喷嘴 2—混合管 3—粉碎室

4—冲击板 5—加料管

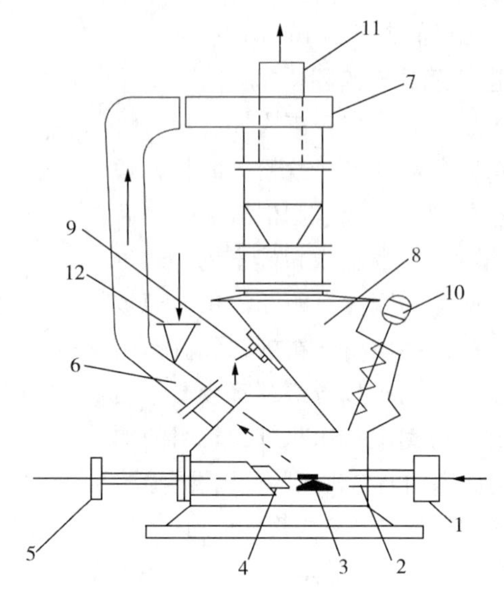

图 2-7 现代撞击板式气流粉碎机

1—气流喷嘴 2—混合管 3—粉碎室 4—冲击板（靶板）

5—调节装置 6—上升管 7—分级器 8—粗颗粒收集器

9—风动振动器 10—螺旋加料器 11—细粒产品出口 12—料斗

（七）流化床逆向喷射气流粉碎机

流化床逆向喷射气流粉碎机将逆向喷射原理与流化床中的膨胀气体喷射流相结合，这是德国 Alpine 公司开发的一种新型气流式粉碎机。其工作原理如图 2-8 所示。

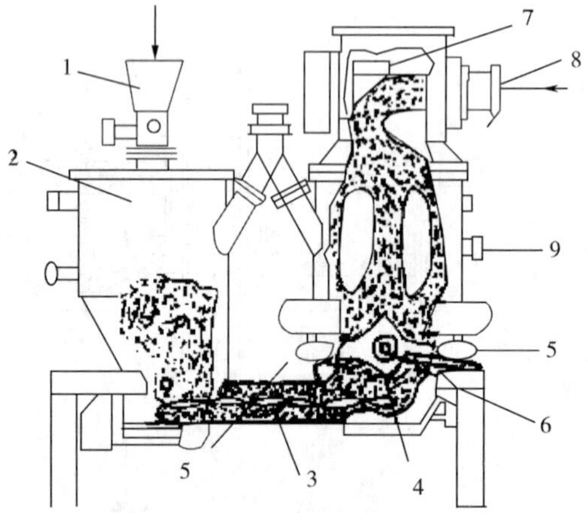

物料通过阀门 1 进入料箱 2，螺旋 3 将物料送入粉碎室 4。空气通过逆向喷嘴喷入粉碎室使物料层流态化。被加速的物料颗粒在各喷嘴交汇点汇合（图 2-9），在这里颗粒因相互冲击碰撞而得以粉碎。粉碎后的物料由上升气流送至涡轮式超细分级器 7，细颗粒物料排出后收集为产品，粗颗粒则沿机壁返回粉碎室；料箱 2 及粉碎室 4 的料位，由料位探测器 9 控制。

图 2-8 流化床逆向喷射气流粉碎机工作原理

1—阀门 2—料箱 3—给料螺旋 4—粉碎室

5—喷嘴 6—物料流态化室 7—超细分级器

8—产品出口 9—料位探测器

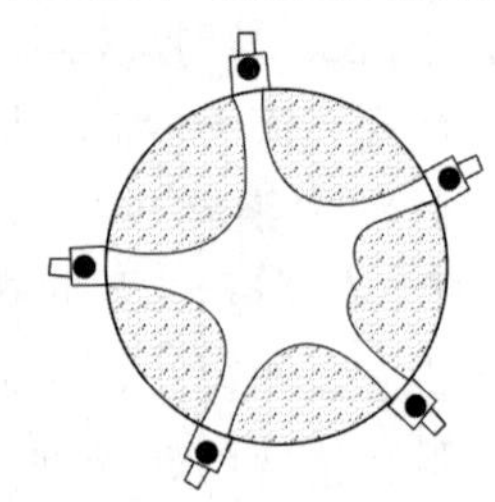

图 2-9 粉碎室内各喷嘴的交汇示意

流化床逆向喷射气流粉碎机，由于引入流态化原理，并内设卧式涡轮超细分级器，与其他类型的气流式粉碎机相比，它具有如下特点：

①能耗低，与其他类型的气流式粉碎机相比可节能30%~40%；

②粉碎作用主要是在流态化状态下由颗粒间相互冲击碰撞而产生的，由于高速颗粒很少碰撞器壁，以及物料不通过喷嘴等原因，这种粉碎机的磨损较轻，可用于粉碎高硬度物料；

③内设的涡轮式超细分级器分级精度高，产品的粒度分布范围较窄；

④设备运转可实现全自动化操作，进料及从分离器分离出的粗颗粒不需向外排出；

⑤噪声小，结构紧凑，占地面积小。

三、 高频振动式超微粉碎技术

高频振动式超微粉碎的原理是：利用球形或棒形研磨介质作高频振动时产生的冲击、摩擦和剪切等作用力，来实现对物料颗粒的超微粉碎，并同时起到混合分散作用。振动磨是进行高频振动式超微粉碎的专门设备，它在干法或湿法状态下均可工作。

振动磨的工作原理如图2-10所示，槽形或管形筒体支承于弹簧上，筒体中部有主轴，轴的两端有偏心重锤，主轴的轴承装在筒体上通过挠性轴套与电动机连接。主轴快速旋转时，偏心重锤的离心力使筒体产生一个近似于椭圆轨迹的快速振动。筒体内装有钢球或钢棒等磨介及待磨物料，筒体的振动使磨介及物料呈悬浮状态，利用磨介之间的抛射与研磨等作用力而将物料粉碎。

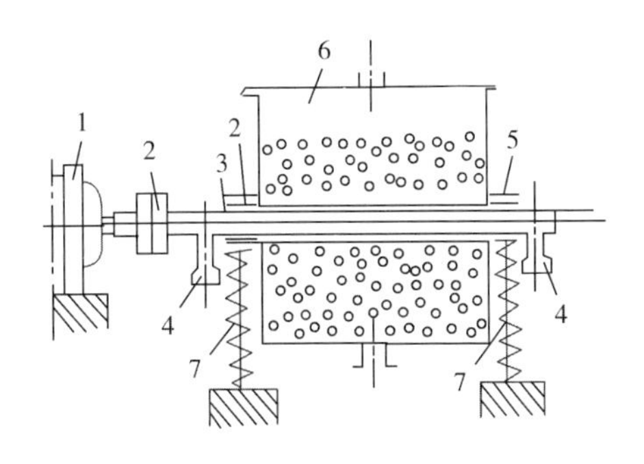

图2-10　振动磨的工作原理

1—电动机　2—挠性轴套　3—主轴　4—偏心重锤　5—轴承　6—筒体　7—弹簧

在振动磨中，研磨介质的运动是实现超微粉碎的关键。除高频振动产生的作用力外，就磨介整体来说还有一种与振动轨迹方向相反的转动（公转），转动的频率大致等于振动频率的1%。也就是说，筒体内磨介的整体运动方向与主轴的旋转方向正好相反，诸如主轴以顺时针运动时磨介则以逆时针方向进行循环运动，由此产生了附加的冲击碰撞等作用力。而且，就单个磨介钢球来说，除了公转外还存在自转运动。因此，振动磨内研磨介质对物料产生的粉碎作用力来自三个方面：高频振动、循环运动（公转）和自传运动。这些运动使得磨介之间和磨介与筒体内壁之间产生剧烈的冲击、摩擦和剪切等作用力，从而在短时间内将物料颗粒研磨成细小的超微粒子。

振动磨有间歇式和连续式之分，工业化应用的一般都是连续式，图2-11所示为一种连续式振动磨的外形结构。振动磨有上下安置的两个管形筒体，筒体之间由2~4个横构件连接，横沟件由橡胶弹簧支承于机架上，在横构件中部装有主轴的轴承，主轴上固定有偏心重块，电动机通过万向联轴器驱动主轴。小型振动磨有两个偏心重块，大型的有4个偏心重块，每个偏心重块各由两件组成，可通过改变其相互间的角度来调节偏心力的大小，偏心力使管形筒体和横构件在橡胶弹簧上振动。通常进料部分和排料部分分别设于筒体两端，但也可以设置在筒体中部。物料的磨碎时间主要取决于它在筒体内经过的路程长短，这与筒体的连接系统有关。如振动磨中筒体以串联方式相连接，则物料的路程最长，适合于坚硬的、进料粒度较大或成品粒度要求很细的场合。1/4并联连接系统的物料路程最短，半并联系统次之，并联系统的物料路程较长，但短于串联系统。振动磨的连接系统一般都比较灵活，可根据需要随时更改。如要粉

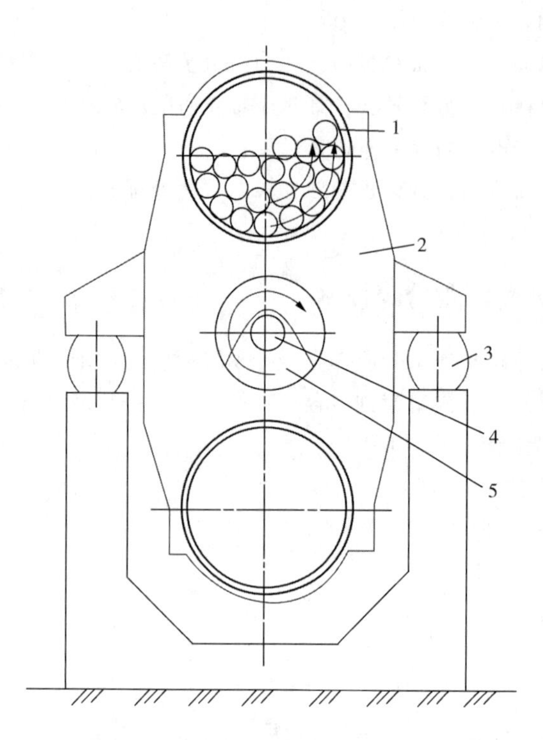

图 2-11 连续式振动磨的外形结构

1—筒体 2—横构件 3—橡胶弹簧

4—主轴 5—偏心重块

碎并混匀两种物料，还可将其中较硬的一种从筒体首端进料，较软的一种从筒体后面某一点进入。

研磨介质有钢球、钢棒、氧化铝球和不锈钢珠等，可根据物料性质和成品粒度要求选择磨介材料与形状。为提高粉碎效率，应尽量先用大直径的磨介。如较粗粉碎时可采用棒状，而超微粉碎时使用球状。一般说来，磨介尺寸越小，则粉碎成品的粒度也越小。图 2-12 所示为磨介尺寸与原料及成品粒度的相互关系。

振动磨磨介的充填率一般在 60%~80% 范围内，物料充填率（筒体内物料容积占磨介之间空隙的百分率）在 100%~130%。物料充填率与粉碎率（以单位时间内的比表面的增加来表示）之间的关系见图 2-13。由图可见，物料充填率高则粉碎率下降，但振动磨筒体内新生总表面积与粉碎率（纵坐标）和物料充填率（横坐标）的乘积成正比。物料充填率增加时，单位时间内新生的总表面在一定范围内仍是增加的。

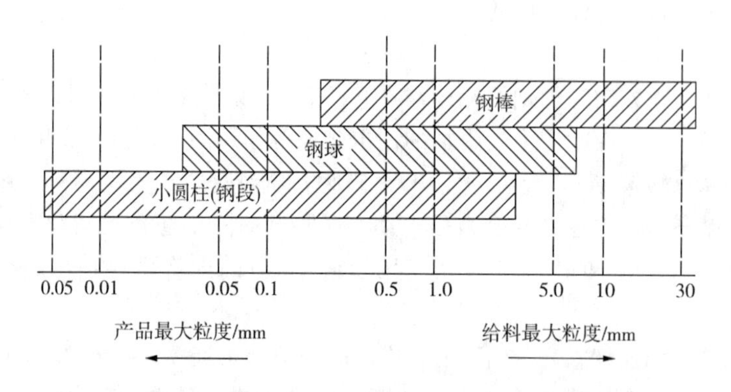

图 2-12 振动磨磨介尺寸与原料和成品粒度的关系

与工作原理有些相似的球磨机（下面讨论）相比，振动磨的特点表现在：

①研磨效率高：由于振动磨采用小直径的研磨介质，其表面积增大，所以研磨机会比旋转式球磨机增大许多倍；而且磨介装填系统（60%~80%）比球磨机（28%~45%）高，磨介冲击次数比球磨机多几万倍，磨介的冲击力也大。所以，研磨效率比球磨机高出数倍到十几倍。

②研磨成品粒径细，平均粒径可达 2~3μm 以下。

③可实现连续化生产并可以采用完全封闭式操作以改善操作环境。

④外形尺寸比球磨机小，占地面积小，操作方便，维修管理容易。

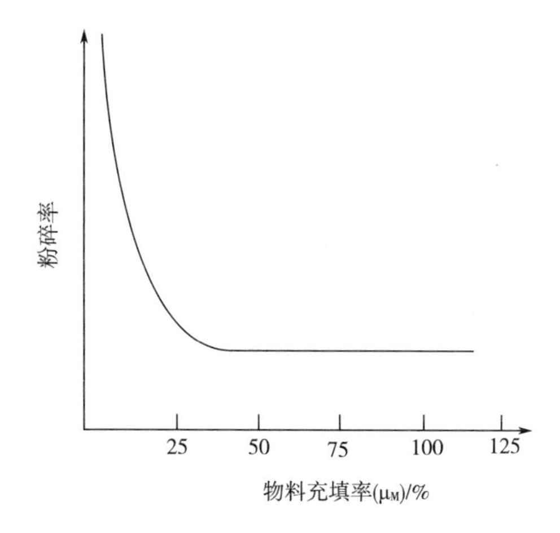

图 2-13　物料充填率与粉碎率的大致关系

⑤干湿法研磨均可。但是，振动磨运转时的噪声大，需使用隔音或消音等辅助设施。

四、旋转球（棒）磨式超微粉碎技术

旋转球（棒）磨式超微粉碎技术的原理是利用水平回转筒体中的球或棒状研磨介质，后者由于受到离心力的影响产生了冲击和摩擦等作用力，达到了对物体颗粒粉碎的目的。它与前述高频振动式超微粉碎的相同之处都是利用研磨介质实现对物料的超微粉碎，但两者在引发研磨介质产生作用力方式上存在差异。

旋转球（棒）磨式超微粉碎是一种历史比较悠久，至今仍被广泛应用的一种粉碎技术。球（棒）磨机是实现这种粉碎技术的专用设备，它的特点表现在：

①结构简单、设备可靠，易磨损的零构件的检查更换比较方便；

②粉碎效果好，粉碎比大（可达到 300：1 以上），粉碎物最小平均粒度可达到 20~40μm 以下，而且可迅速准确地加以调整粉碎物粒度；

③应用范围广，适应性强，能处理多种物料并符合工业化大规模生产需求；

④能与其他单元操作相结合，如可与物料地干燥、混合等操作结合进行；

⑤干湿法处理均可。

球（棒）磨机的缺点是：

①粉碎周期长、效率低且单位产量的能耗大；

②研磨介质易磨损破碎，简体也易被磨损；

③操作时噪声大，伴有强烈振动；

④湿法粉碎时不适合于黏稠浆料的处理；

⑤粉碎物粒度较振动磨的大，通常在 40~100μm，因此更常用于微粉碎场合。

（一）球（棒）磨机的结构

球磨机的工作部件是装有研磨介质的圆柱形筒体，如图 2-14 所示。随着圆柱筒体长度与直径比值的不同，有短筒（$L \leqslant 1.5D$）、长筒［$L=(1.5\sim3)D$］和超长筒［或称管形筒，$L=(3\sim6)D$，相应的设备称管磨机］三种。另有一种变形的锥形圆筒如图 2-14（3）所示，是由两个圆锥筒和一个中间短圆筒组成，短圆筒的长度 $L=(0.25\sim1)D$。

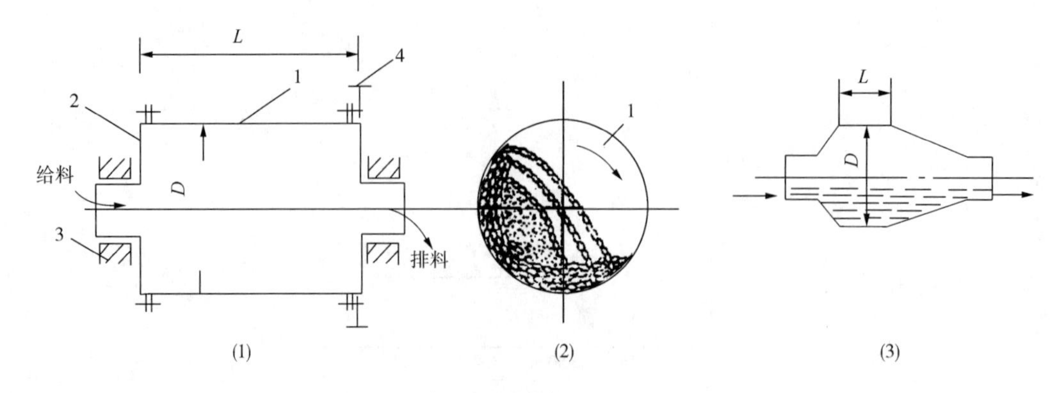

图 2-14　球磨机筒体的工作部件

1—筒体　2—端盖　3—轴承　4—大齿圈

圆柱形筒体的两端有端盖，端盖的法兰圈通过螺钉与筒体的法兰圈相连接。端盖中部有中空的圆筒形颈部称为中空轴颈，它支承于轴承上。筒体上固定有大齿圈。电动机通过联轴器和小齿轮带动大齿圈和筒体缓缓转动。当筒体转动时，磨介随筒体上升至一定高度后，呈抛物线抛落或呈泻落下滑，如图 2-14（2）所示。由于端盖有中空轴颈，物料从左方的中空轴颈进入筒体逐渐向右方扩散移动。在自左而右的运动过程中，物料受到钢球的冲击、研磨而逐渐粉碎，最终从右方的中空轴颈排出机外，如图 2-14（1）所示。物料进入筒体后即堆积于筒体左端。由于筒体的转动和磨介的运动，物料逐渐向右方扩散，最后从右方的中空轴颈溢流出去，故称为溢流型球磨机。

溢流型球磨机是应用最广泛的一种球磨机，它的整机结构如图 2-15 所示。筒体是由厚度为 5~36mm 的钢板焊成，两端有铸钢制成的端盖，端盖上的中空轴颈支承于主轴承上。筒体和端盖内壁敷设衬板，大齿圈固定在筒体上，电动机通过小齿轮和大齿圈将筒体带动，物料经给料器通过中空轴颈从左方进入筒体。筒体内装有一定质量的钢球或钢段作为磨介，物料在筒体内受到钢球或钢段的磨碎作用，并经出料端盖和中空轴颈排出机外。

筒体两端焊有法兰盘并与端盖的法兰盘连接，筒体上开有 1~2 个人孔供安装及更换衬板之用。端盖与中空轴颈通常是一个整体铸钢件，中空轴颈内装有铸铁制的进料管和出料管，进出料管与中空轴颈的配合严密并加以密封。

筒体内衬有一定形状和材质的衬板，它不仅有防止筒体受磨损的作用，而且会影响到钢球的运动规律，从而影响粉碎效率。衬板的材质有高锰钢、高铬铸铁、硬镍铸铁、中锰球铁和橡胶等。给料端的衬板厚度可大于排料端的，这有利于使小球在排料端附近聚集而大球在给料端附近聚集，从而减少小球在给料端附近的不利影响。衬板厚度通常为 50~130mm，衬板与筒体之间垫有胶合板、石棉垫或橡皮垫等以缓冲钢球和物料对筒体的冲击。

另一种球磨机称为格子型球磨机，如图 2-16 所示，它与溢流型不同之处是在排料端附近设有格子板。格子板由若干块扇形板组成，扇形板上有宽度为 8~20mm 的筛孔，物料可通过筛孔而聚集在格子板与右方端盖之间的空间内。该空间有若干块辐射状的举板，筒体转动时举板将物料向上提举，物料下落时经过锥形块而向右折转经右方中空轴颈排出。由于格子板和举板的作用，物料在排料端的料位较低，使排料加快生产量提高。

格子型球磨机的整机结构与溢流型的很相似，除了增加正常用高锰钢制造的排料格子板之

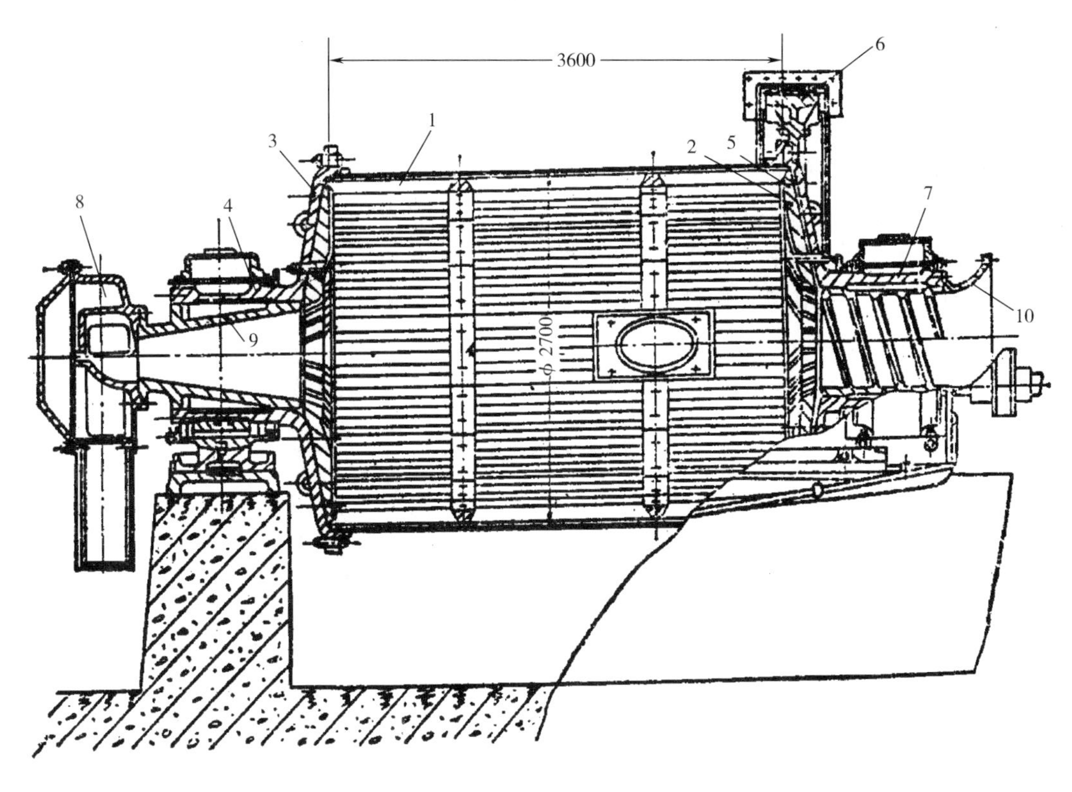

图 2-15　溢流型球磨机

1—筒体　2、3—端盖　4—主轴承　5—衬板　6—大齿圈　7—小齿轮　8—进料器　9、10—中空轴颈

外，溢流型球磨机内物料在排料时的料位，取决于排料端中空轴颈的直径，通常比格子型球磨机在排料端的料位高，这使溢流型球磨机不如格子型球磨机通畅，某些已经达到磨碎细度的颗粒不能及时排出，造成过度粉碎以及能耗和钢耗的增加。但另一方面，由于料位较高，钢球对物料的冲击和研磨作用减缓，在有些情况下有利于粉碎。

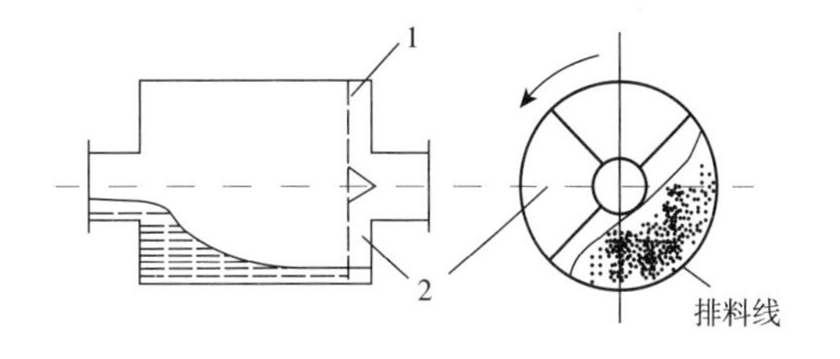

图 2-16　格子型球磨机工作原理

1—格子板　2—举板

球磨机常用的研磨介质有钢球（相对密度7.8）、氧化锆球（相对密度5.6）、氧化铝球（相对密度3.6）和瓷球（相对密度2.3）等，有时也用无规则形状的鹅卵石或燧石等。磨介材料的相对密度大，则球磨机的产量大粉碎效率高，相对密度较低会使产量与效率降低。研磨介质的大小，则会直接影响球磨机的粉碎效果和成品颗粒的粒度大小。若用直径50~100mm的钢棒代替上述钢球作研磨介质，则成为棒磨机。棒磨机筒体长度与直径的比值一般为1.5∶1~2∶1，不用格子排料型而有溢流型、开口型和周边排料型等形式。棒磨机与球磨机相比，冲击力和摩擦力仍是粉碎的主要作用力，但因转速比通常选取的较小，冲击力的作用减小。棒磨的特点是棒与物料的接触是线接触而不是点接触，故在大块和小块的混合料中大块料先受到粉碎，这样粉碎较均匀且过度粉碎较少。而且因为棍

棒重量大，对于黏结性物料，不像小球那样易被物料黏成一团而失去粉碎的作用，故适合于用来处理潮湿黏结性的物料。

溢流型棒磨机的结构与同型球磨机很相似，不再赘述。图 2-17 所示为开口型棒磨机，它的进料端和中空轴颈与一般棒磨机或球磨机的相似，但排料端无中空轴颈，端盖只有一个直径较大的孔，筒体在排料端附近有轮圈，轮圈由两个托轮支承。在排料端有个锥形盖，通过一对铰链装在独立的机架上，粉碎产品通过锥形盖与筒体之间的圆周间隙排出。

周边排料型棒磨机除常见的端部周边排料型外，还有中部周边排料型，即物料从筒体两端的中空轴颈进入而排料在筒体中部。两端进入的物料使钢棒张开，但钢棒与钢棒之间保持平行，物料运动快、排料通畅且过粉碎少。

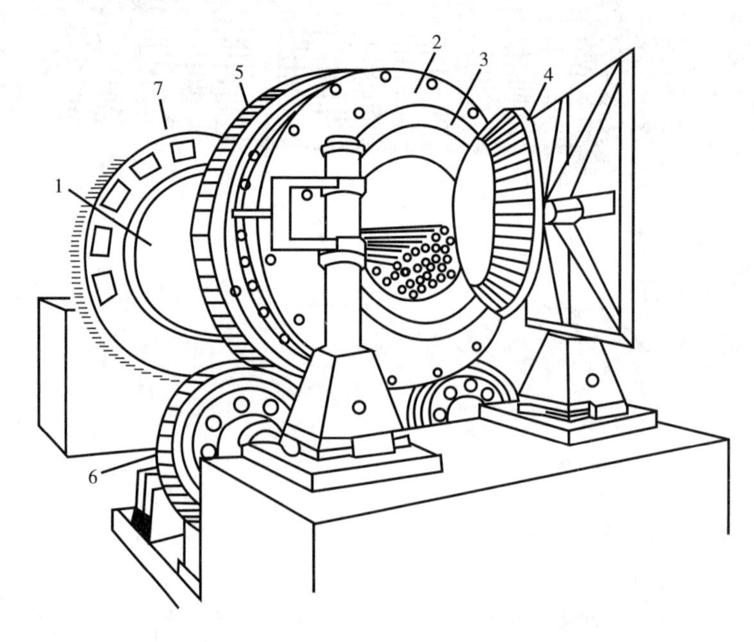

图 2-17　开口型棒磨机

1—筒体　2—端盖　3—排料环　4—锥形盖　5—轮圈　6—托轮　7—大齿轮

棒磨机筒体由厚度为 9.5~64mm 的钢板制成，端盖通常是铸钢的，中空轴颈与端盖铸成一整体，利用螺钉与筒体的法兰连接。端盖也有用钢板压制成型，与筒体焊接在一起；中空轴颈是单独的部件，用螺钉与焊在端盖上的环形体相连；在筒体上还焊有一个环形体，为固定大齿圈之用。锥形端盖与钢棒之间有截面为三角形的月牙形空间，此空间可以堆积一些物料便于物料进入钢棒之间的空隙或排出机外。因中空轴颈的直径较大，工人可通过中空轴颈进入筒体进行检修和更换衬板等，故不需另设人孔。

（二）球（棒）磨机技术参数的确定

需确定的球（棒）磨机技术参数主要包括转速、磨介充填率和磨介尺寸大小三种，另外干法处理时对物料水分含量和湿法处理时对浆料浓度也应仔细控制好。

1. 转速

球磨机筒体内装有很多小钢球，筒体转速适当时，呈月牙形的整体磨介随磨碎机筒体升高至与垂线成 40~50°后，磨介一层层地往下滑滚，如图 2-18（1）所示，这种状态称为泻落。

当转速提高，磨介随筒体提升至一定高度后，磨介将离开圆形运动轨道而沿抛物线轨迹呈自由落体下落。这种运动状态称为“抛落”，如图 2-18（2）所示。沿抛物线轨迹抛落的磨介，对筒体下部的钢球或筒体衬板产生冲击和研磨作用，使物料粉碎。随着转速的进一步提高，离心力使磨介停止抛射，整个磨介形成紧贴筒体内壁的一个圆环随着筒体内壁一起旋转，这种运动状态称为“离心状态”，如图 2-18（3）所示。这时粉碎作用完全停止，在实际操作中毫无意义。因此，球磨机的转速是有限的。

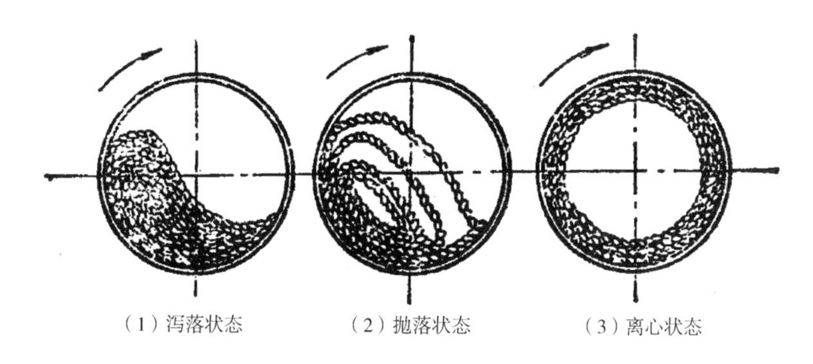

图 2-18　球磨机筒体内研磨介质的三种运动状态

球磨机在上述有效粉碎操作范围内的极限转速称为临界转速。当筒体以临界转速（或以上）旋转时，磨介的运动处于离心状态。经推导，临界转速的计算式为：

$$n_c = \frac{42.3}{\sqrt{D}} \tag{2-3}$$

式中　n_c——临界转速，r/min

D——转筒直径，m

球磨机的实际工作转速（n）与临界转速（n_c）之比称为转速比（P）。根据筒体内全部钢球（称为球荷）的最大抛射功，可从理论上推导出最佳 P 值为 0.88。但这是在理想状态下的计算结果，实际生产时的取值范围在 0.65~0.85，特别是在 0.65~0.78 较多。当筒体直径较大以及微或超微粉碎时取下限，当筒体直径较小及较粗粉碎时取上限，而且，转速比与磨介的充填率（U_M）也有关系。为保证内层钢球能抛落，当磨介充填率增大时转速比应增加，如 U_M = 46%~50%时相应的 P 值取 0.80~0.82。棒磨机的转速比通常取值较低，在 0.60 左右，此时磨介钢棒的运动形式以泻落式为主。

转速比对衬板磨损的影响比较复杂，一方面转速比的增加将使球荷的冲击力及衬板磨损增加，另一方面转速比增加将减少球荷与衬板间的相对滑动，使衬板的磨损减少。装有较光滑衬板的球磨机，其转速比可较具有较高凸起压条的衬板的球磨机高。球磨机的产量可在一定范围内随转速率的增加而增加，但是比能耗往往也同时增加。

应当指出的是，式（2-3）在推导时作了一些理想化的假设，如设定球荷与筒体之间没有滑动。当球磨机筒体内的衬板突起较高、磨介充填率也较高时，这种假设还比较符合实际。但若采用光滑衬板且钢球充填率较低时，球荷与筒体之间将发生相对运动，使球荷的实际转速低于筒体的转速。因此，即使球磨机的转速达到甚至略超过临界转速，球荷的转速却有可能低于离心状态化时的转速。由于这种相对滑动，球磨机的工作转速甚至可选择大于临界转速，称为

“超临界转速”的工作制度。它在一定条件下能提高球磨机的生产量，但衬板的磨损荷比能耗增加。这时，粉碎作用不仅来自钢球的抛射、冲击与研磨，而且来自最外层钢球与筒壁以及各层钢球之间由于相对运动所产生的研磨与压碎。

2. 磨介充填率

磨介充填率，是指球（棒）磨机内研磨介质所占的截面面积与筒体截面面积的百分比值。在一定条件下，磨介充填率提高则进行粉碎的有效钢球数目增加，球磨机粉碎物料的能力也得以相应提高。

但如果磨介充填率过高的话，在抛射钢球的落点处钢球堆积较多，这对减缓钢球的冲击力导致粉碎效率降低能耗上升。而且，提高磨介充填率将使内层钢球数量增多，而内层钢球的粉碎作用力往往较轻。此外，对于溢流型球磨机来说，磨介充填太多有可能从中空轴颈处排出。有鉴于这些原因，球磨机内磨介充填率是有限度的，一般不超过50%。

干法粉碎时，由于混合于磨介之间的物料使磨介膨胀，物料易受磨介的阻碍使得轴向流动性较差，因此充填率不宜太高，通常在28%～35%范围内。湿法粉碎时，溢流型球磨机取值40%，格子型球磨机取值40%～45%（以45%居多）。棒磨机中的钢棒充填率，干法粉碎时取35%，湿法取35%～40%。

根据磨介充填率计算磨介装入量时，磨介的松容重可按下列数值近似选取：锻钢球 $\gamma=4.5\sim4.8t/m^3$，铸钢球 $\gamma=4.35\sim4.65t/m^3$，钢棒 $\gamma=6\sim6.5t/m^3$。

3. 磨介尺寸

研磨介质的尺寸大小，直接影响着球（棒）磨机的粉碎效率和成品粒度。进料颗粒粗，则配置的磨介尺寸也大，这样产生的冲击和摩擦等作用力大，有利于提高产量，但粉碎物成品的粒度也大。进料颗粒细，配置的磨介尺寸也相应减小，这样粉碎物成品的粒度小，粉碎效果好。除了进料粒度和成品粒度外，还应考虑到筒体直径和转速比、衬板的寿命和钢球的价格等因素。

在实际应用的球（棒）磨机内，将各种尺寸的钢球或钢棒按一定比例配合以达到最佳的优化组合。通常的情况是，粉碎物成品的粒度要求越细，筒体直径越大，配比时小钢球的比例越大。小钢球对筒体衬板的磨损小，但价格高，使用寿命较短。相反，大钢球对物料的冲击和摩擦力大，使用寿命长，且价格低；但同样重量下大钢球的数目和对物料的粉碎次数比小钢球的少，比表面积小，对筒体衬板的磨损大。

4. 物料的水分

球（棒）磨机干法工作时对物料的水分比较敏感，一般应小于2%，以防粉末粘连。对于干燥和粉碎相结合的操作，物料水分可达5%或更高些。

湿法粉碎时，料浆过浓的话会使磨介表面粘上一层较厚的料浆，减弱磨介的冲击力和研磨力，料浆相对密度增加使钢球的浮力增大，有效相对密度减小；如过稀则黏附于磨介表面的料浆太少，导致产量和磨碎效率下降，且由于细粒沉降较快而产生过粉碎。球磨机料浆的固形物含量通常在60%～82%（多数在65%～78%），粗磨时取上限，细磨时取下限。棒磨机料浆固形物含量通常为70%，最高不超过78%～80%。

五、 超微粉碎技术在食品工业中的应用

功能性食品是强调其成分能对人体能充分显示身体防御功能，具有调节生理节律、预防疾

病和控制康复等有关功能的工业化食品。功能性食品真正起作用的成分称为生物活性成分，富含这些成分的物质即称为生物活性物质。

生物活性物质是产生功能性食品的关键。随着科学技术的发展和科学研究的深入，被揭示出的生物活性物质将会逐渐增多。就目前而言，确认具有生物活性的配料包括膳食纤维、真菌多糖、功能性低聚糖、多不饱和脂肪酸酯、复合脂质、油脂替代品、维生素、微量活性元素、活性肽、活性蛋白质和微生态制剂等十多类。超微粉碎技术在很多生物活性物质（如脂肪替代品、膳食纤维等）的生产上发挥重要的作用。

（一）超微粉碎技术在脂肪替代品生产中的应用实例

有一类以蛋白质微粒为基础成分的脂肪替代品，就是利用超微粉碎技术（微粒化）将蛋白质颗粒粉碎至某一粒度。因为人体口腔对一定大小和形状颗粒的感知程度有阈值，小于这个阈值时颗粒状就不会被感觉出，于是呈现出奶油状、滑腻的口感特性。利用湿法超微粉碎技术将蛋白质颗粒的粒径降至低于这一阈值，便得到可用来代替油脂的功能性食品基料。如美国NutraSweet公司推出的Simplesse产品，就是以牛乳和鸡蛋白为原料，先经过热处理使两种蛋白质发生一定程度的变性，之后通过很强烈的湿法超微粉碎使蛋白颗粒大小降至0.1~2μm，这样的粒度人体口腔不会感知出颗粒的存在，同时这样细小的球形蛋白微粒之间还易发生滚动作用，增强了类似脂肪滑腻柔和的口感特性。此外，Simplesse还包含其他一些成分如乳糖、柠檬酸、乳化剂和复合抗絮凝剂（卵磷脂、黄原胶、麦芽糊精或果胶），这些组分的共同作用使产品更具良好的物化和口感特性。

Simplesse的能量值为5.43kJ/g。对初始原料蛋白可预先除去所含的胆固醇和脂肪，这更提高了它在功能性食品或低能量食品中的可用性。美国食品与药物管理局（FDA）已于1990年6月批准Simplesse的使用，之后日本和欧洲部分国家也相继批准使用。Simplesse的主要缺点是耐热不稳定，易受热变性而丧失滑腻的口感，主要用在不需高温处理的食品中。

（二）超微粉碎技术在膳食纤维生产中的应用实例

膳食纤维是一种重要的功能性食品基料，它所具的生物功效概括起来有：

①使粪便软并增加其排出量，起到预防便秘、结肠癌、肠憩室、痔疮和下肢静脉曲张的效果；

②降低血清胆固醇，预防由冠状动脉硬化引起的心脏病；

③改善末梢神经组织对胰岛素的感受性，能调节糖尿病人的血糖水平；

④是一种无能量填充料，能降低肥胖症风险；

⑤膳食纤维的缺乏或不足还与阑尾炎、间歇性疝、胆结石、肾结石、膀胱结石、十二指肠溃疡、溃疡性结肠炎和乳腺癌等疾病的发病率与发病程度有很大的关系。

因此，增加膳食中纤维的摄入量已成为西方国家为提高自身健康而采取的一项重要措施。在我国，由于膳食下平衡或营养过剩造成的文明病已经出现，这种情况在经济比较发达的沿海城市尤显得严重。因此，膳食纤维作为一种功能性食品基料已引起我国各界人士的广泛关注和普遍重视。

自然界中富含纤维的原料很多，如小麦麸皮、燕麦皮、玉米皮、豆皮、米糠、甜菜渣和蔗渣等均可用来生产膳食纤维添加剂。以南方蔗渣为例，其生产工艺包括原料清理、粗粉碎、浸泡漂洗、异味脱除、二次漂洗，漂白脱色、脱水干燥、微粉碎、功能活化和超微粉碎等主要步骤。

取材于甘蔗制糖厂的蔗渣，受原料甘蔗本身及贮放环境的干净程度和搬移过程中可能带来的污染情况，所能得到的蔗渣往往混杂着石块、泥块、粉尘、金属屑与蔗皮等各种杂质。因此，加工前的原料清理显得很重要，可使用的清理手段包括筛选、风选和磁选等。筛选是一种最常用的清理方法，配合大小孔径的两级筛选法，除去较小孔径的筛下物（小杂质、石块等），和较大孔径的筛上物（蔗皮、大杂质等）即可得到基本干净的蔗渣原料。如原料中粉尘和轻杂含量较多因而筛选法没能除尽，可进一步采用风选予以去除。磁选法是利用永久磁铁或电磁铁吸附磁性金属轻质并加以除去，可根据原料金属杂质的含量多少决定使用与否。

清理后的原料用粉碎机进行粉碎，粗碎蔗渣粒径控制在1~2mm，不可太细以利于后道处理的顺利进行：浸泡漂洗的目的在于软化蔗渣纤维，洗去残留在蔗渣上的可溶性糖分，浸泡时要不时搅拌，以利于残留糖分的溶出。浸泡操作的影响参数有加水量、浸泡水温和时间，加水量调节在蔗渣浓度10%~20%范围内。温度和时间应仔细控制，浸泡水温过高时间过长会造成可溶性纤维的损失，反之则起不到作用。通常的水温最高不要超过40℃，时间为8~10h。

异味脱除是制备膳食纤维的关键步骤之一。蔗渣带有明显的异味，不加以脱除会给应用带来诸多不便。异味脱除的方法很多，诸如加碱蒸煮法、加酸蒸煮法、减压蒸馏脱气法、高压湿热处理法、微波处理法、已烷或乙醇等有机溶剂抽取法和添加香味料的掩盖法等。这些方法中，以加碱蒸煮法、减压蒸馏脱气法和高压湿热处理法的效果较好，加酸蒸煮法会使产品纤维色泽明显加深、纤维成分分解损失严重，因此不宜使用。

试验表明，加碱蒸煮法是脱除蔗渣异味的最简便方法，可使用的碱包括NaOH、KOH、$Ca(OH)_2$、Na_2CO_3、和$NaHCO_3$等。不同的碱对碱浓度与蒸煮时间有不同的要求，如对NaOH来说，碱浓度调节在0.5%~2%范围内，时间维持10~30min。

漂白脱色是制备蔗渣纤维的主要步骤之一，因为蔗渣本身带来较深的色泽，经碱煮后色泽更深，不进行脱色就无法在食品中使用。可使用的脱色剂包括H_2O_2或Cl_2等，使用H_2O_2漂白的参考参数是100mg/kg、30~100min。脱色时的温度应仔细调节，温度过高会引起H_2O_2分解而起不到脱色效果，温度过低则脱色时间延长且效果也不好。

经上述处理后的蔗渣通过离心或过滤后可得浅色湿滤饼，干燥至含水率为6%~8%后进行微粉碎，以扩大纤维颗粒的外表面积，然后进行功能活化处理。活化处理是制备高活性多功能膳食纤维的关键步骤，也是最难最能体现技术水准的一步。它包括两方面的内容：

①膳食纤维内部组成成分的优化与重组；

②膳食纤维分子内某些活泼基团的包囊，以避免这些活泼基团与矿物元素相结合，影响人体内的矿物代谢平衡。

只有经过活化处理的膳食纤维，才算得上生物活性物质，可在功能性食品中使用。没有经活化处理的膳食纤维，充其量只能属于无能量填充料。经过功能活化处理的蔗渣，需要的话再经干燥处理，然后用气流式超微粉碎机进行粉碎并过筛，即得高活性蔗渣纤维产品，外观呈白色。整个处理过程的膳食纤维干基总得率为75%~80%。

这样制得蔗渣纤维粉，其总膳食纤维含量很高，干基含量高达91.8%，比西方国家最常用的小麦麸皮纤维含量（47.09%，干基）要高出一倍以上。因此是一种很好的膳食纤维原料。

膳食纤维的持水力和膨胀力，除与出发纤维源（原料）和膳食纤维的制备工艺有很大关系外，还与终产品颗粒的粒度有关。超微粉碎技术在高活性膳食纤维制备过程中发挥重要的作用。

第二节　冷冻粉碎技术

冷冻粉碎技术是利用冷冻与粉碎两种技术相结合，使食品原料在冻结状态下进行粉碎制成干粉的技术。冷冻粉碎突破了常规粉碎工艺的局限性，使得粉体加工食品的制造技术得到了重大改进。

一、冷冻粉碎原理

常温固体的粉碎效果，在很大程度上受到物料性质及粉碎机类型的影响。例如：对于含油、水分较多的食品，粉碎后会因微粒化产生粉粒凝集，造成粉碎机的堵塞，生产能力下降。此外，粉碎中所投入能量的大部分因转化为热能，而以热的形式散发，这一点对于热敏性食品极为不利，常常造成食品的变质、熔解、黏着，导致生产能力下降。但如果预先将待粉碎的材料冷却冻结到脆化点以下，就可以利用其低温脆性轻而易举地使物料粉碎，从而避免了上述问题的发生。

冷冻粉碎与常温粉碎相比具有如下优点：

①可以粉碎常温下难以粉碎的物质；

②可以制成比常温粉粒体流动性更好，粒度分布更理想的产品；

③不会发生常温粉碎时因发热、氧化等造成的变质现象；

④粉碎时不会发生气味逸出、粉尘爆炸、噪声等。

这些优点使得该技术特别适用于由于油分、水分等缘故很难在常温中微粉碎的食品或者在常温粉碎时很难保持香味成分的香辛料。

（一）食品冷冻后性质的变化

食品原料经冷冻后会发生物理、化学、组织上的一系列变化，这里仅讨论与粉碎有关的性质变化。

1. 内压的产生

食品中水分冻结成冰后，体积约膨胀 8.7%，虽然冰的温度下降，也导致体积收缩（冰的温度每下降 10℃，体积收缩 0.0165%），但膨胀的倍数远大于收缩的倍数。由于物料在冷冻时，水分从表面向内部冻结，内部水分的冻结膨胀会受到外面冻结层的阻碍，于是产生内压，冻结速度越快，内压越大，当压力超过外层的承受能力时则会发生破裂。此外，在食品液相内溶解的气体成分也会膨胀数百倍，这些均会使食品材料组织受到损伤。

2. 体液的流失

当温度升高时，冷冻食品中的冰结晶溶化成水。有时根据周围组织细胞的状态，不能分散到原处，而成液滴流出。食品的含水量越高，物理变化越大，流失就越严重。由于冷冻粉碎所处理的食品通常含水率很高，而且经过机械粉碎，组织破坏严重，因而粉碎刚结束时尚为低温的粉末，当温度上升后就会变成浆状，因此有必要经过冷冻干燥处理（有关冷冻干燥的内容详见第三章）。

3. 浓缩与水分蒸发

食品中水分的冻结会造成未冻部分浓度升高，冻结点下降，理论上每升高 1mol/L，冰点下降1.86℃，此外因冰的升华作用致使表面水分蒸发，这对于冻结粉碎后的干燥处理是有利的。

（二）制冷剂的选择

理想的制冷剂应具备沸点低，单位容积制冷能力大；安全性强；不会燃烧、爆炸；无腐蚀性；无毒无刺激味；处理方便；直接接触食品时，不影响食品的组成和品质；以及价格低廉等特点。但完全满足上述要求的制冷剂是没有的。用于冷冻粉碎的制冷剂，因为要使材料深度冷冻，除了上述要求外，还必须具有较低的沸点，所以以低温液化气体为宜。表2-2列出了一些低温液化气体的物理性质。

比较这些气体，NH_3和F-12虽然是目前广泛使用的制冷剂，但制冷的温度尚不能满足冷冻粉碎的要求，NH_3还具有强烈的刺激性，对人体有害，对铜有强烈的腐蚀作用。CO_2的缺点是临界温度低而凝固温度较高。氩、氖、氦为稀有气体来源受到限制。甲烷、乙烯、氢等使用安全性差，遇火易燃烧或发生爆炸。相比之下氮占空气组分的78%，来源丰富，化学惰性，常压下液氮的蒸发温度为-196℃，无毒，因而成为超低温速冻的理想制冷剂。

表2-2　低温液化气体的物理性质

气体	沸点/℃	熔点/℃	临界温度/℃	临界温度/MPa	液体相对密度
F-12	-29.8	-158.0	112.0	4.1	—
NH_3	-33.4	-77.7	132.4	11.5	—
CO_2	-78.9	-56.6	31.0	7.5	—
乙烯	-103.7	-169.2	9.3	5.0	—
甲烷	-161.6	-182.7	-82.7	4.6	0.425
氧	-183.0	-218.9	-118.4	5.0	1.14
氩	-185.7	-189.2	-122.0	4.8	1.402
氖	-245.9	-248.7	-228.7	2.7	1.204
氢	-252.8	-259.1	-240.2	1.3	0.071
氦	-268.9	-272.2	-267.9	2.3	0.125
氮	-195.8	-209.9	-147.1	3.4	0.81

二、冷冻粉碎设备

冷冻粉碎装置一般由制冷剂供给装置（液氮箱）、原料冷冻箱、供给箱、低温粉碎机、产品收集器、显热回收装置等组成（图2-19）。

（一）液氮箱

作为冷冻粉碎的制冷剂——液氮贮存在液氮箱中，在操作过程中，一部分提供给冷冻箱使待粉碎原料充分冻结，另一部分提供给低温粉碎机，以维持粉碎机的设定温度。例如-100℃，使得冻结原料的粉碎始终在低温，惰性条件下进行。经过上述过程，液氮变成低温氮气先经旋风分离器与原料粉末分离，再经气体压缩机压缩后，分成三路，一部分进入粉碎机内循环使用；另一部分进入冷冻箱使原料预冷，这样做的目的是充分回收利用氮气的显热，还有一部分同冷冻箱放出的氮气一起排入大气。

（二）粉碎机

用于固体粉碎的设备种类很多，如用作粗碎的颚式压碎机、回转压碎机，用作中细碎的滚

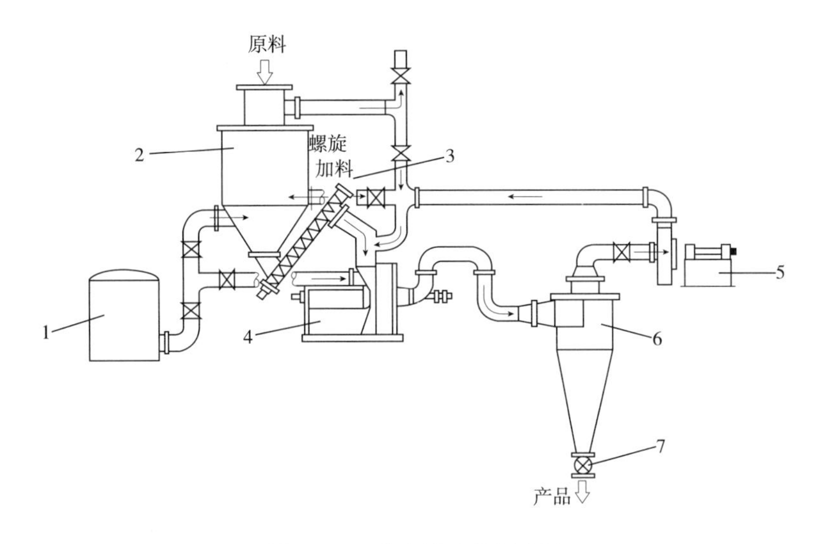

图 2-19　冷冻粉碎设备流程

1—液氮箱　2—冷冻箱　3—螺旋　4—超低温粉碎机　5—气体压缩机　6—旋风分离器　7—旋转阀

筒轧碎机、锤式粉碎机和盘击式粉碎机等，用作超微粉碎的气流粉碎机、球磨机等。粉碎机的结构不同，其产生的主要粉碎力和用途就各不相同。这方面内容，详见本章第一节。

1. 滚筒轧碎机

滚筒轧碎机是利用一只或一只以上滚筒的旋转进行轧碎操作的设备。图 2-20 所示为双滚筒轧碎机结构示意图。操作时，两滚筒旋转方向相反，物料从上部两滚筒之间加入，被其间的摩擦力所挟持而拖曳至下方。同时受到挤压力而被粉碎，从下方落下。物料所获得的粉碎鼻与开度（两滚筒间的最小距离）有关。

2. 锤式粉碎机

如图 2-21 所示，锤式粉碎机主要适用于中等硬度和脆性物料的中间粉碎，粉碎力以冲击力为主，也有摩擦力。锤式粉碎机的主轴上装有几个钢质圆盘，盘上又装有硬钢锤头，当锤头以 40~100m/s 的圆周速度高速旋转时，就以很大的力量撞击物料使之粉碎。经粉碎后的物料，从装在机壳上的格栅缝隙卸出，调节缝隙的开度可以限定一定的粉碎比。

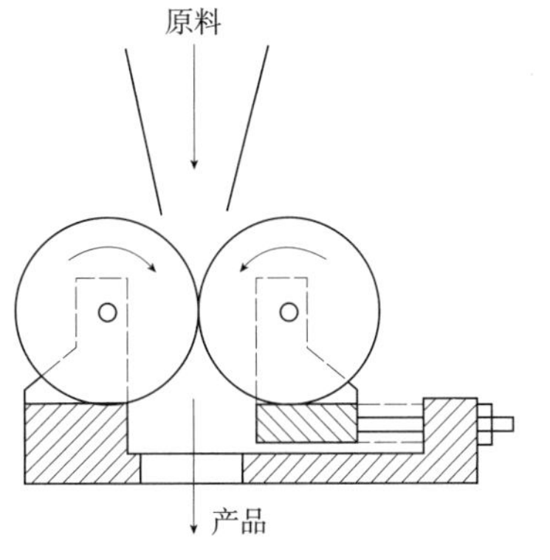

图 2-20　双滚筒轧碎机结构

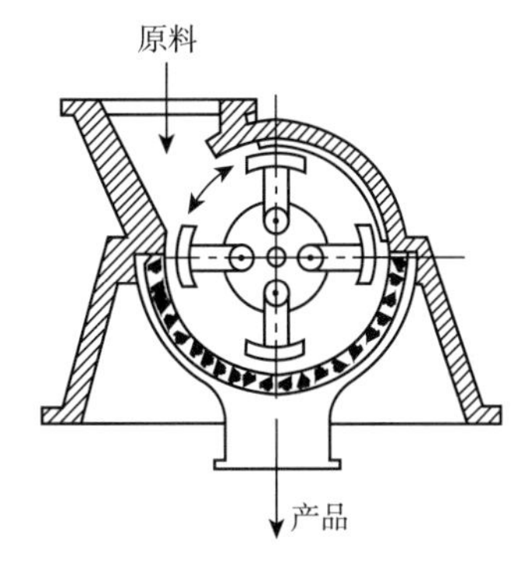

图 2-21　锤式粉碎机结构

3. 盘式粉碎机

如图 2-22 所示，盘式粉碎机主要适用于软性物料的极细粉碎。主要粉碎力为摩擦力和挤压力。盘式粉碎机为轴向进料，进入的物料在两盘间沿径向通过。两盘的转速和盘间距可以调节。由于盘面的速度差和两盘间的压力产生摩擦和挤压作用将物料磨碎。

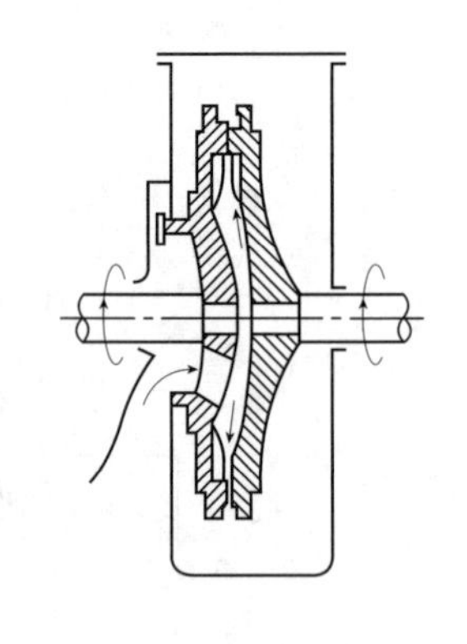

图 2-22 盘式粉碎机结构

由上述内容可知，只有根据物料的性质，选择适合的粉碎机类型，才能发挥粉碎效果。表 2-3 列出了一些粉碎机类型与用途。

表 2-3 食品用粉碎机的选择

粉碎力	粉碎机	特点	用途
冲击剪切	锤式粉碎机	适于硬或纤维质物料的中、细碎，要产生粉碎热	玉米、大豆、谷物、地瓜、地瓜子、油料榨饼、砂糖、干蔬菜、可可、香辛料、干酵母
	盘击式粉碎机	适于中硬或软质物料的中、细碎、纤维质的解碎	
	胶体膜（湿法）	软质物料的超微粉碎	乳制品、奶油、巧克力、油脂制品
挤压剪切	辊磨机（光辊或齿辊）	由齿形的不同适于各种不同用途	小麦、玉米、大豆、油饼、咖啡豆、花生、水果
	盘磨	可以在粉碎的同时进行混合，制品粒度分布宽	食盐、调味料、含脂食品
	盘式粉碎机	干法、湿法都可用	谷类、豆类
剪切	滚筒压碎机	用软质的中碎	马铃薯、葡萄糖、干酪、肉类、水果
	斩肉机 切割机	软质粉碎	
冲击	研磨机	小规模用	大米

4. 冷冻粉碎机

对于低温粉碎而言，材料经冷冻脆化，粉碎应采用主要产生冲击力的粉碎机为宜。图 2-23 所示为一种冷冻粉碎机的结构。机内的分级装置，决定了产品的粒度。

（三）附属设备

为了防止冷冻粉碎后因温度升高造成粉体的黏结、浆化、可以将冷冻粉碎机与冷冻干燥机联结起来连续制造干粉，见图 2-24。

三、 冷冻粉碎技术在食品工业中的应用

由于冷冻粉碎技术可以粉碎常温粉碎难以奏效的物质，如含水分或油分多的食品。而且在处理过程中原料处在低温状态和惰性介质中有效地抑制了芳香成分的挥发和物质的氧化变质。因而制得的粉体品质优良，适用于配制工程化食品和保健食品，以满足各种高质量的营养强化

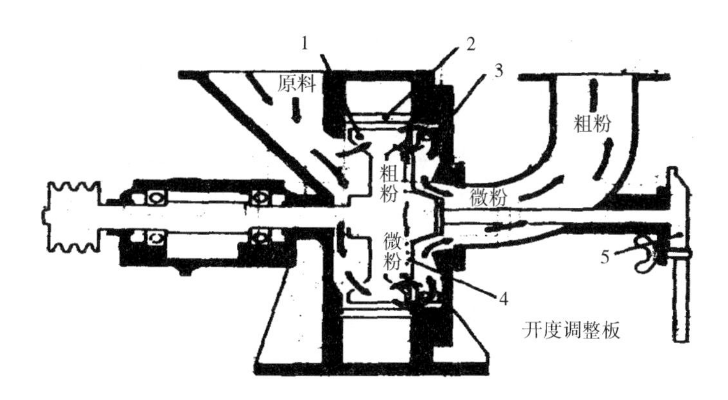

图 2-23　冷冻粉碎机结构

1—叶片　2—底垫　3—导向叶片　4—缝隙　5—手柄

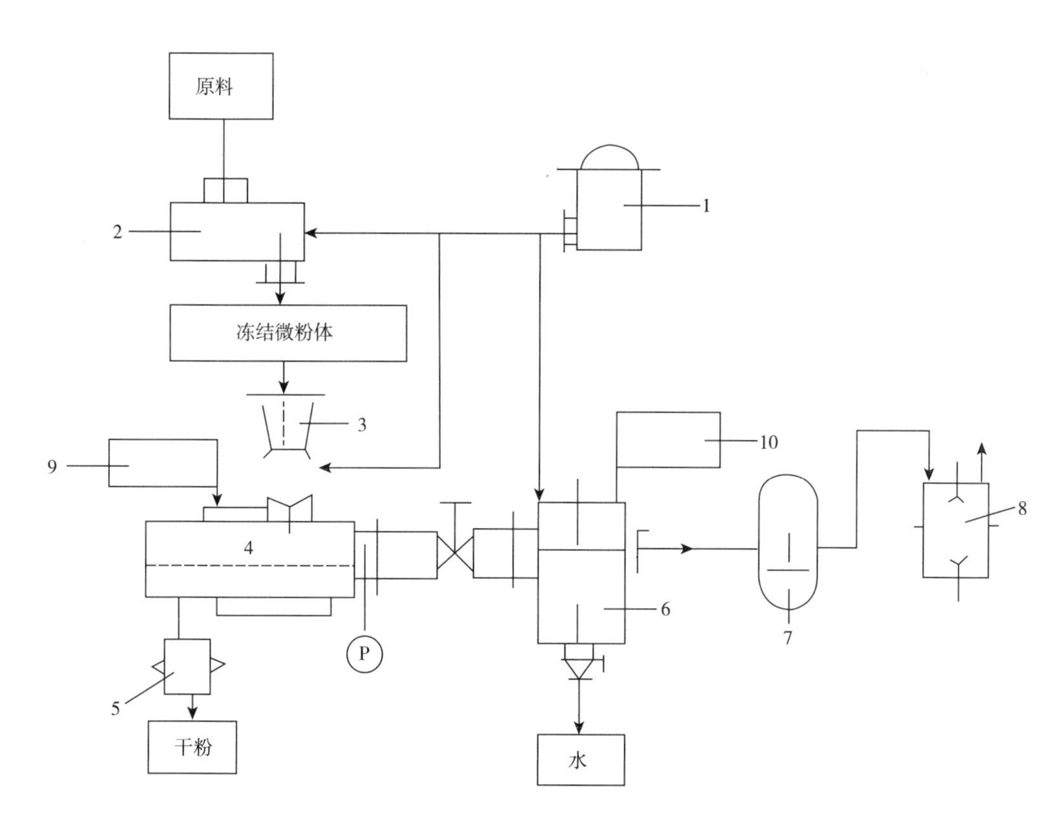

图 2-24　连续冷冻干燥机工作流程

1—液氮箱　2—低温粉碎机　3—真空供给机　4—连续冷冻干燥机　5—真空出粉机
6—冷凝槽　7—机械升压机　8—旋转式真空泵　9—加热器（供给升华热）　10—加热器（解冰）

剂、调味料、增香剂等的需要。

（一）冷冻粉碎技术在谷物加工中的应用

谷类食品随着粉碎温度的降低，产品粒度更细，呈干粉状态，使用方便（表 2-4）。以米的粉碎为例，米粒经冷冻粉碎后得到的米粉，粒度细，吸水性强，品质优良，可制成新型米粉。但是，如果在相同的粉碎温度下，单位动力的处理量增高，筛下通过率降低，粒度增大。

表 2-4 谷类冷冻粉碎制品

原料	粉碎温度/℃	处理能力/（t/J）	液氮量/（kg/kg 原料）	原料粒度/350 目质量分数/%	常温状态
糙粳米	-100	5.1	1.9	85.7	干粉状
精粳米	-40	3.0	2.2	91.0	干粉状
精糯米	-100	2.4	2.8	97.5	干粉状
小麦	-80	5.3	1.4	92.0	干粉状

（二）冷冻粉碎技术在水产畜产品加工中的应用

将一些水产品，畜产品经冷冻干燥后，不仅可制成营养价值高的功能性食品，而且可以将一些下脚料经加工作为资源回收利用。例如，将鳖、贝类、鱼类制成干粉出售；将动物的皮、腱、蹄壳或内脏等制粉用作营养强化剂、增剂等添加剂；用鱼贝干粉与水果蔬菜和香料的粉末制成无腥鱼粉等。表 2-5 所示为肉类、鱼类的冻结粉碎实例。

表 2-5 肉类、鱼类冷冻粉碎制品

原料	粉碎温度/℃	处理能力/（t/J）	液氮量/（kg/kg 原料）	粒度（网目下）	常温状态
鸡骨（生）	-100	6.4	1.7	舌感不糙	膏状
鸡骨（热）	-100	6.7	1.7	舌感不糙	膏状
牛骨（生）	-100	4.4	1.9	舌感不糙	膏状
牛骨（热）	-100	5.4	1.8	舌感不糙	膏状
牛肉（生）	-100	2.0	4.7	舌感不糙	膏状
糠虾	-100	4.1	1.7	舌感不糙	膏状
金枪鱼（头）	-100	3.6	1.8	舌感不糙	膏状
鳟鱼（头）	-100	5.8	1.6	舌感不糙	膏状
蛙鱼（头）	-100	5.1	1.7	舌感不糙	膏状
明太鱼	-100	0.4	11.0	350 目全通	膏状

（三）冷冻粉碎技术在果蔬加工中的应用

新鲜的叶菜和水果含有大量水分，冷冻粉碎后的粉状产品在常温中几乎绝大部分变成液体，因此必须进行连续冻结干燥的后处理制成干粉，这种粉体与传统加热干燥法得到的产品相比，不会变质，香味优美，见表 2-6。

表 2-6 果蔬类冷冻粉碎制品

原料	粉碎温度/℃	处理能力/（t/J）	液氮量/（kg/ kg 原料）	粒度（网目下）	常温状态
绿茶（干燥）	-100	1.4	3.3	舌感不糙	干粉
海带	-100	0.8	6.0	舌感不糙	干粉

续表

原料	粉碎温度/℃	处理能力/（t/J）	液氮量/（kg/ kg 原料）	粒度（网目下）	常温状态
橘子	-100	4.2	2.2	舌感不糙	液态
草莓	-100	2.2	3.1	舌感不糙	液态
甘薯	-100	4.3	2.0	舌感不糙	膏状

（四）冷冻粉碎技术其他方面的应用

近些年来，随着冷冻粉碎技术的不断发展，应用于食品领域的加工产品日益增多，除前面列举的三类以外，其他方面还有诸如大豆、花生、可可豆、胡椒粉、杏仁等种子类材料的冷冻粉碎，如在大豆中添加芦荟、大蒜以及有药效的植物，一起进行冷冻粉碎干燥制成具有保健功能的大豆粉、无锡轻工大学高福成等人将大蒜在低温下破碎成蒜泥，然后进行冷冻干燥、碾磨、过筛处理制得优质大蒜粉，产品不仅外观洁白、细腻，而且大蒜的主要功效成分大蒜素在贮存过程中无明显变化，显著提高了产品的耐贮藏性。

冷冻粉碎是食品加工中颇具前景的新技术，它不仅可使粉体加工食品的制造技术得到改善，而且可使新食品开发的可能性不断扩大。

第三节　微胶囊造粒技术

微胶囊是指一种具有聚合物壁壳的微型容器或包装物。微胶囊造粒技术就是将固体、液体或气体物质包埋、封存在一种微型胶囊中成为一种固体微粒产品的技术，这样能够保护被包裹的物料，使之与外界不宜环境相隔绝，达到最大限度地保持原有地色香味、性能和生物活性，防止营养物质的破坏与损失。此外，有些物料经胶囊化后可掩盖自身的异味，或由原先不易加工贮存的气体、液体转化成较稳定的固体形式，从而大大地防止或延缓了产品劣变的发生。

微胶囊粒子的大小一般都在 5～200μm，不过在某些实例中这个范围可扩大到 0.25～1000μm。当胶囊粒子小于 5μm 时，因布朗运动加剧而很难收集到。而当粒度超过 300μm 时，其表面静电摩擦系数会突然减小，失去了微胶囊的作用。微胶囊壁厚度通常在 0.2～10μm。

微胶囊可呈现出各种形状，如球形、肾形、粒状、谷粒状、絮状和块状等。囊壁可以是单层结构，也可以是多层结构；囊壁包覆的核心物质可以是单核的，也可以是多核的。

微胶囊内部装载的物料称为心材（或称囊心物质），外部包裹的壁膜称为壁材（或称包裹材料）。微胶囊造粒（或称微胶囊化）的基本原理是，针对不同的心材和用途，选用一种或几种复合的壁材进行包覆。一般来说，油溶性心材采用水溶性壁材，而水溶性心材必须采用油溶性壁材。

一、　微胶囊造粒原理

（一）微胶囊的心材和壁材

1. 心材（囊心物质）

心材可以是单一的固体、液体或气体，也可以是固液、液液、固固或气液混合体等。在食品工业上，“气体”心材可理解成香精、香料之类易挥发的配料或添加剂。由于心材的选择具有一定的灵活性，因此有可能设计出某些有特殊用途的微胶囊产品。如能控制心材释放速度的缓释产品，在医药、农药、纺织、精细化工、食品香料和防腐剂生产上特别有用，能起到节约心材使用量、延长作用时间的效果。

可以作为心材的物质很多，它在不同的行业、不同的用途中有不同的内容。如在农业方面的心材有除草剂、杀虫剂和化肥等，在化学工业方面的心材有催化剂、黏合剂、燃料、增塑剂和有机溶剂等，在医药工业的心材有阿司匹林、维生素和氨基酸等。针对食品工业，已经使用或试图使用的心材举例如下：

①生物活性物质：超氧化歧化酶（SOD）、硒化物和免疫球蛋白等；

②氨基酸：赖氨酸、精氨酸、组氨酸和胱氨酸等；

③维生素：维生素 A、维生素 B_1、维生素 B_2、维生素 C 和维生素 E 等；

④矿物元素：硫酸亚铁等；

⑤食用油脂：米糠油、玉米油、麦胚油、月见草油和鱼油等；

⑥酒类：白酒、葡萄酒和乙醇浸出液；

⑦微生物细胞：乳酸菌、黑曲霉和酵母菌等；

⑧甜味剂：阿斯巴甜、甜菊苷、甘草甜素和二氢查尔酮等；

⑨酸味剂：柠檬酸、酒石酸、乳酸、磷酸和醋酸等；

⑩防腐剂：山梨酸和苯甲酸钠等；

⑪酶制剂：蛋白酶、淀粉酶、果胶酶和维生素酶等；

⑫香精香油：橘子香精、柠檬香精、樱桃香精、薄荷油和冬青油等；

⑬其他：焦糖色素和酱油等。

2. 壁材（膜材、包囊材料、成膜材料）

对一种微胶囊产品来说，合适的壁材非常重要，不同的壁材在很大程度上决定着产品的物化性质。选择壁材的基本原则是：能与心材配伍但不发生化学反应，能满足食品工业的安全卫生要求，同时还应具备适当的渗透性、吸湿性、溶解性和稳定性等。

无机材料和有机材料均可作为微胶囊的壁材，但是最常用的是高分子的有机材料，包括天然和合成两大类。在食品工业中可使用的壁材举例如下：

①植物胶：阿拉伯胶、琼脂、藻酸盐、瓜儿胶、罗望子胶和卡拉胶等；

②多糖：黄原胶、阿拉伯半乳聚糖、半乳糖甘露聚糖和壳聚糖等。

③淀粉：玉米淀粉、马铃薯淀粉、交联改性淀粉和接枝共聚淀粉等；

④纤维素：羧甲基纤维素、羧乙基纤维素、乙基纤维素、二醋酸纤维素、丁基醋酸纤维素和硝酸纤维素等；

⑤蛋白质：明胶、酪蛋白、玉米蛋白和大豆蛋白等；

⑥聚合物：聚乙烯醇、聚氯乙烯、聚家计丙烯酸酯酯、聚丙烯酰胺和聚苯乙烯等；

⑦蜡与类脂物：石蜡、蜂蜡、硬脂酸和甘油酸酯等。

（二）微胶囊的作用和局限

经微胶囊化后，可改变物质的色泽、形状、质量、体积、溶解性、反应性、耐热性和贮藏性等性质，能够储存微细状态的心材物质并在需要时释放出。由于这些特性，使得微胶囊技术在食品工业上能够发挥许多重要的作用。

1. 改变物料的存在状态、物料的质量与体积

液体心材经微胶囊化转变成细粉状固体物质，因其内部仍是液体相，故仍能保护良好的液相反应性。部分液体香料、液体调味品、酒类和油脂等，可经微胶囊化后转变成固体颗粒，以便于加工、贮藏与运输。

微胶囊化后物料的质量有所增加，且可通过制成含有空气或空心胶囊而使体积增大。在食品加工上，这个特性有可能改善某些食品丰富配料之间的混合均匀性，缩小由于各成分间比重的差异而带来混合操作的困难。

2. 隔离物料间的相互作用，保护敏感性物料

在配料丰富的食品体系中，某些成分间的直接接触会加速不良反应的进程，如某些金属离子的存在会加速脂肪的氧化腐败，也可能影响食品的风味系统。通过微胶囊技术，可使易发生作用的配料相互隔离开。

对于一些不稳定的敏感性物料，经微胶囊化后可免受环境中湿度、氧气、紫外线等不良因素的干扰，提高了贮藏加工时的稳定性并延长产品的货架寿命。

3. 掩盖不良风味，降低挥发性

部分食品添加剂，如某些矿物质、维生素等，因带明显的异味或色泽而会影响被添加食品的品质。若将这些添加剂制成微胶囊颗粒，即可掩盖它们所带的不良风味与色泽，改善它在食品工业中的使用性。

部分易挥发的食品添加剂，如香精香味等，经微胶囊化后可抑制挥发，减少其在贮存加工时的挥发性，同时也减少了损失，节约了成本。

4. 控制释放速率

控制释放速率于20世纪50年代初始用于口服药和化学肥料等，以延长活性成分的释放时间，使其释放速率受外界环境调节。实现控制释放的方法很多，微胶囊化是其中比较重要的一种。微胶囊后，可对心材的释放时间和释放速率进行控制。

利用微胶囊控制释放的特点，用在食品工业可以滞留一些挥发性化合物，使其在最佳条件下释放。对于酸味剂来说，如在加工初始就与其他配料相混合，可能会使部分配料如蛋白质发生变性而影响产品的质地，经微胶囊化后就可控制它在需要时（如产品加工即将结束）再释放出来，这就避免它可能带来的不良影响。饮料工业上部分防腐剂（如苯甲酸钠）与酸味剂的直接接触会引起失效，若将苯甲酸钠微胶囊后可增强对酸的忍耐性，并可设计在最佳状态下释放出来发挥防腐作用，延长防腐剂作用时间。

通过预先设计并选取适当的壁材，还可实现特殊的释放模式达到某种特殊的效果。如一种微胶囊化的低酸性杀菌性，是利用微胶囊缓慢释放出乙醇，让定量的乙醇在包装容器中形成一定的蒸汽压，以收到长期的杀菌防腐效果。

5. 降低食品添加剂的毒理作用

利用微胶囊控制释放的特点，可通过适当的设计实现对心材的生物可利用性的控制，实际应用时，这种人为控制作用能够降低部分食品添加剂（特别是化学合成产品）的毒性。以乙酰水杨酸为对象的试验表明，未微胶囊化和微胶囊化的乙酰水杨酸对小鼠的半数致死量 LD_{50} 值分别为1750mg/kg和2823mg/kg，后者比前者提高了60%，说明毒副作用得以大幅度的降低。

6. 微胶囊的局限

微胶囊的上述功能主要是由壁材的物理与化学性质所引起的，但有时心材释放后所剩下的

残壳也会引起一些问题。如果心材与壁材两者都能溶于水，则问题不大。但要选择一种不同溶解度的聚合物使壁壳可以从填充物相中遗留下来而呈现出不连续的分离相，同时要求两相均溶于水，这是相当困难的。如将控制释放的微胶囊用于悬浮液介质中，则壁壳还会引起另一个复杂的问题，即可能由于增加了囊壁的厚度而使心材的释放变得困难。故在制备微胶囊时，需要权衡微胶囊释放速度和囊壁厚度两方面的因素。

（三）微胶囊造粒的步骤

形象地说，微胶囊造粒是物质微粒（核心）的包衣过程。其过程可分为以下四个步骤：

①将心材分散入微胶囊化的介质中；

②再将壁材放入该分散体系中；

③通过某一种方法将壁材聚集、沉渍或包敷在已分散的心材周围；

④这样形成的微胶囊膜壁在很多情况下是不稳定的，尚需要用化学或物理的方法进行处理，以达到一定的机械强度。

根据微胶囊造粒的原理不同，可将各种方法分成以下三大类。但这种分类法并没包括目前的全部方法，有些具体方法是跨越两类或居于两类的边缘。因此，分类是相对的。

1. 属于物理方法的微胶囊技术

①喷雾干燥法；

②喷雾凝冻法；

③空气悬浮法；

④真空蒸发沉积法；

⑤静电结合法；

⑥多孔离心法。

2. 属于物理化学方法的微胶囊技术

① 水相分离法；

② 油相分离法；

③ 囊心交换法；

④ 挤压法；

⑤ 锐孔法；

⑥ 粉末床法；

⑦ 熔化分散法；

⑧ 复相乳液法。

3. 属于化学方法的微胶囊技术

① 界面聚合法；

② 原位聚合法；

③ 分子包囊法；

④ 辐射包囊法。

（四）微胶囊产品的质量评定

对于微胶囊产品来说，针对不同的心材，选用不同的壁材和不同的方法所制得的微胶囊的性能可能相差很大，有时对于同种壁材由于胶囊化工艺条件的差异，也会引起产品质量的不一致性。因此，微胶囊的质量评定就显得很重要。

1. 溶出速度

通过微胶囊溶出速度的测定可直接反映心材的释放速度，溶出速度为评定微胶囊质量的主要指标之一。溶出速度的测定一般是根据具体产品的具体形式来做考虑，目前片剂药物中微胶囊产品溶出速度的测定采用《美国药典》（第十九版）中描述的转篮式释放仪，或国产的片剂仪以及改进的烧杯法等。对于食品工业来说，由于微胶囊应用的时间较短，至今尚没有形成一种专项的方法，只能借助其他行业的类似方法进行。

2. 心材含量的测定

心材含量是评定微胶囊产品质量的重要指标之一，所用的方法需视具体产品以及不同的心材性质作具体选择。如对挥发油类微胶囊的含量测定，通常是以索氏提取法来计算含油量。对其他类型的微胶囊产品也可以采用溶剂提取法或水提取法等来进行。

3. 微胶囊尺寸大小的测定

微胶囊的外形一般为圆球形或卵圆形，其大小测定方法可采用显微镜法，即用装有带校正过的目镜，观测625个微胶囊，分别测定并计算其大小；对于非球形微胶囊，应在显微镜上另加特殊装置。

二、 喷雾干燥法

喷雾干燥法作为一种干燥技术业已广泛应用在食品工业上，它以单一的加工工序将溶液、悬浮液或其他复杂食品系统的液体一次性地转变成颗粒或粉末状干制品。由于液体物料被专用的雾化器雾化成无数个小液滴，这些液滴具有很大的表面积，在热空气流中的干燥速度很快，几秒钟之内即可完成。在喷雾干燥过程中，液滴物料从热空气中吸收能量迅速蒸发其所含水分，这使得物料本身的湿度始终较低，总是低于周围气流的温度。因此，喷雾干燥法特别适合于热敏性物料的干燥。

作为一种微胶囊造粒技术的喷雾干燥法，是在上述干燥技术基础上发展起来的。这种方法的突出优点：

①适合于热敏性物料的微胶囊造粒；

②工艺简单，易实现工业化流水线作业，生产能力大，成本低。

其主要缺点：

①包囊率较低，心材有可能黏附在微胶囊颗粒的表面从而影响产品的质量；

②设备造价高、耗能大。

尽管有这两方面的缺点，但由于它的突出优点，现已成为应用范围较广的一种微胶囊造粒技术。

（一）喷雾微胶囊造粒的原理

喷雾微胶囊造粒的原理是：将心材分散在已液化的壁材中混合均匀，并将此混合物经雾化器雾化成小液滴，此小液滴的基本要求是壁材必须将心材包裹住（即已形成湿微胶囊）。然后，在喷雾干燥室内使之与热气流直接接触，使溶解壁材的溶剂瞬间蒸发除去，促使壁膜的形成与固化，最终形成一种颗粒粉末状的微胶囊产品。

调制由心材和壁材组成的胶囊化溶液（又称为初始溶液），对整个微胶囊造粒过程影响很大。主要的影响因素有：心材和壁材的比例，初始溶液的浓度、黏度和湿度。根据初始溶液的性质不同可分成水溶液型、有机溶液型和囊浆型三种。

1. 水溶液型

水溶液型初始溶液要求壁材能溶于水，心材是油状或固体非水溶性的，初始水溶液被雾化器喷雾成小液滴并进入干燥室内，当水分蒸发后即形成小球滴，使成膜材料以固体形式析出并包围住心材而形成微胶囊。这样制得的胶囊产品接近球状结构，粒度在5~60μm，包囊粒子具有多孔性且松密度较低，其心材含量通常不超过50%。有时为了提供必要的保护作用，囊心物质的含量还要低些。如要包囊具有挥发性的液体心材时，在初始溶液中的心材比例以低于20%为好。

2. 有机溶液型

有机溶液型的初始溶液，对疏水性材料、亲水性材料、与水反应的材料和水溶液的微胶囊化均很适合，壁材可使用非水溶性聚合物。先将心材乳化或分散到一种聚合物的有机溶液中，再通过喷雾法使该初始分散液微胶囊化。这样制得的微胶囊壁呈多孔状且易碎，通过增加壁材含量，减少心材含量，可得到紧密结实的囊型。一般来说，该法特别适合于制备干燥粉末状的微胶囊。

调制有机溶液型的初始溶液，必须避免使用易燃的溶剂和蒸气有毒的卤代溶液。为避免事故的发生，可使用极性溶剂和水形成的混合溶液体系。该法所制得的微胶囊壁膜极薄，因而心材含量大。在该法中，微胶囊的形成与性质一般受聚合物溶液的浓度及其黏弹性的影响；不过此类型通常不应用在食品工业上。

当用水溶液或有机溶液作为初始溶液进行微胶囊化时，会形成一些小于几微米的微胶囊难以被收集器收集而被抽吸排出。因此，在喷雾干燥法中，微胶囊的实际得率不可能达到100%。若采用小型的喷雾干燥设备进行实验室规模的微胶囊化时，其得率有时甚至低于50%。

3. 囊浆型

通过溶液为媒介制备微胶囊的其他方法（如水相分离法、油相分离法），在其微胶囊化液体介质中均较少黏结成团且可完全地分散。然而，在许多情况下，将其转变为干燥的粉末相当困难。原因是，尽管经固化步骤已使微胶囊呈非水溶性，但仍存有黏性或溶胀能力。当该胶囊通过滤布过滤得到干燥的滤饼时，将会彼此黏附形成絮凝物。

如果往上述已微胶囊化的浆状分散液中混入少量聚合物黏合剂，再经喷雾干燥，即聚集形成双壁微胶囊，或称为微胶囊簇。这种初始溶液，属于囊浆型。

例如，利用明胶和阿拉伯胶通过水相分离法制得的含油微胶囊，在未加入固化剂前维持pH在4左右，待微胶囊大小均匀时将此微胶囊浆喷雾干燥，通过喷雾干燥代替固化反应使囊壁变硬干燥。用此法制得的粉末状微胶囊，放入温水中时，其壁壳可以溶解，从而释放出心材。该法可适合于温水溶性香料的微胶囊造粒。

（二）喷雾微胶囊造粒的装置

喷雾微胶囊造粒装置由5个系统的设备组成，分别是：

①初始溶液调制系统，包括调制缸、搅拌器等；

②溶液输送雾化系统，包括送料泵、雾化器等；

③空气加热输送系统，包括空气过滤器、空气加热器和风机等；

④气液接触干燥系统，主要是干燥室；

⑤成品分离、气体净化系统，包括卸料器、粉末回收器和除尘器等。

在上述5个组成部分中，决定整个装置特性的主要是雾化器和干燥室。

1. 雾化器

将初始溶液分散成极细雾滴是微胶囊造粒的关键问题之一，它对整个过程的技术经济指标和微胶囊产品的品质有很大的影响。对于热敏性物料来说，更为重要。

目前可使用的雾化器有离心式雾化器和气流式雾化器两种，压力式雾化器通常不适合于用在微胶囊造粒上。

（1）离心式雾化器　离心式雾化器是将初始溶液送到高速旋转的圆盘上，利用离心力将之扩展成液体薄膜从盘缘甩出，并受到周围空气摩擦力的作用而碎裂成液滴。应用在微胶囊造粒上的通常是圆盘式离心雾化器，有平滑式圆盘、多叶式圆盘和变形多叶式圆盘等形式。变形的多叶圆盘，叶片是弯曲状，与离心泵的叶轮相似，特别适合于微胶囊造粒工艺。

影响圆盘离心喷雾液液滴大小的因素有圆盘的盘型、盘径与盘速，进液量，初始溶液的密度、黏度与表面张力等。对一定结构和尺寸的离心圆盘来说，影响因素以转速最为显著，其次是进液量和液体黏度。一般来说，滴径随转速提高而减小。用在微胶囊造转速通常在10000~50000r/min。

（2）气流式雾化器　气流式雾化器是利用高速气流对液膜的摩擦分裂作用而使液体雾化的。高速气流一般用压缩空气流，也可用蒸汽流。气流式雾化器有二流式、三流式和四流式等几种形式。二流式雾化器又有内混合式和外混合式之分。

包含有心材和壁材的初始溶液由送液泵送入雾化器的中央喷管，形成喷射速度不太大的射流。压缩空气则从中央喷管周围的环隙中流过，喷出的速度很高，达200~300m/s，有时甚至超过音速。因为在中央喷管喷出口处，压缩空气流与料液射流之间存在很大的相对速度，由此产生的混合和摩擦作用将液体拉成细丝，细丝又很快在较细处断裂形成了球状小液滴。丝状体存在的时间决定于气液的相对速度和初始溶液的黏度。相对速度越大，液丝就越细，存在的时间就越短，所得的雾滴就越细。初始溶液的黏度越高，丝状体存在的时间就越长，有时会出现没有断裂就干燥的情况。

为避免这种情况的出现，对于高黏度高浓度的初始溶液，可使用三流式和四流式雾化器，而对于黏度较低的初始溶液，使用结构简单的二流式雾化器即可。

影响气流式雾化液滴大小的因素除雾化器结构之外，主要是气液流量比和气液相对速度，尤其是气液流量比的影响更大。气液相对速度越大，则气液接触的表面摩擦力就越大，因而滴径就越小，特别是当流体的流量很小而形成的液滴很细时，这种影响尤为显著。但是当液体的流量很大时，如果没有流量大的空气流提供大量的动能，气体也不容易穿透实心射流的中心，便不可能得到均匀的喷雾。所以总的说来，气液流量比越大，喷雾就越细越均匀。气液比（质量比）的范围一般为0.1~10.0。低于0.1时，即使是容易雾化的液体也不易雾化；超过10.0，能量消耗过大而滴径不再明显减小。

2. 干燥室

利用雾化器对初始溶液进行雾化，这仅是喷雾微胶囊过程的第一步，雾化形成的液滴需在干燥室内与干燥介质接触进行蒸发和干燥，这是造粒过程的第二步。与干燥介质混在一起的微胶囊颗粒（或粉末）用适当的分离设备将它们分离收集，是第三步。

新型的干燥室通常是立式（塔式）金属结构，用不锈钢制造，干燥塔的底部结构有锥形底、平底和斜底三种。对于吸湿性较强的颗粒，为避免造成粘壁成团的现象，必须具有塔壁冷却措施。常用的冷却塔壁的方法有三种：

①由塔的圆柱体下部切线方向进入冷空气扫过塔壁；

②具有夹套，冷空气自圆柱体上部夹套进入，并从锥底下部夹套排出；

③沿塔内壁装有旋转空气清扫器，通冷空气冷却。

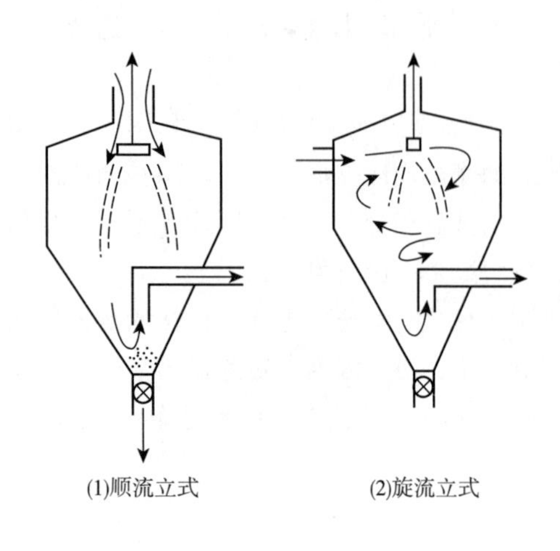

图 2-25 顺流式喷雾干燥塔

干燥塔内热气流与雾滴的接触流动方向直接关系到微胶囊产品的质量，流动方向通常有顺流、逆流和混合流三种形式。图 2-25 所示为顺流式干燥塔，胶囊化初始溶液和热空气都是自上而下运动，所不同的只是其一为直线流，另一为旋转流。顺流时由于热空气与雾滴以相同方向流动，与微胶囊化颗粒接触的温度最低，故可采用温度较高的干燥介质，以提高干燥的热效率和干燥强度，而不影响产品的品质。至于旋转流，它与直线流相比的优点在于加长了雾滴的行程，利用方向的不断改变来提高介质与雾滴间的相对速度，加速水分的汽化过程。

三、 喷雾冻凝法

在喷雾干燥微胶囊造粒过程中，是将心材分散于溶有壁材的溶液中形成胶囊化溶液，经雾化器喷雾形成的湿微胶囊滴粒，用干燥手段将溶解壁材的溶剂（大多情况下是水）去除，达到固化壁材的目的。如果沿用此方法，只是壁材不是溶解于某种溶剂调制成溶液状态，而是加热至熔融状态，再混合入心材调成胶囊化熔融液；同样使用雾化器形成熔融状微胶囊细颗粒后，要让壁材固化，则需进行与上述干燥完全相反的过程——冷凝，这便是喷雾冻凝法（spray congealing）。

显然，喷雾冻凝法是一种与喷雾干燥法相似的微胶囊造粒技术。两者的相似之处在于都是将心材分散于已液化的壁材中，利用喷雾法进行造粒并借助外界条件使胶囊化微粒壁膜固化。所不同的是：

①壁材的液化方法不同：喷雾干燥法是将之溶解在某种溶剂中形成溶液，而喷雾冻凝法是通过加热手段使之呈现出熔融的液体状；

②胶囊化微粒壁膜的固化手段不同：喷雾干燥法是利用加热手段使溶解壁材的溶剂蒸发去除，从而使壁膜固化，而喷雾冻凝法是借助冷却或冷冻方法使熔融状的壁膜固定。

室温下为固态而在适当温度下可以熔融的物质，诸如氢化植物油、脂肪酸酯，脂肪醇、蜡类、糖类和某些聚合物，均可作为壁材应用在喷雾冻凝上。一些对热敏感的活泼物质，诸如维生素、矿物元素（硫酸亚铁）和风味物质等，使用冻凝法造粒对保护其活性减少损失具有很大的优越性。用喷雾冻凝法所得的微胶囊颗粒产品，其粒度可得到精确的控制，粒径大小的影响因素与喷雾干燥法的相似，包括熔融液的黏度、浓度、雾化方法、进料速度以及心材与壁材的性质等。

例如，维生素 B_1（硝酸盐或盐酸盐）对碱不稳定，且具有明显的异味，这就限制了它在食品中的应用范围。如用微胶囊法进行包囊处理，既可提高它的稳定性又能掩盖异味。采用喷雾冻凝法的具体方法是，将 100g 维生素 B_1 硝酸盐分散于 200g 预先加热熔化（70~75℃）的棕桐酸及硬脂酸甘油酯混合液中搅拌均匀，通过变形的多叶式圆盘在 15000r/min 转速下进行离心雾化，所形成的细小液滴进入冷却室内在冷气流作用下冷却使壁膜固化，便得到直径为 50μm 的微胶囊产品。

喷雾冻凝法所用的设备装置与喷雾干燥法基本相似，只是后者的空气加热输送系统需换成冷气发生与输送设备，干燥室也需换成冷却或冷冻室。另外，调制初始熔融液时因需要加热操作故要用夹层缸，而在干燥法中所用的一般都是单层缸。图 2-26 所示为喷雾冻凝微胶囊造粒的装置示意图。

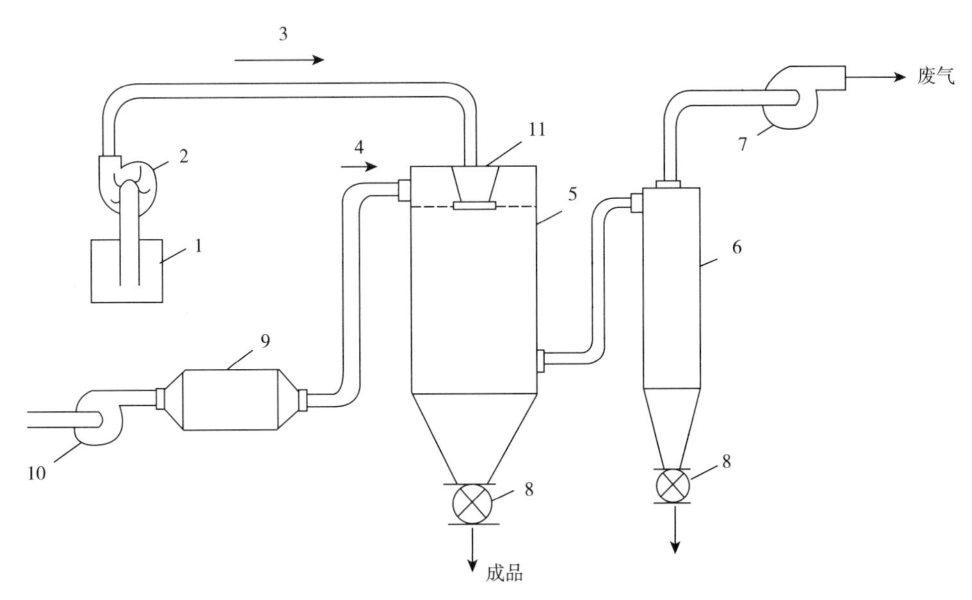

图 2-26　喷雾冻凝微胶囊过程装置示意图

1—胶囊化初始熔融液调制缸　2—进料泵　3—胶囊化初始熔融液　4—冷气　5—冷却（冻）塔　6—旋风分离器　7—排风机　8—旋转卸料口　9—制冷机　10—送风机　11—雾化器

四、 空气悬浮法

流态化技术是近 40 年来发展起来的一种新技术，它是使固体微粒与气体接触转变成类似流体状态的操作单元。由于此项技术具有设备结构简单、生产强度大以及易实现自动化流水线作业等优点，故对处理固体颗粒有独特的优越性。在食品工业上，流态化技术在加热、冷却，干燥、混合、造粒、浸出和洗涤等各方面的应用日趋增加。将流态化技术与微胶囊技术结合起来即是空气悬浮微胶囊造粒法，系美国威斯康星大学 D. E. Wurster 教授最先提出，故又称为 Wurster 法。

（一）Wurster 法的原理与装置

图 2-27 所示为 Wurster 法所用装置示意图，它主要由直立的柱筒、流化床和喷雾管组成。柱筒分成成膜段和沉积段两部分，后者的截面积较前者的截面积要大。

当空气气流速度 u 界于临界流态化速度 u_{mf} 悬浮速度 u_t 之间时（即 $u_{mf}<u<u_t$），固体心材颗粒在流化床所产生的湍动空气流中剧烈翻滚运动，这时往这些作悬浮运动的心材颗粒外表面喷射预先调制好的壁材溶液使心材表面湿润（即包囊）。之后，心材表面的成膜溶液逐渐被空

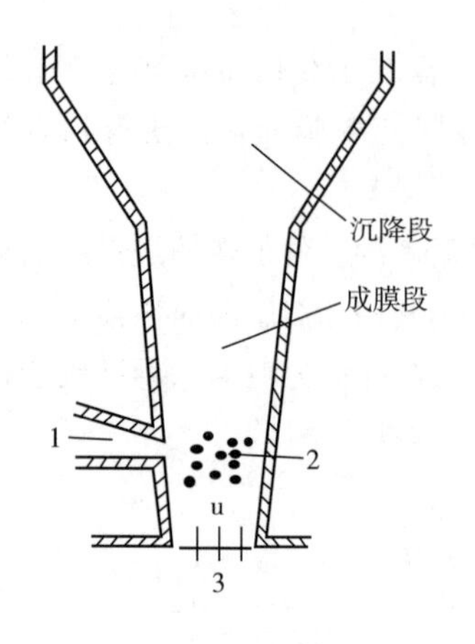

图 2-27 Wurster 微胶囊造粒示意图

1—壁材喷雾器 2—被涂膜的颗粒

3—流化空气床

气流所干燥（若采用加热空气则有助于加速囊膜的干燥），形成了一定厚度的薄膜，从而完成心材的包囊与固化过程。

当心材颗粒被吹至柱体顶部时，由于截面积增大，顶部的空气流速减小，结果空气流不能较久地托住心材颗粒，使它向柱底部降落。在此升起、降落的循环往复期间，心材颗粒均被成膜至规定厚度。至此停止喷涂，回收所生成的胶囊。有时可安装两个或两个以上的喷雾管，以适应各种成膜溶液的喷雾。当胶囊壁厚增达一定厚度时，湍动气流将支撑不住它们，从而降落到收集网筛中，然后自柱体的网筛中将胶囊取出。

图 2-28（1）所示为 Wurster 法的基本装置。在该装置中，空气沿着柱壁吹动，因而避免了未干燥的成膜材料颗粒或液滴黏附在柱壁上。图 2-28（2）所示为一种改良的 Wurster 微胶囊造粒装置，它将一种像风车似的倒叶片装置置于成膜段和沉积段中间，起旋转提升空气流的作用。由于叶片的存在，可使细粒自沉积段返回到成膜段。

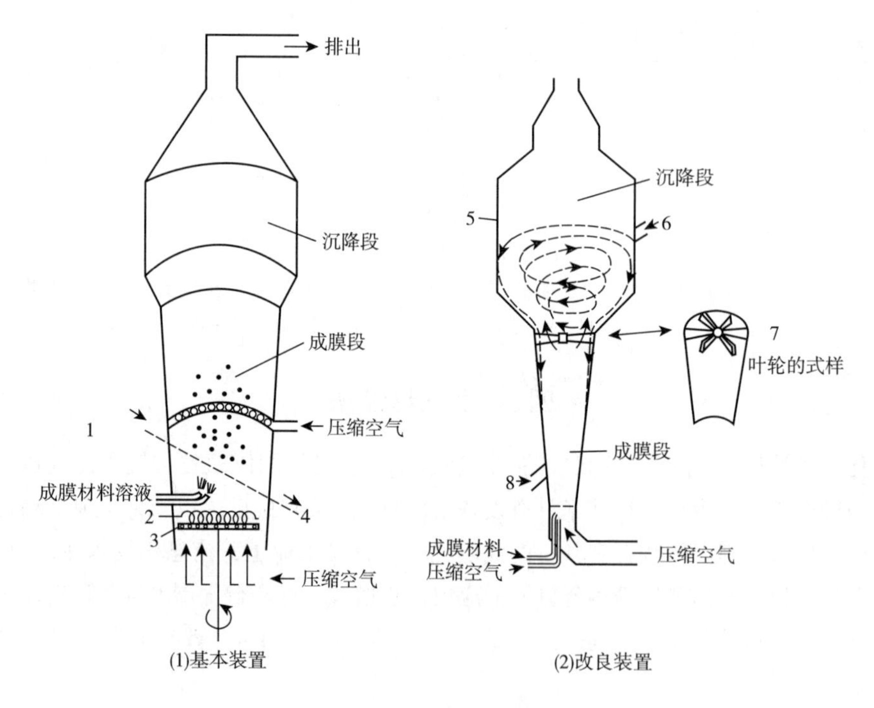

图 2-28 Wurster 微胶囊造粒装置

1—被涂膜粉末进口 2—加热器（零件） 3—转盘 4—已涂膜粉末出口

5—塔 6—心材进料阀门 7—推进器 8—胶囊化产物出料阀门

Wurster 法所存在局限性表现在仅能用固体颗粒作为心材，较细的颗粒易被排出的空气带走而损失。此外，由于颗粒在柱中上下左右地运动，发黏的胶囊颗粒会因彼此碰撞而凝聚，干燥后的胶囊也会磨损。由于上述情况的发生，会使胶囊化颗粒外观粗糙。

为了利用 Wurster 法使液态的材料微胶囊化，可将液态心材喷射成小滴，随后将它们冷冻干燥，或者将它们置于细粉状物质上将液体吸收而固化。然后将所生成的粉末状物质按照流化床成膜法胶囊化。

（二）Wurster 法的过程控制

用 Wurster 法进行微胶囊造粒，影响产品质量的主要操作因素有以下几个方面：

①心材的相对密度、表面积、熔点、溶解度、脆碎度、挥发性、结晶性及流动性；

②壁材的浓度（如果不是溶液则是指熔点）；

③壁材的包囊速度；

④承载心材和使之流态化所需要的空气量；

⑤壁材用量；

⑥进口与出口的操作温度。

Wurster 法可选用的壁材很多，包括各种植物胶、动物胶、淀粉及衍生物、纤维素衍生物。蜡类、脂肪酸酯和脂肪醇等，这些壁材允许以水溶液、溶剂溶液、乳剂、分散液或热熔融物等形式对心材进行包囊。壁材的选择仅限于能与心材相黏附即可。用 Wurster 方法既可对小粒子（微粒）进行包囊，也可对大颗粒实现包囊。在理想条件下，小至 35μm 左右出心材细粒也可包囊成单颗粒状实体，效果很好，但通常的产品粒度范围会超过 75μm。对微米或亚微米级的心材粒子，用 Wurster 方法也能有效地实现包囊，不过控制不好的话会黏结成较大的颗粒。

在 Wurster 装置中，壁材溶液的喷涂速率由其在心材表面上干燥的速率控制，而其干燥速率又决定于流化床中空气的温度。膜材溶液连续喷雾时间的长短与其在心材周围沉积成膜厚度的增长成比例。最适合的喷雾时间将由心材的表面积、要求的壁厚、生产一批心材的质量以及在该过程中壁材溶液喷雾的速率共同而定。

五、 水相分离法

在含有心材和壁材的初始溶液中，加入另一种物质或溶剂或采用其他适宜方法使壁材的溶解度降低，从而从初始溶液中凝聚形成一个新相并分离出来，故称相分离法或凝聚一相分离法。此法的一般过程是在连续搅拌下，包括互不相溶的三种化学相的调制、囊壁层的析出和囊壁层的固化三个步骤。

首先，要调制包括液体介质相、心材相和壁材相这三种互不相溶的化学相，具体方法是将心材相分散在含有壁材聚合物的溶液中，聚合物的溶剂即是液体介质相。通过改变聚合物溶液的温度，或往聚合物溶液中加入盐，沉淀溶剂或不相配伍的聚合物，或用诱发聚合物间相互作用的方法来促使壁材相的形成。

其次，通过对液体介质中的壁材（溶于液体中）和心材（不溶于液体中）进行有效控制的物理混合过程，使液体壁材聚合物包裹沉积在心材颗粒上。如果液体壁材聚合物在心材相与液体介质相之间所形成的界面上被吸附，则聚合物就会围绕着心材沉积成包囊，这种吸附现象对有效的包囊十分重要。在液体聚合物凝聚过程中，随着壁材表面积的减少，三相系统总界面自由能也在减少，这就促进了壁材的继续沉积。

最后，囊壁层的固化稳定。利用壁材的物理或化学性质，通过加热、高分子物质间的交联或去除溶剂等方法，使微胶囊囊壁层固化与稳定。由于心材是通过分散在液体介质中实现微型包裹的，因此对上述已形成的微胶囊还要经过适宜的干燥过程以形成一种稳定的产品。

在相分离法中，如果心材是非水溶性的固体粉末或液体，壁材是水溶性的聚合物，聚合物的凝聚相是从水溶液中分离出来形成微胶囊囊壁，这种方法即称水相分离法。反之，如果心材是水溶性的，而壁材是水不溶的，凝聚相是从有机溶液中分离出来，这种方法即为油相分离法。水相分离法和油相分离法合称为相分离法，这里首先介绍水相分离法。

在水相分离法微胶囊化中，根据凝聚机理的不同，又分有单凝聚法和复凝聚法两种类型。

（一）单凝聚法

以一种高分子聚合物为壁材溶解于水溶液中，加入水不溶性的心材调成三种互不相溶的化学相；然后通过凝聚剂使之与大量的水相结合，引起三相体系中壁材相的溶解度降低而凝聚出来，完成微胶囊造粒过程。凝聚剂包括三种情况：

①乙醇、丙酮、丙醇和异丙醇类沉淀溶剂（俗称"非溶剂"，因不是溶解壁材聚合物的溶剂而得名）；

②硫酸钠、硫酸铵类强亲水性盐；

③酸碱类 pH 调节剂。

1. 过沉淀溶剂（非溶剂）的单凝聚法

当乙醇（沉淀溶剂）逐渐地滴加到明胶（壁材）水溶液中时，明胶会分级沉淀析出。甲醇、苯酚、间苯二酚和丙酮均具有相似的作用，都可用来做沉淀溶剂。表 2-7 所示为聚合物水溶液与沉淀溶剂的组合情况。

表 2-7　　聚合物水溶液与沉淀溶剂的组合

聚合物水溶液	沉淀溶剂（非溶剂）
明胶	乙醇、丙酮
琼脂	丙酮
果胶	异丙酮
甲基纤维素	丙酮
聚乙烯醇	丙醇

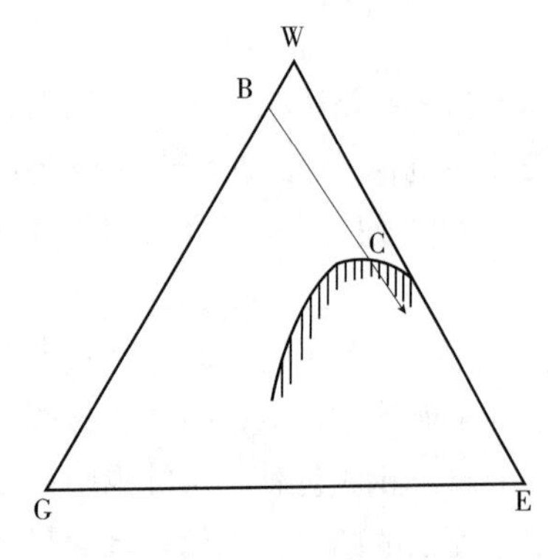

图 2-29　加入乙醇引起相分离—凝聚的综合利用

图 2-29 所示为乙醇与明胶水溶液的相图。当乙醇逐滴添加到 10%的明胶水溶液中时（点 B），于 C 点发生相分离，此时整个体系变得不透明。随着乙醇浓度的升高，即朝着正点方向移动，凝聚相的量也增加。但如果乙醇的数量太大，则明胶会凝聚成胶凝的团块。因此，对微胶囊化来说，最适宜的乙醇浓度（体积浓度）为 50%～60%，也就是图 2-29 中分隔曲线附近的点。

这种方法的三相体系经常是水、明胶和乙醇，对心材的要求是既不溶于水又不溶于乙醇中。在实际应用时，会发现要控制微胶囊颗粒的大小比较困难。为此又问世了一种颠倒加入顺序的改良方法，也就是将一种心材在明胶中的乳化液倾入混合到 10%～25%的聚乙二醇中去，以引起相分离。

此法的一个实例是，将 10g 玉米油均匀分散到 1.2kg 10%的明胶水溶液中，在 45℃的溶液温度下，滴加乙醇并不断搅拌分散。当乙醇的体积浓度达到约 50%时，整个体系变得不透明并开始形成凝聚相，该凝聚相包囊了玉米油的微滴。当乙醇浓度达到 55%时停止加入，将体系冷却至 5℃。通过离心分离收集生成的微胶囊，用乙醇洗涤，并在减压条件下于 25℃干燥，即得微胶囊化粉末油脂。

2. 通过强亲水性盐的单凝聚法

将强亲水性盐加入明胶水溶液中，会发生相分离现象。利用这种现象，也可对不溶于水的油或分散的固体微粒实现微胶囊化。因为这种方法要使用大量的盐，这些盐在微胶囊化之后必须从囊壁上除去。这就体现出它的局限性，即较难控制微胶囊产品的大小，且胶囊微粒之间倾向于相互黏结成团。

图 2-30 说明通过增加硫酸钠引起明胶水溶液的相分离。当 20%的硫酸钠水溶液加入到 5%的明胶水溶液中（B 点），至 C 点时开始凝聚，且体系变得不透明。如果在凝聚形成的时刻，于该体系中分散油的微滴，则微胶囊化即以这些微滴为核心而产生。随后经热处理使湿囊壁固定化。盐类凝聚能力的顺序如下：

阳离子：Na>K>Rb>Cs>NH_4>Li

阴离子：SO_4>柠檬酸根>酒石酸根>醋酸根>Cl

经常使用的是硫酸钠和硫酸铵。

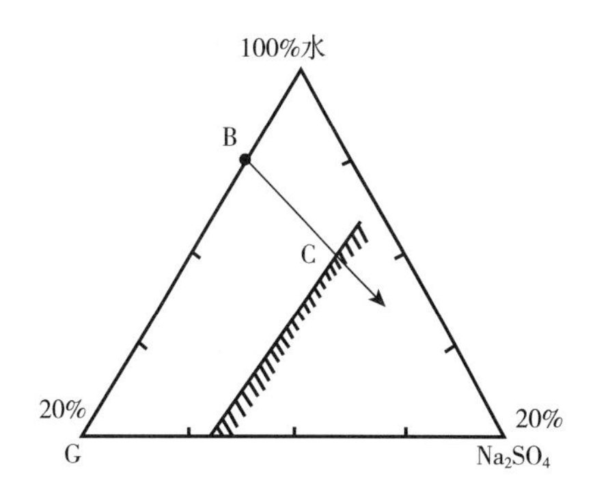

图 2-30　加入硫酸钠引起相分离—凝聚的综合利用

这方面的一个实例是，通过往明胶水溶液中加入硫酸钠实现油溶性维生素的微胶囊造粒。首先将油溶性维生素溶于玉米油中，并在等电点约为 8.9 的 10%水溶液中乳化至所需的粒度。按油水的重量比为 20∶100 制成水包油乳化液，保持温度在 50℃左右，缓慢加入 20%的硫酸钠即可引起相分离—凝聚，加入比例为 10 份乳化液对 4 份盐溶液。这样得到蛋白质囊壁的固化过程为，将混合物移入 7%硫酸钠溶液中，温度维持在 19℃并不断搅拌。固化的微胶囊产品通过过滤收集在一起并用水洗涤，冷却至明胶的冻凝温度以下（为了除盐），用喷雾干燥法除去水分。

3. 通过调节 pH 的单凝聚法

在碱性或酸性条件下有些聚合物会变得不溶解，这种性质也可用于微胶囊造粒中。对 pH 敏感的经常是一些分子链上带有脂族基团或芳酸基团的聚合物、含有吡啶或胺基团的聚合物以及明胶的衍生物等。因该法的微胶囊化极为迅速，所以 pH 变化要很缓慢，即交替用喷嘴将 O/W乳液（油相中含有心材和聚合物）喷射入缓冲溶液中。

这种方法的一个实例是，用吡啶-丙烯酸共聚物微胶囊化鱼肝油。将 12g 的 5-乙基-2-乙烯基吡啶、丙烯酸甲酯与甲基丙烯酸（3∶5∶2）共聚物溶解在 480mL、0.1mol/L 的盐酸中形成溶胶，在超声波振荡条件下让 24mL 鱼肝油分散在该溶胶中，利用喷嘴直径为 33mm 的气流式雾化器将该混合物喷射入 pH5 的醋酸缓冲溶液中去，同时保持温度 80℃持续 20min，直到聚合物成分完全凝结并固化。离心分离收集沉淀的细粒，用水洗涤并在减压下干燥即得含有鱼肝油的微胶囊颗粒，产品直径大多为 15μm。这种制剂可在胃、肠液中溶解，但在 pH4~7 范围内不能溶解。

4. 单凝聚法在固定化酶或固定化细胞中的应用

在对酶分子或活细胞进行固定化处理过程中，一种很重要的方法就是用琼脂、明胶、卡拉胶、藻酸钠、醋酸纤维素或蛋白质进行包囊。这些包囊处理，从原理上看可视为是单凝聚法的变形处理，下面举数个实例。

①用卡拉胶包囊活细胞：将8g湿菌体与8mL生理盐水在45℃下混合成悬浮液，加入预先将1.5g卡拉胶溶解于34mL生理盐水所得的水溶液中，混合均匀后将温度冷却至10℃维持30min，得到包囊菌体细胞的凝胶。将这种凝胶浸于0.3mol/L KCl水溶液中，温度10℃时间4h，之后制成适宜大小的颗粒。

②用明胶包囊活细胞：将1%酵母细胞悬浮液与20%明胶水溶液在40℃温度下混合，细胞与明胶的比例为1：10（干基对比），经冷冻干燥后粉碎。粉碎物用2%福尔马林—50%乙醇冷溶液处理1min，用冷酒精洗涤数次后保藏于温度为5℃的干燥器中。

③用琼脂或藻酸钠包囊活细胞：取3mL细胞悬浮液搅拌加入120mL 4%琼脂水溶液（45℃）中，冷却凝固后切成适宜大小的颗粒，在100mL生理盐水洗涤2次。如用藻酸钠包囊，则取3mL细胞悬浮液加入20mL 2%藻酸钠水溶液中，用锐孔法成型并滴入2% $CaCl_2$。水溶液中固化，置于冰箱中保持10h后用生理盐水洗涤。

④用卡拉胶包囊酶分子：将100mg酶制剂分散于20mL 50℃蒸馏水中，搅拌加入溶解有1.7g卡拉胶的34mL生理盐水溶解中，混合均匀并冷却至10℃，生成的凝胶浸在0.3mol/L KCl水溶液中固化，并将硬凝胶切成适宜大小的颗粒，即得固定化酶。如进一步用单宁、戊二醛之类溶剂处理，可得到更稳定的固化酶。

⑤用大豆蛋白包囊酶分子或活细胞：将葡萄糖异构酶或具有葡糖异构酶活力的链霉菌菌丝体分散于大豆蛋白质水溶液中，在60℃用碳酸镁处理使其凝聚，过滤后制成粒状并干燥。

（二）复凝聚法

当一种带正电荷的胶体水溶液与一种带负电荷的胶体水溶液混合时，由于电荷间的相互作用形成一种复合物，导致溶解度降低并产生相分离现象，结果从水溶液中凝聚析出形成了微胶囊，此法即称复凝聚法微胶囊技术。分离出的两相分别为凝聚胶体相和稀释胶体相，凝聚胶体相即可用作微胶囊的壁膜。

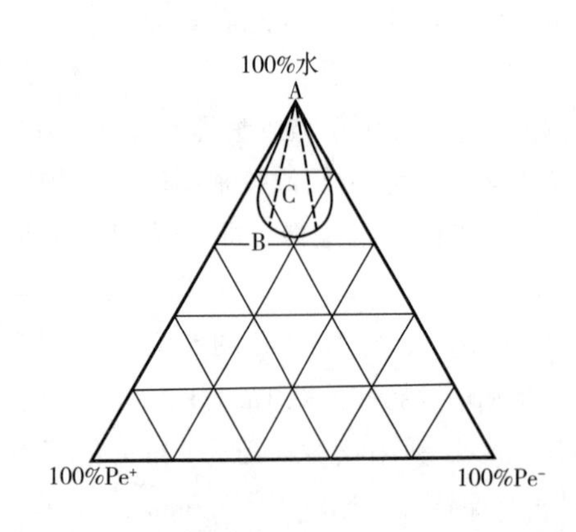

图2-31 聚合物相互作用引起相分离—凝聚的综合相图

图2-31所示的三元系统相图可用来说明上述微胶囊化机理。在此三元系统中，包含两种带相反电荷的高分子聚合物和溶剂水。在稀溶液区域内，带相反电荷的高分子聚合物发生相互作用，于相界曲线ABA内发生相分离。两条虚线表示两相区内的系统（如C点）由两个相组成，一个是含聚合物很少的A点，另一个是含水合液体复合物 Pe^+ 和 Pe^- 的B点。

1. 高分子聚合物的选择

在复凝聚法微胶囊造粒过程中，最常使用的两种带相反电荷的聚合物为明胶和阿拉伯胶。明胶分子中含有氨基和羧基，属于两性蛋白质，大多数明胶产品的等电点为pH4.8。当pH>4.8时它是带负电荷的，而当 pH<4.8 时则是带正电荷。只要通过改变水溶液的 pH，就可使明胶或者为聚阳离子或者为聚阴离子。阿拉伯胶分子中仅含有羧基，因此它的水溶液是带有负电荷的聚阴离子，不受 pH 的影响。在明胶-阿拉伯胶的稀水溶液中，当 pH 高于 4.8 时，明胶和阿拉伯胶两者均为聚阴离子，彼此不发生反应。但当 pH 低于 4.8 时，明胶变成聚阳离子，于是在聚阳离子的明胶与聚阴离子的阿拉伯胶之间发生相互作用，结果导致凝聚相的形成。

除阿拉伯胶外，其他可供选择的聚阴离子还有藻酸钠、琼脂、羧甲基纤维素、聚乙烯基甲基醚-顺丁烯二酸酐共聚物、聚乙烯基苯磺酸和甲醛-萘磺酸缩聚物等。一般来说，有效的原料是聚合物类、表面活性剂类以及分子含有酸基的有机化合物。此外，凝聚作用也可由不同等电点的明胶的结合而产生，也就是一种等电点 p*I*>7 的明胶与另一种等电点 p*I*<6 的明胶之间结合。当明胶的氨基与苯酐或苯磺酰氯反应后，其等电点 p*I* 降低至 4 以下，这种改性明胶也可用作聚阴离子与普通明胶相结合。

2. 明胶与阿拉伯胶的相分离凝聚作用

将 1%明胶水溶液与 1%阿拉伯胶的水溶液以 1∶1 混合，保持温度在 40℃。当用醋酸调整 pH 至 4.0 时，混合液的黏度增大且变得不透明，说明已发生了典型的凝聚现象。凝聚相为分散相，是由胶体浓度为 20%的凝聚聚合物溶液组成，且明胶与阿拉伯胶的组成比约为 1∶1；连续相为一整体，称为均相液，是一种胶体浓度低于 0.5%的聚合物稀溶液。

相分离-凝聚现象是可逆的，如果增大体系的 pH，则二相又回复成一相。影响凝聚相构成及数量的因素有 pH、温度、体系浓度和无机盐的含量等。

分散在明胶-阿拉伯胶稀水溶液中的油滴，在滴加醋酸使 pH 降低并冷却时，随着凝聚现象的发生，将会使凝聚相以油滴为核心而增长，直到最终实现凝聚相对油滴的完全包裹。作为核心油滴的尺寸范围可从 0.2μm 至几百微米。如果适当调整体系的 pH、水分量及聚合物材料对油的比例，则可制备出含有许多油滴的微胶囊，或含有许多油滴的无定形微胶囊。

3. 复凝聚法微胶囊制备实例

以明胶和阿拉伯胶为例，要获得实用的复凝聚相，应满足的条件包括：

① 明胶和阿拉伯胶在水溶液中的各自浓度低于 3%；

②pH 在 4.5 以下；

③反应体系的温度需高于明胶水溶液的胶凝点（约高出 35℃）；

④反应体系中的无机盐含量要低于临界量。

一般说来，普通明胶与阿拉伯胶所含的盐量不足以阻止凝聚，因此最后一个条件不需考虑。如没能完全满足前三个条件中的要求，则不可能获得实用的凝聚相。在实际微胶囊化过程中，如果固定了上述三条件中的某两个，那么剩余的一个就可加以调节。根据需调的参数不同，具体的微胶囊化法包括稀释法、调节 pH 法或调节温度法等。

图 2-32 所示为制备明胶-阿拉伯胶微胶囊的一个实例的工艺流程。首先将 9g 小麦胚芽油乳化于 30g 10%明胶水溶液中，乳化液中的油滴大小约 1μm，再将该乳化液与 30g 10%阿拉伯胶水溶液混合并保持在 40℃。然后可通过稀释法或调节 pH 法引起凝聚作用，由此产生的凝聚相聚集在油滴的周围形成微胶囊初产品。当体系冷却时，只有凝聚相发生部分胶凝并围绕油滴固定了形状。随后加入甲醛水溶液同时冷却，并将氢氧化钠滴加到体系中使 pH 升高至 9，连续搅拌 30min 后再以 1℃/min 的速率升温至 50℃时，凝聚相的固化即告完成。通过过滤或离心机，分离出生成的胶囊湿颗粒，干燥后即得终产品。

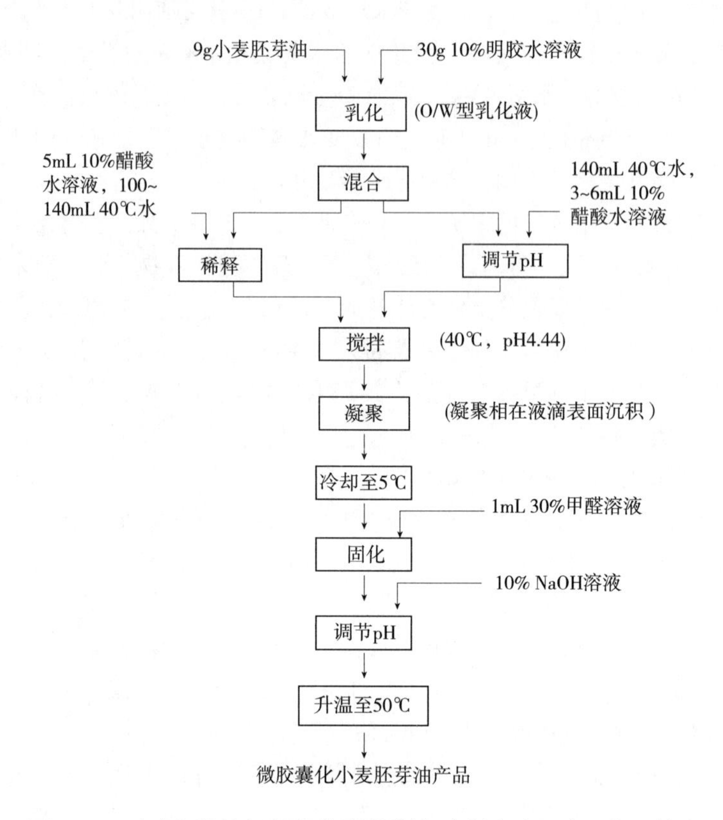

图 2-32 小麦胚芽油复凝聚微胶囊造粒（粉末麦胚）的工艺流程

①通过稀释法的微胶囊化：在明胶-阿拉伯胶水溶液的凝聚过程中，恒定温度在 35~55℃并维持 pH 在 4~3.5，此时可通过控制浓度引起凝聚。当起始胶体浓度超过 6%时，可用温水稀释该体系以调节胶体的浓度；随后形成凝聚相并将心材包敷。

②通过调节 pH 法的微胶囊化：在明胶-阿拉伯胶的水溶液中，当温度保持在 35℃以上，浓度在 4%以下（按重量计）且 pH 近于中性时，可通过细心地控制聚合物的浓度及 pH 制备出大小不同的微胶囊。

③通过调节温度法的微胶囊化：将聚合物的浓度和 pH 调节到最适宜的凝聚条件，但温度保持在室温以下，最好低于 10℃。该水溶液作为预混物再与心材混合后升高温度，就开始微胶囊化过程。

六、油相分离法

在水相分离法中，被微胶囊化的心材是不溶于水的油或固体材料。可是许多食品、药物成分是溶于水的，于是又出现了油相分离法。该法是利用有机溶剂溶解壁材聚合物，以满足亲水性心材微胶囊化的需要。在医药领域，油相分离法显得特别有用，已成功地问世了许多商业化产品。它在食品工业中的应用，也正在开发之中。

以某种合适的有机溶剂溶解高分子壁材聚合物，加入水溶性心材调成三种互不相溶的化学相，然后通过絮凝剂或其他方法使三相体系中壁材相的溶解度下降而凝聚分离出来，从而实现了微胶囊化。使壁材相凝聚沉析出来的絮凝剂包括三种情况：

①能与溶解壁材聚合物的有机溶剂相组合的沉淀溶剂（即非溶剂）；

②另一种与壁材聚合物不相配伍的聚合物，两种聚合物可共存于同一种有机溶剂中；

③通过温度的变化使壁材聚合物在溶剂中的溶解度发生变化而凝聚出来。

值得注意的是，通过加入非溶剂或降低温度，使聚合物从其溶液中瞬间沉淀析出是难以实现微胶囊化的。微胶囊化的关键在于体系中首先形成可充分流动的聚合物凝聚相，并能够使其稳定地环绕在心材微粒的周围。在微胶囊化之前，心材应以颗粒状态分散在聚合物溶液中，且在聚合物、溶剂和非溶剂中不溶解。还有一点很重要，就是溶剂与非溶剂应相互混溶。图2-33所示为微胶囊造粒的大致过程。

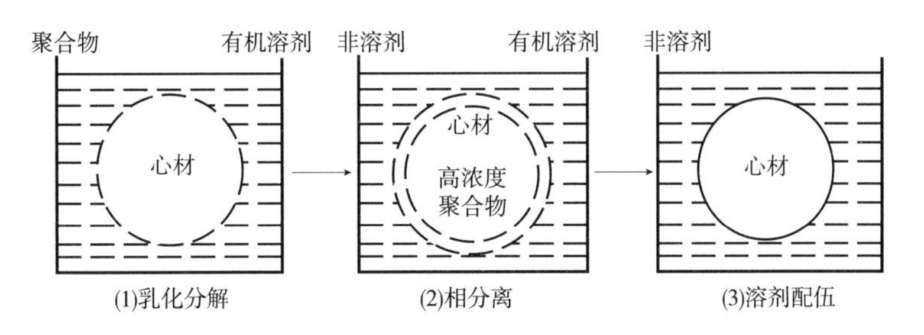

图2-33　通过加入非溶剂油相分离法的微胶囊造粒过程

（一）通过温度变化实现油相分离法

在某些聚合物-溶剂体系中，聚合物的溶解度随温度的影响差别很大。例如，室温下似乎是不可溶的聚合物，而在高温下则能增大溶解。也就是说，其溶解度曲线的斜率是非常陡峭的。

图2-34说明一个由聚合物与溶剂组成二元系统的温度—组分综合相图。这个系统的总组成在横坐标上用X点代表，而在相界或双结曲线FEG以上的所有各点都以单相的均态溶液形式存在。当系统的温度由A点沿AER箭头方向下降并与相界在E点交叉（即进入两相区）时，溶解的聚合物就开始发生相分离，形成不混溶的小液滴。如果这个系统中还存在心材，则在适当的聚合物浓度、温度及搅拌条件下，聚合物小液滴便围绕着分散的心材颗粒凝聚，就形成了初始的微胶囊。相界曲线表明，当温度继续降低时，一个相变为聚合物缺乏相（微胶囊介质相），而第二个相（包囊材料相）变为聚合物丰富相。例如在B点作一条虚线，该线表明介质相基本上是纯溶剂（如图上C点），共存相（D点）是浓聚物-溶剂的混合物。在实践中，可进一步通过聚合物丰富相失去溶剂能使聚合物凝聚，从而使囊壁膜固化。

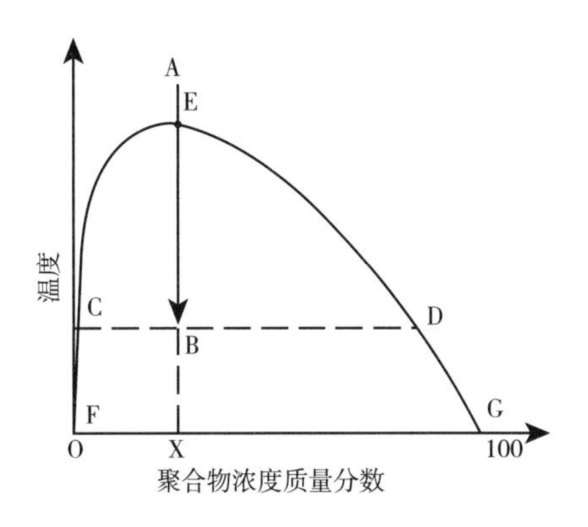

图2-34　温度引起相分离—凝聚的综合相图

例如，乙基纤维素是一种水不溶性聚合物，利用其在烃类溶剂（如环己烷）中的温度—溶解度特性，用来做一种水溶性心材的包囊材料。醚化纤维素含有相当高的乙氧基（高取代度），在室温时不溶于环己烷，但在温度升高时溶解。一个操作实例是：将乙基纤维素分散在环已烷中配成2%的溶液，同时加热至沸以使溶液均态化。再边搅拌边将心材分散于壁材溶液中，壁材与心材的配比是1∶2，不断搅拌使混合液冷却以产生乙基纤维素的凝聚—相分离反应，实现对心材的微胶囊化。进一步冷却至室温，从而实现囊壁的固化。这样制得的微胶囊产品可用过滤或离心等方法从环已烷中分离出来。

（二）通过不相配伍聚合物的油相分离法

用聚合物作壁材的液相分离和微胶化，可利用共存于同一溶剂中不同聚合物的互不配伍性来完成。

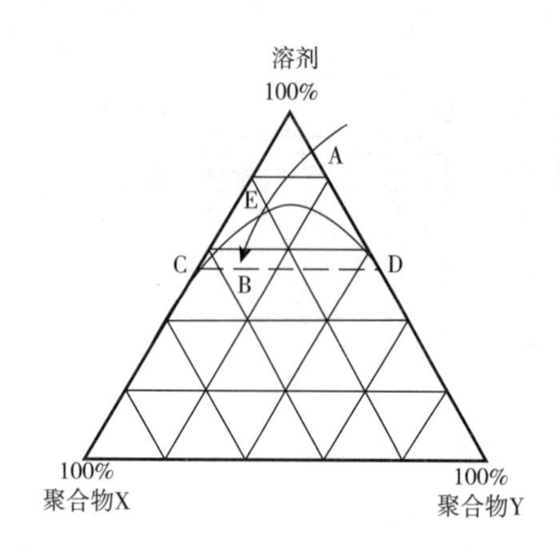

图2-35　加入不相配伍聚合物引起相分离—凝聚的综合相图

图2-35所示的三元系统，包括一种溶剂和两种聚合物X与Y。将一种不能混溶的心材分散在聚合物Y的溶液中（图中A点），再在这系统中加入聚合物X（如箭头线所示）让在相界正点相交，随着聚合物X的继续加入而进入两相区时，液体聚合物就开始形成不混溶的液滴凝聚成为初始的微胶囊。位于B点的微胶囊壁层，是由分散于主要含富聚合物X的溶液和富聚合物Y的溶液组成，如横虚线与相界截断点C和D所示。心材与被溶剂界面处吸附得较牢固的聚合物（此例中为Y）所包裹即成为壁材。

囊壁层的固化可通过继续渗入两相区，或用化学交联的方法或用一种能溶解X而不能溶解Y的溶剂来洗涤初始微胶囊等方法来完成。

一个实例是以乙基纤维素为壁材，先将乙基纤维素溶于甲苯调成2%的溶液，再将基本上不溶于甲苯的心材分散于该聚合物溶液中，缓缓加入液态聚丁二烯使之与乙基纤维素之比为25∶1。聚丁二烯易溶于甲苯中，与乙基纤维素不相配伍，因而使乙基纤维素从聚丁二烯甲苯溶液中析出，沉积于分散的心材外表形成初始微胶囊。囊壁的固化可通过加入乙基纤维素的非溶剂（如已烷）进行，也可用乙烷反复洗涤混合物中溶于已熔的聚丁二烯，最后经过滤和干燥后即得微胶囊产品。

（三）通过沉淀溶剂（非溶剂）的油相分离法

在本法中，大多数的可溶性合成聚合物均可用来做壁材。聚合物、溶剂和非溶剂三组分的结合实例，如表2-8中所示。溶剂肯定是有机溶剂，但是非溶剂可以是有机溶剂、水或水溶液。

表2-8　　聚合物溶剂与非溶剂的组合

聚合物	溶剂	沉淀溶剂（非溶剂）
乙基纤维素	四氯化碳	石油醚
乙基纤维素	苯	玉米油
硝基纤维素	丙酮	水
纤维素醋酸丁酯	丁酮	异丙醚

续表

聚合物	溶剂	沉淀溶剂（非溶剂）
聚乙烯	二甲苯	1-氯戊烷
聚苯乙烯	二甲苯	石油醚
聚氯乙烯	四氢呋喃	水
环氧树脂	丁酮	乙醇
聚酰胺树脂	异丙醇	水

当心材为一亲水性材料，如纯水、水溶液、水分散液或水溶性粉末时，则聚合物、溶剂与非溶剂基本上与水不可混溶或疏水性的。例如，常采用乙基纤维素、四氯化碳和石油醚的组合，对水溶液进行微胶囊化。在给定的聚合物溶液中，加入非溶剂所引起的相分离情况如图 2-36 所示。

由于这种微胶囊的囊壁是通过加入非溶剂形成的，所以该壁不可避免地残留有溶剂和非溶剂，必须全面处理才能使溶剂与非溶剂完全除去，可通过用大量非溶剂反复洗涤、冷冻干燥或喷雾干燥而达到目的，也可通过蜡处理使微胶囊转变成双壁的微胶囊。

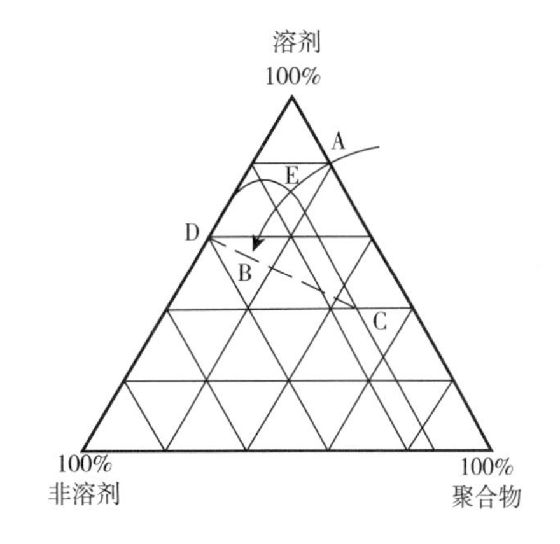

图 2-36　加入非溶剂引起相分离—凝聚的综合相图

七、 囊心交换法

所谓囊心交换法，就是先通过复凝聚法用明胶和阿拉伯胶将非极性溶剂微胶囊化，然后在囊壁尚保持高渗透性时，用极性溶剂逐步地置换囊中的非极性溶剂，达到实现对极性溶剂微胶囊化的目的。在完成交换之后，应用明胶的非溶剂（如乙醇、丙酮）来处理微胶囊，再将明胶-阿拉伯胶囊壁变成非渗透性的。

就大多数水溶液、高极性液体和低沸点液体来说，用囊心交换法易实现微胶囊化。此外，那些由结构与比例都非常易变的成分混合而成的心材（如柠檬油）的微胶囊化，本法也极有效。

柠檬油兼含油溶性和水溶性成分，使用复凝聚法仅能把油溶性成分胶囊化，而将水溶性成分排斥在外，结果成了一种配比失调的香料。为解决这个问题，可先通过复凝聚法将 d-柠檬烯（柠檬油中的油溶性成分）微胶囊化，之后再用柠檬油交换 d-柠檬烯。

具体操作是，在 1000mL 分别含 1%明胶和 1%阿拉伯胶混合水溶液（40℃，pH6.5）中，加入 200g d-柠檬烯，将混合体系的 pH 调降至 4.5，继续搅拌促使形成 d-柠檬烯小液滴。在不断搅拌条件下将体系温度逐渐降低至 10℃，以使明胶-阿拉伯胶复合凝聚相的形成与固定，通过过滤从液态介质中很容易地分离出微胶囊。在较高的温度下，存留在囊壁明胶中似网状结构中的水会蒸发而形成许多孔，这些孔是柠檬油对 d-柠檬烯进行溶剂交换时所必需的。当温度较高时，在缺少液体分散介质条件下微胶囊的彼此接触会造成相互黏结，为防止这种黏结现象的发生微胶囊应在低温下进行过滤。

将经过滤回收到的400g含有d-柠檬烯微胶囊，浸入到500mL含20%柠檬油的乙醇浓缩液中。搅拌该体系约1h，开始进行交换。利用倾析法将上层清液除去，d-柠檬油就这样地被同量的柠檬油乙醇溶液所替换。随后，再把这个体系搅拌5h。生成的微胶囊大约含有10%的柠檬油，经过滤回收交换过囊心的微胶囊，并用饱和的山梨糖醇乙醇溶液洗涤，保持在35～40℃。然后用流化床干燥器将这些微胶囊干燥，以使微胶囊囊壁封孔。

用来去除微胶囊内部所含非溶剂的介质称为交换溶剂，它是一种既能溶于水又能溶于油的“公共溶剂”。这种溶剂可单独使用，也可与其他溶剂混合使用。为提高交换效率，室温下交换溶剂的介电常数应不超过20。如果溶剂的介电常数比20高得多，则进入微胶囊中的溶剂总量太大，以致使微胶囊存在膨胀并破裂的危险。常用于本法的交换溶剂，包括二恶烷、乙酰胺、乙醚、醋酸丁酯、丙酮、丙醇、丁醇、戊醇、甲基异丙酮、甲基异丁酮和甲基乙基酮等。

八、挤压法与锐孔法

挤压法与锐孔法是两种相似的微胶囊造粒方法，两者都是通过模头（锐孔）在压力作用下成型，但挤压法形成微胶囊颗粒需经二次成型，即先挤成细丝状然后在固化液中借助力的作用打断成颗粒，而锐孔法是微胶囊颗粒经一次成型的。

（一）挤压法

顾名思义，挤压法是通过挤压实现微胶囊造粒的。1957年，Swisher首次成功地将之应用在香精的微胶囊造粒上。如图2-37和图2-38所示，香精（心材）在合适的乳化剂和抗氧化剂作用下与呈熔融状的糖-水解淀粉混合物（壁材）混合乳化于密闭的加压容器中，所形成的胶囊化初始溶液通过压力模头挤成一条条很细的细丝状，落入兼冷凝和固化双重功能的异丙醇中。在搅拌杆作用下将细丝打断成细小的棒状颗粒（长度约1mm），再从异丙醇中分离出这些湿颗粒，经水洗干燥即得终产品。

在挤压法中心材基本上是在低温下操作，故对热不稳定物质的包囊特别适合。该法已在胶囊化香精香料、维生素C等产品上得到广泛的应用，国外已问世了100多种采用挤压法实现微胶囊化的粉末香料，这些产品的货架期大都可以超过两年。

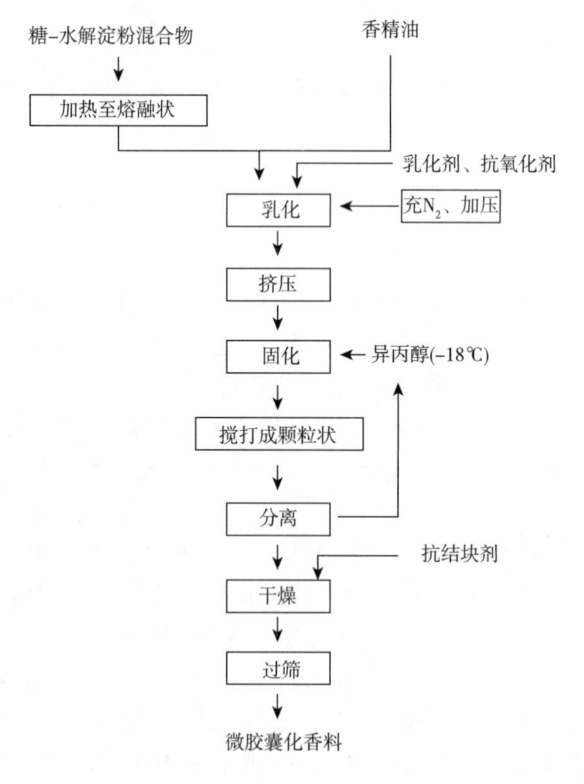

图2-37　通过挤压法对香精油实现微胶囊化工艺流程

（二）锐孔法

将1滴1.5%藻酸钠水溶液加入到10%氯化钙水溶液中，立即形成了弹性的圆球，这是由于液滴周围环绕着所形成的非水溶性藻酸钙，藻酸钠聚合物的固化导致微胶囊壁膜的形成。因为固化反应进行非常快，必须使含有心材的聚合物溶液，在加到固化剂中之前预先通过锐孔成型，该法故称为锐孔法。相比于挤压法，锐孔成型所需压力较小。藻酸钠是锐孔法微胶囊造粒最常用的壁材聚合物，$CaCl_2$水溶液则是最常用的固化溶液。

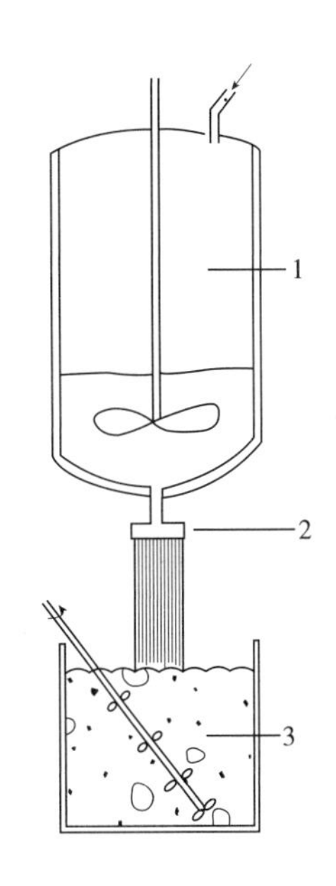

图 2-38　挤压法工作原理

1—压力反应器　2—挤压模头　3—异丙醇浴

锐孔有三种基本类型。第一种的结构很简单，是由一根管子或喷嘴组成，如图 2-39（1）所示。对于此种情况，心材在壁材溶液中形成分散液或乳化液，通过管子末端滴落并在该乳化液或分散液穿过空气落下的呈球形液滴。然后，此小球滴在凝固液中固化。在该法中，心材可以是液体或固体。

第二种基本类型如图 2-39（2）所示，是一个双层流动喷嘴，由带同轴内外管的双锐孔组成。液态心材自内管流出，与此同时壁材溶液自外管流出，中央的心材就被壁材溶液包敷且自双层流动喷嘴中落下。这种方法所用的心材大多是液体。

第三种基本类型的锐孔如图 2-39（3）所示，这是一个同轴的双锐孔，内管的末端放在外管的内部，内管不与外管接触。固态或液态心材小滴自内管末端降落，冲击到外管末端形成的壁材薄膜上，形成了胶囊化产品。

对第二和第三种基本类型的锐孔，现已作了许多改进。如通过改变喷射角度或变更结构达到可应用离心力的目的，通过使用转动齿轮以使液滴破碎成很细的液滴等。

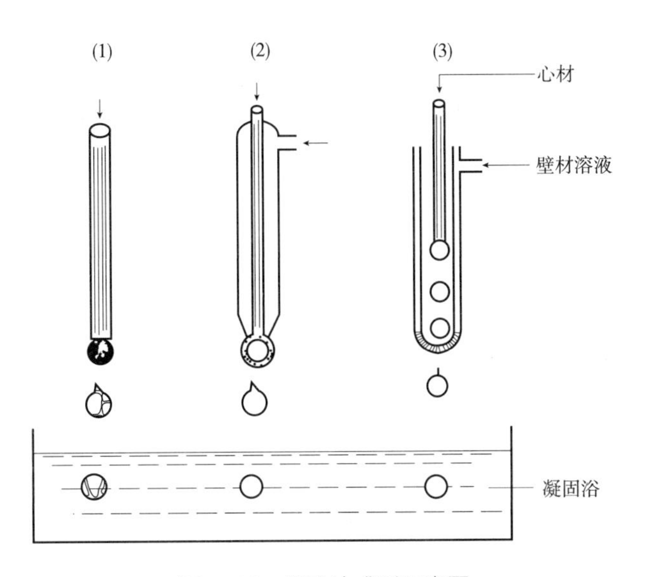

图 2-39　锐孔法成型示意图

例如，欲把锐孔装置改装成可利用离心力使壁材以水平方向喷射。将类似图 2-39（3）所示的许多锐孔安装成水平方向的放射状排列（图 2-40），即将许多锐孔镶嵌在外套管周围的壁上，外套管旋转的方向与内盘的旋转方向相反，且内盘的旋转速度比外套管的转动速度高。这

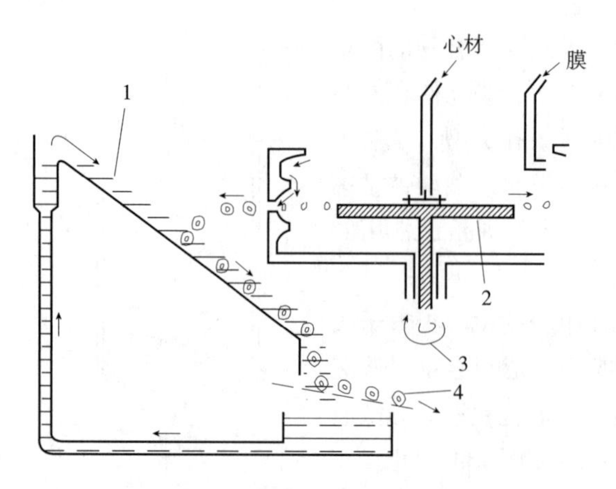

图 2-40　一种改进的锐孔法微胶囊造粒装置
1—凝固液　2—内盘　3—旋转器　4—胶囊

样，固体或液体心材滴落到内盘中央，被离心力以水平方向抛出；壁材溶液自外管内口流出，越过障碍流向锐孔形成了液体薄膜；当抛射出的心材微粒（滴）通过此液膜时即被包住，再进一步通过离心力将其送入固化液中，最后用筛子将微胶囊自环流的固化液中分离出来。

一个实例是，心材为薄荷油、聚合物溶液藻酸钠 1.6%、聚乙烯醇 3.5%、明胶 0.5%、甘油 5.0%和水 89.4%组成，凝固液是 15%氯化钙，应用图 2-40 的装置进行胶囊化。图中内盘直径为 14cm，旋转转速 1920r/min；外管直径为 20cm，旋转转速 252r/min；在外管壁表面上配置有直径为 1mm 的 180 个锐孔。

由该法制得的微胶囊产品，直径 0.5mm，壁厚 10～15μm。当外管的旋转速度增加时其操作效率将有所提高，但所得胶囊尺寸会减小。内盘的转速要比外管的转速高。胶囊的大小将取决于外管的转速及聚合物液体的流速。

九、 复相乳液法

将含有心材和壁材的胶囊化初始溶液以微滴状态分散于挥发性介质中，调成 W/O/W 或 O/W/O 三相乳浊液，然后将挥发性的分散介质急剧从液滴中蒸除，形成了囊壁，再通过加热、减压、搅拌、溶剂萃取、冷却或冻结的手段将囊壁中的溶剂除去，这种方法即称为复相乳液法。根据欲胶囊化心材和所用挥发性介质的不同，此法又分两种类型。

（一）W/O/W 复相乳液法

当心材为水溶液时，可选择 W/O/W 复相乳液法，图 2-41 所示为该法的大致过程。首先选择一种与水不混溶的溶剂，要求其沸点和蒸气压均比水来得高。将壁材聚合物溶解在这种溶剂中，再将心材的水溶液分散在上述的溶液中，形成 W/O 型的乳化液。单独制备一种含有保护胶体稳定剂的水溶液，在搅拌条件下将此溶液也加到上述分散液中，调制成［W/O］/W 型复相乳化液。

在这种复相乳化液中，由水溶液微滴和包囊这些水溶液微滴的有聚合物组成的滴珠悬浮于水中，当通过加热、减压或溶剂萃取调节该体系使聚合物溶液干燥，使囊壁固化包围住分散的水相从而形成了微胶囊化产品。这种微胶囊颗粒产品的大小通常在数十到数百微米之间。

常用保护性胶体的水溶液作微胶囊化的介质，符合要求的材料有 0.5%～5%明胶、明胶衍生物、聚乙烯醇、聚苯磺酸、羟基乙基纤维素或羟基丙基纤维素的水溶液，也可用阴离子型表面活性剂水溶液。如果不使用这些保护性胶体会使微胶囊的产率急剧下降，而当保护性胶体用量不足时，也会发生逆向转化释放出心材，最终形成仅由聚合物构成的小球。特别是在制备小于 10μm 的微胶囊时，如果在形成第一个 W/O 型乳液的过程中，加入阻止逆转的表面活性剂（如山梨醇型的阴离子表面活性剂）将会获得良好的结果。

该法的一个不足之处是，（W/O）/W 型复相乳化液形成之后，要从包围在水溶液滴周围的聚合物溶液中排除掉溶剂需要很长的时间。因为溶剂排除得太快的话，会在囊壁上形成小孔或者形成气泡。改进的方法是使用一种液体来萃取聚合物溶剂，该液体与水和聚合物的溶剂相互混溶，但对聚合物来说则是非溶剂。

一个实例是，利用上述方法对酶进行微胶囊化。取 3 份适当浓度的含酶水溶液滴加在 15 份 5%或 10%的苯硅氧烷梯形聚合物（ladder polymer）或聚苯乙烯的苯溶液中，将该混合物用均质器乳化形成 W/O 型乳液（第一乳液），使分散在其中的小滴其直径控制在几微米范围内。随后，将第一乳液迅速地乳化分散在 100 份的保护性胶体水溶液（如明胶）中获得第二乳液，即形成复相（W/O）/W 型乳液。

在搅拌下，将该乳化体系的温度升至 35~40℃并维持几个小时，第二乳液中的聚合物溶剂苯渐渐溶于水相中并从母液表面上蒸除，聚合物则慢慢地沉积在酶水溶液液滴的周围形成囊壁。在苯完全蒸除后通过过滤或沉降回收微胶囊，并用蒸馏水洗去囊壁上残余的酶，所得产品需经干燥处理或贮存于冷藏箱中。

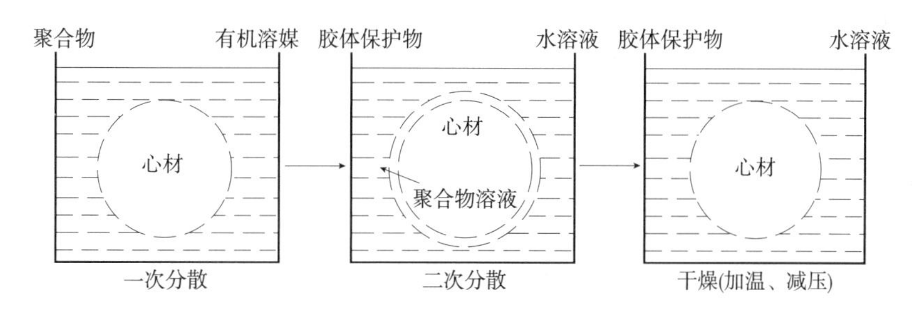

图 2-41 W/O/W 复相乳液法的微胶囊造粒过程

（二）O/W/O 复相乳液法

当心材为油溶性物质时，可选择 O/W/O 复相乳液法，它实质上是用水溶性壁材对油性材料进行微胶囊化。先将心材乳化在聚合物水溶液中形成 O/W 型的第一乳液，然后将其分散到稳定的油性材料（如液态石蜡和豆油）中形成［O/W］/O 型的复相乳液，再经冷冻或加入干燥粉末将水脱除干燥，从而形成囊壁。

在 W/O/W 法中，较难控制的方面集中在避免相转换的出现。这是因为把 W/O 型的第一乳液分散到保护性胶体水溶液中而形成的 W/O/W 型复相乳液，特别会出现这种相转换的危险。尽管这种情况也有可能出现在 O/W/O 乳化液中，但易于避免，可通过增加壁材溶液的黏性来阻止。但该法在微胶囊完成之后还必须从囊壁中除去用作介质的油。

例如，用 W/O/W 法制备含鱼肝油的明胶微胶囊。首先将 1000 克 33%的明胶水溶液加热至 70℃，把 200g 鱼肝油加入明胶水溶液中，搅拌使形成 O/W 型的乳化液，再将其加到 300mL 矿物油中搅拌形成［O/W］/O 型的复相乳化液。然后，将此复相液冷冻至近 0℃，再鼓风干燥以迅速脱水。用石油醚洗涤生成的颗粒，即得粉末状的干燥微胶囊。

又如，制备含有维生素 A 和维生素 D 的水溶性聚合物微胶囊。将 20g 阿拉伯胶、10g 明胶和 10g 糖分散在 45g 水中并保持在 45℃，把 20g 维生素 A 油和 10g 维生素 D 油混合乳化在上述溶液中生成糊状乳化液，再将这糊状液分散到 500mL 豆油中保持在 80℃使之转变成球形颗粒，然后将体系冷却至 10℃。为了除去聚合物水溶液相中含有的水，可加入 1g 碳酸钙或 20g 硅藻土，最后回收分离出微胶囊。

十、 微胶囊技术在食品工业中的应用

某些传统的液体产品，诸如香精香料、酒、油脂、酱油和食醋等，应用微胶囊技术可将之转变成相应的固体粉末状产品。相比于液体产品，经转化后的固体粉末状产品不仅提高了在贮藏、运输和使用时的方便性与稳定性，还可对其释放速率进行控制。在某些食品诸如方便食品和固体饮料中，这些粉末状产品比液体产品更实用。

（一）香精香料的粉末化

食品风味是微量食品质量的重要因素之一。由于风味物质挥发性强，在食品加工与贮藏过程中，各种条件（包括温度、pH、压力、密闭或开放式、时间和投料顺序等）均会对产品的风味造成影响。如条件没控制好，会导致风味成分的大量损失或劣变，引起食品品质的恶化。

针对上述情况，在应用微胶囊技术将液体香味物质包囊化或微胶囊化的固体粉末香味料后，可克服上述大部分的缺点，便于提高产品的质量。概括地说，粉末化香精香料的优点表现在：

①保护香味物质避免直接受热、光和温度和影响而引起氧化变质；

②避免有效成分因挥发而损失；

③可有效地控制香味物质的释放；

④提高贮存、运输和应用时的方便性。微胶囊技术在粉末香料生产中的应用，是此项技术在食品工业中已实现工业化生产的大宗用途之一。

在全世界的食品香料市场上，粉末香料已占相当大的比例，如在美国市场上这个比例达50%以上。常用在粉末香精香料的微胶囊化技术包括喷雾干燥法、分子包囊法、水相分离法、挤压法和囊心交换法等。

喷雾干燥法是粉末香料最常用的微胶囊化方法，具有方法简单、操作方便、生产成本低等优点。可使用的壁材诸如明胶、卡拉胶、阿拉伯胶、改性淀粉和β-环糊精等，若使用β-环糊精则属于分子包囊法与喷雾干燥法的结合，生产工艺流程如图 2-42 所示。

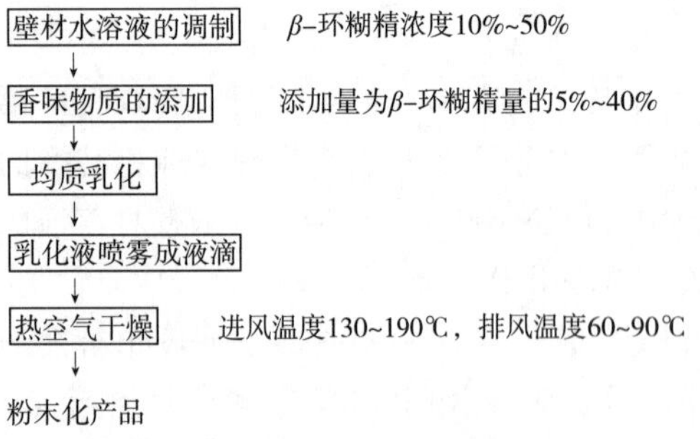

壁材水溶液的调制　β-环糊精浓度10%~50%
↓
香味物质的添加　添加量为β-环糊精量的5%~40%
↓
均质乳化
↓
乳化液喷雾成液滴
↓
热空气干燥　进风温度130~190℃，排风温度60~90℃
↓
粉末化产品

图 2-42　用 β -环糊精包裹并经喷雾干燥生产粉末化香料的工艺流程

试验表明，壁材水溶液的固形物浓度越高，则香味物质的微胶化率越高；固形物浓度的最高上限受制于进料管道和泵所能操作的范围，通常控制在 50%以内。另外，与壁材相搭配的心材数量控制在 10%~20%范围内的胶囊化效果最好。

一些天然香味料与β-环糊精形成微胶囊复合物中，香精油所占的比例分别为：香兰素 6.2%、菠萝籽油 6.9%、柠檬油 8.7%、肉桂油 8.7%、薄荷油 9.7%、大蒜油 10.2%、蒿油 10.1%和芥子油 10.9%。

相比于喷雾干燥法，用水相分离法生产的粉末香料质量更好一些，表现在胶囊的结构更结实且无外表残留油的现象。在水相分离法中，粉末香料仅是单一的油滴被壁材所包裹，因此得到的每一个粉末颗粒仅含有一个微囊胞，而在喷雾干燥法中每个粉末颗粒中可以包含多个微囊

胞。图 2-43 所示为用水相分离法（复凝聚法）制备粉末化白兰香精的工艺流程。

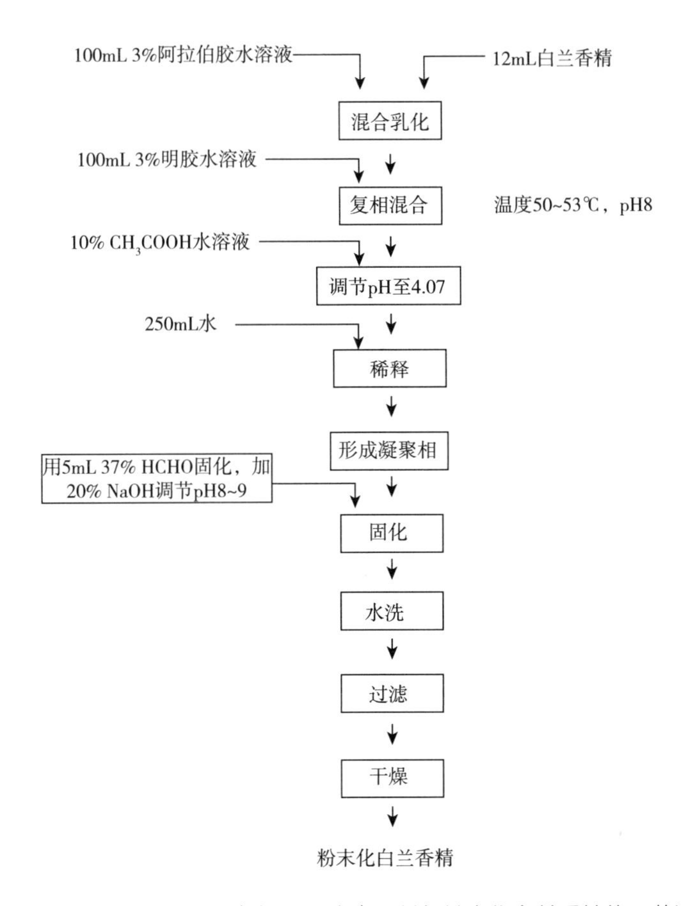

图 2-43　用水相分离法（复凝聚法）制备粉末化白兰香精的工艺流程

挤压法是生产粉末化香料一种较新的胶囊化法，它的特点是整个工艺的关键步骤基本上在低温条件下进行，而且能在人为控制的纯溶剂中进行，因此产品的质量较好。目前国外已问世了 100 多种采用挤压法生产的粉末香料，产品品质均较其他方法的来得好。尽管成本较高，但在对香料品质有特别要求的场合下，还是经常被应用，生产实例参见图 2-37。另外对一些成分比较复杂的天然香料（如柠檬油），其微胶囊化需用囊心交换法进行。

经微胶囊包囊后的粉末化香精香料，不仅提高了产品的稳定性，而且极大地拓宽了香味料的使用范围。例如，在焙烤食品中添加桂皮醛可改善产品的风味，但桂皮醛会抑制酵母的生长繁殖，从而给应用带来困难。如果将桂皮醛微胶囊化后，即可圆满地解决上述矛盾。在生产口香糖上，如使用微胶囊化的薄荷油，这种香料油只有与唾液接触时溶化了外包囊物质后才释放出，因此能持久浓厚地释放出香味成分。在生产糖果巧克力时使用粉末香精香料，有助于防止加工过程中香味成分的损失，同时提高产品香味的持久性。在生产配制固体饮料时，粉末化香料比液体香料更有无可比拟的优越性。

（二）食用油脂的粉末化

食用油脂是日常生活及工业化食品加工的重要原料，在食品工业中占有重要的地位。在现代食品加工上，由于传统油脂的独特性质，给生产和运输带来诸多不便。对于固态脂肪来说，它的缺点集中体现在：

①不易称量、包装和存放；

②缺乏流动性、难以均匀混合入配料系统中；

③与空气直接接触易腐败变质；

④给装容过的容器与加工机械带来清洗上的极大不便。

为此，迫切需要一种能适应现代食品加工业，贮存、运输和使用相当方便的新型油脂产品问世，粉末化油脂的出现顺应了这种需要。

虽然早在19世纪末就有粉末油脂问世，但当时采用的多是冻凝固化法或物理吸附法，产品质量不尽人意，应用范围一直受到限制。所谓冻凝固化法，是将高熔点的油脂先加热熔化后再喷雾冻凝而成，它只适合于高熔点脂肪的粉末化。物理吸附法是用淀粉、糊精或面粉吸附油脂后干燥粉碎而成，这种产品中油脂的含量仅25%~50%，油脂相并没被包囊住而仍直接与空气接触，易氧化变质。

近些年来，由于将微胶囊化技术应用到固体粉末油生产上，极大地提高了粉末油脂产品的质量，同时拓宽了应用范围。几乎所有的油脂，包括花生油、大豆油、小麦胚芽抽、米糠油、玉米油、猪油、椰子油和棉籽油等，均可转化成粉末油脂。可用来包囊油脂的壁材，包括明胶、阿拉伯胶、藻酸钠、卡拉胶、淀粉、改性淀粉、糊精、酪朊酸钠、植物蛋白和结晶纤维素等。配合使用的乳化剂诸如卵磷脂、单甘酯和蔗糖酯等，有时还添加些磷酸钙和食盐等作稳定剂。

经常应用的微胶囊化技术主要有喷雾干燥法、水相分离法和分子包囊法等。下面介绍喷雾干燥法的制备实例。

心材是70kg的混合油脂，由猪油和棉籽油按7∶3比例混合而成；壁材由6.5kg酪朊酸钠和5.8kg结晶纤维素组成；乳化剂用500g蔗糖脂肪酸酯，另加0.6kg的Na_3PO_4作稳定剂。制备时，先将Na_3PO_4溶解于83kg水中并加入酪朊酸钠溶解后升温60℃，另将结晶纤维素溶解于115kg水中，上述两种水溶液合并后加入乳化剂搅拌均匀，并通过均质处理制得壁材水溶液。缓慢地往壁材水溶液中加入混合油脂，搅拌混合均匀后喷雾干燥而得到粉末化油脂。这样制得产品中心材油脂含量为85.5%，壁材蛋白质和纤维素含量分别为7.2%和7.1%，水分0.3%。

（三）酒的粉末化

酒通常由酒精及挥发性芳香化合物、非挥发性呈味化合物（有机酸、糖分等）和水三大类成分组成。在酒的粉末化过程中需将水分去除掉而保存其他两类成分。显然，酒的粉末化要求与前述两种液体产品不同。在香精香料和油脂粉末化过程中，是用适当的壁材将液体心材全部包囊住而不需去除液体心材中的某种组成成分。但在酒粉末化过程中，需去除掉其所含的水分而将其他成分用适宜的壁材包囊住。

因此，用微胶囊技术制取粉末化酒，需选择一种适当的壁材将液体酒中的酒精和挥发性芳香化合物包囊住，然后利用喷雾干燥法去除水分同时固化微胶囊颗粒。也可用喷雾冻结法形成微胶囊颗粒后，再进行冷冻干燥处理将水分去除掉。可供选择的壁材有明胶、阿拉伯胶、改性淀粉、β-环状糊精和麦芽糊精等，若使用β-环糊精则属分子包囊法与喷雾干燥法两种微胶囊技术的结合。

当这些水溶性壁材加入到液体酒中时，便溶解在酒的水成分中，形成水溶液，同时将酒精和挥发性芳香化合物包裹住，形成了胶囊化初始溶液。经喷雾器喷雾成细小的液滴后，进入干燥室内与热空气接触蒸发掉水分。结果是，这些壁材把酒精和挥发性香味成分包裹起来，形成微胶囊固体颗粒，连同酒中的非挥发性物质（如有机酸和糖分等，随着水分的蒸发这些成分便被脱水析出，混合于微胶囊颗粒中）共同组成粉末酒产品。

在胶囊化溶液水分蒸发过程中，仍不可避免地会带走酒中的某些芳香成分。因此，考虑到粉末酒冲饮时需配合适量的水，为确保产品的质量，具体生产时需对原料酒进行调味、调香和调色处理。调味处理包括使用甜味剂、酸味剂和鲜味剂，调香处理可添加与原酒香味成分相符的香精（如葡萄香精），调色处理添加些食用色素。有时为了提高粉末酒产品的酒度，还可适当添加些食用酒精。

利用喷雾干燥法实现微胶囊技术生产粉末酒的工艺过程是，先将原料酒和食用酒精放入配料缸中，缓慢加入包囊材料使其充分溶解，再加入适宜的调味、调香和调色用水溶液混合均匀，形成胶囊化初始溶液。这种初始溶液先在密闭条件下存放24h以上，经雾化器喷雾成小液滴并干燥形成微胶囊化的粉末酒产品。这种产品的酒精含量通常在40%以下，包囊材料含量在60%以上，水分5%以下。

利用喷雾冻凝法实现微胶囊技术生产粉末酒的工艺过程是，向原料酒中添加包囊材料形成胶囊化初始溶液后，在雾化器作用下喷雾成小液滴并在-40℃冻凝室中冻结成坚硬颗粒，然后将这些颗粒在保持冻结状态下真空干燥，制成粉末化酒产品。

一个实例是，往酒精含量51.3%的18kg原料酒中添加5.7kg明胶和5.9kg麦芽糊精，升温至35~40℃促使壁材均匀溶解形成胶囊化初始溶液，然后在-40℃以下喷雾冻结并在保持冻结状态下真空干燥，制得酒精含量为44%的粉末化酒20kg。本法制得的粉末产品酒精含量较高，粉末回收率也较高，其原因在于低温条件下包囊材料对酒精的包覆力和吸附力强。

粉末化酒类的应用范围较广。当作为饮料酒时，饮用前只需加水溶液即可，显然非常方便。除了饮用之外，粉末酒作为一种配料可用在多种食品生产上，包括各种调味食品或嗜好食品等。另在医药品、化妆品和饲料中可用来着香、调味、防腐和矫臭等。

（四）微胶囊技术在食品添加剂包囊化过程中的应用

食品添加剂微胶囊化的目的出于以下几个方面中的某一种或某几种：

①提高稳定性，有些添加剂本身的物化性质不稳定，需用微胶囊化来隔离与外界环境的接触；

②避免对其他配料造成影响，有些食品添加剂加入丰富的食品配料系统中会对某种配料造成不良影响或相互间发生反应，为此需用微胶囊技术进行包裹隔离；

③降低毒性，部分食品添加剂的毒性较大，经微胶囊化后可降低毒性；

④控制释放，确保能持久恒定地发挥作用。

到目前为止，有应用微胶囊技术进行包囊化处理的食品添加剂包括酸味剂、甜味剂、防腐剂、营养强化剂和生理活性物质（功能性食品添加剂）等几类，下面做些简单的讨论。

1. 微胶囊化酸味剂和甜味剂

常见的食用酸味剂包括醋酸、柠檬酸、乳酸、磷酸、酒石酸和苹果酸等。由于酸味剂的酸味刺激性，会导致配料系统pH的下降，当与某些敏感成分（如不耐酸或对酸不稳定）混合时会对之产生某些不良影响。另外，某些酸味剂（如柠檬酸）的吸湿性强，易使产品发生吸水结块霉变现象。为了克服酸味剂可能带来的这些缺点，出现了微胶囊化酸味剂。

已有好几种微胶囊化技术，如喷雾干燥法、分子包囊法、油相分离法和空气悬浮法等，均可用来制备微胶囊化酸味剂。通过对不同包囊材料的选择来对产品进行不同的设计，可制得能满足不同用途的新产品；例如，可被设计成能在冷水中溶解、能在热水中溶解或在较高温度下才能释放出的耐高温型的各种微胶囊酸味剂新产品。

在焙烤食品中，经胶囊化的酸味剂可充分发挥出其控制释放的优点。如只有在焙烤后期当温度达到能使囊壁熔化时才释放出，这样就可延缓酸味剂与其他配料的过早接触，并避免可能出现的劣变现象。经胶囊化的柠檬酸或乳酸，用在某些肉制品中可简化加工工艺，比如可免去发酵灌肠中乳酸酵母培养这一复杂的过程。而且，这种胶囊化酸味剂在生产的初始阶段就可直接加入，不必担心会出现酸味剂与肉类蛋白质直接接触而引起蛋白质变性的这种不利影响。因此，美国目前常在肉禽加工中使用微胶囊化的乳酸或柠檬酸等，以改善产品风味同时简化加工工艺。除此之外，微囊化酸味剂还在许多方便食品中得到应用。

食品甜味剂的种类很多，微胶囊化技术在甜味剂的应用尚不多，主要局限在少数几种。比如阿斯巴甜（Aspartame）是一种二肽甜味剂，由天冬氨酸、苯丙氨酸和甲醇结合的二肽甲酯，甜味特性良好，甜度是蔗糖的180~200倍。但由于其酯键对热对酸不稳定，易分解导致甜味的丧失。如用微胶囊技术进行包囊处理，即可克服这方面缺点。另外，多元糖醇类甜味剂是一类有特殊用途的甜味剂，因为它们在人体内的代谢途径与胰岛素无关，故可供糖尿病人食用。但绝大多数的多元醇（如山梨醇、木糖醇和麦芽糖醇等）吸湿性大，易吸湿结块而给贮藏和应用带来诸多不便，含有这些甜味剂的固体或粉状食品也因易吸潮霉变而影响产品品质。如用微胶囊技术进行包囊处理，即可彻底解决这方面缺点。关于甜味剂的微胶囊化，国内已有工业化产品问世，已进入实用阶段。

2. 微胶囊化防腐剂

山梨酸、苯甲酸、山梨酸钾和苯甲酸钠之类防腐剂，是通过游离的酸分子或酸根离子（钠或钾盐必须先解离成酸根离子）被菌体吸收后达到杀菌作用，介质pH越低则杀菌效果越好，pH高于7就基本无效。但正如上述，酸的存在会对部分产品品质带来不良影响，如酸会引起肉糜蛋白质变性，同时使鱼肉产品失去足够的弹性与保水性，从而造成质量的严重下降。

为了避免在加工过程中由于直接加入山梨酸、苯甲酸之类防腐剂引起介质pH下降影响产品质量，同时又要保证防腐剂的有效作用，问世了微胶囊化防腐剂新产品。

通常用高熔点的硬化油作为壁材包裹山梨酸之类防腐剂。一个制备实例是，将熔点为56~60℃的硬化牛脂加热至80~85℃使其熔化，加入等量经预先粉碎过筛的山梨酸粉末，混合均匀，形成胶囊化初始溶液。应用喷雾冻凝法，通过离心式圆盘雾化器喷雾成细小液滴后，落入20~30℃的冷却室内，即得到微胶囊化的山梨酸颗粒产品。产品的平均粒径160μm，心材含量50%左右。

乙醇也具有明显的杀菌消毒作用，但乙醇浓度需在50%~70%范围内才有最强的杀菌效果，但这么高浓度的乙醇显然是无法应用在食品上。研究发现，低浓度的乙醇通过某些辅助物质或改变介质中的pH，也有很有效的防腐作用。日本开发了一种产品，是由浓度为6%的乙醇组入乳酸、磷酸等配制而成。诸成分之间有良好的相互增效作用，使产品的综合杀菌能力与70%乙醇相当。生产这种产品的关键之一就是要尽量延缓乙醇的蒸发，以达到长期抑制微生物生长的必要蒸气浓度，微胶囊技术显然可满足这点要求。

现在问世的微胶囊化低纯度杀菌防腐剂，是用改性淀粉、乙基纤维素和硅胶等为壁材制成高浓度的微胶囊粉末产品。然后将这种微胶囊粉末装入具一定透气性的塑料或纸袋中，纳入装有食品的包装盒中，利用胶囊缓慢释放出的乙醇蒸气而达到杀菌防腐的目的。这种产品具有安全可靠方便等优点，唯一的要求是食品的外包装应该用乙醇气体不易透过的聚合物材料制成。

3. 微胶囊化营养强化剂

在强化食品生产中，需补充各种营养素强化剂，包括氨基酸、维生素和矿物元素等。这三类营养强化剂却不同程度地存在某些问题，给实际生产带来某些不便。例如，氨基酸在高温条件下易与可溶性羰基化合物（还原糖类）发生美拉德反应引起失效，部分氨基酸产品本身不稳定，且带有明显的异味。维生素大多不很稳定，易受光、热、酸或碱的影响而破坏；有的维生素色泽较深；且各种维生素相互之间还存在不相配伍的问题。矿物元素也有这方面问题，如硫酸亚铁易被氧化而加深色泽，钙盐带有苦涩味，很多矿物元素带有明显的金属味。通过微胶囊技术，给这些不甚满意的添加剂粉末外包以一层保护薄膜，隔断了与外界环境的联系，就能完美地解决上述困难。下面略举数例加以说明：

（1）通过锐孔法制备蛋氨酸微胶囊　壁材选用熔点为56~60℃的牛脂肪，加热至80℃使其熔化；加入相当于牛脂肪35%数量的蛋氨酸粉末（直径0.1~0.2μm），搅拌均匀后通过锐孔成型并落入由丙二醇与甲醇（2∶1）组成的混合液（40℃）中固化成膜，即制得蛋氨酸微胶囊颗粒，产品直径在0.5~1mm。

（2）通过喷雾干燥法制备维生素E微胶囊　使用明胶为壁材，先配制3%的明胶水溶液，加入维生素E醋酸酯搅拌均匀形成稳定的乳化液，然后经喷雾干燥即得维生素E微胶囊颗粒，产品直径为20~400μm。

（3）通过喷雾干燥法制备维生素C微胶囊　壁材选用乙基纤维素，先将乙基纤维素溶解于异丙醇溶剂中，加入维生素C粉末混合成均匀的悬浮液，经喷雾干燥脱除溶剂后即得维生素C微胶囊颗粒。

（4）通过油相分离法制备硫酸亚铁微胶囊　使用乙基纤维素和聚乙烯为壁材，将15g乙基纤维素和16g聚乙烯溶解于1000mL环己烷中，加入100g硫酸亚铁粉末，搅拌均匀后加入300mL正己烷引起相分离凝聚形成胶囊囊壁，干燥后即得终产物硫酸亚铁微胶囊颗粒112g。

4. 微胶囊化生物活性物质

功能保健食品是当今国际食品领域的研究与开发重点，其中真正起作用的成分称为生理活性成分，富含这些成分的物质即称生物活性物质。

生理活性物质包括膳食纤维、活性多糖、多不饱和脂肪酸、活性肽和活性蛋白质等10多类。这些活性物质中的部分产品或由于本身性质不稳定，或由于易与其他配料发生相互作用等原因，也需用微胶囊技术进行包囊化处理，以提高它们在功能性食品中的可用性，并促进其生理功能的发挥。

二十碳五烯酸之类多不饱和脂肪酸具有降低血清胆固醇预防冠心病的独特功效。但因它的不饱和度高，极易受光、氧和热的作用而氧化变质，氧化产物不但没有功效反而对机体有害。通过微胶囊技术将之与外界环境隔离开，就可解决这个十分棘手的难题。生产实例有，先对含15.5%二十碳五烯酸和9.7%二十二碳六烯酸的沙丁鱼油进行脱腥脱臭处理，然后用明胶和阿拉伯胶依据复凝聚法对其进行微胶囊化，再用醋酸调节混合液pH至4.0并结合冷却处理促使胶囊壁固化，再经水洗干燥后即得性质稳定的微胶囊化颗粒产品，可作为保健食品直接食用。

有关微胶囊技术在功能性食品中应用的研究，国内外都在进行之中，但研究尚属初步。随着人类生存环境的恶化，水源和空气污染现象加剧，各种恶性疾病发病率的上升，这些因素都刺激着人们更加关注自身的健康。包括微胶囊技术在内的各种食品加工新技术，将在功能性食品中得到更深入广泛的应用。

思考题

1. 气流式超微粉碎技术的基本原理和特点是什么？
2. 旋转球（棒）磨式超微粉碎技术的基本原理是什么？简述该技术的优缺点。
3. 与常温粉碎技术相比，冷冻粉碎技术的优点体现在哪些方面？
4. 试举 2 个冷冻粉碎技术在食品加工中的例子。
5. 什么是微胶囊造粒技术？简述微胶囊造粒技术的作用与局限。
6. 如何进行微胶囊产品的质量评定？
7. 试举 3~4 种微胶囊造粒方法，并简述它们的基本原理。

第三章 食品冷冻高新技术

CHAPTER 3

[学习目标]

1. 了解冷冻干燥技术的特点、原理、设备和应用。
2. 掌握冷冻浓缩技术的原理，了解冷冻浓缩装置的构成和系统分类。
3. 掌握食品速冻过程，了解流化速冻的方法、装置和应用。

现今，人们的经济生活水平不断提高，已不再满足一日三餐的“温饱”需求，而更加重视食品的营养和风味。食品冷冻技术可以通过降低化学反应速度和微生物的生长繁殖速率，控制食品的化学、生物化学、物理化学的变化，达到延长保鲜期、保持食品营养和风味的目的。随着科技的进步，食品冷冻技术也不断发展，使保证食品风味和营养变成了可能。

第一节 冷冻干燥技术

冷冻干燥又称真空冷冻干燥、冷冻升华干燥、分子干燥等。它是将含水物质先冻结至冰点以下，使水分变为固态冰，然后在较高的真空度下，将冰直接转化为蒸汽而除去，物料即被干燥。

冷冻干燥法与常规的干燥法相比，具有如下特点：

①冷冻干燥是在低于水的三相点压力（609Pa）下进行的干燥。其对应的相平衡温度低，因而物料干燥时的温度低，且处于真空的状态之下。所以，此法特别适用于热敏食品以及易氧化食品的干燥，可以保留新鲜食品的色香味及维生素C等营养物质；

②由于物料中水分存在的空间，在水分升华以后基本维持不变，故干燥后制品不失原有的固体框架结构，保持原有的形状；

③由于物料中水分在预冻结后以冰晶形态存在，原来溶于水中的无机盐被均匀地分配在物料中，而升华时，溶于水中的无机盐就地析出，这样就避免了一般干燥方法因物料内部水分向

表面扩散所携带的无机盐而造成的表面硬化现象。因此，冷冻干燥制品复水后易于恢复原有的性质和形状；

④因物料处于冰冻的状态，升华所需的热可采用常温或温度稍高的液体或气体为加热剂，所以热能利用经济。干燥设备往往无须绝热，甚至希望以导热性较好的材料制成，以利用外界的热量；

⑤由于操作是在高真空和低温下进行，需要有一整套高真空获得设备和制冷设备，故投资费和操作费都大，因而产品成本高。

在我国，许多研究所和高等学校使用冷冻干燥机进行生物制品、医药品等方面的研究。一些工厂建立了冷冻干燥车间，生产生物制品、药品及高附加值的食品。但是要使冷冻干燥技术广泛应用于食品工业，还需解决降低设备造价、能源综合利用、缩短冻干周期的问题。随着科学技术的发展以及人民生活水平的不断提高，该技术的应用前景将十分乐观。

一、 冷冻干燥原理

（一）水的相平衡及压温图

物质有固、液、气三态。物质的每一种聚集态只可能在一定的外部条件下，即在一定的温度和压力范围内存在。分子间的相互位置随着这些外部条件的改变而逐渐改变，直到量变引起质变。这时物质的分子结构就有了根本的变化。

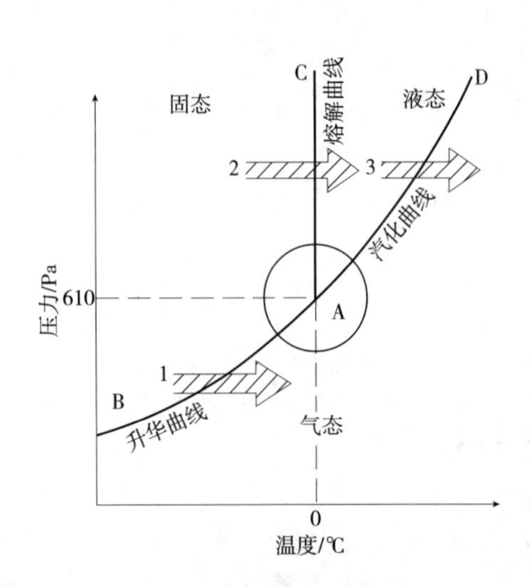

图 3-1 水的相平衡图

物质聚集态的变化取决于分子重新排列、密度突变以及其他物理性质的变化。物质的相态转变过程可用相平衡图表示。图 3-1 所示为水的相平衡图。在图中，*AB*、*AC*、*AD* 三条曲线分别表示冰和水蒸气、冰和水、水和水蒸气两相共存时其压力和温度之间的关系。分别称为升华曲线、溶解曲线和汽化曲线，此三条曲线将图面分成三个区，分别称为固相区、液相区和气相区。箭头 1、2、3 分别表示冰升华成水蒸气、冰溶化成水、水汽化成水蒸气的过程；曲线 *AD* 的顶端有一点 K，其温度为 374℃，称为临界点。若水蒸气的温度高于临界点 374℃时，无论怎样加大压力，水蒸气也不能变成水。三曲线交点 A，为固、液、气三相共存的状态，称为三相点，其温度为 0.01℃，压力为 610Pa。对于一定的物质，三相点是不变的，即具有一定的温度和压力。

升华现象是物质从固态不经液态而直接转变为气态的现象。由图可知，只有在压力低于三相点压力以下，升华才有可能发生。升华干燥即基于此原理。当压力高于三相点压力时，固态转变为气态必须经过液态方能达成。

随着物质聚集态的变化，由于相内分子重新排列要消耗能量，故需要放出或吸收相变潜热。因此，物质聚集态的变化是根据物质的物理性质，以及由一态转变为另一态时的转换条件而在一定的温度下进行的。在转变过程中，要发生体积变化及热效应。升华相变的过程一般为吸热过程，这种相变潜热称为升华热。

关于冰的蒸汽压与温度的关系如图 3-2 所示。

（二）物料中水分的冻结

纯水结冰时，水分子或分子群析出在固相冰之上，这时要发生体积变化，通常体积要增加 9%。纯水结冰时的温度随条件的变化而不同。若事先有冰的晶核存在，结冰过程在略低于 0℃（常压下）下即开始进行。但是，若无晶核存在，则在冻结到达之前须先冷却至-39℃。对于含有杂质的普通水，发生冻结的温度范围为-25～-6℃。

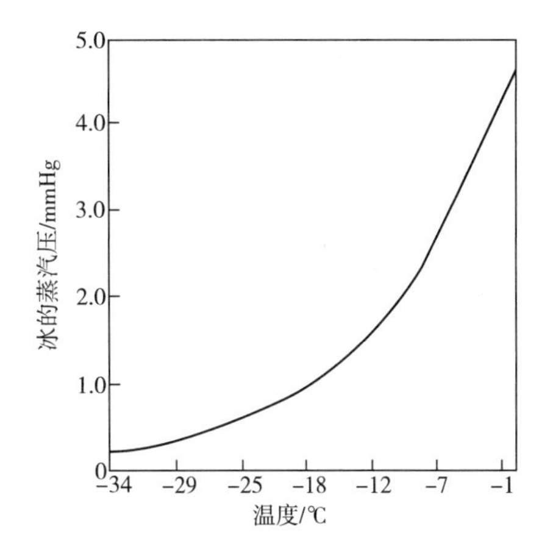

图 3-2　冰的蒸汽压与温度的关系

（1mmHg≈133.3Pa）

就冷冻干燥而言，主要用于生物系统的物料，而生物组织中水分的冻结有其本身的特点。生物组织中的水分具有如下几种主要的功用：作为溶剂；作为反应物；作为结构水分。因此水分在冷却过程中所引起的相变现象往往要使生物组织发生变化，而这种变化可能是可逆的，也可能是不可逆的。

实验证明，生物组织中的一部分水分，即使在极低的温度下，也不可能转化为冰。而能冻结的水分，其冻结部分所占的比例则又与冻结温度有关。

生物组织中的结合水分是指与生物聚合物有紧密约束的水分，它具有与主体水分极不相同的特性。例如某些结合水分，是通过氢键的作用与生物聚合物的极性基团相连接的。但也有结合水分存在于非极性基团的周围形成被覆的结构水分。此外，也有将以无定形状态凝固的水分归之为结合水分。例如，血浆冷冻干燥时，血浆中一部分水分在冷却时以无定形的状态出现，或称为玻璃体水分。许多实验表明，在生物物料的冻结过程中，存在着一种玻璃体状态的过渡。而这种玻璃体状态过渡又与冷却速度等条件有关。冷却速度越快，玻璃体过渡越明显，所得无定形状态水分越多。反之，冷却越慢，玻璃体过渡越不明显，称为反玻璃体化现象。

生物物料冷冻时，生物组织的细胞可能要受到破坏，且细胞的破坏也与冷却速度有关。冷却速度影响生物细胞破坏表现为两种现象：

①机械效应：这是细胞内部冰晶生长的结果。当细胞悬浮液缓慢冷却时，冰晶开始出现于细胞外部的介质，于是细胞逐渐脱水。而当快速冷却时，情况与此相反，细胞内发生结晶。这时，如果冷却非常急速，则形成的晶体可能极小，如果是超速冷却，则出现细胞内水分的玻璃体化现象；

②溶质效应：在冷却初期，细胞外的冻结产生细胞间液体的浓缩，随之产生强电解质和其他溶质增浓，细胞内对离子的渗透性增加，因而细胞离子便进入细胞，并改变细胞内外的 pH。

由此可见，生物组织的冻结，起主要作用的过程是两方面。一方面是冰晶的成长；另一方面是细胞间液体的浓缩。在这两方面，凡能促进生物组织中无定形相生长并使之稳定的条件，都对细胞免受破坏有利。但是，无定形相的出现，对生物组织的干燥又是不利的。

在生物物料的冻结过程中，所形成的冰晶类型主要取决于冷却速度和冷却温度以及物料浓度。在 0℃附近开始冻结时，冰晶呈六角对称，在六个主轴方向向前生长，同时还会出现若干副轴，所有冰晶连接起来，在溶液中形成一个网络结构，随着过冷度的增加，冰晶将逐渐丧失容易辨认的六角对称形式，加之成核数多，冻结速度快，可能形成一种不规则的树枝型，它们有任意数目的轴向柱状体，而不像六方晶型那样只有六条。最高冷却速度时获得渐消球晶，通过重结晶可以再完成其结晶过程。

生物物料的结晶形式对冷冻干燥速率有直接影响。冰晶升华后留下的空隙是后续冰晶升华时水蒸气的逸出通道，大而连续的六方晶体升华后形成的空隙通道大，水蒸气逸出的阻力小，因而制品干燥速度快；反之，树枝形和不连续的球状冰晶通道小或不连续，水蒸气靠扩散或渗透才能逸出，因而干燥速度慢。因此仅从干燥速率来说慢冻为好。

二、 冷冻干燥的装置系统

含水物料的冷冻干燥是在真空冷冻干燥设备中实现的，根据所要冻干的物质、要求、用途等的不同，相应的冷冻干燥装置也不同。

通常，如果从装置的结构技术特征来分，冷冻干燥装置系统大致可分为制冷系统、真空系统、加热系统、干燥系统等。但从其使用目的来分，则可分为预冻系统、蒸汽和不凝结气体排除系统、供热系统以及物料预处理系统等。

（一）预冻系统

物料预冻的好坏直接影响冷冻干燥产品的品质。在现代，随冷冻干燥物料预冻所要达到的低温及其冷却速度，可以采用多种方法进行。它包括气流式、液体浸泡式、接触式、液氮法、液态二氧化碳、真空冻结式等。为了得到良好的冻结效果，冻结必须具备如下的条件和技术：

①应避免物料因冻结而引起的破坏和损害；

②解除共晶混合液（即低共熔混合液）的过冷度，确定低共熔温度以及防止冻结层熔解；

③控制冻结过程的条件，使生成的纯冰晶的形状、大小和排列适当，以利于干燥的进行，又可以获得质量好的多孔性制品；

④冻结体的形状要好。

（二）蒸汽和不凝结气体的排除系统

干燥过程中升华的水分必须不断而迅速地排除。若直接采用真空泵抽吸，则在高真空度下，蒸汽的体积很大，真空泵的负担太重。故一般情况下，多采用低温冷凝器（冷阱）。冷阱内的温度必须保持低于被干燥物料的温度，使物料冻结层表面的蒸汽压大于冷阱内的蒸汽分压。物料中升华的水蒸气在冷阱中大部分结霜除去后，还有部分的水蒸气和不凝结气体必须通过真空泵抽走。这样就构成了冷阱—真空泵的组合系统。在这种系统中，真空泵则可视为冷阱的前级泵。冷阱—真空泵的抽气系统一般被认为是冷冻升华干燥的标准系统。除此之外，也有不采用冷阱而直接抽气的系统。

1. 带有冷阱的真空系统

带有冷阱的真空系统的特点是利用冷阱以除去大量水蒸气，从而避免真空泵抽气的负担过重，并避免水蒸气可能使真空泵的泵油变质。因为多数的机械真空泵都是油封式的，若水蒸气进入泵腔，必将使泵油乳化，因而导致泵的抽气能力下降或甚至因泵升温而发生停泵现象。

带有冷阱的真空系统，常见的有如图 3-3 所示的几种典型例子。

第一种是冷阱与机械真空泵的结合。所用机械真空泵有活塞式、水环式、油环式、油封旋转式等。油封旋转式中，又以旋片式和滑阀式在食品冷冻干燥上用得最多。

第二种是在干燥箱和冷阱之间设有增压泵，称为中间增压泵。常用的增压泵有机械增压泵（即罗茨泵）和油增压泵（一种油扩散泵）。设增压泵的目的是将干燥箱内抽出的水蒸气和空气混合物提高其压力和温度，使冷阱在较高的温度和压力下工作，从而降低冷阱对制冷系统的要求。

第三种是将中间增压泵放在冷阱之前，物料中升华出来的水蒸气在进中间增压泵之前；已大部被凝结下来，这样就可以减轻中间增压泵的抽气量，从而可大大提高系统的真空度。

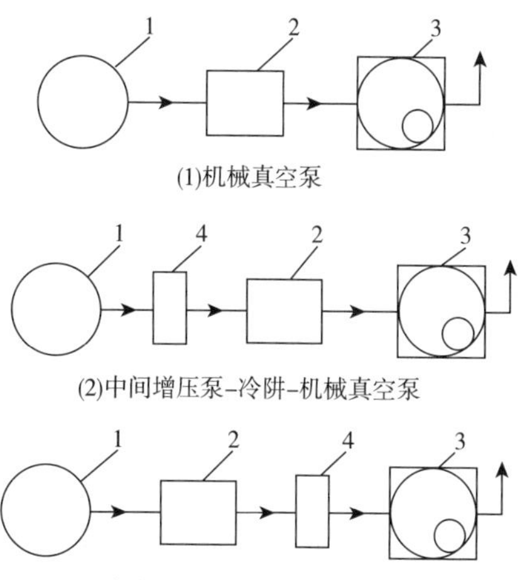

图3-3　带有冷阱和机械真空泵的系统

1—干燥箱　2—冷阱　3—机械真空泵　4—罗茨泵

2. 采用蒸汽喷射泵的真空系统

在直接采用多级水蒸气喷射泵的系统中，由于这种真空泵本身具有抽吸大量水蒸气的能力，故系统中无须配备冷阱，也可达到升华干燥所要求的真空度。这时，从干燥箱出来的水蒸气和气体混合物先经蒸汽喷射升压泵提高温度和压力后，进入冷凝器冷凝，然后不凝结气体则由前置多级蒸汽喷射真空泵抽走（图3-4）。

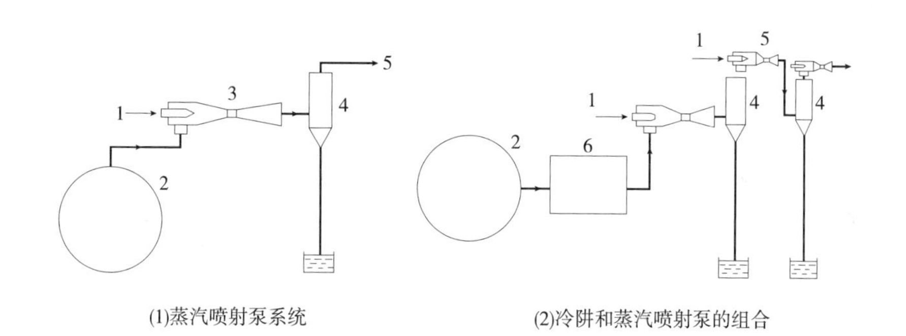

图3-4　采用多级蒸汽喷射泵的真空系统

1—工作蒸汽　2—干燥箱　3—蒸汽喷射升压泵　4—冷凝器　5—多级蒸汽喷射真空泵　6—冷阱

水蒸气喷射真空系统具有许多优点，主要是结构简单、制造容易、造价低廉、维修，方便，且工作可靠、操作简单。此外，它的工作真空度的范围较宽，抽气量大。

直接采用蒸汽喷射泵的真空系统中，蒸汽喷射升压泵相当于一个中间增压泵；如果在多级喷射泵与干燥器之间放置冷阱［图3-4（2）］时，就可以利用冷阱先除去大量水蒸气，这样就无须蒸汽升压泵，而可直接与多级蒸汽喷射泵相联结。

除上述真空系统外，还有中间增压泵-水力喷射泵、中间增压泵-水环泵、水蒸气喷射泵-水力喷射泵、水蒸气喷射泵-水环泵等。

（三）供热系统

在冷冻干燥装置中为了使冻结后的制品水分不断地升华出来，必须要不断地提供水分升华所需的热量，故供热系统的作用是供给干燥器内结冰以升华潜热，并供给冷阱内的积霜以熔解热。供给升华热时，应保证传热速率使冻结层表面达到尽可能高的蒸汽压，但又不致使它熔化。所以热源温度应根据传热速率来决定。

冷冻干燥的传热方式主要采用传导和辐射两种。在真空系统中，虽然有利用氮和氦在几 Torr（1Torr≈133.32Pa）到几十 Torr 的压力下作循环流动强制对流传热的研究，但一般的对流传热是难以实现的。

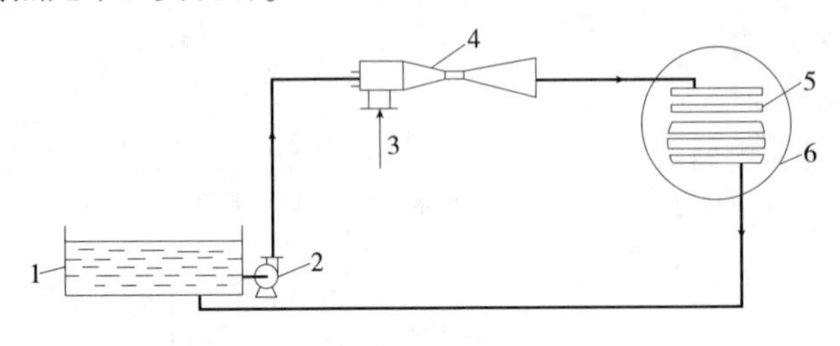

图 3-5 蒸汽喷射加热装置

1—水槽 2—水泵 3—蒸汽 4—蒸汽喷射器 5—加热板 6—真空泵

冷冻干燥中以传导方式加热的系统，主要是利用载热体通过加热板来实现。一般采用的热源有电流、煤气、石油、天然气和煤等，所使用的载热体有水、水蒸气、矿物油、乙二醇等。另外也有用水蒸气作为中间热源，以水作为载热体，采用二者直接混合实现其热交换。工厂常用的喷射混合换热法，其装置如图 3-5 所示。

三、冷冻干燥的主要设备

冷冻干燥设备的形式各种各样，基本构成主要为干燥箱、水汽凝结器、加热器、真空泵等。

（一）干燥箱

干燥箱是冷冻干燥装置中重要部件之一，它的性能好坏直接影响到整个冷冻干燥机的性能。它是一个真空密闭容器，其内部主要有搁置制品的搁板，搁板的温度根据要求而定。

干燥箱的形状有圆柱形和矩形两种，从强度考虑，圆柱形优于矩形，但考虑空间利用率，则矩形优于圆柱形。

图 3-6 所示为圆柱形干燥箱的一个实例。图中，1 为圆柱形干燥箱，预冻的物料从入口 10 进入封闭腔 3，然后开启闸阀 6 让物料进入干燥箱，加热板 9 供热使物料中冻结的水分升华，升华的水蒸气通过冷阱 5 及真空泵 7 除去，物料在干燥箱内沿输送器轨道 8 以一定的运动方式向前运动，干燥好的物料则经封闭腔 4 从出料口 11 排出。

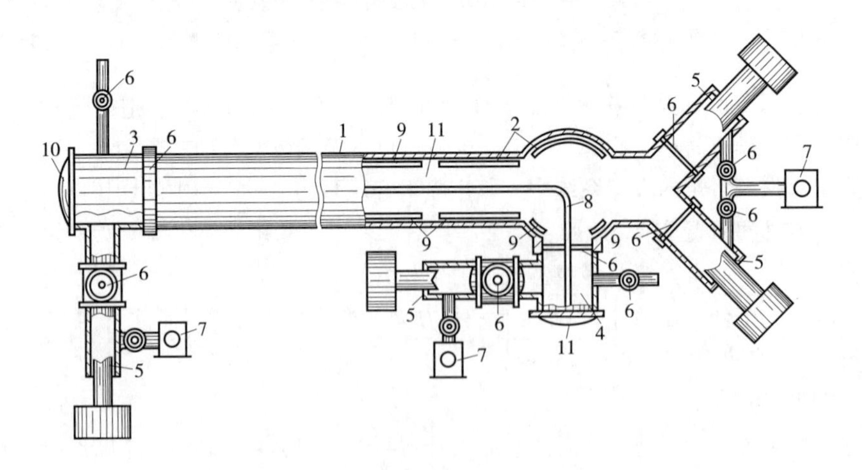

图 3-6 圆柱形干燥箱结构

1—干燥箱 2—加热板 3—进料腔 4—出料腔 5—冷阱 6—阀门 7—真空泵 8—输送器轨道 9—加热板 10—物料入口 11—出料口

圆柱形干燥箱的特点是箱体受力好，当长径比较小时可不采用加强筋，且易清洗，无死角。

矩形干燥箱的结构如图 3-7 所示。矩形结构由于受力差，箱壁一般采用外加加强筋加固，加强筋一般用碳素钢的矩形钢、槽钢或工字钢等，视箱体的大小而定。

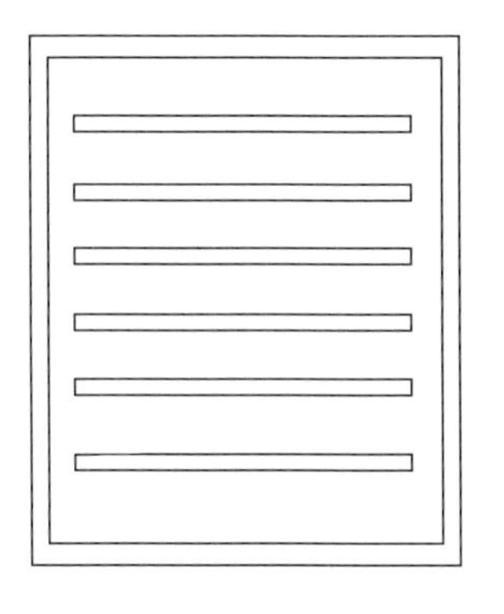

图 3-7　矩形干燥箱结构

工业用冷冻干燥机搁板，按制冷与加热的形式不同可分为四种类型。

1. 直接制冷，直接加热

对于这种形式的搁板，一般采用铝合金材料，内埋钢管或铜管，制冷剂在管内直接蒸发。加热可用电热丝，直接对搁板加热，也有采用微波或红外线加热。这种搁板的优点是温度均匀，但加热时热惰性大（图 3-8）。

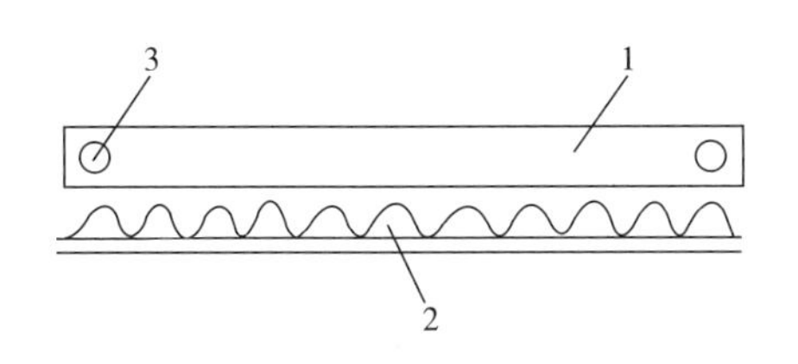

图 3-8　直接制冷，直接加热搁板

1—搁板　2—加热器　3—蒸发管

2. 直接制冷，间接加热

直接制冷（即制冷剂）在搁板内的制冷管中直接蒸发，间接加热即利用各种加热热源在外部先将载热介质加热，再用泵送入搁板内。在搁板内制冷管与加热管相间布置，如图 3-9 所示。适合于冷冻干燥机中用的载热介质有硅油、三氯乙烯、丁基二乙醇、白油以及乙醇、乙二醇和水的混合物等。加热介质的热惰性相对于前一种隔板要小些。

3. 间接制冷，直接加热

制冷剂在蒸发器中冷却中间介质，然后将被冷却的介质用泵送入搁板，加热仍同第一种搁板形式，这种搁板目前较少采用。

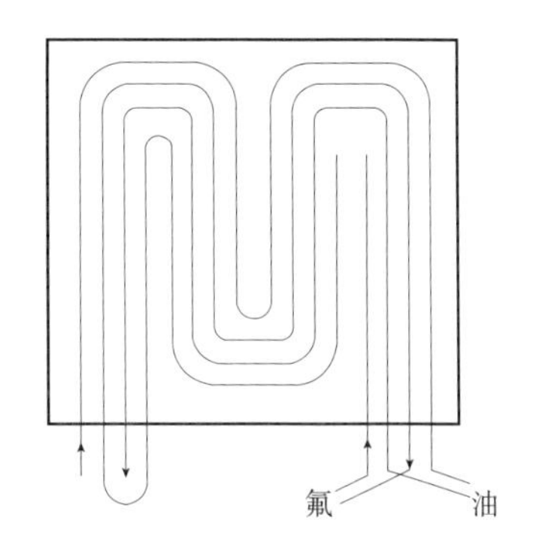

图 3-9　直接制冷，间接加热搁板

4. 间接制冷，间接加热

这种搁板目前使用得较普遍，被冷却和加热的中间介质都是同一种工质，中间介质的冷却和加热都在箱外进行，然后用泵将中间介质送入搁板，这种搁板可以用不锈钢板焊接成中空的带有多流道的中空板。由于这种搁板与流体的接触面积大，板内换热介质流量大，进出口温差小，因此温度均匀，但由于采用中间介质，与直接制冷相比，在相同的冷量下机器的尺寸要大一些，功耗也要增加。

（二）水汽凝结器

在冷冻干燥时，升华的水分必须不断地除去，以保证干燥过程的进行。捕捉水分可以用化学吸附法，即用一些化学干燥剂来吸附水汽，但目前大多数还是采用物理吸附法，即利用被冷却的表面来使水汽凝结成冰，这种装置称为水汽凝结器或称冷阱。水汽凝结器安装在干燥箱与真空泵之间，水汽的凝结是靠箱体与水汽凝结器之间的温差而形成的压力差作为推动力，故水汽凝结器冷表面的温度要比干燥箱的低。

水汽凝结器的结构形式多种多样，按放置的方式分有立式与卧式；按筒体内凝结面的形状

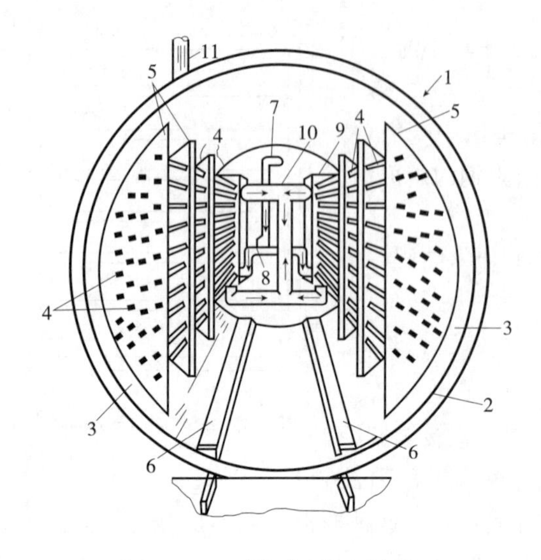

图 3-10　列管式水汽凝结器

1—真空干燥箱　2—真空干燥箱前端平面边缘　3——组冷凝管　4—冷凝管　5—支撑板　6—产品排架车轨道　7—制冷剂入口管　8—制冷剂入口墙　9—末端连接器　10— 出口端　11—出口管

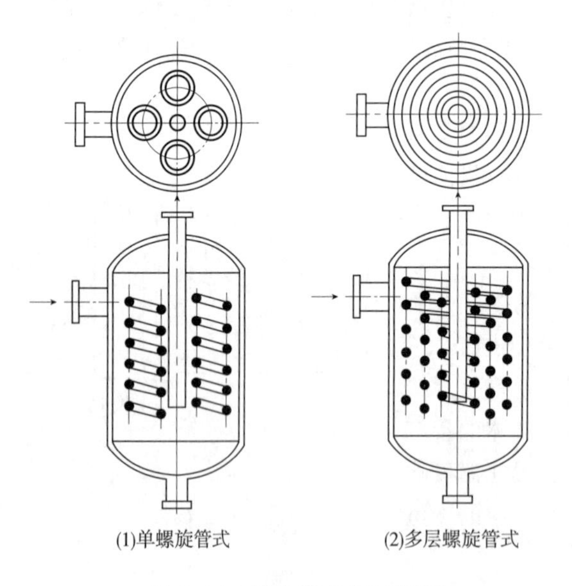

图 3-11　螺旋管式水汽凝结器

分有列管式、螺旋管式、板式等。

图 3-10 所示为列管式水汽凝结器。如图所示，在圆柱形真空箱内，冷凝管呈左右两侧分布，中间为放产品的空间。冷凝列管固定在支撑板上。制冷剂从入口管 7 经入口端 8 进入冷凝管，制冷剂吸收升华水汽的热量后通过末端连接器 9 经出口端 10 然后从出口管 11 排出。当冷凝管外表面集满冰霜达二分之一管间距后，即进行冲霜处理。

图 3-11 所示为螺旋管式水汽凝结器。按凝结水量的多少在筒内安装螺旋管。图 3-11（1）为单螺旋管式，当捕水量少时，沿圆周方向布置 1 圈，当捕水量大时，沿径向布置 2 圈或 2 圈以上。采用的管材直径和螺旋管中径视捕水量而定，一般管子为 φ6～25mm，中径为 φ60～250mm，当采用滚轧翅片管时，由于面积大，对升华开始阶段是有利的，但当翅片之间结满冰之后，翅片所增加的传热面积就不起作用。图 3-11（2）为多层螺旋管式。这种形式结构紧凑，螺旋管的直径和圈数视凝结水量多少而定，管材直径通常为，φ16～25mm 的不锈钢管。对于这种结构形式要考虑由于外层的结冰不能堵塞水汽进入内层螺旋管通道，否则内层螺旋管的表面积利用率很低，可以采用内外层螺旋管不同的间距来防止水汽通道的堵塞。另外，由于内外层螺旋管的通路长度不同，影响到制冷剂分配的均匀性，故要考虑每个通路的长度基本上要做到一致，而且阻力不能大于规定值，于是就有如图 3-12 所示的结构形式。该结构克服了多层螺旋管式的弊端。另外将通向真空泵的管子伸入一锥形罩中，以防止水汽短路。

图 3-13 所示为板式水汽凝结器。板式水汽凝结器的传热面积大，结冰也较均匀。一般该形式冷阱可分为立式和卧式两类。另外，板的布置基本上有两种：一种是平行布置，一种是扇形布置。冷凝板的形式也有多种，图 3-13（1）所示的仅为两种。

图 3-14 所示为蛇形管式水汽凝结器，蛇形管为水平放置，沿筒体轴向布置，管间距由所使用的管材的最小弯曲半径来确定，以不弯扁为原则，而横向间距以保证有足够的结冰厚度和

水蒸气通路来确定，管材直径由凝结水量来选取，抽真空连接管应远离箱体的连接管，以免使水汽短路。

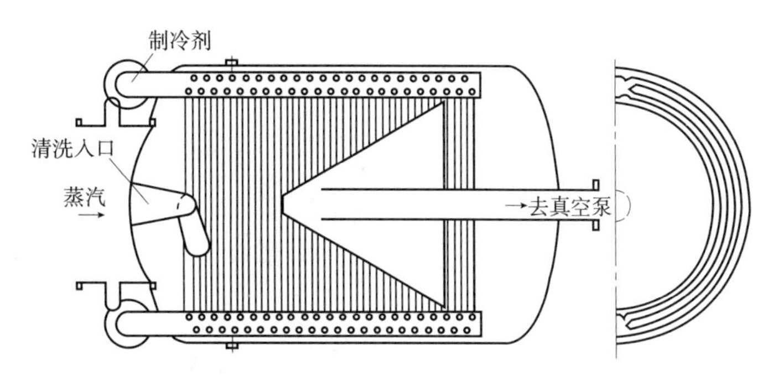

图 3-12　盘管式水汽凝结器

水汽凝结器的结构还有其他一些形式，如图 3-15 所示，结冰的面积为圆筒形，在筒壁上开有圆孔，水汽在内筒壁上凝结，未凝结部分又流向外筒体凝结。端盖上有观察窗，可观察水汽凝结器内的结冰情况。这种形式通常用于实验型冷冻干燥机。

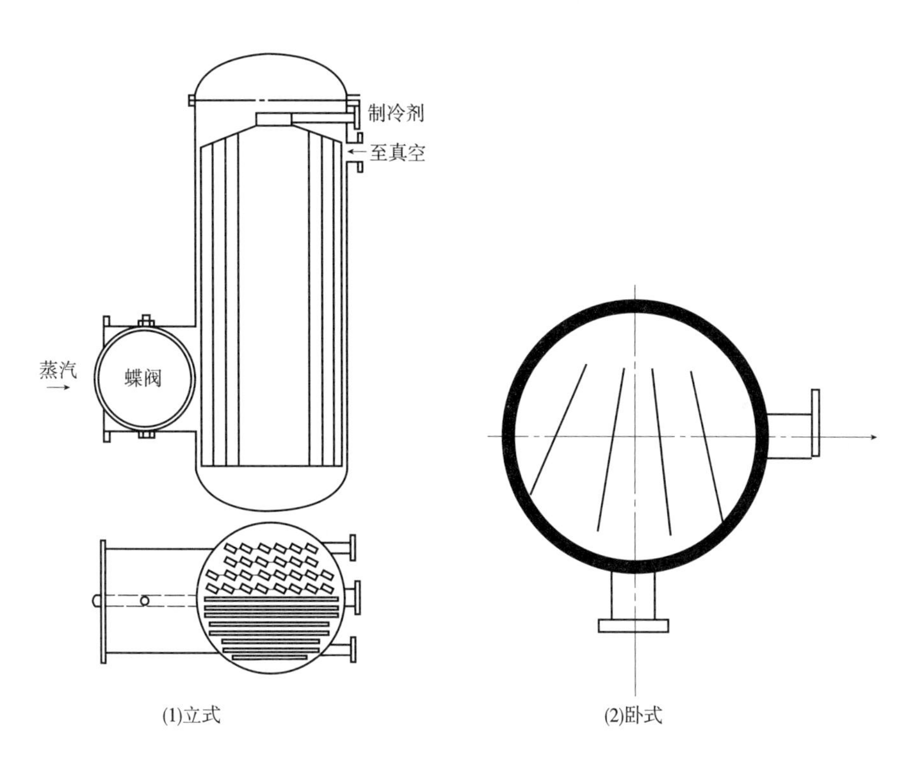

图 3-13　板式水汽凝结器

（三）冻结装置

1. 冷风冻结

这是利用冷风使物料冻结的方法。物料在冷冻室内可静止放置，也可呈动态移动，如随螺旋输送带移动等。

2. 搁板冻结

这是最常见的冻结方式，其装置主要是搁板。搁板内通制冷剂，通过间壁传导将冷量传给物料，使物料冻结。

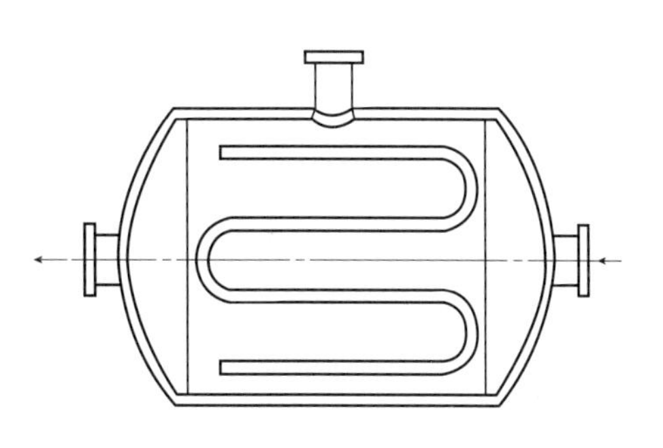

图 3-14　蛇形管式水汽凝结器

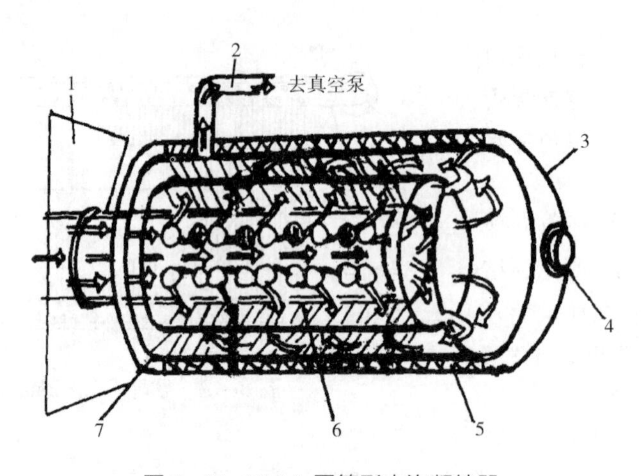

图 3-15 HULL 圆筒形水汽凝结器

1—干燥箱 2—水蒸气通道 3—门 4—视镜 5—保温层 6—水蒸气分配管 7—冷却板

3. 抽空冻结

抽空冻结可分为两类，一类是离心抽空冻结，另一类是静止抽空冻结。离心抽空冻结主要用于液体物料的冻结。它是将装有液体安瓿置于带有角度的离心机的真空箱内，先启动离心机，达到一定转速后启动真空泵，此时安瓿内制品的水分，因减压而吸收其周围分子的热量而蒸发，未蒸发的部分因失热而冻结。离心的主要作用是防止安瓿内的液体产生沸腾起泡。离心抽空冻结可以除去 12%～20%的水分，冻结后溶液的浓度会变高。静止抽空冻结主要用于固体物料的冻结。与一般箱内预冻装置很相似，所不同的是搁板内没有制冷管道，而是将含水物料置于搁板上，将箱内抽成真空，抽空时物料中的水分蒸发，随着压力的降低蒸发量越大，由于外界没有提供蒸发所需的热量，故蒸发时吸收物料自身的热量而使之冻结，这种冻结是在三相点附近进行的。

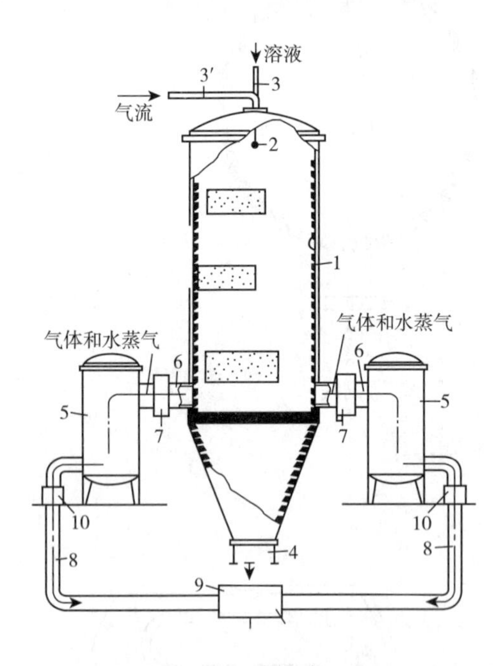

图 3-16 喷雾冻结装置

1—喷雾塔体 2—喷嘴 3—料液入口管 3′—高速气流入口管 4—卸料口 5—冷凝器 6、8—连接管 7—阀门 9—抽真空装置 10—过滤器

4. 喷雾冻结

该方法是将液体物料从喷嘴中呈雾状喷到一空腔内，当容器是真空时，则由于水汽的蒸发使之冻结。

图 3-16 所示为一喷雾冻结装置。如图所示，装置为一立式喷雾塔，喷嘴采用气流式，待冻结的料液从 3 中进入，而高速气流（蒸汽、空气、惰性气体，最好为可凝结的蒸汽）从 3 中进入，经喷嘴 2 后，由于高速气流对液膜的摩擦分裂作用使料液雾化。塔的下半部接有冷凝器及抽真空等装置。根据需要，冷凝器可设置数个，如 2、4、6 等。雾状的液滴在下降的过程中，由于塔内为真空，其压力低于液滴表面的

蒸汽压，因而液滴表面发生汽化。由于无外来热源，故汽化所需热量只能来自液滴本身，所以汽化后的液滴自身降温而冻结。另外，在冷凝器5和排气导管8之间设置过滤器10，以捕捉来自冷冻喷雾塔1的细微颗粒。冻结好的制品从出口4卸出，再进入干燥箱等下道工序装置。不凝气由抽真空装置抽出，真空装置也可根据需要设置两个或两个以上，以满足连续生产的需要。

5. 流化冻结

该方法是采用流化床冻结装置，冷流体（气体）使物料在呈流态化的过程中被冻结。

（四）加热装置

在冷冻干燥装置中，为了使冻结后的制品水汽不断地升华，必须要提供水汽升华所需的热量，因此要有加热装置。按热量的提供方式不同，可分为直接加热和间接加热两类。

1. 直接加热

直接加热方式一般采用电加热、微波加热或红外加热器。图3-17所示为用电加热的搁板，将金属片电加热器粘贴或紧密固定在搁板的下面，金属片可以是不锈钢薄板或其他电阻值较大的金属材料，其形状如图3-17所示。电加热片与搁板绝缘。电加热器的热量应能根据所需的升华热用电阻自动变送器或能量调节器进行调节，以免提供过多的热量而使制品融化。对于微波加热的装置，由于微波能穿透物料直至内部，所以加热速度快，物料内部的冰晶直接受热而升华。但微波的频率和加热时间需根据不同物料来调节。

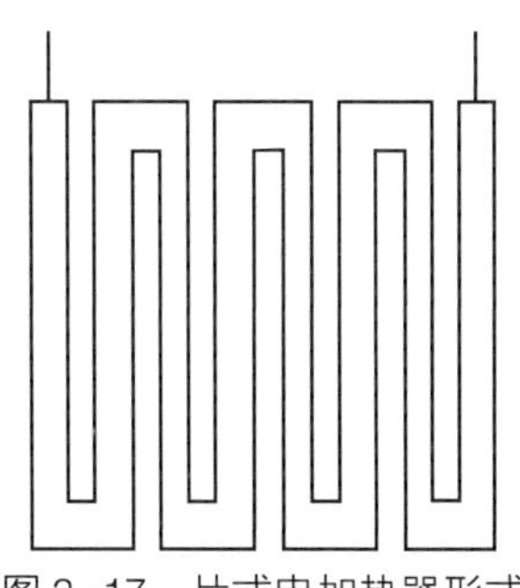

图3-17　片式电加热器形式

2. 间接加热

这是最常使用的加热方式。它是用载热体先加热载热介质，再将载热介质用泵送入搁板。载热体可以是蒸汽或压缩机排气，或用电加热器。载热介质常用无腐蚀性、无毒无害的流体，如水、甘油等。采用蒸汽加热或电加热的装置与常规的换热器相同，下面简单介绍压缩机排气加热器。

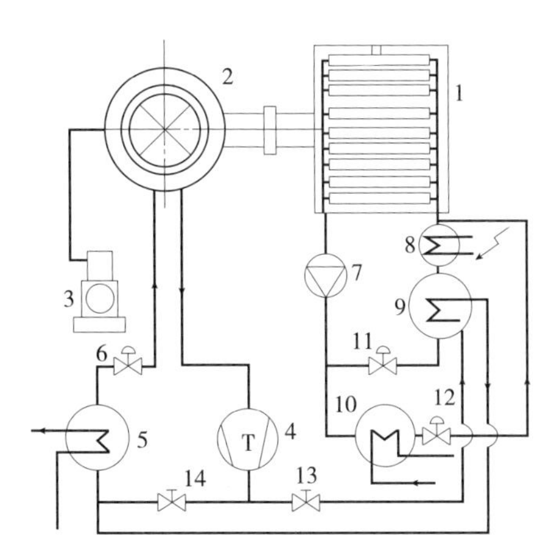

图3-18　具有热回收系统的冻干机流程示意图

1—干燥箱　2—水汽凝结器　3—真空泵　4—制冷压缩机　5—冷凝器　6—热力膨胀阀　7—载热介质循环泵　8—辅助电热器　9—排气加热器　10—冷却冻干箱的蒸发器　11、12、13、14—电磁阀

在冷冻干燥装置中，当搁板需要热量加热升华时，正是水汽凝结器需要冷量的时刻，一般在制冷压缩机运行时，排气的热量是由冷凝器的冷却水带走的，而搁板所需的热量又要利用其他热源，这必然导致无谓的能量消耗。为了节省能源，在水汽升华的相当长的一段时间内可使水汽凝结器的压缩机按热泵方式运行，将压缩机排气作为搁板的加热热源，其系统如图3-18所示。压缩机排气通过电磁阀13引入搁板载热介质热交换器9在循环泵7的作用下使载热介质在搁板内循环，而制冷剂被冷凝后经热力膨胀阀6供给水汽凝结器冷量，当热量不足时，不足部分由辅助电加热器8来补充，当排气的热量过多时，则制冷压缩机切换成制冷循环，关闭

电磁阀13，开启电磁阀14，热量由冷凝器5带走。这时搁板的加热完全利用辅助电加热器8供给。

四、冷冻干燥装置

（一）间歇式冷冻干燥装置

间歇式冷冻干燥装置具有许多适合食品生产的特点，故绝大多数的食品冷冻干燥装置均采用这种形式。间歇式装置的优点在于：

①适应多品种小产量的生产，特别是适合于季节性强的食品生产；

②单机操作，如一台设备发生故障，不会影响其他设备的正常运行；

③便于设备的加工制造和维修保养；

④便于控制物料干燥时不同阶段的加热温度和真空度的要求。

间歇式装置的缺点是：

①由于装料、卸出、起动等预备操作所占用的时间，故设备的利用率较低；

②要满足一定产量的要求，往往需要多台的单机，并要配备相应的，附属系统，这样设备投资费用和操作费用就增加。

间歇式冷冻干燥装置中的干燥箱与一般的真空干燥箱相似，属盘架式。干燥箱有各种形状，多数为圆筒形。盘架可为固定式，也可做成小车出入干燥箱，料盘置于各层加热板上。如为辐射加热方式，则料盘置于辐射加热板之间。物料可于箱外预冻而后装入箱内，或在箱内直接进行预冻。后者干燥箱必须与制冷系统相连接（图3-19）。

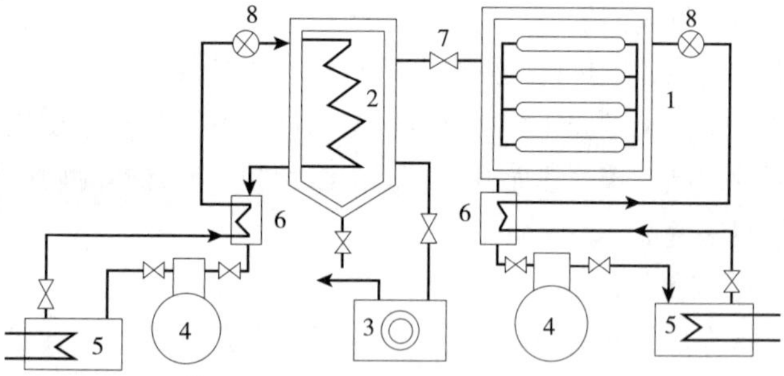

图3-19 间歇式冷冻干燥装置

1—干燥箱 2—水汽凝结器 3—真空泵 4—制冷压缩机 5—冷凝器 6—热交换器 7—水汽凝结器进阀 8—膨胀阀

每一料盘中的物料，当加热开始后，冰晶受热后升华为水蒸气，并经水汽凝结器进口阀门进入冷阱。冷阱内的低温冷凝表面由制冷系统供给冷量，使水分在表面凝结成霜。冷阱内的不凝结气体则由真空泵抽走。现代先进的间歇式冷冻干燥装置有完善的自动集中控制系统。能自动地完成预冻、抽气、加热干燥及冷阱除霜等间歇操作程序。

从经济观点看，水汽凝结器的位置十分重要。通常有两种布置方式。一种是将水汽凝结器固定在干燥箱的内部，如图3-20（1）所示。在整个冷冻干燥周期内，霜层在冷表面凝结，除霜必须在每批物料干燥完毕之后进行。这就使干燥器的生产能力显著降低，并且为了使干燥箱内能妥善清洗，通常还要使加热板系统做成可移动的，这就使设备变得复杂。从能量观点来看，虽然蒸汽流动条件改善即流动阻力减小，但每一周期仅除霜一次，冷表面与冰层表面的温差就增大了。

另一种布置方式是将冷阱与干燥箱分开单独成一真空室，并有大型管道使之与干燥箱连接，如图3-20（2）所示。这样加热板就可以固定在干燥箱内。这点比前一种布置方式简单，但占地面积大。有时，一台干燥箱连接几只冷阱，在连接管道上装开关阀，这样可进行多次的轮流除霜操作。但一般也采用每周期进行一次除霜。由于这种系统的蒸汽流动阻力大以及霜层厚度过大，故系统的效率降低。

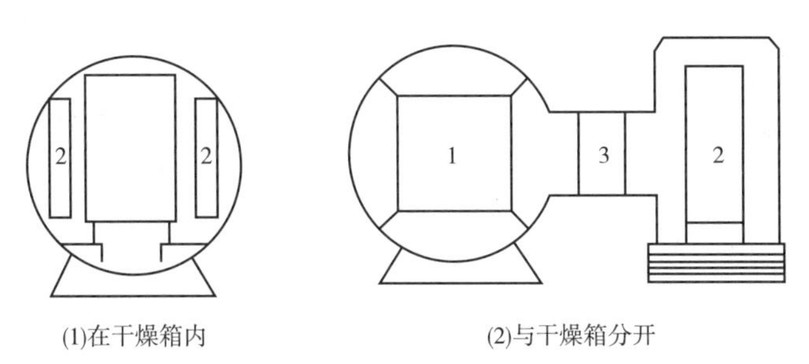

图 3-20　冷冻干燥装置水汽凝结器的放置形式

1—干燥室　2—水汽凝结器（冷阱）　3—连接管道

（二）多箱间歇式和隧道式冷冻干燥装置

针对间歇式设备生产能力低，设备利用率不高等缺点，在向连续化过渡的过程中，出现了多箱间歇式及半连续隧道式等设备。多箱间歇式设备是由一组干燥箱构成，使每两箱的操作周期互相错开而搭叠。这样在同一系统中，各箱的加热板加热，水汽凝结器供冷以及真空抽气均利用同一的集中系统，但每箱则可单独控制。同时这种装置也可用于不同品种的同时生产，提高了设备操作的灵活性（图 3-21）。

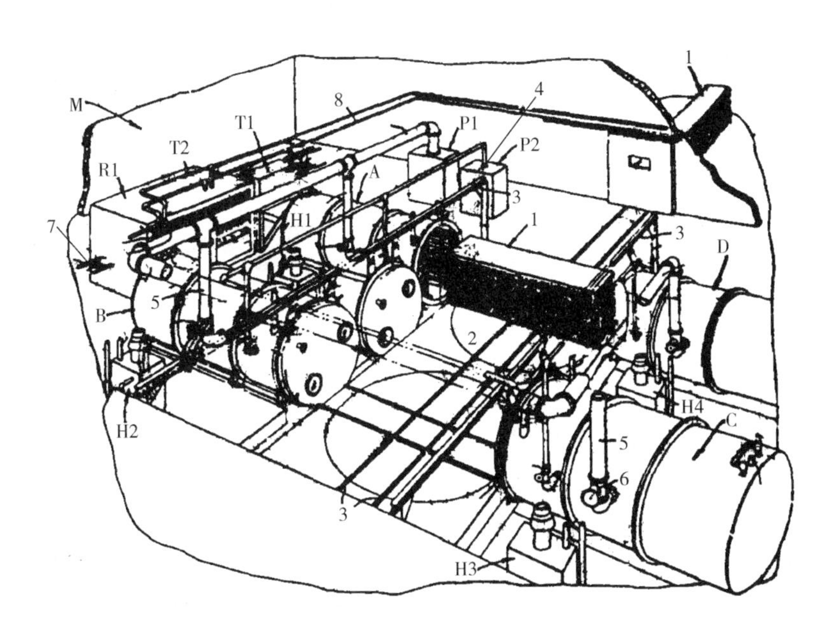

图 3-21　多箱间歇式冷冻干燥装置

A、B、C、D—干燥箱　P1、P2—真空泵　R1—冷凝器　T1—主供热器　T2—辅供热器　H1、H2、H3、H4—分加热器

1—载物车　2—转盘　3—地面导轨　4—空中导轨　5—通 P1、P2 的管路　6—阀门

7—制冷剂入口管路（主管、分管）　8—制冷剂出口主管、分管

半连续隧道式冷冻干燥器如图 3-22 所示。升华干燥过程是在大型隧道式真空箱内进行的，

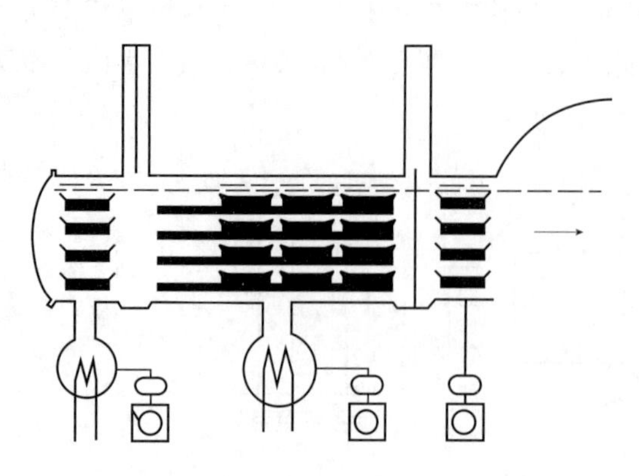

图 3-22 隧道式冷冻干燥装置

料盘以间歇方式通过隧道一端的大型真空密封门进入箱内，以同样方式从另一端卸出。这样，隧道式干燥器就具有设备利用率高的优点，但不能同时生产不同的品种，且无转换生产另一品种的灵活性。

（三）连续式冷冻干燥装置

连续式冷冻干燥装置是从进料到出料连续进行操作的装置。它的优点：

①处理能力大，适合于单品种生产；

②设备利用率高；

③便于实现生产的自动化；

④劳动强度低。

连续式冷冻干燥装置的缺点：

①不适用于多品种小批量的生产；

②在干燥的不同阶段，虽可控制在不同的温度下进行，但不能控制在不同真空度下进行；

③设备复杂、庞大，制造精度要求高，且投资费用大。

连续式冷冻干燥装置有多种，图3-23所示为一种在浅盘中进行干燥的连续冷冻干燥器。所用料盘为简单的平盘，制品装成薄层，这样干燥速度快。采用辐射加热法，辐射热由水平的加热板产生，加热板又分成不同温度的若干区段。每一浅盘在每一温度区域停留一定时间，这样可缩短干燥总时间。干燥过程大致为：装有适当厚度预冻制品的浅盘利用输送带从预冻间送至干燥器入口真空密封门前方稍低的地点1，在这里被提升至密封门正前方的位置2，然后浅盘被推入密封门3，并立即关闭密封门，进行密封室的抽气。抽气达到干燥箱内的真空度时，密封室到干燥箱的密封门打开，浅盘就进入干燥箱，在这里浅盘又被向上提升一级而入进口升降器4，密封门立即关闭。同时，破坏密封室的真空度，准备接收下一料盘的进入。如此，每一次开关密封门就将一只新料盘递进入口升降器。经过15次操作后，再将此15只料盘一次推入干燥箱内的加热板5中间。当从入口升降器上15只料盘进入并推着加热板间其他料盘作一次向前移动时，同时就有干燥箱内最后15只料盘被推出到出口升降器6上。出口升降器将全部浅盘降下一格，而最底层料盘则传至出口密封室7。于是出口密封门关闭，密封室内真空经破坏后，通大气的出口门打开，浅盘被推至外面的运输系统。如此，以同法进行其他各盘的卸出。

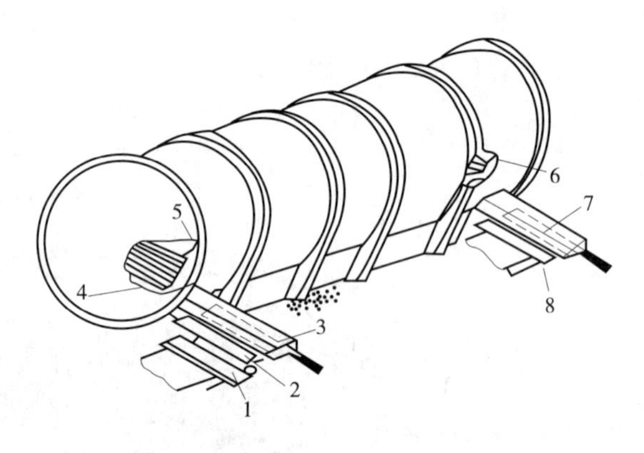

图 3-23 连续式冷冻干燥装置

1—密封门前 2—密封门正前方 3—密封门 4—进口升降器
5—加热板 6—出口升降器 7—出口密封室 8—出口

这种连续干燥在操作时，其出口密封门的动作应与入口门相协调。当15次密封门关闭操作完毕后，在出口升降器料盘卸空的同时，入口升降器的料盘正好装满，接着就产生下一次

15 盘的推移动作。所有这些动作，全部实现自动化操作。

图 3-24 所示为另一种连续式冷冻干燥装置。如图所示，预冻好的物料从进料腔入口进入，此时干燥箱入口阀门关闭。当进料腔入口关闭后干燥箱入口阀门打开，物料进入干燥箱并沿导杆向前运动（使物料运动的装置未画出），加热板使水分升华，升华的水汽经扩大腔之后被冷阱及真空泵去除。两个冷阱轮流工作，即一个工作时另一个除霜。干燥好的物料经阀门落入出口腔，当阀门关闭后物料从出口卸出。每一个进出口处均设有冷阱及真空泵，以保证物料在进入、干燥、卸出的各个阶段都能使干燥箱与大气隔绝，保持所需的真空状态。

图 3-24 所示为包括物料冻结在内的全部连续化的冷冻干燥装置。在这种干燥装置中，冻结和干燥两部分的容器壳体结合成为整体的密闭真空。真空室内分两区，即冻结室和升华室。在两区之间，通过屏蔽搁板的下缘形成互相沟的通道。搁板起着双重作用：一是防止两室之间冷量和热量传递过多；二是防止器内空气对流的过度发展。环绕立式冻结室壳体的有螺旋形的冷却剂通道，冷却剂从下部进入，从上部排出。当引入冻结室上部的料液充分雾化时，部分水分立即蒸发而产生冷效应，使雾滴温度向冰点趋近。再加上周围螺旋形通路冷却剂的冷效应，液滴便很快冻结成冰粒，向冻结室下方降落。冻结室内的温度至少要低到-34℃，最好是-46～-40℃，保证有充分快速的冷冻，使雾滴转变成密度很小的雪花状态。这种干燥装置分两区，即冻搁板起着双重过度发展作用。冻结后的颗粒料落到下方的输送带上。随着输送带移向干燥区，物料即受到红外线灯泡的照射。水平升华干燥室的上方有与蒸汽排出管相交叉的整体结构，排气管两侧都接以低温冷凝器，靠两侧蝶阀的开关进行冷凝工作的切换。

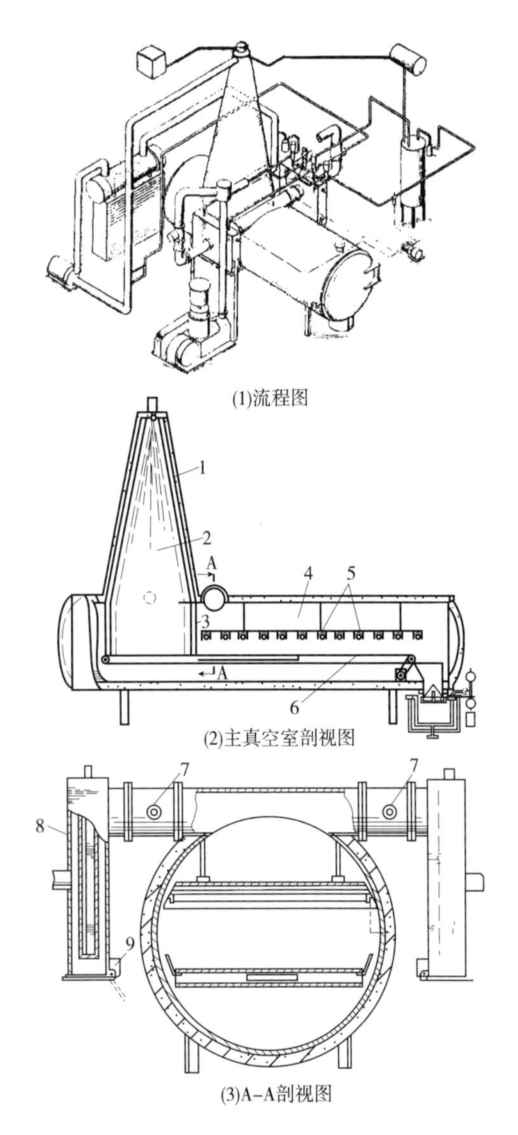

图 3-24　冻结干燥一体化的连续冷冻干燥装置

1—冷冻剂通道　2—冻结室　3—搁板　4—干燥室　5—红外线灯泡　6—输送带　7—蝶阀　8—冷凝器　9—电动机

图 3-25 所示为又一种连续冷冻干燥器，是一种不使用浅盘处理颗粒制品的干燥器。如图所示，经预冻的颗粒制品从顶部进料口 1 加到顶部的圆形加热板上，干燥器的中央立轴 4 上装有带铲的搅拌器。旋转时，铲子搅动物料，不断使物料向中心方向移动，一直移至加热板内缘而落入第二块板上，在下一块板上，铲子迫使物料不断向加热板外方移动（板的内缘为封闭态），直至从加热板边缘落下到直径较大的第三块加热板上，此板与顶板相同。如此物料逐板下落，直到从最低一块加热板掉落，并从出

口 10 卸出。

这种干燥器加热板的温度可固定于不同的数值，使冷冻干燥按一种适当的温度程序来进行。

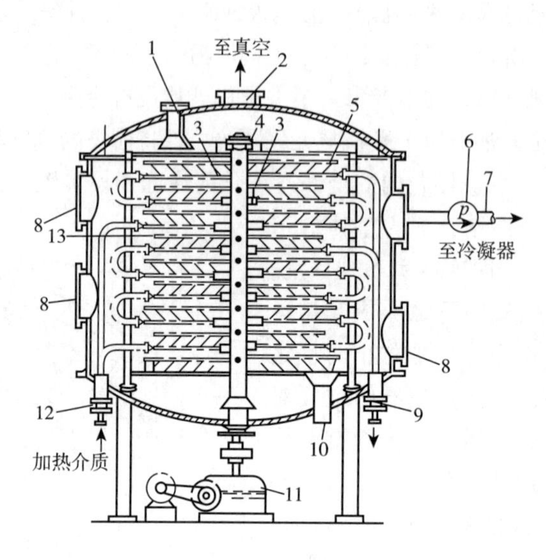

图 3-25　连续冷冻干燥器（塔盘式）

1—进料口　2—抽真空接口　3—加热板内缘落料孔　4—中央立轴　5—搅拌器　6—泵　7—冷阱接口
8—维修、观察入口　9—加热介质出口　10—出料口　11—电机　12—加热介质入口　13—加热板

五、冷冻干燥技术在食品工业中的应用

冷冻干燥技术具有其他干燥方法无可比拟的优点，因此越来越受到人们的青睐。目前，随着研究工作的深入，加工材料及制造技术的改进，冷冻干燥技术在食品、生物制品、医药等方面的应用日益广泛，在食品工业中，常用于肉类、水产、果蔬、禽蛋、咖啡、茶和调味品等的干燥。

（一）冷冻干燥技术在咖啡、茶加工中的应用

咖啡与茶均为大宗饮品，为国内外人们所喜爱。采用常规干燥方法，产品在色泽、风味、口味及速溶性等方面均不如冷冻干燥产品的品质。采用冷冻干燥时，大致的工艺过程为：

原料→预处理→冷冻浓缩→冷冻干燥→成品

1. 咖啡

含可溶性固形物 45%的咖啡液预热至 60℃左右，进入图 3-16 所示的喷雾冻结装置中，咖啡液喷入压力 34. 3kPa，同时蒸汽以 205. 8kPa 的压力喷入。在上述条件下，雾化的液滴粒径在 300~500pm。喷雾塔内绝对压力维持在 13. 3Pa，咖啡液滴在下落的 0. 5~1. 5s 即被冻结呈固态。然后从塔中排出进入冷冻干燥箱中干燥。干燥后的成品具有诱人的颜色，气味，密度为 190kg/m^3，速溶性极佳。

2. 茶

将茶溶液（含可溶性固形物 43%）预热至 55℃，然后进入喷雾冻结装置（图 3-16）。茶溶液以 20. 6kPa 的压力进入，同时蒸汽以 68. 6kPa 的压力进入。塔内绝对压力维持在 24Pa。为

了调节干制品的密度，采用在料液中混入少量惰性气体的方法，以提高成品的速溶性。冻结后的料液雾滴再进入冷冻干燥箱中被干燥至成品要求。采用冷冻干燥生产的速溶茶外观为絮状物，颜色诱人，易溶于水，产品的风味优于常规喷雾干燥法生产的制品。

（二）冷冻干燥技术在肉类加工中的应用

肉类的冷冻干燥工艺过程大致为：

原料 → 预处理（清洗、切片或切丁、调味等）→ 冷冻干燥 →成品

1. 牛排

如果采用图 3-26 所示的冷冻干燥装置，则牛排的冷冻干燥过程如下：

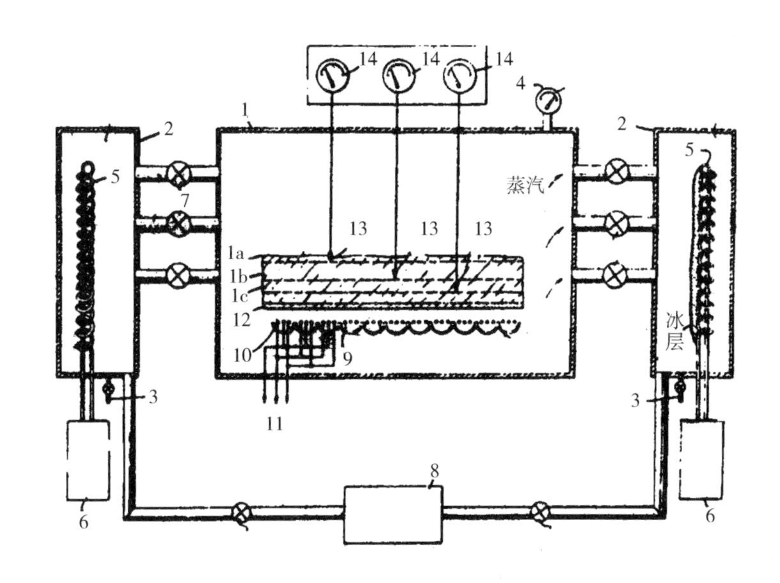

图 3-26　采用红外加热的冷冻干燥装置

1—干燥箱　2—冷凝器　3—排放管　4—真空表　5—冷凝管　6—压缩机　7—阀门　8—真空泵　9—红外加热管　10—绝热层　11—接能源　12—承料板　13—热电偶　14—温度显示仪表

将温度为 1~4℃（最好 2℃）的牛排放在干燥箱内平板 12 上，并压紧使之底面与板之间无空隙，这样水汽可以从牛排的自由表面逸出。牛排在绝对压力 1333Pa 下维持 5~10min，此时牛排温度无明显改变，继续抽真空使绝对压力降至 667Pa，并保持 10~15min。当压力降至 400Pa 时。牛排温度降至-2℃。然后最大限度抽真空，绝对压力低于 27Pa，在 10min 左右时牛排温度达-28℃左右，这取决于最终真空度以及冷凝器温度所制约的水汽压力。此时加热器开始工作，提供升华潜热，水汽则由牛排上表面逸出，牛排内冰层厚度由虚线代表，逐渐由上至下减少，即厚度 $l_a \to l_b \to l_c$，…。升华的水汽被冷凝器冷凝（两个冷凝器交替使用，以保证连续生产）。在升华期间，牛排温度（由热电偶测得）保持在-20℃ 3~4h，然后表面温度将上升-18℃，-15℃，…，约 6h 之后达到 0℃，热电偶控制加热装置，当温度达 15℃时则关闭加热器。在整个干燥循环过程中，牛排温度不大于 15℃。

2. 猪排

采用上述冷冻干燥设备（图 3-26）。将冷至 6℃的猪排放在冷冻干燥箱内平板上，并压紧

使底面与板之间无空隙。开始操作后，不断测定猪排内温度变化情况。干燥箱内的压力在2min内减至1333Pa，并维持10min，此时热电偶31、33、35指示的温度分别为6℃、6℃、6℃。然后压力在2min内减至667Pa，并维持10min，猪排温度为2℃、2℃、2℃。此后箱内压力再下降至400Pa，并维持9min，猪排温度降至-2℃、-2℃、-2℃。这时开始最大限度抽真空，压力达40Pa 1min后，猪排温度是-13℃、-13℃、-6℃，压力达33Pa4min后，猪排温度为-23℃、-28℃、-13℃；压力达20Pa 11min后，猪排温度为-27℃、-33℃、-29℃。此时加热开关打开，供热开始，数小时后干燥完成。在加热过程中，注意猪排温度不超过15℃。

（三）冷冻干燥技术在水果加工中的应用

水果干可作为一种休闲食品，也可用水复原成原果，还可作为某些食品的配料之一，如奶油水果、水果麦片等。采用冷冻干燥法生产的水果干具有保持原有水果风味、色泽、复原性能好等特点。

1. 青梅

选取成熟度大致相同的优质青梅，先将青梅清洗，并按直径大小分级。为了提高干燥速度，防止青梅表面皱缩，在冷冻前用针进行穿刺，注意不损害表皮，但要刺到核的部位。然后装盘冷冻至-18℃以下，再在干燥箱中干燥至水分含量小于3%，其时间少于18h。干制的青梅在0.5s~3min内可复水成原果，且风味和外观等基本保持不变。

2. 草莓

将新鲜草莓清洗并分级（粒径在19~25mm），单层放置于盘中，在30min内从室温冷却至-2℃直到完全冻结（约6h），然后继续冷冻至-18℃，干燥箱内绝对压力为13.3Pa，加热板温度为26℃，冷阱的冷凝温度为15℃，约20h草莓干至水分含量1.5%。

3. 香蕉

将新鲜成熟的香蕉切成4~5mm厚片，放在盘中（单层铺放），冷冻至-40℃，将冻结的香蕉片送至加热区，加热区采用密集加热，例如在香蕉片上下各距0.1m处设置红外加热器，香蕉盘以15m/h的速度通过，总的加热时间为1min。然后香蕉盘进入真空干燥箱，箱内压力为13.3Pa，维持10min后再开始辐射加热，温度为88℃，直至水分含量减至约2%为止。如此干燥的香蕉干能在80~90s内用水或牛奶等复原，复原后仍具有类似于新鲜香蕉的质地、口味等。

4. 果汁

新鲜的果汁经冷冻干燥后，可得到品质极其优良的果粉。例如，新鲜榨出的橘汁（8~44°Bx），冷冻浓缩至40~60°Bx。浓酱被冷冻至-60~-50℃，当全部酱体冻结之后进入破碎机破碎，使颗粒直径小于3mm，装盘进入干燥箱。干燥箱内压力小于13.3Pa（最好在8.0~10.7Pa），冷阱冷凝温度低于10℃，加热板供热并保持温度-29~-23℃达3~6h，然后加热温度逐渐上升至0℃（3~6h），此后温度升至27℃达1~2h，最后产品在50~60℃加热数分钟（小于30min），达到水分含量小于3%的要求。

（四）冷冻干燥技术在蔬菜加工中的应用

可冷冻干燥的蔬菜种类很多，如胡萝卜、青豆、芦笋、豌豆、菠菜、蘑菇、葱、姜、蒜等。

1. 蘑菇

将洗净并分级后的蘑菇快速冷至-30℃以下，然后在绝对压力为193.3Pa的真空干燥箱中加热至85℃达2h左右，即可得到水分含量小于2%的产品。冷冻干燥生产的蘑菇可减少酶促褐变，保持产品以最佳色泽，且复水性极佳。

2. 胡萝卜

将洗净并去皮整理的胡萝卜切成 3mm 厚的薄片，预处理后冷冻至-12℃，然后在压力为 40~67Pa 的干燥箱中加热，胡萝卜的温度低于 57℃，约 12h 后可干至水分含量为 2.5%。该产品在 4℃下可贮存 1 年，在室温（21℃）下可贮存 6 个月。

3. 葱

葱是广泛使用的调味料之一。采用冷冻干燥法时，先将葱洗净切片，然后采用抽空预冻方式预冻，预冻好的葱片进入干燥箱干燥，箱内压力低于 133.3Pa，采用辐射加热，葱的温度在 50℃左右，13h 后可完成干燥过程。干葱保持了鲜葱原有的色泽、气味及口味，产品广泛用于汤料、调味品之中。

第二节　冷冻浓缩技术

冷冻浓缩是利用冰与水溶液之间的固液相平衡原理的一种浓缩方法。采用冷冻浓缩方法，溶液在浓度上是有限度的。当溶液中溶质浓度超过低共熔浓度时，过饱和溶液冷却的结果表现为溶质转化成晶体析出，此即结晶操作的原理。这种操作，不但不会提高溶液中溶质的浓度，相反却会降低溶质的浓度。但是当溶液中所含溶质浓度低于低共熔浓度时，则冷却结果表现为溶剂（水分）成晶体（冰晶）析出。随着溶剂成晶体析出的同时，余下溶液中的溶质浓度显然就提高了，此即冷冻浓缩的基本原理。

冷冻浓缩方法对热敏性食品的浓缩特别有利。由于溶液中水分的排除不是用加热蒸发的方法，而是靠从溶液到冰晶的相际传递，所以可避免芳香物质因加热所造成的挥发损失。为了更好地使操作时所形成的冰晶不混有溶质，分离时又不致使冰晶夹带溶质，防止造成过多的溶质损失，结晶操作要尽量避免局部过冷，分离操作要很好加以控制。在这种情况下，冷冻浓缩就可以充分显示出它独特的优越性。对于含挥发性芳香物质的食品采用冷冻浓缩，其品质将优于蒸发法和膜浓缩法。

冷冻浓缩的主要缺点：

①制品加工后还需冷冻或加热等方法处理，以便保藏；

②采用这种方法，不仅受到溶液浓度的限制，而且还取决于冷晶与浓缩液的分离程度。一般而言，溶液黏度越高，分离就越困难；

③过程中会造成不可避免的损失，且成本较高。

一、冷冻浓缩原理

（一）冷冻浓缩过程

凡是从匀相中形成固体颗粒者统称为结晶。冷冻浓缩是将稀溶液中的水冻结并分离冰晶从而使溶液增浓，故也可以说是结晶的情形之一。冷冻浓缩涉及液-固系统的相平衡，但它与常规的结晶操作有所不同。

如图 3-27 所示，使状态为 A（温度 t_1，浓度 x_1）的溶液冷却，开始时 x_1浓度不变，温度

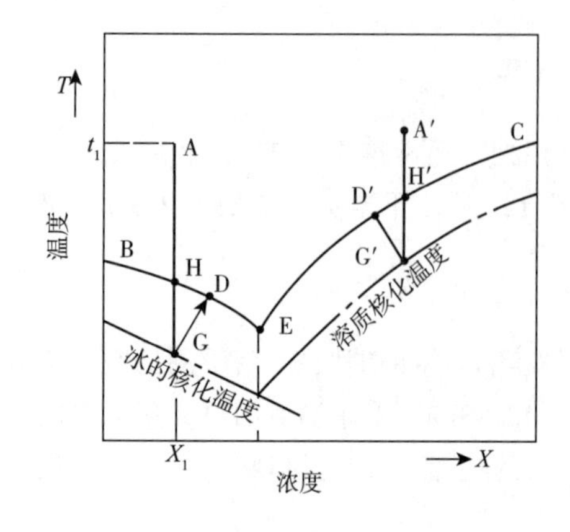

图 3-27 氯化钠水溶液的温度-浓度关系

下降，过程沿 AH 进行，冷却到 H 以后，如溶液中有“种冰”（或晶核），则溶液中的一部分水会结晶析出，剩下溶液的浓度将上升，过程将沿冰点曲线 BE 进行，直到点 E，溶液浓度达到其共晶浓度（又称低共溶浓度），温度降到共晶温度（低共熔温度）以下，溶液才全部冻结。E 点称为溶液的共晶点（即低共熔点）。同理，若使状态为 A′的溶液冷却，到达 H′后先析出盐，然后沿溶解度线 CE，一边析出盐晶体一边温度下降，直到共晶点（低共溶点）E 才全部冻结。

若溶液冷却到平衡状态时，溶液中无“晶核”存在，则溶液并不会结晶，温度将继续下降，直到溶液由于外界干扰（如振动、植入“种晶”等）。或冷却到某一所谓核化温度，在溶液中产生晶核，这时其超溶组分才会结晶，并迅速生长，同时放出结晶热，使溶液温度升到平衡状态。其浓度也随超溶组分的析出而变化。

由上述分析可知，冷冻浓缩与常规冷却法结晶过程的不同之处在于：只有当水溶液的浓度低于低共熔点 E 时，冷却的结果才是冰晶析出而溶液被浓缩，此即冷冻浓缩操作的一般原理。而当溶液浓度高于低共熔点 E 时，冷却的结果是溶质结晶析出，而溶液变得更稀，此即常规的冷却法结晶过程的一般原理。

（二）冷冻浓缩中的结晶过程

冷冻浓缩中的结晶为溶剂的结晶。同常规的溶质结晶操作一样，被浓缩的溶液中的水分也是利用冷却除去结晶热的方法使其结晶析出。

冷冻浓缩中，要求冰晶有适当的大小。结晶的大小不仅与结晶成本有关，而且也与此后的分离有关。一般而言，结晶操作的成本随晶体尺寸的增大而增加。然而结晶操作与分离操作相比较，关键还在于分离。分离操作与生产能力紧密相关。分离操作所需的费用以及因冰晶夹带所引起的溶质损失，一般都随晶体尺寸的减小而大幅度增加。因此，必须确定一个合理的晶体大小，使结晶和分离的成本降低，溶质损失减少。这个合理的冰晶大小称为最优冰晶尺寸。

工业结晶操作中，最终晶体数量和粒度可利用结晶操作的条件来控制。一般，缓慢冷却时产生数量少的大晶体，快速冷却产生数量多的小晶体。另外，在单位时间内，晶体的大小取决于晶体的成长速度。晶体成长速度与溶质向晶面的扩散作用和晶面上的晶析反应作用有关。这两种作用构成了结晶过程的双重阻力。当扩散阻力为控制因素时，增加固体和溶液之间的相对速度（如加强搅拌）就会促进晶体的成长。但增加相对速度至一定限度后，扩散阻力转为次要因素，则表面反应居于支配因素。此时，再继续增加速度，便无明显效果。

工业上，冷冻浓缩过程的结晶有两种形式：一种是在管式、板式、转鼓式以及带式设备中进行的，称为层状冻结；另一种发生在搅拌的冰晶悬浮液中，称为悬浮冻结。这两种结晶形式在晶体成长上有显著的差别。

1. 层状冻结

层状冻结或称为规则冻结。这种冻结是晶层依次沉积在先前由同一溶液所形成的晶层之上，是一种单向的冻结。冰晶长成针状或棒状，带有垂直于冷却面的不规则断面。

2. 悬浮冻结

这种冻结是在受搅拌的冰晶悬浮液中进行的。悬浮冻结如果是在连续操作的结晶器内进行，则所产生的晶体粒度与溶液浓度、溶液主体过冷度、晶体在结晶器内停留时间等因素有关。

在悬浮冻结过程中，晶核形成速率与溶质浓度成正比，并与溶液主体过冷度的平方成正比。由于结晶热一般不可能均匀地从整个悬浮液中除去，所以总存在着局部的点其过冷度大于溶液主体的过冷度。从而在这些局部冷点处，晶核形成就比溶液主体快得多而晶体成长就要慢一些。因此，提高搅拌速度，使温度均匀化，减少这些冷点的数目，对控制晶核形成过多是有利的。

在悬浮冻结操作中，如将小晶体悬浮液与大晶体悬浮液混合在一起，混合后的溶液主体温度将介于大、小晶体的平衡温度之间。由于此主体温度高于小晶体的平衡温度，小晶体就溶解，相反大晶体就会长大。而且，小晶体（亚临界晶体）的溶解速度和大晶体（超临界晶体）的成长速度都随着晶体本身的尺寸差值的增加而增加。因此，若冷点处所产生的小晶核立即从该处移出并与含大晶体的溶液主体均匀混合，则所有小晶核将溶解。这种以消耗小晶体为代价而使大晶体成长的作用，常为工业悬浮冻结操作中所采用。

（三）冰晶-浓缩液的分离

冷冻浓缩在工业上应用的成功与否，关键在于分离的效果。分离原理主要是悬浮液过滤的原理。

二、 冷冻浓缩装置的构成

冷冻浓缩装置主要由结晶设备和分离设备两部分构成。结晶设备包括管式、板式、搅拌夹套式、刮板式等热交换器，以及真空结晶器、内冷转鼓式结晶器、带式冷却结晶器等设备；分离设备有压滤机、过滤式离心机、洗涤塔，以及由这些设备组合而成的分离装置等。在实际应用中，根据不同的物料性质及生产要求采用不同的装置系统。

（一）结晶装置

冷冻浓缩用的结晶器有直接冷却式和间接冷却式两种。直接冷却式可利用水分部分蒸发的方法，也可利用辅助冷媒（如丁烷）蒸发的方法。间接冷却式是利用间壁将冷媒与被加工料液隔开的方法。食品工业上所用的间接冷却式设备又可分为内冷式和外冷式两种。

1. 直接冷却式真空冻结器

在这种冻结器中，溶液在绝对压力 267Pa 下沸腾，液温为-3℃。在此情况下，欲得 1t 冰晶，必须蒸去 140kg 水分。直接冷却法的优点是不必设置冷却面，但缺点是蒸发掉的部分芳香物质将随同蒸汽或惰性气体一起退出而损失。直接冷却式真空结晶器所产生的低温蒸汽必须不断排除。为减少能耗，可将水蒸气压力从 267Pa 压缩至 933Pa，以提高其温度，并利用冰晶作为冷却剂来冷凝这些水蒸气。大型真空结晶器有采用蒸汽喷射升压泵来压缩蒸汽，能耗可降低至每排除 1t 水分耗电约为 8kW · h。

在食品工业中，由于芳香物质的损失问题，直接冷却法冻结装置的应用受到限制。但是，这种冻结器若与适当的吸收器组合起来，可以显著减少芳香物质的损失。图 3-28 所示为带有芳香回收的真空冻结装置。料液进入真空冻结器后，于 267Pa 的绝对压力下蒸发冷却，部分水分即转化为冰晶。从冻结器出来的冰晶悬浮液经分离器分离后，浓缩液从吸收器上部进入，并

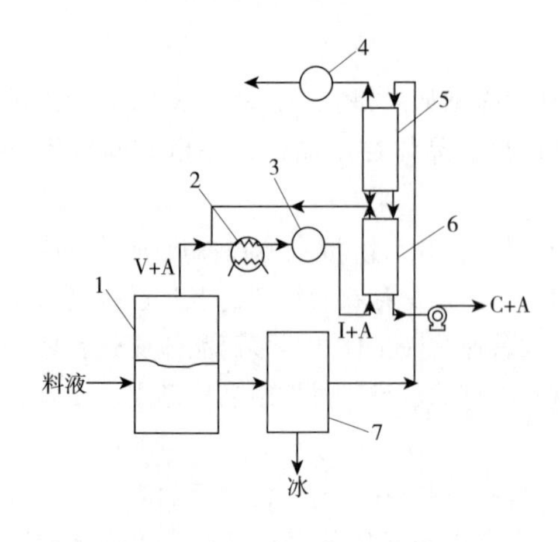

图 3-28　带有芳香回收的真空结晶装置

1—空结晶器　2—冷凝器　3—干式真空泵
4—湿式真空系　5—吸收器Ⅱ　6—吸收器Ⅰ
7—冰晶分离量　V—水蒸气　A—芳香物
C—浓缩液

从吸收器下部作为制品排出。另外，从冻结器来的带芳香物的水蒸气先经冷凝器除去水分后，从下部进入吸收器，并从上部将惰性气体抽出。在吸收器内，浓缩液与含芳香物的惰性气体成逆流流动。若冷凝器温度并不过低，为进一步减少芳香物损失，可将离开第Ⅰ吸收器的部分惰性气体返回冷凝器作再循环处理。

2. 内冷式结晶器

内冷式结晶器可分为两种：一种是产生固化悬浮液的结晶器；另一种是产生可泵送的浆液的结晶器。

第一种结晶器的结晶原理属于层状冻结。由于预期厚度的晶层的固化，晶层可在原地进行洗涤或作为整个板晶或片晶移出后在别处加以分离。此法的优点是，因为部分固化，所以即使稀溶液也可浓缩到40%以上，此外尚具有洗涤简便的优点。

第二种结晶器是采用结晶操作和分离操作分开的方法。它是由一个大型内冷却不锈钢转鼓和一个料槽所组成，转鼓在料槽内转动，固化晶层由刮刀除去。因冰晶很细，故冰晶和浓缩液分离很困难。此法的另一种变形是将料液以喷雾形式喷溅到旋转缓慢的内冷却转鼓式转盘上，并且作为片冰而排出。

冷冻浓缩所采用的大多数内冷式结晶器多是属于第二种结晶器，即产生可以泵送的悬浮液。在比较典型的设备中，晶体悬浮液停留时间只有几分钟。由于停留时间短，故晶体粒度小，一般小于50μm。作为内冷式结晶器，刮板式换热器是第二种结晶器的典型运用之一。旋转刮板式结晶器的结构如图 3-29 所示。

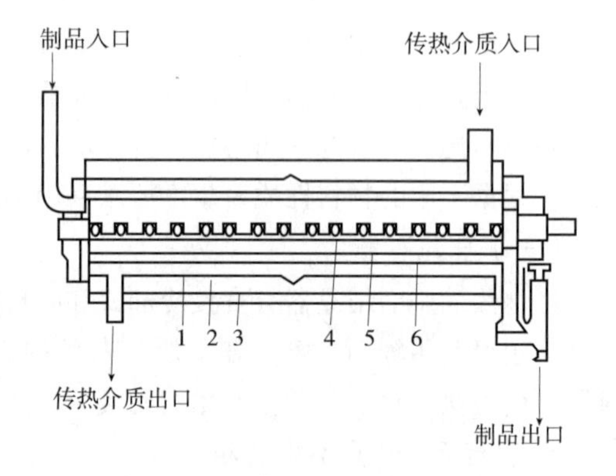

图 3-29　旋转刮板式结晶器

1—传热介质　2—绝热层　3—钢板盖　4—刮板
5—制品通道　6—传热管

3. 外冷式结晶器

外冷式结晶器有下述三种主要形式。

第一种形式要求料液先经过外部冷却器作过冷处理，过冷度可高达 6℃，然后此过冷而不含晶体的料液在结晶器内将其“冷量”放出。为了减小冷却器内晶核形成和晶体成长发生变化，避免因此引起液体流动的堵塞，冷却器的传热壁的接触液体部分必须高度抛光。使用这种形式的设备，可以制止结晶器内的局部过冷现象。从结晶器出来的液体可利用泵使之在换热器和结晶器之间进行循环，而泵的吸入管线上可装过滤机将晶体截留在结晶器内。

第二种外冷式结晶器的特点是全部悬浮液在结晶和换热器之间进行再循环。晶体在换热器中的停留时间比在结晶器中短，故晶体主要是在结晶器内长大。

图 3-30 所示为冷却式连续结晶器。结晶罐为密闭式，其上装有加料管。罐底为碟形，出

口管供冰晶和浓缩液排出。由于循环泵吸入管末端位于结晶罐顶部，而又恰好在加料管入口的位置；所以循环泵所抽吸的是一部分罐内溶液和一部分加料液，并将它们均匀混合。混合液经冷却器冷却后被送至结晶罐，从伸入到器底附近的出口管流出。外冷却器为管壳式。

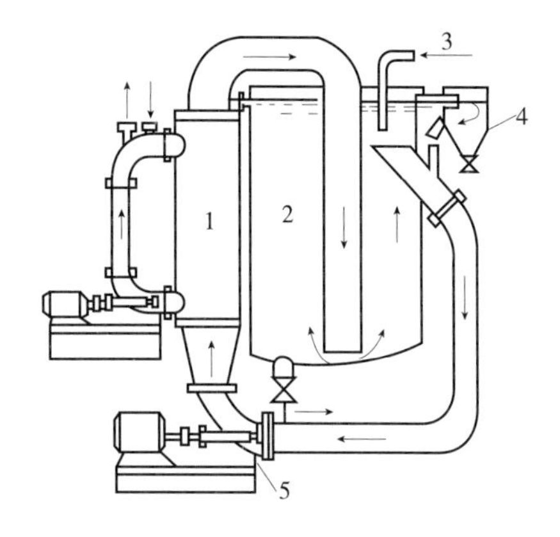

图 3-30　冷却式连续结晶器

1—冷却器　2—结晶罐　3—加料管　4—溢料暂存平衡缸　5—泵

第三种外冷式结晶如图 3-31 所示。这种结晶器具有如下特点：

①在外部热交换器中生成亚临界晶体；

②部分不含晶体的料液在结晶器与换热器之间进行再循环。

换热器形式为刮板式。因热流大，故晶核形成非常剧烈。而且由于浆料在换热器中停留时间甚短，通常只有几秒钟时间，故所产生的晶体极小。当其进入结晶器后，即与结晶器内含大晶体的悬浮液均匀混合，在器内的停留时间至少有 0.5h，故小晶体溶解，其溶解热就消耗于供大晶体成长。

（二）分离设备

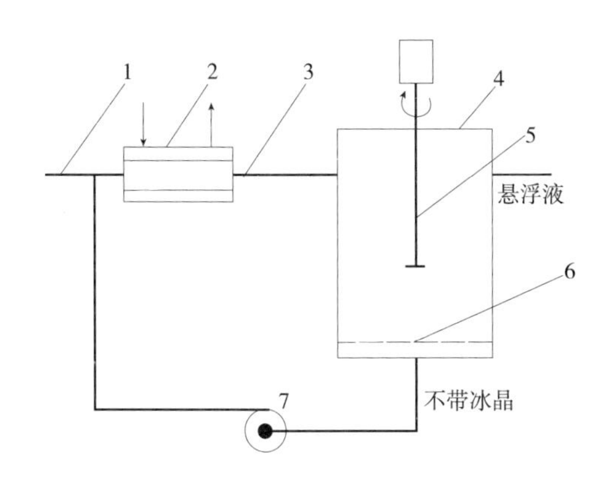

图 3-31　外部冷却式结晶装置

1—料液　2—刮板式换热器　3—带亚临界晶体的料液　4—结晶器　5—搅拌器　6—滤板　7—循环泵

冷冻浓缩操作的分离设备有压榨机、过滤式离心机和洗涤塔等。

通常采用的压榨机有水力活塞压榨机和螺旋压榨机。采用压榨法时，溶质损失决定于被压缩冰饼中夹带的溶液量。冰饼经压缩后，夹带的液体被紧紧地吸住，以致不能采用洗涤方法将它洗净。但压力高、压缩时间长时，可降低溶液的吸留量。如压力达 100MPa 左右，且压缩时间很长时，吸留量可降至 0.05kg/kg。由于残留液量高，考虑到溶质损失率，压榨机只适用于浓缩比 B_P/B_F 接近于 1 时。

采用转鼓式离心机时，所得冰床的空隙率为 0.4~0.7。球形晶体冰床的空隙率最低，而树枝状晶体冰床的空隙较高。与压榨机不同，在离心力场中，部分空隙是干空的，冰饼中残液以两种形式被保留。一种是晶体和晶体之间，因黏性力和毛细力而吸住液体；另一种只是因黏性力使液体黏附于晶体表面。

采用离心机的方法，可以用洗涤水或将冰溶化后来洗涤冰饼，因此分离效果比用压榨法好。但洗涤水将稀释浓缩液。溶质损失率决定于晶体的大小和液体的黏度。即使采用冰饼洗涤，仍可高达 10%。采用离心机有一个严重缺点，就是挥发性芳香物的损失。这是因为液体因旋转而被甩出来时，要与大量空气密切接触的缘故。

分离操作也可以在洗涤塔内进行。在洗涤塔内，分离比较完全，而且没有稀释现象。因为操作时完全密闭且无顶部空隙，故可完全避免芳香物质的损失。洗涤塔的分离原理主要是利用

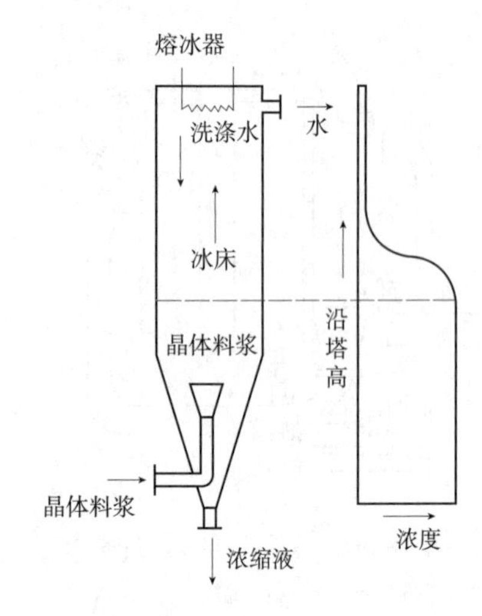

图 3-32　连续洗涤塔工作原理

纯水溶解的水分来排代晶间残留的浓液，方法可用连续法或间歇法。间歇法只用于管内或板间生成的晶体进行原地洗涤。在连续式洗涤塔中，晶体相和液相作逆向移动，进行密切接触。如图 3-32 所示，从结晶器出来的晶体悬浮液从塔的下端进入，浓缩液从同一端经过滤器排出。因冰晶密度比浓缩液小，故冰晶就逐渐上浮到顶端。塔顶设有熔化器（加热器），使部分冰晶熔解。熔化后的水分即返行下流，与上浮冰晶逆流接触，洗去冰晶间浓缩液。这样晶体就沿着液相溶质浓度逐渐降低的方向移动，因而晶体随浮随洗，残留溶质越来越少。

洗涤塔有几种形式，主要区别在于晶体被迫沿塔移动的推动力不同。按推动力的不同，洗涤塔可分为浮床式、螺旋推送式和活塞推送式三种形式。

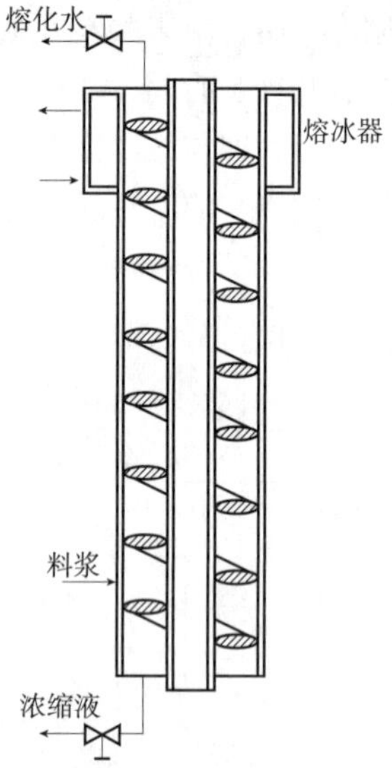

1. 浮床洗涤塔

在浮床洗涤塔中，冰晶和液体作逆向相对运动的推动力是晶体和液体之间的密度差。浮床洗涤塔已用于海水脱盐工业盐水和冰的分离。

2. 螺旋洗涤塔

螺旋洗涤塔是以螺旋推送为两相相对运动的推动力。如图 3-33所示，晶体悬浮液进入两个同心圆筒的环隙内部，环隙内有螺旋在旋转。螺旋具有棱镜状断面，除了迫使冰晶沿塔体移动外，还有搅动晶体的作用。螺旋洗涤塔已广泛用于有机物系统的分离。

熔化水
熔冰器
料浆
浓缩液

图 3-33　螺旋洗涤塔

3. 活塞床洗涤塔

这种洗涤塔是以活塞的往复运动迫使冰床移动（图 3-34）。晶体悬浮液从塔的下端进入由于挤压作用使晶体压紧成为结实而多孔的冰床。浓缩液离塔时经过滤器。利用活塞的往复运动，冰床被迫移向塔的顶端，同时与洗涤液逆流接触。在活塞床洗涤塔中，浓缩液未被稀释的床层区域和晶体已被洗净的床层区域之间，其距离只有几厘米。浓缩时，如排代稳定，离塔的冰晶熔化液中溶质浓度低于 10mg/kg。

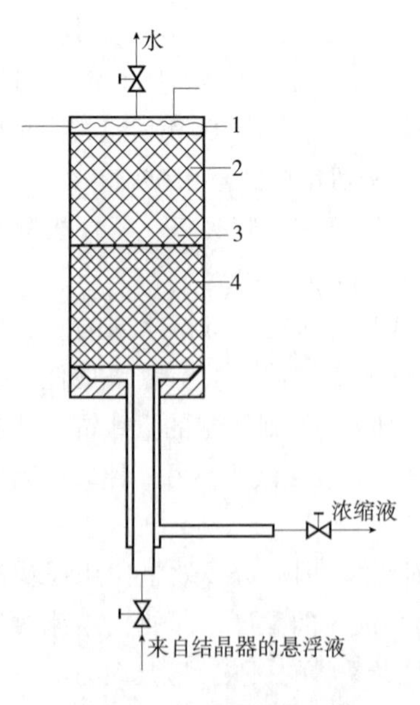

图 3-34　活塞床洗涤塔

1—熔化器　2—冰晶在熔水中

3—洗涤前沿　4—冰晶在浓缩液中

4. 压榨机和洗涤塔的组合

将压榨机和洗涤塔组合起来作为冷冻浓缩的分离设备是一种最经济的办法。图 3-35 所示为这种组合的一个典型例子。离开结晶器的晶体悬浮液首先在压榨机中进行部分分离。分离出来还含有大量浓缩液的冰饼在混合器内和料液混合进行稀释后，送入洗涤塔进行完全的分离。在洗涤塔中，从混合冰晶悬浮液中分离出纯冰和液体，液体进入结晶器中和来自压榨机的循环浓缩液进行混合。

压榨机和洗涤塔相结合具有如下优点：

①可以用比较简单的洗涤塔代替复杂的洗涤塔，从而降低了成本；

②进洗涤塔的液体黏度由于浓度降低而显著降低，故洗涤塔的生产能力大大提高；

③若离开结晶器的晶体悬浮液中晶体平均直径过小，或液体黏度过高，典型组合设备仍能获得完全的分离。

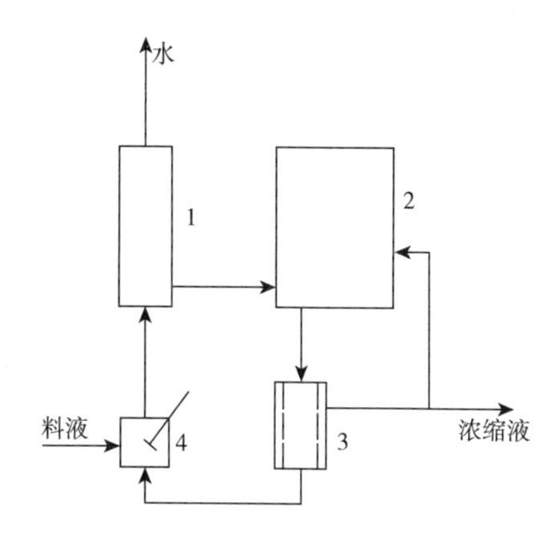

图 3-35 压榨机和洗涤塔的典型组合

1—洗涤塔 2—结晶器 3—压榨机 4—混合器

三、冷冻浓缩装置系统

冷冻浓缩由于在加工过程中不使物料受热，因此所得到的制品在色、香、味方面均得到最大限度的保留，就产品品质而言，可以说是最佳的。但由于浓缩极限的限制及操作成本较高等缺陷，使得其应用受到一定限制。目前主要用于高档果汁、高档饮品、生物制品、药物、调味品等的浓缩，浓缩的制品或直接作为成品，或作为冷冻干燥过程中的半成品。

对于不同的原料，冷冻浓缩的装置系统及操作条件也不相同，但大致可分为两类，一类是单级冷冻浓缩，另一类是多级冷冻浓缩方式。后者在制品品质及回收率方面优于前者。

（一）单级冷冻浓缩装置系统

图 3-36 所示为采用洗涤塔分离方式的单级冷冻浓缩装置系统。它主要由刮板式结晶器、混合罐、洗涤塔、溶冰装置、贮罐、泵等组成。根据有关报道，在浓缩果汁、咖啡等时，结晶容积与冷却表面之比最好为 1 ∶ 1。操作时，料液由泵 7 进入旋转刮板式结晶器，冷却至冰晶出现并达到要求后进入带搅拌器的混合罐 2，在混合罐中，冰晶可继续成长，然后大部分浓缩液作为成品从成品罐 6 中排出，部分与来自贮罐 5 的料液混合后再进入结晶器 1 进行再循环，混合的目的是使进入结晶器的料液浓度均匀一致。从混合罐 2 中出来的冰晶（夹带部分浓缩液），经洗涤塔 3

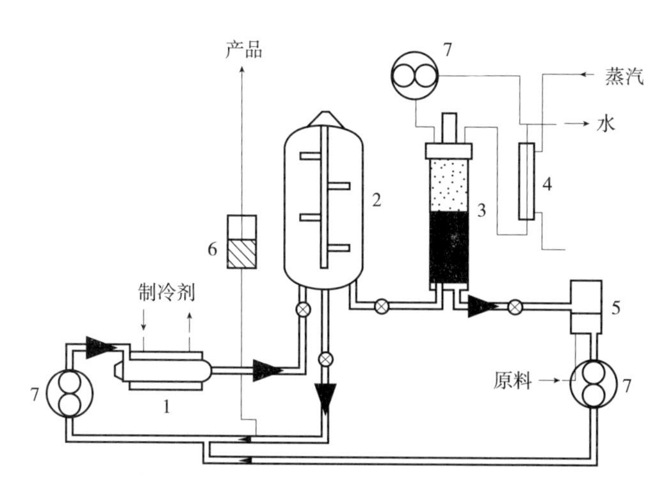

图 3-36 单线冷冻浓缩装置系统

1—旋转刮板式结晶器 2—混合罐 3—洗涤塔 4—熔冰装置 5—贮罐 6—成品罐 7—泵

洗涤，洗下来的一定浓度的洗液进入贮罐 5，与原料液混合后再进入结晶器，如此循环。洗涤塔的洗涤水是利用熔冰装置（通常在洗涤塔顶部）将冰晶熔化后再使用，多余的水排走。采用单级冷冻浓缩装置可以将浓度为 8～14°Bx 的果汁原料浓缩成 40～60°Bx 的浓缩果汁，其产品质量非常高。

（二）多级冷冻浓缩装置系统

所谓多级冷冻浓缩是指将上一级浓缩得到的浓缩液作为下一级的原料进行再次浓缩的一种冷冻浓缩操作。下面以咖啡的冷冻浓缩为例简单介绍。

图 3-37 所示为咖啡的二级冷冻浓缩装置流程。咖啡料液（浓度 26%）由管 6 进入贮料罐 1，被泵送至一级结晶器 8，然后冰晶和一次浓缩液的混合液进入一级分离机 9 离心分离，浓缩液（浓度<30%）由管进入贮罐 7，再由泵 12 送入二级结晶器 2，经二级结晶后的冰晶和浓缩液的混合液进入二级分离机 3 离心分离，浓缩液（浓度>37%）作为产品从管排出。为了减少冰晶夹带浓缩液的损失，离心分离机 3、9 内的冰晶需洗涤，若采用熔冰水（沿管进入）洗涤，洗涤下来的稀咖啡液分别通过管，进入贮料罐 1，所以贮料罐 1 中的料液浓度实际上低于最初进料液浓度（<24%）。为了控制冰晶量，结晶器 8 中的进料浓度需维持一定值（高于来自管 15 的），这可利用浓缩液的分支管路 16，用阀 13 控制流量进行调节，也可以通过管路 17 和泵 10 来调节。但通过管 17 与管 16 的调节应该是平衡控制的，以使结晶器 8 中的冰晶含量在 20%～30%（质量分数）。实践表明，当冰晶占 26%～30%时，分离后的咖啡损失小于 1%。

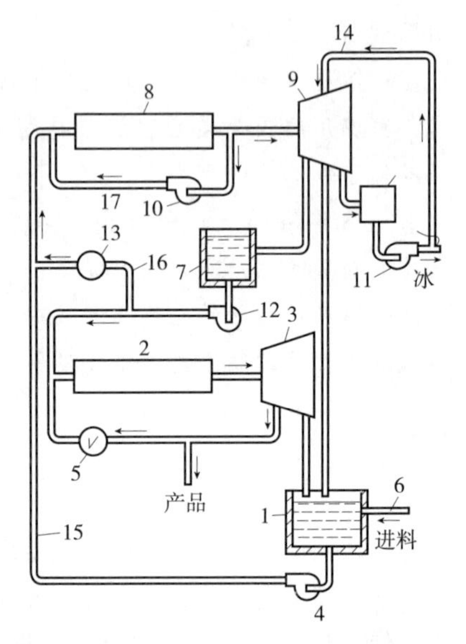

图 3-37　二级冷冻浓缩装置流程

1、7—贮料罐　2、8—结晶器　3、9—分离机　4、10、11、12—泵　5、13—调节阀　6—进料管　14—熔冰水进入管　15、17—管路　16—浓缩液分支管

第三节　流化速冻技术

食品冻藏是利用低温保藏食品的过程。在此过程中，食品都要经过从非冻结态到冻结态转变的结冻过程。虽然这一转变过程与其后续的保持冻结状态的低温贮藏、运输、销售过程比起来，只占了很短的时间，但对该冻制品品质的影响极为重要。长期的研究与实践证明，对于多数新鲜食品来说，快速结冻比缓慢结冻可以保证得到品质更为优良的制品。

随着销售冷链的完善，家用冰箱的普及，加上微波炉进入家庭而形成和发展起来的速冻食品市场，在国外已有相当大的规模，并且还在逐年增大。市场上销售的许多速冻食品，往往可以在消费者的家用冰箱中保存相当长的一段时间，要用时，只要在微波炉中适当解冻就可以像鲜制品那样烹调食用，或者解冻后的产品本身就是一份佳肴。因此，速冻食品通常与方便食品、微波食品等相提并论。为了适应各种食品的速冻需要，在过去几十年间，速冻理论、技术和设备方面的研究十分活跃，并得到了很大的发展。其中，按食品单体速冻（individually quick freezing，IQF）概念发展起来的速冻技术最为突出。

食品流化速冻是一项新技术，是实现食品单体速冻的理想方法。主要适用于快速冻结颗粒状、片状和块状等类食品。由于冻结速度快，得到的产品具有质量好、包装和食用方便等优点。

一、食品的速冻过程

食品的冻结是食品中自由水形成冰晶体的一个物理过程。冷冻食品往往含有大量水分，其冻结过程大致和水结冰的情况接近。但食品的冰结有其自身的特点。

（一）食品的冻结过程

食品中的水分以自由水和结合水两种形式存在。自由水中溶有可溶性的物质，是可以结冰的水分。结合水与固形物结合在一起，其中若结合力很强，没有流动性，这种水分便不能冻结成冰。由于结合水的含量与自由水的组成有关，而与固形物的组成没有一定的比例关系。因此，由于冻结成冰的关系，结合水分具有向自由水转化的趋势。

食品都有一个类似于水的冰点的初始结冻点，由于食品中的自由水溶有可溶性固形物，因此，根据溶液冰点降低的原理，可以预料，食品的初始冻结点温度总是低于零度的，这是食品冻结过程的特点之一。表 3-1 所示为各种食品的初始冻结点温度。

表 3-1　各种食品的冰点

名称	含水量/%	冻结点/℃	名称	含水量/%	冻结点/℃
牛肉	72	-1.7～-2.2	椰子	83	-2.8
猪肉	35～72	-1.7～-2.2	柠檬	89	-2.1
羊肉	60～70	-1.7	橘子	90	-2.2
家禽	74	-1.7	青刀豆	88.9	-1.3
鲜鱼	73	-1～-2	龙须菜	94	-2
对虾	76	-2.0	甜菜	72	-2
牛奶	87	-2.8	卷心菜	91	-0.5
蛋	70	-2.2	胡萝卜	83	-1.7
兔肉	60	-1.7	芹菜	94	-1.2
苹果	85	-2	黄瓜	96.4	-0.8
杏	85.4	-2	韭菜	88.2	-1.4
香蕉	75	-1.7	洋葱	87.5	-1
樱桃	82	-4.5	青豌豆	74	-1.1
葡萄	82	-4	马铃薯	77.8	-1.8
柑橘	86	-2.2	南瓜	90.5	-1
桃	86.9	-1.5	萝卜	93.6	-2.2
梨	83	-2	菠菜	92.7	-0.9

续表

名称	含水量/%	冻结点/℃	名称	含水量/%	冻结点/℃
菠萝	85.3	-1.2	番茄	94	-0.9
李子	86	-2.2	芦笋	93	-2.2
杨梅	90	-1.3	茄子	92.7	-0.9~-1.6
西瓜	92.1	-1.6	蘑菇	91.1	-1.8
甜瓜	92.7	-1.7	青椒	92.4	-1.1~-1.9
草莓	90.0	-1.17	甜玉米	73.9	-1.1~-1.7

食品冻结过程的另一个特征是，食品中的水分不会像纯水中那样在一个冻结温度下全部冻结成冰。出现这一现象主要原因是由于水以水溶液形式存在，一部分水先结成冰后，余下的水溶液的浓度随之升高，导致残留溶液的冰点不断下降。因此即使在温度远低于初始冻结点的情况下，仍有部分自由水还是非冻结的。少量的未冻结的高浓度溶液只有当温度降低到低共熔点时，才会全部凝结成固体。食品的低共熔点范围大致在-65~-55℃。冻藏食品的温度仅为-18℃左右。因此冻藏食品中的水分实际上并未完全冻结固化。

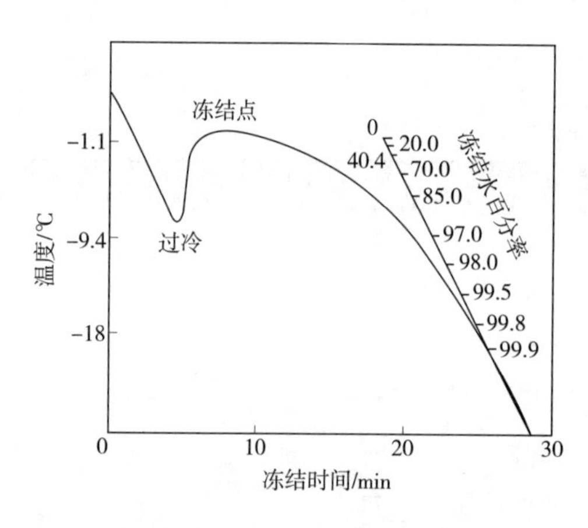

图 3-38　牛肉薄片的冻结曲线

图 3-38 所示为牛肉薄片在冻结室内冻结时按不同时间测得的牛肉温度变化所构成的冻结曲线。牛肉冷却时，首先从它的初温降低到稍低于冻结温度的过冷温度。在形成稳定晶核或振动的促进下，开始冻结并放出潜热，促使温度回升，直到它的冻结点为止。继后随着冻结的进行，牛肉的温度继续下降。由图可见，其冰点低于零度，并且其中的水冻结成冰的量是随温度变化的。

食品冻结时，也可以有一个开始形成稳定性冰晶核所需的过冷过程。是否出现过冷现象和出现过冷的程度与食品的种类有关，如禽、肉、鱼为-5~-4℃，牛奶为-6~-5℃，蛋类为-13~-11℃。与水的冻结一样，过冷点不是一个定值，而且在有些情况下，看不出有过冷现象发生。因此过冷不是食品结冻时要考虑的主要因素，在速冻的情况下更是如此。

（二）食品冻结过程中的水分结冰率与最大冰晶率

食品冻结过程中水分转化为冰晶体的程度，通常用水分结冰率（φ）表示。水分结冰率指的是食品冻结时，其水分转化为冰晶体的比率，也就是一定温度时形成的冰晶体质量与此温度下食品所含液态水分和冰晶体总质量之比的百分数，或冰晶体质量占食品中水分总含量的比例。

冻结过程中水分结冰率与食品的温度有关。冻结前它的数值为零，冻结过程中它随着温度降低而增加。当温度降到低共熔点或更低一些时，水分结冰率达到最高值，等于100%，即食品内部水分全部成为冻结状态。表 3-2 所示为各种食品不同温度时的结冰率。由表可见，食品冻结时，其中的大部分水分是在靠近冻结点的温度区域内形成冰晶体的，而到了后面，水分结冰率随温度变化的程度不大。通常把冻结时使水分结冰率发生变化最大的温度区域称为最大冰晶生成区。

表 3-2　各种食品的结冰率　单位:%

食品名称	温度/℃												
	-1	-2	-3	-4	-5	-6	-7	-8	-9	-10	-12.5	-15	-18
肉类、家禽类	0~25	52~60	67~73	72~77	75~80	77~82	79~84	80~85	81~86	82~87	85~89	87~90	89~91
鱼类	0~45	0~68	32~77	45~82	84	85	87	89	90	91	92	93	95
蛋、菜类	60	78	84.5	81	89	90.5	91.5	92	93	94	94.5	95	95.5
乳	45	68	77	82	84	85.5	87	88.5	89.5	90.5	92	93.5	95
番茄	30	60	70	76	80	82	84	85.5	87	88	89	90	91
苹果、梨、马铃薯	0	0	32	45	53	58	62	65	68	70	74	78	80
大豆、萝卜	0	28	50	58	64.5	68	71	73	75	77	80.5	83	84
橙子、柠檬、葡萄	0	0	20	32	41	48	54	58.5	62.5	69	72	75	76
葱、豌豆	10	50	65	71	75	77	79	80.5	82	83.5	86	87.5	89
樱桃	0	0	0	20	32	40	47	52	55.5	58	63	67	71

（三）冻结速度对食品品质的影响

动植物组织构成的食品，如鱼肉和果蔬等都是由娇嫩细胞壁或细胞膜包围住的细胞所构成的。这些细胞内都有胶质状原生质存在。水分则存在于原生质或细胞间隙中，或呈结合状态，或呈游离状。冻结过程中温度降低到食品开始冻结的温度（冻结点）时，那些和亲水胶体结合较弱或存在于低浓度溶液内的部分水分，主要是处于细胞间隙内的水分，会首先形成冰晶体，并造成细胞内部的水分向细胞外业已形成的冰晶体迁移聚集的趋势。这样存在于细胞间隙内的冰晶体就会不断增长，直至它的温度下降到足以使细胞内所有汁液转化成冰晶体为止。

冻结过程中冻结速度越缓慢，上述的水分重新分布越显著。细胞内大量水分向细胞间隙外逸，细胞内的浓度也因此而增加，其冰点则越下降，于是水分外逸量又会再次增加。正是这样，细胞与细胞间隙内的冰晶体颗粒就越长越大，破坏了食品组织，失去了复原性。

冻结过程中食品冻结速度越快，水分重新分布的现象也就越不显著。因为快速冻结时必然使组织内的热量迅速向外扩散，因而，细胞内的温度会迅速下降，从而使得细胞内的水分可以在原地全部形成冰晶体。这样，就整个组织而言，可以形成既小又多的冰晶体，分布也较均匀，有可能在最大程度上保证它的可逆性和冻制食品的质量。

（四）食品速冻的概念

所谓速冻，是指使食品尽快通过其最大冰晶生成区，并使平均温度尽快达到-18℃而迅速冻结的方法。这一概念从两方面保证了速冻食品的品质优良，首先尽快越过最大冰晶生成区意味着大部分的可结冻水分会很快成为冰晶体，因而水分在食品内没有什么迁移的机会，而且形成的晶体小而均匀；其次，使食品的平均温度迅速达到-18℃，也意味着食品在短时间内能整体冻结，即使在少量未结冻水分存在的情况下，冻藏期间也不会发生缓慢冻结的效应。

大多数食品在温度降到-1℃时开始冻结，并在-4～-1℃之间大部分水成为冰晶，即最大冰晶生成区在-4～-1℃。快速冻结要求此阶段的冻结时间尽量缩短，以最快速度排除这部分冰晶生成所产生的热量。因而，快速冻结与缓慢冻结在温度—时间曲线中是明显不同的，见图3-39所示。

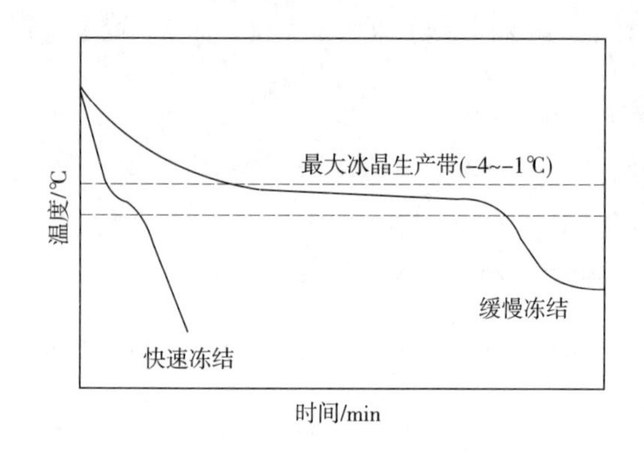

图3-39　快速冻结与缓慢冻结的冻结曲线

（五）实现快速冷冻的途径

为了使食品的热量尽快地离开而实现快速冻结，可以从以下三条途径考虑。

1. 提高冷却介质与食品初温之间的温差

提高食品与冷却介质的温差主要应从冷却介质入手。对于机械制冷方式，降低冷却介质的温度范围不大。非机械冷却介质如液氮，有很低的温度（-196℃），可以大大缩短食品的冻结时间。但液氮速冻毕竟是一种高成本的操作，因此应用范围有限。

2. 改善换热条件，使放热系数增大

在表面换热成为食品冻结速度限制因素的场合，通过加快冷却介质流经食品的相对速度可以收到这种效果。例如，在-18℃静止的空气中，水果和小块鱼片等小型食品的冻结时间大约需要3h，若将空气流速增加到1.25m/s，冻结时间将下降到1h左右，如空气流速再增加到5m/s，则冻结时间也将进一步缩短到40min左右。

3. 减小食品的体积，即增加食品的比表面积

这一途径不仅可以强化食品与冷却介质间的换热，而且由于体积的减少，食品中心到表面的距离缩短了，也就缩短了食品冻结所需的时间。

（六）食品快速冻结的优点

一般说来，快速冻结食品有以下优点：

①避免在细胞之间生成过大的冰晶体；

②减少细胞内水分外析，解冻时汁液流失少；

③细胞组织内部浓缩溶质和食品组织、胶体以及各种成分相互接触的时间显著缩短，浓缩的危害性下降到最低程度；

④将食品温度迅速降低到微生物生长活动温度之下，有利于抑制微生物的增长及其生化反应；

⑤食品在冻结设备中的停留时间短，有利于提高设备的利用率和生产的连续性。

二、流态化速冻方法

流态化速冻是在一定流速的冷空气作用下，使食品在流态化操作条件下得到快速冻结的一种冻结方法。流态化是固体颗粒在流体的作用下，变成具有一定流动性的形态。由于食品处于流化状态，因此，冻结过程中时，食品颗粒间彼此在做相对运动。流态化冻结是一种实现食品

单体快速冻结的理想方法。食品流态化速冻的前提有两个：

①冷空气在流经被冻结食品时必须具有足够的流速，而且必须是自下而上通过食品；

②单个食品的体积不能太大。

因此，食品流化速冻装置中，进入食品层的冷空气流都是自下面上的，而单个体积较大的食品，在冻结前，要切成块或片。根据食品层悬浮状态，可以将食品流化速冻中的流态化操作分为半流态化与全流态化操作。

（一）半流态化操作

半流态化操作指置于传送带上的食品层被速度低于临界值的冷气吹成离网不高的悬浮状态，食品颗粒的运动形式随传送带的移动而移动。这种操作方法特别适用于加工软嫩和易碎的食品，如草莓、黄瓜片、油炸茄块、芦笋等。食品层厚度根据不同品种，可控制在 30～100mm。传动装置采用无级变速，其运行速度可以随冻结产品情况进行调整。半流态化操作的缺点是很容易出现黏结现象，不利于流态化正常操作，影响食品冻结质量。

（二）全流态化操作

1. 气力流态化

置于带孔的固定斜槽上的食品颗粒完全靠上吹的冷风克服自身的重力而成沸腾状态，并向前流动，这种操作方式称作气力流态化。

气力流态化操作特点是没有机械传送装置，食品颗粒的沸腾与运动完全靠空气动力和自身重力。在正常流态化操作过程中要求被冻结食品颗粒和作用食品各点的气流速度，压力降必须十分均匀，固定斜槽阻力必须具有足够低，以保证气流速度不低于临界值。

气力流态化冻结方法只适用于加工颗粒均匀，较小的食品，如青豌豆等。而较大的食品颗粒所消耗功率也大。此外，食品层厚度必须按规定值操作，因为层厚增加，风机风量减少，蒸发器迎风面风速降低，传热系数 K 值下降，造成制冷机耗功增加。

2. 振动流态化

利用机械振动原理使食品在带孔的槽体上按一定振幅和频率呈跳跃式抛物线型向前运动，并辅以自下面上的冷风，造成食品层沸腾而成流态化，从而实现单体快速冻结的方法称作振动流态化冻结方法。目前，应用于食品冻结加工的振动方法有两种：一种是往复式振动即连杆式振动机械；另一种是直线振动即双轴惯性振动机械。

连杆式振动机械的特点是振幅大、频率低，食品的传送方式为高抛物线向前运动。为了取得理想的流化效果，一般采用脉动旁通机构使气流脉动。当食品颗粒被振动机械刚刚抛起的瞬间，脉动机构同时关闭，造成静压箱内压力升高，气流速度相应增大，气流全部通过食品床层带动食品颗粒上升。这样整个床层的食品颗粒受机械振动和气流带动达到最佳流态化高度。此后，脉动机构打开，一部分气流沿旁路流走，静压箱风压骤然降低，气流速度相应减小，食品颗粒靠自身重力下落，刚一落至网底面又被抛起，这样重复上述过程，有节奏地时起时落，使食品层像流体一样在振动槽内流动，形成全流态化操作。

应用直线振动原理实现食品颗粒的流态化冻结是一项新技术，其优点有以下几点：

①可以实现食品颗粒的均匀冻结：食品颗粒按一定的振幅恒速均匀流动，在空间的滞留时间与冷风的接触时间是均一的，因此可以实现均匀冻结。不受食品颗粒大小和食品密度的限制。由于食品颗粒被抛起的高度很小，每次抛起在槽面上停留时间极短（可忽略不计），因此即使食品颗粒大小不同或食品密度不同，食品颗粒在槽体上仍呈跳跃式抛物线型向前运动；

②不损伤食品：作用于食品颗粒上的力仅仅是槽面上下的振动力，并且由于自下而上的冷风吹过起到了缓冲的作用，因此不会使食品颗粒剧烈地撞击槽面而受到机械损伤；

③可以自由调节食品层厚度：槽体的食品层厚度可以通过调节震动输送机的振幅帮频率来进行调整。同时可以根据冻结能力、食品含水量，耗冷量等因素考虑调节最佳食品层厚度；

④传热效率高，冻结能力大：根据传热公式 $Q=F\alpha\Delta t$ 可知，由于食品颗粒呈跳跃式抛物线型向前运动，冷风绕流食品颗粒的表面积 F 值和放热系数 α 值可以获得提高，使热交换程度增强，因此与半流态化方法比较，其冻结能力相应增大；

⑤耗能低：利用机械振动强化流化，只需较小的风压和风量就可以使食品颗粒沸腾，达到正常流态化操作，因此风机功率可以相应减少，达到节能目的。

（三）不良流化现象及改善措施

在食品流态化冻结过程中，正常的流态化操作取决于气流速度、压力降、气流分布的均匀性；食品层层厚、筛网孔隙率、食品颗粒的形状和质量及其潮湿程度等因素。而这些因素的不良状态极易造成不良流化现象，即沟流现象、黏结现象、夹带现象等影响食品的单体速冻冻结。

1. 沟流现象

气流速度、压力降、气流分配的均匀性、食品层层厚以及筛网孔隙率对实现正常流态化操作是非常重要的。在气流速度不低于临界速度的情况下，床层各点的气流速度越趋于均等，作用于具有相同厚度的食品层各部位的压力降就越均匀，因而也就越能保证流态化的平衡条件。相反，由于气流组织或食品层层厚不均匀，床层出现沟道，气流不能均匀地通过床层，而从沟道中流过，床层压力不断下降，作用于食品层各点的压力降发生变化造成整个床“沸腾”的急剧恶化，破坏了正常流态化操作，这种现象称为沟流现象。

通过下述方法可以防止沟流现象和改善气流分配的均匀性：

①设置振动装置与脉动机构，强迫食品层运动并使气流脉动，造成良好流化状态；

②在风机与流化床之间设置蒸发器，既可以增加空气阻力，又可以防止气流速度明显波动，从而造成均匀的气流组织；

③加大风机与流化床之间的距离，设置相应的导风机构，使气流在流动过程中趋于均衡；

④均匀布料和保证规定的食品层厚度。

2. 黏结现象

黏结现象是食品流态化冻结过程中常见一种现象。表面潮湿的食品颗粒在低温状态下相互冻黏或冻黏在筛网上，在采用非振动传送方式（半流态化操作）的微冻区域内（快速冷却和表层冻结）时，更是显而易见。这种黏结现象使食品层变成了固定床层，从而不能形成流态化。不同食品颗粒其黏结程度不同。片状类食品（如黄瓜片）比球状、圆柱状或块状食品（如豌豆、青刀豆或马铃薯块）的黏结要严重得多。经验表明，采取以下措施可以防止黏结现象：

①滤去食品的表面水分：在冻结加工前，采用振动滤水机或离心甩干机除去食品颗粒表面的水分。但应注意，对不同品种的食品应选择不同滤水方法，如黄瓜适宜于采用振动滤水，而不适宜离心甩干，因为转速较高的离心甩干机会把黄瓜片组织内部的水分甩出，影响食品质量；

②设置微冻区：使食品经过快速冷却后能迅速冷结形成冰壳，避免黏结。微冻区的长度应

尽量短。微冻区采用较高风压，迫使食品颗粒沸腾，例如对于青刀豆采取约 500Pa 或更大的风压较为适宜。微冻区食品层不宜太厚，一般为 30~40mm；

③采用机械振动：这对防止黏结现象更有效。当食品进入微冻区时，被振动的筛网弹起呈跳跃式运动，造成食品颗粒相互撞击，再加上向上吹的冷风，足以使食品层处于良好流化状态；

④除了上述措施外，还可将传送带设计成驼峰状，或装设机械手、耙类、刮板等装置，使食品颗粒在冻结后迅速松散，也能防止黏结现象。

3. 夹带现象

在流化床中，食品颗粒受自下而上冷气流的作用呈向上运动状态。当气流速度等于食品颗粒降落速度 v_g 时，食品颗粒悬浮在气流中。如果气流速度大于降落速度 v_g，则食品颗粒以 $v-v_g$ 的净速度向上运动，被气流带走，飞出流化床，这种现象称为夹带现象。夹带现象在片状类食品（如黄瓜片、西葫芦片等）的流态化冻结过程中最容易出现。

一般认为，球状类食品（如豌豆、草莓等）容易实现流态化，而圆柱状、片状及不规则的块状食品（如青刀豆、茄块、黄瓜片、西葫芦片、马铃薯片等），由于气流作用于这些食品的流体阻力和带出速度不同，其流化层很容易出现沟流现象、黏结现象和夹带现象，使沸腾大大减弱，造成流态化恶化。

表 3-3 所示为青豌豆和青刀豆两种食品在正常流态化操作范围内所必须的条件值。由表可见，食品形状及质量也是流态化形成不可忽视的因素。

表 3-3　　青豌豆与青刀豆流化床层的各种参数

品　种	青豌豆	青刀豆
质量/g	1.18	8.67
密度/（kg/m^3）	1020	950
不动层高度/mm	40	40
悬浮层高度/mm	50	60
Δpk/（N/m^2）	2.55	2.93
vk/（m/s）	2.25	3.08
筛网孔隙率/（m^2/m^2）	0.461	0.56
形状	球状	圆柱状

夹带现象可以从三方面考虑加以避免：

①同一种食品颗粒必须均匀，严防太小颗粒进入流化床；

②采用变速风机调整风速，以适应不同食品颗粒所必需的风速；

③流化床上面加设金属网罩，减轻夹带程度。

（四）流化速冻的三个阶段

颗粒状（球状、圆柱状、片状、块状等）食品在任何一种流化床冻结装置中冻结都必须经过快速冷却、表层冻结及深层冻结三个阶段。例如，对于青豌豆，当冻结时间为 10min 时，其中快速冷却为 0.5~1min，表层冻结为 1.5~2min，深层冻结大约为 7min。

1. 快速冷却

快速冷却过程对食品流态化冻结具有十分重要的意义，冷却速度越快，冻结时间越短。

2. 表层冻结

颗粒状食品在快速冷却后表层即被迅速冻结，其目的在于防止颗粒间或颗粒与筛网间的黏结，这是两区段冻结工艺中的重要一环。表层形成冻壳的食品颗粒由于相互碰撞等因素，彼此脱离呈散粒状，因此表层冻结速度越快，越有利于提高冻结质量。

3. 深层冻结

所谓深层冻结即从表层冻结后开始将食品冻结到温度中心点为贮藏温度（-18℃）的冻结过程。此过程的冻结时间一般比快速冷却时间与表层冻结时间之和长2~3倍。

三、流化速冻装置

食品流态化速冻装置是近年来国内外研制的新型冻结装置，是实现食品单体快速冻结的一种理想设备。与其他隧道式冻结装置比较，这种装置具有冻结速度快、冻结产品质量好、耗能低，易于冻结球状、圆柱状、片状及块状颗粒食品等优点，尤其适宜果蔬类单体食品的冻结加工。

食品流态化冻结装置属于强烈吹风快速冻结装置。一般流化速冻装置可大致按机械传送方式、流态化程度和冻结区段来划分，如表3-4所示。

表3-4 流化速冻装置的分类

分类依据	形　式
物料传送形式	带式（单层，多层），振动式（往复式，直线式）；斜槽式
流态化程度	半流化；全流化
冻结区段	一段，两段

（一）流化速冻装置的主要构成

流化速冻装置常由物料传送系统、冷风系统、冲霜机构、围护结构、进料机构和控制系统等组成。物料传送系统构成了装置的流化速冻床层区。冷风系统围绕物料传送系统安排，主要由风机、蒸发器和导风结构所组成。冲霜机构是为除去蒸发器表面的积霜而设置的，围护结构是速冻装置的绝热外壳，由绝热材料和结构材料组成，护围结构的内壁往往也是装置内部导风结构的一部分。进料机构的形式通常是带孔的斗式提升机。

此外，常常在装置的进料口端，还配有滤水器和布料器。滤水器是为了去除某些（通常是经过预处理的）原料表面所带的过多的水分；布料器可使原料均匀地布置在传送装置上，从而可以减少黏结现象和获得良好的流化状态。

有些类型的流化速冻装置是按速冻过程的三个阶段（即快速冷却、表面冻结和深层冻结）有不同传热和冻结时间要求，或者考虑到物料在冻结过程中由于物理状态变化而有不同的机械强度适应性要求，而通常将装置内部分为前后两段：前段为快速冷却和表面冻结区；后段为深层冻结区。前后两个区段既可以采用相同，也可以采用不同的物料传输形式，但一般前段都采用带式传输形式，而后段可以用带式、振动槽式或斜槽式。

为了提高装置的适用性，一些流化速冻装置内部除了设置供流化速冻用的传输系统以外，还留有供冻结架车通过的隧道，以使装置可以用来冻结那些不易进行流化速冻的大体积物料。

经预处理的物料，由进料机送入流化速冻装置后，会自动（或借助于布料机的作用）分布在移动（或固定）的传输面入口端处，并同时开始随着传输系统作由入口向出口方向的向前运动，和随由下而上的冷气流作垂直于传输面的向上（或上下）运动。此外，物料自身还会发生转动。物料在向前运动的不同区段先后进入并完成快速冷却、表面冻结和深层冻结过程，最后成为满足要求的速冻制品，由出料口从装置排出。

流态化冻结装置按物料传输系统通常分为三种形式，即带式，振动槽式和斜槽式。三种形式的装置中，前两种传输系统是运动的，最后一种是固定的。传输系统决定了流化速冻装置操作条件，并规定了物料在速冻时可采用的流态化程度。例如，斜槽式流化速冻装置必须使物料处于全流化状态，否则，速冻操作时，就不能使冻结物料由装置一端向另一端运动。

（二）带式流化速冻装置

传送带往往由不锈钢网带制成。按传送带的条数可以在冻结装置内安排为单流程和多流程形式。按冻结区分可分为一段和两段的带式速冻装置。

早期的流化速冻装置的传输系统只用一条传送带，并且只有一个冻结区，这种单流程一段带式速冻装置的主要特点是结构简单，但装机功率大、耗能高、食品颗粒易黏结。此类装置适用于冻结软嫩或易碎的食品，如草莓、黄瓜片、青刀豆、芦笋、油炸茄子等。操作时应根据食品流化程度确定物料层厚度，对易于实现流态化的食品如青豌豆、黄瓜片等，料层厚度控制在40~60mm，青刀豆控制在60~80mm；不易实现流态化的食品如油炸茄块、番茄（d=30mm以下）等，料层厚度为80~150mm，如图3-40所示。

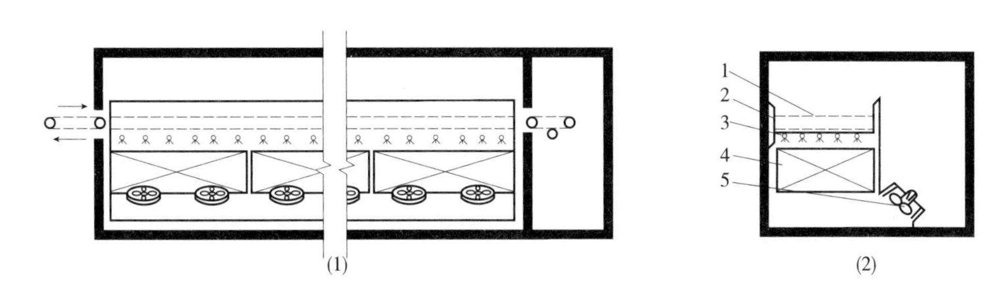

图3-40　单流程一段带式流化速冻装置

1—传送带　2—导板　3—除霜水喷嘴　4—空气冷却器　5—风机

多流程一段带式流态化冻结装置也只有一个冻结区段，但有两条或两条以上的传送带，传送带摆放位置为上下串联式。图3-41所示为双流程和三流程带式流化速冻装置传送带的排列形式。这种结构与单流程式的速冻装置相比，外形总长度缩短了，装机功率减小了，并且在防止物料间和物料与传送带黏结方面，也有改善。

图3-41　多流程一段带式流化速冻装置传送带的排列

两段带式流态化冻结装置是将食品分成两区段冻结；第一区段为表层冻结区；第二区段为

深层冻结区。颗粒状食品流入冻结室后，首先进行快速冷却，即表层冷却至冰点温度，然后表面冻结，使颗粒间或颗粒与传送带不锈钢网间呈散离状态，彼此互不黏结，最后进入第二区段深层冻结至中心温度为-8℃，冻结方告完成。传送带造成的黏结现象，可以通过在传送带上的附设“驼峰”得到改善。

该装置适用范围广泛，可以用于青刀豆、豌豆、豇豆、嫩蚕豆、辣椒、黄瓜片、油炸茄块、芦笋、胡萝卜块、芋头、蘑菇、葡萄、李子、桃、板栗等果蔬类食品的冻结加工。

（三）振动流化速冻装置

以振动槽作为物料水平向传输手段的流化速冻装置称为振动流化速冻装置。物料在冻结区的行进是通过振动传输槽的作用实现的。由于物料在行进过程中受到振动作用，因此这类形式的速冻装置可显著地减少冻结过程中的黏结现象出现。

振动槽传输系统主要由两侧带有挡板的振动筛和传动机构构成。由于传动方式的不同，振动筛有两种运动形式：一种是往复式振动筛。另一种是直线振动筛。后者除了有使物料向前运动的作用以外，还具有使物料向上跳起的作用。

瑞典 Frigoscandia 公司制造的 MA 型系列产品属于往复式振动流态化冻结装置范围，如图 3-42所示。这种装置的特点是结构紧凑、冻结能力大、耗能低，易于操作，并设有气流脉动旁通机构和空气除霜系统，是目前世界上比较先进的一种冻结装置。

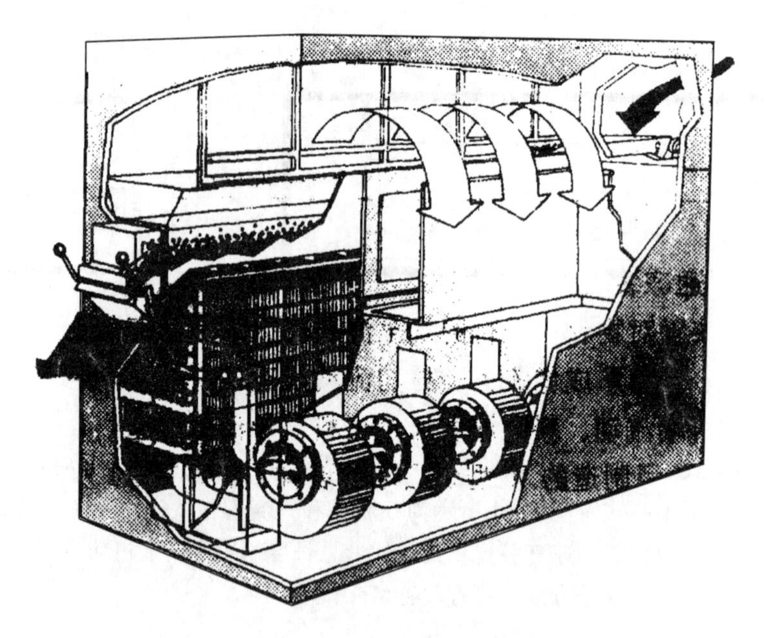

图 3-42　MA 型往复式振动流化速冻装置

国产 ZLS-1 型和 ZLS-0.5 型振动流化速冻装置的振动系统是直线式的。ZLS-1 型速冻装置设有两段冻结区；第一段为快速冷却和表层冻结区，由传送带传送；第二段是深层冻结区，进入这一冻结区段的物料在振动槽的作用下作全流态化冻结操作。ZLS-0.5 型振动流态化食品速冻装置只有一个由振动槽传输的冻结区段，属于全流态化冻结装置。这种装置的机械传送系统是按直线振动原理设计的又一种双轴惯性振动槽，使物料借助于振动电机偏心体相对同步回转运动产生的定向激振动，呈跳跃式抛物线型向前运动，并在上吹风的作用下形成全流态化。

这样，既取代了强制通风流化，节省能耗，又改善了气流组织的均匀性，提高了流态化效果。

（四）斜槽式流态化冻结装置

这种形式的速冻装置对物料所进行的是全流态化（或纯流态化）速冻。食品颗粒完全依赖于上吹的高压冷气流形成像流体一样的流动状态，并借助于带有一定倾斜角的槽体（打孔底板）向出料端流动。料层厚度通过出料口导流板调整，以控制装置的冻结能力。瑞典 Frigoss-candia 公司制造的 W 型食品冻结装置（图 3-43），属于斜槽式流态化冻结装置。

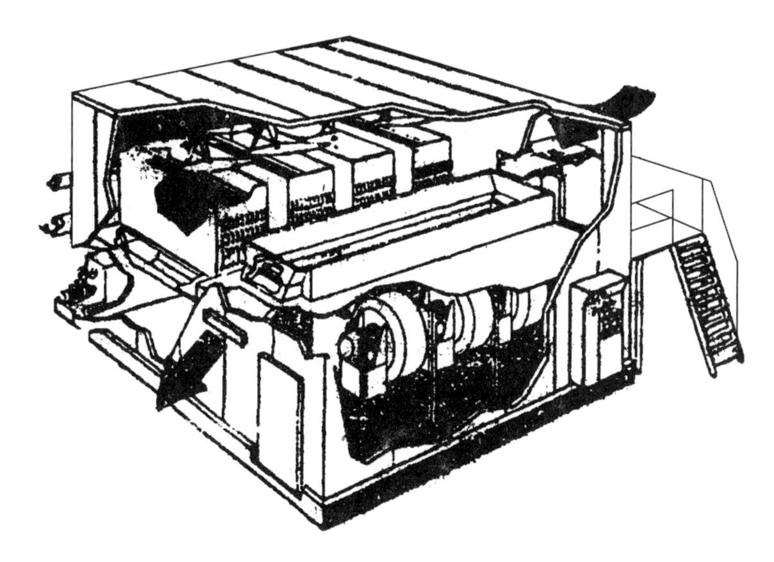

图 3-43　W 型流化速冻装置

斜槽式流化速冻装置的主要特点是物料传输系统无运动机构，因而结构紧凑、简单、维修量小、易于操作。其缺点是装机功率大（要求风机风压高，一般在 980~1372Pa）、单位耗电指标高。由于只适宜冻结表面不太潮湿的球状或圆柱状等食品，因此适应范围较小。为了提高装置的适应性，这种装置也预留了隧道供隧道小车冻结较大食品用。

（五）冷风系统

所有的流化速冻装置都有一套冷风系统才能工作。风机、风道（包括冷风静压箱）和蒸发器构成了冷风系统，并且与物料传输器和上面的物料一起串联构成一个冷循环圈，并且风向总是自下而上通过物料层的。风机的类型可以用离心式的，也可是轴流式的。在循环中，冷风经过风机后，可以先进入蒸发器再通向物料层，也可以先经过物料层再经过蒸发器。蒸发器在速冻装置截面中相对物料层的位置，可以有下面和侧面冷风循环圈内风机、蒸发器和流化床层的相对位置。

通过对循环风道的设计，可以改善经过流化层冷风流的分配。例如，瑞典 Frigoscandia 公司的 MA 型系列往复式振动流化速冻装置，设置了该公司新设计的脉动旁通机构，如图 3-44 所示。其结构为电机带动一旋转风门并按一定速度（可调）旋转，使通过流化床和蒸发器的气流量时增时减（10%~45%），搅动食品层，并获得低温，从而更有效地冻结软嫩和易碎的食品。由于风门旋转速度是可调的，因而可以调节到适宜每种食品的脉动旁通气量，以实现最佳流态化。

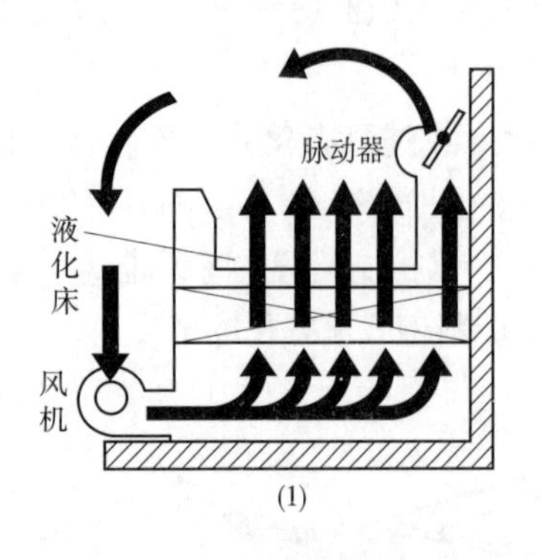

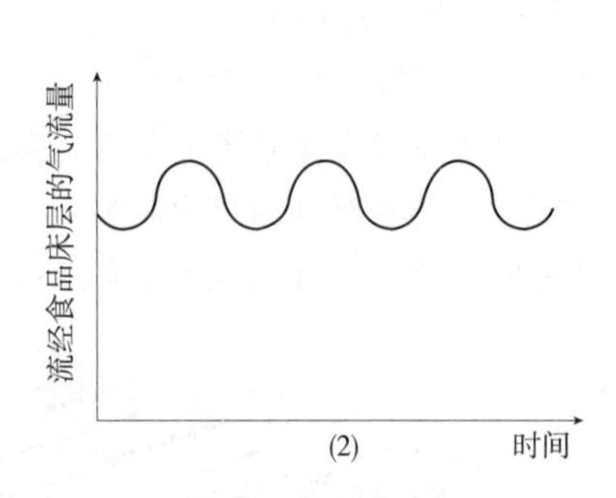

图 3-44　空气脉动旁通机构示意图

（六）冲霜系统

对各种强烈通风冻结装置而言，蒸发器在工作中是翅片管表面处于负温结霜空气析湿降温的过程。在这种运行的状况下，翅片管表面的霜层厚度不断增大，最后导致堵塞翅片间的空气通道而减少传热面积，致使传热效率降低，空气循环恶化，冻结温度不断地持续上升，给正常运行和操作带来困难。此时，为了保证装置的连续生产，必须及时停产除去蒸发器翅片管表面的积霜。

冲霜方式有多种，如热气、淋水、淋水加蒸汽、电热、乙二醇连续喷淋和空气等。冲霜的方式规定了速冻装置操作的连续化程度。如果用热气、淋水、电热等除霜方式，则装置的冻结操作只能是间歇的。例如，W 型冻结装置的蒸发器设置在流化床旁侧。蒸发器上侧设有自动水冲霜系统。当霜层达到一定厚度时，装置和制冷系统自动停止工作，水系统开启，自动喷水融霜。

对于连续冻结装置，不能采用热气、淋水和电热等手段除霜，可以采用乙二醇连续喷淋和空气冲霜。早期使用的乙二醇连续喷淋冲霜方式具有系统复杂、投资及运转费用高等缺点，因而限制了其使用范围。空气冲霜，即 ADS（air defroster system）系统是 20 世纪 80 年代国外一项先进技术。空气冲霜是利用压缩机出来的压缩空气，经油水分离、过滤除杂质、干燥和冷却处理等系列处理后输送到冻结室分气缸，再经由喷嘴喷出高压气流，并利用空气射流的动能和升华原理来清除蒸发器翅片管表面积霜的一种除霜工艺，如图 3-45 所示。在食品流态化冻结装置中采用空气冲霜，其目的在于使蒸发器在运行过程中处于无霜状态，保证其高效率传热和良好的空气循环效果，从而实现装置较长

图 3-45　空气除霜示意图
1—蒸发器　2—分气缸　3—喷嘴

周期连续运行，减少中间停产冲霜和重新降温等环节，提高装置的利用率。

四、 流化速冻技术在食品工业中的应用

流态化速冻工艺可以用来冻结各种食品，但应用得最多的还是果蔬类的产品，尤其是蔬菜类的产品，下面就常见适合于流化单体速冻的果蔬品种和一般的流态化速冻工艺作简单介绍。

适宜流态化单体快速冻结的蔬菜，一般有以下六类：

①果菜类（可食部分是菜的果实和嫩种子）：青刀豆、豇豆、豌豆、嫩蚕豆、茄子、番茄、青椒、辣椒、黄瓜、西葫芦、丝瓜和南瓜等；

②叶菜类（可食部分是菜叶和鲜嫩叶柄）：菠菜、芹菜、韭菜、蒜薹、小白菜、油菜和香菜等；

③茎菜类（可食部分是鲜嫩的茎和变态茎）：马铃薯、芦笋、莴笋、芋头、冬笋和香椿等；

④根菜类（可食部分是变态根）：胡萝卜、山药等；

⑤花菜类（可食部分是花部器官）：菜花等；

⑥食用菌类（可食部分是无毒真菌的子实体）：鲜蘑菇、香菇和凤尾菇等。

适宜流态化单体快速冻结的水果通常有以下几类：葡萄、桃、李子、樱桃、草莓、荔枝、板栗、西瓜、梨和杏等。

蔬菜、水果流态化速冻产品的生产工艺流程基本上是相同的，差别比较大的部分是预处理。因此，将这两类产品的工艺流程放在一起介绍。由于果蔬速冻产品是由离开植株不久的生鲜原料加工成的，并且速冻的目的是最大限度地保留原有的质地。因此，速冻产品的品质不仅与速冻操作本身有关，而且与速冻前对原料的（包括采摘在内的）处理和速冻后产品的包装与成品的贮藏等都有关系。

蔬菜水果流化速冻产品生产的一般工艺流程：

原料采摘→运输→原料处理→预处理→预冷却→（滤水）→出料→单体快速冻结→定量包装→冷藏

1. 原料采摘

原料的质量是决定速冻产品质量的重要因素。一般要求原料品种优良、成熟适宜、鲜嫩、规格整齐、无病虫害、无农药和微生物污染、无斑疤、采摘无机械损伤并要求不浸水、扎捆和重叠挤压等。采摘后应立即运往加工地点。

2. 运输

鲜嫩的水果、蔬菜在运输中要避免剧烈颠簸，防止日光长时间暴晒。

3. 原料处理

原料处理主要内容包括：

①对原料进行挑选，除去畸形、带伤、有病虫害、成热过度或不成熟的原料。如：对叶菜类应保持其鲜嫩，剔除老根、老叶、黄叶、病虫叶，不能食用的应整株剔除；对食用菌类应切除老根等；

②某些品种要进行去皮、荚、筋、核等处理；

③将原料按大小或成熟度等规格进行分级处理，如蘑菇、桃要按大小分级；

④原料进行清洗。

前面三项处理并非所有的果蔬原料都必须经过，但清洗是必需的，而且清洗环节必须符合食品卫生要求。因为蔬菜、水果的速冻产品在食用时往往不需洗涤，解冻后直接下锅烹饪或不解冻直接食用。清洗时必须把蔬菜、水果表面的异物洗掉，必要时应逐个刷洗。清洗方式一般有手工和机械两种。有些品种如叶菜类，只适宜用手工清洗。另一些如根菜类、茎菜类和果菜类等可以采用适当形式的清洗机清洗。需要进行消毒处理的品种，消毒以后应用清水洗净。

4. 预处理

预处理的内容通常包括：切分、浸泡和热烫等。对果蔬进行切分减小了体积，有利于流化操作，蔬菜和水果速冻制品往往是按照烹饪或食用等各种规格形状进行切分的，有时一种品种的原料可以根据需要切成多种形式规格。

蔬菜和水果一般都要进行浸泡处理。但蔬菜和水果所用的浸泡液是不同的，前者通常用盐水浸泡，主要是为了护色；后者一般用糖溶液进行浸泡处理，也有的直接将糖撒到水果上的。对水果加糖预处理的主要目的在于：

①减轻冰结晶对水果内部组织的破坏作用；

②护色，抑制酶的作用，使水果形成糖衣，控制氧化作用；

③防止芳香成分的挥发；

④防止干耗；

⑤保持水果原有品质及风味。

另外，在浸泡液中加入一定量的维生素 C 可以防止某些速冻制品在贮藏期间的褐变发生。

烫漂主要应用于速冻蔬菜，目的是灭酶。某些品种的蔬菜不经过漂烫直接进行冻结贮藏一段时间后其风味、颜色等发生了变化，这是酶的活性所致。酶的种类繁多，但是影响速冻蔬菜质量的酶有过氧化酶、氧化酶和抗坏血酸氧化酶等。这些酶一般在 70~100℃或-40℃以下才失去活性。低温消除酶的活力具有一定的困难，所以要用热水或蒸汽对蔬菜进行漂烫处理。漂烫不仅可以消除全部和大部分酶的活性，而且可以排除组织内的气体、部分水分，消灭沾附在蔬菜表面的虫卵和微生物。漂烫的方法有热水漂烫法、蒸汽漂烫法、微波漂烫法和红外线漂烫法等。

多数水果由于经过加糖处理，所以不用漂烫处理。但有的也要经漂烫处理。例如，速冻荔枝的工艺中要求用 100~110℃的温度对果实进行 20s 的漂烫处理。

5. 预冷却

预冷却有两方面的原因：一是在漂烫处理中温度升高了的果蔬菜，会因余热的作用导致物料过热，改变颜色或使微生物重新污染，因此漂烫后要尽快对其进行冷却处理；第二个原因是，冷却将果蔬物料的温度降到较低的温度进料，可以减轻速冻设备的负荷。一般温度每降低 1℃，冻结时间大约缩短 1%，此外，将物料降低到统一的进料温度，也便于速冻装置操作控制。

冷却的方法有冷水浸泡、冲淋、喷雾冷却、冰水冷却、空气冷却、冷水喷淋和空气混合冷却等。其中冷水或冰水冷却比空气冷却要快得多，采用冷水冷却至少要经过 2 次以上的冷却，特别是水温较高的地区。蔬菜漂烫后首先用自来水或符合卫生要求的地下水浸泡，喷淋等方式冷却。冷却槽内的酶水温一般应低于 5℃，但不能达到结冰状态，这样冷却的蔬菜或水果温度一般在 10℃以下。

6. 滤水

用水冷却后的果蔬必须进行滤水，尤其是叶菜类，以避免残留水带进包装或流化床内，从而影响外观质量。

滤水的方式一般用机械滤水，晾干时间以 10~15min 为宜。机械滤水有离心式滤水机和振动式滤水机两种。采用离心式滤水机滤水不能选择转速过高的离心机，或滤水时间也不能过长，以避免将原料组织内的水分甩出。采用振动滤水机滤水时倒入的物料应均匀。

7. 布料

滤水后的蔬菜、水果由提升机输送到振动布料机。布料机的布料质量对于实现流态化均匀冻结和提高蔬菜水果的冻结质量具有很重要的作用。布料质量不好会造成物料堆积或空床，出现沟流现象，影响冻结能力和制品质量。

8. 快速冻结

经过前处理的蔬菜水果应尽快地送入冻结室冻结。时间拖延越长其鲜度下降越多，冻结产品的质量越差。

冻结过程分为快速冷却、表层冻结和深部冻结三个阶段。物料通过每一个区域必须保证相应的冻结温度、风速，以确保一定的冻结时间和冻品质量。

冻结时间与物料的初始温度、冻结温度以及物料的大小等因素有关，应根据不同对象加以严格控制。例如，对于青刀豆、豌豆和油炸茄子等当初始温度为 10℃，平均冻结温度-30℃时，冻结时间大约 10min，对于直径为 30mm 左右的芋奶、嫩小马铃薯冻结时间约 20min。

9. 包装

为了加快冻结速度，提高冻结效率，一般都采用冻后包装，只有叶菜类如菠菜在冻结前包装。冻结后的冻菜比较脆，为了避免破碎，还应用纸箱进行外包装。

对于冻结后包装的蔬菜，在没有低温包装条件的情况下应先进行大包装，一般每一塑料袋 15~20kg。然后装入纸箱内，加底盘堆垛、贮藏。直接销售的每袋为 0. 25~1kg。具有低温包装条件的可以直接包装成小包装或真空包装。

速冻果蔬制品多用聚乙烯塑料薄膜、玻璃纸、铝箔等包装材料进行包装，它们具有透明、无毒、隔气性好、低温下耐冲击等特性，有利于防止干耗和氧化作用。

速冻蔬菜的包装颜色要协调、美观、实用、坚固、清洁、无异味、无破袋，要注明食用方法，保藏条件。总之，既要符合食品卫生要求，又要便于贮藏、运输，销售。

10. 冷藏

速冻制品包装后应立即进行冷藏。冷藏过程中应保持稳定的库房温度和湿度。较大的温度波动会使速冻制品组织内的冰晶重新排列，造成质量下降。贮藏温度一般要在-18℃以下，

由于速冻制品的贮藏时间较长，因此要注意堆放整齐，每 5 层加一个底盘，防止压坏纸箱，损伤速冻制品。无外包装的速冻制品应分层堆放，严禁码垛堆放，因为码垛堆放会使下部的速冻制品结坨，丧失单体速冻的特点。瓜片之类的冻菜更不能散装码垛。

速冻果蔬制品应单独存放，不能与鱼、肉类食品混放，防止串味变质，更不能漏氨污染。堆垛要整齐，通道宽度合理，严格执行库房内货位的间距要求。库房要清洁卫生，防止鼠害，库门不能频繁开启。

思考题

1. 什么是冷冻干燥技术？
2. 冷冻干燥设备的基本构成包括哪些？
3. 常用的冷冻干燥装置有哪些？简述它们的特点。
4. 试举3个冷冻干燥技术在食品加工中的例子。
5. 什么是冷冻浓缩技术？它的优缺点是什么？
6. 冷冻浓缩与常温冷却结晶的区别是什么？
7. 冷冻浓缩装置系统有哪些分类？简述它们的工作原理。
8. 实现食品快速冻结的途径有哪些？
9. 什么是流态化速冻？实现食品流态化速冻的前提是什么？试述流化速冻的三个阶段。

第四章 食品加热高新技术

CHAPTER 4

[学习目标]

1. 掌握微波加热技术的原理、设备和应用。

2. 掌握过热蒸汽的性质，了解过热蒸汽的产生设备和应用。

3. 掌握水油混合油炸技术的原理和应用。

4. 掌握真空油炸技术的原理、装置和应用，了解真空油炸产品的品质特性与包装要求。

现代食品工业要求所生产的产品种类多、品质好且安全性高。加热处理是食品工业中最常用的方法之一，其好坏对食品的品质影响很大。根据加热目的的不同，热源和加热方法也多种多样。传统的加热方式包括明火加热、油加热、饱和蒸汽加热、电加热、热空气加热等。近年来，以微波加热和过热水蒸气加热为代表的新型加热技术，由于其具有节省能源、对环境冲击小及易于控制温度等优点，可以实现食品的高品质加工。本章介绍微波加热技术、过热蒸汽应用技术、水油混合油炸技术以及真空油炸技术。

第一节　微波加热技术

微波一般是指波长在 1mm～1m 范围（其相应的频率为 300～300000MHz）的电磁波。由于微波的频率很高，所以在某些场合也称作超高频。

微波的传统应用是将微波作为一种传递信息的媒介，应用于雷达、通信、测量等方面。近年来，除了传统的微波应用继续发展外，微波作为一种能技术也迅速发展，将微波能广泛用于对物体进行加热和干燥。为了防止民用微波能技术对军用微波雷达和通信广播的干扰，国际上规定供工农业、科学及医学等民用的微波有 4 个波段，见表 4-1。

表 4-1　　国际规定民用的微波频段

频率/MHz	波段	中心频率/MHz	中心波长/m
890~940	L	915	0.330
2400~2500	S	2450	0.122
5725~5875	C	5850	0.052
22000~22250	K	22125	0.008

目前 915MHz 和 2450MHz 两个频率已广泛地为微波加热所采用。另外 2 个较高频率，由于还没有大功率的发生设备，所以，仅在小功率情况下，如测湿仪和其他科研试验中有所应用。

微波加热是靠电磁波把能量传播到被加热物体的内部，这种加热方法具有以下特点：

①加热速度快：微波加热是利用被加热物体本身作为发热体而进行内部加热，不靠热传导的作用，因此可以令物体内部温度迅速提高，所需加热时间短。一般只需常规方法的 1/100~1/10 的时间就可完成整个加热过程；

②加热均匀性好：微波加热是内部加热，而且往往具有自动平衡的性能，所以与外部加热相比较，容易达到均匀加热的目的，避免了表面硬化及不均匀等现象的发生。

当然，加热的均匀性也有一定的限度，取决于微波对物体的透入深度。对于 915MHz 和 24510MHz 微波而言，透入深度大致为几厘米至几十厘米的范围。只有当加热物体的几何尺寸比透入深度小得多时，微波才能够透入内部，达到均匀加热；

③ 加热易于瞬时控制：微波加热的热惯性小，可以立即发热和升温，易于控制，有利于配制自动化流水线；

④ 选择性吸收：某些成分非常容易吸收微波，另一些成分则不易吸收微波，这种微波加热的选择性有利于产品质量的提高。例如，食品中水分吸收微波能比干物质多得多，温度也高得多，这有利于水分的蒸发。干物质吸收的微波能少，温度低，不过热，而且加热时间又短，因此能够保持食品的色、香、味等；

⑤ 加热效率高：微波加热设备虽然在电源部分及电子管本身要消耗一部分的热量，但由于加热作用始自加工物料本身，基本上不辐射散热，所以热效率高，热效率可达到 80%。同时，避免了环境的高温，改善了劳动条件，也缩小了设备的占地面积。

微波用于食品加工始于 1946 年，但 1960 年以前，微波加热只限于在食品烹调和冻鱼解冻上应用。20 世纪 60 年代起，人们开始将微波加热应用于食品加工业。20 世纪 60 年代中期，美国和欧洲的许多生产厂家用微波加热干燥马铃薯片，并获得了色泽有很大改善的产品，这是食品工业中早期应用微波加热的成功例子。此后微波加热逐步应用到食品加工的其他领域，如鸡块和牛肉片的预煮，面包的快速发酵，各种冷冻食品的解冻和干燥。及至 20 世纪 60 年代后期，其应用领域进一步扩展到食品杀菌、消毒、脱水、漂烫和焙烤等领域。

一、 微波加热原理

微波加热的优点来自它不同于其他加热方法的独特加热原理。目前，常用的加热方式都是先加热物体的表面，然后热量由表面传到内部，而用微波加热，则可直接加热物体的内部。

被加热的介质是由许多一端带正电、另一端带负电的分子（称为偶极子）所组成。在没有电场的作用下，这些偶极子在介质中作杂乱无规则的运动，如图 4-1（1）所示。

当介质处于直流电场作用之下时，偶极分子就重新进行排列。带正电的一端朝向负极，带负电的一端朝向正极，这样一来，杂乱无规则排列的偶极子，变成了有一定取向的有规则的偶极子，即外加电场给予介质中偶极子以一定的“位能”。介质分子的极化越剧，介电常数越大，介质中储存的能量也就越多，如图 4-1（2）所示。

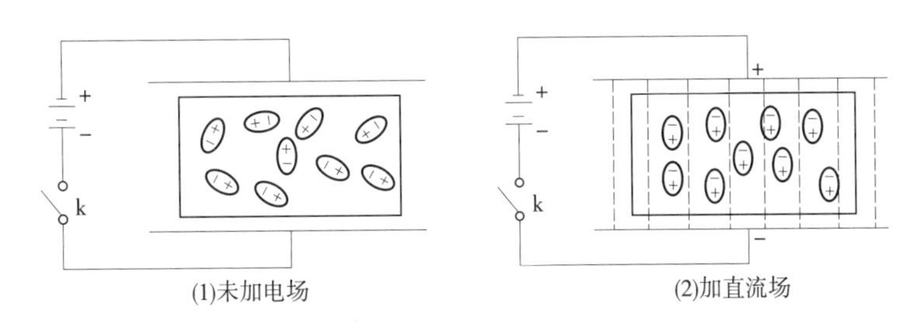

图 4-1　介质中偶极子的排列

若改变电场的方向，则偶极子的取向也随之改变。若电场迅速交替也改变方向，则偶极子也随之作迅速的摆动。由于分子的热运动和相邻分子间的相互作用，偶极子随外加电场方向改变而作的规则摆动便受到干扰和阻碍，即产生了类似摩擦的作用，使分子获得能量，并以热的形式表现出来，表现为介质温度的升高。

外加电场的变化频率越高，分子摆动就越快，产生的热量就越多。外加电场越强，分子的振幅就越大，由此产生的热量也就越大。用 50Hz 的工业用电作为外加电场，其加热作用有限。为了提高介质吸收功率的能力，工业上就采用超高频交替变换的电场。实际上常用的微波频率为 915MHz 和 2450MHz。1s 内有 9.15×10^8 次或 2.45×10^8 次的电场变化。分子有如此频繁的摆动，其摩擦所产生的热量可想而知，可以呈瞬间集中的热量，从而能迅速提高介质的温度，这也是微波加热的独到之处。

除了交变电场的频率和电场强度外，介质在微波场中所产生的热量的大小还与物质的种类及其特性有关。

二、 微波加热设备

微波加热设备主要由电源、微波管、连接波导、加热器及冷却系统等组成，如图 4-2 所示。微波管由电源提供直流高压电流并使输入能量转换成微波能量。微波能量通过连接波导传输到加热器，对被加热物料进行加热。冷却系统用于对微波管的腔体及阴极部分进行冷却，冷却方式主要有风冷和水冷两种方式。

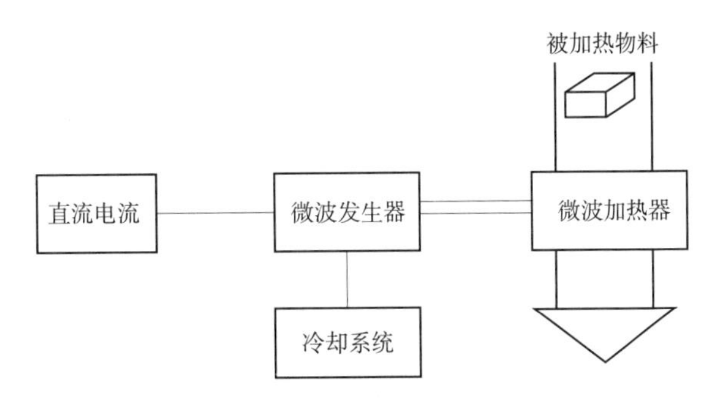

图 4-2　微波加热设备示意图

微波加热器按被加热物和微波场的作用形式，可分为驻波场谐振腔加热器、行波场波导加热器、辐射型加热器和慢波型加热器等几大类。也可以根据其结构形式，分为箱式、隧道式、平板式、曲波导式和直波导式等几大类。其中箱式、平板式和隧道式常用。

（一）箱式微波加热器

箱式微波加热器是在微波加热应用中较为普及的一种加热器，属于驻波场谐振腔加热器。用于食品烹调的微波炉，就是典型的箱式微波加热器。

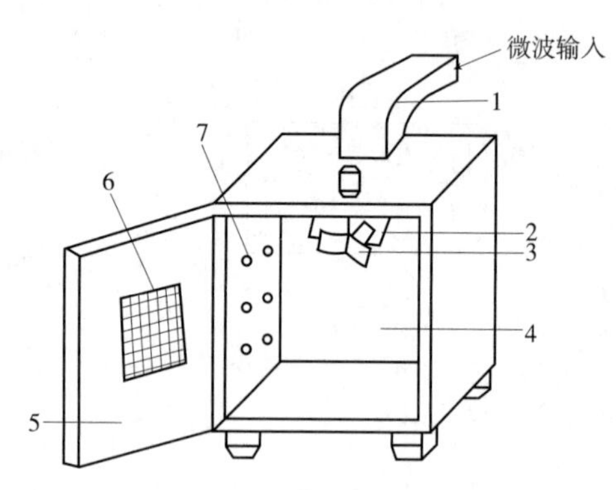

图 4-3 谐振腔微波加热器结构示意图

1—波导 2—放射板 3—搅拌器 4—腔体 5—门 6—观察窗 7—排湿孔

箱式加热器的结构如图 4-3 所示。它的结构由谐振腔，输入波导、反射板和搅拌器等组成。谐振腔为矩形空腔。若每边长度都大于1/2 λ 时，从不同的方向都有波的反射。因此，被加热物体（食品介质）在谐振腔内各个方面都受热。微波在箱壁上损失极小，未被物料吸收掉的能量在谐振腔内穿透介质到达壁后，由于反射而又重新回到介质中形成多次反复的加热过程。这样，微波就有可能全部用于物料的加热。由于谐振腔是密闭的，微波能量的泄漏很少，不会危及操作人员的安全（图 4-4）。这种微波加热器对加工块状物体较适宜，宜用于食品的快速加热、快速烹调以及快速消毒等方面。

（二）隧道式加热器

隧道式加热器也称连续式谐振腔加热器。这种加热器可以连续加热物料，工作原理如图 4-4 所示，结构如图 4-5 和图 4-6 所示。

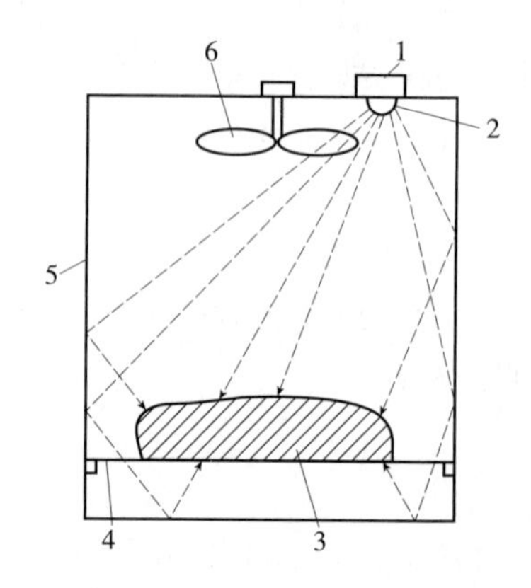

图 4-4 谐振腔微波加热器工作原理

1—磁控管 2—微波辐射器 3—食品 4—塑料制台面 5—腔体 6—电场搅拌器

被加热的物料通过输送带连续输入，经微波加热后连续输出。由于腔体的两侧有入口和出口，将造成微波能的泄漏。因此，在输送带上安装了金属挡板（图 4-5）。也有在腔体两侧开口处的波导里安上了许多金属链条（图 4-6），形成局部短路，防止微波能的辐射。由于加热会有水分的蒸发，因此也安装了排湿装置。

为了加强连续化的加热操作，人们设计了如图 4-7 所示的多管并联的谐振腔式连续加热器。这种加热器的功率容量较大，在工业生产上的应用比较普遍。为了防止微波能的辐射，在炉体出口及入口处加上了吸收功率的水负载。

这类加热器可应用于木材干燥，奶糕和茶叶加工等方面。

（三）波导型微波加热器

所谓波导型加热器即在波导的一端输入微波，在另一端有吸收剩余能量的水负载，这样使微波能在波导内无反射地传输，构成行波场。所以这类加热器又称为行波场波导加热器。这类加热器有以下几种形式。

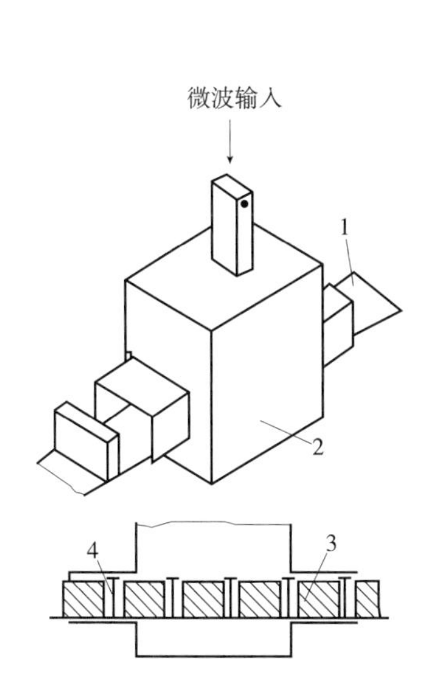

图 4-5　连续式谐振腔加热器（一）

1—传输带　2—腔体　3—被加热物料　4—金属挡板

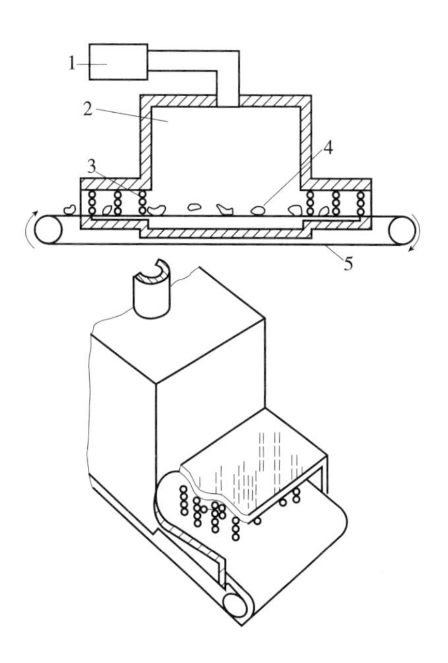

图 4-6　连续式谐振腔加热器（二）

1—微波源　2—腔体　3—金属链条　4—被加热物料　5—传输带

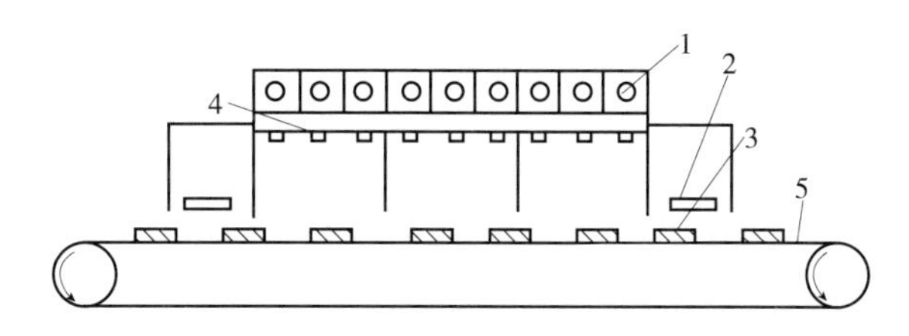

图 4-7　连续式多谐振腔加热器

1—磁控管　2—吸收水负载　3—被加热物料　4—辐射器　5—传送带

1. 开槽波导加热器（也称蛇形波导加热器和曲折波导加热器）

这种加热器是一种弯曲成蛇形的波导，在波导宽边中间沿传输方向开槽缝。由于槽缝处的场强最大，被加热物料从这里通过时吸收微波功率最多。一般在波导的槽缝中设置可穿过的输送带，将物料放在输送带上随带通过。输送带应采用低介质损耗的材料制成。

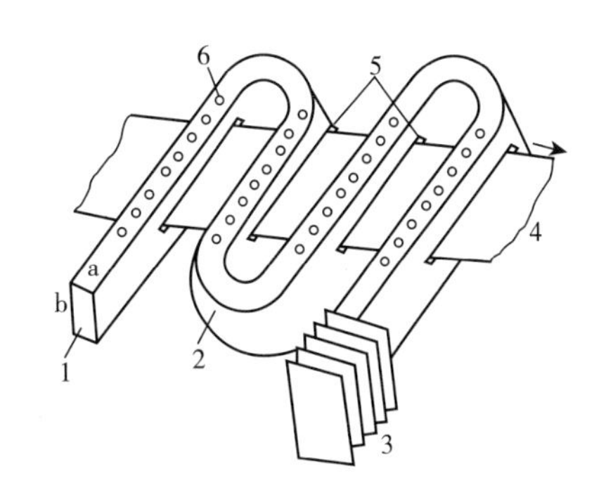

图 4-8　压缩曲折波导外形

1—微波输入　2—弯曲波导　3—终端负载　4—传输带　5—宽壁中心无辐射缝　6—排湿孔

图 4-8 所示为一种开槽波导加热器结构示意图。这种加热器适用于片状和颗粒状食品的干燥和加热。

2. V 型波导加热器

V 型波导加热器结构如图 4-9 所示。它由 V 形波导、过渡接头、弯波导和抑制器等组成。V 形波

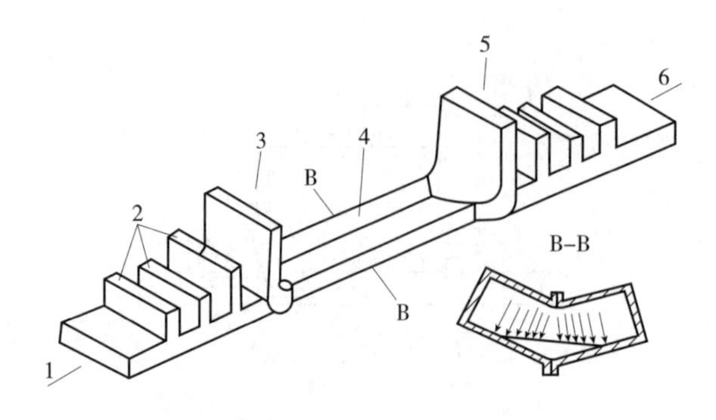

图 4-9　V 型波导加热器
1—物料入口　2—抑制器　3—微波输入　4—V 型波导
5—接水负载　6—物料出口

导为加热区，其截面见 B-B 视图，输送带及物料在里面通过时达到均匀的加热。V 形波导到矩形波导之间有过渡接头。抑制器的作用为防止能量的泄漏。

V 形波导加热器是矩形波导加热器的一种变形。主要目的是改善电场分布，使物料加热均匀。

3. 直波导加热器

直波导加热器结构如图 4-10 所示，它由激励器、抑制器、主波导及输送带组成。微波管在激励器内建立起高频电场，电磁波由激励器分两路向主波导传输，物料在主波导内得到加热。当用几只微波管同时输入功率时，激励器与激励器之间应相隔适当的距离，以减少各电子管间的相互影响。在波导的两端分别加上由两 $\lambda/4$ 的短路器和一只可调短路活塞组成的抑制器以控制功率的泄漏。输送带在主波导宽边底部穿过波导，其材料也应为低介质损耗材料。

为了达到对各种不同物料的加工要求，可设计成各种结构形式的行波型微波加热器。常见的行波型加热器还有脊弓波导加热器等。这类加热器在合成皮革、纸制品加工中用得较多，在食品加工中也有应用。

（四）辐射型微波加热器

辐射型加热器是利用微波发生器产生的微波通过一定的转换装置，再经辐射器（又称照射器、天线）等向外辐射的一种加热器。

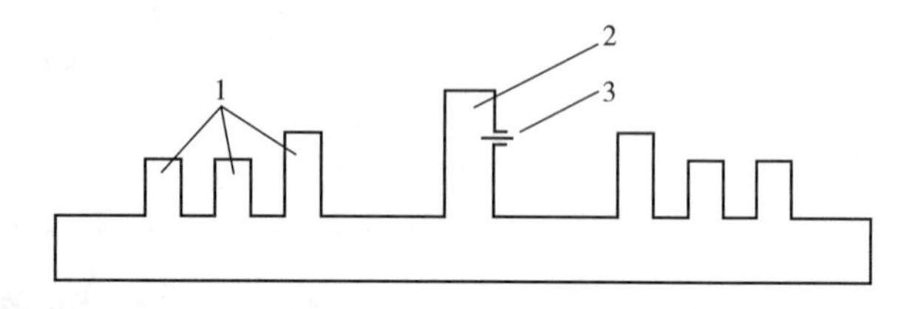

图 4-10　直波导加热器
1—抑制器　2—激励器　3—微波输入

图 4-11 所示为喇叭式辐射加热器。物料的加热和干燥如图直接采用喇叭式辐射加热器（又称喇叭天线）照射，微波能量便穿透到物料的内部。这种加热方法简单，容易实现连续加热，设计制造也比较方便。

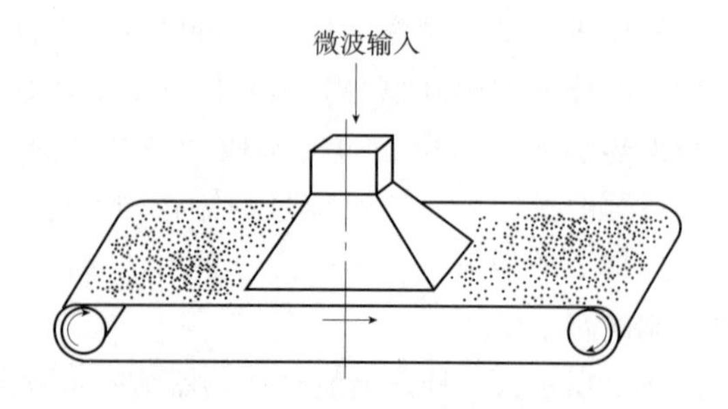

图 4-11　喇叭式辐射型加热器

（五）慢波型微波加热器（表面波加热器）

慢波型微波加热器是一种微波沿着导体表面传输的加热器。由于它所传送的微波的速度比空间传送慢，因此称为慢波加热器。这种加热器的另一特点就是能量集中在电路里很狭窄的区域传送，电场相对集中，加热效率较高。下面介绍梯形加热器。

图 4-12 所示为单脊梯形加热器的示意图。在矩形波导管中设置一个脊，在脊的正上面的

波导壁上周期性地开了许多与波导管轴正交的槽。由于在梯形电路中微波功率集中在槽附近传播，所以在槽的位置可以获得很强的电场。因此当薄片状和线状物料通过槽附近时，容易获得高效率的加热。

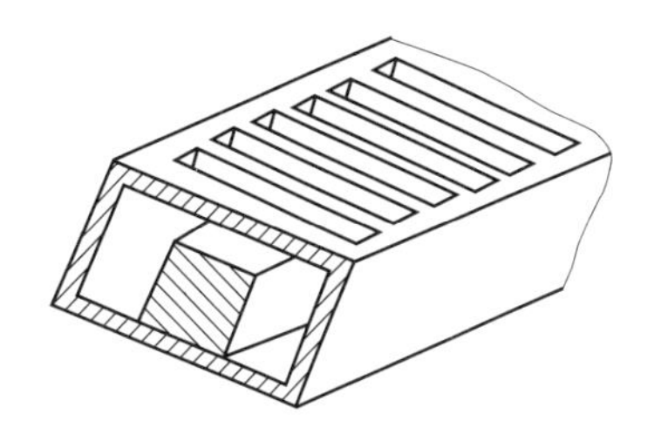

图 4-12　单脊梯形加热器

（六）微波真空干燥箱

微波加热和真空干燥相结合的方法更能加快干燥速度，也是食品工业中常采用的干燥方法。微波真空干燥箱一般为圆筒形，这样箱壁能承受较大的压力而不变形。圆筒形箱体相当于两头短路的圆形波导管，一般采用 2450MHz 的微波源。

（七）微波加热器的选择

食品的种类和形状各异，加工的规模和加工的要求也不同，因此在选择加热器时应充分考虑如下这些因素。

1. 频率的选定

选择频率主要考虑以下几个方面：

①加工食品的体积和厚度：选用 915MHz 可以获得较大的穿透厚度，也就是说可以加工厚度较大和体积较大的食品。

②加工食品的含水量及介质损耗：一般加工食品的含水量越大，介质损耗也越大；而微波的频率越高，介质损耗也越大。因此，综合权衡，一般对于含水量高的食品，宜选用 915MHz，对含水量低的食品，宜选用 2450MHz。但有些食品，如牛肉等，当含 1mol 盐水时，采用 915MHz，介质损耗反而比采用 2450MHz 时高 1 倍。因此，最好由实验决定。

③生产量及成本：915MHz 的磁控单管可获得 30kW 或 60kW 的功率，而 2450MHz 的磁控单管只能获得 5kW 左右的功率，而且 915MHz 的工作效率比 2450MHz 高 10%～20%。因此，加工大批食品时，往往选用 915MHz。也可先用 915MHz 烘去大量的水，在含水量降至 5%左右时再用 2450MHz 。

④设备体积：2450MHz 的磁控管和波导均较 915MHz 的小。因此 2450MHz 加热器的尺寸比 915MHz 的小。

2. 加热器类型的选定

加热器类型的选定主要是根据加工食品的形状、数量及加工要求来选定。要求连续生产时，选用有输送带的加热器；小批量生产或实验室试验以及食堂、家庭烹调用场合，可选用箱式加热器。对薄片材料，一般可选用开槽波导或慢波结构的加热器。较大或形状复杂的物料，为了获得均匀加热，则往往选用隧道式加热器。

三、微波加热技术在食品工业中的应用

（一）微波烹调

微波炉烹调食品具有方便、快速，维生素等营养成分损失少，鲜嫩多汁等优点。因此近年来，家用微波炉的普及很快。美国 1992 年普及率超过 90%，我国城市的普及速度也很快。微波烹调食品主要有两种形式，一种是在家庭和食堂中自己配料烹调食品；另一种方式就是公司推出微波炉方便食品。后者消费者购买后，不打开包装直接用微波炉加热后即可食用。微波炉方便食品发展很快。

1. 微波炉烹调食品

用微波炉不仅可以蒸炖鱼肉、红烧肉和鸡，而且还可以烘烤膨化营养面饼、煎炸荷包蛋、炒肉和蔬菜、蒸制米饭和包子等。采用微波炉完成这些操作，可以大大节约时间，而且食品更近原色，营养成分损失更少。

用微波炉调理食品时，其加热效果与该食品的含水量和容器的形状有关。含水量达70%以上时，会产生加热不均匀现象。用方形的容器，会出现四角处先热的现象。

2. 微波炉方便食品

在美国，微波炉方便食品分为两大类：一类是在常温下流通的，它已经过高温杀菌或采用热装技术和无菌包装技术包装，在常温下可贮存半年或一年；另一类是在低温下流通的，这类食品大多以其可用作微波炉加热和普通炉加热的容器包装。

常温下流通的微波炉食品有：炖牛肉等肉制品、色拉类食品、各种汤料、咖喱鸡、糖浆、果冻和沙司等。

低温流通的微波炉食品有高、中、低档电视餐食品，炖牛肉、青椒牛排和馅饼类食品等，还有正在发展的由猪舌头和鱼肉片加工成的高级菜肴。

日本的微波炉食品有四大类：高温杀菌食品，如红小豆饭和米饭、沙司调料等；耐热容器装的冷冻食品，如虾肉米饭、什锦意式披萨饼等；加水后用微波烹调的食品，如鸡菜粥、各类蛋糕等；冷藏食品，如炖牛肉、咖喱牛肉、玉米奶油汤等。

尽管微波炉食品有成本高和人们对其包装材料的安全性存在担忧的缺点，但它食用方便。因此，其发展越来越快。

（二）微波干燥

一般干燥方法的干燥过程是食品首先外部受热，表面干燥，然后是次外层受热，次外层干燥。由于热量传递与水分扩散传递的方向相反，在次外层干燥时，其水分必须通过最外层，这样就对已干的最外层起了再复水的作用。这样里外各层的干燥—再复水—再干燥依次反复向内层推进。过程总的特点是热量向内层传递越来越慢，水分向外层传递也越来越慢，因而食品内部特别是食品中心部位的加热和干燥成为干燥全过程的关键。

微波加热是内部加热，因此用微波加热干燥物品时，物品的最内层首先干燥，最内层水分蒸发迁移至次内层或次内层的外层，这样就使得外层的水分越来越高，因此随着干燥过程的进行，其外层的传热系数不仅没有下降，反而有所提高。因此在微波干燥过程中，水分由内层向外层的迁移速度很快，即干燥速度比一般的干燥速度快很多，特别是在物料的后续干燥阶段，微波干燥显示出其无与伦比的优势。

与一般的干燥方法相比，微波干燥有以下的优点：

①厂房利用率高。同样的厂房面积，微波干燥器的生产能力是传统干燥器的3~4倍；

②干燥速度快，时间短；

③产品质量好。干燥时表面温度不很高，对表面无损害。另外，不对大量空气加热，因此表面氧化少，这样产品的色泽有较大的改善。另外，采用微波干燥，其产品的含菌率比传统干燥方法小许多，因为微波具有杀菌作用。同时产品的表面容易形成多孔性结构，因此产品的复水性较好；

④卫生条件好；

⑤节能，采用微波干燥可节能20%~25%。

微波干燥具有很多的优点，但也存在一些缺点，如投资大，耗电量大等。从经济上考虑，对于含水量高的物料，单纯采用微波干燥其经济效益不一定好。实际上，微波加热干燥经常与其他干燥方法如热空气干燥，油炸，甚至近红外干燥技术结合起来使用，而且微波干燥往往用于后续干燥工段。

1. 微波干燥系统

图 4-13 所示为微波干燥设备。从微波发生器产生的微波由两根 25kW 的磁控管分配成两条平行的微波隧道，形成微波场干燥区。要干燥的物料由输送带送入微波场，同时加热至87. 7～104. 4℃的热空气从载满物料的输送带（干燥区）的下部往上吹送，将干燥时蒸发出来的水分带走。两端的吸收装置防止微波外泄。

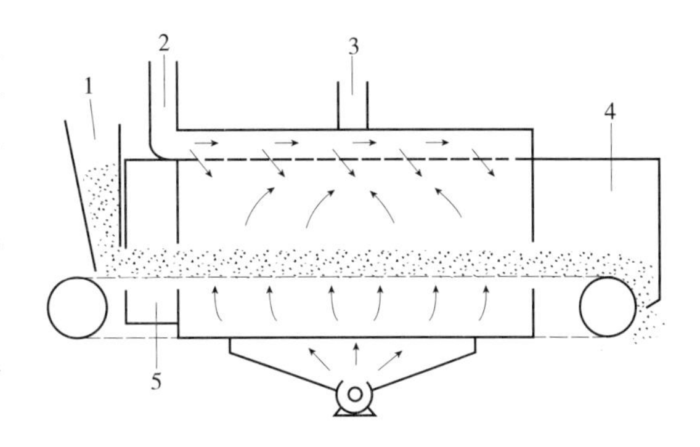

图 4-13　微波干燥设备

1—马铃薯片送入口　2—微波能输入口　3—热风排出口　4—微波能吸收器　5—微波能吸收器

美国的低温干燥公司在干燥面条时采用如下工艺：首先用热风将含水 30%的湿面干燥至含水分 18%，然后用微波一热风干燥至所要求的水分含量 13%，这一步只得 12min，这样使原来的 8h 的干燥时间降至 1. 5h。

美国和英国的一些公司在生产炸马铃薯片时，先用油炸至含水量 8%左右，然后用微波干燥至含水量低于 1. 5%。这种方法生产的产品其含油率由普通方法的 40%降至 35%，其生产费用也大大减少。

在美国已经实现工业化的微波干燥还有蛋黄粉的干燥、肉制品的干燥、速溶茶和咖啡等产品的干燥、鱼蛋白的干燥、香草的干燥等。

2. 微波真空干燥食品实例

对于一些热敏性的材料（如果汁），为了保证其品质，宜在低温下干燥，采用微波真空干燥不仅可以降低干燥温度，而且还可大大缩短干燥时间，有利于产品质量的进一步提高。

所谓微波真空干燥是以微波加热为加热方式的真空干燥。在果汁、谷物和种子的干燥中用得较多。已采用微波真空干燥的果汁有橙汁、柠檬汁、草莓汁、木莓汁等。另外还有茶汁和香草提取液。

法国的一家工厂用 48kW、2450MHz 的微波真空干燥设备干燥速溶橘子粉和葡萄粉。其工艺为先用一般方法将果汁浓缩至 63°Brix，然后用微波真空干燥［真空度为 10. 67～13. 33kPa（80～100mmHg）］至含水率小于 2%，干燥时间为 40min，生产能力为 49kg/h。其产品的质量很好，其维生素 C 的保存率高于喷雾干燥。在进行木莓和草莓的微波真空干燥时，其维生素 C 的保存率均高于 90%。

对于果汁中的挥发性风味物质的保存情况，微波真空干燥的结果均好于冷冻干燥和喷雾干燥，因为冷冻干燥的时间长，喷雾干燥的温度高。

国外某公司采用一立式微波真空干燥器以干燥种子和谷物，其功率为 50kW，频率选用 915MHz，操作压力为 3. 4～6. 6kPa。这种干燥器也可用于干燥其他农作物如豆类、薯类等。

微波真空干燥用于谷物和种子的干燥是因为微波干燥具有以下的特点：

①速度快：很多作物的种子用微波真空干燥，由于速度快而不会对其颗粒有损害；

② 无噪声；

③ 无污染；

④ 效率高：系统的效率比普通系统高48%；

⑤ 质量高：由于温度低，对作物种子颗粒没有损害，种子的发芽率可以提高；

⑥ 操作简单；

⑦ 安全：没有粉尘爆炸的危险；

⑧ 适应性强：不同的谷物和种子可以用同一台设备干燥。

3. 微波冷冻干燥

当冷冻干燥采用接触加热法时，靠近加热板的食品外层干燥后，会形成一层硬壳，这层硬壳的热阻较大。采用微波加热可以防止这一层硬壳的形成。

微波冷冻干燥时间的节约是显著的。一般比传统的冷冻干燥可节约60%~75%的时间。但速度也不宜过快，因为中心冰的升华比水蒸气的扩散排除要快，而若内压超过临界点，冰便熔化，升华干燥便得不到保证。

（三）微波解冻

工业上已用微波加热解冻的食品有肉、肉制品、禽肉、水产品、水果和水果制品。家用微波炉用于冷冻食品的解冻极为方便和快捷，并已为大多数家庭所采用。

1. 微波解冻过程和特点

传统的解冻作业的缺点是时间长、占地面积大、失水率较高、表面易氧化变色、消耗大量清洁水等。由于微波加热的特性，使得微波加热解冻，可以全部或部分地克服上述缺点。

细胞间的水分由于其吸收微波能快（介电常数大），首先升温并熔化，然后使细胞内冻结点低的冰晶熔化。由于细胞内的溶液浓度比细胞外的溶液浓度高，细胞内外存在着渗透压差，水分便向细胞内扩散和渗透，这样既提高了解冻速度又降低了失水率。此法解冻过程与一般的解冻过程正好相反，即细胞内冻结点较低的冰晶首先熔化。另外，微波解冻作用是内外一起进行的，因此速度要比传统的由外向内进行的解冻过程快得多。

自然解冻是失水率最小的方法，其失水率小，产品质量好。微波解冻比自然解冻快得多，而失水率则基本上处于同一水平。

2. 食品的微波解冻操作要点

微波的频率越高，其加热速度越快，但其穿透深度越小。在解冻时，频率不宜选得太高，一般宜选用915MHz的频率，对于厚度较大的冷冻产品，有时甚至采用896MHz的频率。

低频率（896MH和915MHz）的微波其穿透深度可达20cm，而2450MHz的微波只有10cm。

微波的穿透深度还与温度有关。图4-14所示为作用于含水量超过50%的材料时，其穿透深度与温度的关系。随温度的升高，由于其介电常数增加，其穿透深度下降。

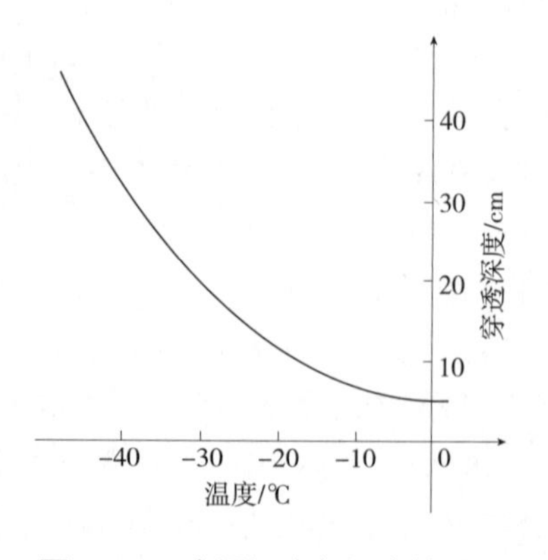

图4-14　穿透深度与温度的关系

不同的温度阶段，其升温所需的热量不同。将冻牛肉从-3℃升温至-2℃所需的热量是从-4℃升温至-3℃的近

2倍。但在温度升至-1℃附近时，升温所需的热量又很快下降。因此，在-1℃附近升温应仔细操作，否则产品的质量会有所下降。

准备采用微波加热解冻的块状食品应按大小和形状分类贮存，形状和大小相同的食品应安排在同一批处理。

（四）微波杀菌

食品微波杀菌的作用机理食品微波杀菌的机理包括热效应和非热效应。

1. 食品微波杀菌的作用机理

（1）热效应　微波作用于食品，食品表里同时吸收微波能，温度升高。食品中污染的微生物细胞在微波场的作用下，其分子也被极化并作高频振荡，产生热效应，温度升高。温度的快速升高使其蛋白质结构发生变化，从而失去生物活性，使菌体死亡或受到严重干扰而无法繁殖。

（2）非热生化效应　微波的作用会使微生物在其生命化学过程所产生的大量电子、离子和其他带电粒子的生物性排列组合状态和运动规律发生改变，亦即使微生物的生理活性物质发生变化。同时，电场也会使细胞膜附近的电荷分布改变，导致膜功能障碍，使细胞的正常代谢功能受到干扰破坏，使微生物细胞的生长受到抑制，甚至停止生长或使之死亡。微波能还能使微生物细胞赖以生存的水分活度降低，破坏微生物的生存环境。另外，微波还可以导致细胞DNA和RNA分子结构中的氢键松弛、断裂和重新组合，诱发基因突变，染色体畸变，从而中断细胞的正常繁殖能力。

2. 食品微波杀菌的应用

人们对微波应用于肉、肉制品、禽制品、水产品、水果和蔬菜、罐头、奶、奶制品、农作物、布丁和面包等一系列产品的杀菌、灭酶和消毒进行了大量的研究。

微波灭菌比常规的灭菌方法更能保留更多活性物质，即能保证产品中具生理活性的营养成分是其一大特点。因此，它应用于人参、香菇、猴头菌、花粉、天麻以及其他中药、中成药的干燥和灭菌是非常适宜的。

采用微波杀菌可以在包装前进行，也可以在包装好以后进行。包装材料可以用合适的塑料薄膜或复合薄膜。包装好的食品在进行微波加热灭菌时，由于食品加热会产生蒸汽，压力过高时会胀破包装袋，因此整个微波加热灭菌过程应在压力下进行，或将包装好的产品置于加压的玻璃器内进行微波处理。图4-15所示为加压条件下的微波杀菌系统。

微波不仅可以用于固体物质的消毒，也可对液体物质进行消毒、灭菌。国外已出现了微波牛奶消毒器，采用的频率是2450MHz，其工艺可以是采用82.2℃左右处理一定时间，也可以采用微波高温瞬时杀菌工艺，即200℃、0.13s。消毒奶的杂菌和大肠杆菌的指标达到要求，而且奶的稳定性也有所提高。

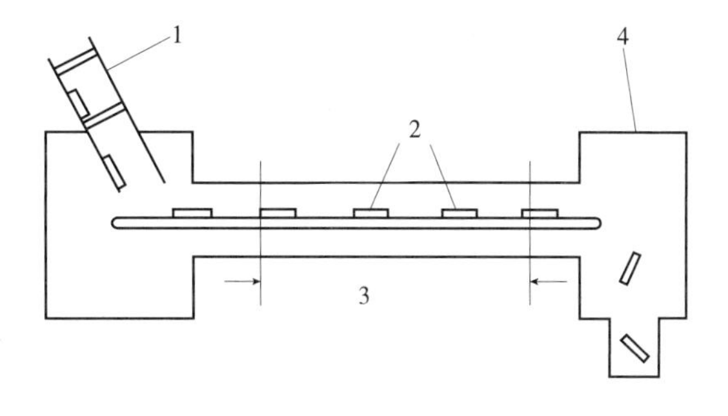

图4-15　微波杀菌系统示意图
1—进口闭风器　2—袋装食品　3—微波加热区　4—冷却风

微波还经常用于产品的灭酶保鲜。传统果蔬加工中往往要用沸水烫煮以杀死部分微生物和钝化酶，如此烫煮会使大量的水溶性营养成分（如维生素等）流失。采用微波加热热烫则可克服这个问题。茶叶制造过程中的杀菌也可以由微波来完成，并且产品的质量有所提高。

在水产品的保鲜如虾的保鲜中，经常采用微波来钝化酶以防止酶褐变。

（五）微波焙烤

微波焙烤的优点主要体现在：

①微波焙烤的产品其营养价值较传统方法焙烤的高，因为微波焙的温度较低，时间较短，因此营养成分的损失较小；

②由于其焙烤过程是内外同时加热，因此焙烤时间可以减少至几分钟；

③由于焙烤一开始就内部加热，物料内部的水分迅速汽化并向外迁移，形成无数条微小的孔道，使得产品的结构蓬松；

④设备占地面积小。

但由于焙烤时其表面的温度太低，不足以产生足够的美拉德反应，因此产品的表面缺少人们所喜爱的金黄色。因此，微波焙烤往往与传统焙烤方法结合起来使用，两种加热方式同时进行或依次进行，或微波焙烤与红外加热一起使用。一般的做法是微波焙烤后，再用传统方法在200~300℃焙烤4~5min，或再用红外加热上色。

适用微波焙烤的产品有面包、糕点和多种饼。由α-淀粉酶含量高的面粉制成的面包一般不能用传统方法焙烤，因为α-淀粉酶的作用会引起淀粉过量分解，使产品的体积减小，弹性变差（即发硬）。但采用微波焙烤，其迅速加热所产生的大量蒸汽和CO_2可使产品蓬松，也能使α-淀粉酶对淀粉的分解作用减少到最低限度。

为了解决微波焙烤制品表面着色不够的问题，有人提出采用在面团的上方涂一层着色剂后进行焙烤的方法来着色和产生芳香味。

对面包采用微波焙烤一般要适当改变配方。实际上，由于微波的应用，也出现了许多新产品。有一种糕点，其加工方法是在面包制作时加膨松剂，首先将成型的面包在热油中油炸，然后置入微波场中焙烤。这种产品既有人们喜爱的金黄色（油炸时产生），又不会出现内部夹生现象（微波内部加热）。由于油炸时间的减少，产品含油率可以降低25%。

由于面包、糕饼等焙烤制品均有一定的厚度，因此焙烤宜采用较低的频率如896MHz和915MHz，不过有时也有采用2450MHz。

微波加热也常用于坚果类的烘烤。花生、可可豆、杏仁、腰果等坚果，由于具有坚固的外壳，烘烤、焙炒比较困难。采用一般的加热方法容易加热过头，坚果本身变脆，不易切片。采用微波加热，由于它有内部加热的特性，可以克服上述缺点，并且可延长产品的货架寿命和增加产品香味。国内已有厂家用20~40kW、915MHz的微波加热器对白瓜子、花生、杏仁和腰果等进行焙炒，将含水35%左右的原料焙炒至含水5%以下，产品质量比传统方法好。法国的雀巢公司采用10kW、2450MHz的微波设备焙炒可可豆，焙炒时间为4~5min。焙炒时间节约一半以上，设备的生产能力为70~120kg/h。

（六）微波膨化

微波膨化就是利用微波的内部加热特性，使得物料的内部迅速受热升温产生大量的蒸汽，内部大量的蒸汽往外冲出，形成无数的微小孔道，使物料组织膨胀、疏松。

美国的爆玉米花现在可以不用传统的压力膨化工艺进行生产，而是采用微波加热膨化生产工艺。

日本已研制出一种微波加热膨化干燥蛋黄粉的设备。蛋黄浆料涂在传送带上，先用远红外线预热到 30℃，然后用微波加热（16 只 5kW、2450MHz 的磁控管），待膨化至 3~5cm 厚度时，再急速冷却到 40℃，然后进行破碎和用常规方法干燥。

采用微波膨化工艺可生产许多方便食品和点心。如采用鱼类、贝类和兽禽类等的营养价值高且风味好的蛋白质作主要材料，加入淀粉、滋补性物质、佐料、发泡剂后搓揉成形，经预干燥之后再进行微波膨化干燥。这类产品的品种可以很多，在日本已将这种产品用于方便盒饭的配菜中。

在方便食品的生产中也可采用微波膨化干燥工艺，在面条制作过程中添加蛋白质、膨化剂、发泡剂和佐料揉和成形，然后用微波膨化干燥，生产出复水性良好的快速面。

第二节　过热蒸汽应用技术

过热水蒸气作为加热热源在食品加工中应用具有一些独到之处。与饱和水蒸气相比，它加热时失去一定的热含量之后不要求变成汽凝水，从而克服饱和蒸汽直接加热的稀释效应所带来的缺点。与热空气加热相比，它具有传热阻力小和加热效率高的优点。与其他许多热介质相比，过热水蒸气如同饱和蒸汽和沸水一样是对人体最安全的化学物质，最适宜于作为直接接触加热的理想介质。因此，在食品工业中，它的应用正在不断发展。已经开发出来的应用领域有食品干燥、食品膨化、酿造材料热处理和对食品原料和产品进行瞬时杀菌等，其应用领域还在不断扩大。

一、过热蒸汽的性质

（一）干饱和蒸汽

当水达到饱和温度后（b 点），如果保持压力继续加热，则饱和水开始汽化，此时比体积增大，而水温并不升高，保持在饱和温度，直至完全变为水蒸气，这时的水蒸气状态称作“干饱和蒸汽”状态。图 4-16 及图 4-17 中 d 点就表示干饱和蒸汽状态。

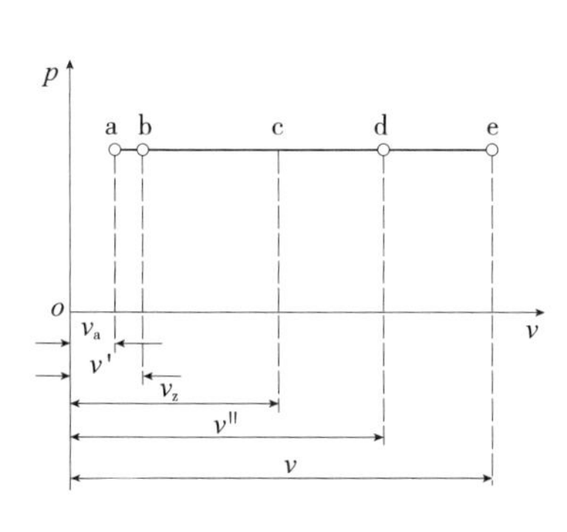

图 4-16　水蒸气发生过程的 p—v 图

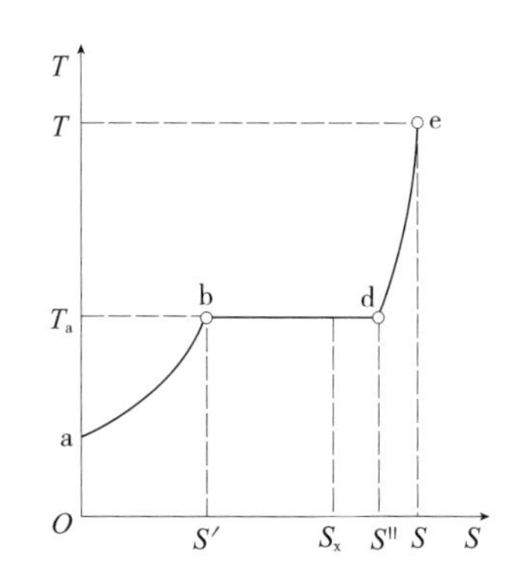

图 4-17　水蒸气发生过程的 T—S 图

在水没有完全汽化之前，这时饱和水和饱和蒸汽共存，通常把含有饱和水的蒸汽称作“湿饱和蒸汽”，或简称“湿蒸汽”。图 4-16 和图 4-17 中 b 至 d 之间的水蒸气就处于这种状态。为了表示在湿饱和蒸汽中饱和蒸汽所占的份额，采用干度（x）这一参数。干度是指每千克湿饱和蒸汽中饱和蒸汽的质量。显然干饱和蒸汽的干度为 1。1kg 湿饱和蒸汽中饱和水的质量称作“湿度”，其数值为 $1-x$。

（二）过热蒸汽的概念

将干饱和蒸汽继续定压加热，蒸汽温度就要上升而超过饱和温度，其超过的温度值称为“过热度”，具有过热度的蒸汽就称作“过热蒸汽”。过热过程吸收的热量称作“过热热”。过热热可按式（4-1）求得：

$$q = i - i'' \tag{4-1}$$

式中　i——过热蒸汽的焓，kJ/kg

　　i''——干饱和蒸汽的焓，kJ/kg

过热过程在 p—v 及 T—S 图上的过程线如图 4-18 及图 4-19 中的 $d-e$ 所示。

如果将不同压力下蒸汽的发生过程画在 p—v 与 T—S 图上，并将相应同状态点连接起来，就得到图 4-18 和图 4-19 中的 $aa'a''$……线，$b\,b'b''$……线以及 $dd'd''$……线，它们分别代表 0℃的水，饱和水及于饱和蒸汽的状态轨迹。$bb'b''$……线称作“饱和水线（或下界线）”，$d\,d'd''$……线称作“干饱和蒸汽线（上界线）”。

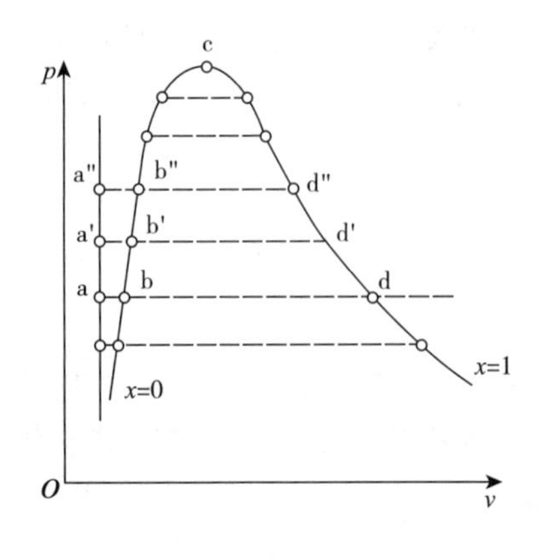

图 4-18　水蒸气的 p—v 图

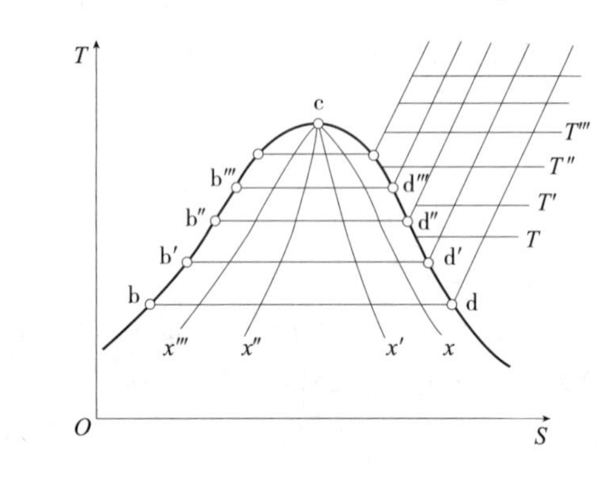

图 4-19　水蒸气的 T—S 图

从图中可以清楚地看到，压力加大时，饱和水和干饱和蒸汽之间的距离逐渐缩短。当压力增大到某一临界值时，饱和水和干饱和蒸汽不仅有同样的压力和温度，还具有相同的比体积和熵。这时，饱和水和干饱和蒸汽之间的差异完全消失，在图上用同一点 c 表示，这个点称为“临界点”。这样一种特殊的状态称作“临界状态”。对应于临界点的温度、压力和比体积，分别称作“临界温度”“临界压力”和“临界比容”。水的临界点值分别为 $t_c = 374.15$℃、$p_c = 2.285\times10^7$Pa、$v_c = 0.00317\text{m}^3/\text{kg}$。

饱和水线 b-c 与干饱和蒸汽线 c—d 将 p—v 和 T-S 图分为三个区域。在饱和水线 b—c 与 0℃水线之间，为未达到饱和状态的水，也就是“未饱和水”状态区。在饱和水线 b—c 与干饱和蒸汽线 c—d 之间为湿蒸汽状态区，而于饱和蒸汽线 c—d 的右侧为过热蒸汽状态区。

（三）过热蒸汽的性质

过热水蒸气的温度比相同压力下的干饱和蒸汽温度更高，比体积更大。因此，过热水蒸气比干饱和水蒸气的水分子运动更剧烈；同一容积内的水分子的数量更少，可认为是干燥状态下的蒸汽。干燥状态下的蒸汽具有如同热空气一样可以使物质加热干燥，也可以在一定条件下如同饱和蒸汽一样，若接触到比其温度远低的物质时又能冷凝成水的两种性质，因此过热蒸汽可用于如蔬菜之类在不引起氧化的情况下的加热快速干燥，可用于低水分原料的瞬时杀菌，可用于热空气成饱和水蒸气所难以替代的各种加工工艺。

过热蒸汽的热焓比相同压力下的饱和蒸汽要高，过热度越高，高出的热焓值就越大。作为传热介质，热焓高对加热是有利的。饱和蒸汽变成过热蒸汽后，比体积也有相当程度的增大，过热度越大，比体积的增大越甚。

以 202.6kPa 的饱和水蒸气和过热蒸汽为例：饱和水蒸气的温度为 132.9℃，其比体积为 0.617m^3/kg，焓为 2724kJ/kg，与之相对应，相同压力下温度为 200℃ 的过热蒸汽热焓为 2853kJ/kg，提高 5.2%，比体积为 0.73m^3/kg，提高 18%。过热蒸汽的温度进一步提高到 240℃，则热焓提高到 3098kJ/kg，提高 8.3%，比体积提高到 0.80m^3/kg，提高 30%。随着压力的提高，过热水蒸气和相同压力下的饱和水蒸气的上述参数的差异变小。

二、产生过热蒸汽的设备

根据前面的叙述，当水加热蒸发到干饱和蒸汽状态时，在压力保持不变的情况下继续加热，则水蒸气就变成过热水蒸气。因此要产生过热蒸汽，只需将干饱和蒸汽在等压下加热到更高的温度即可。

将干饱和蒸汽加热成过热蒸汽的设备称为过热器。当需要产生过热蒸汽时，可以在锅炉内安装过热器，锅炉内置过热器的作用就是将锅炉蒸发受热面上产生的饱和蒸汽加热到额定的过热温度供加工过程中使用。

（一）对流过热器

对流过热器布置在锅炉的对流烟道中，主要依靠对流传热从烟气中吸收热量。在中、小型的锅炉中，一般采用纯对流过热器；在高压大型锅炉中，采用复杂的过热器系统。在食品加工中一般不会用到高压大型锅炉，故大多是使用普通简单的传热器。

按照对流过热器的布置方式，可分为垂直布置和水平布置两种方式。对流过热器布置按烟气与蒸汽相对流向，可分为逆流、顺流、双逆流及混流四种。

（二）半辐射过热器

半辐射过热器都做成挂屏形式，所以也称作屏式过热器。

屏式过热器悬吊在炉膛上部，位于炉膛出口部分，既吸收烟气流过的对流热，又吸收炉膛中的辐射热及管间烟气的辐射热。为了防止结渣，相邻两屏间应有较大的距离，一般为 500~1500mm。

屏式过热器在炉膛中受炉膛火焰直接辐射，热负荷较大。为降低壁温，常用低温段过热器，这样管内蒸汽温度比较低，壁温不致过高。另外，还常用较高的蒸汽流速来控制壁温。管外烟气流速也不宜过高。

有的锅炉有两组屏式过热器，通常是把靠近炉前的一组称为前屏过热器，把靠近炉膛出口的一组称为后屏过热器。前屏过热器主要吸收炉膛辐射热，烟气冲刷不充分。对流传热较少，属于辐射式过热器。

（三）辐射过热器

辐射过热器除了布置作为前屏过热器的外，还可布置在炉膛四周及顶部，直接吸收炉膛火焰的辐射热。在参数高的锅炉中，将炉腔四壁的一部分水冷壁改造成过热器也是可行的。但这样做的问题是炉膛内受热面的热负荷很高，管壁温度较高，特别是升火过程中，没有蒸汽来冷却管壁，很容易使管壁超温，必须从外界引入冷却介质，因此一般情况下不这样做。

辐射过热器的汽温变化特性：过热水蒸气温度随锅炉负荷的增加而降低。这是由于锅炉负荷增加时，炉膛火焰的平均温度变化不大，也就是辐射传热量增加不多，跟不上蒸汽流量的增加。因而工质的热焓增量减少。因此，在设计过热器时，同时采用对流过热器和辐射过热器，且保持适当的比例，则可得到较平稳的蒸汽温度特性。

（四）电加热蒸汽过热器

以上几种过热器是设置在锅炉内的过热器，它适合于过热蒸汽用量较大，经常性使用过热蒸汽的场合。

在有的场合过热器也可作为一个单元设备组合在需用过热蒸汽的加工流程中。饱和蒸汽进入过热器加热后成为过热蒸汽，过热蒸汽在流程中使用后温度下降，再回到过热器继续加热成为过热蒸汽，而重新投入使用。因此，过热器相当于一台再热器在工作。根据这个流程设计，除了使用后的蒸汽回到锅炉内置过热器中重新加热成过热蒸汽的方法外，还经常设计成独立的过热器单元服务于流程。

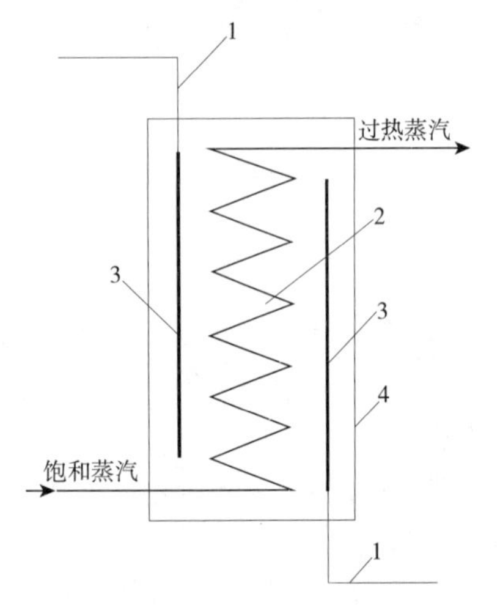

图 4-20　独立型蒸汽过热器工作原理
1—电线　2—螺旋管　3—加热元件
4—密闭容器

独立单元的蒸汽过热器一般为电加热，其简单的工作原理如图 4-20 所示。即在一台设有加热元件的密闭容器中设置了许多蛇管。加热元件对密闭容器加热，同时也对蛇管加热。饱和蒸汽在蛇管中通过，从而被加热成过热蒸汽。过热蒸汽压力由饱和蒸汽的压力来决定，而温度则由加热元件的加热功率和蒸汽在蛇管中的停留时间来决定。因此可以通过调节加热元件的加热功率来调节过热蒸汽的温度。设备所能产生的过热蒸汽的温度除了与加热元件的加热功率有关外，还决定于加热蛇管的耐热程度；要获得较高温度的过热蒸汽，就要采用耐热性好的蛇管材料和密闭容器内壁材料。例如，日本已有某种独立型蒸汽过热器投入实际生产使用，用于杀菌、干燥和加湿等。该设备可连续操作，也可间歇操作。该设备的技术参数为过热蒸汽生产能力 100～3000kg/h、温度范围 200～600℃、压力为 0.5～6MPa。

三、 过热蒸汽应用于食品的干燥处理

用过热蒸汽进行食品干燥的研究和应用始于 20 世纪 70 年代初。在美国和日本都有工业规模的应用，我国目前对该技术的研究和应用均属空白。

（一）过热蒸汽干燥法的工艺流程

图 4-21 所示为热蒸汽干燥食品的典型工艺设备流程。待干燥的食品物料从干燥器的上部

加入，加入量由定量调节阀控制，干后物料由于燥器底部放出。过热蒸汽由干燥器的下部和不同高度处引入，与待干燥物料直接充分接触，将热传给物料，使其受热使所含水分汽化逸出。由于过热蒸汽释放出的一部分热量是显热，故从干燥器出来的一般处于过热或接近于饱和的蒸汽状态。排出的大部分蒸汽由循环风机抽送到再加热器（过热器）重新加热，提高其过热度而后送回干燥器。另外一部分（其量相当于物料干燥时蒸出的水量）则通入冷凝器冷凝。过热蒸汽在整个干燥过程中循环重复使用，无须补充新的蒸汽。

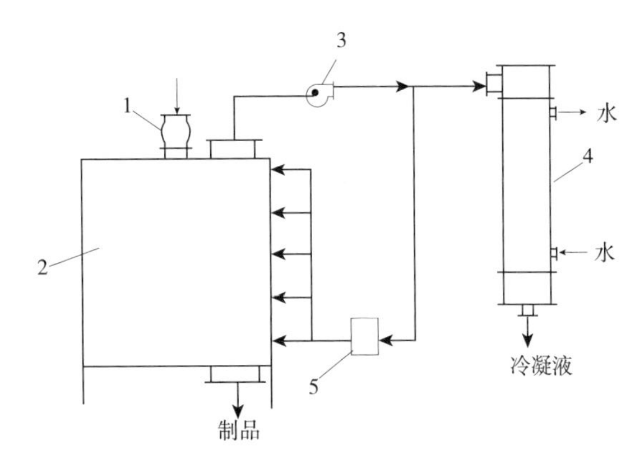

图 4-21　过热蒸汽干燥食品物料工艺设备流程

1—加料器　2—干燥器　3—风机　4—冷凝器　5—再加热器

（二）过热蒸汽干燥与热风干燥的比较

过热汽干燥与热风干燥相比，被干燥物料的温度高，物料内部毛细管中水分的黏度变小，水分的迁移阻力小。另外，物料内部水分蒸发所产生的水蒸气的移动阻力也小于热风干燥时水蒸气的移动阻力。因此，无论是在恒率干燥阶段还是降率干燥阶段，其干燥速度均高于热风干燥的干燥速度，并且可使产品的含水率降得更低。

过热蒸汽干燥对于要求低水分的产品的干燥很有利。但是，由于过热蒸汽干燥时物料温度高，传热温差小，因而要求比热风干燥更大的设备，使干燥装置的造价提高。过热蒸汽干燥的成本介于热风干燥和冷冻干燥之间。

（三）应用实例

已见报道的过热蒸汽干燥的产品有芹菜、菠菜、洋葱、方便面等。

用过热蒸汽干燥面条的工艺主要有以下几种：

①先用 150~200kPa 的过热蒸汽蒸熟面条，然后用风冷却，冷却后的面条再用太阳晒干；

②用过热水蒸气先将面条的淀粉糊化并使面条部分干燥，然后再将此处理过的面料油炸制成方便面；

③先用热风预干操，然后用过热蒸汽处理，最后油炸制成方便面；

④在生面中通入流速为 1~60m/s、温度为 110~150℃的过热水蒸气进行预干燥，预干燥后冷却，冷却后再用热风干燥。

用过热蒸汽制造方便面的技术已在工业生产上得到应用，使用这项技术，干燥时间大大缩短。

四、 过热蒸汽用应于食品的膨化加工

（一）过热蒸汽法膨化的概念

膨化过程是在加压的情况下，将物料加热到 100℃以上，然后突然消除所加压力，让物料处于大气压力之下，这样，物料内部的水分急剧汽化成蒸汽，从物料内部猛烈冲出，使物料膨胀。简言之，膨化现象实质上就是利用物料的瞬间体积膨胀力使物料蓬松的现象。

膨化使用的热源可以是热空气、直接火、饱和水蒸气、过热水蒸气和电能。但不同食品原

料的膨化难易程度不同，而且不同的加热条件也会得出不同的膨化效果。试验表明，大米、高粱等在200~600kPa的压力下、玉米在660~800kPa压力下能很好膨化，但小麦、燕麦要在更高的压力下才能有较好的膨化效果，而大豆、小豆等豆类则几乎不膨化。另外，不同的原料，宜采用不同的加热方式。水分含量过低或内部水分含量低而表面润湿的材料均不能充分膨化。该类原料若采用直接火加热，过热蒸汽加热和热空气加热，膨化效果更差。

对小麦等一些谷类原料，宜先用饱和水蒸气加热，而后再用过热水蒸气加热，这样可以在较低的工作压力下，取得较好的膨化效果。

（二）过热蒸汽膨化设备

图4-22所示为采用过热蒸汽加热的连续膨化机。该装置主要由耐压密闭外筒和内筒以及内外筒之间的加热元件和内筒的螺旋输送机构成。其工作过程：高压蒸汽导入内外筒之间的环形空间由加热元件加热到并保持在过热状态，原料由进料阀控制进入内筒，由螺旋输送器向前输送，原料在向前运动过程中受到内外筒之间的过热蒸汽的加热，再从内筒挤出进入外筒，最后从排料阀中排出。该膨化机在原料出口端的导阀上装有消音装置，因此其噪声与间歇式的膨化机相比小得多。

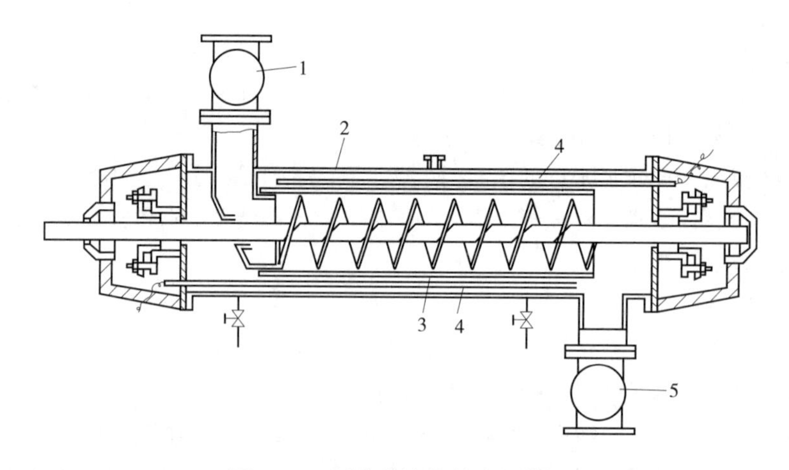

图4-22 过热蒸汽连续膨化装置

1—旋转式进料阀 2—外筒（密闭容器） 3—内筒（固定） 4—加热器 5—旋转式排料阀

使用过热蒸汽的连续膨化机已用于方便米饭的生产和酱油生产原料脱脂大豆的热处理。另外，该装置还可膨化马铃薯、苹果、杏、胡萝卜和各种蔬菜类原料，生产出复水性良好的方便食品。

（三）过热蒸汽用于酿造原料的预处理

将上述连续式膨化机作进一步改进，便得到一种工作原理相同的专门用于处理酿造原料的膨化装置。该装置的工作过程为过热蒸汽在管道中高速流动，并带着加入的原料（粒状或粉状）一起往前运动。原料在向前运动过程中受过热蒸汽加热到一定程度后，经释放装置突然排入大气而膨化。在该装置中，过热蒸汽既是传热介质又是依靠本身与外界的压差推动物料向前输送的载体。

这种预处理装置在酿造厂已有使用，处理的原料主要是大豆和脱脂大豆以及小麦等原料。用过热蒸汽处理大豆等蛋白质原料时，要使蛋白质充分变性，原料就必须含有足够的水分。当原料含水分10%~12%（质量分数）时，5~7s的处理时间就可使蛋白质变性。另外，这种装置还用于酿酒用精白米、糙米和米糠等原料的膨化处理。

五、过热蒸汽应用于物料的瞬间杀菌

为了防止低水分的香料、小麦粉等原料的品质劣化，进行有效的杀菌是必要的，也是相当麻烦的，这是因为：

①原料内部的热传导性能差；容易产生局部温度过高或过低，即难以实现均匀加热；

②原料的水分含量少，难以有效地杀灭细菌；

③采用效率较高的湿热杀菌，原料易粘在装置内并结块，因而对诸如粉粒状原料并不适应，难以工业化；

④与液状或高水分原料相比，低水分原料在加热时品质易恶化，如氧化变色和挥发性成分损失等；

⑤与液体原料相比，其定量输送和在装置内的流动很困难。

由此可知，粉粒状原料的加热杀菌存在许多问题。采用非热致的方法对粉粒状原料进行杀菌，效果虽有可能满足要求，但非热致杀菌的一些方法（如射线照射或加入如环氧乙烷等的化学杀菌剂）的安全性令人怀疑。

但是，如果采用过热蒸汽与粉粒状物料直接接触进行瞬时杀菌，不仅不会使原料水分增加，而且可以将品质的劣化控制在最低的程度。目前使用过热蒸汽杀菌的装置有以下三种类型，它们均能充分保证粉粒体原料的各粒子能在均一的状态下瞬间加热，并在加热后急剧冷却，使品质的劣化控制在最低程度。

（一）气流式过热蒸汽杀菌装置

图4-23所示为气流式过热蒸汽杀菌装置流程。待杀菌的粉粒状原料在过热蒸汽管道中加入。过热蒸汽以约20m/s的高速在管道中流动，并夹带加入的原料一起向前输送。原料在管道中其颗粒处于悬浮的状态，经3~7s处理，过热蒸汽和原料的气溶胶混合物进入旋风分离器进行第一次分离，分离出的蒸汽由风机送入过热器加热后重新使用，分离出的固体为杀菌后的产品。为了使产品的含菌率进一步降低，可对第一级分离出来的固体用饱和水蒸气替代过热蒸汽

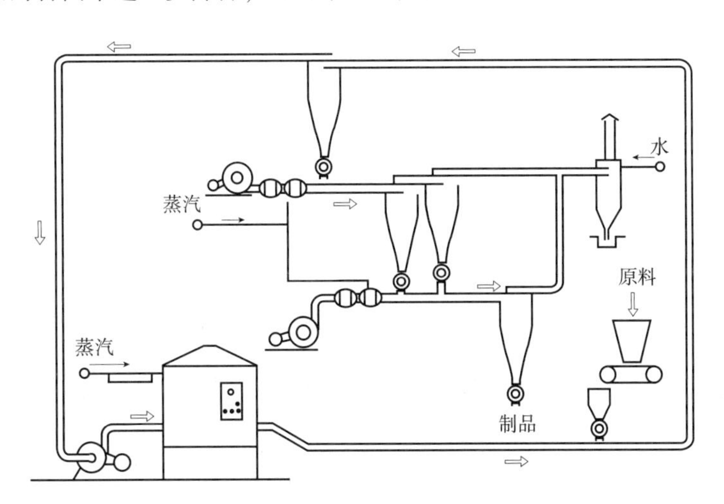

图4-23　气流式过热蒸汽杀菌装置流程

进行第二级杀菌处理，杀菌后再进行分离。第一线分离出来的处于过热温度下的固体，为下一级使用饱和蒸汽进行杀菌提供了可能性。图中的流程，为原料经一次过热蒸汽和二次饱和蒸汽杀菌的流程。过热蒸汽加热原料后再度加热成过热蒸汽置新使用，而饱和蒸汽加热物料后不再重新使用，而由冷却水冷凝。

该装置可用于香味料、荞麦粉、可可豆和谷类的杀菌。过热蒸汽不仅杀菌效果好，而且热敏性物质的保存率也很高。

（二）高速搅拌式过热蒸汽杀菌装置

气流式适用于连续处理大量单一的原料，但对于品种多而数量少的原料如药品的杀菌显然是不适合的。为此开发了间歇操作的高速搅拌式的小型过热蒸汽杀菌装置。

图 4-24 所示为间歇操作的高速搅拌式杀菌装置的流程图。原料首先进入定量喂料器 1，然后由进料阀 2 控制进入过热蒸汽瞬时杀菌器 3。原料在杀菌器中与过热蒸汽混合，过热蒸汽加热原料使其温度升高，从而达到杀菌的目的。为了使过热蒸汽与原料很好地混合，使物料的温度均一，在杀菌器中设置了高速搅拌器以搅拌物料。原料在杀菌器中停留 5~15s 后由排料阀 5 排出，排出的物料经旋风分离器分离出产品和蒸汽。冷却后经排料阀 7 排出的产品即为杀菌后的产品。过热蒸汽的循环流动过程：过程中被排出的高压蒸汽与由风机吸入经除菌器 9 除菌后的空气相混合，然后进入过热器 10，混合气流在过热器中加热后进入杀菌器内的搅拌器空心轴，再由空心轴上的喷嘴 4 喷出，喷出的空气和过热蒸汽的混合物在杀菌器与原料混合，使原料加热，然后与原料一起从排料阀排出。

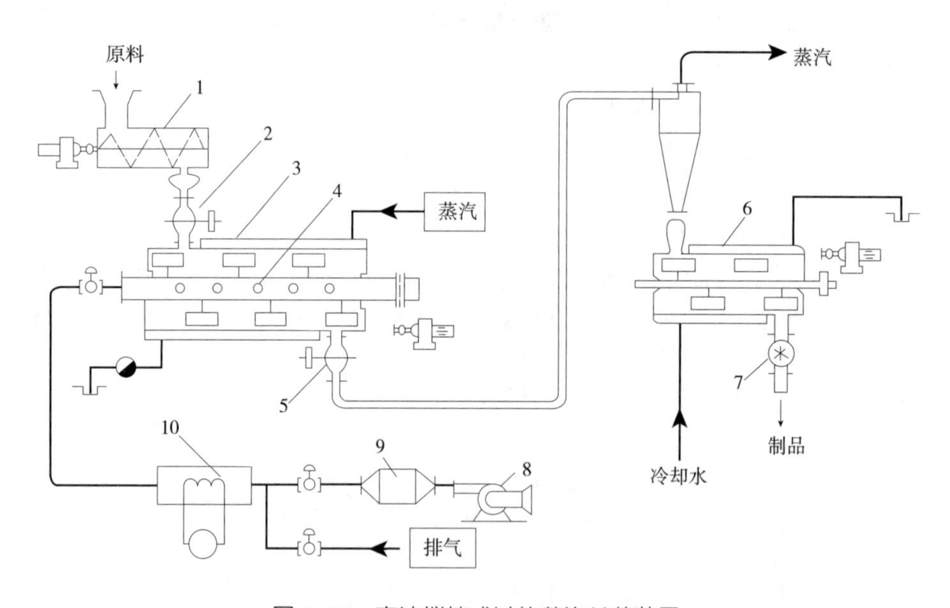

图 4-24　高速搅拌式过热蒸汽杀菌装置

1—定量喂料器　2—进料阀　3—过热蒸汽瞬时杀菌器　4—喷嘴　5、7—排料阀　6、8、9—除菌器　10—过热器

杀菌器设有夹套，在夹套中通入额外的高压蒸汽加热，使杀菌器内的温度能更好地保持在较高的水平。冷却器也设有夹套，在夹套中通入冷却水，以冷却经旋风分离器分离的产品。由分离器上方排出的蒸汽，其中大部分作为上述被重新引入再过热的蒸汽，进行循环使用。

为了保证杀菌效果稳定可靠，操作过程宜采用间歇式操作，但整个过程设计成程序控制的全自动控制操作。已采用该装置进行杀菌的原料有甘草、桂皮、卡拉胶和淀粉等，杀菌效果是非常理想的。

（三）塔式过热蒸汽杀菌装置

对于诸如面包屑、蔬菜等的原料，若采用气流式或高速搅拌式的杀菌装置杀菌，则容易破坏其形状，因此开发了这种对原料形状破坏程度很低的塔式杀菌装置。

图 4-25 所示为用塔式过热蒸汽杀菌装置流程。原料的进入由定量喂料器 1 控制，然后由斗式提升机 2 运送至喂料器 3，再由它加入至塔式杀菌装置 4。经过热蒸汽加热杀菌后的物料由旋转阀 5 控制进入冷却器 6 急速冷却，冷却后的物料即杀菌后的产品。蒸汽的流程如下。饱和水蒸气由过热器 7 加热成过热蒸汽后送入干燥器 4 以加热物料，然后上升至塔顶，由上部收集器收集，最后由排风机 8 排出。冷却器中散发出来的蒸汽也由其上部收集器收集，再由排风机 11 排出。冷却器采用空气冷却，空气经鼓风机 9 送入除菌过滤器 10 过滤，过滤后的无菌空气送入冷却器冷却由杀菌器中放出物料。

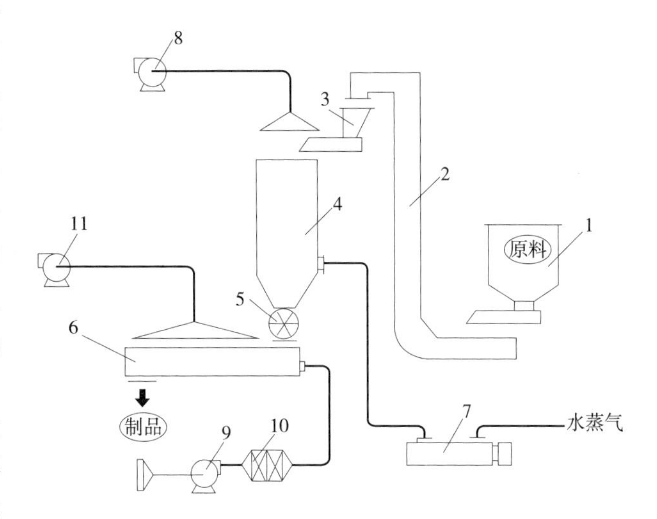

图 4-25　塔式过热蒸汽杀菌装置流程

1、3—喂料器　2—斗式提升机　4—塔式杀菌装置　5—旋转阀
6—冷却器　7—过热器　8、11—排风机　9—鼓风机
10—除菌过滤器

塔式杀菌装置的杀菌原理为：过热蒸汽在直径为 0.5~0.8m、高约 5m 的塔式杀菌器内呈螺旋上升，待杀菌的原料从塔上部落下与上升的过热蒸汽相遇。上升的过热蒸汽使下降的原料颗粒呈飞舞状态，因此颗粒原料与过热蒸汽的接触充分，温度均匀。

该装置的杀菌效果非常理想，1s 可使原料的含活菌数下降 $10^2 \sim 10^3$ 个数量级。用该装置处理面包屑时，生产能力为 2000kg/h，蒸汽用量仅为 150kg/h。

在处理冷冻干燥蔬菜制品时，由于原料柔软且容重小，若采用气流式或高速搅拌式杀菌装置杀菌，由于入口处的旋转阀的输送容积有限，处理能力极小。但若采用塔式杀菌器，生产能力就可以提高。

第三节　水油混合油炸技术

油炸作为食品熟制和干制的一种加工工艺由来已久，油炸也是最古老的烹调方法之一。油炸可以杀灭食品中的细菌，延长食品的保存期，改善食品的风味，增强食品营养成分的消化性，并且其加工时间也比一般的烹调方法短。油炸在地中海地区和西班牙等国家一直受到人们的青睐，在我国炸也是家庭和食堂惯用的一种烹调手段。

在食品行业中，采用油炸工艺生产的食品的品种有果制品如炸马铃薯片、炸香蕉片等，油炸坚果，炸面圈，膨化快餐食品，冷藏方便食品如炸鱼、鸡、肉等和休闲风味食品等。随着人们生活水平的提高和生活节奏的加快，方便食品所占的比例会越来越大，油炸技术能很好地适合于这类食品的制作。因此，近几十年来，油炸食品在国际上有了很大的发展。在国内油炸食品的发展也较快。油炸方便面的快速发展，各地美式炸鸡的纷纷出现以及油炸果蔬制品的不断开发都说明油炸在方便食品生产中占有重要的位置。

传统的油炸工艺，油温在160℃以上，有时甚至达到230℃以上的高温，如此高温显然对食品的营养成分，特别是对一些热敏性物质有一定的破坏作用。诚然，这种破坏作用与其说只取决于油温的高低，不如说多半取决于食物的品温和在高温下的停留时间。本节介绍食品工业上行之有效的水油混合式深层油炸技术，第四节介绍新近发展起来的真空油炸技术。

一、油炸的基本原理

（一）油炸的概念和方法

将食品置于热油中，食品表面温度迅速升高，水分汽化、表面出现一层干燥层，然后水分汽化层便向食品内部迁移。当食品的表面形成一层干燥层后，其表面温度升至热油的温度，而食品内部的温度慢慢趋向100℃。传热的速率取决于油温与食品内部之间的温度差以及食品的导热系数。

表面干燥层具有多孔结构，孔隙的大小不等。油炸过程中水和水蒸气首先从这些大孔隙中迁出，然后由热油取代原来由水和水蒸气占有的空间。水分的迁出还需通过一层界面油膜，油膜界面层的厚度控制着传热和传质的进行，该层的厚度与油的黏度和流动速度有关。与热风干燥相似，脱水的推动力是食品内部水分的蒸汽压之差。

食品油炸的时间与以下因素有关：

①食品的种类；

②油的温度；

③油炸的方式；

④食品的厚度；

⑤所要求的食品品质改善程度。

油炸食品内部的最终水分主要由油炸对微生物的杀灭程度来决定。这对于有病菌生长可能的肉制品和其他食品是特别重要的。

油炸温度的选择主要从经济和产品的要求来考虑。油温高，油炸时间可以缩短，产量可以提高，但油温高会加速油的变质，使油的黏度升高，变黑，这就不得不经常更换油炸用油，使成本提高。另外，油温高则食品中的水分蒸发剧烈，会导致油的飞溅，增加油的损耗。

从产品要求的温度考虑，油温度高，表面干燥层迅速形成，水分的迁移和热量的传递均受到此干燥层的限制，从而产品的总水分含量较高，产品质地能保持鲜嫩，风味物质和添加剂的保存也较好。如果油炸的目的在于干制，则宜采用较低的油温，这样在表面干燥层形成之前，蒸发面就已深入到食品的内部，从而水分蒸发和热量传递均能较顺利地进行，最后产品的水分含量下降也较理想，产品表面的色泽也较浅。

油炸的方法主要有浅层煎炸和深层油炸，后者又可分成常压深层油炸和真空深层油炸，或分成纯油油炸和水油混合式油炸工艺。

浅层煎炸适合于表面积大的食品如肉片、鸡蛋、馅饼等的制作。深层油炸是常见的油炸方式，它适合于不同形状的食品加工。深层油炸在水分蒸发以前的传热系数为250~300W/（m^2·K），而在有大量蒸汽从中逸出时，由于其搅动作用，传热系数提高至800~1000W/（m^2·K）。但是如果水分蒸发过于剧烈则食品的周围会形成一层水蒸气膜，使传热系数下降。

（二）油炸对食品的影响

油炸对食品的影响主要包括两方面，一方面是热对油的影响，油的质量变化反过来影响食品的质量，另一方面是热直接对食品的影响。

1. 热对油的影响

在油炸过程中，油处于持续高温的状态。当食品所释放的水分和氧气同油接触时，油便氧化生成挥发性的碳基化合物、羟基酸、酮基酸和环氧酸。这些物质会产生不良风味并使油发黑。在无氧的情况下，油分子会聚合生成环状化合物和高分子质量的聚合物，这些物质使油的黏度上升，因而降低传热系数和加剧食品的吸油，使油炸产品的含油率升高。

油的某些分解和聚合的产物对人体是有毒的，如环状单聚体、二聚体及多聚体，这些物质会导致人体麻痹，胃肿瘤甚至死亡，因此高温下使用的炸用油不能长时间反复使用，否则将影响人的健康。

脂溶性维生素在油中的氧化会导致营养价值的丧失。视黄醇、类胡萝卜素、生育酚的变化会导致风味和油色的变化。维生素C的氧化则从另一方面保护了油脂的氧化，即它起了油脂抗氧化剂的作用。抗氧化剂对于蔬菜类物质和不饱和脂肪酸含量高的食品油炸极为重要。

2. 热对油炸食品的影响

油炸的主要目的是改善食品的色、香和风味。这些改善是通过美拉德反应和食品对油中挥发性物质的吸附来实现的。它主要取决于以下因素：

①炸用油的品质；

②油的使用时间及其热稳定性；

③油体温度和油炸时间；

④食品的大小与表面特性；

⑤油炸后的处理。

上述所有的因素都要影响食品的持油率和油炸食品的质构。食品质构的变化主要由蛋白质、脂肪和多糖的变化引起，这些成分在油炸时的变化与焙烤时类似。

油炸对食品营养价值的影响与油炸的工艺条件有关。油炸温度高，表面干燥层形成干壳，阻止了热量向食品内部传递，从而食品内部营养成分保存较好。

深层油炸的营养成分的变化情况在后面将做专门介绍。

3. 油炸食品的持油率

不同的食品油炸后，其产品的持油程度不同（表4-2）。食品的持油率高，油需要不断更新，从而使炸油保持新鲜。但产品的含油量不能太高，否则一方面直接关系到耗油量，另一方面直接影响产品的品质和风味。含油率过高的产品并不受欢迎。另外，产品的含油率直接影响产品的耐藏性。因此，对持油率高的食品在油炸后要进行脱油处理。脱油可以采用常压下离心脱油，也可以在真空状态下甩油。

表 4-2　　油炸食品的持油率

油炸食品	持油率/%
油炸坚果	6
油炸马铃薯片	40
炸面圈	20~25
快餐食品	20~40
果蔬类	33~38
方便冷藏食品（鱼、鸡等）	10~15

（三）炸用油

炸用油在使用前须进行质量检验。检验的指标包括色泽、香味、游离脂肪酸、过氧化值、碘值、发烟点、液固比和热稳定性等。使用后的油也要进行检验。检验的指标包括色泽、游离脂肪酸、碘值、发烟点、甘油三酯和微量金属等。

游离脂肪酸含量升高，说明有分解作用发生。氧化三甘酯、单甘酯、二甘酯的形成导致发烟点的降低和黏度的升高以及发泡性降低。

油炸使用过的油经提炼后不一定适宜重新用于油炸，因为传统的提炼工艺不能去除非三甘酯。油炸时用加油冲稀的办法可冲稀该物质的浓度，缓解这个问题。但由于反复积累最终还得弃去一些炸过的油。

为了减少油炸时油的分解作用，可以添加一些允许使用的天然抗氧化剂。在油的精炼的后阶段添加柠檬酸可螯合微量金属，这对一些抗氧化剂可起到协同作用，提高抗氧化效果。二甲基硅（食用消泡剂）的用量为 2~5mg/kg 就可有效地延长炸油的使用时间，对间歇油炸过程和连续油炸过程均有效。

二、 水油混合式深层油炸技术

（一）传统油炸技术与设备

在我国，食品加工厂长期以来对熟食品的油炸工艺大多采用燃煤或燃油的锅灶，少数厂家采用钢板焊接的自制平底油炸锅。这些油炸装置一般都配备了相应的滤油装置，对用后的油进行过滤。宾馆、饭店和职工食堂等饮食部门则普遍使用电热平底油炸锅，这类油炸设备在国内外均有定型产品出售，图 4-26 所示为该类设备的典型结构。

这种电热炸锅也称为间歇式油炸锅。生产能力较低，一般电功率为 7~15kW，物料篮的体积 5~15L。操作时，将要油炸的物料置于篮中放入油炸，炸好后连篮一起取出。物料篮可以取出清理，但无滤油的作用。因此一些碎屑会留在钢中，这是此类油炸设备共有的缺点。

此类设备的油温可以进行精确控制。为了延长油的使用寿命，电热元件表面的温度不宜超过 265℃，并且其功率也不宜超过 $4W/cm^2$。由于这类设备不能分离油中的碎屑，油反复使用几次后，碎屑在高温下发生变化，使得油的品质下降，故不得不作为废油弃去。因此，油的利用率降低，造成浪费。

归结起来，这种油炸方式有如下缺点：

①油炸过程中全部油处于高温状态，油很快氧化变质，黏度升高，重复使用几次即变成黑

褐色，不能食用；

②积存在锅底的食物残渣，随着使用时间的延长而增多，不但使油变得污浊，而且反复被炸成碳屑，特别是在用油炸制腌肉类的食品时，还会生成一种亚硝基吡啶、烷的致癌物质。这些残渣附着于油炸食品的表面，使食品表面质量劣化，严重影响消费者的健康；

③高温下长时间反复煎炸食品的油会生成多种形式的毒性不尽相同的油脂聚合物——环状单聚体、二聚体及多聚体。这些物质会导致人体的神经麻痹、胃肿瘤，甚至死亡；

④高温下长时间使用的油，会产生热氧化反应，生成不饱和脂肪酸的过氧化物，直接妨碍机体对油脂和蛋白质的吸收，降低食品的营养价值。

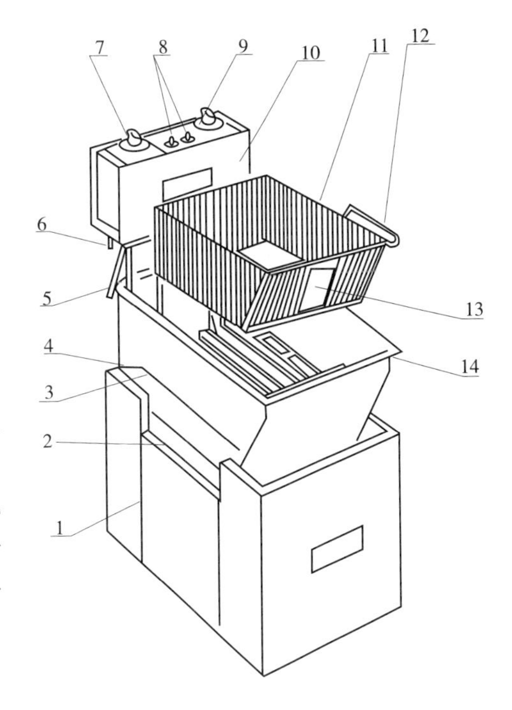

图 4-26　电热油炸设备结构

1—不锈钢底座　2—侧扶手　3—油位指示仪　4—移动式不锈钢锅　5—电缆　6—最高温度设定旋钮　7—移动式控制盘　8—电源开关　9—指示灯　10—温度调节旋钮　11—物料篮　12—篮柄　13—篮支架　14—不锈钢加热元件

（二）水油混合式深层油炸技术

水油混合式食品油炸工艺是指在同一敞口容器内加入油和水，相对密度小的油占据容器的上半部，相对密度大的水则占据容器的下半部分，在油层中部水平设置加热器加热。

水油混合式深层油炸工艺由于电热管水平布置在锅体上部油层中，油炸时食品处于油淹过电热管 60cm 左右的上部油层中，食品的残渣则沉入底部的水中，这样在一定程度上缓解了传统油炸工艺带来的问题。因为沉入下半部的食物残渣可以过滤除去，且下层油温比上层油温低，因而油的氧化程度也可得到缓解。但油锅底部的油还是只能随食物残渣一起被排出，并有一部分要扔掉，因为油的使用时间较长，油的黏度变得较大，微小的食物残渣会附着于油中，使油质变坏，因此用上一段时间就得作为废油弃去。

显然，采用该工艺炸制食品时，加热器对炸制食品的油层加热升温，同时油水界面处设置的水平冷却器以及强制循环风机对下层的冷却使下层温度控制在 55℃以下。炸制食品时产生的食物残渣从高温炸制油层落下，积存于底部温度不高的水层中，同时残渣中所含的油经过水分离后返回油层。这样，残渣一旦形成便很快脱离高温区而进入低温区，避免了前面所讲的危害。另外，下部水层还兼有滤油和冷却双重作用。

水油混合式工艺具有限位控制、分区控温、自动过滤、自我洁净的优点。如果严格控制上下油层的温度，就可使得油的氧化程度显著降低，污浊情况大大改善，而且用后的油无须再行过滤，只要将食物分离的渣滓随水放掉即可。由此可见，在炸制过程中油始终保持新鲜状态，所炸出的食品不但色、香、味俱佳，而且外观干净漂亮。更重要的是，没有与食物残渣一起弃掉的油，更没有因氧化变质而成为废油扔掉的油，从而所耗的油量几乎等于被食品吸收的油量，补充的油量也近于食品吸收的油量，节油效果毋庸置疑。

三、 水油混合油炸设备

（一）间歇式水油混合式油炸设备

图 4-27 所示为一台无烟型多功能水油混合式油炸装置结构。用本设备炸制食品时，将滤网 5 置于加热器 16 上，在油炸锅 10 内先加入水至油位显示仪 19 规定的位置，再加入炸用油至油面高出加热器上方约 60mm 的位置。由电气控制系统 11 自动控制加热器使其上方油层温度保持在 180~230℃，并通过温度数字显示系统 8 准确显示其最高温度。炸制过程中产生的食物残渣从滤网 5 漏下，经水油分界面进入油炸锅下部冷水中，积存于锅底，定期由排污阀 17 排出。过程中产生的油烟从排油烟孔 15 进入排油烟管 7，通过脱排装置 18 排除。放油阀 12 具有放油和加水双重作用。由于加热器 16 被设计仅在上表面 240°的圆周上发热，再加上油炸锅 10 上部外侧涂有高效保温隔热材料。这样，加热器所产生的热量就能有效地被油炸层所吸收，热效率得到进一步提高，而加热器下面的油层温度则远远低于油炸层的温度。

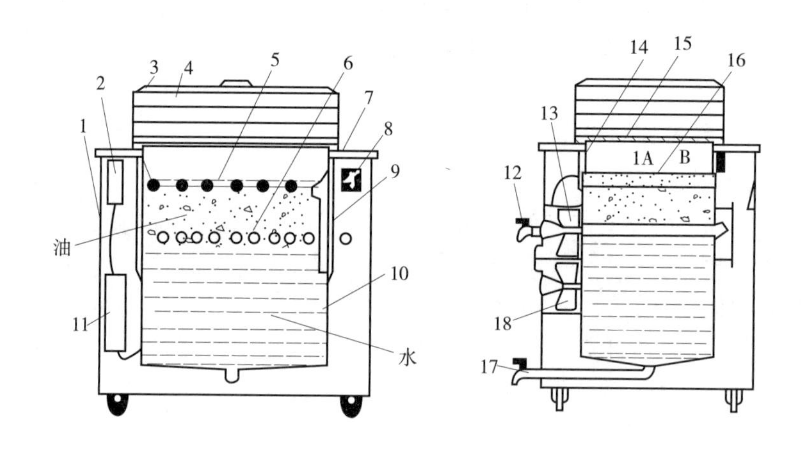

图 4-27　无烟型多功能水油混合式油炸装置结构

1—箱体　2—操作系统　3—锅盖　4—蒸笼　5—滤网　6—冷却循环气筒　7—排油烟管　8—温控数显系统　9—油位显示仪　10—油炸锅　11—电气控制系统　12—放油阀　13—冷却装置　14—蒸煮锅　15—排油烟孔　16—加热器　17—排污阀　18—脱排油烟装置

当油水分界面的温度超过 50℃时，由电气控制系统 11 自动控制的冷却装置 13，立即强制大量冷空气经由布置于油水分界面上的冷却循环系统 6 抽出，形成高速气流，将大量的热量带走，使油水分界面的温度能自动控制在 55℃以下，并通过数显系统 8 显示出来。

间歇式水油混合式油炸设备可以设计成多种形式。图 4-28 所示为日本一家食品机械公司生产的水油混合式油炸设备，它的设计思想和工作原理与前面介绍的基本相同。

从图 4-28 可以看出，它的基本组成部分仍为上油层、下油层、水层、加热装置、冷却装置、滤网等。冷却装置装在油水界面处，上油层的加热采用了内外同时加热以提高加热效率的加热方式。这样做还可以使上油层的油温分布更均匀。另外一个不同之处就是截面设计采用了上大下小的结构方式，即上油层的截面较大，而下层油层和水层的截面较小，这样就可以在保证油炸能力的情况下，缩小下油层的油量，以避免其在锅内不必要的停留时间和氧化变质。若与相同截面的设计相比，则使炸用油更新鲜，产品质量更好。

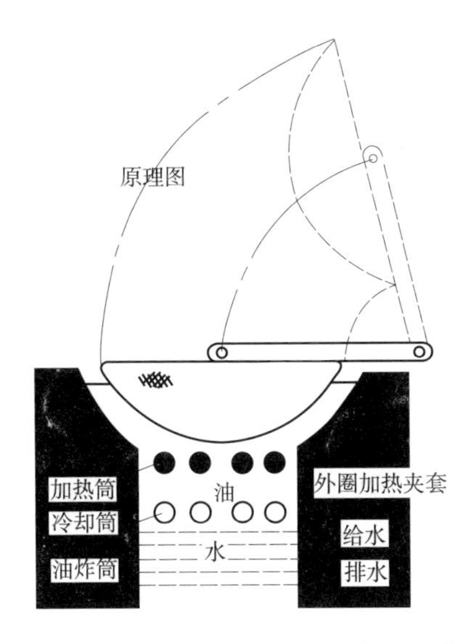

图 4-28　内外同时加热式油炸设备及工作原理

（二）连续深层油炸设备

这种油炸设备可以进行全自动连续操作，其结构如图 4-29 所示。

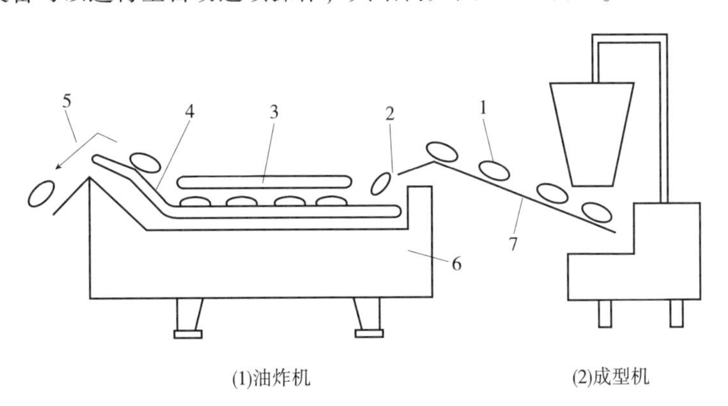

图 4-29　连续深层油炸设备

1—出自成型机的食品生坯　2—油炸机入口　3—潜油网带　4—炸货输送带

5—油炸机出口　6—机体　7—生坯输送带

连续深层油炸机的主要部件有机体、成型料坯输送带和潜油网带。机体内装有油槽和油槽加热装置。待炸食品成型坯由入口处进入油炸机后，落在油格内的网状输送带上。由于生坯在炸制过程中，水分大量蒸发，体积膨松，比重减小，因此易漂浮在油面上，造成其上下表面色泽差异很大，成熟程度不一。因此，油槽上设有潜油网带，强迫炸坯潜入油内。潜油网带与炸坯输送带回转方向相反，但速度一致。同步协助生坯前进，制品停留在油槽里的时间以保证其成熟为度。油的加热方式有电加热和煤气加热两种。

这种连续式深层油炸设备可用作一般的纯油深层油炸设备，也可以设计成水油混合式深层油炸设备。后者必须在油槽中不仅设计加热管，而且还要设计冷却筒。同时在油槽中必须放入水和油，情况类似前述间歇式设备。

日本生产的连续油炸设备，是采用远红外加热元件对油进行加热，油温更加均匀，更易控制（装有温制器）。而且由于采用红外加热，热效率高，耗能少。设备中还设计了油循环过滤的装置，可以自动除去油炸时产生的渣屑。其油槽的设计较合理，使注油量减少到最小的程度，增大了调节范围，以适应不同油炸要求。油槽内输送带速度有较大的调节范围，以适应不同油炸要求。

第四节　真空油炸技术

真空油炸技术是在20世纪60年代末和70年代初兴起的，开始时用于油炸马铃薯片，得到了比一般传统油炸工艺具有更好品质的产品，后来又有人将它干燥苹果片。20世纪80年代以后，该技术的发展更快，应用的范围更广。

食品的真空低温油炸，由于真空的存在，使得脱水占有相当重要的地位，因此与原有意义上的油炸有所不同。真空低温油炸技术将油炸和脱水作用有机地结合在一块，使该技术具有独特的优越性和广泛的适应性，尤其对含水量高的果蔬，效果更加理想。目前国外市场上出售的真空油炸食品有：水果类如苹果、猕猴桃、柿子、草莓、葡萄、香蕉等；蔬菜类如胡萝卜、南瓜、番茄、四季豆、甘薯、马铃薯、大蒜、青椒和洋葱等；肉食类有鱼片、虾、牛肉干等，以及各种干果如花生和大枣等。

近年来我国对真空低温油炸技术也进行了开发研究和设备引进，市场上也有国内生产或进口的真空低温油炸食品。这种食品较好地保留了其原料和原有风味和营养水分，味道可口、品种广泛，产品附加值高，因此具有广阔的开发前景。

一、真空油炸原理

（一）真空油炸原理

真空低温油炸是利用在减压的条件下，食品中水分汽化温度降低，能在短时间内迅速脱水，实现在低温条件下对食品的油炸。热油脂作为食品脱水供热的介质，还能起到改善食品风味的重要作用。因此，真空低温下干燥和油炸的有机结合无疑能生产出兼有两者工艺效果的食品。

真空油炸过程中温度、真空度随油炸时间的变化关系如图4-30所示。

从图中可以看出，随着真空度的提高，有越来越多的水分蒸发，带走大量潜热使油温下降即当真空度逐步上升到93.32kPa时，油温从110~150℃降至80~85℃。随后的一段时间，真空度和油温处于比较稳定的状态，水分继续蒸发，直至水分下降至一定程度时，内部水分迁移速度减慢，水分逸出速度减小，使得油温在真空度不变的情况下又逐步升高，直至油炸结束。

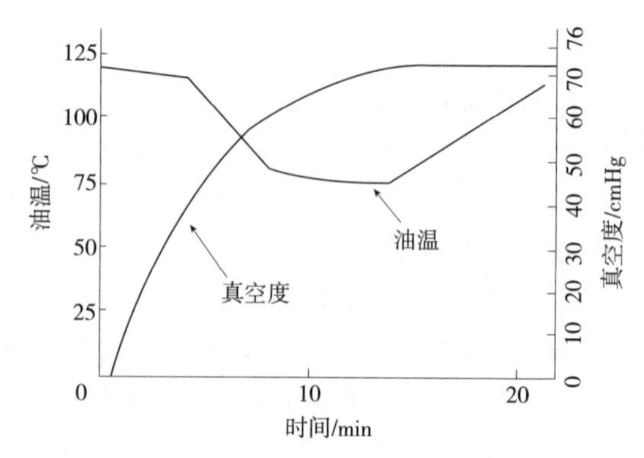

图4-30　真空油炸过程温度、真空度与时间的关系

(二)影响真空油炸过程的因素

1. 温度

油炸温度是影响食品脱水率、风味、色泽和营养成分的重要因素，油炸温度的控制是通过真空度的控制来控制的。不同食品的水分含量不同，并且其营养成分的热稳定性也不同，因此不同食品的油炸温度的控制要根据具体情况而有差别，一般控制在100℃左右。

2. 真空度

真空度的选择与油温和油炸时间相互依赖，也深刻地影响油炸产品的质量。对不同的食品物料，真空度控制过程的选择要视具体原料情况及对制品要求而有所不同，但一般保持在92.0~98.7kPa。此外还必须考虑太高的真空度会增加生产的成本。

3. 油炸前的预处理

预处理主要目的：一是使待炸原料的酶充分失活，使之在过程中有可能尽量保持食品的原色和原味；二是适当提高原料的固形物含量，提高制品的组织强度，降低产品的含油率，但应考虑以不丧失制品的嫩度为宜。前处理的方法有溶液浸泡、热水漂洗和速冻处理三种方式。

(三)真空低温油炸的特点

1. 温度低、营养成分损失少

常压深层油炸的油温一般在160℃以上，有时还会高于200℃，甚至达到230℃以上的高温。这么高的温度对食品中的一些营养成分会有难以避免的破坏作用，这在深层油炸工艺一节中已基本述及。前述常压深层油炸对营养成分和营养价值影响不大是相对性的结论，也可以说是对较厚食品物料所得到的结论。既然油温超过160℃，对小块和较薄物料，食品内部的温度就不能肯定地说不超过100℃。针对这种情况，就不得不考虑采取措施，使在这种情况下的内部温度仍处于不太高的理想温度，真空低温油炸的由来就在于此。待炸食品一般比较薄，而且其热敏性的维生素含量高，加之它油炸的主要目的之一有时往往在于干制，因此为迎合这种要求，真空低温油炸确是一种好办法。

真空油炸的油温只有100℃左右。因此，食品的外层和内层营养成分损失均较小，这样，油炸一些营养成分含量高，不宜在常压下油炸的食品就更加适宜。

油温的降低使对一些含糖量高的食物的炸制成为可能。油温低，美拉德反应速度降低，对保持食品原来的特殊的良好色泽，漂亮的外观，真空低温油炸是一种理想的选择。

2. 水分蒸发快，干燥时间短

油炸在真空下进行，产品的脱水速度快，因此对于含水量比较大的食物的干燥比较合适。目前已采用真空低温油炸干燥的食物有果蔬类原料、水产和肉类食品。对这些食物的干燥都能较好地保持草原有的色泽和风味。

3. 对食品具有膨化效果，提高产品的复水性

在减压状态下，果蔬细胞间隙中的水分急剧汽化膨胀，体积迅速增大，水蒸气在孔隙中冲出，这对产品产生良好的膨化效果和蓬松效果。因而真空低温油炸食品具有良好的复水性能。由于真空油炸产品酥脆可口，所以适合于快餐食品的制作。该工艺技术生产的干制蔬菜复水后犹如新鲜蔬菜一样。对于某些食品原料，油炸前施以冷冻处理，效果更加令人满意。

4. 油脂的劣化速度慢、油耗少

真空低温油炸的油温低，且处于缺氧或少氧的状态，油脂与氧的接触少，因此油脂的氧化、聚合、分解等的劣化反应速度减慢。因此，真空低温油炸不必添加抗氧化剂，并且油可反

复多次使用，这样就可有效地降低耗油量。此外，对于同样的食品原料采用常压油炸其产品的含油量高达40%~50%，若采用真空油炸，其产品的含油率则在20%以下，产品的耐藏性得到提高。

二、 真空油炸技术

（一）油炸前处理

首先，对原料果实或蔬菜的加工特性应有充分的了解。不同种类的原料，加工特性不一样。同一种类的原料因品种不同加工特性也不同，如红玉苹果质地比较疏松，切片过薄容易切碎，油炸时也容易破碎；切片过厚所需油炸时间过长，即使表面炸焦，内层水分仍不易脱出，果片不脆，颜色也不好。同一品种，成熟度不同，甚至采摘后后熟时间不同，其加工特性也不同。例如香蕉，在成熟过程中淀粉含量由26%下降至1%，糖含量由1%上升至19.5%。随着糖含量的增加，果实变得越来越软，不易加工。对香蕉来说，最适成熟度在八成熟左右，这时果实有一定的硬度，风味也已形成，既能方便加工，又能保证产品有良好的风味和外形。苹果等原料的情况也是如此。

对一批原料的酶活性、组织中的含气量和含水量、糖类物质以及淀粉含量和某些特有的成分，特别是脂溶性成分和光敏物质都应有充分的了解。

原料的预处理一般包括原料的挑选、清洗、切片、护色、灭酶、漂洗和糖置换等。

1. 原料的挑选

去除腐烂、霉变及虫蛀等的原料，按成熟度分级和按加工要求分别处理。分级要合理，以便于操作，提高原料的利用率，保证产品的质量。

2. 清洗

清洗以去除原料中的尘土、泥沙、微生物和农药等。一般用清水直接清洗，对表面污染严重的果蔬应先用0.5% HCl溶液浸泡数分钟，而后用清水漂洗干净。

3. 切片

去皮、去核后进行切片。为保证油炸制品有较好的色泽、风味和特色以及有利于脱水干燥，一般切成适当厚度的片状，厚度一般为2~4mm。

4. 护色与灭酶

为保证产品的色泽，保持原色，一般在去皮和切片时就立即开始护色。护色可采用一定浓度的亚硫酸氢钠水溶液浸泡来完成。

在预处理时应使原料中的酶尽量失活。对某些原料，特别是蔬菜和水果，如果酶失活不充分，酶褐变会使产品色泽和风味劣化。另外，豆类物质的脂肪氧化酶，畜肉和鱼肉的血色素也应尽量去除。灭酶可采用在98℃的热水中漂烫数分钟来完成。

5. 漂洗

漂洗去除亚硫酸氢钠和色素等物质。果蔬中含有比较多的酚酶类物质，这些物质与空气中的氧接触后，在其相应的酶的催化作用下，与氧结合生成醌类化合物，此类化合物进一步发生反应，最后生成黑褐色物质。虽然亚硫酸氢钠有控制这种反应发生的作用，但仍有少量的黑褐色物质生成，因而必须清洗。

6. 糖置换

为保证真空低温油炸产品的含油率，进行糖置换是有必要的。糖置换即人们常说的熬煮，将准备油炸的果蔬置于糖溶液中进行熬煮。

用于置换的糖的分子质量越小，越易浸渍。但糖类的选择与组合不一定按原料和产品的甜度、食感和含脂量等因素来决定。

糖置换时，糖液的浓度和置换时间应视具体情况而定。

苹果的糖置换可采用将苹果片置于30%~40%的糖溶液中，并在93.32kPa的真空环境中浸渍一定时间，随后突然消去真空，以进一步促进置换。通常情况下，这种方法使置换后的苹果片的质量增加30%。

香蕉的糖置换可采用如下方法：即将切好的香蕉片置于40%的砂糖、淀粉糖浆或麦芽糊精溶液中，用蒸汽煮沸5min。为了使产品色泽更好，可加入1%的明胶一起熬煮。

糖置换过的原料在进行油炸时，随着过程的进行渗透到原料中的糖不仅会游离到炸油时，而且会发生犹如结晶似的情况。糖漂浮在炸油中，在进行下一批油炸时，黏附在下一批产品的表面，使产品的品质下降。同时析出的糖还会黏附在油炸机的内壁出现焦糖化而发生故障，因此有必要经常对炸油进行过滤。

除了上述前处理外，对有些原料在油炸前还进行冷冻处理。在一项生产果蔬脆片的日本专利技术中，原料在糖置换后再经-18℃左右的低温冷冻16~20h，这样可免除果蔬片的变形。

（二）真空油炸

经处理过的片状原料这时可在真空油炸机中进行油炸。真空油炸有间歇操作和连续操作两种方式。间歇操作容易掌握，因此很多真空油炸都是间歇操作的。近年来随着技术的进步出现了不少连续操作的真空油炸生产线，不过目前我国多数采用的是间歇操作的低温油炸工艺。

经处理的原料放入网状容器，置于油炸锅内已预热好的油中。关闭真空油炸锅，并开始抽气。开始时，由于大量的热被原料吸收，油温下降。随着真空度的升高，原料中的水分开始蒸发。经放一段时间，油温和真空度都处于相对平稳的状态。随着油炸过程的不断进行，原料的水分含量不断降低，原料表面首先干燥，而后内部水分的迁移速度减慢，从而水分蒸发速度降低。此时，应适当降低加热强度，这时油温还要逐步上升。

在整个油炸过程中，真空度和温度的控制至关重要。水的蒸汽压随温度的升高而升高。当水的蒸汽压高于锅内压力时，就出现暴沸现象，大量的油随水汽被抽出。为克服暴沸，可采用逐步减压，缓慢加温的方法。换言之，最初原料含水量很高时，真空度和温度不宜过高，即使这样也有大量水分蒸发送出。随着原料水分的减少，可逐步减压和加温。

油炸一段时间后，真空度达到某一水平，且保持平稳，而温度上升则加快，这说明原料中的水分含量已显著下降。直至几乎没有水汽逸出时，就可停止操作。此时产品含水分在3%左右。由此可见，可以通过真空度、温度随时间而变化的情况来判定油炸作业的终点。

油炸前油预热的目的：提高传热效率，减少启动时间；防止原料长期停留发生褐变；避免微生物在较低温度下滋长。

原料置于网状容器中油炸，其堆积厚度对产品质量也有影响，原因如下：

①由于重力的作用，上层原料对下层原料挤压，使产品变形甚至破碎，或者挤在一起相互粘连使一部分难以炸透，影响产品品质的均一性；

②原料层厚度过大必然造成上、下层所受油层静压力的不同，从而下层原料的水分逸出较慢，使得产品的品质不均。

除了原料的堆置厚度要适当外，网状容器应能旋转。这样，对油有强制循环的作用，原料受到搅动，挤压在一起的可以散开，受热便均匀。

（三）油炸后处理

1. 脱油

尽管真空油炸产品的含油率低于常压油炸产品，但其含油仍然较高。要将产品的含油率控制在10%以下，就必须进行脱油处理。

脱油的方法有溶剂法和离心分离法。溶剂法往往有溶剂在产品中残留；机械离心法又往往使产品破损，因而脱油的方法至今难以确定。

真空油炸产品离心脱油的一般程序如下：

①油炸完成后，停止加热，在维持原真空度的条件下，将油面降至网状容器的底部以下，沥油数分钟。这样做实际上是产品的预脱油；

②真空沥油数分钟后，消除真空，取出油炸产品，进行高速离心脱油。

离心脱油的条件为转速1000~15000r/min、10min。机转速可减少上述变形和破碎，但产品的含油率达不到要求。但在常压下进行离心脱油会使产品粘连变形，甚至破碎。若降低离心，有人曾试验油炸后仍在真空条件下进行离心脱油，而离心脱油的条件控制在低速和短时间（如120r/min、2min），效果较好，但因设备复杂，操作麻烦而未推广。

在油炸结束后趁热立即进行脱油是必要的。否则在冷却后，油凝结或黏度增大，分离效果不理想。

2. 加香

为弥补油炸过程损失的香味，脱油后的产品可用0.2%的香精加香。

三、 真空油炸产品的品质特性与包装要求

（一）吸湿性

图4-31所示为真空油炸马铃薯片和苹果片在不同湿度下的吸湿情况。从图中可以看出，真空油炸产品应在较低湿度条件下保藏为宜，否则产品要吸潮变质。

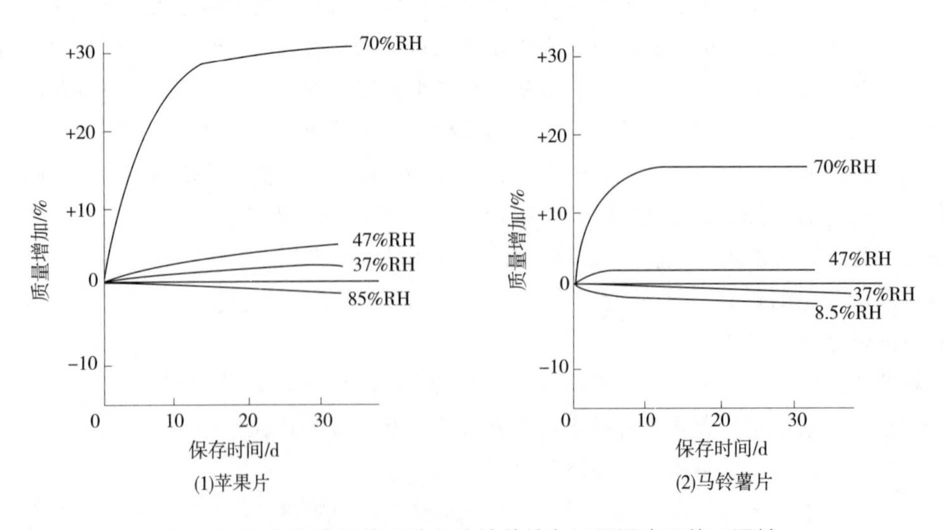

图4-31 真空油炸苹果片和马铃薯片在不同温度下的吸湿性

图 4-32 所示为真空油炸农产品和水产品的吸湿情况。对一般的农产品，特别是水果，含有大量吸湿性高的糖类，因而其真空油炸产品的吸湿性也较强，保存要求高。水产品在相对湿度为 63%~65%、温度为 20~23℃条件下可保存 24~25d，而真空油炸的农产品在相同的条件下只能保存 13~14d。

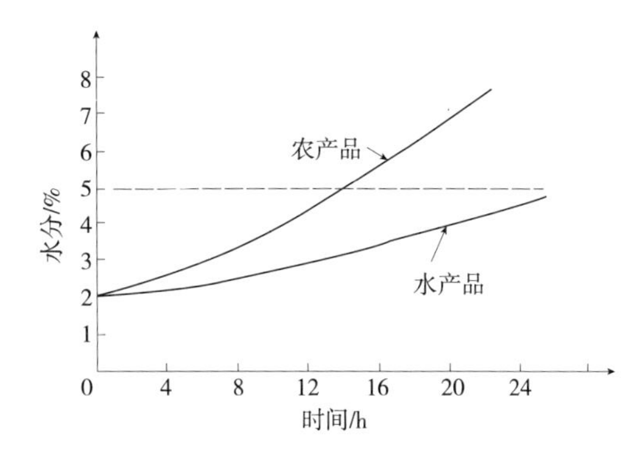

图 4-32　真空油炸农产品和水产品的吸湿性

注：条件为温度 20~30℃、相对湿度 63%~65%，开放状态。

松脆的口感是真空油炸产品的关键。要保持松脆状态，水分含量应控制在 5%以内，因此它对包装贮存、流通的条件要求较高。

（二）过氧化物值和酸值

日本的食品卫生法规定：对于脂肪含量在 10%以上的糕点，若其酸值超过 3.0，同时过氧化物值超过 30，或者仅酸值超过 5.0 或仅过氧化物值超过 50，都是不允许的。真空油炸食品的组织具有多孔性。组织孔隙的表面积很大，并且其表面覆盖着一层油脂，这一层油脂很容易被氧化。光线、氧气、温度等是过氧化物值升高的促进因子。

1. 贮存温度

油脂的氧化随温度升高而显著加快，温度与氧化速度的关系为温度每升高 10℃，氧化速度提高 2 倍。图 4-33 所示为真空油炸产品含气包装好进行贮藏试验的结果。结果表明，温度对产品贮存期有很大的影响。37℃贮存 12 个月，产品的过氧化物值达到允许的上限，而 50℃贮存 2 个月后，产品的过氧化物值就超标了。低温下贮存时间可以很长。

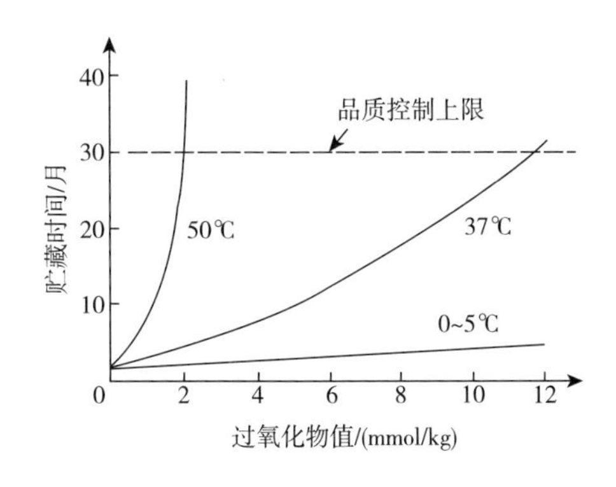

图 4-33　过氧化物值与贮存温度的关系

2. 氧气浓度

图 4-34 所示为氧气浓度对真空油炸产品过氧化物值影响的试验结果。它表明，氧气浓度越高，氧化反应速度越快，过氧化物值升高越快。因此，在进行真空油炸产品包装时，应使包装袋内空气尽可能减少，或充入惰性气体如氮气，

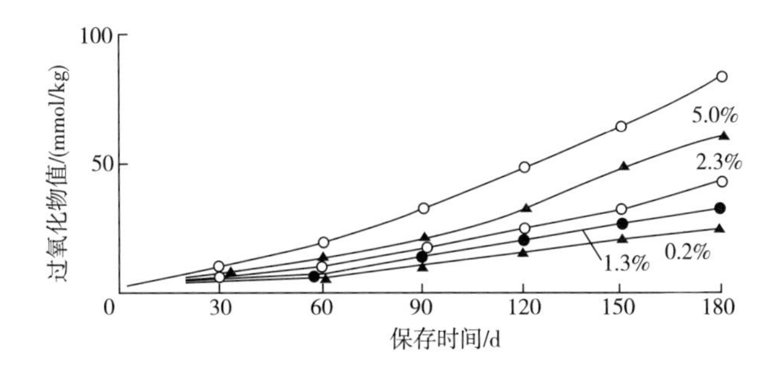

图 4-34　氧气浓度对真空油炸产品过氧化物值的影响

加入除氧剂等以延长真空油炸产品的货架寿命。但不宜充入二氧化碳，因而氧化碳易被油脂吸收。

3. 生化物质

金属对油脂的氧化有促进作用，因此制造设备，器具等应选用合适的金属材料。除金属之外，铁卟啉衍生物和脂肪氧化酶会促进油脂的氧化，铁卟啉衍生物如羟基血红素、肌红蛋白和细胞血素等在畜肉和鱼肉中含量较高，在该类产品的制造过程中应注意这方面的问题。脂肪氧化酶广泛存在于蔬菜及水果中，不过脂肪氧合酶的处理比较容易，82℃处理 15min 即可使其失活。

另外，叶绿素等物质也会加速油脂的氧化。绿色蔬菜的真空油炸产品的过氧化物值比其他蔬菜类物质的真空油炸产品高许多。

（三）真空油炸产品的包装要求

1. 容器的大小和包装容量

从销售的观点，希望外观显得大些。但内容物少而容器大则内部空隙大，氧气量就多，这对油脂的劣化是个促进因素，不利于产品的货架寿命。因此容器的大小应在保证内容物的品质的情况下再尽可能使商品外观好看。

2. 包装的避光性

这是真空油炸产品保藏时应着重考虑的问题。紫外线对产品的质量有很大的影响，包装材料应能阻断 550nm 以下波长的光线。

但从销售来看，消费者希望能透过包装材料看到内容物。因此在用铝箔包装时，合理的做法是在包装盒上印上产品的照片或至少开一个小孔，以便消费者观察。

3. 包装的隔气性

真空油炸产品通常多采用充气包装，包装的隔气性一般不成问题。除了考虑盒内的氧气要引起产品的过氧化物值升高外，还应考虑包装的保香性和防潮性、充惰性气体的包装，隔气性也应考虑。

4. 微生物污染

一般情况下，真空油炸产品的微生物指标不会超标，即能保证细菌总数在 10 个/kg 以下，大肠杆菌和致病葡萄球菌基本没有。在进行小包装时，应注意微生物的再污染。

四、 真空油炸设备

真空低温油炸设备有间歇式和连续式两种。间歇式低温真空油炸设备为早期产品，目前我国的一些食品厂采用的就是间歇操作的真空油炸设备。连续式真空油炸设备是新近发展起来的，美国和日本等国有定型产品面世，我国也已研制成功。

（一）间歇式真空油炸设备

图 4-35 所示为一套低温真空油炸装置的系统简图。油炸釜为密闭器体，上部与真空泵 3 相连，为了便于脱油操作，内设离心甩油装置。甩油装置由电机 2 带动，油炸完成后降低油面，使油面低于油炸产品，开动电机进行离心甩油，甩油结束后取出

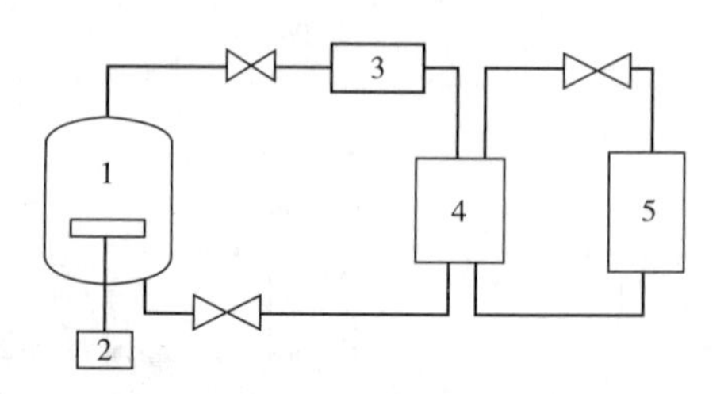

图 4-35　间歇式真空油炸装置

1—油炸釜　2—电机　3—真空泵

4—贮油箱　5—过滤器

产品，再进行下一周期的操作。4 为贮油箱。油的运转由真空泵控制，即由真空泵来控制油炸釜的油面高度。过滤器 5 的作用是过滤炸油，及时去除油炸产生的渣物，防止油被污染。

（二）连续式真空油炸设备

图 4-36 所示为一台连续式真空油炸设备的结构示意图。图中的连续真空油炸设备其主体为一卧式筒体。待炸坯料由闭风器 1 进入（闭风器的结构如图 4-37 所示），落入具有一定油位的筒体进行油炸，坯料由输送器 2 带动向前运动，输送带 2 的运动速度根据油炸要求而定，油炸结束后，炸好的产品由输送带 2 带入无油区输送带 3 和 4，产品在输送带 3 和 4 上边沥油，边向前运动，最后产品由出料闭风器 5 排出。

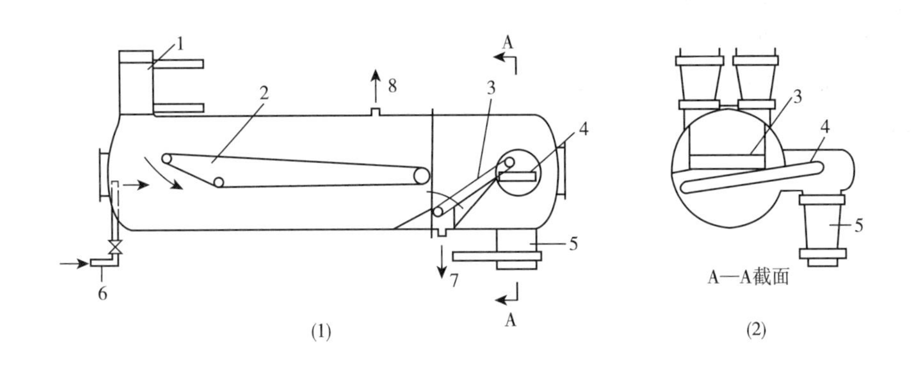

图 4-36　连续式低温真空油炸设备

1—闭风器　2—输送器　3、4—无油区输送带　5—出料闭风器　6—油管　7—出油口　8—接口

油由入油管 6 进入筒体，由出油口 7 排出，过滤后循环使用。筒体通过接口 8 与真空泵连接，以实现油炸时所需的真空条件。由于入料和出料均采用了闭风器，因此设备内的真空可以得以保持，闭风器的好坏直接关系到能耗等经济技术指标。

入料闭风器的结构如图 4-37 所示，坯料首先落入上层落料斗，上层落料斗与下层落料斗 3 之间有一隔板 1。隔板 1 的抽出和插入由气动装置 6 控制。抽出隔板 1，坯料落入下层落料斗，然后重新插回，此时下落料斗与外界隔绝，然后抽出隔板 2，物料落入筒内油炸，隔板 2 重新插回准备下一周期的操作。隔板 2 的抽出与重新插入由气动装置 5 控制。出料闭风器的工作原理同入料闭风器。

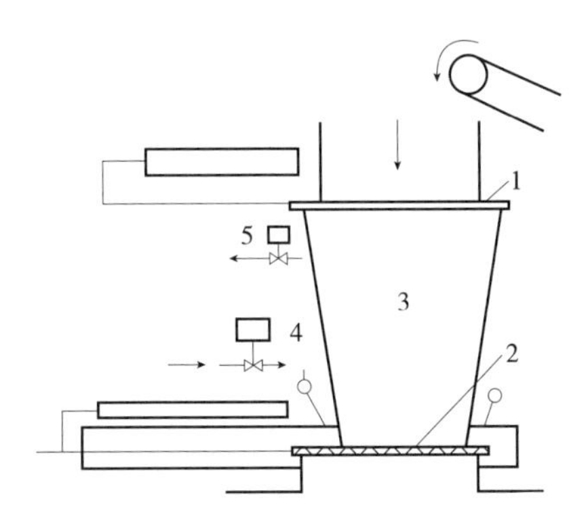

图 4-37　入料闭风器结构

1、2—隔板　3—落料斗　4、5—气动装置

思考题

1. 微波加热技术具有哪些优势？
2. 微波加热设备的基本组成是什么？举出3种常用的微波加热器实例。
3. 过热蒸汽具有哪些性质？
4. 举出2~3个过热蒸汽在食品加工中的应用实例。
5. 简述油炸对食品的影响。
6. 什么是水油混合式深层油炸技术？相比于传统油炸技术，它具有哪些优点？
7. 水油混合油炸设备有哪些分类？
8. 真空油炸的基本原理是什么？特点是什么？
9. 影响真空油炸过程的因素有哪些？
10. 真空油炸一般包括哪些步骤？

第五章 食品分离高新技术

CHAPTER 5

[学习目标]

1. 掌握超临界流体萃取技术的原理、过程系统和应用。
2. 掌握超滤与反渗透的原理，了解超滤与反渗透的基本组件、流程和应用。
3. 掌握电渗析技术的原理、系统和应用。
4. 掌握液膜分离技术的原理、系统和应用。
5. 掌握工业色谱分离技术的原理、系统和应用。

分离是食品工程领域中的一个重要操作单元，它根据被分离物料物化性质的不同，采用相应的技术手段，实现食品中不同组分的分离。传统的分离手段主要包括机械分离和传质分离两种，存在成本较高、产率较低或反应周期长等缺点。近年来，随着新材料、新工艺以及新技术的迅速发展，一些新型的分离技术不断涌现，并逐步向食品工业领域渗透，现已在乳制品加工、果蔬汁加工、制糖工业、农产品深加工、食品添加剂和食品工业废弃物处理中得到广泛的应用。与传统技术相比，新型的食品分离技术具有高效、环保、节能、易用控制等特征，得到世界各国的普遍重视。

第一节　超临界流体萃取技术

超临界流体萃取（supercritical fluid extraction，SCFE）是利用流体（溶剂）在临界点附近某一区域（超临界区）内，它与待分离混合物中的溶质具有异常相平衡行为和传递性能，且它对溶质溶解能力随压力和温度改变而在相当宽的范围内变动这一特性而达到溶质分离的一项技术。因此，利用这种所谓超临界流体作为溶剂，可从多种液态或固态混合物中萃取出待分离的组分。

在过去 20 多年中，超临界流体萃取技术在许多领域取得了长足的进展。在工业应用方面，与常规的溶剂萃取相比，有明显的优点：

①超临界流体萃取可采用挥发性大的、无毒的气体（如 CO_2）作溶剂，并通过调节温度和压力容易地使溶剂与萃取物完全分离，因此不存在溶剂残留、污染产品的问题。而常规蒸馏过程则相反，由于完全除去溶剂往往是不可能的，所以对食品工业尤为不利；

②如果选择适当的溶剂（如 CO_2），超临界萃取可在较低的温度下进行。因此，最适宜分离那些在蒸馏过程中容易发生分解的高沸点组分，这对于食品工业中热敏性、芳香性物料的分离提取极为重要；

③超临界流体萃取比常规蒸馏和液体萃取节约相当大的能量。美国 ADL 公司声称，利用超临界 CO_2 作溶剂生产 3.8L 乙醇仅消耗 10550.6kJ 的能量，而常规蒸馏则需要 26376.5～52753kJ 的能量。

超临界流体萃取的工业应用，也存在着以下主要问题：

①在食品行业，采用高压加工技术较难为人们所接受。首先，包括高压设备在内的投资费用比较昂贵。其次，超临界流体萃取过程虽是一个节能过程，但过程的经济性极大地取决于回收能量的能力或减少气体压缩所需的能量；

②由于缺少生物化合物在高压下的溶解度和相平衡数据，所以给设计工作带来一定的困难，在大多数情况下，需要通过实验来测定，获得必要的参数。

超临界流体萃取是一个具有相当潜力的分离方法，在食品工业中的应用前景将会十分乐观，这主要是因为该技术能满足许多加工食品的特殊品质要求，特别是对生产价值高的食品添加剂极为有用。另一方面，近年来，随着高压技术的不断发展，必将改变目前超临界流体萃取投资费用高的状态。而且，超临界流体萃取技术若能与其他单元操作结合使用，也将会使系统产生更佳的经济效益。

一、 超临界流体的萃取原理

一纯物质的临界温度（T_c）是指该物质处于无论多高压力下均不能被液化时的最高温度，与该温度相对应的压力称为临界压力（P_c），这可在图 5-1 中表示出来。在压温图中，高于临界温度和临界压力的区域称为超临界区。如果流体被加热或被压缩至高于基临界点时，则该流体即成为超临界流体。超临界点时的流体密度称为超临界密度（ρ_c），其倒数称为超临界比体积（V_c）。不同的物质具有不同的临界点，这种性质决定了萃取过程操作条件的选定。

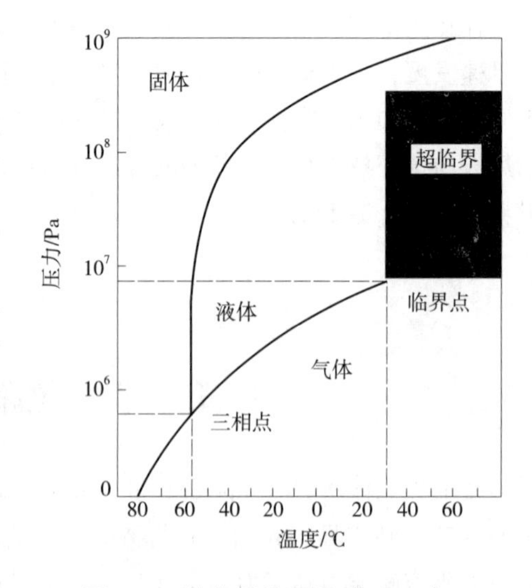

图 5-1　纯物质的压温（CO_2）

（一）超临界流体的 *P-V-T* 性质

在食品工业中，常用的萃取剂是 CO_2，这主要是因为 CO_2 无毒，不易燃易爆，有较低的临界温度和临界压力，易于安全地从混合物中分离出溶质且价格低廉。图 5-2 所示为以 CO_2 为例的 *P-T* 相图。图中 T_r 为三相点，CP 为临界点，液-气曲线 1g 始于 T_r、终止于 CP，液-固曲线 1s 起始于 T_r、压力随温度迅速上升。图中还表示出由这些曲线划定的气态、液态、固态以及超临界流体状态的区域以及各种分离方法适用的相应领域。

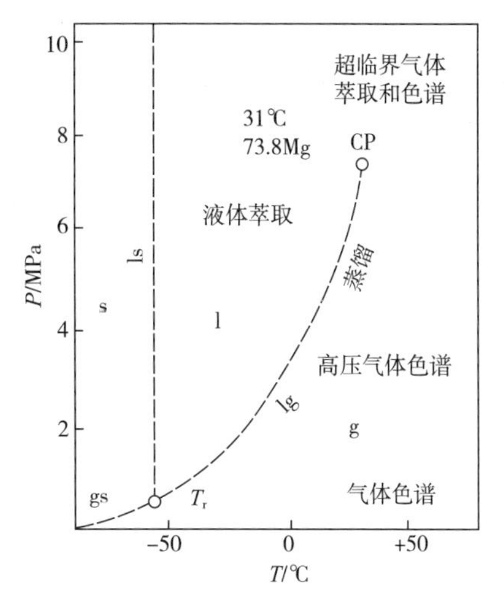

图 5-2 CO_2的 P-T 曲线

g—气相 l—液相 s—固相

CP—临界点 T_r—三相点

图 5-3 所示为 CO_2的 P-T-ρ 相平衡图。在稍高于临界点温度的区域内，压力稍有变化，即引起密度的很大变化。这时超临界流体的密度已接近于该物质的液体密度。可想而知，超临界流体对液体或固体的溶解性也应与常规液体相当，但此时的状态仍为气态，因此，超临界流体具有高的扩散性，与液体溶剂萃取相比，其过程阻力大大降低。

图 5-4 所示为 CO_2在亚临界及超临界条件下的 P-ρ 等温图，以对比状态参数 $P_R=P/P_C$，$T_R=T/T_C$及 $\rho_R=\rho/\rho_C$表示压力、温度和密度之间的关系。其中阴影部分是超临界流体萃取最宜选用的操作区域。在该区域内流体的密度随压力上升而迅速增加，在临界点 CP，[（$\partial\rho/\partial P=\infty$）] 密度随压力的变化率为无限大。

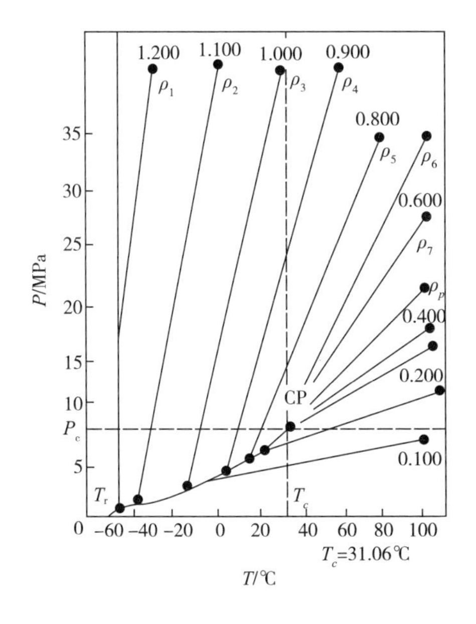

图 5-3 CO_2的 P—T—ρ 相平衡

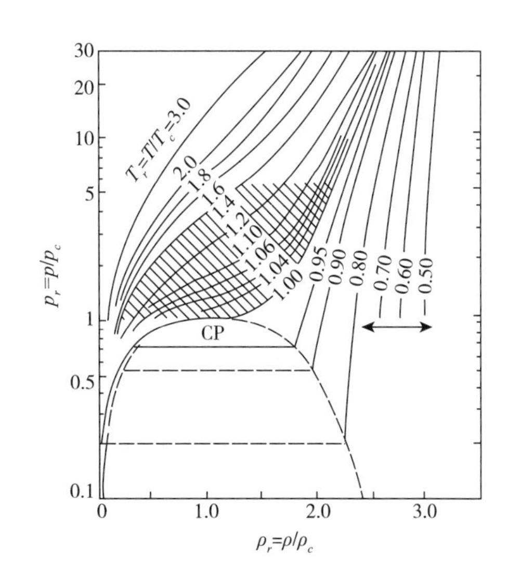

图 5-4 CO_2的 P—ρ 等温线

（二）超临界流体的传递性质

溶质在超临界流体中的溶解度是平衡性质，至于达到平衡所需的时间则是萃取动力学范畴，这与超临界流体的传递性质有关。表 5-1 所示为超临界流体的传递性质，并与气体、液体作了比较。很明显，超临界流体的密度接近液体的密度，而黏度却接近普通气体，自扩散能力比液体大约 100 倍。

表 5-1　　超临界流体与其他流体的传递性质

流体（状态）	密度/（kg·m³）	黏度/MPa·s	扩散系数/（m²·s）
气体	0.6~2	$1\sim3\times10^{-4}$	$(0.1\sim0.4)\times10^{-4}$
（P=101.3kPa）			
（T=283~303K）			
液体	600~1600	$0.2\sim3\times10^{-2}$	$(0.2\sim2)\times10^{-3}$
（T=283~303K）			
超临界流体	200~500	$(1\sim3)\times10^{-4}$	0.7×10^{-7}
（$T=T_C$，$P=P_C$）	400~900	$(3\sim9)\times10^{-4}$	0.2×10^{-7}
（$T=T_C$，$P=4P_C$）			

图 5-5 所示为 CO_2在 40℃下的密度 ρ、黏度 η、自扩散系数×密度（$D_{11}.\rho$）与压力 p 之间的关系。当压力在 8MPa 以下时，黏度 η、$D_{11}.\rho$ 基本保持恒定；当压力在 8~15MPa 附近时，η、ρ、$D_{11}.\rho$ 的变化较迅速；当压力继续升高时，则各性质参数的变化又渐趋缓慢。

图 5-6 所示为 CO_2的自扩散系数 D_{11}（图中用实线表示）和苯在 CO_2中的扩散系数 D_{12}（图中用×××表示）与密度 ρ 和压力 P 之间的关系。为了比较方便，图中还给出了气相和液相的扩散系数的一般取值范围（阴影部分）。由图可见，苯在超临界 CO_2中的 D_{12}值较常压气相的扩散系数数值小 2~3 个数量级，但仍比正常液体的相应数值大得多。这些性能说明了超临界流体的传递性能优于正常的液体。

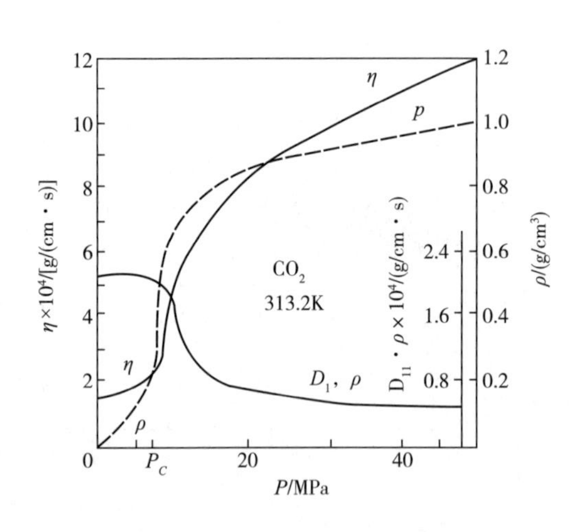

图 5-5　CO_2密度 ρ、黏度 η、自扩散系数 D_{11}与压力 P 的关系（40℃）

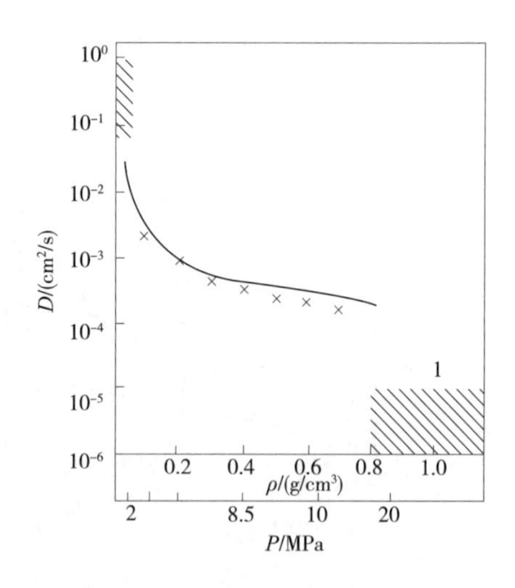

图 5-6　CO_2的自扩散系数 D_{11}和苯在 CO_2中的自散系数 D_{12}与 CO_2密度 ρ、压力 P 的关系（40℃）

超临界流体的黏度是重要的传递性能之一。图 5-7 所示为以角鲨烷为例说明在超临界流体存在的条件下，被萃取物质的黏度与压力的关系。由图可知，纯角鲨烷的黏度随压力升高显著升高，而当超临界流体溶解于角鲨烷中，其黏度随压力升高显著减缓。当角鲨烷中溶有某些超临界流体（如 CO_2、N_2、Ar）时，其黏度随压力升高而降低。因为扩散系数与黏度成反比，故可预测在被萃取相中也有较高的扩散系数。由于超临界流体的自扩散系数大，黏度小，渗透性好，与液体萃取相比，可以更开地完成传质，达到平衡，促进高效分离过程的实现。

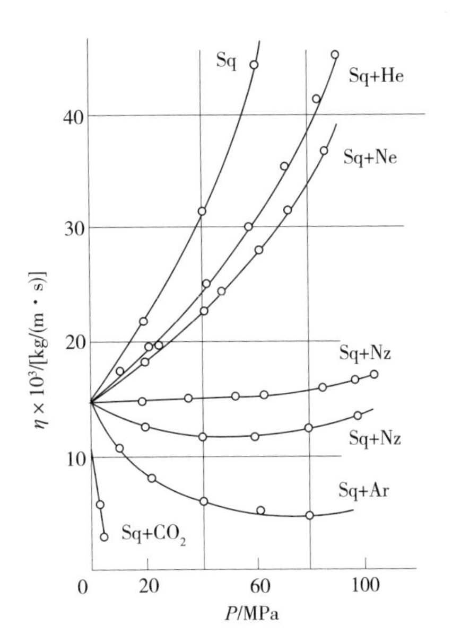

图 5-7　超临界流体存在时被萃取物 Sq（角鲨烷）的黏度与压力关系（40℃）

（三）超临界流体的溶解能力

超临界流体的溶解能力与密度有很大关系。如图 5-8 所示，在临界区附近，操作压力和温度的微小变化，会引起流体密度的大幅度变化，因而也将影响其溶解能力。超临界流体萃取技术正是利用这个特性来分离物质的。

图 5-9 所示为菲在超临界流体乙烯中的溶解度随密度和温度的变化。显然，菲的溶解度随乙烯密度的增加而提高，且在密度相同的情况下，菲的溶解度随乙烯密度的提高而增大。

图 5-10 所示为 45℃ 时萘在 CO_2 中溶解度随压力的变化。可以看出，当压力小于 7MPa 时，萘在 CO_2 中的溶解度非常小。当压力上升到 CO_2 的临界压力附近时，溶解度迅速增大。当压力到达 25MPa 时，其溶解度可达 70g/L（约 10%质量分数）。实验研究证明，超临界流体对一些物质的溶解度与蒸汽压按理想气体定律处理而得到的理论计算值比较，两者相去甚远。一些体系的实测溶解度与计算值之比竟达 10^{10} 倍。表 5-2 列出几个实例。

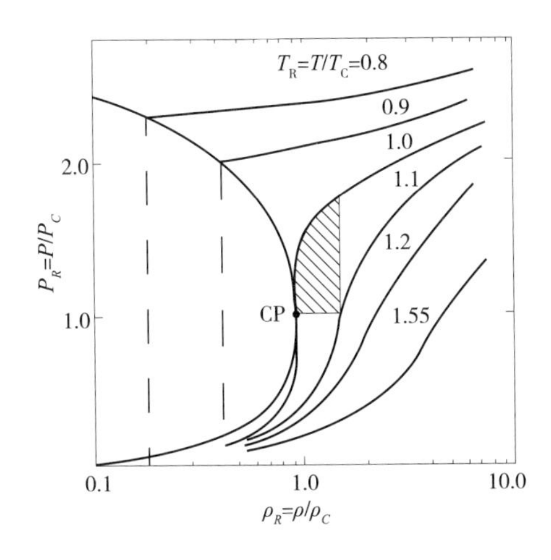

图 5-8　纯组分在其临界点附近的相图

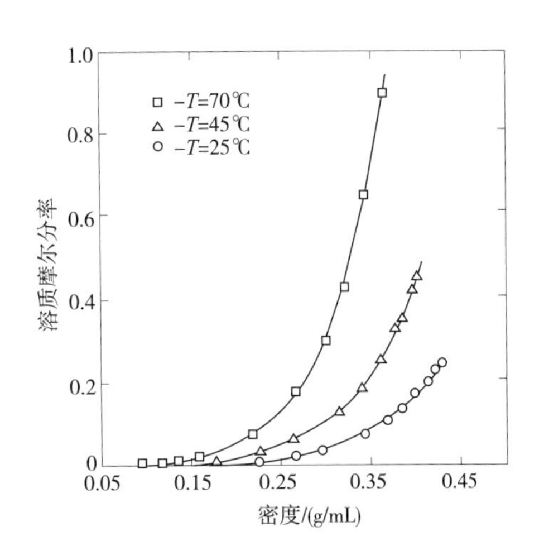

图 5-9　菲在超临界流体乙烯的典型指数式溶解变化曲线

图 5-11 所示为在不同压力下，温度对萘在超临界流体乙烯中的溶解度的影响。由图可见，当温度稍高于乙烯的临界温度（约 9.3℃）时，在中等程度的压力下萘的溶解度随温度升高而

降低。但在较高的压力下，温度的上升导致溶解度的增大。

由此可见，以超临界流体作为萃取剂，要达到预期的分离效果，关键之一在于选择适当的操作压力和温度。

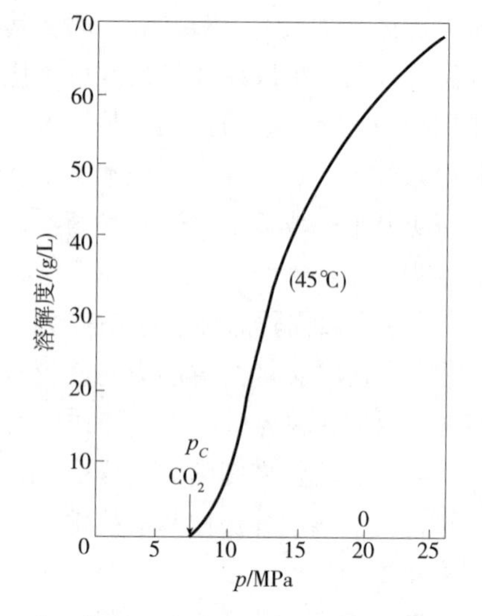

图 5-10 萘在 CO_2 中的溶解度与压力的关系

物质在超临界流体中的溶解度 C 与超临界流体密度 ρ 之间的关系往往可以表示为式（5-1）：

$$\ln C = m \cdot \ln\rho + K \tag{5-1}$$

式中 C——物质在超临界流体中的溶解度

ρ——超临界流体密度

m——系数，为正值

K——常数，与萃取剂、溶质的化学性质有关

图 5-12 所示为部分物质在 CO_2 中的溶解度。

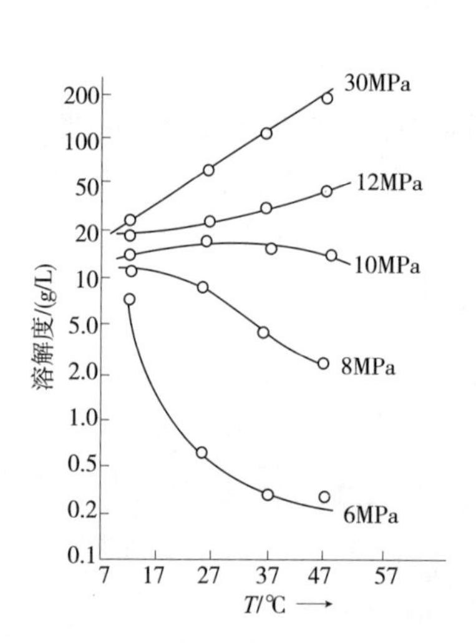

图 5-11 萘在乙烯中的溶解度与温度的关系

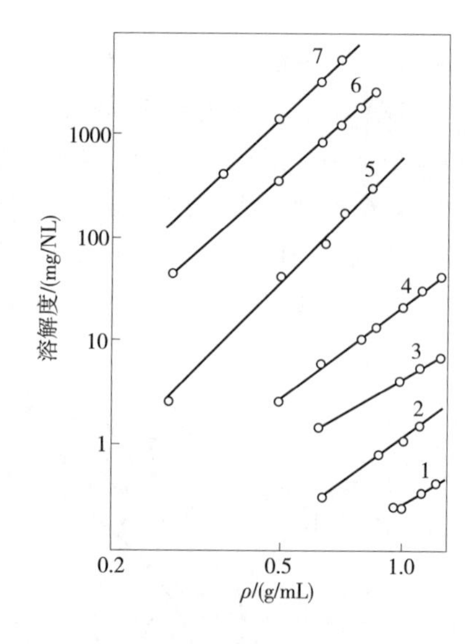

图 5-12 部分物质在 CO_2 中的溶解度（40℃）

1—甘氨酸 2—弗朗鼠李苷（frangulin）

3—大黄素[$C_{15}H_7O_2(OH)_3$] 4—对羟基苯甲酸

5—1，8—二羟基蒽醌 6—水杨酸 7—苯甲酸

表 5-2 超临界流体乙烯中溶质溶解度的对比（19.5℃）

溶质	压力/MPa	蒸气压/Pa	溶解度（Wt）		
			计算值	实测值	实测值/计算值
癸烷	8.437	4.0×10^{-4}	0.33×10^{-9}	2.8	8.48×10^{9}
十六烷	7.664	0.23	0.21×10^{-6}	29.3	1.39×10^{3}
己醇	8.086	1292	0.79×10^{-3}	9.0	1.14×10^{4}

（四）超临界流体萃取的选择性

用作萃取剂的超临界流体应具有良好的选择性。按相似相溶原则，选用的超临界流体与被萃取物质的化学性质越相似，溶解能力就越大。从操作角度看，使用超临界流体为萃取剂时的操作温度越接近临界温度，溶解能力也越大。因此，提高萃取剂选择性的基本原则是：

①超临界流体的化学性质和待分离物质的化学性质相近；

②操作温度和超临界流体的临界温度相近。

然而，从选择萃取剂的角度看，由于大多数食品具有复杂的化学成分、热敏性及易氧化等特性，因此在采用超临界流体萃取技术时，萃取剂的选择则是应考虑的另一方面。一般地，选择萃取剂的主要因素是：本身为惰性，且对人体无害；具有适当的临界压力，以减少压缩费用；具有低的沸点，以利从溶质中分离。CO_2是食品工业中最吸引人的萃取剂。虽然对于某些低挥发性物质的萃取，它比不上常规的有机溶剂，但因为无毒无害、不易燃易爆、低黏度、低表面张力、低沸点、合理临界特性等优点，因此在食品工业中广为使用。表5-3所示为部分有机化合物在液态CO_2中的选择溶解性，这也可外推至超临界CO_2。

表5-3　液体CO_2中有机化合物的选择溶解性（22~24℃）

化合物	溶解度（以质量分数计/%）	化合物	溶解度（以质量分数计/%）
n-庚烷	易溶	苯甲酸甲酯	易溶
n-十二烷	易溶	邻苯二甲酸二乙酯	10
n-十六烷	8	*N*，*N*-二甲基苯胺	易溶
n-二十四烷	1~2	苯胺	3
β-胡萝卜素	0.01~0.05	二苯胺	1
磷-二甲苯	4~25（-46~-16℃）	酚	3
五甲基苯	17	磷-异丙基丙酚	6
联苯	2	羟基醌	<0.01
蒽	<0.02	*α*-生育酚	1
三氯甲苯	2	乙酸	易溶
甲醇	易溶	苯乙酸	<0.1
叔丁基醇	易溶	月桂醛	1
7-13醇	11	2，4-二硝基苯	24
磷-苯蒽	7	2，4-二硝基氯苯	11
二苯酮	4	二环已基并-18-冠-6	1
胆甾烷酮	1.5	葡萄糖	0

许多学者的研究表明，超临界CO_2作为萃取剂有以下具体特点：

①分子质量大于500u的物质具有一定的溶解度；

②中、低分子质量的卤化碳、醛、酮、酯、醇、醚是非常易溶的；

③低分子质量、非极性的脂族烃（C_{20}以下）及小分子的芳烃化合物是可溶的；

④分子质量很低的极性有机物（如羧酸）是可溶的。酰胺、脲、氨基甲酸乙酯、偶氮染

料的溶解性较差；

⑤极性基团（如羧基、羟基、氨）的增加通常会降低有机物的溶解性；

⑥脂肪酸及其甘油三酯具有低的溶解性，然而，单酯化作用可增强脂肪酸的溶解性；

⑦同系物中溶解度随分子质量的增加而降低；

⑧生物碱、类胡萝卜素、氨基酸、水果酸和大多数无机盐是不溶的。

超临界流体的选择可以是单一的，也可以是复合的。添加适当的共沸物，可以大大地增加其溶解性和选择性，降低所需要的操作温度和压力，增加产量，缩短加工时间，提高分馏级数，提高目的物纯度。常用的共沸剂有丙酮、甲醇等。但是共沸物的使用有可能会影响产品中的溶剂残留量，对食品工业而言还有一个安全无毒的问题。因此，必须综合考虑溶剂对萃取过程的适用性（即毒性、反应性、成本等）。

二、超临界流体萃取的过程系统

（一）超临界流体萃取的过程系统

超临界流体萃取过程系统的组成各不相同，这取决于原料的性质，操作条件及超临界流体溶剂的性质。

通常，超临界流体萃取系统主要由四部分组成：溶剂压缩机（即高压泵），萃取器，温度、压力控制系统，分离器和吸收器。其他辅助设备包括辅助泵、阀门、背压调节器、流量计、热量回收器等。图 5-13 所示为常见的三种超临界萃取流程示意图。第一种方式［图 5-13（1）］是控制系统的温度，达到理想萃取和分离的流程。超临界萃取是在产品溶质溶解度为最大时的温度下进行。然后萃取液通过热交换器使之冷却，将温度调节至溶质在超临界相中溶解度为最小。这样，溶质就可以在分离器中加以收集，溶剂可经再压缩进入萃取器循环使用。第二种方式［图 5-13（2）］是控制系统的压力。在图中，富含溶质的萃取液经减压阀降压，溶质可在分离器中分离收集，溶剂也经再压缩循环使用或者径直排放。第三种方式［图 5-13（3）］即吸附方式，它包括在定压绝热条件下，溶剂在萃取器中萃取溶质，然后借助合适的吸附材料如活性炭等以吸收萃取液中的溶剂。实际上，这三种方法的选用取决于分离的物质及其相平衡。三种方式之外，尚有同时控制温度和压力的方式。

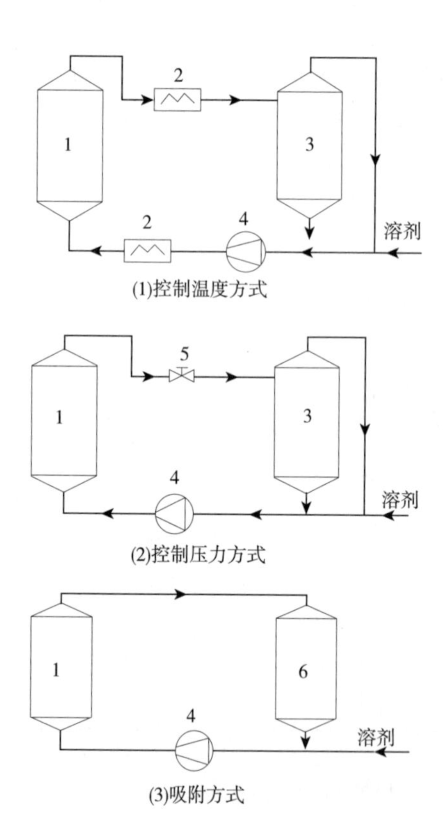

图 5-13　超临界流体萃取设备流程

1—萃取器　2—换热器　3—分离器

4—压缩机　5—减压阀　6—吸收器

（二）超临界流体萃取的操作特性

大多数食品的化学复杂性和热敏性等特性决定了在采用超临界流体萃取时要仔细选用溶剂及萃取操作条件。选择溶剂主要要考虑它对所提取的物质要有较高的溶解度，对人体和原料应完全惰性。此外，理想的溶剂还必须具有适当的临界压力和较低的沸点。CO_2是食品工业上应用最普遍、最吸引人的溶剂。用CO_2进行超临界萃取时，其操作压力和温度条件随被萃取物质不同而有较大的差异。食品工业中应用的典型温度、压力范围如图5-14所示。在超临界区内压力较高的部分，有所谓全萃取区。此区是目的物可全部溶出的操作区域。据研究，溶质的溶解度随操作压力和温度的升高而增大，而温度的上限受制于被萃取物料的热敏性，压力的上限受制于设备投资和安全以及生产成本。因此，在全萃取区进行超临界萃取，必须考虑在优质、高产、安全、经济性之间综合权衡，寻求最佳操作压力、温度方案。在靠近临界点附近的超临界区，称为脱臭区。混合物的脱臭可视为另一种全萃取。因为在这一萃取过程中，操作温度和压力维持在溶剂临界点附近不变，过程不是在最大溶解度下进行。但是挥发性高的组分，即通常带有特殊气味的物质，相对来说则可从混合物中顺利地除去。近临界点区操作法有两种用途，一是从所需产品中去除不理想的芳香化合物，另一是萃取有用的芳香物，作为配制食品的香料和风味料用。在超临界区域内的中压区，即所谓分馏区，当多组分物系进行超临界萃取时，利用溶剂对各组分选择性程度的差异而产生分馏。因此，此法适用于分离相对挥发性有明显差异的组分。超临界流体分馏的另一方法是先行全萃取，然后通过压力或温度不同的一系列分离器，使之逐步完成各成分的分离。这虽然理论上可行，但是若要萃取设备达到精确恰当的温度或压力差异，以期获得理想的馏分，则萃取系统及其操作将变得十分复杂，费用就较高。

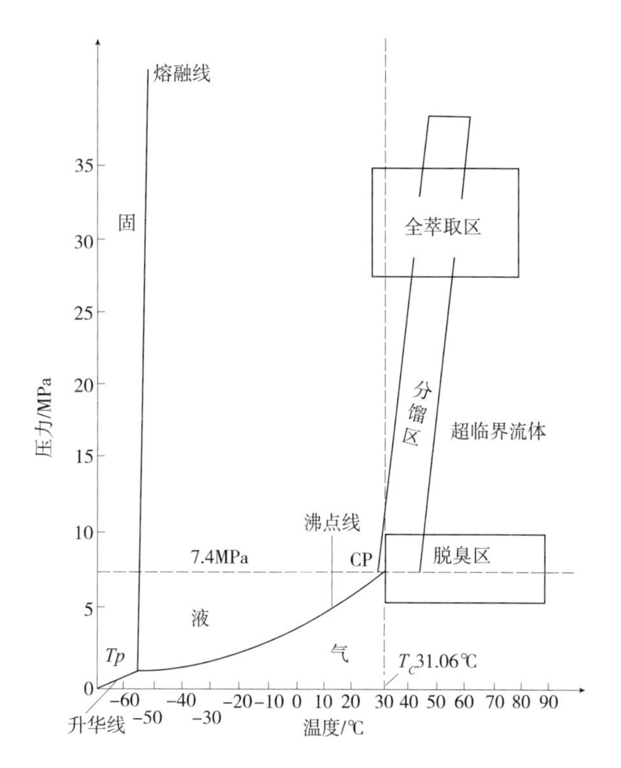

图5-14 食品工业超临界流体萃取应用的典型操作温度、压力范围

三、超临界流体萃取技术在食品工业中的应用

超临界流体技术在萃取和精馏过程中，作为常规分离方法的替代，有着许多潜在的应用前景。近20年来，该技术的研究取得了很大的进展，它在食品工业中的应用也日益广泛。如德国、美国等的咖啡厂用该技术进行脱咖啡因、澳大利亚等用该技术萃取啤酒花。欧洲一些公司也用该技术从植物中萃取香精油等风味物质，从各种动植物油中萃取各种脂肪酸，从奶油和鸡蛋中去除胆固醇，从天然产物中萃取药用有效成分等。实际上，超临界流体萃取技术之所以如此迅速发展，主要是由于：

①各国尤其是发达国家的政府对食品、药物等的溶剂残留、污染制定了严格的控制法规；

②消费者日益担心食品生产中化学物质的过多使用；

③传统加工技术不能满足高纯优质产品的要求；

④传统加工技术能耗大。

许多研究表明：

①超临界流体具有较高的扩散性，从而减小了传质阻力，这对多孔疏松的固态物质和细胞材料中的化合物的萃取特别有利；

②超临界流体对改变操作条件（如压力、温度）特别敏感，这就提供了操作上的灵活性和可调性；

③超临界流体可在低温下进行，对分离热敏性物料尤为有利；

④超临界流体具有低的化学活泼性和毒性。

由此可见，超临界流体萃取技术最适用于分离价值高、难于用常规方法分离的生物化合物。但是目前有关许多生物化合物分子物理特性的资料十分匮乏，因而难以估计超临界流体萃取过程的相行为，一定程度上影响了该技术在工业上的大规模应用。

（一）超临界流体萃取技术用于脱除咖啡因

超临界流体萃取技术的最早大规模工业化应用是天然咖啡豆的脱咖啡因。1978 年德国建立了第一座为上述目的的超临界流体萃取加工厂。其生产过程大致为：先用机械法清洗咖啡豆，去除灰尘和杂质；接着加蒸汽和水预泡，提高其水分含量达 30%~50%；然后将预泡过的咖啡豆装入萃取罐，不断往罐中送入 CO_2（操作温度 70~90℃，压力 16~20MPa，密度 0.4~0.65g/cm^3），咖啡因就逐渐被萃取出来。带有咖啡因的 CO_2 被送往清洗罐，使咖啡因转入水相。然后水相中咖啡因用蒸馏法加以回收，CO_2 则循环使用。提取后的咖啡仍保留其特有的芳香物质。

此后，脱咖啡因的加工过程有过许多变化，如用活性炭代替水来吸收溶解的咖啡因，粉状活性炭可装入分离罐，也可直接同咖啡豆一起装入萃取罐。后者设备配置的优点在于无须溶剂清洗罐及超临界流体溶剂循环。在该系统中，咖啡豆和炭粒一起混合，装入萃取罐。这样，炭粒占有咖啡豆之间的空隙。萃取罐密封之后，充约 75℃、18MPa 的 CO_2，咖啡因就被炭粒吸收。萃取完毕后，用筛将炭粒和咖啡豆分开。虽然这两种基本技术的改进都要求另加从炭粒中回收咖啡因的过程，但仍是值得考虑的节能方案。

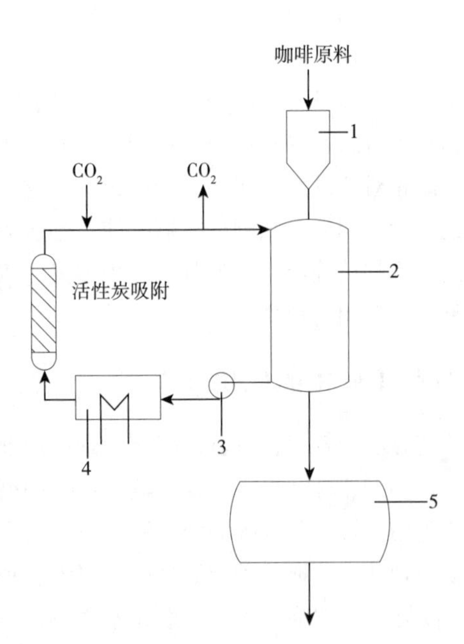

图 5-15　超临界流体萃取法脱咖啡因的设备流程

1—加湿器　2—萃取罐　3—泵　4—加热器　5—转鼓干燥器

脱咖啡因的一般工艺设备流程如图 5-15 所示。

（二）超临界流体萃取技术用于啤酒花萃取

工业上最早应用超临界流体萃取技术于啤酒花萃取也是在德国。啤酒花中的有用成分是挥发性油和软树脂中的葎草酮及 α-酸，挥发油赋予啤酒以特有的香味，而葎草酮和 α-酸在麦芽汁煮沸过程中，将异构化为异葎草酮和异 α-酸，这是造成啤酒特殊苦味的重要物质。常规萃取过程使用液体溶剂（如二氯甲烷），用蒸馏法提出所需的啤酒花浸膏，这样溶剂的残留就是一个问题。

采用超临界流体萃取法制造啤酒浸膏时，首先把啤酒花磨成粉状，使之更易与溶剂接触。然后装入萃取罐，密封后通入超临界 CO_2，操作温度 35~38℃，压力 8~30MPa。达到萃取要求后，浸出物随 CO_2一起被送至分离罐，经过降压分离得到含浸膏 99%的黄绿色产物。据报道，虽然用超临界法萃取啤酒花的成本较常规溶剂处理法的成本高，但用前者得到的是高质量、富含风味物的浸膏，同时避免了使用可能致癌的化学物质。

图 5-16 为超临界 CO_2萃取啤酒花的生产装置流程示意图。在该生产装置中有 4 个萃取罐，在每个萃取周期中总有一个罐是轮空的。生产时，超临界 CO_2依次穿过每个罐中的啤酒花碎片，然后含萃取物的 CO_2（即混合物）进入预热器预热，再进入下一个热交换器，在该热交换器中，混合物中的 CO_2受热蒸发，萃取物（啤酒浸膏）脱溶，并自动排出，蒸发的 CO_2经再压缩（此时温度很高），进入后冷却器预冷（此时温度仍较高），之后进入热交换器与上述混合物进行间壁式热交换，管内为再压缩的 CO_2，管外为含萃取物的 CO_2混合物。冷凝后的 CO_2流入 CO_2贮罐，经深冷器冷却再返回到萃取罐。从传送罐来的 CO_2可被送往任何一个萃取罐。另外，两个气罐用于暂存整个装置系统的纯 CO_2和不纯的 CO_2。

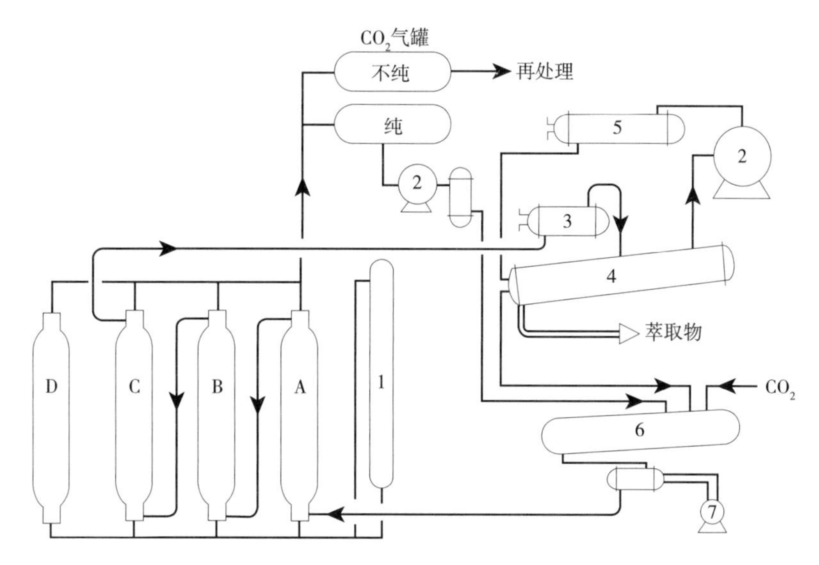

图 5-16　超临界流体 CO_2 萃取啤酒花的一般设备流程（Moyler）

1—传送罐　2—压缩机　3—预热器　4—热交换器　5—后冷却器　6—CO_2 罐　7—深冷器

（三）超临界流体萃取技术用于动植物油的萃取分离

自 20 世纪 70 年代以来，许多学者采用超临界流体为溶剂进行植物油和动物脂肪的萃取分离的研究。Huber 等报道了用超临界 CO_2萃取大豆油和米糠油的研究结果。萃取大豆油的操作条件为 40~80℃、8~61MPa。与常规的溶剂萃取相比，得到的大豆油产品油色清亮，铁、磷等杂质含量低，不需再经精炼。制酒原料米中的脂质含量对酒的品质影响较大。今村等研究了用超临界 CO_2进行原料米的脱脂，能去除 40%左右的粗脂质。用处理后的米酿造出的酒，色度降低，香味醇厚，且酒中脂肪酸的饱和度增大，综合品质提高。

Arul 等采用超临界 CO_2分馏乳脂肪。萃取条件为 50~70℃、10~35MPa 时，发现在液态馏分中富含胆固醇。根据该结果，可以生产低胆固醇的乳脂。类似的报道还有 Kaufmann 等在

80℃、20MPa，Kankare 等在 50℃、10~40MPa，Bradley 在 80℃、16~41.4MPa 和 Shishikura 等在 40~60℃、15~35MPa 下对乳脂肪进行萃取分离的研究。Kinsella、Froning 等主要研究从鱼类萃取脂肪酸和从蛋黄中分离胆固醇，其条件为 40~50℃、14~34.5MPa，结果得到具有医疗效果的不饱和脂肪酸及胆固醇。Zosel 在研究鱼肝油成分时，采用图 5-17 的设备流程，将鱼肝油分离成 50 个馏分。对常规方法难以分离的 C_{16}、C_{18}和 C_{20}脂肪酸组分，得到了纯度高于 95%的不同的单一脂肪酸。

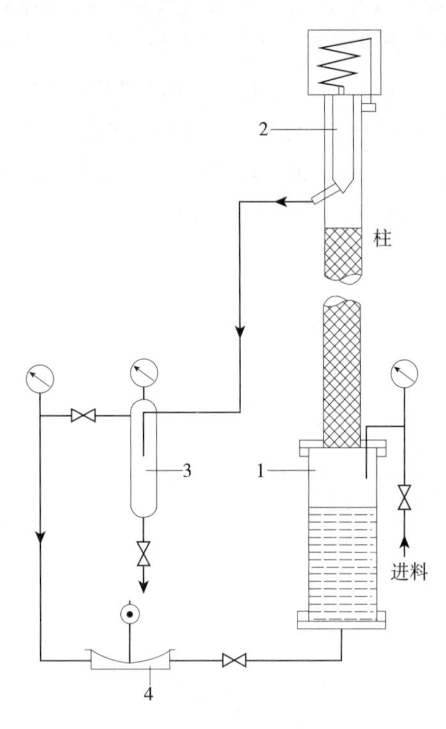

图 5-17　分馏鱼肝油成分的超临界液体萃取装置流程

1—萃取罐　2—加热指针　3—分离罐　4—泵

（四）超临界流体萃取技术用于香料的分离

食品加工中，香味是很重要的感官指标。由于人们对天然香料风味的追求始终如一，而天然香料的产量有限，且品质不一。因此，对分离、纯化和浓缩天然产物中的香气和香味的研究就显得十分重要。而且，这方面的研究对大规模工业化生产必需人工合成的香料，也有指导作用。

Temelli 等在 40~70℃、8.3~12.4MPa 范围内研究了柑橘香精油的萃取分离，去除了大部分产生苦味的萜烯化合物。在 70℃、8.3MPa 下操作，得到柑橘风味浓厚的橘香精油。而普通的真空蒸馏、蒸汽蒸馏、溶剂萃取等分离技术不能满意地去除不良风味。只能去除角质蜡和胡萝卜素。Calame 等研究了从柠檬皮中萃取香精油。在 40℃、30MPa 条件下得到产量为 0.9%的高品质产品。Japikse 等已有从橘汁中萃取橘香精油的专利，萃取条件为临界温度 100℃，萃取压力与临界压力之比为 0.56~1.31。Calame 和 Steiner 对紫丁香、柠檬皮、黑胡椒和杏仁的超临界 CO_2萃取进行了研究。在 60℃、30MPa 下萃取黑胡椒粒 3h，然后在 20℃、5.5MPa 下分离得到含胡椒碱（胡椒刺激性香味的主要成分）约 98%的黄色浆糊状物。另外，在 40℃、60MPa 下萃取干杏仁，加入共沸剂乙醇，以此分离得到富含所有香料成分的含油萃取物，分离油之后纯香料的产率为 0.4%。紫丁香在 34℃、9MPa 下萃取，在 14℃、3.5MPa 下分离，可得到紫丁香风味浓郁的萃取物。这种萃取物优于普通蒸馏法所得产物的品质在于除含紫丁香醇外还有苯酸苄酯、榄香素、苯甲醇、叶绿醇、肉桂醇和十六烷醇等 6 种芳香成分。柠檬皮油是用在香料中的极好商品，质量最高的称之为冷缩油的产品是用专门设备分离的。然而，若在 40℃、30MPa 下用 CO_2萃取柠檬皮可得到产率为 0.9%的产品。该产品与现有的商业冷缩油是完全不同的，其主要差别在醛和醇的含量。萃取油含有较少的柠檬醛和较多的醇。David 等对杜松子进行超临界 CO_2萃取，结果得到比水蒸气蒸馏提取物风味高 2 倍的产品。杜松子香料是制造某些酒类，尤其是杜松子酒的主要风味物。

第二节　超滤和反渗透技术

如果在膜的两侧施加一个逆向的压强差，使其大于渗透平衡时的压强差，就会出现溶剂倒流现象，使浓度较高的溶液进一步得到浓缩，这种现象称为“反渗透”。如果膜只阻留大分子物质，而且大分子的渗透压不明显，这种情况称为“超滤”。因此，超滤和反渗透之间没有明显的严格界限，通常是将比超滤更精密的过滤过程视为反渗透。反渗透与超滤是两种最重要而又最成熟的膜分离方法。

一、　反渗透与超滤原理

（一）基本概念

反渗透与超滤的概念涉及从溶液中分离溶质，或让两种溶质相互分开的概念。图 5-18 所示为这一过程的几个基本概念。只有往膜上施加一个推动力（如压强差、浓度差或电磁力等），才能使有关组分通过膜。在特定的推动力作用下，膜允许某种或某几种特定组分透过，同时阻止另外几种组分透过，这种选择性是膜分离的基础。

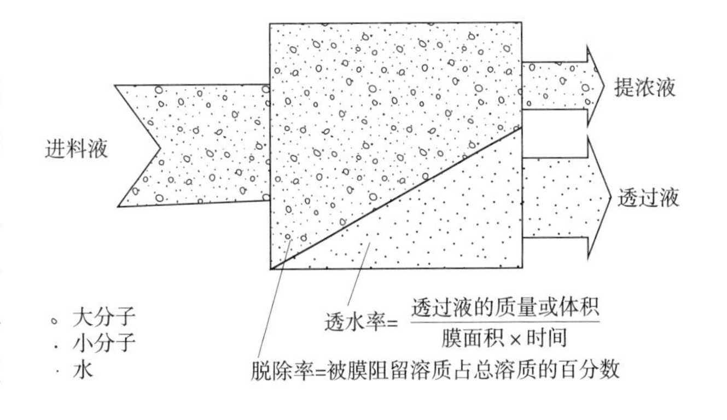

图 5-18　反渗透与超滤的基本概念

1. 透水速率或透过速度（flux）

单位时间内通过单位面积膜的液体体积或质量，单位是 $m^3/(m^2\cdot h)$ 或 $kg/(m^2\cdot d)$。

2. 可透度（permeability）

可透度是某一种组分或某一体积溶液透膜传质的能力．在最常见的渗透模型中，渗透过程包括吸着与扩散两种。吸着是指一种组分溶解通过膜，而扩散是指一种组分转移通过膜。由于组分与膜之间复杂的物理化学反应，不同的组分透过膜的速度也不一样。可透度的定义是在单位时间、单位膜面积与单位推动力作用下通过膜的组分数量与膜厚度的乘积。通常认为可透度是膜材料的一种特征参数，但该观点并不完全正确。

3. 选择性（selectivity）

选择性通常定义为各种组分可透度的比值，据此可认为它是一个描述膜材料的特征参数。选择性也被认为是一个理想化的分离因子，这样便成了描述膜系统的一个特征参数。

4. 脱除率（rejection）和脱除比

脱除率或称截留率，以符号 R 表示；脱除比以符号 D_r 表示。两者的定义如式（5-2）：

$$R=\frac{Z_i-Y_i}{Z_i} \tag{5-2}$$

$$D_r=\frac{Z_i}{Y_i}=\frac{1}{1-R}$$

式中　i——某一种或一组组分

Z_i——进料液中组分 i 的浓度

Y_i——透过液中组分 i 的浓度

由此可见，脱除率和脱除比是描述膜或膜系统分离能力的概念，它表明膜对溶液中待提浓组分的阻留能力。

（二）反渗透与超滤的基本原理

1. 反渗透的基本原理

如图 5-19 所示，用一张膜将 1、2 两种溶液分开。由于受膜两侧溶液浓度及压强的影响，将出现一系列现象：

①平衡：当膜两侧溶液的浓度和静压强相等时，系统处于平衡状态；

②渗透：假定膜两侧静压力相等，由于 $c_1>c_2$，所以 $\pi_1>\pi_2$，这时溶剂将从稀溶液侧透过膜到浓溶液侧，出现了以浓度差为推动力的渗透现象；

③渗透平衡：如果两侧溶液的静压差等于两个溶液之间的渗透压，则系统处于动态平衡；

④反渗透：当膜两侧的静压差大于溶液的渗透压差时，溶剂将从浓度高的溶液侧透过膜流向浓度低的一侧，这就是反渗透现象。

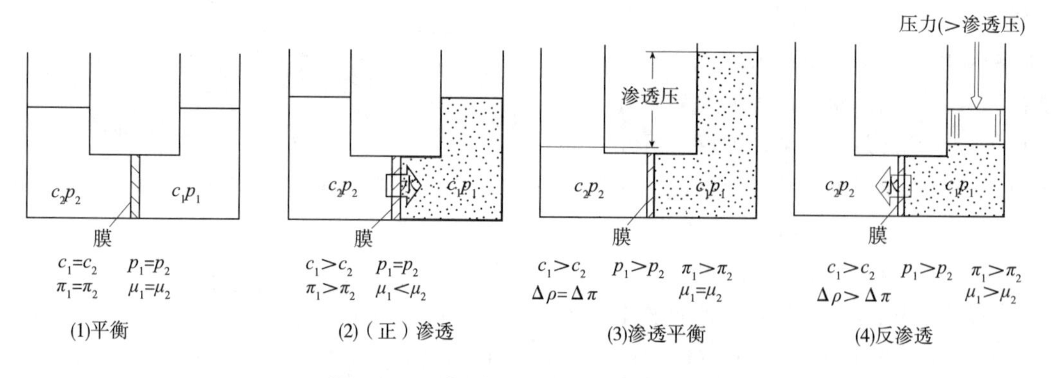

图 5-19　膜两侧的渗透与反渗透现象

因此，反渗透过程必须满足两个条件：

①有一种高选择性与高透水率的选择膜；

②操作压强必须大于溶液的渗透压。

2. 超滤的基本原理

超滤与反渗透一样，也是以压力差为推动力的膜分离过程。但两者分离的溶质分子大小不同，通常认为溶质相对分子质量大于 500 的分离过程为超滤。由于超滤分离的溶质是大分子物质，故可不考虑渗透压的影响。

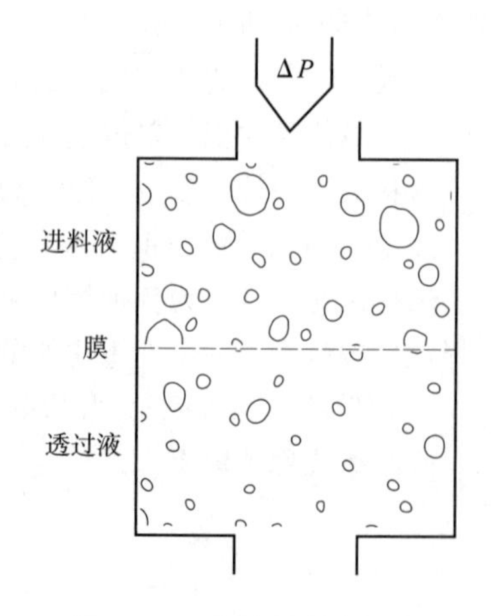

图 5-20　超滤的基本原理

一般认为超滤是一种筛孔分离过程，如图 5-20 所示，在静压差的推动下，原料液中的溶剂及小分子溶质从高压进料液侧透过膜进入低压侧．而大分子组分则被膜所阻留而增浓。根据这种理论，超滤膜具有选择性表面层的主要因素是要形成具有一定大小和形状的微细孔，而膜的化学性质对其分离特性影响不大。但有人认为情况并不这么简单；除膜孔结构外膜表面的化学性质对超滤过程也有重要影响，并认为可借助反渗透理论来研究超滤过程。

（三）渗透压

渗透实验的分析表明，溶质不能透过膜，至少相对于溶剂的可透度来说是这样。在达到动态平衡之前，纯溶剂将通过膜进入溶液侧并稀释该溶液，该过程一直要进行到膜两侧的压强差与稀溶液的渗透压相等为止。

这种现象的出现可根据热力学上的化学势能予以解释：达到动态平衡的前提是某一特定组分在膜两侧溶液中的化学势能相等，假定这种组分力图能溶入并自由分布于两侧溶液。这样，要使膜两侧达到平衡就需由溶剂的流动来实现，因为溶质被膜阻留而无法自由流动。

化学势能是温度与压强的函数，在溶液中它还与组分的摩尔分数及分子特性有关。增大溶剂的摩尔分数或提高溶液的总压强，将提高溶剂的化学势能。由于溶剂能通过膜使得整个系统逐渐达到一种动态的平衡状态，结果引起了溶质的稀释。因为增加了溶液中溶剂的摩尔分数，同时形成了膜两侧的压强差（相对于纯溶剂来说溶液的压强增加）。

平衡状态下溶液的渗透压为式（5-3）：

$$\pi = -\frac{RT}{V_1}\ln\gamma_1 x_1 \tag{5-3}$$

式中　π——溶液渗透压

R——气体常数

T——热力学温度

V_1——溶剂的摩尔体积

γ_1——溶剂的活度系数（activity coefficient）

x_1——溶剂的摩尔分数

表 5-4 给出了某些溶液的渗透压。食品工业中常见的溶液都同时含有多种溶质，要从理论上计算渗透压数值几乎不可能。现有的方法是通过测定稀溶液相对于纯溶剂的冰点下降值，再根据下式进行换算。渗透压与冰点下降值的关系为式（5-4）：

$$\pi = \frac{Q_m}{V_1}\left(\frac{T}{T_0}\right)^2\Delta T \tag{5-4}$$

式中　π——溶液的渗透压，Pa

Q_m——溶剂的摩尔比热容，J/（mol/K）

T——待测溶液的温度，K

T_0——纯溶剂的冰点，K

ΔT——溶液冰点下降值，K

V_1——溶剂的摩尔体积，m^3/mol

表 5-4　　食品工业上常见溶液的渗透压（25℃）

溶质	质量浓度/（g/L）	浓度/（mmol/L）	渗透压/kPa
NaCl	35	600	2774.1
NaCl	1	17.1	78.6
$NaHCO_3$	1	11.9	88.3

续表

溶质	质量浓度/（g/L）	浓度/（mmol/L）	渗透压/kPa
Na_2SO_4	1	7.05	41.4
$MgSO_4$	1	8.31	24.8
$MgCl_2$	1	10.5	66.9
$CaCl_2$	1	9.0	57.2
蔗糖	1	2.92	7.2
葡萄糖	1	5.55	13.8

注：根据本表所给的常见电解质化合物的渗透压数据，可计算出需脱盐的天然水（1g/L）渗透压数值为68.9kPa。

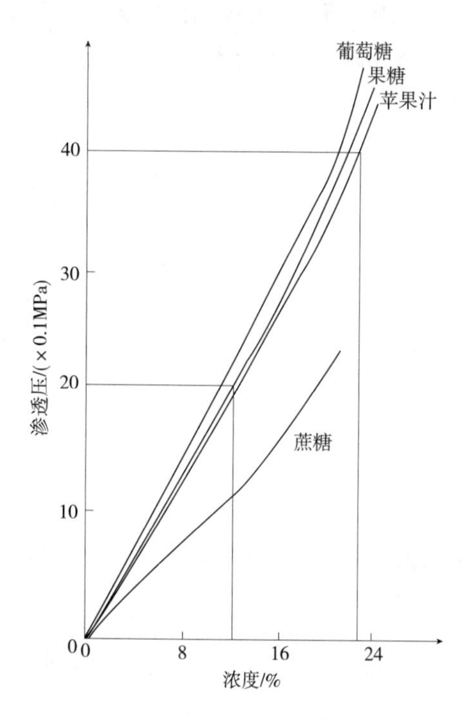

图5-21　渗透压与浓度的曲线关系

在食品工业的很多场合中，根据溶液中主要成分（如糖）来计算渗透压也是可以的，特别是在工业化应用之前还要进行实验室小试的时候。图5-21所示为葡萄糖、果糖和蔗糖的渗透压，可与苹果汁的渗透压相比较。由此可知，要得到浓度为12%的苹果汁至少需施加压力2MPa，若要浓缩至23%施加的压力至少要增至4MPa。因为透水率正比于施加压力和渗透压的差值，尽管理论上分析只需加压至4MPa就可将苹果汁浓缩至23%，在实际上却行不通，因为这样透水率太低。

（四）膜的浓差极化及其控制

浓差极化使一种边界层现象，它由被膜阻留的溶质积聚在膜表面而引起。在膜分离过程中，溶剂和溶质都向膜表面转移。当溶剂与可渗透的溶质透过膜时，膜表面被阻留的溶质浓度逐渐增大，至临界浓度时就在膜面周围建立一种相对稳定的状态。在这种情况下，溶质对流转移至膜表面的速率等于溶质从边界层扩散返回溶液的速率；图5-22所示为一种完全发展的浓差极化边界层：假定溶液是以错流方式通过膜，溶质在上流区域的浓度恒定为c_b，毗邻膜表面存在一厚度为δ的层流边界层。在垂直于膜表面的压强梯度作用下，水和溶质将被迫通过这一边界层，只有这样才能通过膜。如果膜完全阻留了溶质，则在水分不断透过膜的同时靠近膜表面的溶质浓度不断增大，这样在边界层附近形成一种浓度梯度，紧靠于膜表面的溶质浓度最大。这种浓度梯度就称为浓差极化，它正反渗透过程中经常出现。

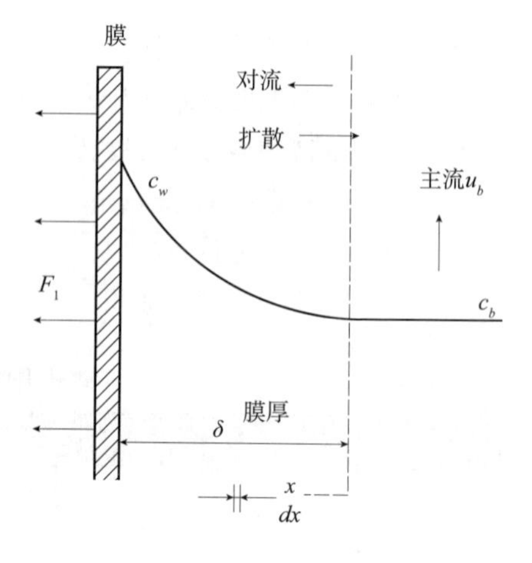

图5-22　膜的浓差极化模型

浓差极化边界层的形成带来了两个不利影响，即降低了透水速率和膜系统的分离能力。边界层阻力要比膜阻力大得多，而且还会逐渐成为阻止渗透的主要阻力，因此会严重影响流体的透过速率。随着膜表面被阻留溶质浓度的不断增大，所需的渗透推动力也要不断增大；同时由于边界层的存在也增加了对溶剂及小分子溶质渗透的阻力，因此整个膜系统的分离能力受到很大的影响。

影响浓差极化的主要因素：

①透水速率：透水速率越大，溶质被带到界面处的数量越多，极化现象就越明显；

②溶液黏度：溶液黏度越大，被带到界面处的溶质越难反扩散回到主流中，因而极化现象越厉害；

③溶质在溶液中的扩散系数：这也是关系溶质向主流反扩散和浓差极化的一个因素；

④表面溶液的流动情况：这是关系扩散速率的流体动力学条件的问题。

进入膜处理前的预过滤能去除微粒状物质，降低待阻留溶质的浓度，故可有效控制浓差极化现象。另一种方法称为逆洗（backwashing），是让逆洗液以进料液相反的方向间歇地流入膜系统，冲散膜表面的溶质并带出膜系统。其他方法包括超声波振动、设置湍流促进物、震动和脉冲喂料等。用超声波处理膜或进料液可有效地促进溶质的均匀扩散，在进料通道口设置静态搅拌器、金属管或流化床等均可增加液体的湍流程度，被称为是湍流促进物。此外，还有研究通过膜、膜系统或膜表面的旋转而达到控制浓差极化的目的。

（五）膜的污染与控制

膜的使用寿命是有限的，在反渗透与超滤中影响膜使用寿命的因素：

①水解作用；

②膜的压实；

③膜的污染。

选择性的恶化，特别是较不稳定的加宽醋酸纤维素膜，是由于在碱性及强酸性液体影响下所造成膜材料的水解。为了将水解控制在最低限度，需准确调节液体的pH，让膜在最小水解点下工作（图5-23）。

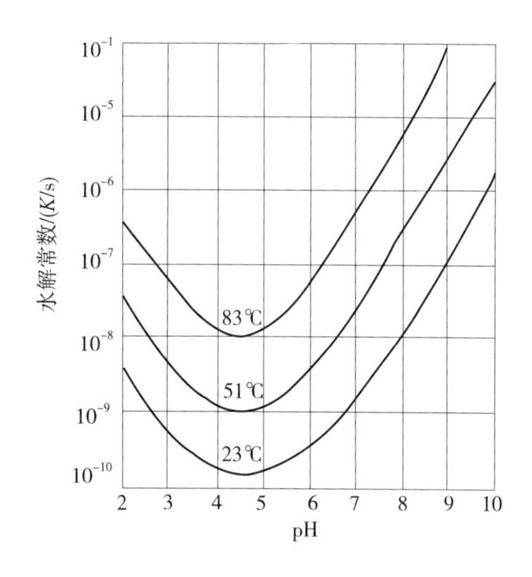

图5-23 醋酸纤维素膜的水解

膜的压实是指膜在较高压强下的永久变形，它会使透水速率随时间的延长而下降。Merten等发现，膜系统运行1h后就会出现产品透水速率下降现象，压强越高下降越大。

浓差极化可视为动态污染，除此之外还存在膜的其他污染现象，它们都会影响膜的操作性能。在有些情况下，这种影响甚至是永久性的，如被处理物质直接被膜吸收或沉积在膜表面，这种永久性污染往往很难去除。

要给膜污染下个合适的定义比较困难，通常认为污染是由于浓差极化而引起或是由于恶化而出现的一种边界层现象，它使得溶质积聚在膜表面，从而降低了膜的透水速率与选择性，积聚沉积的原因包括化学反应、沉淀、静电效应和其他反应。如果说浓差极化是一种动态现象，那污染可以说是溶质与膜之间发生的一种化学现象。污染物包括有机盐、无机盐、大分子化合物、胶态物质和微生物等。例如，污染可以是由于某种成分（钙或镁盐）在浓度边界层中过饱和而形成了沉淀，或是由于溶解的金属离子的氧化（特别是铁），或是由于悬浮物质的沉降而产生的。

湍流能有效地降低污染，然而一旦污染层已经形成，那还需要其他附加的方法。目前已找到几种可有效控制膜污染的处理方法，包括用酸或碱清洗膜表面，使之发生化学反应以去除污染物。如果清洗的频率不高。且膜也不被清洗剂所破坏，这种方法就很有效。膜分离前的预处理，包括过滤、沉降，吸附，用酸溶解或分散污染物等方法也经常应用到。目前正在研究的其他方法包括用电场驱散污染物、改变膜的表面特性（例如让膜表面结合极性或非极性分子）、使用带电荷分子、固定化酶和有效涂层等。

二、 反渗透膜与超滤膜的性质

由于膜的应用范围很广，因此要求具有较宽范围的性质和操作特性。在选择膜时应考虑的几个主要指标：

①分离能力（选择性和脱除率）；

②分离速度（透水速率）；

③膜抵抗化学，细菌和机械力的稳定性（对操作环境的适应性）；

④膜材料成本。

膜是膜分离的关键，评价一种膜分离装置质量优劣的关键就在于膜性能的好坏。如不考虑分离过程，对膜的通常要求是：具有高的透水速率和选择性，能够抵抗化学破坏及具有较长的使用寿命等。这些特性是由膜的制造材料和制造工艺决定的。

模的种类繁多，根据制膜原料的属性大致有有机聚合物膜、无机膜、液膜和气膜之分；常用于反渗透与超滤操作的，主要是有机聚合物膜，其制膜材料主要有两大系列：

①改性天然产物：如醋酸纤维素（2-醋酸纤维素、2，5-醋酸纤维素、3-醋酸纤维素）、丙酮-丁酸纤维素、硝酸纤维素等；

②合成产物：如聚胺（聚芳香胺、共聚胺、聚胺肼）、聚苯并咪唑（PBI）、磺化聚砜、聚砜、全氟砜、聚偏氟乙烯（PVF）、丙烯腈、聚丙烯醇、聚四氟乙烯、聚丙烯醇乙酯、聚丙烯酸、聚芳香醚和磺化聚苯氧等。

根据膜的物化性质，有机聚合物膜有各向同性膜、各向异性膜、复合膜与动态膜之分。根据膜的构型，又有平板膜、管状膜、螺旋平板膜与中空纤维膜之分。

（一）有机聚合物膜的种类与性质

1. 各向同性膜（均相膜）

各向同性膜两面的结构特点一样（图 5-24），最早的聚合物膜是各向同性的平板膜，它是以浇铸方式制得、在浇铸过程中，首先将膜材料溶解或分散于溶剂中，之后将该溶液铺展在用作支撑体的薄层上，溶剂蒸发后紧贴在支撑层上的就是各向同性固体膜。这种膜的物理、机械和渗透特性取决于聚合物和溶剂的特性以及溶剂蒸发的操作情况。溶解温度、溶剂系统、聚合物类型、聚合物浓度与相对分子质量以及溶液的贮存条件等均会影响到膜的特性。在蒸发操作中，温度、蒸发时间和结束蒸发所采取的方法都是很重要的。

上述方法的改进还包括使用第二种溶剂来控制膜孔径大小（相转化）的方法。在相转化过程中，第二种溶剂的挥发性较第一种溶剂低。这样，当第一种溶剂蒸发时，由于第一种溶剂的存在而产生了很多空隙，膜材料就在这种空隙周围形成凝胶。第二种溶剂的浓度决定了成膜的最终孔径大小。应用上述两种方法可制造出各向同性膜和海绵膜，所用的材料有醋酸纤维素、纤维酯、硝化纤维素、尼龙、聚氯乙烯和丙烯腈等。

宽平板（flat sheet）各向同性膜是用上述平板膜经进一步延展制成的。例如，用聚四氟乙烯或聚丙烯平板膜在更高的温度环境中延伸并退火后，就形成了一种多孔的宽平板膜；有一种称为“小孔径侵蚀”（track etch）的专利方法是用重晶核辐射电介质材料制得膜，然后浸渍在浴器中以选择性地溶解（侵蚀）被晶核通道破坏的区域。这种膜是以聚双酚-A-碳酸盐为材料，用 NaOH 为溶剂（侵蚀剂）制得（图 5-25）。

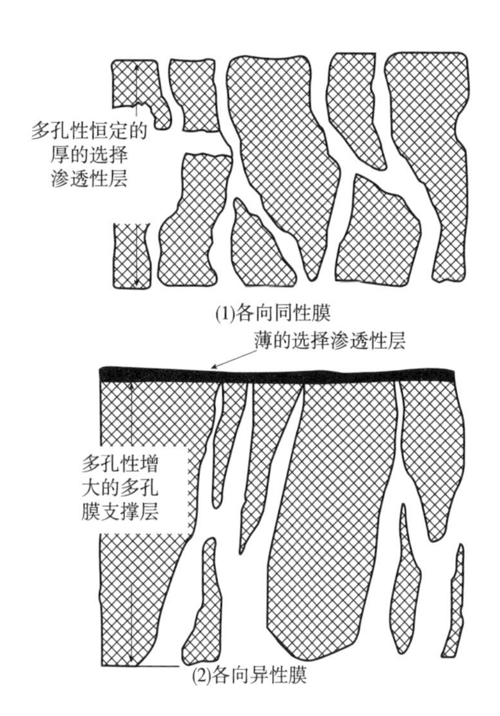

图 5-24　各向同性膜与各向异性膜的横切面

图 5-25　小孔径侵蚀膜表面的扫描电镜图

2. 各向异性膜（非均相膜）

膜制造上的一次重要突破发生在 20 世纪 60 年代初期，由 Loeb 和 Sourirajan 制得一种超薄的各向异性非均相醋酸纤维素膜。这是一个很大的进步，因为超薄膜的透水速率增大到足以使工业应用的反渗透和超滤取得明显的经济效益。从根本上说，Loeb-Sourirajan 的制膜工艺是上述相转化浇铸工艺的一种变革，由此制得的不对称膜，一面呈紧密的细孔状，而另一面呈较厚的海绵状。相对于上述转化制作法，非均相膜浇铸时用一种混有第一种溶剂的液体来代替第二种溶剂。这种液体本身不是膜材料的溶剂。当第一种溶剂蒸发时，形成一层紧密的皮层，而下面仍存在溶剂-非溶剂-膜材料溶液；之后将其浸渍于含前非溶剂的浴器中使剩余的膜材料结成凝胶，形成凝胶的原因在于非溶剂浓度增大至超过了沉淀膜材料所需的临界浓度；最终的热处理使膜收缩，减少了多孔性。

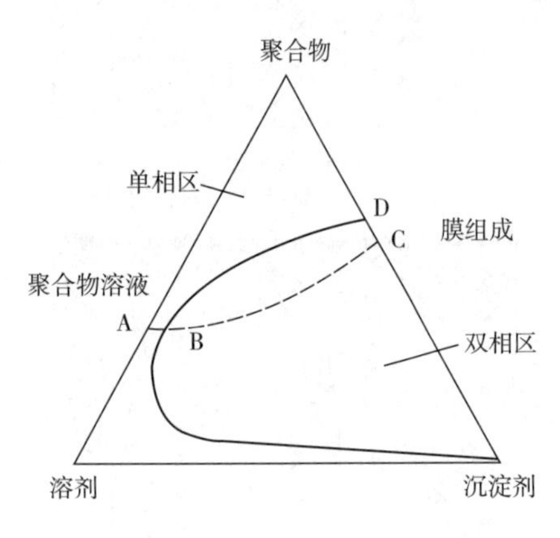

图 5-26　解释成膜过程的三元两相图

如图 5-26 所示，可用一个三元混合物相图来说明膜的沉淀过程。当将聚合物溶液沉浸在含有非溶剂（沉淀剂）的浴池中，组成为 A 的二元混合物（溶剂-聚合物）转变成三元混合物。在两相混合区（BC 范围）内发生沉淀作用，并且只有到达混合点 C 后，这种作用才停止（溶剂与非溶剂的充分交换）。由 A 到 C 的浓度升高（上弯的曲线）表明，在胶凝过程中产生的膜的收缩实际上与聚合物的浓缩是同义的。

制作非均相膜的材料除了醋酸纤维素外，还有聚丙烯腈、聚酰亚胺和聚芳香胺等。制造聚芳香胺膜时，在热水中的热处理过程不影响膜的渗透性和选择性，因为该聚合物的软化点范围远远高于水的沸点。

根据图 5-23 的相变关系虽可说明膜的形成，但该图对膜的结构却没有提供任何信息。膜结构主要通过溶剂蒸发和沉淀时的动力学参数来确定。富含聚合物的浇铸液缓慢沉淀形成的是海绵状的非均相膜结构（反渗透膜），由聚合物浓度低的浇铸液快速沉淀形成的是指状结构膜。

醋酸纤维素在胶凝过程完成后，通常置于热水中进行热处理，以提高分离能力，同时提高机械强度；但与此同时膜的渗透速率却下降了（图 5-27）。

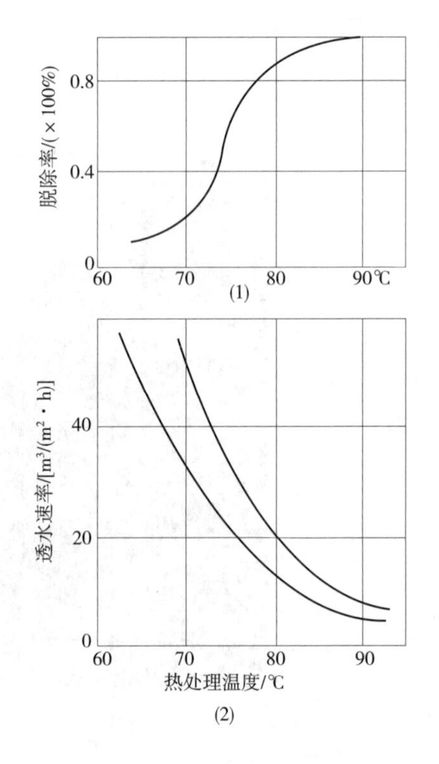

图 5-27　热处理温度对醋酸纤维素膜特性的影响
（条件：ΔP = 8MPa，t = 20℃）

在 20 世纪 60 年代，人们的努力集中在醋酸纤维素膜特性图的改进上。到了 20 世纪 70 年代，这种膜已有商业化生产，并供海水和苦咸水脱盐使用。时到今日，仍有 80% 的反渗透膜是醋酸纤维素膜。虽然如此，该膜仍有几个重大缺陷：

①该膜是生物可降解的，对微生物侵染很敏感，需采取相应的保护措施；

②在较高的温度和（或）压强下会出现漂移和压实现象，使透水速率下降很快；

③对化学侵蚀的抵抗性差，易被碱溶液所水解，其安全操作范围宜严格控制在 pH5~8。当 pH=9 时，膜的寿命只有几周；而当 pH=10 时，在几个小时内就会被破坏掉；

④不但由于它对水解敏感而易缩短使用寿命，哪怕是必不可少的清洗剂的使用也会缩短它的使用时间。即使进行了很好的预处理，操作过程中膜仍会被污染而需清洗；由于膜的敏感性，故清洗程度只能控制在一定范围内。这种不彻底的清洗在很多情况下会降低膜的操作性能，最终缩短了膜的使用寿命而影响总投资的回收。

现在，对醋酸纤维膜已作了若干改进，包括使用三醋酸纤维素，后者的脱盐率更高，不过膜的透水速率仍较低。因此，最初设计的膜分离设备，要求每单位体积容纳很大膜表面积，才能使总透水量增大；最近几年由于醋酸纤维混合物的使用，使得醋酸纤维膜的脱盐特性得以改善，透水速率也有了很大的提高，但它对化学侵蚀的稳定性仍较差。

3. 复合膜

20 世纪 70 年代出现了一种新的各向异性膜，即复合膜。与非均相膜不同，它是由一种以上的膜材料制得的。两者的最大区别在于复合膜用聚砜塑料微孔层代替了非均相膜的海绵状醋酸纤维亚层，其超薄防护层是外涂在微孔聚酚层上的（图 5-28）。复合膜的特殊之处在于其防护层相支撑层是由两种不同的方法制得的，虽然它们所用的材料一样，复合的作用是提高膜成型时的柔性，并扩大了可用来制作膜防护层的各种潜在材料。

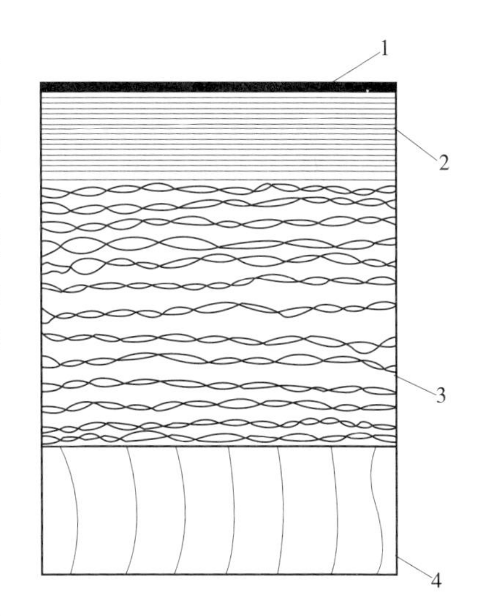

图 5-28　复合膜的结构
1—防护层　2—微孔支撑层
3—聚酯织物　4—渗透通道

复合膜的优越性在于：

①膜每一亚层的操作特性得以优化；

②可以使用生物不可降解的非纤维质材料制膜；

③膜可在高温，高压下操作。

复合膜早期的制法是，首先在玻璃表面或水面上制备防护层，然后将之转移至微孔层上。目前更成功的制作方法是采用界面（膜表面）化学反应法。当防护层从液相转移全微孔支撑层上时，使用一种交联剂使得膜表面的防护层发生化学反应，由于交联剂无法渗透入膜中，因此形成一种超薄的防护层（0.1~1.0μm），最后经热固化方法使复合膜固定。

美国膜技术合作公司最新开发并已商业化生产的新型复合膜 FT-30，是由约 0.2μm 厚的超薄防护层和外涂在聚酯织物载体上的微孔聚砜支撑层组成，防护层专一交联在具有阴离子功能的芳族聚胺上。图 5-29 所示为这种复合膜的结构。FT-30 膜与其他复合膜的重要区别体现在防护层的厚度上，FT-30 膜的防护层要厚好几倍。因此，对机械破坏和氧化剂的抵抗性更好，可应用在更严酷的环境中。尽管 FT-30 膜较厚，但在世界膜市场上它仍是透水速率最好的几种膜之一。

4. 动态膜

动态膜是一种特殊形式的复合膜，其特点是透水量大，可高达 5~6m^3/（m^2·d），致密层可定期洗除并再形成，但是脱盐率相应较低。

让某些易被水解的盐类，如水合氧化锆，在加压条件下循环通过多孔介质（如烧结玻璃、多孔陶瓷、多孔氯乙烯丙烯腈共聚物与尼龙布的复合材料），一定时间后即在多孔介质表面上形成一层水合氧化锆的沉淀。这是一种透水性能优良的反渗透膜。如果在水合氧化锆表面再覆一层聚丙烯酸，则所形成的水合氧化锆-聚丙烯酸复合膜具有良好的脱盐性能。

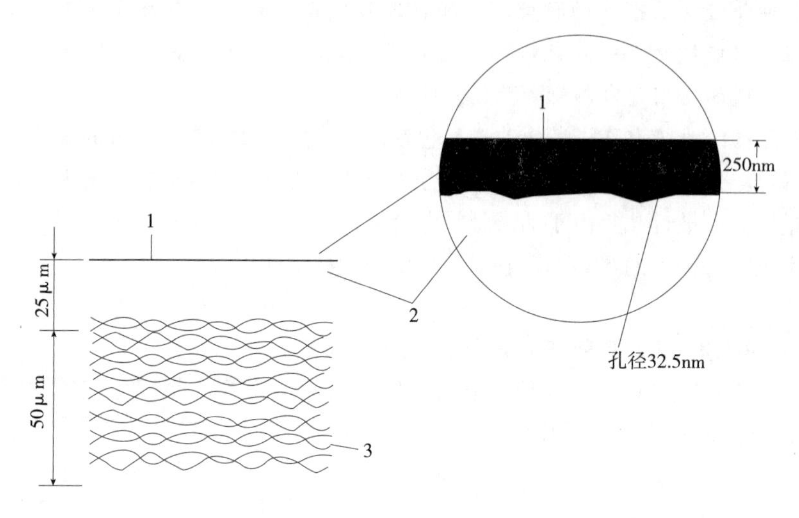

图 5-29 FT-30 复合膜的结构

1—防护层 2—微孔支撑物 3—聚酯织物

（二）反渗透膜与超滤膜的构型

1. 平板膜

主要用平板框式膜组件上。将膜张紧在一组多孔板上，用一块带槽的板来支持，进料液以较低的流速流过狭薄的沟道内，与膜接触的路程只有 150mm 左右。当进料液黏度高时，这种短程流动系统就显示出它的优越性。在乳品工业上，平板膜常用于乳清的浓缩。

2. 管状膜

将膜牢固紧贴在支撑管的内侧而成，是一种广泛应用的膜构型。完整的组件是将此管状膜装入外壳内，颇似简单的管式热交换器。

用于超滤的管状膜可由下法制得：将长 1m，内径 25mm 的聚氯乙烯塑料管沿外壁长度方向打几个孔作为透水出口，在管内用环氧树脂和砂制成砂管（透水体），其内径为 12mm。管子两端胶结内径为 25mm 的塑料接头，砂管内壁上刮一层醋酸纤维素膜。内壁刮膜的方法有两种：

①将膜先刮在铜管内，成型后拉入支撑管内，再将管两端用橡皮封口；

②直接在透水的支撑管内刮膜，此法可使膜与支撑管紧贴在一起。

3. 螺旋平板膜

这是平板膜的变形，也称螺旋卷式膜。由两张平板膜（中间夹以多孔支承介质）与一种塑料隔离物一起围绕中心管卷成。此管沿夹层一端与多孔材料相连接，将整个卷筒纳入圆形金属管内。管内加压的进料液进入由塑料隔离物造成的空间内，流过膜表面，透过液经多孔支承介质和中心管而排出系统。这种设计可让较小的加压密闭空间容纳很大的膜面积，从而减少了设备投资费用。

4. 中空纤维膜

早期当平板膜占领先地位时，技术关键主要集中在尽可能减小膜的厚度并提高单位面积产量上。后来，人们越出了平面膜的限制，设想存在某种几何形状的薄膜，可使单位体积的膜装置不依靠极薄的膜而有很大的处理能力。在这些几何形状中，最有吸引力的是小直径的空心圆柱，而圆柱壁由半透膜制成。因为圆柱面积与体积的比值反比于直径，而且对于给定的内外径比值，壁厚正比于直径，故单位体积空心圆柱膜的透过量与直径的平方成反比。这样，就大大提高了单位体积膜组件的处理能力。

随着挤压技术 10 多年的飞速发展，现在已能制造出很小的薄壁中空纤维膜。目前在合成纤维工业上通过采用特殊设计的喷嘴，纺丝时配以空心进气已能生产出穿孔均匀、直径一致的空心纤维，其粗细与人的头发丝相仿，外径为 30～200μm（常用 30～50μm），内径为 15～50μm。这种细小的中空纤维，可将极其庞大的膜表面纳入很小的体积之中。

用来制作中空纤维膜的主要材料有三醋酸纤维素、芳香聚胺和聚酰肼等。制作中空纤维膜一般采用挤压法或纺丝法，其中纺丝法有以下三种：

①湿法纺丝：在聚合物溶液中纺丝，经短时干燥后胶凝于水中；

②干法纺丝：聚合物在易挥发的溶剂中纺丝，然后进入蒸发柱中干燥；

③融熔纺丝：将聚合物融熔，或部分与非挥发性液体塑性化后纺丝和冷却。

中空纤维膜可以是各向同性、各向异性或复合膜等形式，在纤维的外表或内表都带有防护层。芳香聚胺和聚酰肼膜材料的缺点是，对氯缺乏抵抗力，而且很容易被水中的胶态物质所污染，此外是操作温度不高，推荐的最高使用温度为 35℃。

中空纤维膜的突出优点是填充密度很高，虽然它的透水速率较低，但它的透水密度比其他任何形状的膜都来得大。随着工艺上的进一步改进，这种高透水密度的优越性能得以充打的发挥。中空纤维膜比较耐压，因此不需要机械支撑物。许多用来制膜的聚合物其固有的抗拉强度较低，当制成中空纤维膜而其直径充分小时，材料在纤维壁两侧压强差作用下，所产生的应力仍远低于材料的屈服或破坏应力。因为如果是纤维管内受压，管壁主要受到的是拉应力，应力反比于管壁厚度而正比于直径。如果纤维管外受压，则管壁所受的是压应力，而能承受不被破坏的应力就更高，此时若发生破坏，也不过压扁纤维管，中断流动而已。因此，不论内侧或外侧受压，中空纤维膜本身均具有足够的强度，不需外来的支撑。

三、 反渗透与超滤膜组件

膜分离装置主要包括膜组件与泵，膜组件是核心。所谓膜组件，就是将膜以某种形式组装在一个单元设备内，它将料液在外界压力作用下实现对溶质与溶剂的分离。在工业膜分离装置中，可根据需要设置数个至数千个膜组件。

目前，工业上常用的膜组件有板框式、管式、螺旋卷式、中空纤维式、毛细管式和槽条式 6 种类型，表 5-5 对前 4 种膜组件的操作性能做一比较。

表 5-5 4 种膜组件的操作性能

操作特性	板框式	螺旋卷式	管式	中空纤维式
堆积密度/（m^2/m^3）	200～400	300～900	150～300	9000～30000
透水速率/（$m^3/m^2 \cdot d$）	0.3～1.0	0.3～1.0	0.3～1.0	0.004～0.08
流动密度/（$m^2/m^3 \cdot d$）	60～400	90～900	45～300	36～2400

续表

操作特性	板框式	螺旋卷式	管式	中空纤维式
进料管口径/mm	5	0.3	13	0.1
更换方法	更换膜	更换组件	膜或组件	更换组件
更换时所需劳动强度	大	中	大	中
产品端压强降	中	中	小	大
进料端压强降	中	中	大	小
浓差极化	大	中	大	小

（一）板框式膜组件

这是最早使用的一种膜组件，其结构类似板框过滤机。将膜固定或张紧在支撑材料上。支持物呈多孔结构，对流体的阻力很小，对欲分离的混合物呈惰性，支持物还具有一定的柔软性和刚性。

1. 板框式膜组件的结构

从结构形式上分，板框式膜组件有螺栓紧固式与耐压容器式 2 种。螺栓紧固式膜组件的结构如图 5-30 所示，它首先是将圆形承压板、多孔支撑板与膜黏结成脱盐板。然后堆积起来并用 O 形外密封，最后用上、下头盖以紧固螺栓固定而成。进料液由上头盖的进口流经脱盐板的分配孔在膜面上曲折流动，再从下头盖的出口流出。透过液透过膜流经多孔支撑板，在承压板的侧面管口引出。

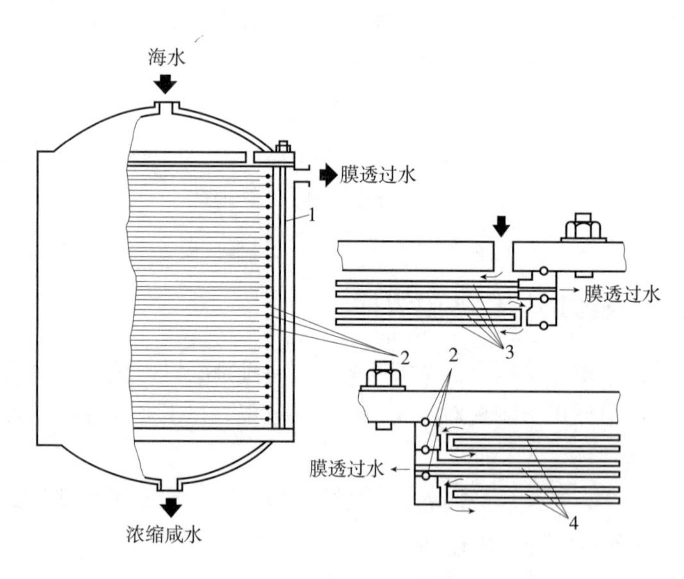

图 5-30　螺栓紧固板框式膜组件

1—紧固螺栓　2—O 环密封　3—膜　4—多孔板

耐压容器式的结构如图 5-31 所示，它是将多层脱盐板堆积组装在一起并放入耐压容器中。进料液从容器的一端进入，透过液由容器的另一端排出。容器内大量的脱盐板按要求进行串并联，其板数从进口到出口依次递减，以确保进料液流速变化不致太大，并减轻浓差极化。

螺栓紧固式结构简单紧凑，安装拆卸及更换膜均较方便。缺点是对承压板的强度要求较高；需用加厚板导致膜填充密度减小。耐压容器式因靠容器承受压力，对板强度的要求较低，可做得很薄使得膜的填充密度大，但安装、检修和换膜等均不方便。

在一般情况下，为改善膜表面进料液的流动状态，并降低浓差极化程度，两种膜组件均可设置导流板。图 5-32 所示为美国 Millipore 公司生产的板框式膜组件。

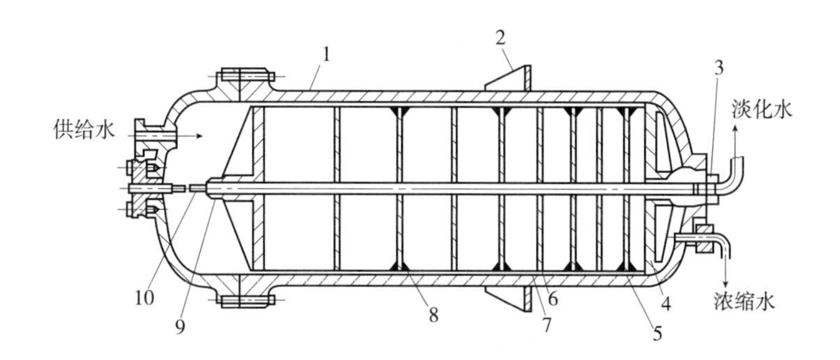

图 5-31　耐压容器式板框膜组件

1—膜支撑板　2—安装支架　3—支撑座　4—基板　5—周边密封　6—封闭隔板
7—水套　8—开口隔板　9—淡水管螺母　10—淡化水顶轴

2. 板框式膜组件的特点

板框式膜组件的最大特点是制造、组装都比较简单，膜的更换、清洗与维护比较容易。因而更换膜的费用比较少；在同一设备内可视需要组装不同数量的膜。因此不仅可以作为工业化装置，也可以在同一设备上进行试验性研究。

板框式膜组件的基本结构是膜，进料液与透过液流道相互交替重叠压紧，组件的体积比较紧凑。当处理虽增大时候，可简单地增加膜的层数。板框式膜组件进料液流道截面积较大，压力损失较小。流速可达 1~5m/s。由于流道的截面积比较大，因此进料液即使含有一些杂质异物也不易堵塞流道，预处理的要求较低，还可将进料液流道隔板设计成各种形状的凹凸波纹以使流体易于实现湍流，这点对于板框式膜组件十分重要，因为超滤过程不仅与膜的孔径及孔径分布有关，且明显地受截留在膜表面的凝胶层所影响。在设计时应设法减少凝胶层厚度，除了增大 *Re* 外，尚可在流道形状方面进行改造。

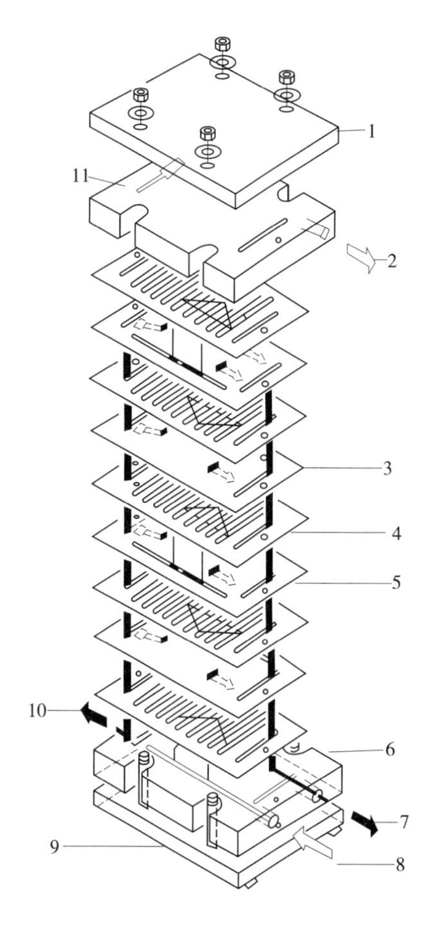

图 5-32　美国 Millipore 公司生产的板框式膜组件

1—不锈钢顶板　2—阻留液出口
3—膜封套　4—阻留液分离器　5—膜封套
6—丙烯酸底端接头　7—滤液出口
8—阻留液进口　9—不锈钢底板
10—滤液出口　11—顶端丙烯酸接头

然而，板框式膜组件对膜的机械强度要求比较高。由于膜的面积可以达到 $0.4m^2$，如果没有足够的强度就很难安装与更换。此外，液体湍流时造成的波动，也要求膜有足够的强度才能忍耐住机械振动-密封边界线长，也是这种组件的主要缺点之一。因此，板框式膜组件越大，对各零部件的加上精度要求也越高，尽管组装结构简单，但相应增加了成本。

板框式膜组件的流程较短，加上进料液流道的截面积大，造成单程回收率较低，循环量和为了达到一定浓缩要求而进行的循环次数比较多，要求泵的容量大，泵的能耗相应增加。在间歇操作时这易造成温度的上升，在实际应用时应给予重视。

（二）管状膜组件

管式膜组件最早应用于1961年，外形类似管式热交换器。在管式组件中，膜牢固地黏附在支撑管的内壁或外壁。管的直径在12~14mm（图5-33）。如果支撑管材料不能让透过液通过。则小支撑管与膜之间安装一个薄的多孔膜，如多孔聚乙烯。这层多孔膜不会阻碍透过液横向流向附近支撑管上的孔道，同时也是打孔部位给膜提供必要的支撑。

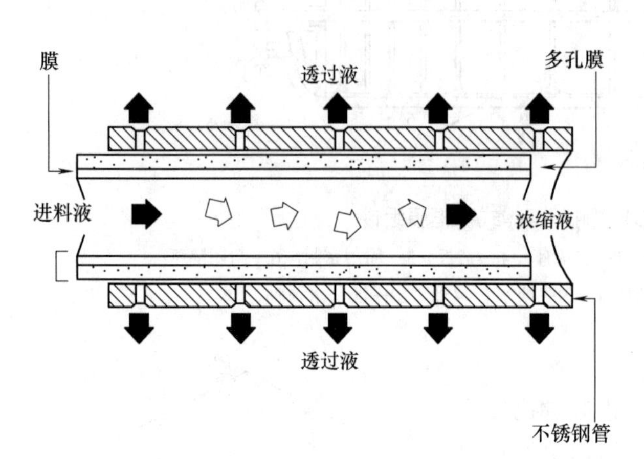

图5-33　管式膜组件

管式膜组件的形式较多，按连接方式有单管式和管束式两种，按作用方式有内压型管式和外压型管式2种。内压单管式膜组件的结构如图5-34所示，膜管裹以尼龙布、滤纸之类的支撑材料，并镶入耐压管内，膜管的末端做成喇叭状，然后以橡皮垫圈密封。进料液由管式膜组件的一端流入，于一端流出；透过液透过膜后，在支撑体中汇集，再从耐压管上的细孔中流出。为提高膜的装填密度，可采用同心套管组装方式。

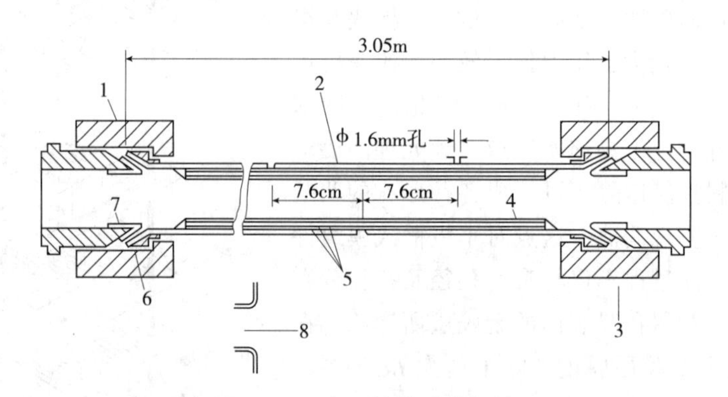

图5-34　内压单管式膜组件

1—螺母　2—支撑管外径2.54cm钢管（壁厚0.09cm）　3—扩张接口　4—管状膜
5—3层尼龙布或$1\frac{1}{2}$层尼龙布+滤纸　6—套管　7—橡胶垫圈　8—装入前的橡胶垫圈

内压管束式结构如图5-35所示，在多孔性耐压管内壁上直接喷注成膜，将许多耐压膜管装配成相连的管束。再将管束装在一个大的收集管内而成。进料液由装配端的进口流入，经耐压管内壁上的膜管于另一端流出。透过液透过膜后由收集管汇集。

外压单管式膜组件的典型结构如图5-36所示。它的结构与内压单管式相反，膜被制在管的外表面，液体透过方向是由管外流向管内。

图5-37与图5-38所示为国外两种实用的管式膜组件。尽管有上述多种形式，管式膜组件的基本特征是管子较粗、进料液的流道较大，即使不进行十分严格的预处理也不易造成堵塞。

膜面的清洗可用化学方法，也叫用泡沫海绵球之类的机械清洗。如果某一根管子坏了，可将其抽掉而不影响整个系统的其他部位，直至生产能力下降很大时再给予更换。为了改进水流状态，较易于实现湍流促进器的设计与安装。与螺旋卷式及中空纤维式相比，管式膜组件的缺点是膜的装填密度较低，一般在 $33 \sim 330m^2/m^3$。

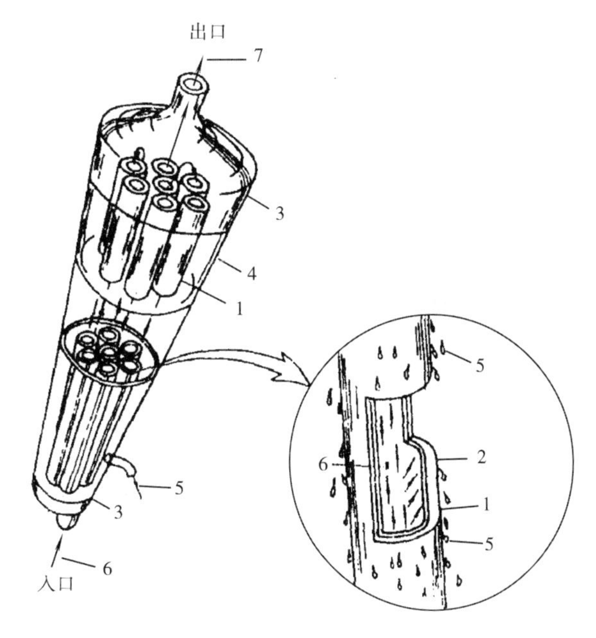

图 5-35 内压束式膜组件

1—玻璃纤维管 2—反渗透膜 3—末端配件 4—PVC 淡化水搜集外套 5—淡化水 6—供给水 7—浓缩水

（三）螺旋卷式膜组件

平板膜沿一个方向盘绕就成了螺旋卷式膜，通常应用于反渗透和超滤中。如图 5-39 所示的典型装置，包括 2 个进料通道、2 张膜和 1 个透过液通道。它们一层层地盘绕在一个中央多孔管周围，形成一种多层圆筒状结构。进料液沿轴方向流入由膜围成的通道，透过液呈螺旋状流动至多孔中心管流出系统，图 5-40 所示为其横切面示意图。

图 5-41 和图 5-42 所示为螺旋卷式膜组件的两个例子，其突出优点是填充密度高，约是板框式的 1.5 倍；但这也带来一个缺点，就是无法进行机械清洗。为此可进一步改装成圆筒状，这样维修与更换就方便一些。

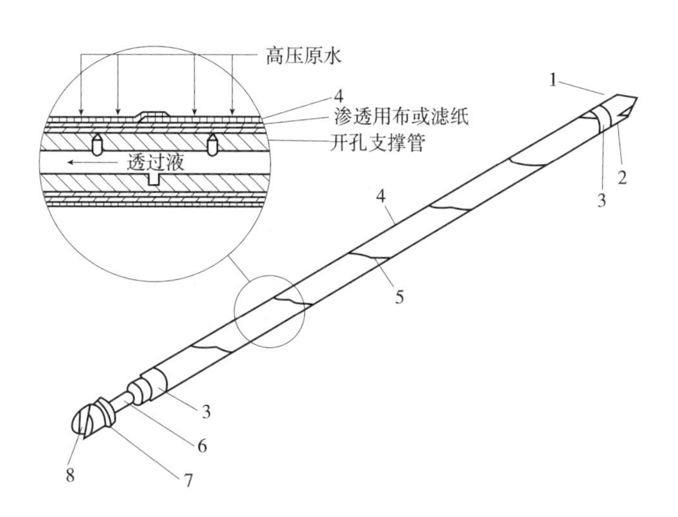

图 5-36 外压单管式膜组件

1—装配翼 2—插座接口 3—带式密封 4—膜 5—密封 6—透过液管接口 7—O 形密封环 8—透过水出口

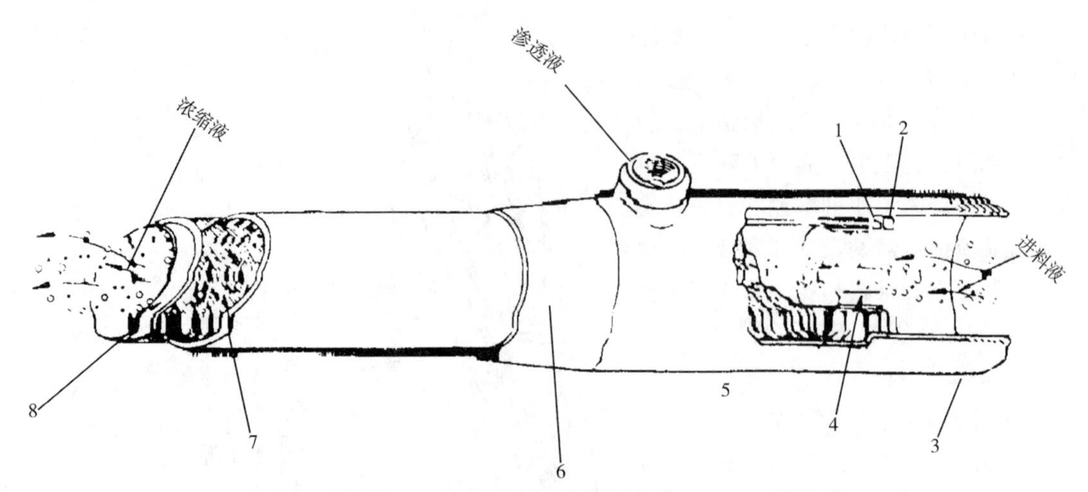

图 5-37 美国 Abcor 公司的管式膜组件（25.4mm 规格）

1—垫板 2—垫圈 3—终端接头 4—钩扣环套 5—罩式密封器 6—蛋壳 7—玻璃纤维支撑管 8—膜

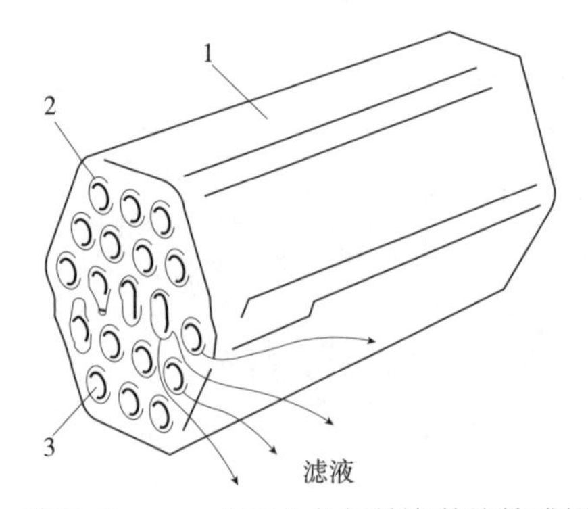

图 5-38 法国 Geraver 公司六角长筒套装的管式超滤膜组件

1—支撑物 2—膜 3—通道

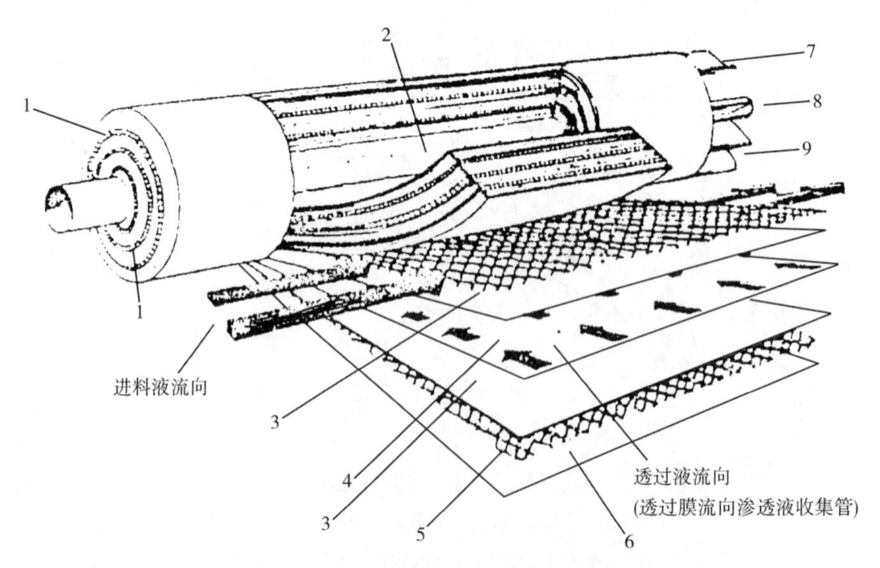

图 5-39 美国 Koch 公司的螺旋卷式膜组件

1—进料液入口 2—渗透液收集孔 3—膜 4—渗透液收集管 5—进料液通道隔离垫

6—外壳 7—浓缩液出口 8—渗透液出口 9—浓缩液出口

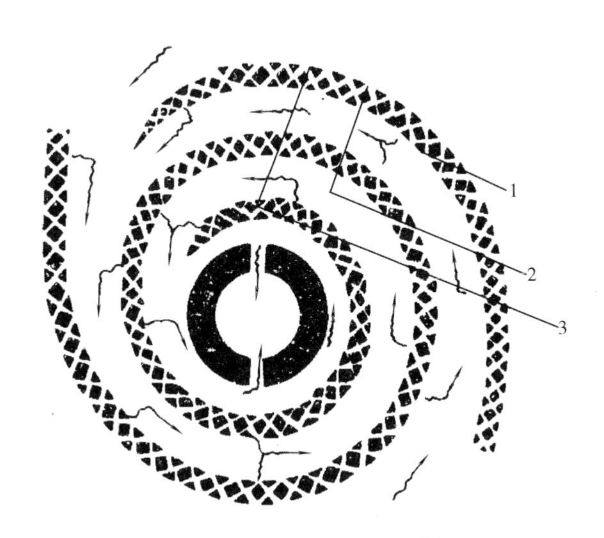

图 5-40　螺旋卷式膜组件横切面

1—网状垫片　2—渗透载体　3—膜

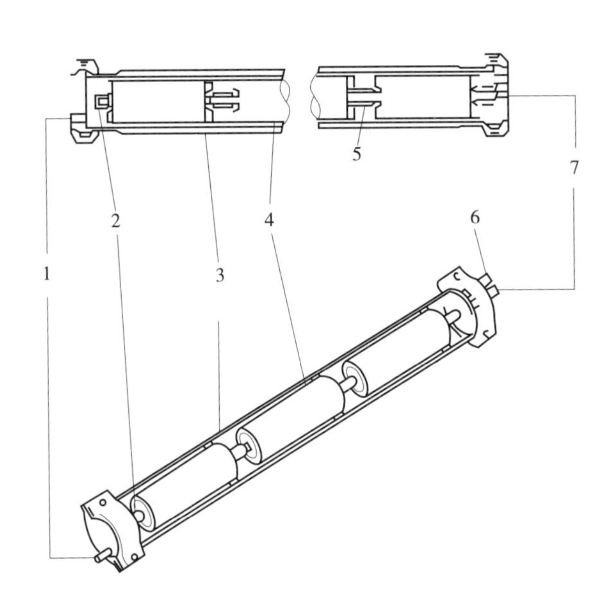

图 5-41　螺旋卷式膜组件在一个管套内的排列

1—进料液进口　2—端头管帽　3—防腐密封圈　4—膜件　5—接头　6—浓缩盐水出口　7—透过液出口

因为不论是透过液还是进料液，通过螺旋卷式膜组件的流动都被当作是通过颗粒床层流动来处理，所以组件内的物质传递要比层流通过无内部构件通道的物质传递效果差。在实际应用时，往往是将多个组件同装于一个壳体之内。然后将每一组件的中心管相互连通，一般在同一壳体内可装 2~6 个组件。当螺旋卷式膜组件用于反渗透时，由于运转压强心，压强损失的影响比较小，因而可多装一些。但是在超滤时，运转压力比较低，这种影响就显得较大，连接的组件一般不超过 3 个。

螺旋卷式膜组件——一般要求膜面流速为 0.05~0.1m/s，单个组件的压强损失很小，为 7~10.5kPa，这是一大优点；它的主要参数有外形尺寸、有效膜面积、处理量、分离率、操作

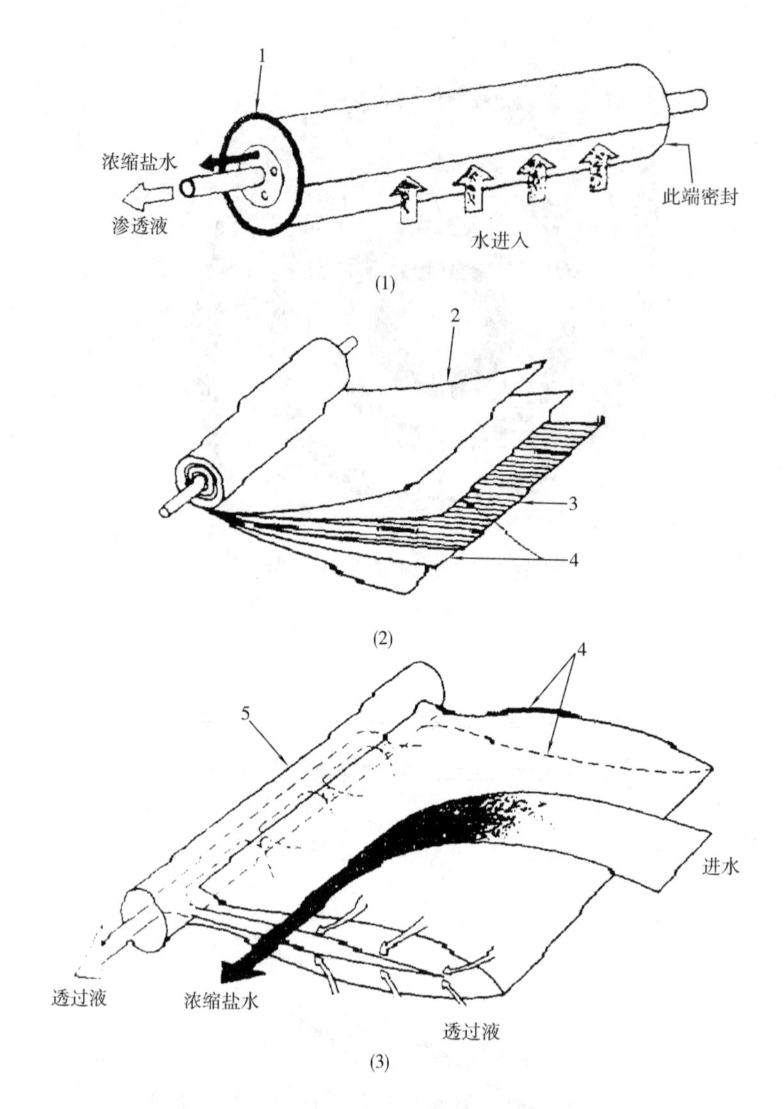

图 5-42 日本东丽公司的螺旋卷式膜组件

1—防腐密封圈 2—网状隔离体 3—渗透载体 4—反渗透膜 5—产水管

压强或最高操作压强、最高使用温度和进料液水质要求等。近年来，螺旋卷式膜组件向着超大型化发展。组件尺寸达到直径 0.3m、长 0.9m，有效膜面积达 $51m^2$，组件用 20 叶卷绕而成。模材料是醋酸纤维素，每个膜组件的处理量为 $34m^3/d$，分离率在 96%以上。除了膜组件容量的增大外，膜材料也由醋酸纤维素朝着复合膜方向发展。

（四）毛细管式膜组件

毛细管式膜组件由许多直径力 0.5~1.5mm 的毛细管组成，其结构如图 5-43 所示。

进料液从每根毛细管的中心通过，透过液从毛细管壁渗出。毛细管由纺丝法制得，无支撑部件。

毛细管式膜组件可与管式热交换器相比：纤维平行排列，两端均与一块端板黏合。与管式膜组件相比，毛细管式膜组件拥有高的填充密度，但由于多数情况下是层流，物质交换性能不很好。适用于管式膜组件的方程式在这里也基本适用。由于长度与内径的比值很大，故局部溶

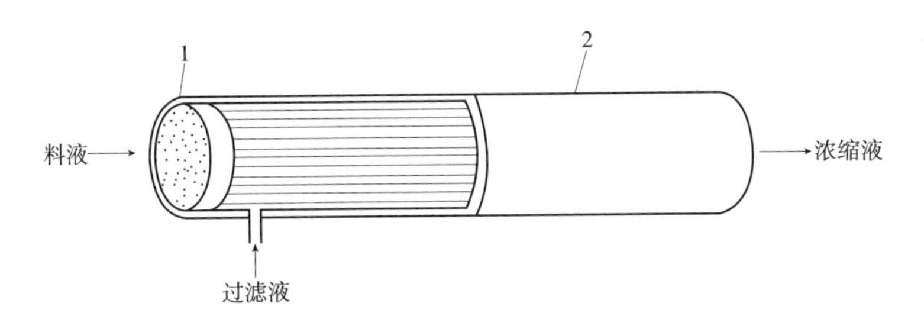

图 5-43　毛细管式膜组件

1—毛细管　2—外壳

剂及溶质的流动速率差别也很大。

（五）中空纤维膜组件

中空纤维膜组件在结构上与毛细管式膜组件相类似，但是纤维直径更细，一般外径为 50~100μm，内径为 15~45μm，常将几万根中空纤维集束的开口端用环氧树脂粘接，装填在管状壳体内而成，如图 5-44 和图 5-45 所示。

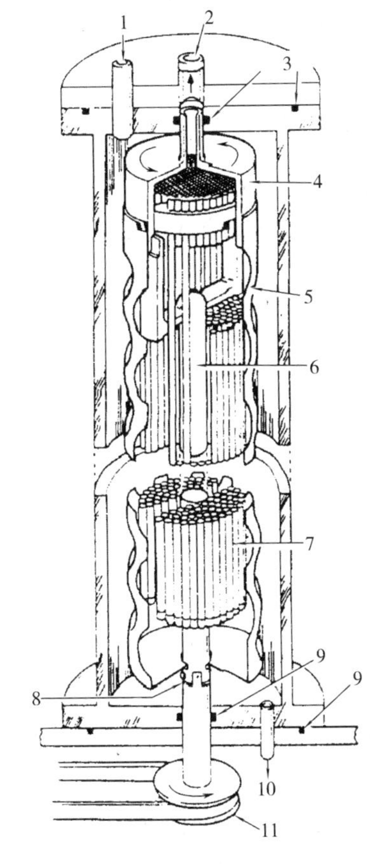

5-45　英国 Aere Harwell 公司的中空纤维膜组件（用于反渗透）

1—料液进口　2—产品出口　3—密封圈　4—组件封头　5—穿孔塑料体　6—主轴　7—空心纤维束　8—联轴带　9—密封圈　10—浓缩液出口　11—主皮带轮

图 5-44　美国 Amicon 公司的中空纤维膜组件（用于抽滤）

中空纤维膜组件的主要特点：

①能做到非常的小型化：由于不用支撑体，在膜组件内能装几十万到上百万根中空纤维，所以有极高的膜装填密度，一般为 1.6×10^4 ~ $3\times10^4 m^2/m^3$；

②透过水侧的压强损失大：通过膜的水是由极细的中空纤维膜组件的中心部位引出，压强损失达数个大气压；

③膜面污垢的去除较困难：只能采用化学清洗而不能进行机械清洗，要求进料液经过严格的预处理；

④中空纤维膜组件一旦损坏便无法更换。

尽管中主纤维膜组件存在一些缺点，但由于中空纤维膜的产业化以及技术难点的相继攻克，加上组件膜的高装填密度和高透水速率，因此它与螺旋卷式膜组件一样是今后的发展重点；中空纤维膜组件的开发有两项关键技术：

①要有能制作长期耐压的中空纤维，并实现它工业化生产的高技术；

②要有使液体在中字纤维间均匀流动，且可将湿态中

空纤维完全粘接密封的技术。

中空纤维膜组件，根据进料液的流动方式可分为3种：

①轴流式；

②放射流式；

③纤维卷筒。

轴流式的特点是进料液的流动方向与装在筒内的中空纤维方向相平行。放射流式的特点是进料液从膜组件中心的多孔配水管流出，沿半径方向从中心向外呈放射形流动，而中空纤维的排列与轴流式一样。在纤维卷筒式中，中空纤维是在中心多孔管上呈绕线团形式缠绕。而轴流式与放射流式组件中心的中空纤维是折返式的缠绕。表5-6所示为这三种组件的优缺点比较。

表5-6　3种中空纤维膜组件的比较

膜组件	优点	缺点
轴流式	膜的装填密度最高，制造比较容易	进料液流动不易达到均匀
放射流式	进料液流动比较均匀	制造复杂，单位流程长度的压力损失轴流式大
绕线流式	膜组件的制造比较容易	装填密度最小

中空纤维膜组件的主要组成部分是壳体、高压室、渗透室、环氧树脂管板和中空纤维膜等。设备组装的关键是中空纤维的装填方式及其开口端的粘接方法，装填方式决定膜面积的装填密度，而粘接方法则保证高压室与渗透室之间的耐高压密封。

中空纤维膜组件的装填与缠绕方式有：

①成U形填装，纤维束一端开口埋置于环氧树脂管板上；

②呈平行集束填装，纤维束两端开口埋置于环氧树脂管板上；

③中空纤维卷在多孔中心导管上，一端或两端开口埋置于环氧树脂管板上；

④用手工织布机织成织物，经线为空心纤维，纬线是棉线或其他实心线。再将这种织物紧密地卷成螺旋盘绕状，装入壳体内，两端开口埋置在环氧树脂管板上。

纤维粘接的要求是密封和耐高压，所用的黏合剂为热固性或热塑性聚合物，其中以环氧树脂为好。粘接方法是先将中空纤维按预定量集束成许多分支，在各分支纤维外面套以弹性的多孔套管，如布套或合成纤维织套。再将许多包有织套的纤维集束成圆柱形，罩上一个大的多孔套管，并将整个圆柱形集束拉入管壳内。最后进行管板的浇铸，方法是在管壳两端罩上环氧树脂铸模套，树脂浇入后固化成型，车削环氧树脂管板，锯割露出的纤维开口端。

（六）槽条式膜组件

槽条式膜组件是一种新发展的膜组件，如图5-46所示。由聚丙烯或其他塑料挤压而成的槽条直径为3mm左右。上有3~4条槽沟，槽条表面织编上涤纶长丝或其他材料，再涂刮浇铸液形成膜层，将槽条的一端密封。然后把几十至几百根槽条组装成一束装入耐压管中，形成一个槽条式膜组件。

表5-7对上述6种膜组件的优缺点做一对比。

表 5-7　　六种膜组件的对比

类型	优点	缺点
板框式	结构紧凑牢固，能承受高压．性能稳定，工艺成熟，换膜方便	液流状态较差，容易造成浓差极化，设备费用较大
管式	料液流速可调范围大，浓差极化较易控制，流道畅通，压力损失小。易安装，易清洗，易拆换，工艺成熟，可适用于处理含悬浮固体、高黏度的体系	单位体积膜面积小，设备体积大，装置成本高
螺旋卷式	结构紧凑，单位体积膜面积很大，组件产水量大，工艺较成熟，设备费用低	浓差极化不易控制，易堵塞，不易清洗，换膜困难
中空纤维式	单位体积膜面积最大，不需外加支撑材料，设备结构紧凑，设备费用低	膜容易堵塞，不易清洗，原料液的预处理要求高，换膜费用高
毛细管式	毛细管一般可由纺丝法制得，无支撑，价格低廉，组装方便，料液流动状态容易控制，单位体积膜面积较大	操作压力受到一定限制，系统对操作条件的变化比较敏感，当毛细管内径太小时易堵，因此料液必须经适当预处理
槽条式	单位体积膜面积较大，设备费用低。易装配，易换膜，放大容易	运行经验较少

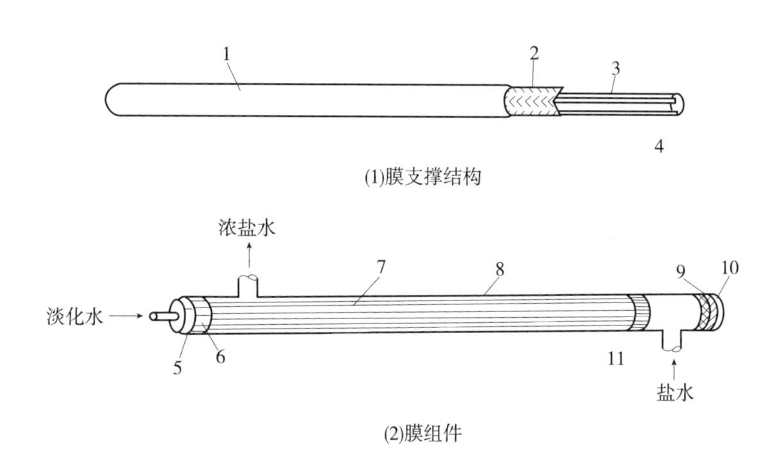

图 5-46　槽条式膜组件

1—膜　2—涤纶编织层　3—直径 3.2mm 聚丙烯条　4—出水槽　5—多孔支撑板　6—橡胶密封　7—槽条膜　8—耐压管　9—橡胶密封　10—端板　11—套封

四、 反渗透与超滤系统的工艺流程

由膜组件与泵共同组成的反渗透或超滤系统，虽然工业上具体工艺流程多种多样，但这些流程可归结成两种基本形式：即单向流程（single pass）与再循环流程（recirculation pass），其中再循环流程又分有开式回路与闭式回路两种，如图 5-47 所示。

在单向流程中，浓缩液直接排出而不作循环。而在再循环流程中，将部分浓缩液返回进行

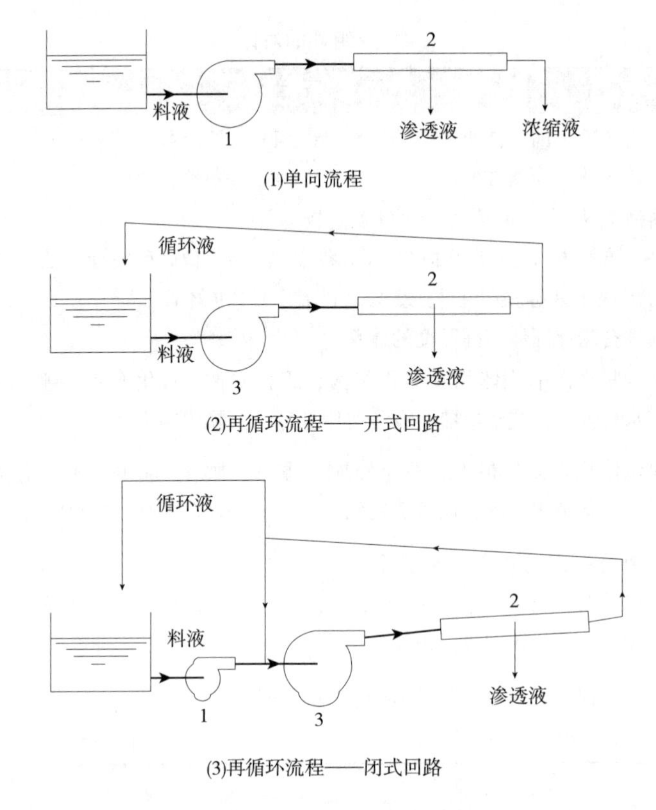

图 5-47 反渗透与超滤系统的基本流程

1—料液泵 2—膜组件 3—循环泵

循环。再循环流程的闭式回路可减少泵的能耗，因为膜组件所需的背压主要由料泵提供，而循环泵只提供迫使液流流过膜组件所需的压力，其流量大于料泵，所以能耗较低。反渗透系统要有高压泵，可用往复泵或其他正位移泵，也可用多级离心泵。在食品工业上，反渗透或超滤系统还常装有热交换器以加热料液，避免微生物繁殖，保证产品卫生。

由上述两种基本流程，再通过组件的不同配置，即可组合成各式各样的反渗透或超滤系统。具体的分离流程，通常可分成若干级若干段。所谓一级就是指进料液经过一次加压反渗透（或超滤）分离；二级是指进料液必须经过二次加压反渗透（或超滤）分离。在同一级中，排列方式相同的组件称为一个段。

（一）一级一段系统

一级一段膜分离系统，是指在有效横断面保持不变前提下，进料液一次通过膜组件使能达到分离要求：此流程的操作简单，能耗最少。如图 5-48 所示，一级一段流程又有单向流程与再循环流程两种。

在一级一段单向流程中，经膜分离的透过液与浓缩液被连续引出系统，因这种方式的水回收率不高，故工业上较少采用。为提高水的回收率，可将部分浓缩液返回进料液储槽与原有的进料液混合后，再次通过组件进行分离，如图 5-48（2）所示。因为浓缩液中溶质浓度比进料液的高，故透过液的水质有所下降。

（二）一级多段系统

如果一级一段达不到分离要求时，便可采用此系统。它与一级一段系统不同的是，随着段

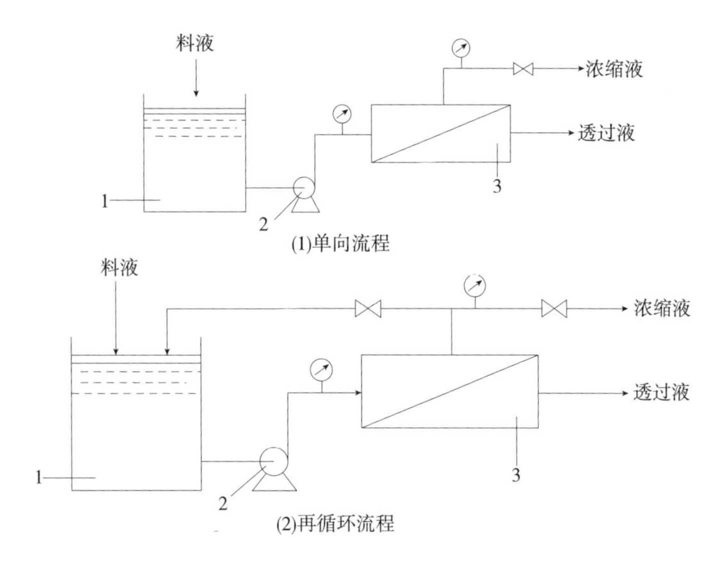

图 5-48 一级一段膜分离系统

1—料液贮槽 2—泵 3—膜组件

数的增加有效横断面逐渐减少。如图 5-49 所示，一级多段系统也有单向流程与再循环流程两种。

这种方式适合于大处理量的场合，它能得到高的水回收率。最简单的一级多段单向流程如图 5-49（1）所示，它是将第一段的浓缩液作为第二段的进料流，再将第二段的浓缩液作为下一段的进料液，而各段的透过液连续排出。这种方式水的回收率高，浓缩液的数量减少，但溶质浓度提高。

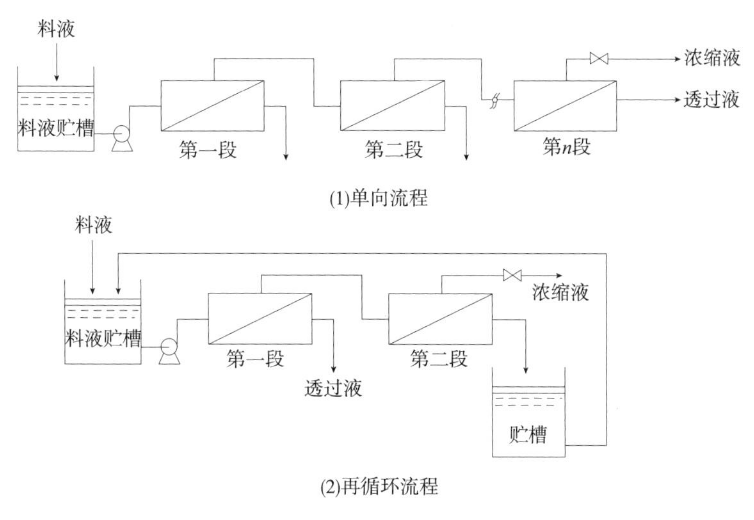

图 5-49 一级多段膜分离系统

单向流程在各段组件膜表面的流速不同，流速随着段数的增加而下降，容易使浓差极化现象严重化。为了保持高的回收率，同时又减少浓差极化，可将多个组件配置成段，随着段数的增加组件的个数可减少。整个系统趋于锥形排列。这种方式的浓缩液由于经过多段流动压强损失较大，导致生产效率下降，要克服之可增设高压泵，如图 5-50 所示。

一级多段再循环流程如图 5-49（2）所示，它是将第二段的透过液重新返回第一段作进料液再进行分离，以获得高浓度的浓缩液。因为第二段的进料液浓度较第一段高，因此第二段的透过液水质比第一段差。浓缩液经多段分离后，浓度得以大大提高，因此这种流程适合于以浓缩为主要目的的分离操作。

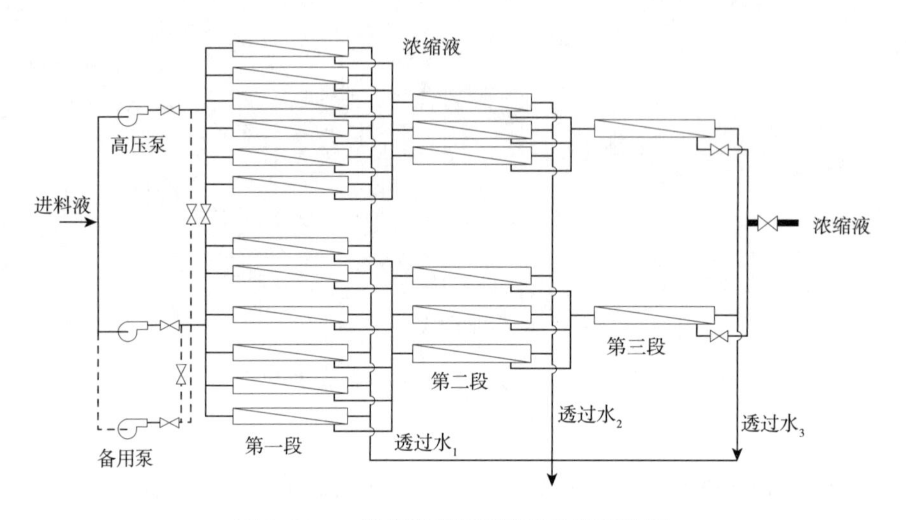

图 5-50　一级多段再循环流程的锥形排列

（三）多级多段系统

在工业操作中当要求达到的分离程度很高时，就需采用多级多段系统。这种系统也有单向流程与再循环流程之分，图 5-51 所示为多级多段的再循环流程。它是将第一级的透过液作为下一级的进料液再次进行膜分离，如此延续直至将最后一级的透过液引出系统，而浓缩液则是从后一级返回至前一级，并与进料液混合后再进行分离。这种流程既可提高水的回收率又可提高透过液的水质，但由于泵的增加导致了能耗的加大，对某些分离如海水淡化来说，由于一级脱盐淡化需要很高的操作压强与高脱盐性能的膜，在技术上要求很高。如果采用上述多级多段再循环流程，可以降低操作压强，降低对设备的要求及对膜脱盐性能的要求，因而有较高的实用价值。

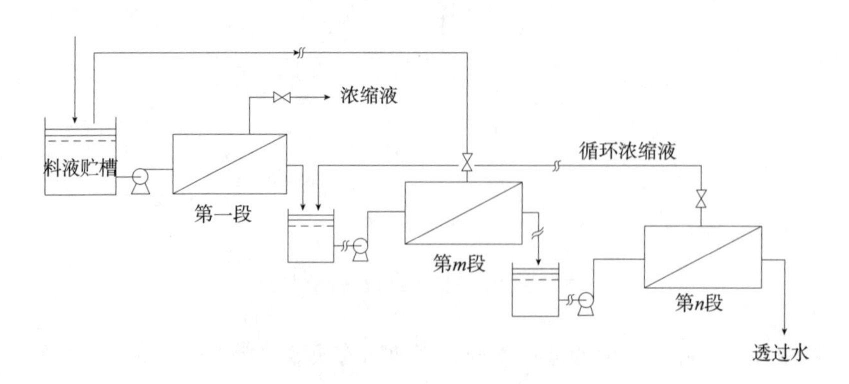

图 5-51　多级多段再循环流程

关于膜分离工艺的设计，主要是确定分离装置所必需的膜面积、选择组件的形式、确定组件的个数及其排列方式、计算分离所需的泵功率、根据膜与系统确定分离操作的工艺条件、选择膜污染的清洗方法等，这些内容要根据具体情况加以确定。

五、 超滤和反渗透技术在食品工业中的应用

近年来膜分离在食品工业中得到越来越广泛的应用，究其原因主要如下：

①在分离浓缩时不需加热，同时是在闭合回路中运转减少了空气中氧的影响，而温度与氧对食品加工的影响很大；

②在操作时只需简单的加压输送，反复循环，故工艺比较简单，操作方便；

③由于没有相的变化，故能耗较低。另由于装置小，结构简单，所以设备费用也低；

④对稀溶液中微量成分的回收、低浓度溶液的浓缩等目前尚有许多困难，但膜分离法却有可能应用于此目的；

⑤物料在通过膜的迁移中不会发生性质的改变。

（一）乳品加工

利用膜分离对食品组分进行浓缩与提纯能够保留食品原有的风味物质，目前已广泛应用于脱脂乳的浓缩上。用反渗透法浓缩可去除60%以上的水分，而用超滤法可制得富含蛋白质的浓缩乳。实验表明，采用管式反渗透膜组件可将牛乳中的固形物含量从原来的88%降低到22%，而固形物的透过率只有0.15%~0.2%，表明损失率很小；采用超滤法则可得到蛋白质含量高达80%的脱脂浓乳。

在制造奶酪时，往原料乳中加入凝乳酶或酸化剂，使牛乳发生沉淀而分离出奶酪。过程中产生的副产品乳清，含有原乳中几乎全部的乳糖、20%的乳蛋白及大多数的维生素与矿物质。根据加入的凝乳酶或酸化剂的不同，可将乳清分为甜乳清（凝酶乳清）和酸乳清（奶酪乳清）两种，两者的主要区别在于乳糖和乳酸含量不同。一种典型的酸乳清化学成分分析结果是：水分94%~95%，乳糖3.8%~4.2%，蛋白质0.8%~1.0%和矿物质0.7%~0.8%。多少年来，一直把乳清作为饲料或排入下水道，造成很大的浪费，同时也带来严重的污水净化处理问题。后来采用真空蒸发和喷雾干燥法将乳清转变成粉末状产品，再制成饲料出售。该法的最大缺点是只能去除水分，制得的乳清粉含乳糖73%、蛋白质12%和矿物质12%。从营养生理角度看，这种产品很不实用，即使蒸发前采用电渗析脱盐和浓缩后采用乳糖部分结晶法而使成分的比例略有改善，其效果仍很不满意。

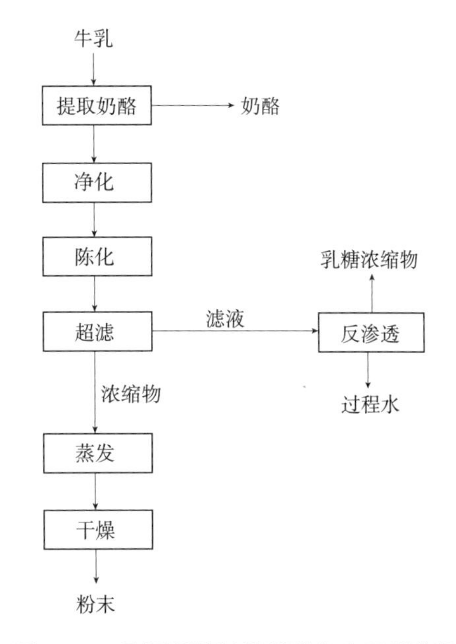

图5-52　利用超滤的乳清粉生产工艺流程

但是，采用了超滤法后便有可能提高产品中的蛋白质含量，使制得的乳清粉其质量得到根本的改善。为此，用超滤处理乳清在美国、新西兰、澳大利亚和法国等国家业已得到广泛的应用。如图5-52所示，超滤步骤的引入可从乳清中分离出低分子的水、盐和乳糖，因而改善了浓缩物中蛋白质、乳糖、盐的比例。随着浓缩度的提高，可使产品中的蛋白质含量调节到所需的数值。此外，蛋白浓缩物也不

再是仅能加工成粉末状，可以是液体状，然后掺入到其他产品（如酸奶）中或返回到奶酪生产过程中，这样就提高了原乳的成品率。

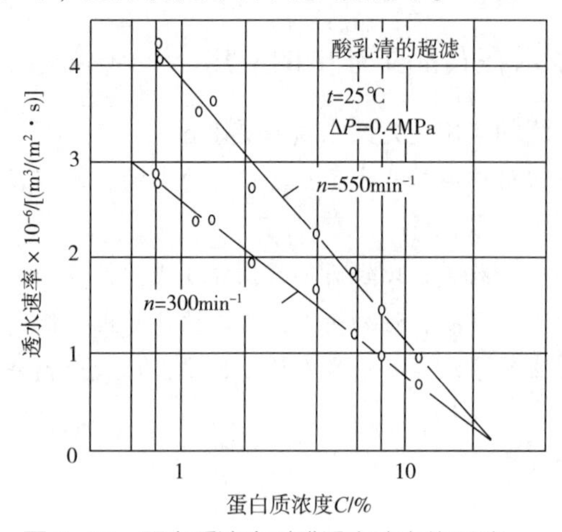

图 5-53　蛋白质浓度对膜透水速率的影响

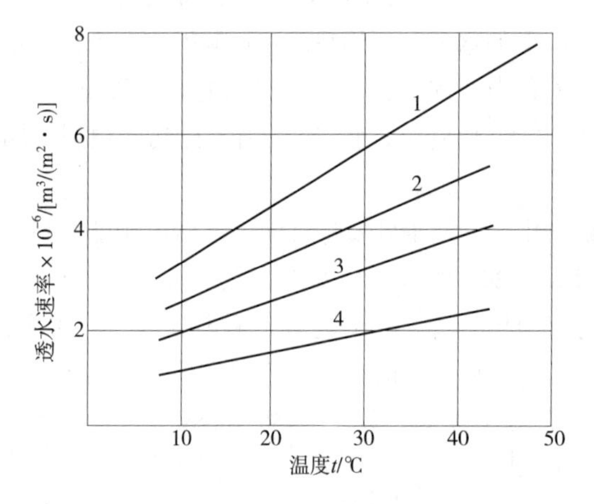

图 5-54　操作温度对不同膜透水速率的影响

（1、2、3、4 为四种不同的膜）

处理乳清所用的超滤膜的要求是尽可能地截留所含的蛋白质，同时允许低分子的乳糖、盐和水通过。这种膜的最佳切割相对分子质量界限在 10000~25000。

在乳清超滤过程中，膜表面会积聚一多孔覆盖层，因此其透水速率会受蛋白质浓度的影响，也受进料泵流量的影响（图 5-53）。乳清的温度对超滤过程起着极显著的影响，如图 5-54 所示。假如温度从 10℃提高到 50℃，处理能力将相应提高 2.6 倍，最适温度范围视被浓缩物中微生物生长及蛋白质热变性情况而定，一般在 45~50℃。20~45℃这一范围不可取，因为此时微生物会迅速生长（35℃左右微生物繁殖速度最快）。但温度若低于 20℃，会因膜的透水速率过低而失去实用意义。

超滤在乳清生产工艺流程中既可分批进行（图 5-55），也可连续进行（图 5-56）。在这两种情况中，均可通过向中间已浓缩乳清添加水来达到改善蛋白质与乳糖比值的目的。对于连续或分批操作，Rautenbach 曾用数值优化法研究了工艺参数对超滤成本的影响。结果表明，所需膜面积随溶液流动速度提高而减小。但与此同时，由于增加的压强损耗使得操作成本急剧增加，当温度从 20℃升高到 50℃时，处理成本大约降低 0%，但这只有在乳清超滤后不再冷却时才成立。

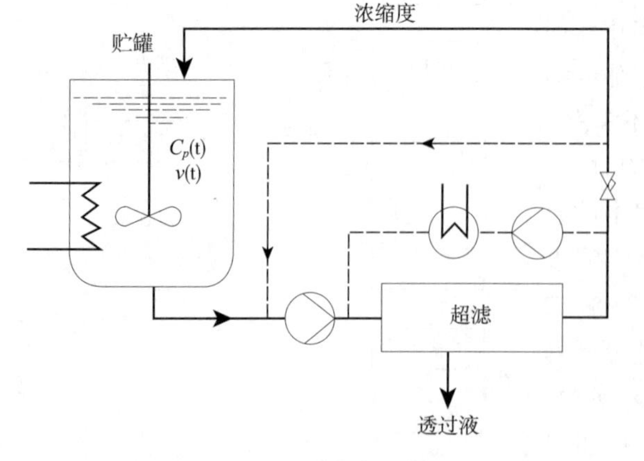

图 5-55　间歇操作的乳清超滤装置

多年来，有人一直在研究是否能直接通过超滤法处理脱牛乳，使生产奶酪时完全没有或只有少量的乳清生成。一种比较实用的方法如图 5-57 所示。它的优点：省去处理乳清的设备，省去转化为奶酪形式，同时节约通常所需凝乳酶数量的 80%，省去或减少 $CaCl_2$ 的添加重，提高产率。主要缺点是产品口味与质构有所改变，因此该法能否会被采用完全取决于消费者的接受程度。

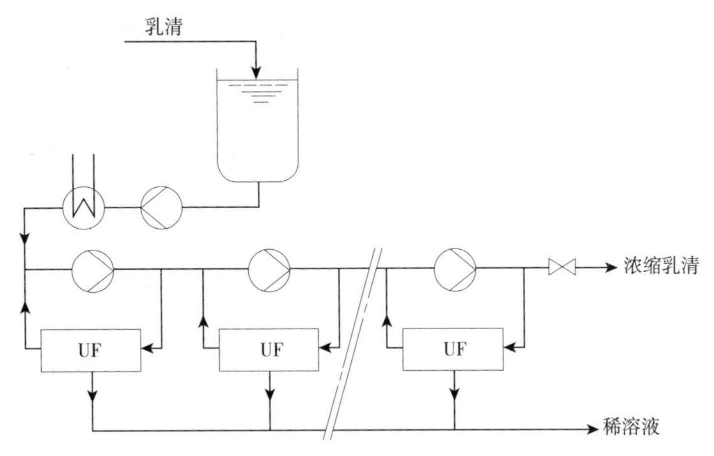

图 5-56 连续操作的乳清超滤装置

（二）甜菜糖业

甜菜制糖工业是主要的耗能工业之一，其碳酸法清净工艺复杂，设备繁多，费用很高。利用蒸发法浓缩糖汁，消耗大量的能源，同时会发生糖的热分解现象。引入膜分离工艺，则可克服上述缺点，达到降低能源消耗，简化工艺流程，降低运行成本和提高产品得率的目的。

利用超滤法澄清甜菜渗出汁时，膜特性、处理温度和压强及渗出汁的预处理等诸多因素均会影响到澄清效果。有研究表明：

①截留相对分子质量在10000~30000的超滤膜最适用于糖汁清净；

②操作温度由30℃升至60℃可使透液速率提高1倍，故操作温度高些为佳；

③操作时的平均压强宜在0.4~0.6MPa；

④渗出汁的预处理对提高超滤时非糖分的去除效果影响很大，因此是十分必要的；

⑤在一定条件下，加入适量的石灰或絮凝剂，可使超滤速度及清净效果大为改观。

一次超滤产生的浓缩液，其含糖还甚高，为此可对该浓缩液进行二次超滤。经二次超滤后的浓缩液，纯度降至60%以下，总含糖量近似于废糖蜜。

应用反渗透法部分浓缩甜菜稀汁，可使稀汁在无相变的情况下去除30%的水分。其所采用的反渗透膜应具有较高滤速，能抗污染，且对还原糖、低分子离子的透过率高，而对蔗糖的截留率高。

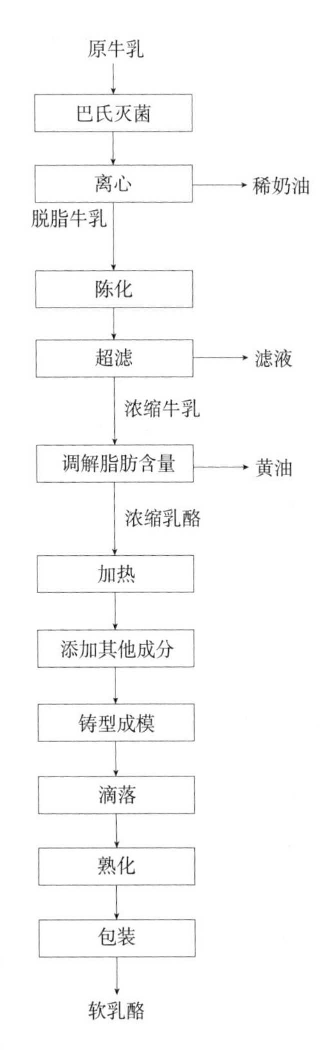

图 5-57 不产生乳清的软乳酪工艺流程

在反渗透操作过程中，较高的温度和压强有利于提高处理速度，降低固定资产投资；但温度和压强过高又会使热耗和电耗增加，进而影响经济效益。较高压强和较低温度对降低透出水中的含糖量很有利。因此，操作条件的选择需考虑的因素很多。实验表明，温度为60~80℃、压强在4~6MPa，是较佳的操作参数。

利用超滤法澄清渗出汁，主要去除的是蛋白质、胶质和色素等高分子非糖分，糖汁中仍含有大量的还原糖及低分子离子；此时糖汁的热稳定性差，会给随后的蒸发和结晶工艺带来困难。应用反渗透法对经超滤后的糖汁进行再处理，则可进一步去除残留在糖汁中的部分还原糖及低分子离子，使得糖汁的热稳定性得以改善，糖汁纯度进一步提高，并使糖汁得以部分浓缩。

研究表明，经超滤和反渗透法联合处理，可使糖汁的纯度提高4~5度，脱色率超过95%，浓缩度达到30%。用这种方法清净渗出汁，可获得糖度20~30°Bx、纯度94%~96%、色值10~50°st的半浓缩稀汁。

（三）食品组分的浓缩

果汁浓缩的目的在于延长新鲜果汁的贮存期，降低贮藏与运输成本。此外，浓缩至固形物含量达到70%的果汁，还能有效地防止贮藏期间可能出现的发酵变质现象。

果汁的主要成分——糖的渗透压很高，在很多情况下它会限制膜浓缩液可能达到的最高浓度，因此产品的最终浓缩还必须借助于其他方法（如蒸发）。美国国家食品工业协会曾以番茄汁、橘汁和鱼汁为例对这方面进行过详细研究。

1. 番茄汁的浓缩

应用传统的多效蒸发器通常能将5%的番茄汁可溶固形物浓缩至24%~40%。如图5-58所示，应用管式膜组件进行的研究表明，在合适的清洗条件下，它能持续较长时间操作（长达800h），同时透水速率能保持在较高状态［20~50L/（m^2·h）］，可溶固形物截留率高达98%以上，透过液中很少检测出有糖分和有机酸的存在，因而将产品浓缩至10%是完全可能的。但由于渗透压的升高，膜后期的透水率有所下降，但膜在较高温度（80℃）条件下也能很好工作。在美国食品与药物管理局批准前，这方面的大部分实验是以调制番茄汁为原料采用再循环流程进行的，与后来以新鲜番茄汁为原料采用单向流程进行实验得出的结果相类似。为此，欧洲的膜制造商已生产一批大型的专门用来浓缩果汁的膜处理系统。

2. 橘子汁的浓缩

利用膜来浓缩橘子汁，在较低的操作温度和较短的处理时间内有可能改善产品质量。然而，由于橘汁的渗透压较高（2MPa）。因此，膜的透水速率较低。

Anonymous等以调制橘汁（含10%可溶性固形物）为原料，利用管式膜系统采用再循环流程进行橘汁的浓缩研究。如图5-59与图5-60的结果表明，在系统操作不超过50h内膜的透水速率大体上保持原来的状态没有下降，但清洗后重新获得的透水速率随时略有降低；4.13MPa压强下将固形物的浓度由12%提高至20%时发现透水速率急剧下降，这是由于溶液渗透压增大的缘故；橘汁固形物截留率达98%，总有机碳截留率达99%。

3. 鱼汁的浓缩

鱼汁是鱼产品加工的一种副产品，传统上采用蒸发法去除其中部分水分，生产浓缩鱼可溶物（鱼乳状液）。若应用超滤进行浓缩，可节约很多能量，当然产品最终浓度仍要靠蒸发才能达到。

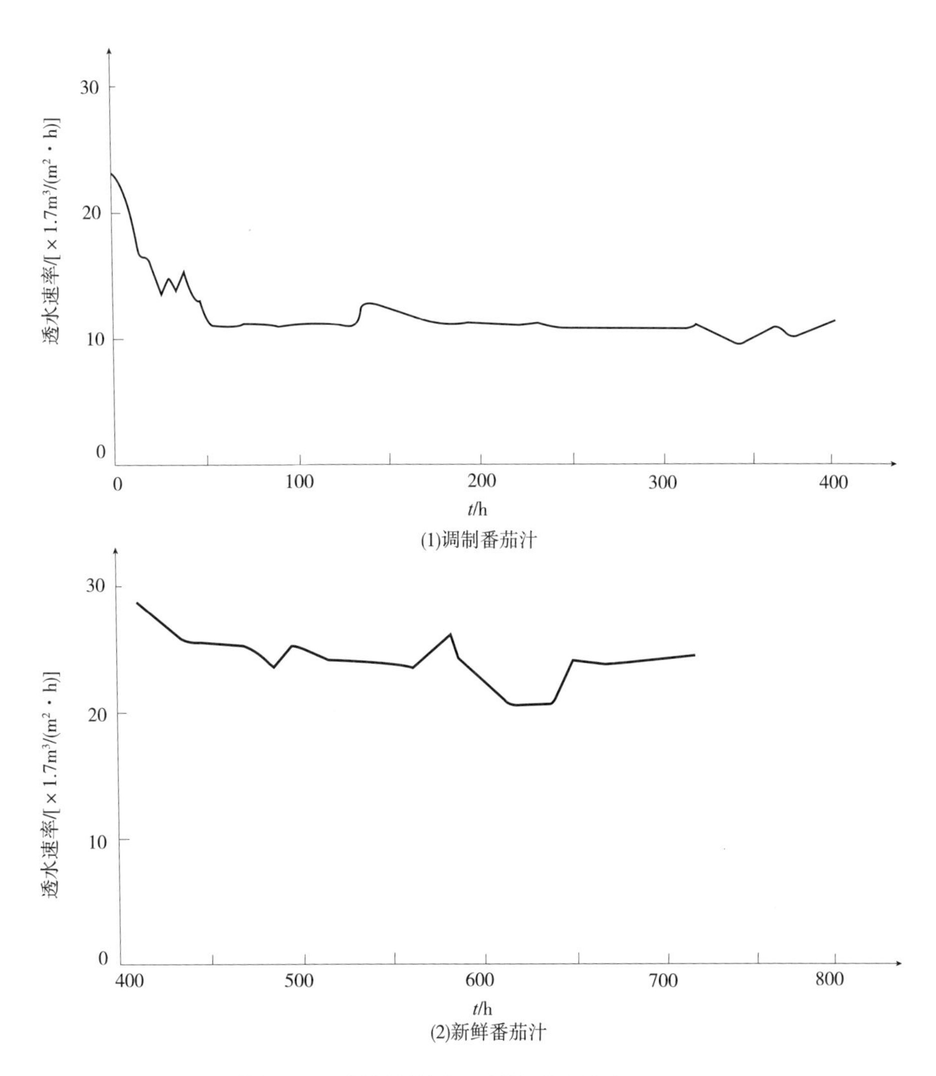

图 5-58　以番茄汁为原料的膜浓缩实验结果

通常的鱼汁是两种副产品的混合液。一种是预煮冷却液，即灌装前用来软化的残留液；另一种是压榨汁液，即鱼肉压榨时产生的汁液；预煮冷却液和压榨液混匀除去鱼油的溶液，即称为鱼汁。

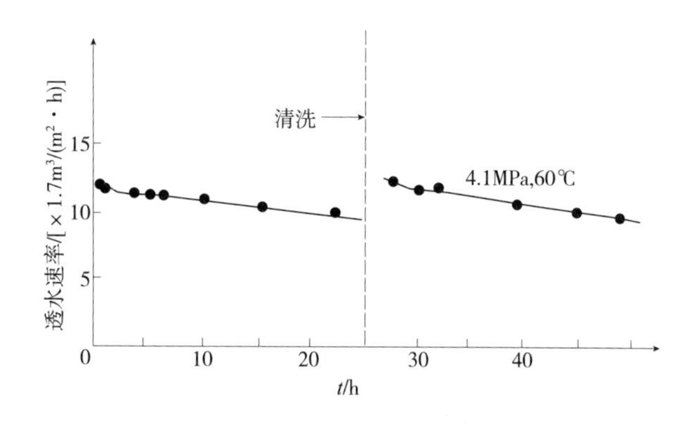

图 5-59　以调制橘汁为原料的膜浓缩实验结果

利用超滤法浓缩鱼汁的研究有用管式膜系统，采用再循环流程操作40h 的研究，结果如图 5-61 所示。其他还有关于操作压强和温度与透水速率关系的研究，以及对鱼汁两种组成液分别进行超滤实验的研究。膜对导电物质的去除率高达 91%~95%，表明透过液可以不经任何处理而直接排放，或将它用于工厂

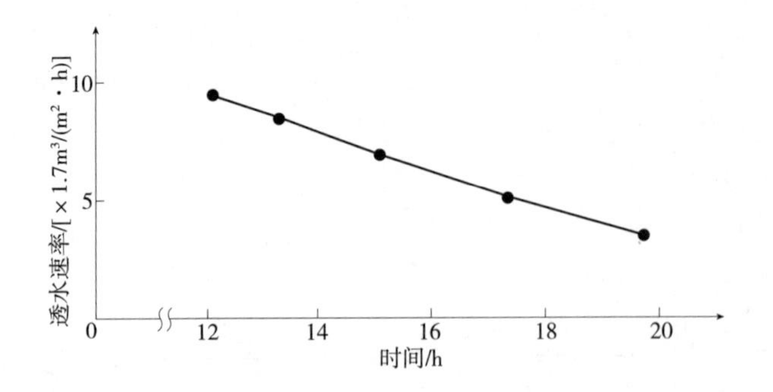

图 5-60 在膜浓缩过程中调制橘汁的浓度与透水速率的关系

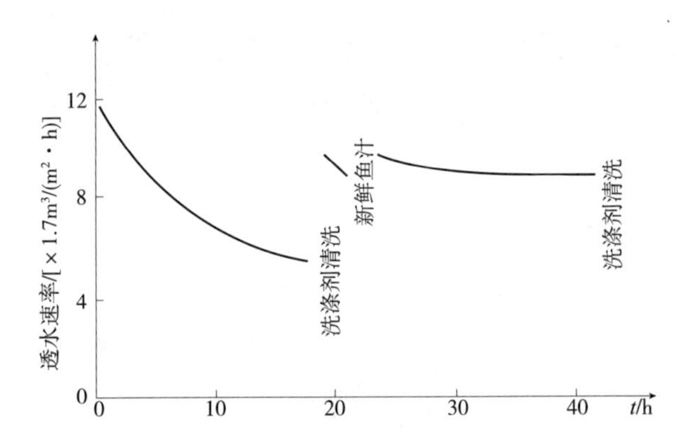

图 5-61 以鱼汁为原料的膜浓缩实验结果（68℃，4.1MPa）

的其他方面。

4. 蛋白质的浓缩

膜分离特别是超滤在蛋白质浓缩上有广阔的应用前景，下面举两例加以说明。

屠宰场的血浆约含 9%的固形物，其中大部分是蛋白质（80%），还有一些盐、激素和抗凝血素等。传统方法是通过真空蒸发加工成蛋白粉，若使用超滤法可使蛋白粉产品的质量得以明显的改善，因为几乎所有盐分都将除去。通常将原血浓缩至含固形物 20%即可，所用膜的截留相对分子质量为 5000。现在美国和德国有些屠宰场已使用超滤法浓缩血蛋白。

许多食品工业产品所用的重要原料鸡蛋粉，大多是通过喷雾干燥法生产的。这种方法的缺点：

①鸡蛋白中所含的葡萄糖发生了焦糖化反应而影响了产品的色泽；

②盐分也被浓缩；

③能量消耗大，成本高。

用超滤法浓缩鸡蛋白可望改进产品质量。通过合适分离膜的选用，能去除不需要的葡萄糖和盐等成分；同时浓缩减少了体积而最终降低了喷雾干燥的能量消耗。德国有数家工厂开始应用这种方法，使用的是醋酸纤维素膜和板框式膜组件；鸡蛋白通常由 12%的浓度浓缩至 20%，之后用其他方法继续加工。

（四）发酵工业

在生物发酵制品的分离与提纯过程中，传统采用的盐析沉淀、溶剂萃取和离心沉淀等方法，不但容易使活性物质变性而失活，而且生产率低，产品质量差。使用膜分离，可在很大程度上克服这些缺点。

1. 发酵液的分离

发酵生产过程中的一个重要步骤是从悬浮状发酵液中去除悬浮的细胞或细胞碎片和其他粒状或胶状杂质。发酵产品的相对分子质量一般为500~2000，超滤膜截留相对分子质量范围通常为大于10000。因此，发酵产品大多可通过超滤膜。细胞碎片之类悬浮物以及某些蛋白质、多糖类大分子物质则被膜截留。

研究表明，在空心纤维膜组件中，若能保持适当的流速（>1m/s），则剪切速率可达$5000s^{-1}$以上，此时膜的平均透水速率高达40~50L/（m^2·h），酵母细胞可浓缩至250~290g/L，细胞回收率大于99%。

如果膜孔与被分离粒子的大小同属于一个数量级，则发酵液中较小的粒子将进入膜孔，引起膜透水速率下降。若操作压强过高，则膜表面形成的沉淀出现压实现象，加速了透水速率的下降；相反，膜孔若比被分离粒子小，粒子就不可能嵌入膜孔，在流体产生的剪切力作用下，会从膜面上冲掉。因此大孔径膜（如微滤膜）虽然开始时的透水速率较大，但其流率下降速度很快；较小孔径的膜因此有可能比大孔径膜达到更高的长期稳定渗透流率。

2. 酶的精制

从微生物体内提取的酶溶液中含有许多无机盐、糖和氨基酸之类的低分子物质，它们对酶制剂的颜色、气味、吸湿性和结块性等都有很大的影响。通常采用减压浓缩、盐析及有机溶剂沉淀等方法，虽能将这些组分去除掉，但由于其过程较复杂，制品纯度和回收率都比较低。应用膜分离对酶进行提纯和浓缩，操作过程简单，并减少了杂菌污染与酶失活的机会，提高了酶的回收率并改善了产品的质量。使用膜分离对食品级酶制剂进行精制、浓缩，可使产品的纯度较传统方法提高4~5倍，酶回收率提高2~3倍，高污染液产出量减少到1/4~1/3。

目前，美国、法国、德国和日本等应用丹麦DDS公司生产的超滤膜装置对酶进行浓缩精制，至20世纪80年代后期已有近百套装置进入工业化运转，用来生产蛋白酶、葡糖苷酶、凝乳酶、果胶酶、胰蛋白酶、葡糖氧化酶、肝素和β-半乳糖苷酶等。

在膜分离过程中，有时可利用酶与其他大分子物质的相互作用，来提高膜对酶的分离效率。例如，用Amicon XM-300膜分离淀粉酶时，起初的截留值只有13%；但当加入含有1%二乙氨乙基葡聚糖的低离子强度缓冲液时，由于酶吸附在二乙氨乙基葡聚糖上，截留值增至96%以上。

（五）食品组分的分离

在食品工业上，分离操作的要求是在不改变溶液其他性质的条件下从溶液中分离出某种成分，这可通过选用适当孔径和分子负荷的膜来实现。这方面的用途包括从橘汁中分离去除柠檬苦素，从酒中分离去除酒精，从番茄酱清（分离于番茄酱汁中）蛋白质中分离糖分，从蛋黄液中分离出免疫球蛋白IgY等。利用膜分离，蛋白质可在较低温度下分离，以最大限度地减少热破坏，糖分则可在较高温度下进行分离浓缩。

1. 酒与啤酒中酒精的去除

可应用膜分离从酒中分离出部分酒精，从而生产出低酒度的饮用酒，这方面研究有用螺旋卷式膜组件在30℃温度下处理勃艮第（Burgundy）葡萄酒，这种酒的乙醇含量在5%~8%。结果表明，在单向流程中有71%~89%的乙醇通过膜进入透过液中，而透过液中不含色素，几乎没有风味物质。

目前已有的低度啤酒大多是通过控制发酵过程或通过从“正常”啤酒产品中去除酒精等方法得到的。总的来说，这种产品的风味不尽人意。因为弱发酵的结果会使啤酒风味不纯正，有点像麦芽汁味；而即使是最谨慎的去除酒精的热处理方法，也会改变产品的风味。

若应用反渗透法来生产低度啤酒，则质量将较好。啤酒首先经反渗透浓缩，由于膜对酒精的截留能力差，因此一定量的酒精将与透过液一起被分离出来，之后用不含酒精的溶液（最简单的就是新鲜水）稀释浓缩液，这样就降低了啤酒的酒精浓度。若将透过液用蒸馏法脱去酒精后，再将其作为无醇溶液返回浓缩液中，就可得到质量更高的产品。因为用淡水稀释浓缩液得到的产品总呈水样的口味。

例如，丹麦生产的啤酒含酒精 5%～6%，现已有用反渗透法生产出含酒精 2.5%的啤酒，产品进入市场后反映良好。日本已建立膜面积 171m^2、透水流率 2.5t/h 的反渗透装置用于工业化生产低度啤酒。

2. 葡萄酒中酒石的沉淀

葡萄酒虽经过滤和防腐处理，仍会析出酒石（酒石酸钾盐），因为酒石的稳定贮存期需2～3 年。到目前为止，人们研究过的稳定酒石或加速酒石沉淀的方法包括：

①用偏酒酸使酒石稳定；

②用钙盐使酒石酸分解；

③阳离子交换法；

④电渗析；

⑤反渗透。

用偏酒酸稳定酒石价格便宜，但有效期仅 9 个月；将温度降低至-4～-3℃的冷却方法效果较好，但成本很高；用钙盐分解酒石酸是长期使用的方法，但却有混浊的危险；用阳离子交换钾离子长期以来被认为是最好的方法，但此法现已不允许使用。用反渗透法稳定酒石的工艺流程如图 5-62 所示。

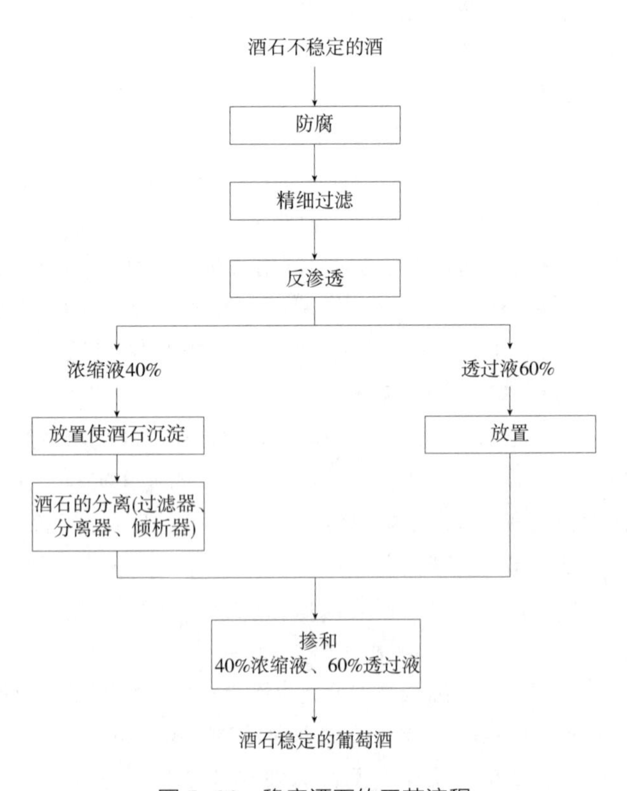

图 5-62　稳定酒石的工艺流程

通过反渗透法使葡萄酒浓缩造成过饱和状态，从而加速了酒石的结晶，然后酒石在后续的中间罐中沉淀分离出来，再将浓缩液和透过液重新混合。

实验表明，透过液的产率为 60%是合适的，但这个数值与葡萄酒种类有关。如果此值较低，则酒石含量的降低值尚不能令人满意，若此值过高，酒石会在膜装置中沉淀析出而堵塞了膜，使得透水速率严重下降。

3. 果汁澄清与清酒生产

葡萄、苹果、柑橘和猕猴桃等果

汁中含有果胶和水溶性半纤维素等物质，会引起果汁混浊甚至产生沉淀。目前，一般用果胶酶在40~45℃温度下作用3~5h，再经过滤即可使果汁变清，此法所需时间长，且易受微生物污染，若用超滤法分离出果胶及可能存在的浆料物，就可达到快速澄清果汁的目的。为提高澄清效果，目前正在研究使用温度范围为100℃，pH范围为0~4和性能优良的超滤膜。

日本生产的清酒类似于中国的黄酒，清酒通常是加热到65℃后装瓶的。在加热过程中会蒸发或破坏部分香味物质，引起酒质下降；未经加热的生酒风味很好，但易酸败产生白色沉淀。最近，日本有用超滤法除去混浊物和菌体，加上无菌装瓶工艺形成了完全不加热生产生清酒的新技术，现已投入工业化生产。

（六）副产物的回收

大多数食品加工厂产生的副产物，其浓度总是很稀的，由于处理成本高而经常被丢弃。通过膜的应用可以较低成本回收这些物质，下面举例说明。

1. 水果鸡尾酒冲洗水的膜处理

在调制水果鸡尾酒时，需将水果切成小方块，然后将其放在振动筛上通过冲洗水以冲掉产生的碎渣碎片；与此同时水果表面的糖分和酸物质也被冲进水中，造成很大的损失。

如将这种冲洗水加以超滤、浓缩，其透过液作为废水进行处理，所需费用就要低很多，而副产品还可用作罐头食品的天然填充料。在这方面应用超滤不仅能够解决废水处理问题，而且回收了可继续使用的副产品。

试验使用的是管状膜组件和超滤器，后面再连用螺旋卷式盘绕膜组件，采用再循环流程，实验结果如表5-8所示。渗透液所含的可溶性固形物少于0.1%，表明膜对有机物质的脱除率很高，分离出的水还可用在工厂的其他方面。

表5-8　水果鸡尾酒冲洗液膜分离样品分析

水果冲洗水	进料液		提浓液
	总含量/%	可溶性固形物/%	可溶性固形物/%
桃	0.53	1.6	8.0
桃-梨混合物	0.69	0.9	3.2
梨	1.43	3.5	6.9

2. 桃加工副产物的回收

桃收成后，通过剥皮、分级和检查后装入瓶中通入糖浆制成罐头食品。一种可代替糖浆的替代物是澄清的桃汁，它是由那些不能制罐头的桃碎片经压榨而来的。另一种替代物是制桃子果酱时的螺旋压榨汁，这种溶液是热的，约含10%的可溶性固形物。这两种溶液经管式超滤系统浓缩均可代替糖浆使用。

第一种溶液经膜分离后得到的果汁，其风味没受到任何破坏，因为超滤不像蒸发器那样需要大量的热能。第二种溶液经膜分离后得到热的天然桃汁和干净的热渗透水；膜分离时温度越高，则透水速率越大。提浓的果汁色泽没有受到破坏，风味损失极少。

3. 化学物质的回收

在食品工业上常用苛性溶液处理水果和蔬菜，随着处理液的反复使用，它逐渐被来自加工食品中的有机物质所饱和。如果能去除这些有机物，则苛性溶液还可继续使用，这样就节约了化学用品的成本，同时降低了废水处理费用。

这方面研究包括使用管式超滤装置和超滤器，当苛性溶液通过膜时，有机物被阻留了，目前这方面研究正在深入进行。

4. 废水处理与水的再循环利用

食品工业需要大量的水，加上有时供水不足，以及大量的废水要处理的问题，都刺激着人们寻求再循环利用水的方法。超滤在这方面显示出其潜在的优越性。如果排出的废水是热的，则经超滤分离出的纯净水也是热的，这就节约了能量消耗。

一般来说，利用超滤再循环利用水，在经济上很合算。因为这种处理除了回收水之外，还有其他优越性，如从热废水中回收能量，降低待处理废水的体积等。在废水处理上，体积是一个很重要的因素。

例如，荷兰在淀粉废水的回收与利用方面，已有效地应用了膜分离。处理装置的结构是：在管式超滤设备中，装上 18 块聚丙烯腈（总面积 $800m^2$），并于每块膜系统中安装一个循环泵，以弥补由于压强损失引起的压强降，由此获得 2.5m/s 的高流速，每小时可处理 $50m^3$的淀粉废水。采取对 18 块膜逐个清洗的方式，故通常只有 17 块膜在工作，其中有 1 块膜处于清理状态。

在豆浆厂中，一般采用的是蒸煮大豆的方法，因此会产生大量的蒸汁。蒸汁中含有不少的蛋白质和糖类，但历来只作为废水排掉。日本现研究用反渗透法来处理这些蒸汁，所得的浓缩液可循环用于豆浆生产中，透过液也可循环使用。

第三节　电渗析技术

用膜将一个容积隔成两部分，如果膜的一侧是溶液，而另一侧是纯水，则小分子溶质透过膜向纯水侧移动，与此同时纯水也可能透过膜向溶液侧移动。如果膜的两侧是浓度不同的两种溶液，溶质从浓度高的一侧透过膜扩散到浓度低的一侧，这便称为渗析。如果仅仅是纯水透过膜向溶液侧移动使溶液变淡，或仅仅是低浓度溶液中的溶剂透过膜进入高浓度溶液，而溶质并不透过膜，这个过程则称为渗透。前述的反渗透与超滤，由于过程推动力的改变，它们与渗透、渗析相比，纯水流动方向相反，与渗析相比，溶质移动方向仍相同。

电渗析与超滤、反渗透共同的一面，都是利用膜使溶液中的溶质与溶剂相互分离的单元操作。但它们之间也有本质的区别，因为电渗析是在外电场的作用下，利用离子交换膜对不同离子的选择透过性而使溶液中的阳离子、阴离子、溶剂相互分离。

自 1950 年 Juda 等试制成功全世界第一张具有实用价值的离子交换膜以来，电渗析过程得到迅速发展。目前，电渗析作为分离、浓缩、提纯与回收操作的一项新技术，已广泛应用于海水淡化、民用水的软化脱盐、工业用水的纯化等场合。在食品工业上的应用也集中在水的纯化处理上，如饮料或酿造用水的纯化处理，也开始应用于柠檬酸的分离操作上，在国外，电渗析已成功地用在大规模的乳清加工上。

一、电渗析原理

纯水的主要特性，一是不导电；二是极性较大。由于水分子极性较大，能使本身形成氢键，产生水合氢离子。同时也能与其他电荷性大的电解质如酸、碱、盐分子，形成氢键发生水合作用。目前电渗析主要应用于溶液中电解质的分离，故这里主要以盐水中的 NaCl 脱除为例进行说明。在水分子的极性作用及电解质分子的相互作用下，电解质分子被分离成正、负离子，如 NaCl 被分离成 Na^+和 Cl^-。

溶液的导电是依靠离子迁移来实现的。溶液的导电性取决于溶液中的离子浓度和离子绝对速度。离子浓度越高，离子绝对速度越大，则溶液的导电性越强，也即溶液电阻率越小。当水中有杂质如盐类离子的存在，其电阻率就比纯水小，即导电性强。电渗析正是利用含离子溶液在通电时发生离子迁移这一特点。

如图 5-63 所示，当进料液用电渗析器进行除盐时，将电渗析接入电源则水溶液即导电，水中离子即在电场作用下发生迁移，阳离子向负极运动，阴离子向正极运动。由于电渗析器两极间交替排列多组的阳、阴离子交换膜，两种膜就在电场的作用下显示出电性。阳离子交换膜（简称阳膜）显示出强烈的负电场，溶液中阴离子受排斥，阳离子被膜吸引，并在外电场作用下向负极方向传递交换而透过阳离子交换膜。相反，阴离子交换膜（简称阴膜）显示出强烈的正电场，溶液中阳离子受排斥，阴离子被该膜吸引，并在外电场作用下向正极方向传递交换，同时透过阴离子交换膜。这样，形成了淡水（稀溶液）室的去离子区域和浓水（浓溶液）室的聚离子区域，在靠近电极附近的称为极水室。在电渗析器内，淡水室与浓水室多组交替排列，经过淡水室并从中引出的即为脱盐水（淡化水）。

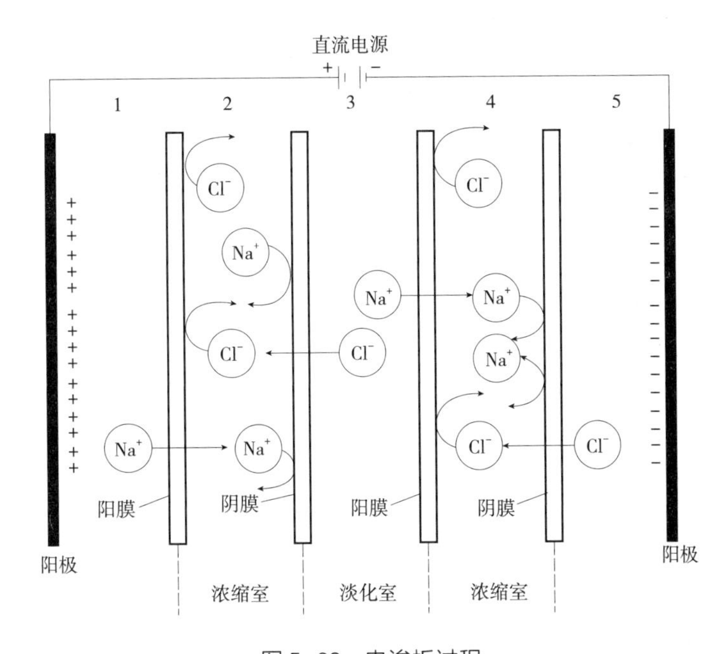

图 5-63 电渗析过程

从以上分析可知，电渗析脱除溶液中的离子以下列两个基本条件为依据：

①直流电场的作用使溶液中阴、阳离子作定向运动，阳离子向阴极方向移动离子向阳极方向移动；

②离子交换膜的选择性透过，使溶液中的离子作反离子迁移。

二、 离子交换膜

离子交换膜是一种由具有离子交换性能的高分子材料制成的薄膜。它对阳、阴离子具有选择性透过性，其根本原因在于膜中能解离的离子基团不同。对离子交换膜的要求如下：

①具有较好的离子选择透过性，因制造工艺的限制实际上未能达到100%，通常在90%以上，最高可达99%；

②膜电阻应小于溶液的电阻，若膜电阻太大，由膜本身引起的电压降将相当大，从而会减小电流密度降低电渗析效率；

③具有足够的化学稳定性；

④具有较好的力学强度和适当的厚度，因为过厚的膜电阻较大；

⑤具有适当的孔隙度，一般要求孔隙度为50~100nm。

（一）离子交换膜的分类

1. 按膜机能的分类

（1）阳离子交换膜　含有酸性活性基团，按其酸性强弱分为强酸性、中强酸性和弱酸性三种。强酸性的如磺酸型（$—SO_3H$）阳离子交换膜；中强酸性的如正磷酸型（$—OPO_3H_2$）阳离子交换膜、亚磷酸型（$—P_3OH_2$）阳离子交换膜；弱酸性的如羧酸型（—COOH）阳离子交换膜、酚型（$—C_6H_5OH$）阳离子交换膜。

（2）阴离子交换膜　含有碱性活性基团，按其碱性强弱有强碱性与弱碱性两种。强碱性的如季铵型［（$—N(CH_3)_3OH$）阴离子交换膜，弱碱性的如伯铵型（$—NH_2$）、仲胺型（—NHR）、叔胺型（$—NR_2$）阴离子交换膜。

（3）特种离子交换膜　近年来为适应各种特殊需要而发展起来，如正、负离子活性基团在一张膜内均匀分布的两性离子交换膜，带正电荷的膜与带负电荷的膜2张贴在一起的复合离子交换膜（称为二极膜），部分正电荷与部分负电荷并列存在于膜厚度方向的镶嵌离子交换膜，在阳膜或阴膜表面上再涂上一层阳离子或阴离子交换膜的表面涂层膜，作为电解槽隔膜的多孔膜，以及螯合离子交换膜等。这些膜大多还处于研究阶段，目前在电渗析中经常使用的主要还是阴、阳离子交换膜。

（4）无机离子交换膜　有机离子交换膜的主要缺点是高温下易分解，遇氧化剂或强腐蚀剂时性质不稳定。为克服上述缺点而开发的无机离子交换膜，其热稳定性与抗氧化性能均较好，且成本低廉，常用的无机离子基团有磷酸锆、钒酸盐等。

（5）耐酸、碱型离子交换膜　如各种含氟材料的离子交换膜能忍耐多种无机强酸的腐蚀。还具有耐氧化、耐高温，机械强度高等特点，可作为电解隔膜。

2. 按膜结构的分类

（1）均相离子交换膜　不含黏合剂，通常是在高分子基膜上直接接上活性基团；或用含活性基团的高分子树脂溶液直接制得的膜。因其离子交换活性基团的分布均匀，膜的整体结构均一，故称均相膜。这种膜的厚度较小（0.15~0.30mm），电化学性能好，但价格较高。

（2）非均相离子交换膜　直接用磨细的离子交换树脂（250目）加入黏合剂而制成，因为黏合剂的存在，其所含的离子交换活性基团与所形成的膜状结构的化学组成不同，活性基团的分布也不均匀，所以称为非均相膜，如图5-64所示。这种膜工艺成熟，价格较低，但因各部分分布不均匀，故膜厚度较大（0.4~0.8mm），且黏合剂有将活性基团包住的倾向，所以膜电阻较大且选择透过性也较低。

(3) 半均相离子交换膜　将离子交换树脂与黏合剂同溶于溶剂中再成膜、其外观、结构与性能都介于非均相膜与均相膜之间。

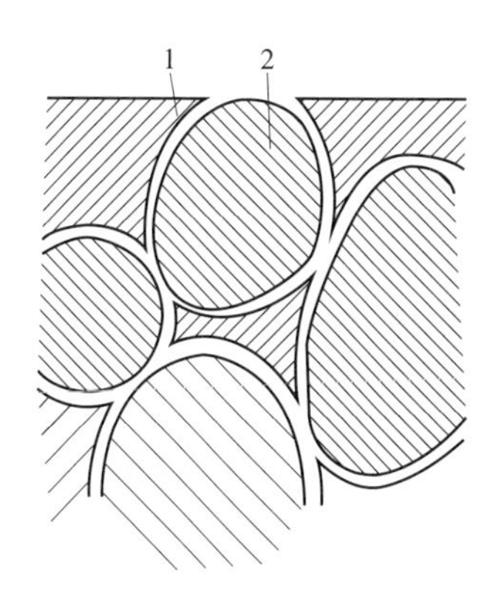

图 5-64　非均相离子交换
1—黏合剂　2—离子交换树脂

(二) 离子交换膜的特征参数

1. 膜电阻

膜电阻是离子交换膜的重要特性之一，它直接影响电渗析器工作时的电压与电能消耗。一般情况是在不影响其他性能前提下希望膜电阻越小越好。

膜电阻常用面电阻即单位膜面积的电阻来表示，单位为 ($\Omega \cdot cm^2$)；作为膜的特性比较，也常用电阻率（单位为 $\Omega \cdot cm$）或电导率（$\Omega^{-1} \cdot cm^{-1}$）来表示。通常规定在 25℃、0.1mol/L KCl 或 0.1mol/L NaCl 溶液中测定的膜电导作为比较标准。

2. 交换容量

交换容量指每克干膜所含活性基团的毫克当量，单位为 mmol/g。它是离子交换膜的关键性质，交换容量高的膜选择透过性好，导电能力也强。由于活性基团一般具有亲水性，当活性基团含量高时膜内水分与溶胀度会随之增大，从而影响膜的强度，有时也会因膜体结构过于疏松而使膜的选择性下降。一般膜的交换容量为 2~3mmol/g。

3. 含水量

膜内与活性基团结合的内在水，以每克干膜的含水克数来表示（%）。膜的含水量与其交换容量和交联度有关，交换容量高的膜含水量也高，交联度大的膜由于结构紧密其含水量会相应降低。提高膜内含水量，可提高膜的导电性能，但由于膜的溶胀会使膜的选择透过性下降。一般膜的含水量为 20%~40%。

4. 反离子迁移数与选择透过度

离子交换膜对离子选择透过性的优劣用反离子迁移数及选择透过度来表示。离子迁移数是指一种离子在膜内的迁移量与全部离子在膜内迁移量的比值，可用离子迁移所携带的带电量之比来表示。一种实用的离子交换膜，选择透过度应大于 85%，反离子迁移数大于 0.9，并希望在高浓度电解质中仍保持良好的选择透过性。

5. 水的电渗透量

水通过离子交换膜的渗透一般有 3 种情况：

①浓度差与渗透压的存在造成水由稀侧向浓侧渗透；

②呈水合状态的电解质离子透过膜时伴随发生的水迁移；

③水电渗析引起的水迁移。

这些过程不但会降低电流效率，而且会降低脱盐率和透水率。

水的电渗透量是膜的一项重要综合指标，目前尚未建立一套标准的测试方法，它主要决定于膜体结构和操作条件。提高膜的交联度与厚度可减少水的电渗量，提高交换容量与含水率可提高电渗透量。

三、电渗析系统

（一）电渗析器的结构

电渗析器主要由离子交换膜、隔板、电极和夹紧装置等组成，整体结构与片式热交换器相类似，如图 5-65 所示。其结构主要是使一列阳、阴离子交换膜固定于电极之间，保证被处理的液流能绝对隔开。电渗析器两端为端框，每框固定有电极和用以引入或排出浓液、淡液、电极冲洗液的孔道。一般端框较厚、较坚固，便于加压夹紧。电极内表面呈凹入，当与交换膜贴紧时即形成电极冲洗室。隔板的边缘有垫片，当交换膜与隔板夹紧时即形成溶液隔室；通常将隔板、交换膜、垫片及端框上的孔对准后即形成不同溶液的供料孔道，每一隔板没有溶液沟道用以连接供液孔道与液室。

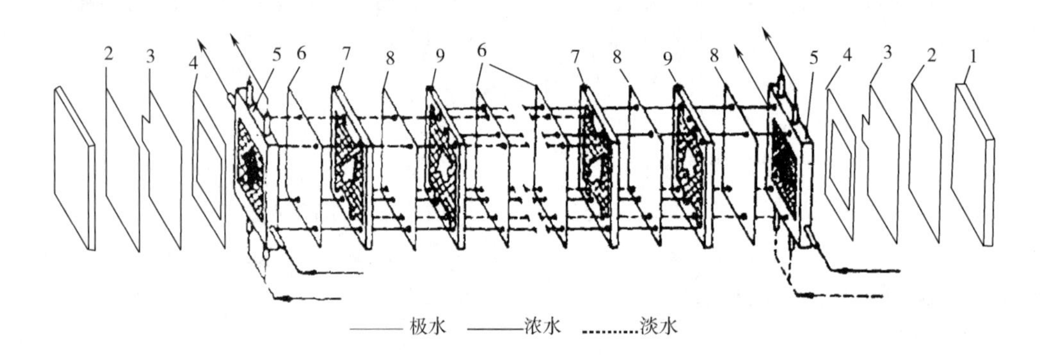

图 5-65　电渗析器的结构

1—压紧板　2—垫板　3—电极　4—垫圈　5—导水板　6—阳膜　7—淡水隔板框　8—阴膜　9—浓水隔板框

1. 离子交换膜

离子交换膜是电渗析器的心脏部件，使用前需经充分浸泡后剪裁并打孔。电渗析停止运行时，必须充满溶液以防变质变形。离子交换膜的费用一般占电渗析总费用的 40%。

2. 隔板

隔板是电渗析器的支承骨架与水流通道形成的构件，是不可缺少的组成部分。对隔板的要求：

①隔板材料应具有化学稳定性，价格较便宜，目前一般采用硬聚氯乙烯或聚丙烯塑料板；

②隔板厚度应尽量小以减少水层厚度、降低水层电阻，一般以 1~2mm 为宜，并要求厚薄均匀平整，便于组装；

③在隔板中间流槽内流动时要求能形成良好的湍流，即要求有大的雷诺数，以提高电渗析效率；

④在隔板设计上尽量加大有效膜面积，即提高与溶液直接接触的膜面积，以增加每板单位时间的处理量，缩小设备体积。

隔板的排列总块数根据设计液量决定，设计液量越大排列总块数就越多。因两极间的电压降与隔板总数成正比，所以在电源输出电压一定的情况下，排列的隔板总数不能无限地增多。隔板内流槽的流程总长度对电渗析的产品质量影响极大，一般说来，流程长度越长，产品质量就越好。

隔板按水流形式可分回流式隔板与直流型隔板两种（图 5-66）。前者又称长流程隔板，优点是液体流速大、湍流程度好、脱盐效率高；缺点是流体阻力大。后者又称短流程隔板，特点是液体流速较小，阻力也小。

依据隔板在膜堆中的使用部位，可分为浓室隔板与淡室隔板。它们的结构相似，但进出水孔位置不一样（图 5-65）。这样可保证浓水室只与浓水管相通，淡水室只与淡水管相通，并控制浓淡水流的流向。根据需要，两室水流方向可采用并流、逆流或错流等形式，如图 5-67 所示。

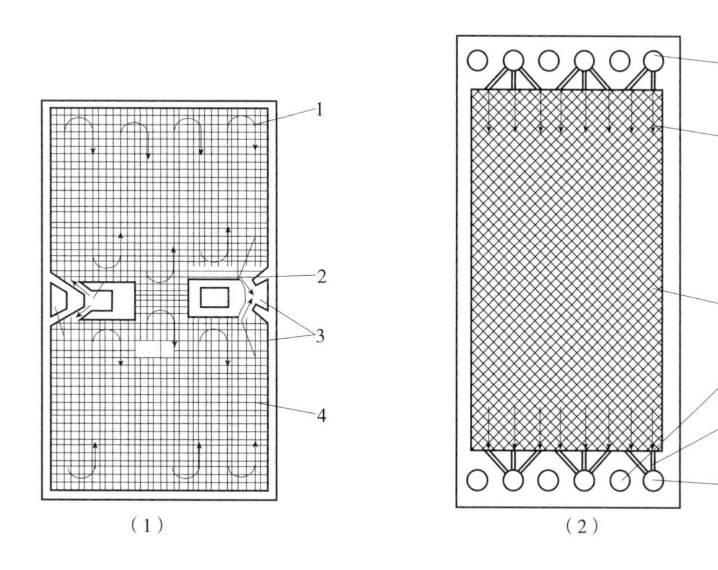

图 5-66　回流式隔板（1）和直流式隔板（2）

1—料液流路　2—料液入口　3、8—产品出口　4—湍流促进器　5—隔网　6—内流道孔　7—布水道

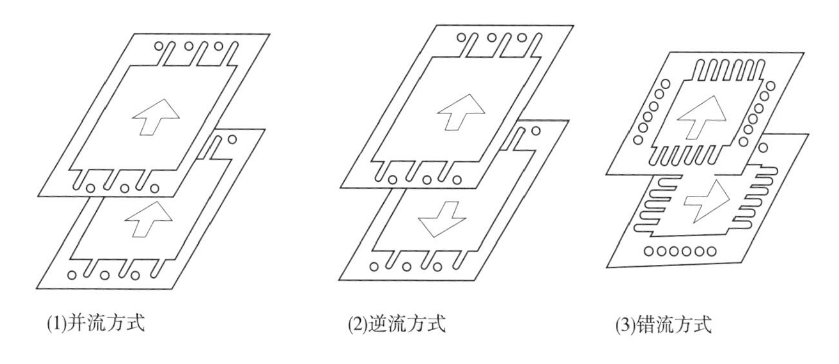

图 5-67　水孔在隔板上的位置与水流方向

当浓淡两室水流方向为并流时，膜两侧压强较平衡，使得膜不易变形。但随着脱盐过程的进行。浓淡两室的浓度差增大，这对防止浓差极化不利。当水流方向为逆流时，膜两侧压力不平衡，易产生膜变形，不利于水流的均匀分布。但从防止浓差扩散的角度分析，对脱盐有利：错流在避免浓、淡水内部渗漏方面较前两者有利。

3. 电极

电极是电渗析器的重要组成部分，其质量好坏直接影响到电渗析效果。电极材料的选用原则：

①导电性能好；

②力学强度高；

③不易破裂；

④对所处理的溶液具有化学稳定性；

⑤特别要防止电极反应产物对电极的腐蚀。

目前常用的电极材料有：

① 经石蜡浸渍或在糠醛树脂中浸泡过的石墨、铅和铅银合金（含银1%~2%），可做阴极或阳极；

② 不锈钢，只能用作阴极；

③ 钛、钽、铌、铂、氯化银等。

电极极框的作用主要是使极水单独成一系统，不断将极室内生成的电极反应产物与沉淀物冲出，对极框的要术是水流畅通，支承性好。

4. 夹紧装置

由型钢（如槽钢）铁夹板、螺杆和螺母等组成，整个电渗析器组装后要求密封不漏水。

5. 辅助设备

必要的辅助设备有：直流电源、水泵、流量计、压力表、电流表、电压表、电导仪、pH计及其他分析仪器等。

（二）电渗析的操作流程

有关电渗析操作流程的基本概念：

①膜对与膜堆：由—张阳膜与一个浓（淡）水室隔板、一张阴膜与一个淡（浓）水小隔板而组成的一个淡水室与一个浓水室，是电渗析器的最基本单元，称为一膜对。一系列的这种单元组装在一起即称为膜堆；

②级：一对电极之间的膜堆称为一级，一台电渗析器内的电极对数称为级数；

③段：一台电渗析器中浓、淡水隔板水流方向一致的膜堆称为一段，水流方向每改变一次则段数就增加；

④台：用夹紧装置将膜堆、电极等部件锁紧组成一个完整的电渗析器，称为一台；

⑤系列：把多台电渗析器串联起来成为一个整体，称为系列；

⑥串联脱盐：用以提高脱盐率，有段与段串联，级与级串联，台与台串联三种类型。

电渗析器有并联组装与串联组装两种方式，每种组装方式又设有若干级若干段。如图5-68所示。在并联组装中有：

①一级一段：这是电渗析器的最基本组装形式，其特点是处理量与膜对数成正比，脱盐率取决于每张隔板的流程长度；这种方式常见于直流式隔板组装的大、中型电渗析器。

②二级一段：一台电渗析器两对电极间膜堆水流方向一致的称为二级一段组装。它与一级一段的不同之处在于膜堆中增设了一个中间电极作共电极，这可使操作电压成倍降低，减少整流器的转出电压；为了提高低操作电压下的处理量，还可采用多级一段组装方式。

对于串联组装，也有以下一些具体操作规程：

①一级二段或一级多段：一台电渗析器一对电极间水流方向改变一次的称为一级二段，改变多次的称为一级多段，用于处理量较小，单段脱盐又达不到要求的一次脱盐过程。

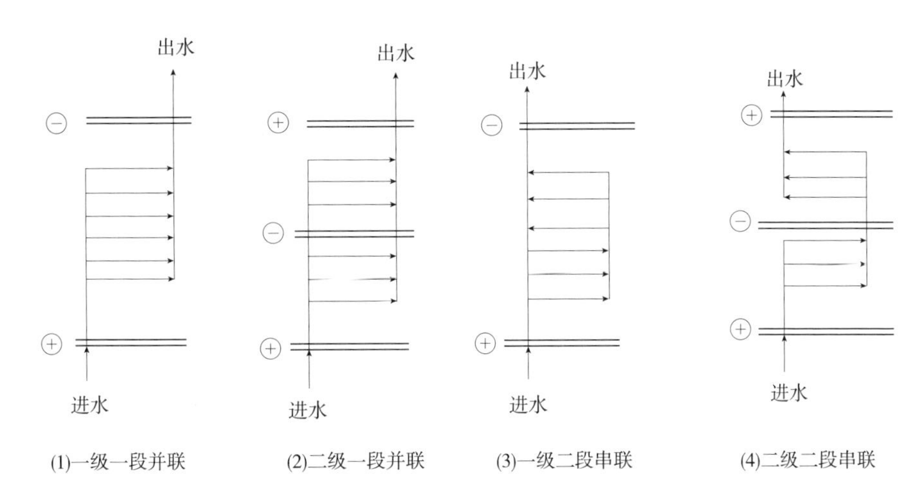

图 5-68　电渗析器的组装方式及液体流向

⊕—阳离子交换膜　⊖—阴离子交换膜

②二级二段或多级多段：在一台两对电极或多对电极的电渗析器中，相邻两膜堆水流方向相反的组装称作二级二段或多级多段，这种组装方式脱盐率高，适用单台电渗析器一次脱盐。

在串联组装中，段数受到了电渗析器承压能力的限制。为此，可采用并联-串联联合组装，以充分发挥两者的优点，同时满足产量与质量两方面的要求。

（三）工业电渗析系统

工业电渗析系统根据应用的目的与要求处理的程度，可分为间歇式（循环脱盐）和连续式（一次脱盐）两类。间歇式电渗析系统如图 5-69 所示，淡液和浓液均分别在贮槽与电渗析器之间不断循环，直至淡液脱盐至一定要求为止。连续式电渗析器如图 5-70 所示，其中（1）为单级系统，（2）为若干级电渗析器串联而成的多级系统，串联的目的是为了提高产品的纯度。连续式的特点是进液出液连续，不作循环流动。

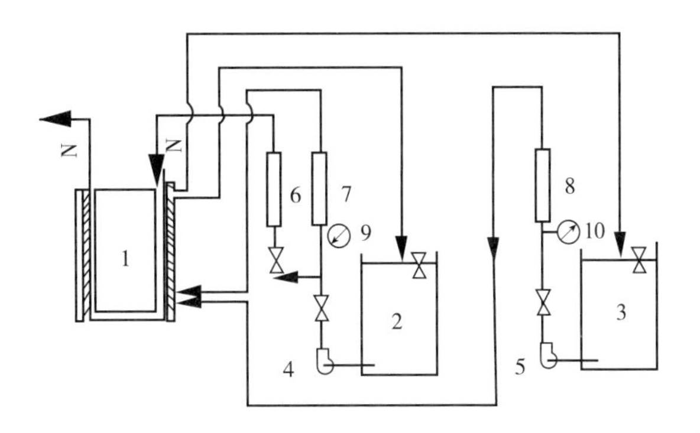

图 5-69　间歇式电渗析系统

1—电渗析器　2—浓水循环箱　3—淡水循环箱　4—浓水与极水泵　5—淡水泵　6—极水流量计　7—浓水流量计　8—淡水流量计　9—浓水极水压力表　10—淡水压力表

电渗析器在制取纯水方面的应用，目前主要用作初步处理，初步降低水中的含盐量，然后再经混合床离子交换柱进行离子交换制出纯水。

在食品上业上的应用，已将电渗析用于乳清的加工。乳清中除含大量乳糖外，还有蛋白质、脂肪和灰分等成分。由于乳清中含灰分或无机盐类高，不能直接用作食品、如果设法将乳清脱盐，则其成分可以接近于人乳，图 5-71 所示为一种乳清加工的电渗析系统。由于乳清溶液略有黏性，且经过加上装置的液体体积很小，通常采用内循环方式。这样可在膜对之间保持高速流动。从而避免临界速度与极限电流的问题。同时也保护离子交换膜的表面不易形成污垢。

处理乳清也可采用间歇式操作，但此法的操作参数要经常变化，且需较长的停留时间；在

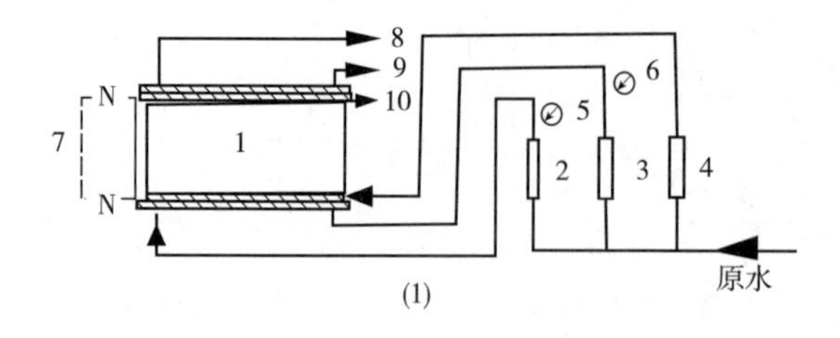

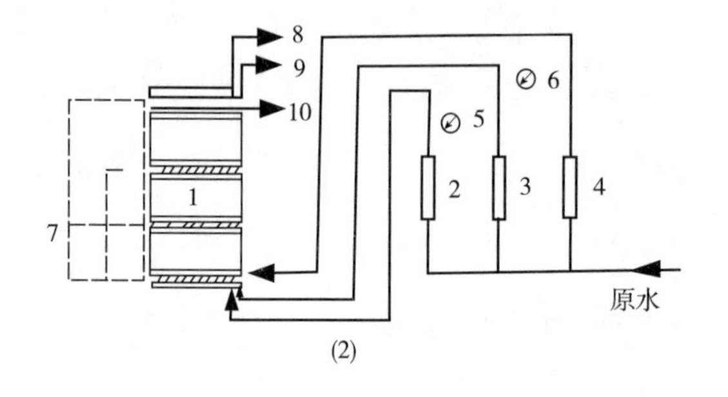

图 5-70　连续式电渗析系统

1—电渗析器　2—淡水流量计　3—浓水流量计
4—极水流量计　5—淡水压力表　6—浓水极水压力表
7—整流器　8—淡水出口　9—浓水排出口　10—极水排出口

电渗析器内的温度与操作条件下，乳清的停留时间一长，产品的细菌数就迅速增加。相反在连续式操作中．乳清停留时间较短，直接来自冷库的乳清经电渗析加工后立即返回冷库，产品中细菌数甚至比原料中的还要少，这是由于电流所产生的杀菌作用所致。

乳清液具有较大的电阻，加上时产品因放热而升温。因电渗析器本身就是一个理想的热交换器，如果另加外部的热交换器以冷却浓液，就可以使产品温度不致过分升高。乳清及其他食品加工的电渗析装置与盐水脱盐的电渗析装置十分相似，主要区别在于前者采用不锈钢的卫生管路系统，且要便于拆洗或采取原地清洗措施。乳清电渗析系统还包括浓液系统、电极冲洗系统、电导与 pH 控制系统及其他辅助系统，这些与一般的盐水脱盐系统相似。

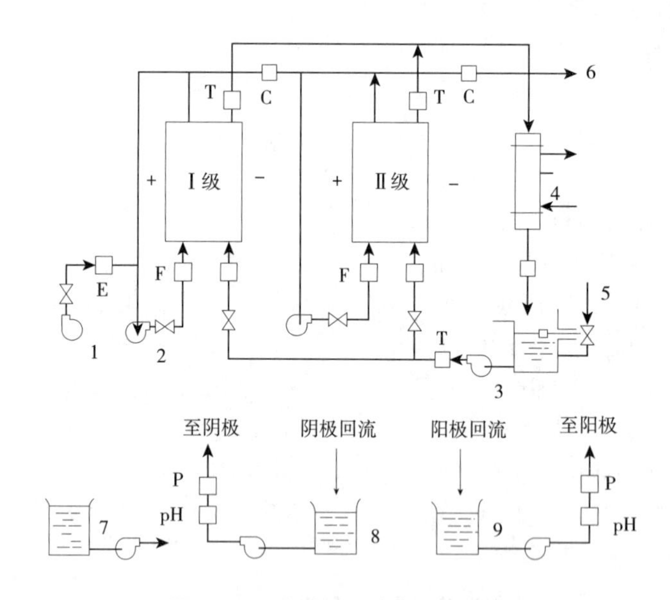

图 5-71　乳清加工的电透析装置

1—乳清料泵　2—乳清循环泵　3—浓液循环泵　4—浓液冷却器　5—配制水　6—脱盐乳清制品
7—电极冲洗液　8—阴极冲洗液　9—阳极冲洗液

四、 电渗析技术在食品工业中的应用

电渗析技术在食品工业的应用是近年来的一大热点，发展迅速。在食品工业中主要利用电

渗析技术来脱盐或者将某一组分分离、提纯出来。

（一）电渗析用于生物制品的脱盐精制

在氨基酸生产中应用电渗析法进行分离与精制已有大规模的应用实例。日本味之素公司利用电渗析法从发酵液中回收谷氨酸，采用的是由发酵罐、渗析器、电渗析器组成的连续发酵流程，可使谷氨酸回收率达到51%以上；而不经电渗析的分离过程其谷氨酸回收率只有46.5%。由于大多数氨基酸带正电荷，阳离子膜对其有很好的选择透过性，因此也可用电渗析法从蛋白质水解液中分离出氨基酸。

在水解淀粉生产葡萄糖时，可用电渗析法去除水解液中的无机盐，进一步精制后可生产注射用葡萄糖。用电渗析法从发酵液中分离柠檬酸，具有工序简单、回收率高、成本低和污染少等优点。此外，还有许多用电渗析法进行溶菌酶、淀粉酶、肽、维生素 C 甘油、血清等药物脱盐精制的成功报道。

（二）食品组分的分离

1. 葡萄酒冷稳定处理

电渗析法工作原理如图 5-72 所示。经过预过滤的葡萄酒经过电渗析处理系统，其中的阴离子和阳离子（主要是 K^+和 HT^-）在直流电场作用下分别向相反电极方向移动，通过选择性离子透过膜。钾离子和酒石酸氢根离子就被分别排除到相邻的硝酸溶液冲洗回路中，经电渗析处理后，葡萄酒中可形成酒石酸盐的有效成分就被间接地按预定的处理量去除掉。葡萄酒和硝酸溶液分别在不同的流路内通过，二者被离子选择性透过膜隔离。

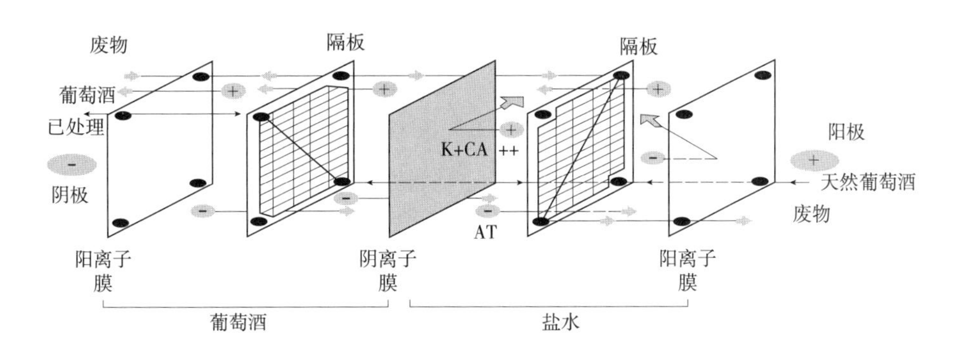

图 5-72　电渗析法在葡萄酒冷处理中的工作原理

电渗析处理对葡萄酒质量不会产生大的影响，且在某些感官方面还有所提高。电渗析法尽管还存在需要解决色素的稳定性问题，但其在降低能耗、节省人力、缩短处理时间等方面具有传统冷冻法无法比拟的优势。符合我国工业生产高效率、低成本、低消耗的发展方向。是我国葡萄酒行业研究和开发应用的一种新型葡萄酒稳定处理技术。

2. 大豆蛋白质的分离

食品工业中用到的大豆蛋白质大部分以离析蛋白形式存在。现在工业过程普遍采用的分离蛋白质的方法是等电位沉淀法，等电位 pH 范围是 4.2~4.6。工艺流程包括萃取、沉淀、洗涤、再增溶、干燥五步。首先把脱脂的大豆碎片溶于水中，pH 为 9±2，萃取步骤大约需要 30min；然后加盐酸把溶液的 pH 调到等电位点，pH 约为 4.5，此时蛋白质析出；离心法分离出凝结物，用水洗涤除去可溶杂质，然后用 NaOH 再增溶获得蛋白盐，以保证蛋白质的可溶性，最后干燥得产品。大部分商业出售的大豆蛋白质产品都用这种方法制备，该方法的缺点是和酸碱接触可能引起蛋白质变性，杂质较多，再水化后蛋白质溶解性能改变，局部 pH 过高（或低）会导致蛋白质的不可逆变性。

根据双极性膜电渗析系统的特点，即双极性膜的阳膜析出 H^+，阴膜析出 OH^-，可以把双极性膜电渗析技术应用于大豆蛋白质的分离：即将萃取得到的蛋白质溶液在双极性膜的阳膜外循环，阳膜区的 H^+和蛋白质接触，能把蛋白质溶液的 pH 调到等电位点，使蛋白质沉淀；洗涤沉淀后，利用双极性膜阴膜外生成的 NaOH 再增溶蛋白质，得蛋白盐，或使沉淀完的蛋白质溶液在阴膜外循环得到蛋白盐。与传统工艺相比，双极性膜电渗析技术分离蛋白质有很多优点：整个生产过程不需要添加酸和碱，资源可以循环利用，耗水少，分离出的蛋白质中盐含量明显减少。

3. 苹果汁色稳定的保持

在苹果汁生产中，未澄清的苹果汁口味好、营养丰富，但苹果汁中含有大量的易氧化化合物，生产高质量的果汁难度较大，刚生产出来的果汁很快会发生酶催化反应使口味变差，颜色变成褐色，不利于生产销售。这是因为果汁的悬浮物中含大量多酚和多酚氧化酶，多酚氧化酶导致多酚化合物氧化并聚合生成了暗色色素，使果汁变为褐色。现在工业生产中解决这一问题的方法主要有热处理、快速热处理和添加抗氧化剂，同时还要添加防腐剂保持果汁的稳定性，这样会破坏果汁的口味和营养，长期储存还会引起其他反应影响果汁质量。

Zemel 等发现，加盐酸暂时把 pH 降到 2.0，就能不可逆地抑制多酚氧化酶的活性，使果汁不会变褐色；为保持果汁的原味，再加入 NaOH 把 pH 调到初始值 3.5。该方法虽能有效抑制果汁变褐色，保持果汁稳定性，但添加酸和碱会稀释果汁，而且会生成盐影响其口味。近来 Tronc 在 Zemel 研究的基础上，用双极性膜电渗析技术解决了这一难题。因为双极性膜的阳膜层有 H^+生成，让苹果汁在阳膜外循环，控制 pH 由 3.5 降到 2.0；酸化后，苹果汁再到阴膜外循环，与阴膜层产生的 OH^-接触，控制 pH 回到初始值 3.5。双极性膜电渗析方法不影响果汁口味、使果汁稳定性更好、颜色更佳，是最简单有效的方法。双极性膜电渗析技术还可应用到受 pH 影响较大的其他食品生产中去，具有很好的应用前景。

第四节　液膜分离技术

液膜是一种很薄的液体薄层，它可以把两种不同组分从相溶的溶液中分开，并通过在液膜中渗透速度的差异分离出其中的一种或一类物质。这层液体可以是水溶液，也可以是有机溶液。同时这种液体膜可以通过改变表面活性剂来提高它的制膜效率，也可以通过不同的表面活性剂或添加剂来改善膜的性能，从而适合不同物质组分分离的需求。

液膜是悬浮在液体中很薄的一层乳液微粒，通常是 3~5μm 的液滴组成的膜。它能把两个组成不同而又互溶的溶液隔开，并通过渗透传递达到分离的目的。在整个液膜分离目标成分的过程中，目标成分分离的原理是各组分在互不相溶的料液相和液膜相之间的化学反应、选择性渗透、萃取和吸附等相互作用的差异达到分离的目的，从而促使待分离的目标组分从膜外相透过液膜进入内相而富集起来。

一、 液膜的发展过程

液膜的早期研究报道可追溯到20世纪30年代，生物学家在研究了细胞过程中发现液膜具有特定的选择性和浓缩性。其中，Osterbout的研究发现钠与钾渗透过含有弱有机酸载体的液膜时，该弱有机酸产生了可逆化学反应的“油性桥”现象，首次提出了液膜的促进传递概念。在20世纪50年代，液膜促进传递现象逐渐被大量研究结果所证实，有研究证实10^{-6}mol/L的氨霉素液膜能够显著提升钾的传质通量。

液膜技术的广泛研究始于20世纪60年代，它主要是作为一项分离技术进行研究，通常在液-液萃取中存在着传质平衡的限制，致使分离设备的体积较大。此外，传统分离技术要求萃取和分离（反萃取）需要在不同的装置设备内完成，这增加了工业生产的质量控制难度，导致工艺繁杂和操作难度增加。

1967年，Bloch等研究了溶剂萃取分离技术与液膜分离技术的关系，溶剂萃取分离技术的萃取和反萃一般要在两个设备中进行，溶剂用量大，倘若将萃取工序和反萃工序整合同一设备中，同时把溶剂挤压比较薄至具有“膜”的尺寸时，溶剂萃取过程演变成为液膜过程，如图5-73所示。根据这种假设，Bloch提出“溶剂膜”的概念。根据Bloch的假说，液膜能够实现了萃取-反萃的内耦合，即同级萃取-反萃。与传统的液-液萃取分离技术相比，液膜技术可以使设备更加紧凑，减少工艺复杂性，降低操作难度，打破了传质平衡的限制，而且极大地提高传质效率。

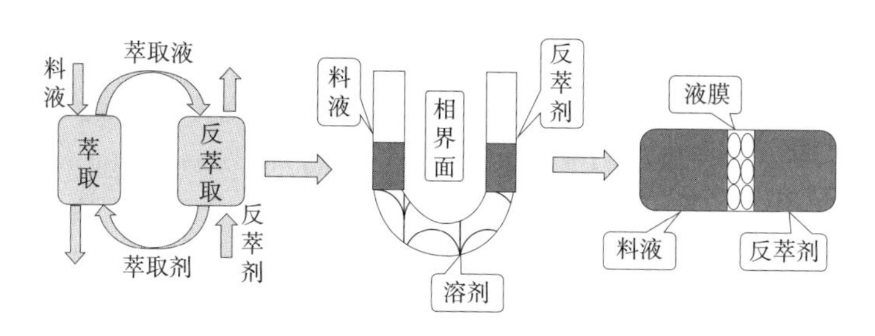

图5-73 溶剂萃取与液膜技术结构

1968年，美籍华人黎念之博士发明了乳化液膜，他在用DuNuoy环法测定表面张力时，观察到皂草苷表面活性剂的水溶液和油作实验时能形成很强的能够挂住的界面膜，从而发现了不带固膜支撑的新型液膜。黎念之发明的这种可以制成乳状液的液膜，这种膜的厚度很薄、面积很大，因此它的分离能力远远高于支撑性液膜和固态膜，这项重大的技术突破奠定了液膜技术在分离技术领域的地位。

由于黎念之在乳化液膜分离技术的贡献，美国化学会（ACS）和美国化学工程师学会（AIChE）先后授予他“分离科学与技术奖”“最高工程研究奖”“珀金奖”。黎念之发明的乳化液膜，引起了各国膜分离技术研究者的高度关注，催生各种新型促进传递液膜出现，使促进传递膜的机理进一步完善。此后，液膜一直活跃于科学家的研究项目中，液膜具有高的传质速率和好的选择性等优点，让它在分离、纯化与浓缩目标成分方面更加高效。

最初的乳化液膜（ELM）分离过程是利用待分离目标成分在液膜相中溶解度的不同来实现有效分离目的，这种分离机理的应用范围较小，仅用在弱酸、弱碱和烃类的分离。20世纪70

年代初，Cussler 等相继在国际著名杂志发表液膜研究成果，他们成功研制出含流动载体的乳化液膜（ELM），该液膜促进传递作用更好，这些成果也验证了乳化液膜技术具备了特定的选择性和浓缩功能，极大地拓宽了液膜技术的应用范围，使工业分离领域中多种混合成分一次分离成为可能。

进入 21 世纪，液膜作为极具工业化应用前景的新型分离技术，受到国内外研究者的广泛关注和高度重视，在萃取、分离、浓缩、废水处理、生物医药和食品工业等领域并取得了很大进步，如今液膜技术在传质与分离技术领域成为研究热点。

国内的液膜分离技术的研究在 20 世纪 80 年代比较活跃，20 世纪 90 年代中期到 21 世纪初期研究逐渐降温，这也导致了我国在液膜领域与国外的液膜技术差生了差距，但是最近十几年，随着液膜技术的拓展领域逐渐增多，我国科学家又重新对液膜技术研究重视起来，同时在液膜分离技术领域也取得了一些可喜的成就。

二、 液膜的分类

液膜通常就是悬浮在液体中很薄的一层乳液微粒，乳液通常由溶剂（水或有机溶剂），表面活化剂（乳化剂）和添加剂制成。

根据液体的类别，可将其分为：

①油膜：由不溶于水的有机溶液构成；

②水膜：由某种水溶液构成。

按液膜形状不同，可分为液滴型，乳化形和隔膜型。

按液膜的组成不同，可分为油包水型（W/O）和水包油（O/W）。

按液膜传质原理的不同，可分为无载体输送的液膜和有载体输送的液膜。

液膜最常见的分类是根据液膜的模块设计配置（module design configurations）不同，液膜可分为大块液膜（bulk liquid membrane，BLM）、支撑液膜（或称固定液膜，supported liquid membrane，SLM）和乳化液膜（emulsion liquid membrane，ELM），如图 5-74 所示。液膜技术完成分离的过程是在液膜、料液和反萃液组成的体系中进行。用乳化液膜时，这一体系由球面形的膜与膜外相、膜内相组成，若用于从水溶液中提取与分离某种物质，膜为油膜，膜外相与膜内相均为水溶液，膜外相为连续相，膜内相为分散相。若用支撑液膜，液膜分离体系由料液、液膜、料液组成，料液与反萃液位于液膜的两侧。

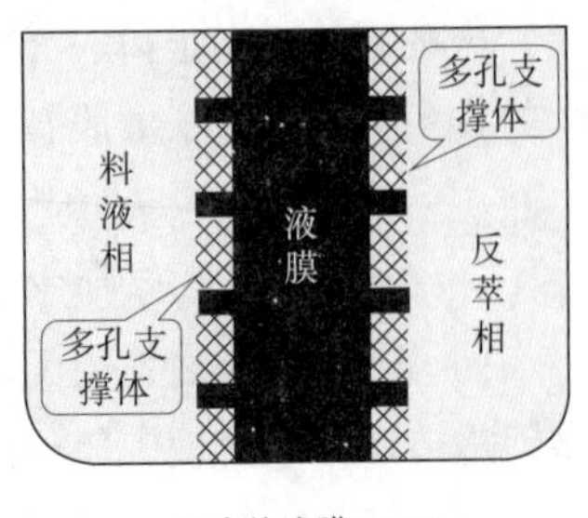

(1)大块液膜(BLM)

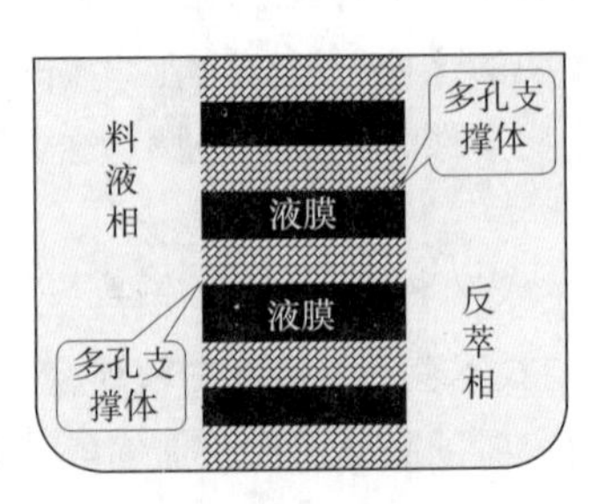

(2)支撑液膜(SLM)

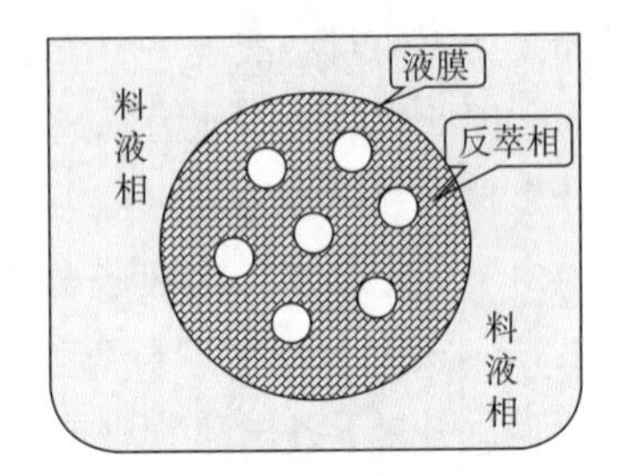

(3)乳化液膜(ELM)

图 5-74　液膜的三种构型

（一）大块液膜

大块液膜（BLM），也称作内耦合液膜，也是最基础的液膜，有两种构型：一种是水-油-水体系（W/O/W），膜相为有机相，料液相和解析相为水溶液；另一种是油-水-油的体系（O/W/O），三相性质与第一种相反。

在大块液膜分离体系中，首先使体系中的反萃相和料液相不相接触，同时两相分布在大块液膜两侧或同一侧，且两相均与大块液膜接触，使待分离目标成分能够在料液相与液膜相界面完成萃取工序，同时在液膜相与反萃相界面完成反萃取工序，达到在一个装置中完成两个工序和目标成分分离的目的。其中大块液膜的液膜相可能是一种溶剂，或者是包含有流动载体的溶剂，它相当于普通溶剂萃取中的溶剂相，通过这种分离方式完成目标成分分离的方法被称为大块液膜分离法。

大块液膜通常是由内溶剂相、外溶剂相和液膜相组成，是一种把萃取工序和反萃取工序结合于一体的内耦合分离技术。大块液膜的膜层较厚，界面保持恒定，界面持续平稳，目标成分的迁移可以被当作一个准静态过程。所以大块液膜的这个特性可以被用到溶质跨越相界面的热力学、迁移动力学和液膜体系的优化等，它的这个特性也有利于对液膜的流动载体的选择、分离机制和传输速度进行研究，大大地促进了高选择性和高富集效率的液膜体系研究效率。大块液膜构型所需设备简单，膜相容易回收反复利用，因此它仍旧成为许多科研人员研究关注的热点。与支撑液膜和乳化液膜相比，大块液膜也存在一定的缺点，它的传质面积比较小，传质效率不高，在工业上应用相对较少。

（二）支撑液膜

支撑液膜，它因液膜固定在支撑载体内，也称为固定液膜，在结构上，它与生物膜有许多相似之处，这也是液膜技术早期起源之一，是生物学家基于生物膜主动运输原理提出来的。支撑液膜通常是把多微孔惰性支撑体浸没在含有载体的膜溶液中，在表面张力和毛细管作用力的作用下，膜溶剂充满多孔支撑体中的微孔而形成的，根据多孔支撑体形状的不同，可分为平板式、中空式和卷筒式。将制备的支撑液膜置于料液相与反萃相之间，分离组分从料液端通过载体穿过微孔膜溶液向反萃相传输。支撑液膜的膜相分布在支撑体的孔中，所以支撑液膜能够承受比其他液膜更大的压力，具有较高的渗透量。由于支撑液膜通过载体进行分离，它实质上是一种选择性促进传递过程，因而支撑液膜具有更高的选择性。支撑液膜具有液膜层薄、传质速率快、传质效率高等优点，与乳化液膜相比，支撑液膜无须制乳和破乳，操作工序简单，因此它在氨基酸及其衍生物分离、气体分离、金属离子回收等领域广泛应用。

虽然关于支撑液膜在分离富集目标成分方面具有非常广泛和深入的研究，但是难以实现大规模工业化，主要的制约因素就是它的稳定性较差，支撑体中的膜相溶液易受其他因素如液体流动、溶液的搅拌等的影响被破坏，降低了支撑液膜的选择性和渗透通量。支撑液膜稳定性差的可能原因是支撑液膜两侧的压力差超出了膜的承受界限，料液相与膜相某些成分互溶，传输过程中支撑体的部分微孔的膜相被料液中的溶剂代替，液膜溶液部分乳化，待分离组分与载体形成络合物堵塞支撑液膜的膜孔等。

（三）乳化液膜

乳化液膜通过液膜相中的乳状液去分离料液相中的目标成分，它的液膜体系包括膜溶剂、载体、添加剂（如表面活性剂）等构成。它通常是通过不相溶的两相体系来制成乳状液（如油包水乳状液），再对乳状液均质使其均匀散落到料液相中完成分离的过程，乳化液膜通常添加表面活性剂等添加剂来保持膜相体系的稳定，膜相则通过乳状液膜把水相与油相（外部的连续相）分开。膜相中含有载体，而反萃剂位于内部的水相中，油相中是具有目标成分的料液相，待分离成分渗透迁移到膜相中，再通过液膜相内部的乳状液传递到反萃液中，然后通过破乳回收内部反萃相中的已分离成分。乳化液膜的制备是首先将两个互不相溶即受体相（反萃液）与膜相（液膜溶液）充分乳化制成乳，再将此乳液在搅拌条件下分散于第三相或称料液相中而成。料液相常常与反萃相是相互溶解的，但是乳化液膜的膜相与反萃和料液相都不溶，在液膜分离过程中，料液相的组分传递通过乳化液膜相扩散迁移到反萃相来完成目标成分的分离。料液中的目标成分分离后，料液相和乳化液膜一起与反萃相分离，然后对反萃相进行破乳分离目标成分和回收反萃相，乳化液膜的膜相可以重复使用。在某些情况下为了维持液膜稳定性和选择性，常常在液膜相中添加一定量的表面活性剂和添加剂。通常为了监测液膜的分离情况，常常在迁移过程中定时取连续相进行分析，监测连续相中待分离物浓度随时间增加而减少，迁移结束时，静置分层，将乳液与连续相分离，将乳液破碎就可以得到分层的反萃相与膜相。破乳通常有化学和物理两种方式，化学法通常是调节 pH 或加入破乳剂使打破乳液平衡；物理法是通过离心、加热等方式将乳液破碎。

乳化液膜具有优良的性能，但也存在一定的技术难点，如液膜相中的待分离成分在溶胀和迁移时乳液破裂是导致乳化液膜未能大规模工业化的主要因素，也是膜分离技术科学家亟待解决的关键课题。与大块液膜相似，乳化液膜也具有较稳定的膜相迁移，所以乳化液膜在研究传质过程的热力学及动力学方面的研究具有很大的优势，因此它用于理论方面的研究比较多。对于 W/O/W 型乳化液膜，溶胀是指料液相中的水进入了反萃相从而使乳液的体积膨胀的现象。人们普遍认为渗透压与夹带剂是引起乳液溶胀的主因。溶胀使反萃相体积增加和分离的目标成分的浓度降低，同时可能造成液膜的损坏和液膜稳定性变差。液膜相的损坏通常是指在渗透迁移过程中反萃相的溶剂进入了料液相造成迁移速度变慢。

乳化液膜中常用的经典液膜类型的液滴直径在 100μm，这些液滴常常凝聚成平均直径为 1mm 的聚集单元。液膜自身的厚度在 1~10mm，大多数液膜的厚度均小于人工膜，故乳化液膜的传质速率较人工膜的更快，分离效率更高。乳状液膜常被应用在食品发酵工程、海水淡化、生物工程、医学、污染物的处理等领域。

三、 液膜的分离原理

液膜分离技术与溶剂萃取分离过程一样，液膜分离过程也包括萃取与反萃取两个工序。溶剂萃取分离技术是通过独立的工序依次进行，两独立工序之间通过外部管路或泵来连接，而液膜分离过程中萃取与反萃取两工序在液膜两相界面完成，料液相中的待分离成分进入液膜相，并通过渗透迁移到液膜另一侧相界面，反萃相在相界面溶解接收待分离组分，由此实现萃取与反萃取的“内耦合”。液膜传输待分离目标成分的“内耦合”途径，破坏了溶剂萃取产生的平衡，因此液膜分离过程也被称作非平衡传输过程。如果按照液膜渗透过程中有无流动载体参与输送进行分类，液膜的迁移原理可以分为：无流动载体液膜分离原理和含流动载体液膜分离原理。

（一）无流动载体的液膜分离原理

在没有载体的液膜体系中，液膜分离的选择性主要取决于待分离目标成分在膜相溶液中的溶解度，溶解度越大，选择性越好。这是因为无流动载体液膜要求被分离的溶质必须比其他溶质运动的更快才能达到与其他溶质相分离的目的，也就是待分离的目标溶质必须具有更高的渗透速度。溶质的渗透速度是由扩散系数和分配系数共同决定的。料液相中的各成分在定量的膜相溶液中，它们的扩散系数相差不多，所以它们在无流动载体液膜中分离效率的差异就取决于其分配系数。分配系数是料液各成分在液膜溶剂中溶解度大小与料液溶剂中溶解度的大小之比，因此在液膜相中溶解度大的目标成分就能够快速的渗透通过膜相与其他料液中的其他成分分离。

无流动载体液膜具有选择性渗透机理、滴内化学反应机理、膜相化学反应机理、萃取和吸附机理等。

图 5-75（1）中为无流动载体液膜选择性渗透机理，A、B 是料液中的两种物质成分，由于 A 比 B 在膜相中的溶解渗透更快，所以 A 的迁移渗透速率也更快。它们在液膜中渗透迁移一段时间后，A 穿过液膜，同时 B 被挡在料液和液膜一侧，进而获得目标成分 A，达到使用液膜从料液中分离 A 的目的。无流动载体的选择性渗透分离机理的基本要求料液中待分离的目标成分必须优先溶解在液膜相中，同时液膜相排斥料液中所有的其他成分。石油化工领域中不同烃类成分的分离就是应用了无流动载体的选择性渗透这一原理。

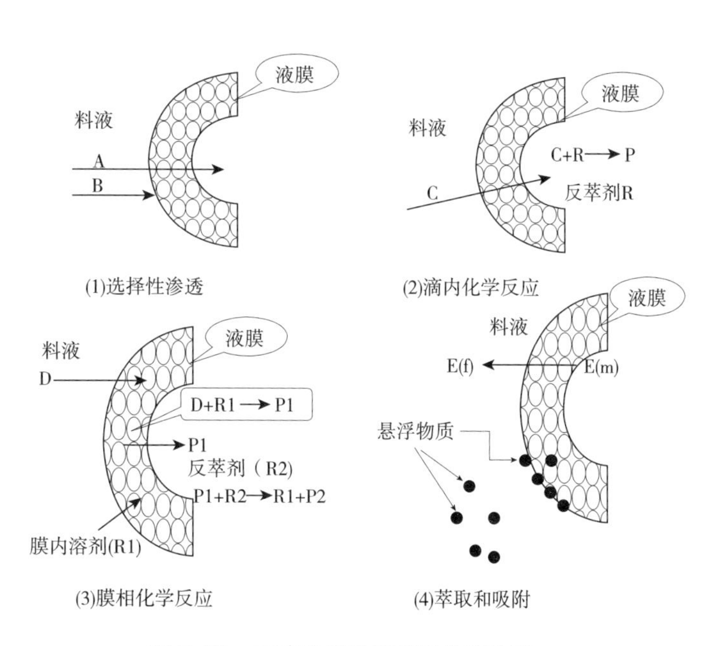

图 5-75　无流动载体液膜的分离机理

图 5-75（2）所示为无流动载体液膜滴内化学反应机理，它表示料液中组分 C 通过液膜相进入到液滴内，与液滴内溶剂 R 产生不可逆的化学反应生成 P 而留在滴内，把组分 C 从料液中分离出来，废水中的氰、酚、有机碱等的液膜分离去除原理就是属于滴内化学反应。

图 5-75（3）所示为无流动载体膜相化学反应机理，料液中的待分离的目标成分 D 与液膜相中载体 R1 发生反应生成 P1，其产物扩散进入滴内与反萃剂 R2 发生化学反应生成 P2，使待分离目标成分 D 以 P2 的形式留在反萃相中，达到与把 D 从料液相及其组分中分离的目的，工业废水中去除重金属污染的过程就是膜相化学反应机理。

图 5-75（4）所示为无流动载体液膜萃取和吸附机理，此液膜分离可以同时对料液进行吸附和萃取工序，该液膜不仅可以把有机物吸附和萃取到液膜中，对各种油滴和悬浮颗粒等也有很好的效果。

（二）含流动载体的液膜分离原理

含流动载体液膜分离原理是膜相中的载体决定液膜的分离效果，载体可以是络合剂、萃取剂、离子液体等。液膜中的载体只能同含有多组分料液相中的某一种或者某一类成分或离子进行结合，它携带待分离组分在液膜内不同的相界面之间往返，传递待分离的目标组分。液膜中载体通常会和待分离的目标组分发生可逆的化学反应，这种方式使载体在液膜中的传输待分离组分的效率大大增强，这种通过载体传输分离的原理被称为载体中介输送（或Ⅱ型促进迁移），与细胞的主动运输类似。这种待分离目标成分在液膜两相界面发生可逆化学反应的传输方式，可以达到待分离组分从稀浓度溶液的定向富集，实现了待分离组分的分离与浓缩。在液膜的相界面常发生以下几种化学反应，如离子交换反应、沉淀反应、络合反应、酸碱反应、同离子效应等。

这种液膜传质中流动载体决定待分离目标物质的选择性，因流动载体可分为离子型和非离子型，它们在迁移原理上分别对应为逆向迁移和同向迁移。

逆向迁移和同向迁移流动载体的不同，它们给流动载体输送的化学能的形式也不同。逆向迁移被迁移的组分和供能的组分两者传递方向相反，液膜中含有离子型载体时，载体在料液相和膜相界面处发生络合反应生成载体络合物在膜相溶剂中扩散，载体络合物继续扩散到液膜和反萃相的临界界面处，载体络合物和反萃剂发生置换解络反应，而载体则反扩散到料液相和膜相临界界面处，继续与待分离目标物发生络合。此时，液膜中的离子型流动载体只能传递迁移料液相中某一种或一类的阴离子或阳离子。在液膜分离体系中料液相和反萃相溶液均为中性，当其中一相中的某一种阳离子或者阴离子向一个方向传输迁移时，相反方向必须有另一相中就有同一种电荷的离子输送迁移过来以维系电荷平衡，这就是逆向迁移的机理，如图 5-76（1）所示。以分离废水中的重金属离子为例，金属离子与载体反应生成络合物从料液相一侧向反萃相进行迁移扩散，而异侧的金属离子从载体中释放后，则载体会携带氢离子返回一侧的相界面继续与金属离子发生络合，并释放出氢离子，然后载体不断的循环分离金属离子。液膜两侧的氢离子浓度差异促进着载体的传输，从而达到高效分离或浓缩的目的。非离子型的流动载体的另一种给流动载体供能的方式是同向迁移，这种载体一般是中性盐，载体同其中一种离子络合，也与另一种离子形成离子对，然后两者一起迁移，迁移原理如图 5-76（2）所示。

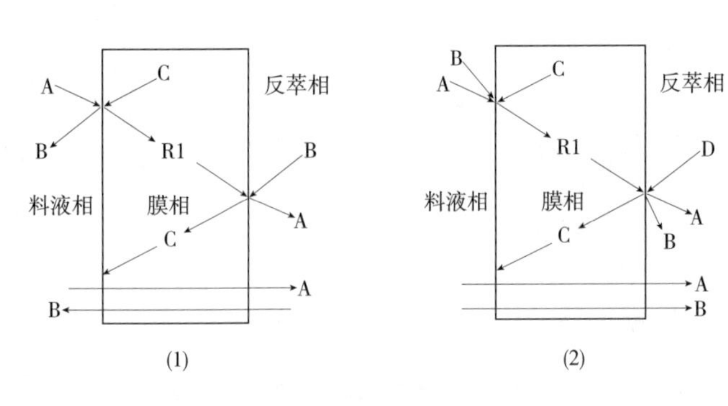

图 5-76　逆向迁移（1）和同向迁移（2）示意图

四、液膜分离技术的特点

液膜分离具有高效、快速、选择性高等优点。近年来，液膜技术在结构上取得很大的进步，新型乳化液膜的厚度越来越薄，并具有更大的比表面积和更快的传质速度；此外液膜借鉴了生物膜的活性迁移和促进迁移的原理，极大地增强了液膜分离的传输效率与选择性。与其他分离技术相比，液膜分离技术的优点：

①通过选择合适的膜溶液，待分离物质一般都能较好地溶解于液膜中，还可以加入化学性质稳定的物质作为液膜稳定剂，提高液膜稳定性和渗透通量；

②液膜体系中两相之间的接触面积大，待分离组分的渗透迁移更快，分离效率显著提升；

③液膜分离具有优良的选择性，对于不同的组分分离，可以选取特定的膜相组合，液膜构成体系调整方便；

④液膜分离技术通过载体与待分离组分的络合反应，络合物传递速度更快，液膜的分离效率更高；

⑤传质推动力大，所需分离级数少；

⑥耗费的溶剂少，载体分别在液膜的不同的相界面进行络合和释放，液膜中的载体如“渡船”一样，把待分离目标成分从料液相一边“渡”到另一边的反萃相；

⑦液膜具有“上坡”功能（或“浓度逆向传递”）。这一功能使液膜分离技术可以在低浓度溶液中萃取分离并目标成分进行浓缩。

与固体膜相比，液膜的优点：

①传质速率高，待分离目标成分在液膜中的扩散速度远高于在固体膜中扩散速度，此外，一定条件下，对流扩散也存在液膜促进传递中。因此，即使极薄的微米固体膜也无法达到液膜的传递速度；

②选择性好，固体膜的选择性通常只对某一类分子或离子的分离，而在特定分子或离子中的分离效率不高。固体膜通常是利用分子或离子在膜相中的扩散系数和溶解度的差异进行分离的，只能对某一类物质的分离具有选择性，当分离性质相近的某些物质时，其分离系数往往较小。而液膜分离通过加入合适的载体可得到很高的分离系数；

③液膜比固体膜更容易制膜，成膜容易，操作简单；

④高度的定向性，液膜分离技术的分离组分的传递迁移通常是从低浓度溶液向高浓度溶液的定向渗透迁移，从而完成对目标组分的浓缩富集。

高选择性、高渗透性与高稳定性是液膜分离技术的基本功能，然而，目前多数液膜在分离过程中，极少同时拥有这三种功能，它大大增加液膜分离技术在研发和应用推广的难度。

五、 液膜分离技术在食品工业中的应用

液膜技术从20世纪30年代作为一种分离技术开始研究，到逐步拓展到石油、化工、食品、生物医药等各个行业领域，世界范围内的液膜技术应用研究从未间断过。

(一) 液膜分离技术的应用概况

黎念之博士的第一项液膜专利发表至今，液膜大规模的工业化应用不多，但液膜技术的广阔的市场前景使其一直是各国研究者所热衷。据BCC公司2000年对分离技术市场未来5年的预测，美国的液膜市场规模将增加8.5倍，在2005年达到1700万美元。国际著名的SRI公司非常看好液膜工业化前景，于1998年宣布，与Spectrum Lab公司、EPRI公司和Edison Technol Solutions公司合作共同成立了Facilichem公司，该公司专注于农业、食品、制药工业等领域的商用系列稳定化液膜研究与推广。

液膜技术在金属分离提取方面的应用较多，据研究报道，目前已有几十种金属离子可以在液膜中实现有效分离，尤其在脱除废水中重金属污染方面的应用较为突出。此外，液膜技术在检测分析方面的样品预处理方面也有很好的效果。

由于液膜技术的非平衡传质的优点，检测分析人员可以把溶液中浓度很低的目标成分进行浓缩、分离。由于支撑液膜体系在分离过程中不存在溶剂相和液膜相的相互分散迁移，且料液相和液膜相被相界面隔开，料液相和液膜相的相互污染很少，可以忽略不计。报道发现利用液

膜技术成功实现从稀溶液或特殊样品（如牛乳、血液等产品）中浓缩、提取待目标成分，达到了后续分析设备的分析测试条件。由于液膜技术特别适用于样品预处理过程，所以液膜技术在食品、药品、化工和生物等工业的检测分析领域具有巨大的市场潜力。

由于液膜相中可以根据不同的料液特性更换不同的载体，所以液膜分离技术具有优良的选择性。液膜技术对目标成分的极强的选择性的优点增强了其在生物分离领域方面应用，如液膜分离技术已经应用在氨基酸、柠檬酸、有机酸、尿素酶、核苷酸等物质的提取分离纯化。液膜分离技术在药物分离方面的研究也取得丰硕的成果，如青霉素、双氯芬酸、沙丁胺醇等药物单体的分离纯化。近年来，利用液膜分离技术对手性物质的分离也成为研究热点。

（二）利用液膜技术分离果糖的应用实例

糖的工业化分离是难度和成本都较高的分离过程。色谱法最常用，但其通常为分批进行，成本高、产率和得率都较低。除色谱法外，其中根据糖的化学吸附原理而进行的分离方法，有硼酸盐电渗析法、离子交换膜法、液膜法等。液膜法将溶剂萃取和脱溶剂步骤并作一步，它除了低能耗、低投资、低操作成本、易放大、可以连续化生产等膜分离技术都有的优点外，还因为其载体与底物的络合作用具有特异性，因此分离选择性高。由于载体只是一种传输媒介（transport catalyst），因此成本较高也无妨。在各种液膜装置中，最适于工业化生产使用的是载体液膜（SLM）。

载体液膜是用多孔聚合物薄膜作为固体支撑物，在孔中充满与水不相溶的含运送载体的溶剂。载体液膜的最大不足是，有机溶剂、载体会部分溶解在水相，因而膜的稳定性欠佳。载体液膜可用不同形状的多孔聚合膜制备，其中采用中空纤维膜尤佳。与平板、框式或管式膜相比，它的填充密度高，而且中空纤维液膜装置简单，因此投资和操作费用都较低。

已对液膜载体进行很多研究，其中发现以硼酸为载体可以加速液膜中糖分子的传送，且在某些条件下，液膜对果糖的选择性比对其他单糖高。液膜法将溶剂抽提和脱溶剂步骤合并一步，通常由强化扩散实现物质传送。载体液膜的强化传送过程分为以下三个步骤：

①溶质从水相分散至膜相或有机相中；

②溶质与膜相中的载体进行络合，络合物扩散至膜界面；

③络合物分解，溶质进入渗透膜另一侧的水相中。

膜的流量和选择性，可以由传送动力和阻力计算得到，它们与载体类型和特性如络合和分解速率有关。溶质分配比、载体流动性、溶剂黏度、搅拌速率和温度等，对分离效果都有影响。

如果化学反应速率比扩散速率高，这样传送过程就由传质过程控制。通过增强搅拌或液相流速，可以减小由液膜边界层产生的扩散阻力。而支撑物的性质也会影响膜性能，增大孔径和孔隙率可以增加溶质流速，但会降低膜的稳定性。载体和溶剂性质也会影响传送过程，载体的亲脂性越高，膜稳定性越高。载体浓度和流量呈线性关系，但载体浓度较高时，由于有机相黏度增加，因此会降低传质速率，有可能改变传质机制。

1. 平板液膜（FSSLM）和中空纤维液膜（HFSLM）的制备

平板液膜制备是将 Accurel 平板（厚 25μm，孔径 0.2μm）浸在硼酸的 2-硝基苯基八酯溶液（NPOE）中，NPOE 是载体液膜的较好的溶剂，因为它与水的表面张力较大，比聚丙烯与水的表面张力小。将膜浸泡在载体溶液中浸透，然后在真空下放置 2h。然后用纸将多余的溶剂从膜表面轻轻擦去，将膜放在透析槽（100mL）内（图 5-77）。有效的渗透膜直径为 4cm。

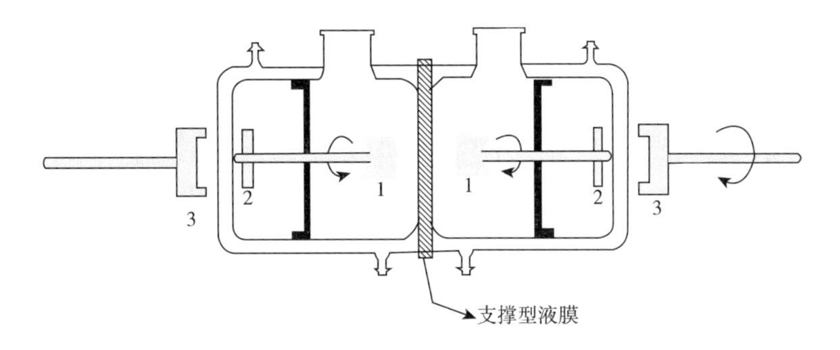

图 5-77　平板液膜分离装置的结构

1—涡轮搅拌器　2—搅拌棒　3—磁力搅拌器

中空纤维支撑物为微孔疏水聚丙烯纤维（内径 292μm，壁厚 26μm，标称孔径 0.05μm）。纤维（40~150）装入聚丙烯管（直径 15mm，长度 25cm），各端用环氧树脂密封。中空纤维液膜制备：将载体 NPOE 溶液以较慢速率通过纤维中腔，然后浸泡 20min。抽出溶液，真空下放置 2h。然后用 500mL 去离子水通过中腔和膜组件的壳壁，以去除多余有机溶剂。图 5-78 所示为该分离装置。

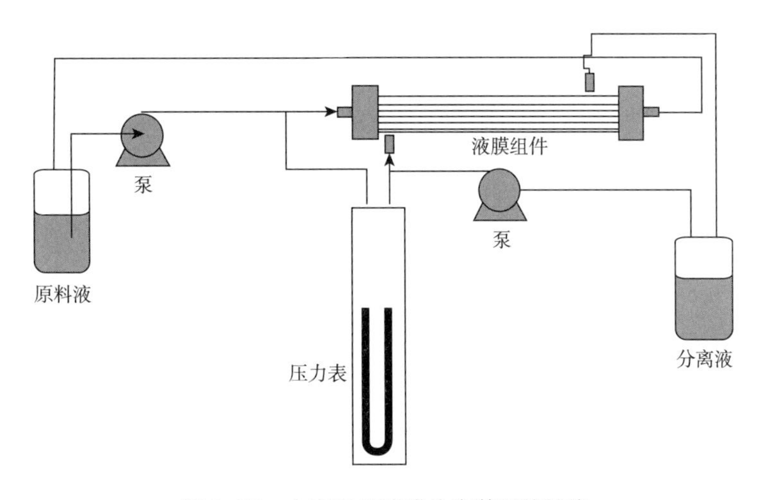

图 5-78　中空纤维液膜分离装置的结构

2. 平板液膜分离

用硼酸作为载体的平板液膜分离结果见表 5-9。硼酸浓度较低时，中空纤维液膜对果糖没有选择性。但当载体浓度增加时，果糖流量增加，选择性也发生变化。由于硼酸对果糖的亲和力比对葡萄糖更强，因此液膜对果糖具有较好的选择性。如表 5-9 所示，含 250mmol/L 载体的液膜经洗涤后，膜流量显著下降，这表明虽然载体是高亲脂性的，但它在水中仍有一定的溶解性，因而导致膜退化。

如表 5-9 所示，流量随原料浓度增加而增加，该现象说明传质过程为扩散控制，而不是反应动力学控制。Reusch 和 Cussler 也报道，只要传质过程中的扩散为限速步，则载体浓度增加时流量增加。因此，流量与溶质二相间的化学势梯度有关，随梯度增加而增加。

表 5-9　以硼酸（BA）载体的平板液膜分离结果

项目	BA 浓度/（mmol/L）	原料浓度①/（mmol/L）	葡萄糖流量②	果糖流量②	选择性③（果糖/葡萄糖）
1	50	100	15.0（17.6）④	9.46（8.57）	0.63（0.48）
2	50	300	19.6（46.5）	15.6（37.5）	0.79（0.81）
3	250	100	3.7（2.1）	51.4（20.4）	14.0（9.81）
4	250	300	6.6（3.5）	55.3（10.7）	8.3（3.0）

注：①原料：等物质的量葡萄糖和果糖溶于 0.1mmol/L 磷酸钠（pH7.4）；分离液：不含糖分子的 0.1mmol/L 磷酸钠（pH7.4）。

②单位：10^8mol/（m^2·s）。

③果糖流量/葡萄糖流量。

④括号内数值表示膜洗涤 20h 后的流量。

3. 中空纤维液膜分离

以硼酸为载体的中空纤维液膜的分离结果见表 5-10。可以看出，通过平板液膜的流量比通过中空纤维液膜的高。但即使硼酸浓度较低时，用该支撑物的传质过程都具有选择性（表 5-10），这可能是因为膜稳定性增强了。在中空纤维液膜中，由流体引起的膜表面的扰动比平板系统小，因此使膜稳定性保持较好。由于 HF 中，流体是呈薄层形态（原料通过纤维腔泵入），而在 FS 系统的搅拌情况良好，因此 HF 系统中的传质阻力较高，从而降低了流量。而且，有研究表明膜表面的剪切应力会破坏水相/有机相的表面的稳定性，导致乳化层形成、有机溶剂逐渐流出支撑体孔，因此平板膜难以长久使用。

由表 5-10 还可以看出，随着原料浓度的增加，流量增加。载体未被溶质饱和时，该结果是在预料中的，此时溶质浓度增加，膜两侧化学势梯度也增加。当原料浓度从 100mmol/L 增至 500mmol/L 时（表 5-10），果糖流量几乎增大 2 倍。

表 5-10　以硼酸为载体的中空纤维液膜的分离结果

项目	BA 浓度①/mmoL/L	原料浓度②/（mmol/L）	葡萄糖流量③	果糖流量③	选择性④（果糖/葡萄糖）
1	50	100	0.14	2.4	16.9
2	50	300	0.72	9.6	13.4
3	150	100	1.1	9.4	8.5
4	150	300	1.7	26.4	15.8
5	250	100	1.2	22.8	19.8
6	250	300	2.7	29.1	10.6
7	250	500	3.1	42.0	13.6

注：①硼酸分散于 NPOE。

②原料：等物质的量葡萄糖和果糖溶于 0.1mmol/L 磷酸钠（pH7.4）。

③单位：10^8mol/（m^2·s）。

④果糖流量/葡萄糖流量。

尽管已报道载体较高时，黏度增大，因而会导致流量下降，但该现象在本研究的浓度范围内没有出现。在这两种浓度下，载体浓度增加时，流量增加。载体浓度为 250mmol/L 时的果糖流量比 50mmol/L 载体浓度时高 10 倍。这与平板膜结果类似。

图 5-79 和图 5-80 分别为含 50、250mmol/L 硼酸的中空纤维液膜的分离结果。中空纤维液膜的稳定性显著高于平板液膜，这可能是因为在平板液膜中膜表面的剪切应力较高。在含 50mmol/L 载体的液膜中，起始 6h 的果糖流量没有明显降低，但选择性发生了变化，因为葡萄糖流量也有增加，这表明该系统在达到稳态过程有一个诱导时间。6～120h 时，选择性不变，而果糖流量在 48h 后下降，这可能是因为载体部分溶解在水相中，导致膜退化。采用 250mmol/L 载体浓度的系统，72h 后选择性和果糖流量下降，该膜系统的表观稳定性增大是因为载体浓度较大，从而载体从有机相浸出需要较长时间。

在中空纤维液膜中，如果水相界面层的扩散也是限速步，则流量与流速有关。通常，由于流体呈薄层，因此纤维中腔的阻力较高。图 5-81 所示为中空纤维液膜，用 250mmol/L 硼酸时，原料流速（纤维中腔内部）对果糖和葡萄糖流量的影响。随着流速增至 20mL/min，两种糖的流量均增加，这表明中空纤维系统中水相内界面层的扩散对传质有影响。流速增大，界面层厚度减小，从而使流量发生变化。在流速大于 20mL/min 时，流量不再增加，这与预计结果一致。

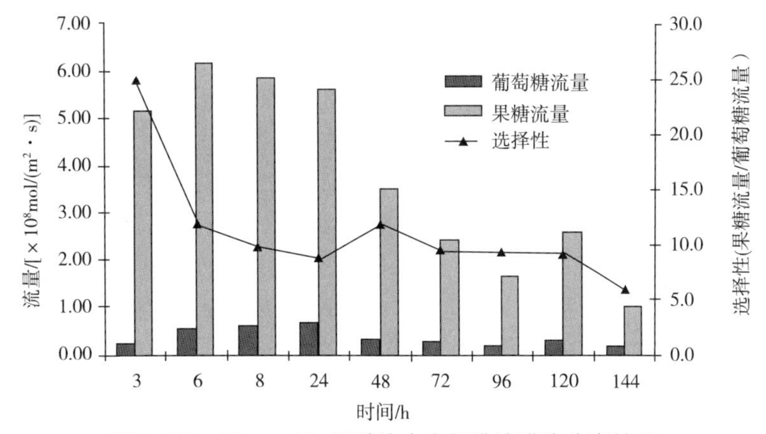

图 5-79　50mmol/L 硼酸的中空纤维液膜的分离结果

［原料：等摩尔葡萄糖和果糖溶于 0.1mmol/L 磷酸钠（pH7.4）］

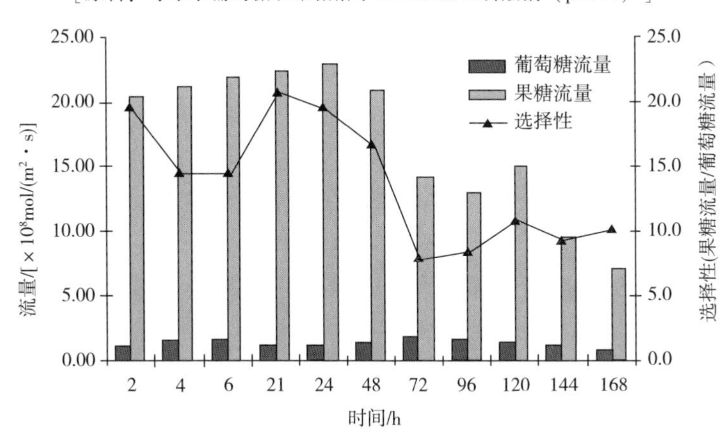

图 5-80　250mmol/L 硼酸的中空纤维膜的分离结果

［原料：等物质的量葡萄糖和果糖溶于 0.1mmol/L 磷酸钠（pH7.4）］

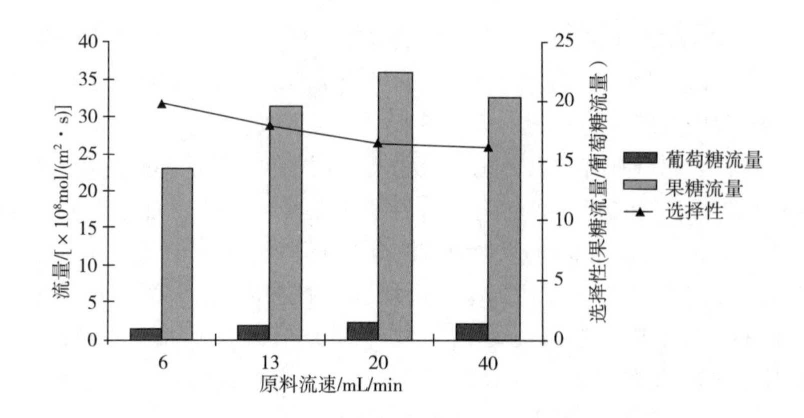

图 5-81　纤维中腔的流速对中空纤维液膜中糖流量的影响

［原料：等物质的量葡萄糖和果糖溶于 0.1mmol/L 磷酸钠（pH7.4），载体浓度 250mmol/L］

第五节　工业色谱技术

色谱作为一种快速方便的混合物的分析法已获得广泛应用，但是作为混合物的分离方法目前应用得还不多。其实色谱最初就是作为一种分离手段出现的，稍后才用于分析。由于色谱放大存在一定的困难，在过去的很长一段时间，用于工业化生产的大型色谱发展缓慢。但是，随着工业放大技术的发展，使大型色谱也能做到与小型色谱一样有效。近二十年来，大型色谱重新引起人们的兴趣，并有了很大的发展，成为一种受人注目的分离方法。目前，大型液相色谱已经工业化，直径 1m 以上的色谱柱和整套附属设备已经定型；直径在 25.4mm 的制备色谱柱已标准化作为商品出售，直径在 4m 的色谱柱已应用制糖工业、石油化工和其他行业。

一、工业色谱分离原理

（一）工业色谱分离的特点

色谱有很多种，但它仍有共同的基本原理和特性，它们都包含一个流动相（气相或液相）和一个固定相，分离的基础是组分向前差速迁移。

根据流动相的类型，可将色谱分成气相色谱和液相色谱。根据固定相的类型，色谱又可分成以下 5 类：

①吸附色谱：固定相为适当的吸附剂，组分在流动相和固定相间的分配服从气固（或液固）间的吸附平衡关系；

②分配色谱：固定相为黏附有薄层液体溶剂的固体颗粒，其中起作用的是液体溶剂，组分在流动相与液体溶剂间的分配服从气液吸收或液液萃取的平衡关系；

③离子交换色谱：固定相为离子交换树脂或表面涂有液体离子交换树脂的固体颗粒，组分在流动相（液体）与固定相间的分配服从离子交换平衡；

④亲和色谱：固定相为附着有某种特殊亲和力的配位体的惰性固体颗粒，组分在流动相和与固定相间的平衡关系是亲和色谱的作用依据；

⑤排阻色谱：固定相为具有一定大小孔道的凝胶，故又称凝胶色谱。这种色谱的作用机理与前面几种不同，它是基于凝胶微孔对大小不同的分子的阻滞不同的性质使它们互相分离。

上述各种色谱具有不同的特点，并各有其重要的用途和适用场合。气相色谱在分析中应用相当普遍，而在工业分离中应用较少。目前，规模较大的用于混合物分离的多为吸附色谱和离子交换色谱。

色谱的操作方法有三种，即洗脱法、排代法和迎头法。采用上述操作方法的色谱也分别称作洗脱色谱、排代色谱和迎头色谱。洗脱色谱也称冲洗色谱和淋洗色谱，目前的大型工业色谱均为这种色谱，本节只就这种色谱分离技术进行讨论。

大型色谱系统（洗脱色谱）的组成包括色谱柱、进料和产品分离器、溶剂或载气的循环装置以及监测仪表等几个部分，如图5-82所示。进料经过滤后由进料装置4定期脉冲注入循环的溶剂中，经混合后送入色谱柱1。进料组分用载气或载液冲洗，使之在床层内分离。分离后的组分按先后次序由检测器在记录仪上绘出谱线（峰），并由控制系统控制分级收集于分离器2，冷凝成为产品。载气或溶剂从循环分离器3净制后，由压缩机压缩循环使用。

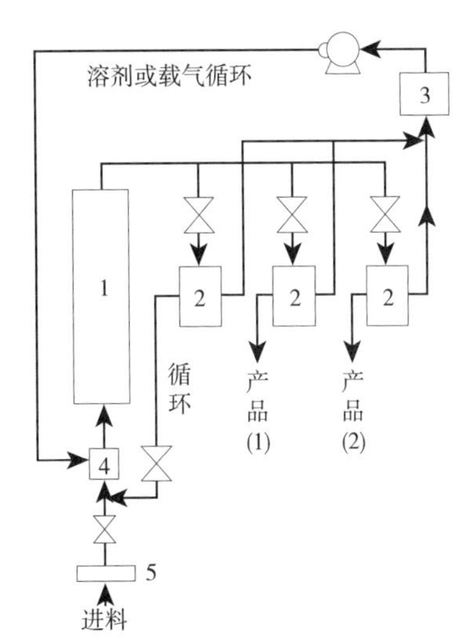

图5-82　大型制备色谱系统

1—色谱柱　2—分离器　3—循环分离器　4—注射器　5—过滤器

离开气相色谱柱载气中的组分由冷阱使之冷凝分离，液相色谱的溶剂载液由真空蒸发、精馏、萃取或结晶等方法以分离回收其中的组分产物。

色谱分离是质量分离过程，比诸精馏热过程分离效率要低。另外，色谱分离的规模较小，机理较为复杂。影响操作的因素较多，操作费用也比精馏过程高。因此，其使用范围主要限于以下几个方面：

①相对挥发度小或选择性系数非常接近于1的组分，如同分异构体的分离；

②在较高的温度下易分解的不宜用精馏分离的热敏性物质，或相对分子质量较大的，不易气化又易受热分解而难以进行精馏分离操作的精细化工和生化产品的分离；

③当需要高纯度的产物或高分子化合物需要按相对分子质量大小分级，而其他分离方法难以完成时。色谱分离是一种优良的分离方法，产品纯度提高的得益将胜过产品收率降低的损失；

④回收或脱除电解质溶液中的金属或非金属离子，其他分离过程难以奏效时，离子色谱可有效地加以分离和提纯。

大型工业色谱用于分离混合物，它的目的是获得一定纯度和一定回收率的组分产品，要求流动相的用量尽可能少，以减少后处理和回收流动相或处理流动相的费用。为此大型色谱有如下特点：

①进料浓度大：制备型色谱为了提高产率，一般为本体分离，或将浓度较高的混合物直接送入色谱柱内。组分浓度常处于吸附等温线的上端，各组分之间的干涉现象显著，常得到拖尾的谱带（峰），以致各谱带（峰）互相重叠，组分的纯度和回收率随之下降；

②色谱柱径大：制备色谱为了提高生产能力，要用大直径且长度不能过大（与直径相比）

的色谱柱。柱的两端有较大的死体积，并且进出口两端的突然收缩或扩大容易使进料液产生涡流，影响塔内液流的流速分布，降低色谱柱的分离效果。因此，在柱的两端一般都要装配适当的液流分布器，以尽可能保证柱内的液流成为活塞流的状态；

③色谱柱的装填要求高：色谱柱的装填非常重要，填充质量的好坏直接影响柱的分离效果。装填既要使填充物装填得均匀、紧实（以减少返混合边壁效应），又不致使床层的压强降过大。填充物形状、粒径大小、粒径分布和装填方法都有密切的关系，其中填充方法和经验很重要；

④进料的波形：对色谱的脉冲进料，应力求取得矩形波，以期获得较大的分离效果和利用率。大型制备色谱进料量多，要成矩形波进料很困难。

（二）原料处理能力

针对分析色谱提出来的塔板理论和速率理论，对大型工业色谱的理论分析具有一定的意义。塔板理论提出的塔板数、塔板理论高度和分离度同样用于工业色谱来表示色谱柱的分离效率。速率理论提出的各项传质阻力项也同样适用于解释工业色谱分离过程中影响柱效的各项因素。但是，由于大型工业色谱具有处理料量大（进样量大）、色谱柱直径大、固定相大小和装填均匀度较差等一系列特点，因而其分离过程，特别是动力学过程与分析色谱有一定的差别。

大型工业色谱与分析色谱的不同之处是：大型工业色谱要有高的原料处理能力。过去曾提出用“比体积量”来表示最优运行操作参数。比体积量是指每单位截面积色谱能分离原料的克数，但这个参数没有反映时间变量的关系。Perry 以每块理论塔板能取得产品的“产率指数”表示生产能力，试图将处理能力和产品纯度考虑在内。但是，不足之处是理论板数与进料浓度有关，无限稀释下色谱峰的理论板数比有限浓度下进料色谱峰要高得多，同时也没有把色谱分离的经济性反应在内。于是后来又有学者提出了一些表示色谱柱利用率的参数，如单位色谱柱容积的处理能力或单位流动相流率的处理能力等。

要使色谱柱的利用率和经济程度高，在达到产品质量指标的要求下，应减少柱的容积和降低流动相的流率，使单位容积和单位流动相用量达到最佳分离效果和最高生产能力。如以进料量多少表示处理能力 Q_f，则其定义为：

$$Q_f = \frac{m_f}{t_R} \tag{5-5}$$

式中　m_f——每次注入的原料量

t_R——该组分色谱峰的保留时间

如果色谱柱出口所得组分色谱峰重叠，要取得纯组分时，应将色谱峰重叠区的馏分切去，则由进料处理能力算得的回收量 Q_ξ应为：

$$Q_\xi = \xi Q_f = \frac{\xi \cdot m_f}{t_R} \tag{5-6}$$

式中　ξ——回收率，是经切割后，纯产物量与进料物料的比值

虽然切割率 $\xi<1$，但在设计和操作中，宁可使各色谱峰有一定的重叠，也不考虑增加柱长和分离度，以免切割。因为色谱柱长度增加，会使得 t_R 加大，而且 t_R 的增加比诸 ξ 的增加更快，从而导致 Q_ξ 下降。

要提高色谱柱的处理能力，要频繁不断地进料，使其中一个组分的谱峰将达到柱出口后再进料。每一批移动得最快的组分刚好与上一批移动得最慢的色谱峰相接（图 5-83）。如果能使

一批进料中组分 2 和组分 1 的谱峰能与上一批组分 1 的谱峰重叠相等的量，这种操作循环也是比较好的。设 t_{R1} 和 t_{R2} 分别表示两组分的保留时间，则双组分混合物的生产能力 q_ξ 为：

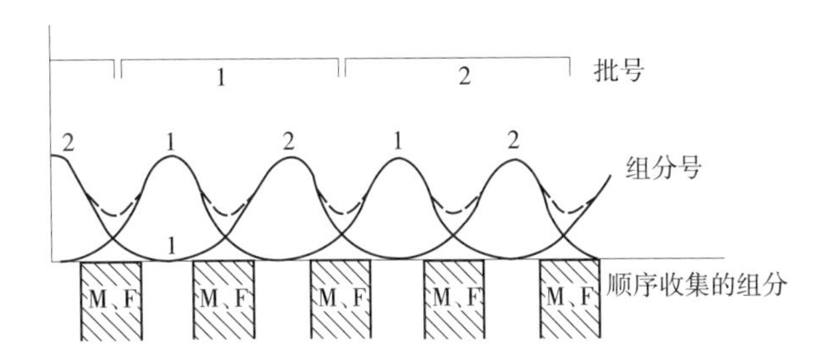

图 5-83　双组分混合物反复进料取得的色谱图和收集物 M、F 分别收集到的混合馏分

$$q_\xi = \xi q_f = \frac{\xi \cdot m_f}{2(t_{R2} - t_{R1})} \tag{5-7}$$

如取柱温为 T，柱的直径为 d，床层空隙率为 ε，Conder 提出了另一种表示处理能力的公式：

$$q_\xi = \frac{\xi n_f}{n}\left[\frac{\alpha}{6(\alpha+1)} \cdot \frac{M_f p_f}{RT} \cdot \frac{\pi d^2 \varepsilon v}{4}\right] \tag{5-8}$$

式中　α——二元组分的相对挥发度

M_f——进料的相对分子质量

p_f——气化进料的分压

v——经压缩系数校正后，流动相在床层内的线流速

如设 n_f 和 n 分别为对应于 N_f 和 N 的折合理论板数；N_f 为色谱柱进口端进料峰的理论板数；N 为柱的理论板数，则：

$$n_f = \frac{N_f}{6/\alpha} \tag{5-9}$$

和

$$n = \frac{N}{(6/\alpha)^2} \tag{5-10}$$

式中，α 为表示组分热力学性质的参数。取：

$$\alpha = 2\left(\frac{\alpha-1}{\alpha+1}\right)\left(\frac{K}{1+K}\right) \tag{5-11}$$

式中　K——组分在流动相和固定相之间的分配系数

因此，从式（5-8）可见，进料中各组分的物理化学性质对处理能力 q_ξ 的影响可由 $\frac{\alpha}{6(\alpha+1)}$ 和 $\frac{M_f p_f}{RT}$ 两项表示。在制备色谱柱中，当 $\alpha \geqslant 2.0$ 时就很容易分离，吸附剂用量（固定相）约为 15g/g 样品；当 $\alpha \geqslant 1.5$ 时为一般程度的分离，吸附剂用量为 50~500g/g 样品；当 $\alpha \geqslant 1.3$ 时，难以分离，需采用薄层色谱，吸附剂用量需 5000g/g 样品。

（三）进料谱峰的宽度

要提高物料中组分的分离度，先要考虑进料谱带的图形和进料谱带引起的色谱峰的变化。色谱峰的宽度表示间歇进料引起色谱柱理论板数的变化，峰的高度表示组分在柱内移动时，组分在流动相对固定相中的浓度分配，因而组分的分离程度取决于两个方面：

①N_f为色谱柱进口端谱峰进料的理论板数，表示在色谱柱的进口端，进料谱峰占有的理论板数，进料谱带越宽，理论板数N_f越多；

②N为整个色谱柱具有的理论板数，色谱柱越长，N值越大。

如果色谱柱长度一定，进料峰的宽度增加，色谱柱的分离效率下降。组分色谱峰沿柱前进时由于传质阻力和轴向扩散等原因，色谱峰的宽度逐渐增加，组分的分离效果与理论板数N成正比，但峰宽却仅与N的平方根成反比，故N增加，可以减少各组分色谱峰之间的重叠，改进分离效果。进料一般采取矩形谱带进料。

要取得较好的分离效果，有以下几项原则需要考虑：

①由于进料设备及操作条件的关系，增加进料谱带的宽度时，同时要加长色谱柱的柱长，这样可以维持较好的分离效果；

②当增加色谱柱柱长，并维持柱进口端进料谱带原有的宽度，要达到较好的分离状态，需在初期按一定的模式进行超负荷洗脱（冲洗）；

③在同一操作条件下，维持原有的色谱柱长为一定，加大进料谱带的宽度，会造成各色谱峰在相当大的范围内重叠。因此，只能切割所需要的部分馏分，其余部分的馏分要重新送回色谱柱再进行循环分离。

（四）进料谱带的浓度

在大型色谱柱中，柱进口端进料谱带的高度和宽度两个变量都要控制。谱带的波形最好是矩形波，以便在选择进料谱带的宽度和浓度范围内，取得最大的原料处理能力。由于难以做到真正的矩形波进料，多次送入非矩形波进料时，色谱柱出口形成的色谱峰往往发生重叠。图5-84所示为冲洗色谱在采用较宽的非矩形波进料谱带时，在连续进料后，柱出口色谱峰重叠的现象。

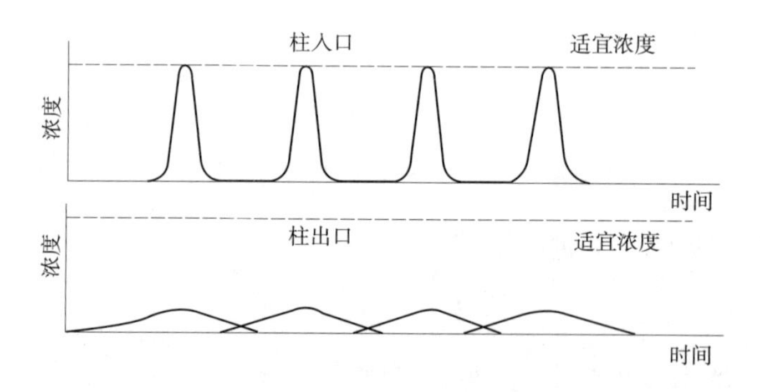

图5-84 洗前沿操作方式（很宽的进料谱带在连续进料下，出口色谱峰重叠）

改进的方法固然可以采用延长每次进料的间隔时间来解决，但这样也就相应地降低了原料的处理能力。

为了提高大型色谱的原料处理能力，冲洗色谱宁可采用宽的进料谱带。柱进口端进料谱带的宽度一般都比柱出口谱峰的宽度小得多（一般不超过柱出口谱峰宽度的1/4）。采用宽谱带进料的优点是因分配等温线或吸附等温线的非线性，溶解热（或吸附热）和其他效应的影响。高浓度的进料，除使谱带增宽外，并产生倾斜拖尾（图5-85）；进料浓度较低，在宽谱带下进料可减少谱峰拖尾现象。二元组分体系溶液在较高浓度下进料，使出口谱峰增宽和歪斜，保留体积增大，进料浓度的高低对窄冲洗谱带［图 5-85（1）］的影响更显著。

许多学者认为进料的浓度要低，溶液的浓度（摩尔分率）应在 0.01~0.1，同一浓度进料的谱带，宽谱带进料［图 5-85（2）］可使色谱峰的峰高增大，b'/b 值反而下降。

克服高浓度进料引起谱峰增宽的效应，可以通过加长色谱柱来维持一定的分离效果。如果组分之间的相对挥发度和浓度无关，可提高进料浓度以相应提高原料处理量。反之，如果相对挥发度随浓度的升高反而下降，则需要加长色谱柱以维持一定的分离度。

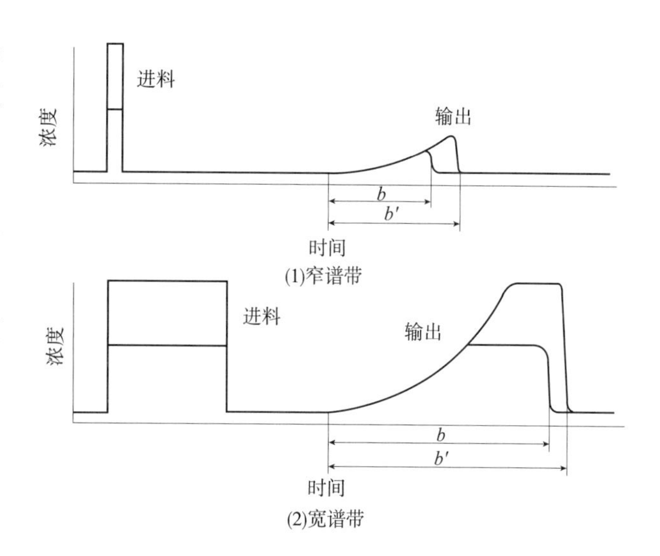

图 5-85　二元体系进料谱带的宽度对柱出口谱带的影响

色谱柱的温度对分离效果也有一定的影响。改变柱温使溶质在固定相和流动相之间的分配发生变化。提高柱温，溶质的传质速度增快，原料处理能力增加；但是提高温度只能使溶质的蒸汽压不超过柱内的操作气体压强，要以热敏性物质的原料不致发生热分解为限。降低柱温则以溶质不致冷凝使固定相浸润，导致其分离性能大幅度下降为限。

二、工业色谱分离系统

工业色谱分离工艺过程多种多样，其分类也有多种。按操作方式，色谱分离工艺过程可分成间歇操作、半连续和连续操作色谱分离过程；按固定相的状态，可分成固定床、移动床和模拟移动床色谱分离过程。下面按固定相状态的分类对工业色谱分离工艺过程及设备进行阐述。

（一）固定床式工业色谱分离

固定床在进行分离操作时，固定相处于静止状态。

典型的固定床色谱分离流程：加料与循环的物料通过注射器脉冲式加入色谱柱，溶剂（或载气）连续加入色谱柱。经过色谱柱分离作用，溶剂（或载气）在不同的时间携带不同的组分从色谱柱流出，依靠计时器或检测器的作用分别送入相应的分离器。在分离器中溶剂（或载气）与产品分开，溶剂（或载气）经进一步除去夹带的产品组分后，返回色谱柱循环使用。

根据物料的情况，分离器可以采用不同形式的设备。对于气相色谱的气体产物，可以采用冷凝器冷凝组分；对于液相色谱的液体产品则可以用蒸馏、萃取、结晶等设备从流动相中分出。

色谱柱流出物中两相邻组分的分离度不宜太高，因为高分离度要求色谱柱很长，这在实际工作中是不经济的，所以色谱柱通常在较低的分离度（$R<1$）下操作。这样，为了获得纯产品，就需要将两色谱的重叠部分分割出来，送入分离器，分离所得的混合产品返回色谱柱再进行分离。组分的单程收率宜控制在 60%~80%。

对固定床色谱柱的基本要求是尽可能使流动相在床层中保持均匀的活塞流，为此要求固定相颗粒均匀的紧密堆积，没有空穴与沟流。流体进入色谱柱的分布器设计要求能保证流动相的均匀分布。

固定相与溶剂体系的选择应多方面综合考虑。首先要求对组分的选择性高，以便降低柱高和允许流动相在较高流速下操作。体系的容量因子应适中（1~6），以保持合理的柱高。

对固定相粒度除要求选择性高之外，还要求坚硬、不脆、化学稳定性好、价格便宜。颗粒直径必须比柱径小很多（小于柱径的1/30），因为理论板当量柱高与d_p^2成正比，通过柱的压强降Δp与$1/d_p^2$成正比，所以两方面综合考虑有一最佳粒径。颗粒必须严格筛分，保证粒度均匀。

对溶剂的要求除选择性高外，还要求对溶质的溶解性能好，易于与溶质分离、黏度小、无毒、无害、腐蚀性小、价格便宜等。

色谱柱是由细颗粒组成的床层，相当于一个深层过滤器。原料与溶剂中含颗粒状杂质将在床层中积累，使床层堵塞，流动相通过床层时压强降增大，流量减小，因此系统中需设置过滤器。床层中存在气泡对流动相的均匀流动妨碍很大，所以送入的液体应进行消泡处理。

固定床色谱分离设备简单，操作方便。床层经认真装填，可使床层内流体的流动状态良好，返混减少，接近于活塞流的状态，这样分离效果良好。吸附剂经装填后不再移动，其颗粒不易磨损。整个吸附分离塔采用变温再生。床层要经过吸附、升温解吸、冲洗和冷却等步骤，切换频繁，操作时间冗长。在整个运转周期中，非吸附操作所占的时间较长，即单位吸附剂单位时间处理的原料量较少，效率不高。

（二）逆流移动床

固定床色谱柱的缺点是在同一时间只有一部分床层在进行分离工作。采用固定相与流动相逆流的颗粒移动床可克服这一缺点，使柱中全部床层在任何时间都在进行有效的分离工作，从而减少固定相的用量，减少投资。

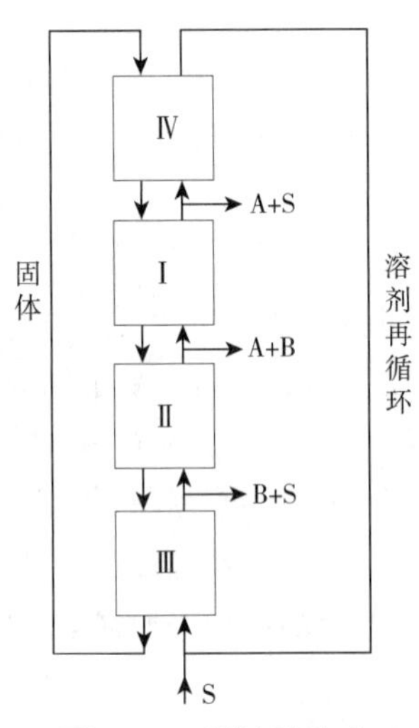

图5-86　逆流移动床色谱分离流程

图5-86所示为分离两组分混合物的逆流移动床流程图。整个设备分成4个区，携带着混合物组分A、B的溶剂（或载气）连续向上流动，固定相颗粒则自上而下移动，两者逆流接触。

4个区是整体相连的，实际上是在一根色谱柱上人为分出的4个区。将4个区分别画成4个小段是为了讨论方便。

Ⅰ区的作用是从混合物中分离出强吸附的组分B。为了使组分A、B分开，在此区中组分A必须向上移动，组分B必须向下移动，因此组分A和B的平均速度应符合以下关系：

$$u_{A,\mathrm{I}}>0>u_{B,\mathrm{I}} \tag{5-12}$$

只要Ⅰ区足够高，溶剂从顶部出去时可以只含组分A，将它送到分离器进行分离，得纯组分A。

Ⅱ区的作用是要从组分B中将A分离出来，所以组分A、B的平均速度也应该符合与式（5-12）相同的关系。

$$u_{A,\mathrm{II}}>0>u_{B,\mathrm{II}} \tag{5-13}$$

同样，只要Ⅱ区足够高，Ⅱ区下端流出的固定相中可以不含组分A，因此，Ⅲ区顶部流出的溶剂只含组分B，经分离后可得纯组分B。

Ⅲ区中通入溶剂（或载气）使固定相再生，根据需要，区内可加热，促进再生。在此区内，组分 B 必须向上移动，即：

$$u_{B,Ⅲ}>0 \tag{5-14}$$

Ⅳ区的作用是回收溶剂供循环使用。实际上也可以不要这一区。但是有这一区可以减轻下一步分离组分 A 与溶剂（或载气）所需分离器的负荷。在此区内组分 A 向下移动，即：

$$u_{A,Ⅳ}<0 \tag{5-15}$$

组分相对于色谱柱的移动速度 u_i 可以按下式计算，即：

$$u_{i,X}=u_i-u_s \tag{5-16}$$

式中　X——所在的区号

u_s——固定相颗粒层的移动速度

适当地确定溶剂流速与系统的平衡关系，获得适当的 u_i，并选取适当的 u_s，可以使组分 A 与 B 在各区的移动速度满足式（5-12）~式（5-16）的关系，两者互相分离。当进出床层的流体的流率恒定、逆流移动床色谱分离操作稳定时，在床层内各点位置上，固定相和流动相的浓度都维持不变，成为稳态操作。连续操作体系显然比间歇操作体系有更多额外的自由度，而且可以使每个区域的功能独立地实现最佳化。固定相数量一定，逆流移动床的原料处理能力远远大于固定床的处理能力，循环流动相的用量也可减少。

但固定相颗粒逆流运动时，不可避免地会出现一些缺点。例如，固定相颗粒的移动易造成其自身的磨损破碎，甚至变成粉末。破碎的固定相进入管道后，可使管道堵塞，使溶液流速下降，甚至完全不能操作；同时固定相颗粒移动造成床层膨胀，甚至流态化，影响床层内液体的流速分布，出现沟流现象，产生轴向返混，影响正常操作。

（三）模拟移动床

在移动床中，固定相做连续移动，而液体的进入与流动有固定的位置。如果使固定相不移动，而液体的进入与流出沿着一个密闭循环的途径做周期性的移动，这就构成了模拟移动床。

当然，连续地移动液体的进入与排出口是不现实的。然而，可提供多个液体进、出口于密闭环路中，并做周期性地开、关液体的进、出口阀门，也能起到连续移动进口或出口绕着环形床作周期性的移动，各液流总是保持相等的距离。

模拟移动床有多种形式，下面介绍两种形式的模拟移动床。

1. 多阀控制式

图 5-87 所示为采用八根柱的模拟移动床示意图。

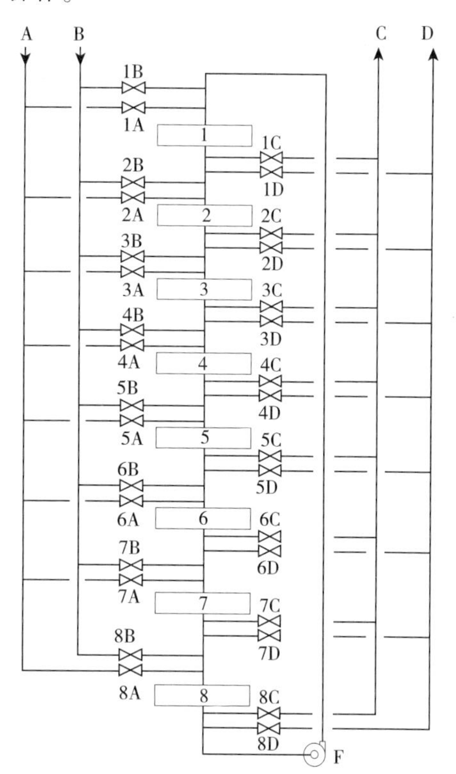

图 5-87　八柱式模拟移动床

图 5-87 中 F 为循环泵，使柱内循环液沿同一方向流动。1~8 为八根分离柱，柱内装有适当的固定相，A 为洗脱液入管，B 为料液进入管，C 为萃取物出口，D 为萃余物出口，在每根柱前后有 4 个

阀门，分别与A、B、C、D管相连，并以柱号与液管号表示。阀门的开启与关闭按表5-11程序。

表5-11　　阀门的开启与关闭的程序

程序	开启阀门			
1	1A	5B	2C	7D
2	2A	6B	3C	8D
3	3A	7B	4C	1D
4	4A	8B	5C	2D
5	5A	1B	6C	3D
6	6A	2B	7C	4D
7	7A	3B	8C	5D
8	8A	4B	1C	6D

在第一程序中，洗脱剂由1A进入柱1，沿循环方向向下流动，料液从5B进入柱5，萃取物与萃余物分别从2C与7D引出。这样，柱1和柱2为洗脱区，柱3、柱4、柱5、柱6和柱7为分离区，柱8为浓缩区。八根柱中浓度分布情况如图5-88所示。

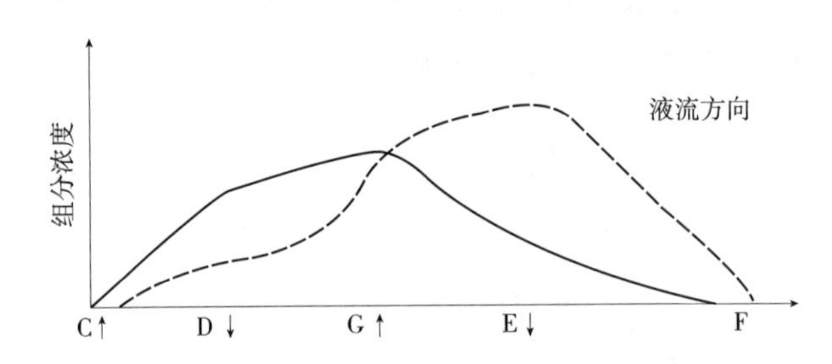

图5-88　各色谱柱中组分的浓度分布情况

C—洗脱液入口　D—萃取物出口　G—进料口　E—萃余物出口　F—浓缩区

第二程序时，进料口移至6B，洗脱剂从2A进入，而出液口变为3C与3D，如此顺延循环。程序变动时间与柱中两种组分混合区间在洗脱液作用下向前推移的速度相配合，就是说，使B管中料液尽可能在混合区中与料液组成相近部分，即图5-88中的G点附近进入，而出液口则尽可能在图5-88中的C与D点附近。

当采用适当的固定相，A、B、C、D流速调节适当，B管中料液浓度稳定时，选择好适当的程序变换时间，模拟移动床的操作便稳定。稳定状态下，C、D流出液浓度变化如图5-89所示。

由图5-89可见，萃取物浓度呈规律性的锯齿状变化。在相同分离条件下，柱数越多，锯齿幅度就越小，操作就越稳定。

多阀控制的模拟移动床，虽然可以很好的运转，但它的管路太复杂，大量阀门的自控也易造成故障。不过，它操作灵活、上马快，可用于不同类型分离工艺的摸索。由于多孔旋转阀技术的完善，这种形式的模拟移动床正在被淘汰。

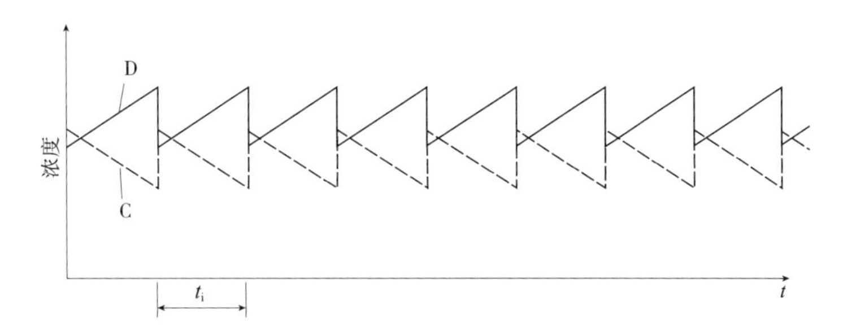

图 5-89　稳定状态下，C、D 流出液浓度变化规律（t_i—程序变换间隔）

2. 多孔旋转阀式

这种模拟移动床的结构如图 5-90 所示。它采用一个具有多个出口和入口的旋转阀代替前一种形式中的几十个阀门，从而使安装管线大为减少。图 5-90 左边是一根色谱柱，柱体分成 12 个部分，每一部分由一个漏斗状短柱体组成。在每个短柱下部，有一根细管引到多孔旋转阀的一个管接头上。短柱上有粗管相连，最下面的一个短柱与循环泵相连液体，通过循环泵送回塔柱上的第一根短柱。

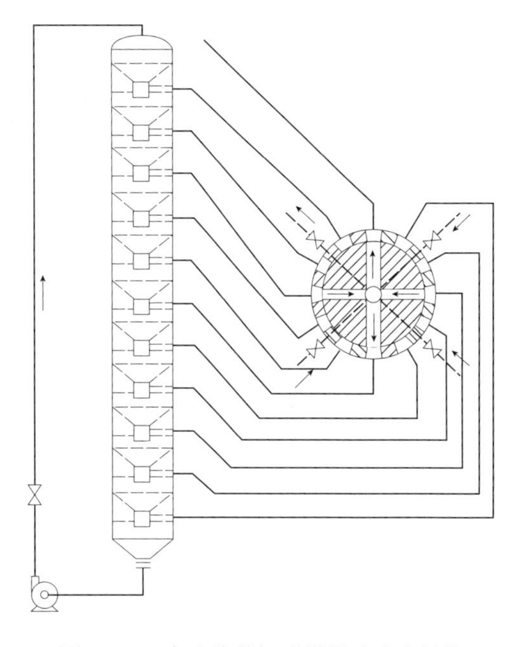

图 5-90　多孔旋转阀式模拟移动床结构

多孔旋转阀的结构如图 5-91 所示。A 为洗脱液入管，B 为料液入管，C、D 为出料管。通过中心的分配旋塞 F 上按不同分离要求有若干根按一定角度排列的管道 A、B、C、D。分配旋塞不论转到哪个角度，A_1始终与 A 相通，B_1始终与 B 管相通，C_1始终与 C 管相通，D_1始终与 D 管相通。多孔旋塞的每一次转动角度，就相当于图 5-89 中切换一次程序。

使用多孔旋转阀操作的模拟移动床色谱分离，主要技术关键是多孔旋转阀体的制造要求高。另外，旋转阀由于旋转角度都已固定，不能调节，而且对不同物料的灵活性较小。

除了上述两种形式的模拟移动床外，模拟移动床也还有多种形式。而且同一形式，其柱数、阀数或多孔阀的孔数也可不同。在设计模拟移动床色谱分离系统时，应根据具体要求，对设备形式进行认真的选择和设计。

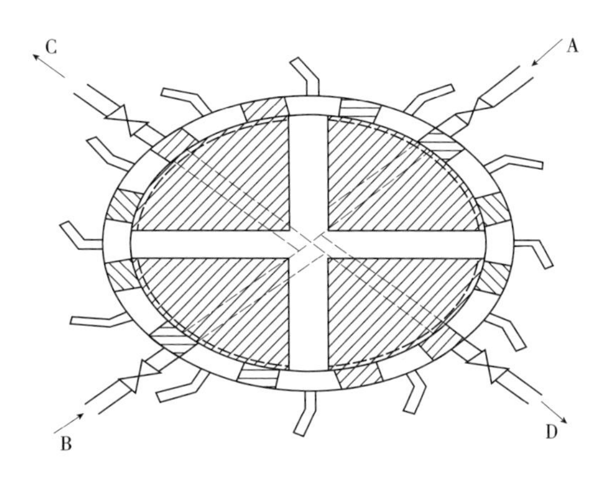

图 5-91　旋转阀结构

三、 工业色谱技术在食品工业中的应用

色谱分离的主要特点是分离能力强，能够分离很难分离的混合物。但是，色谱分离单位设备的处理量相对较小，技术比较复杂，所以目前只用于常规分离方法（精馏、萃取、吸收、结晶等）不能分离或费用很高的场合。但是，随着对大型工业色谱的理论、设备和操作的进一步深入研究，随着人们对一些常规方法难以纯化和分离的物质和食品中具有生物活性的肽、蛋白质等功能性添加剂和天然药物中有效成分的纯化的需求不断增加，其应用前景将越来越广阔。

①液相色谱的应用：大型液相色谱应用成功的例子很多。例如，已成功地应用于果糖和葡萄糖的分离及对二甲苯与乙苯的分离。也有采用大型工业液相色谱纯化蔗糖浆的报道。在这些分离应用中，色谱柱的直径达0.5~4m，高度达到2~12m。还有直径为0.15m的小型色谱柱用于纯化盘尼西林V和2、4、6三特丁基的报道。

②气相色谱的应用：某些体系的大型气相色谱分离已经工业化。在苏联，有高纯溶剂、噻吩和氮茚已采用气相色谱分离法来生产。在美国，大型气相色谱已成功地用于香料的纯化。

③离子交换色谱的应用：很多水法冶金过程中的溶液就采用此法提纯。蛋白质和肽是两性物质，改变pH可改变其对离子交换树脂的吸附能力，因而可以用离子交换色谱来纯化。例如人血蛋白、胰岛素、蛋白溶菌酶的纯化等。应用较大规模的离子交换色谱纯化分离功能性短肽CPP已取得成功。

④亲和色谱的应用：亲和色谱常称吸着解吸色谱，主要用于生物物质的分离。所用固定相由对生物物质有特殊亲和力的配位体附在惰性固体上构成。例如，将酶的阻剂附在琼脂上。文献中已有很多用1L或更小的柱子生产少量酶的报道，大型亲和色谱的应用则刚刚开始。亲和色谱的主要问题是固定相昂贵，而且使用寿命短（5~20个循环），这一问题的解决将为亲和色谱的应用开辟道路。

⑤排阻色谱的应用：目前大型排阻色谱还主要用于大分子物质（蛋白质）的脱盐。例如人血浆脱盐。大型排阻色谱用于分离蛋白质还不很成功，但是，用排阻色谱从人血清白朊中分离出盐与污染的蛋白质已作为血朊纯化的最后步骤。胰岛素也已用大型排阻色谱纯化。

（一）工业色谱技术在果糖、葡萄糖分离上的应用

果糖和葡萄糖是同分异构体，用一般的方法进行分离很困难。果糖是一种具有一系列我们所希望的独特代谢性质的天然糖晶，在功能食品（如糖尿病和肝病患者食品、运动员饮料、婴幼儿食品和老年食品）中有广阔的应用前景。在医药上，可以广泛替代葡萄糖使用，是比葡萄糖好得多的能量补给剂。尽管果糖的性质明显优于葡萄糖，但果糖的工业化生产比葡萄糖的工业化生产晚了许多。其原因是：果糖的结晶很困难，需要在高纯度的溶液中才能进行，而得到高纯度果糖液受到果糖分离方法的限制。因此，直到果糖、葡萄糖的模拟移动床分离取得成功后，真正大规模生产高能果糖浆和结晶果糖的时代才到来。

果糖的制造一般采用玉米淀粉为原料，先制得葡萄糖浆，然后经酶法异构化得到含果糖42%、葡萄糖53%、低聚糖5%，浓度为70%的果葡糖浆。这也就是第一代果葡糖浆。第一代果葡糖浆再经色谱分离可进一步制成含果糖55%、葡萄糖40%、低聚糖5%，浓度为77%的第二代果葡糖浆。也可制成含果糖90%、葡萄糖7%、低聚糖3%，浓度为80%的所谓的第三代果葡糖浆。第一代果葡糖浆已广泛应用于食品行业中。第三代果葡糖浆主要应用于医疗食品

中。果糖纯度大于 90% 的溶液可以进行果糖结晶。近 20 年来，结晶果糖的生产有了很大的发展。

果葡糖浆模拟移动床色谱分离采用的固定相为有机树脂或沸石。采用离子交换树脂为固定相时，要对其进行改性，宜用阳离子 30% 转为 Ca 型的磺酸型树脂。洗脱剂采用去离子水或酒精。

图 5-92 所示为单柱间歇色谱分离操作所得的流出曲线。从图中可见，组分的色谱带没有充分展开，色谱峰有重叠现象。要得到纯度较高的组分要进行分割。

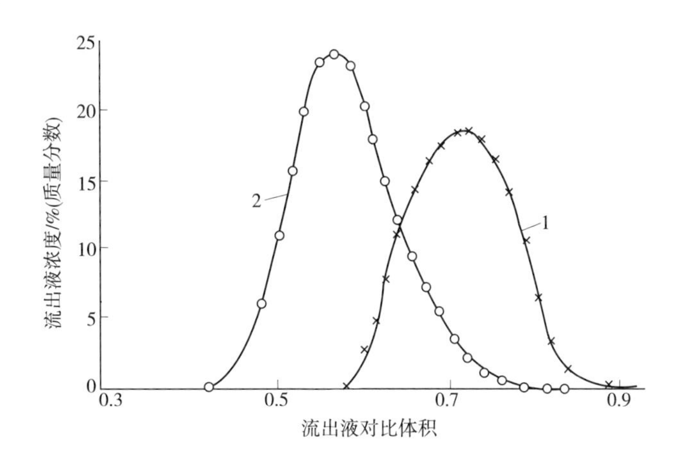

图 5-92　单柱色谱分离操作

1—果糖　2—葡萄糖

果葡糖浆的模拟移动床色谱分离可采用图 5-93 所示的流程。整个分离系统由 8 根色谱柱组成，不用旋转阀，而用 32 个阀代替。采用程序控制器分别调节各阀的开启及各进出料口的流量。达到稳定状态后，整套模拟移动床（共 8 根柱）各组分在各组内的浓度分布如图 5-94 所示。分离产物的组成和回收率如表 5-12 所示，以果糖的纯度 91.2% 和回收率 96.7% 为最高。对整套模拟移动床装置的物料衡算如表 5-13 所示。

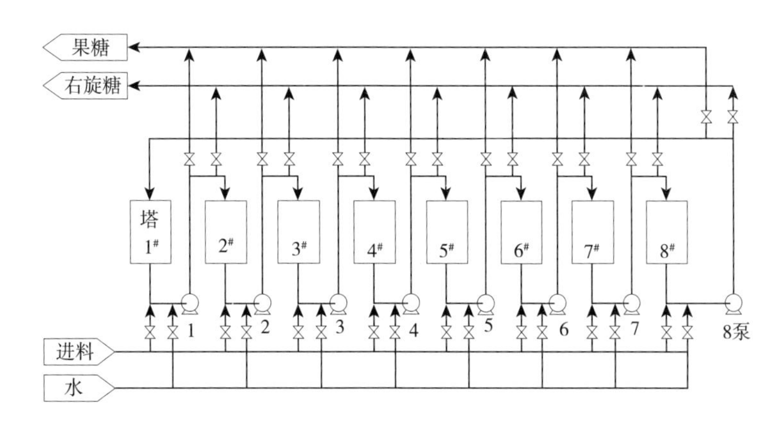

图 5-93　果葡糖浆模拟移动床分离流程

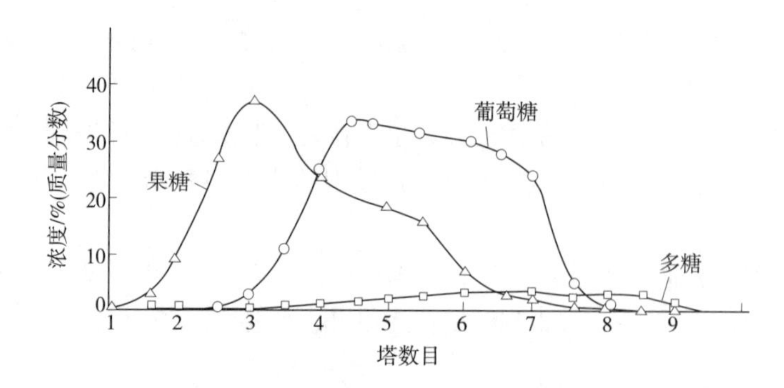

图 5-94　模拟移动床色谱分离浓度分布曲线

表 5-12　分离产物组成

组分	高果糖浆/%（质量分数）	果糖馏分/%（质量分数）	葡萄糖馏分/%（质量分数）	回收率/%
果糖	43.0	91.2	2.6	96.7
葡萄糖	51.2	7.7	88.2	93.1
多糖	5.8	11	9.2	90.6
总糖	61.2	37.3	23.3	45.6

表 5-13　模拟移动床系统物料衡算表

项目	进料			抽提物		
	高果糖浆		水	果糖馏分	葡萄糖馏分	
	t/d	%/（质量分数）	t/d	t/d	t/d	%/（质量分数）
果糖	95.74	42.0		90.00	5.74	4.5
葡萄糖	119.45	52.4		8.40	111.05	86.8
其他糖类	12.77	5.6		1.60	11.17	8.7
总糖	227.96	100		100.0	127.96	100
水	151.97		407.95	175.48	384.44	
总计	379.93		407.95	275.48	512.40	
固体/%（质量分数）		60.0		36.3		25.0
果糖回收率/%				94.0		

上面介绍的是为了获得果糖含量高的产品的分离流程。同样的流程还可以用于生产纯的葡萄糖浆，并且这是一个可以提高葡萄糖产率的方法。

用模拟移动床色谱分离纯化葡萄糖浆的色谱柱一般采用碱土金属型的阳离子交换树脂作为固定相，图 5-95 所示为葡萄糖浆用模拟移动床色谱系统纯化时各组分在模拟动床的浓度分布曲线。

离子交换树脂所带的碱土金属离子很容易为原料或洗脱水所带的金属离子和质子所交换。

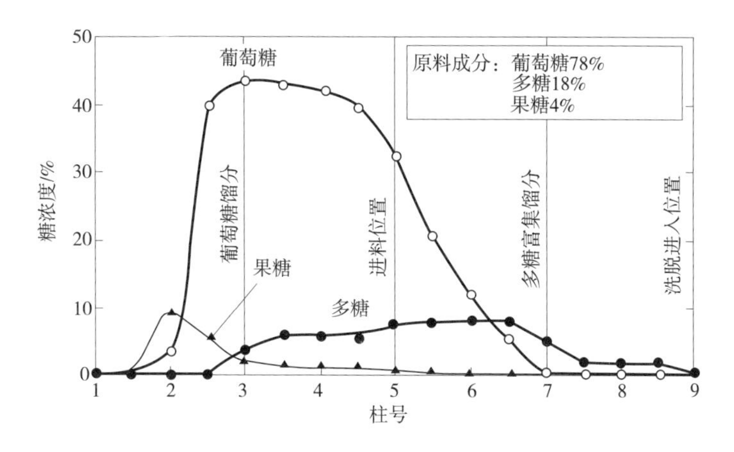

图 5-95　模拟移动床纯化葡萄糖浆浓度分布曲线

有时，这些少量的新交换上的阳离子会降低分离效率。因此，有必要采取措施阻止上述离子交换反应的进行。

（二）工业色谱技术在高纯度麦芽糖生产上的应用

目前，采用酶法水解一般只能制得含麦芽糖 20%～50%的麦芽糖浆，但可以采用色谱分离系统分离上述麦芽糖浆生产麦芽糖含量高达 90%～95%的高纯度麦芽糖浆。日本 1984 年建成了第一家色谱分离生产高纯麦芽糖浆的大型工厂。

表 5-14 所示为模拟移动床色谱分离麦芽糖浆的物料衡算表，采用麦芽糖含量为 73%的麦芽糖浆可生产出麦芽糖含量高达 92%的产品。

表 5-14　　模拟移动床色谱分离麦芽糖浆物料衡算表

项目	进料			产品	副产品	
	玉米高麦芽糖浆		水	麦芽糖馏分	其他糖馏分	
	m/t	（质量分数）/%		m/t	m/t	（质量分数）/%
葡萄糖	2.4	1.5		1.5	0.9	1.6
麦芽糖	115.0	73.0		92.0	23.0	47.0
麦芽三糖	29.9	19.0		3.0	26.9	46.8
麦芽四糖	10.2	6.5		3.5	6.7	11.6
总糖	157.5	100.0		100.0	57.5	100.0
水	105.0		575.4	203.0	477.4	
总计	262.5		575.4	303.0	534.9	
固体/%（质量分数）		60		33.0		10.7
果糖回收率/%						80

图 5-96 所示为模拟移动床色谱分离麦芽糖浆时，各组分浓度在模拟移动床的分布。分离条件为温度 75℃，以钠型离子交换树脂作固定相。

日本还于 1986 年开始了在异构麦芽糊精中采用色谱分离技术分离出异麦芽糖的商业化生产技术。

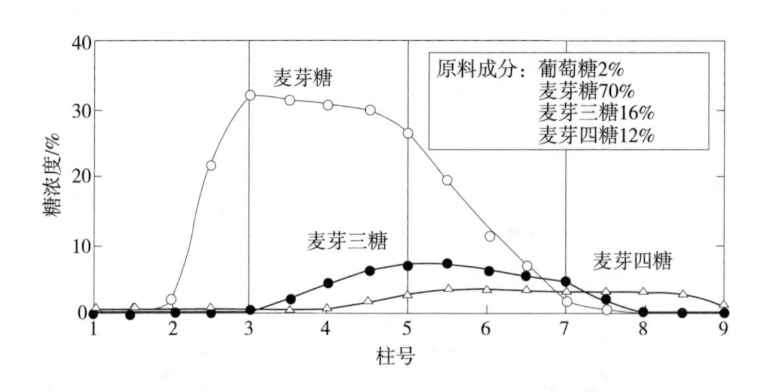

图 5-96　模拟移动床色谱分离麦芽糖的浓度分布曲线

（三）工业色谱技术在蔗糖、葡萄糖和果糖连续分离上的应用

前面介绍的是二组分的色谱分离过程和应用效果。模拟移动床色谱分离技术的进一步发展，使得它能进行多组分的分离，已有的技术已经可以将混合物同时连续地分成三个馏分。

图 5-97 所示为用于蔗糖、葡萄糖和果糖分离的模拟移动床色谱分离系统示意图。该系统由 16 根色谱柱围成一个圆圈构成。由旋转盘控制各柱物料的流入与流出。16 根柱子分成 9 个区，如图 5-98 所示。各柱之间的物料管道的连接方式与以前的二组分分离不同，管路必须设置旁路。图 5-98（1）所示的 A 连接方式是：一部分通过第 4 区的物料由旁路进入第 7 区。含有蔗糖、葡萄糖和果糖的混合物分成富含蔗糖的馏分 1、富含葡萄糖的组分 2 和富含果糖的组分抽取物 1 和 2。图 5-98（2）所示为另一种连接方式。

图 5-99 所示为 A 连接方式在 50℃ 条件下运行 4h 后，3 种糖在各色谱柱上的浓度分布情况。图 5-100 所示为 B 连接方式同样条件下的运行结果。可以看出，两种连接方式的运行结果相似，3 个组分都得到了较好的分离。

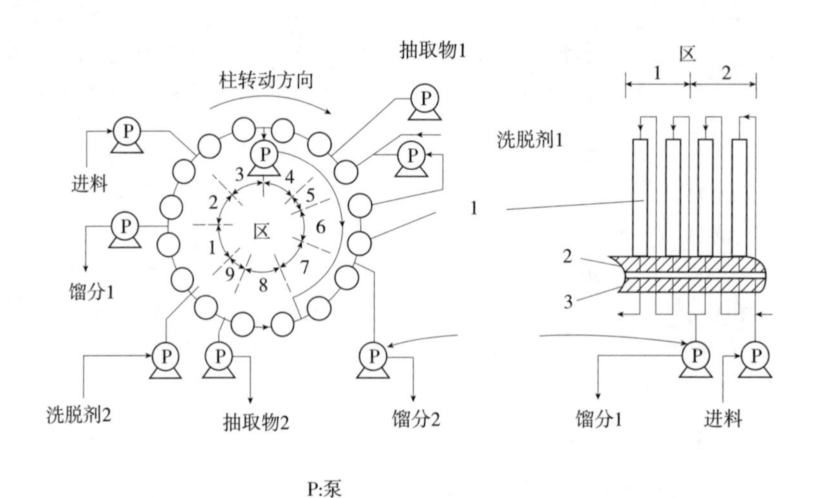

图 5-97　分离蔗糖、葡萄糖和果糖的模拟移动床系统

1—色谱柱　2—可旋转圆盘　3—固定圆盘

图 5-101 所示为采用 A 连接方式时，馏分 1 中的 3 种糖浓度随时间的变化情况。运行 4h

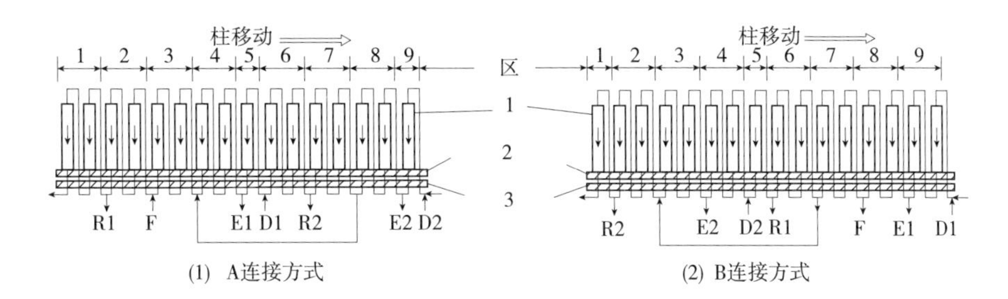

图 5-98　展开的色谱柱连接

F—进料　D—洗脱剂　E—抽取物　R—馏分

1—色谱柱　2—可旋转圆盘　3—固定圆盘

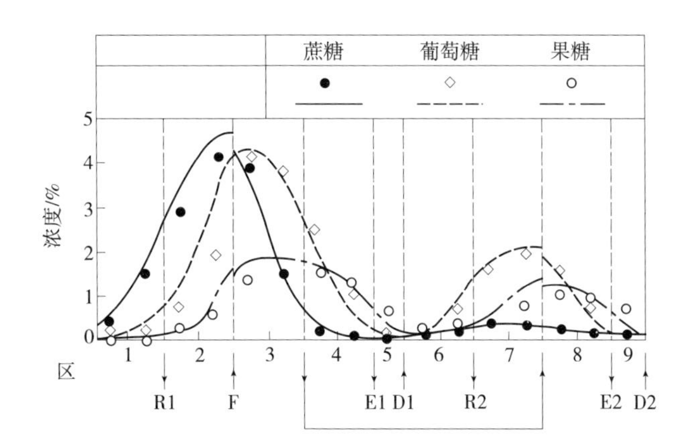

图 5-99　A 连续方式在运行 4h 后 3 种糖在各柱上的浓度分布情况

F—进料　D—洗脱剂　E—抽取物　R—馏分

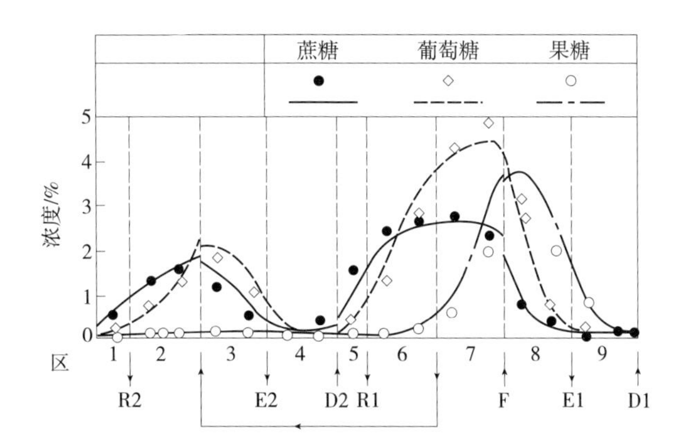

图 5-100　B 连续方式运行 4h 后 3 种糖在各色谱柱上的浓度分布情况

F—进料　D—洗脱剂　E—抽取物　R—馏分

后达到稳定状态，即馏分 1 中的各种糖的浓度处于比较稳定的状态。馏分 2 和抽取物 1 和抽取物 2 的各种糖随时间的变化规律也近似这种情况。

运行 4h 后，3 种糖在馏分和抽取物中的量如表 5-15 所示。原料中 3 种糖的比例一致，但经过分离后，馏分 1 的蔗糖纯度提高到 76%，馏分 2 中葡萄糖的纯度提高到 67%，在抽取物 1

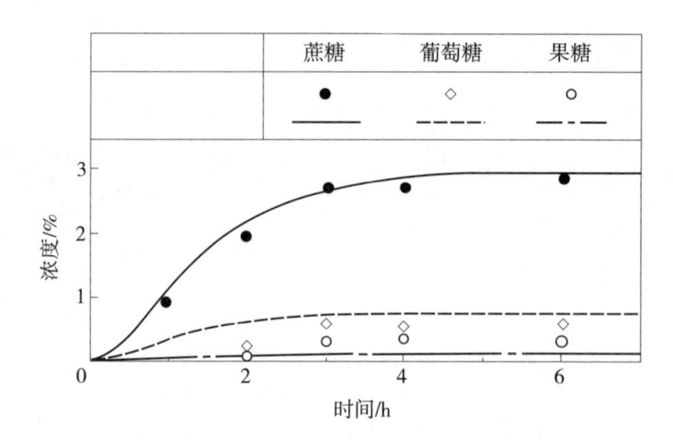

图 5-101　馏分 1 中 3 种糖随时间的变化

和抽取物 2 的混合物中，果糖的纯度达到 71%。达到稳定状态后，分离操作可以在稳态下长时间连续运行。

表 5-15　　　　各馏分和抽取物中各糖含量　　　　单位：%

组分	进料	馏分 1	馏分 2	抽取物 1 和抽取物 2
蔗糖	33. 3	76	19	12
葡萄糖	33. 3	21	67	12
果糖	33. 3	3	14	71

（四）工业色谱技术在蛋白质分离上的应用

在 20 世纪 50 年代和 60 年代，在实验室里进行蛋白质的色谱分离研究进行得很多。但将蛋白质的色谱分离技术移植到工厂进行工业化生产，其过程甚为缓慢，主要原因是没有适合于软凝胶作固定相的色谱柱。但这种情况在新的色谱柱设计方法出现后，就发生了很大的改变。20 世纪 70 年代研制成功了适合于大规模色谱分离操作的新的离子交换树脂和新的凝胶过滤介质，同时还研制成功了用于工业分离的亲和色谱。

1. 凝胶过滤色谱法分离蛋白质

蛋白质的凝胶过滤色谱分离的第一个工业应用是脱盐，即脱去蛋白质溶液中的小子物质（如糖类物质和盐）。这种应用的色谱柱的规模达到 2500L（直径 180cm，高度为 100cm）。该柱子处理乳清蛋白的能力达到 300t/d，每小时可生产出 28kg 的 75%蛋白粉。该色谱柱采用 SephadexG-25 作固定相，色谱柱称为 Sephamatic GF18-10。

另一个更成功的例子是利用凝胶过滤色谱对人血清蛋白进行脱盐。使用内装 751SephadexG-25 作固定相的 GF04-06 色谱柱。

第一个应用凝胶过滤色谱对蛋白质混合物进行组分分离的成功的工业应用是对胰岛素的纯化。表 5-16 所示为工业规模凝胶过滤色谱分离纯化胰岛素的基本条件。

利用凝胶过滤色谱分离纯化血清和血浆的工业应用还有很多，而且还应用于其他蛋白质的分离和纯化。

2. 离子交换色谱法分离蛋白质

离子交换色谱在人血浆和激素的纯化工业中应用最为广泛。例如，DEAE-SephadexA-50

表 5-16 工业规模凝胶过滤色谱分离纯化胰岛素的条件

色谱柱	Pharmacia KS 370/15 (The Stack)
总床高	6×15cm=90cm
直径	37cm
总床体积	6×161=961
凝胶类型	Sephadex G-50 Superfine Special Grade
泵	Sera 双膜泵
流率	线速：13. 1cm/h
样品体积	28g/L
洗脱剂	1mol/L 醋酸
循环时间	7h
生产能力	每次循环生产 58g 胰岛素

已经应用于 IgG 的间歇吸附色谱分离，应用色谱分离技术可以将含量为 85%~90%的 IgG 粗制品纯化成纯度达到 99%~100%的产品。

Bjorling 第一个用离子交换色谱大量纯化白蛋白，他使用 CM-SephadexC-50 去除白蛋白中的污染物（如血红蛋白）。但第一个建立工业规模的离子交换色谱系统的是 Curling 和他的合作者。他们建立该方法的依据是让白蛋白与 DEAE-Sepharose CL-6B 的吸附和随后解吸，然后进入下一个 CM-Sephaiose CL-6B 色谱柱，除去白蛋白中仍然存在的杂质。其纯化流程如图 5-102 所示。经 2 次色谱分离仍未去除的杂质再由 SephacrylS-200Superfine 凝胶过滤色谱去除。

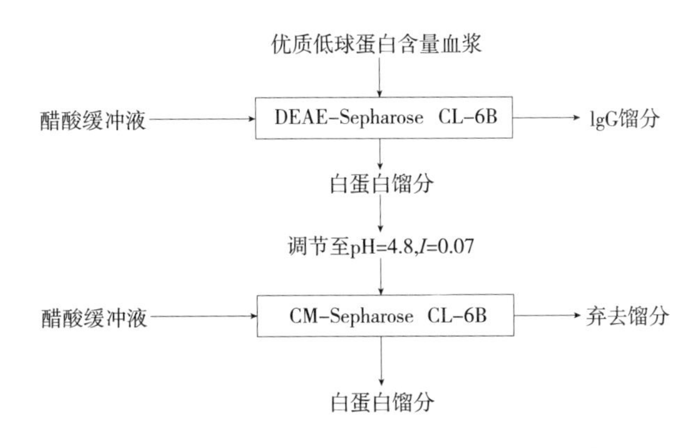

图 5-102 人血浆蛋白的离子交换色谱纯化过程

应用 2 根 16L 的柱子，一次可处理 16L 的血浆，即可获得大约 500g 的白蛋白。工业规模的柱子达到 150L，它在世界上许多血浆分离纯化中心中都被采用。

另一个工业规模应用的例子是用离子交换色谱进行蛋白溶菌酶的生产。树脂的类型一般为微酸性树脂，但可以用其他树脂，如 CM-SephadexC-25。CM-SephadexC-25 对溶菌酶的吸附能力为每克溶胀树脂 45~50mg 溶菌酶。150L 的柱子每一操作循环可生产 7. 5kg 的溶菌酶。每一操作周期所需的时间取决于溶液的离子强度或 SephadexG-25 的脱盐程度。

在色谱柱吸附前，蛋清用酸沉淀和离心方法去除杂质蛋白质和其他杂质。然后用 NaOH 调节 pH 至 8，过滤得清液。清液的离子强度用蒸馏水稀释 6 倍或用 SephadexG-25D 凝胶过滤色谱脱盐调至 I 为 5%。3750L 的蛋清通过上述处理可获得 7500L 的粗酶溶液。粗酶溶液再用装在 1 根 GF03-03 凝胶过滤柱的 CM-SephadexC-25 离子交换树脂进行色谱分离纯化，通过色谱柱的流率为 550L/h。在用 450L 缓冲液洗涤后，用 1mol/L NaCl 洗脱。洗脱得到的酶液再进行等电点沉淀浓缩，凝胶过滤色谱脱盐和最后的冻干操作，最后得到纯不含盐的溶菌酶粉末。

3. 亲和色谱

在生化工程中，利用亲和色谱进行大规模的物质分离的成功的例子很多。亲和色谱的特点前面已作过简单介绍，下面结合两个实例对其应用作进一步的介绍。

Robinson 等应用 1 根 1.8L（直径为 15cm）的内装耦合 Sepharose 4B 对-氨基苯 - β-D-吡喃半乳糖苷固定相的亲和色谱纯化从大肠杆菌获得的 β-半乳糖酶（中试规模）。通过色谱柱的线性流率为 24cm/h，生产能力约为每次操作周期（2h）生产 5g 纯酶。

Pharmacia Fine Chemical AB 公司采用大规模的亲和色谱生产几种外源凝集素。Con A 和 Lentil 外源凝集素吸附在 Sephadex G-50 和 Sephadex G-75 上，然后分别用 pH3.0 的甲酸盐缓冲液和 0.2mol/L 的葡萄糖溶液洗脱。

色谱分离技术已经成为工业过程的一个单元操作，它的应用领域正在不断扩大，其技术也日臻成熟。在食品工业中，色谱分离技术的应用还处于起步阶段，特别是在我国，除长沙果糖厂在 20 世纪 80 年代从国外引进一套 Sorbex 模拟移动床色谱分离系统（图 5-103）用于果葡糖浆分离外，未见其他大规模色谱分离工艺应用的报道。色谱分离是一种非常有效的分离手段，在国外已有广泛的应用，我们应加强对其理论、工艺、设备和操作方法的研究。随着人们对各种功能食品添加剂、生理活性物质添加剂的需求和研究的深入，相信该技术在我国的食品工业中会有广泛的应用前景。

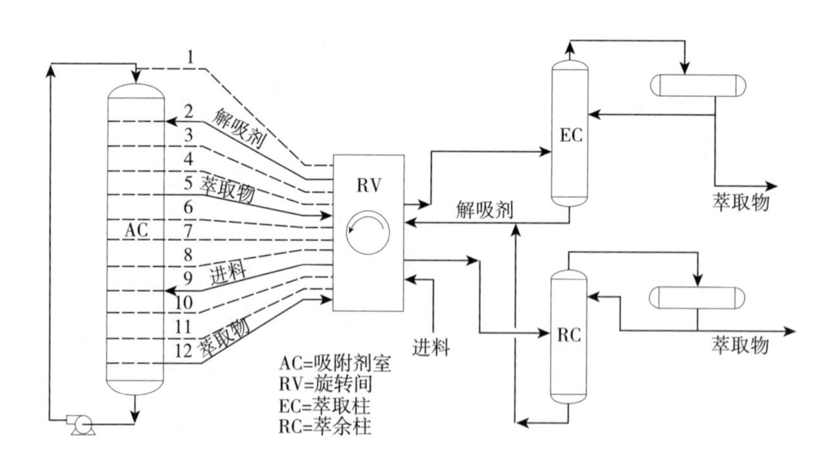

图 5-103　Sorbex 模拟移动床色谱分离系统

思考题

1. 什么是超临界流体萃取技术？它具有哪些优势？

2. 在采用超临界流体萃取技术时，如何选择合适的超临界流体？

3. 试举2个超临界流体萃取技术在食品加工中应用的案例。

4. 分别简述反渗透与超滤的基本原理。

5. 什么是膜的浓差极化？影响浓差极化的因素有哪些？

6. 膜分离装置主要包括膜组件与泵，常用的膜组件包括哪些？简述一下它们的优缺点。

7. 什么是离子交换膜？它具有哪些特点与分类？

8. 电渗析系统一般有哪些基本构件？

9. 举例详细说明电渗析技术如何用于食品组分的分离。

10. 什么是液膜分离技术？它具有哪些优势？

11. 举例详细说明液膜分离技术如何用于食品配料的分离。

12. 根据固定相的类型不同，色谱有哪些分类？

13. 大型工业色谱具有哪些特点？

14. 举例说明液相色谱和离子交换色谱在食品领域的应用。

第六章

食品杀菌高新技术

CHAPTER 6

[学习目标]

1. 掌握超高温杀菌技术的原理、装置系统。
2. 掌握欧姆杀菌技术的原理、装置和应用。
3. 掌握高压杀菌技术的原理、系统和应用。
4. 掌握电离辐射的原理、生物学效应、分类、装置和应用。
5. 掌握臭氧杀菌技术的原理、装置和应用。
6. 掌握低温等离子体杀菌技术的原理、装置和应用。
7. 掌握脉冲电场杀菌技术的原理、装置和应用。

我国每年上报的数千例食物中毒事件中，除意外事故外，大部分都是由于致病微生物污染引起。因此，近年来食品安全问题得到人们的高度关注。食品杀菌技术作为其中的关键部分，得到持续地研究与应用。在食品生产过程中，通过食品杀菌技术，可以抑制微生物生长或杀灭微生物，从而达到改善食品品质、延长食品贮藏期、保证食品安全的目的。针对传统杀菌技术存在的问题，新型食品杀菌技术具有节能、高效、安全、经济以及更大限度保持食品天然的色香味的特点，因此受到很多人的关注，大大促进了包装食品的生产与发展。

第一节　超高温杀菌技术

食品工业中，加热杀菌在杀灭和抑制有害微生物的技术过程中占有极为重要的地位。长期以来，科学工作者为了恰当有效地运用加热杀菌这一技术进行了多种研究：一方面，以杀灭对象菌——有害微生物为目标来研究加热杀菌的条件与程度；另一方面，从食品品质，尤其色、香、味、质构方面考虑，研究如何保持食品应有的品质。理想的加热杀菌效果应该是，在热力对食品品质的影响程度限制在最小限度的条件下迅速而有效地杀死存在于食品物料中的有害微生物，达到产品指标的要求。

超高温杀菌是达到这一理想效果的途径之一。超高温杀菌最早用于乳品工业牛奶的杀菌作业。大量实验表明，微生物对高温的敏感性远大于多数食品成分对高温的敏感性。故超高温杀菌能在很短时间内有效地杀死微生物，并较好地保持食品应有的品质。因而目前广泛用于乳品、饮料和发酵等行业。

但通常的超高温杀菌设备只适用于不含颗粒的物料或所含颗粒的粒度小于 1cm 物料的加热杀菌。对颗粒粒度大于 1cm 的物料，目前已可借新的电阻加热法，来实现超高温杀菌过程，这就是欧姆杀菌。

一、 超高温杀菌原理

关于超高温（UHT）杀菌，尚没有十分明确的定义。习惯上，把加热温度为 135～150℃，加热时间为 2～8s，加热后产品达到商业无菌要求的杀菌过程称为超高温杀菌。

超高温杀菌的理论基础涉及两个方面：一方面是微生物热致死的基本原理；另一方面是如何最大限度保持食品的原有风味及品质。

按照微生物的一般热致死原理，当微生物在高于其耐受温度的热环境中时，必然受到致命的伤害，且这种伤害随着受热时间的延长而加剧，直至死亡。大量实验证明，微生物的热致死率是加热温度和受热时间的函数。

（一）微生物的耐热性

腐败菌是食品杀菌的对象，其耐热性与食品的杀菌条件有直接关系。

影响微生物耐热性的因素有如下几方面：

①菌种和菌株；

②热处理前菌龄、培育条件、贮存环境；

③热处理时介质或食品成分如酸度或 pH；

④原始活菌数；

⑤热处理温度和时间，作为热杀菌，这是主导的操作因素。

（二）微生物的致死速率与 *D* 值

在一定的环境条件和一定温度下，微生物随时间而死亡时的活菌残存数是按指数递减或按对数周期下降的。这一规律为通常大量的试验结果所证实。若以纵坐标为单位物料内随时间而残存的活细胞或芽孢数的对数值，横坐标为热处理时间，则可获得如图 6-1 所示的微生物致死速率曲线。

如图所示，设 A 为加热开始时活菌数所代表的点，B 为加热后菌数下降 1 个对数周期时的点，其相应的加热时间为 3. 5min，C 为加热后菌数下降 2 个对数周期时的点，其相应的加热时间为 7. 0min。显然，细菌任意时刻的致死速率可以用它残存活菌数下降 1 个对数周期所需的时间来表示，这便是图中所示 *D* 值的概念。*D* 值是这一直线斜率绝对值的倒数，即：

$$|\text{斜率}| = \frac{\overline{BC'}}{\overline{C'C}} = \frac{\log 10^3 - \log 10^2}{D} = \frac{1}{D} \tag{6-1}$$

D 值反映了细菌死亡的快慢。*D* 值越大，细菌死亡速度越慢，即细菌的耐热性越强，反之则死亡速度越快，耐热性越弱。由于致死速率曲线是在一定的加热温度下做出的，所以 *D* 值是温度 *T* 的函数（常写成 D_T），上述比较只能以同一加热温度为前提，如以 $D_{110℃}$ 来做比较。必

须指出，D 值不受原始菌数的影响，换言之，原始菌数不影响其个别细菌按指数死亡的规律。因此，如果将不同原始菌数的曲线画在同一的图 6-1 上，便得到一组平行的直线族。

另外，D 值要随其他各种影响微生物耐热性的因素而异，只能在这些因素固定不变的条件下才能稳定不变。

（三）微生物的热力致死时间与 Z 值

微生物的热力致死时间（thermal death time）就是热力致死温度保持不变条件下，完全杀灭某菌种的细胞或芽孢所必需的最短热处理时间。

微生物热力致死时间随致死温度而异，二者的关系曲线称为热力致死时间曲线，如图 6-2 所示，它表达了不同热力致死温度下细菌芽孢的相对耐热性。

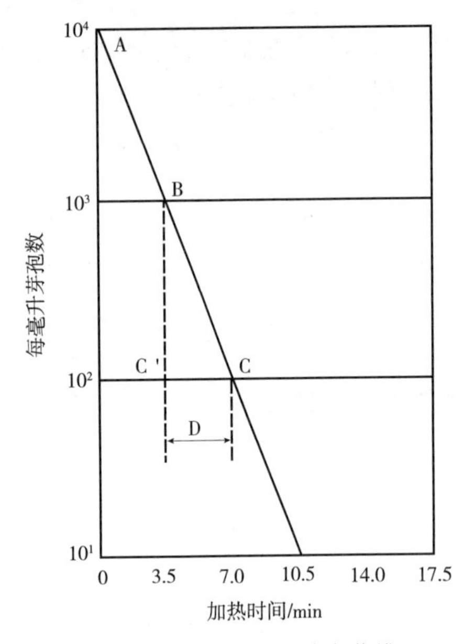

图 6-1　微生物致死速率曲线

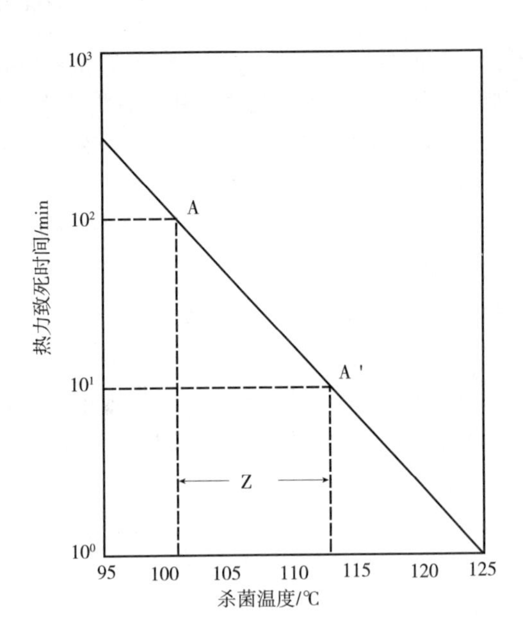

图 6-2　热力致死时间曲线

如同对致死速率曲线的处理一样，若以横坐标为热处理温度，纵坐标为热致死时间（TDT）的对数值，就可以在半对数坐标图上得到一条形为直线的热力致死时间曲线。同样，如图 6-2 所示，此直线斜率绝对值的倒数 Z 值表明了热致死时间缩短一个对数周期所要求的热处理温度升高的度数。图 6-2 中，设 A、A′为热致死时间相差 1 个对数周期的两个点，其相应的热致死时间的对数值分别为 $\log TDT_A = \log 10^2$，$\log TDT_{A}' = \log 10^1$，相应的热力致死温度分别为 T_A、T_A'，则：

$$|斜率| = \frac{\log TDT_A - \log TDT_{A'}}{Z} = \frac{\log 10^2 - \log 10^1}{Z} = \frac{1}{Z} \tag{6-2}$$

某微生物菌种的杀菌特性曲线——热力致死时间曲线可由点、斜率两个参数来确定。因此除了由斜率决定的 Z 值外，尚需寻求一个标准点。这个标准点通常选用 121℃时的 TDT 值，并用符号“F”表之，单位为 min，称为 F 值。有了 Z、F 两个参数，该菌种在任何杀菌温度 T 下的 TDT 值可表为：

$$\log = \frac{TDT}{F} = \frac{1}{Z}(121 - T) \tag{6-3}$$

必须强调指出，热力致死时间（TDT）这个概念的提出隐去了细菌死亡按指数规律的实质，也避开具体运用概率说明细菌死亡的方法，而是模糊地以实际试管试验法所确定的所谓“完全灭菌”为依据。因此采用 TDT 法不能清楚地说明诸如杀菌终点、原始菌数不同出现耐热性差异以及 TDT 试管试验法中常见越级现象等的实际问题。

根据式（6-3）可知，决定细菌耐热特性的是 F 和 Z 两个参数。对于不同的菌种，一般两者都不相同；对于同一菌种，也只能在其一数值相等的条件下，由另一条来比较它们的耐热性。故 F 值只能用于 Z 值相同细菌耐热性的比较。Z 值相同时，F 值大的细菌的耐热性比 F 值小的强。同样，F 值相同时，Z 值大的细菌的耐热性比 Z 值小的强。为了比较，也可人为规定 Z 的标准值，一般取 $Z=10$℃。

（四）微生物的热力递减致死时间

图 6-2 中热力致死时间是由实验确认为“完全无菌”的致死时间，可认为是概念模糊的“平均”致死。按照图 6-1 微生物的死亡规律，微生物在一定温度下是按指数递减规律致死的。譬如，在一定温度下，从图线可求得 D_1、$2D_1$、$3D_1$ 等一系列致死时间，分别说明 9/10、99/100、999/1000、…致微生物死亡的时间。由另一个温度，则又可从另一图线求出 D_2、$2D_2$、$3D_2$，…，nD_2 等另一系列的致死时间，其致死百分率说明同上，如此等等。由此可见，任意温度下的 D 的几何级数序列都能说明微生物的死亡百分率收敛于 100%或使残菌百分率收敛于零。

为了更有理论根据地计算杀菌所必需的时间，遂将细菌致死的指数递减因素考虑在内，便进一步扩大 D 值的概念，提出了热力递减致死时间（thermal reduction time，TRT）的新概念，以代替 TDT 曲线上的 TDT 概念。

热力递减致死时间的定义是在任何特定热力致死条件下将细菌或芽孢数减少到某一程度如 10^{-n} 时所需要的热处理时间（min）。实际上这里所要求的值就是活菌递减的对数周期数，故又可称为递减指数（reduction exponent）。选取的 n 值越大，活菌的残存概率越小，理论上可增大到使活菌的残存概率趋于接近零值，合理地选取 n，TRT 值趋于与实验法确定的 TDT 值相接近。因此 TRT 值与 n 值的选取值相联系，故常将 n 值标在右下角，写成 TRT_n。例如，某一热力致死温度条件下原菌数减少到百万分之一（即 $1/10^6$）需要 10min，那么它的 $TRT_6=10$min，在这同样致死温度条件下，它减少到万亿分之一（即 $1/10^{12}$），则需 20min，即它的 $TRT_{12}=20$min。如果采用后者，则按照概率的观点，若每只罐头原始只含 1 个芽孢，则在所论温度下杀菌 20min，每生产 10^{12} 只罐头也只有 1 只罐头所含的芽孢尚未杀死，若原始含 10^6 个芽孢，则每生产 10^6 只罐头也只有 1 只罐头残存 1 个芽孢未被杀死，由此可知其残存概率甚小。

递减指数 n 值既然是活菌数指数递减的对数周期数，则显然当 $n=1$ 时，所得的 TRT_1 值应等于 D 值，而当周期数为 n 时，则为式（6-4）：

$$TRT_n = nD \tag{6-4}$$

由此可见，如果仿照 TDT 曲线，以 TRT_n 值和致死温度在半对数坐标上作图，则可得一平行直线族，它们的纵坐标间距随 n 增大而逐渐靠近，称为热力递减致死曲线。在式（6-3）中，将 TDT 代以 TRT_n 便得式（6-5）：

$$\log = \frac{TRT_n}{F} = \frac{1}{Z}(121 - T) \tag{6-5}$$

结合式（6-4），可得式（6-6）：

$$\log = \frac{nD}{F} = \frac{1}{Z}(121 - T) \tag{6-6}$$

式中，D 值是温度 T 的函数。为了求出 F 与 $D_{121℃}$ 之间的关系，可代入 T=121℃便得式(6-7)：

$$F = n D_{121℃} \tag{6-7}$$

（五）超高温杀菌效果

通常，检验超高温杀菌效果（SE）可用某类微生物的芽孢作为试验对象。例如，用 PA3679 芽孢，这种芽孢具有极高的 Z 值（Z=35）若某一超高温杀菌工艺要求 F 值为 12D，处理之后的芽孢总数就要减少到经过 12 个对数周期后的值。若原料中总孢子数为 1000 个/mL，则按图 6-3 PA3679 细菌的十减九递减时间曲线，如果 150℃所选定的时间 D 值为 0.285s（杀死 PA3679 孢子数 90%所需的时间），那么全部处理时间就是 0.285×12 = 3.4s。所以把热处理温度 150℃和热处理时间 3.4s 结合起来就会使原始总孢子数 1×10^3 个/mL 减少到 1 个/10^9mL，即 1 个/10^6L，无疑这是很严格的卫生质量标准。如果热处理时间进一步延长到 4s，总孢子数就会减少到 14 个对数周期。也就是说有可能达到每 1×10^8L 的超高温杀菌产品只有 1 个残存芽孢的水平。这是一种极为优质的超高温杀菌产品。

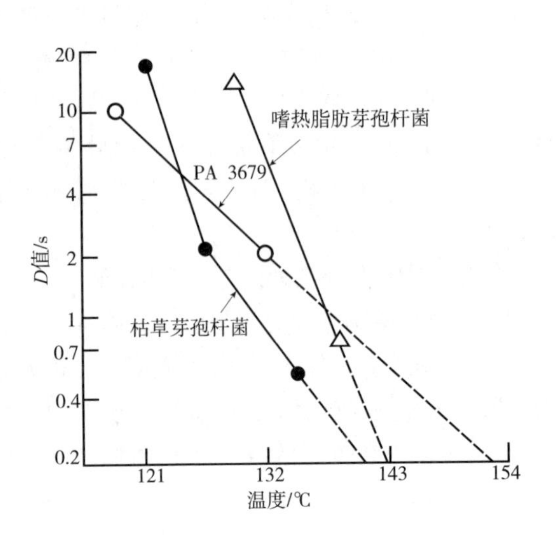

图 6-3　超高温下细菌芽孢十减九递减时间（D）曲线

根据 Galesloot 法则，超高温杀菌效果的定义可以下式表示；

$$SE = \log\left[\frac{原始芽孢数}{最终芽孢数}\right] \tag{6-8}$$

通过比较杀菌前后芽孢数和杀菌效果值，可评价超高温杀菌工艺的效果和可靠性。例如，据 Thome 等报道，Lindgren 和 Swartling 把已知数量枯草杆菌芽孢移植到原乳中，首先用超高温设备进行不同温度下的杀菌，结果如表 6-1 所示。然后在同一温度下（135℃），对不同原始芽孢数的情形进行杀菌比较，结果如表 6-2 所示。

表 6-1　　不同温度下的同一原始菌数的超高温杀菌效果

温度/℃	原始总孢子数/（个/mL）	最终芽孢数/（个/mL）	杀菌效果（SE）
140	450000	0.0004	>9
135	450000	0.0004	>10
130	450000	0.0007	8.8
125	450000	0.45	6

表 6-2　　同一温度不同原始菌数下的杀菌效果

原始总孢子数/（个/mL）	最终芽孢数/（个/mL）	杀菌效果（SE）
450000	0.0004	>9
4000000	0.0004	>10
75000000	0.0004	>11

仍在同一温度（135℃），但使用不同类的芽孢——嗜热脂肪芽孢杆菌芽孢，进行超高温杀菌效果比较，结果如表 6-3 所示。

上面实验中用来确定残存芽孢数的方法称作“稀释法”。以上三表情形下，在 135℃或更高温度进行 4s 的热处理过程中，0.0004 这样的数值都已经达到了满足灭菌乳商业标准（含菌不超过 1‰）的要求，故杀菌效果 SE 值 6~9 是最起码的。从上表可以看出，把 135℃和 4s 杀菌时温条件结合起来，就可使杀菌效果值全部大于 6~9。因此，采用超高温瞬时杀菌技术可以得到满意的杀菌效果。

表 6-3　　嗜热脂肪芽孢杆菌的杀菌效果

原始总孢子数/（个/mL）	最终芽孢数/（个/mL）	杀菌效果（SE）
10000	0.0004	>7.4
150000	0.0004	>9

（六）超高温杀菌的品质保证

大量实验表明，采用超高温瞬时杀菌技术也可最大程度保持食品的风味及品质。这主要是因为微生物对高温的敏感程度远远大于食品成分的物理化学变化对高温的敏感程度。例如，在乳品工业生产灭菌乳的过程中，如果牛乳在高温下保持较长时间，则可能产生一些化学反应。如蛋白质和乳糖发生美拉德反应，使乳的颜色变褐；蛋白质发生分解反应，产生不良气味；糖类焦糖化产生异味等。此外还可能发生某些蛋白质变性而产生沉淀。这些都是生产灭菌乳所不允许的，应力求避免。图 6-4 表示牛乳灭菌和发生褐变时的温度曲线。

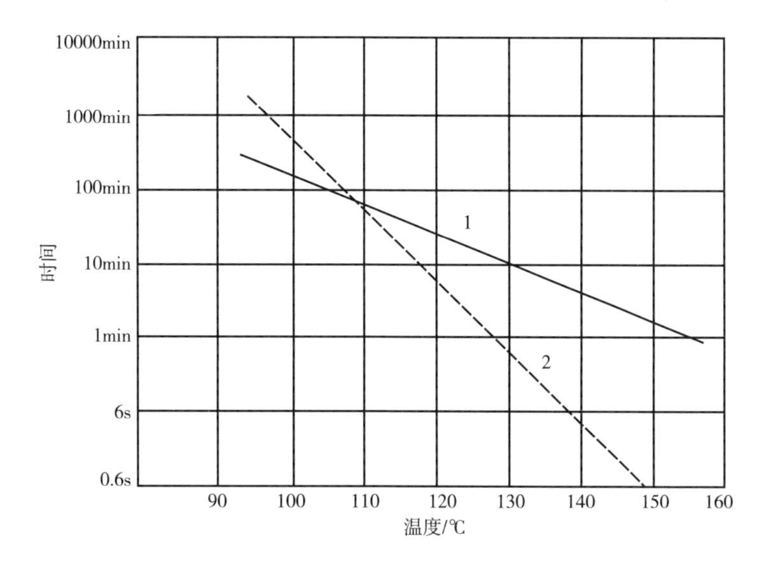

图 6-4　牛乳灭菌及褐变的时间-温度曲线

1—变褐的最低时间-温度条件　2—灭菌的最低时间-温度条件

图中实线为牛乳褐变的温时下限，虚线为灭菌的温时下限。从图中可以看出，若选择灭菌条件为 110~120℃、15~20min，则两线之间间距甚近，说明生产工艺条件要有十分严格的措施来维持，这在实际上很难办到。而选择超高温灭菌条件 137~145℃、2~5s 时，两线之间间距较远，说明产生褐变及其他缺陷的危险性较小，生产工艺条件较易控制。在这种杀菌条件下，产品的颜色、风味、质构及营养等品质没有受到很大的损害。所以，该技术比常规杀菌方法能更好地保存食品的品质及风味。

二、 超高温杀菌的装置系统

按照物料与加热介质直接接触与否，超高温瞬时杀菌过程可分为间壁式加热法和直接混合式加热法两类。

进行热交换，使物料瞬间被加热到 135~160℃。由于不可避免地有部分蒸汽冷凝进入物料，同时又有部分料液水分因受热闪蒸而逸出，因此在物料水分闪蒸过程中，易挥发的风味物质将随之部分去除，故该方式不适用于果汁杀菌，而常常用于牛乳以及其他需脱去不良风味物料的杀菌。

直接混合式加热法可按两种方式进行：一种是注射式，即将高压蒸汽注射到待杀菌物料中；另一种是喷射式，即将待杀菌的物料喷射到蒸汽中。后者，物料通常向下流动，而蒸汽向上运动。由于加热蒸汽直接与食品相接触，因此对蒸汽的纯净度要求甚高。

间接式加热超高温过程是采用高压蒸汽或高压水为加热介质，热量经固体换热壁转传给待加热杀菌物料。由于加热介质不直接与食品接触，所以可较好地保持食品物料的原有风味。故广泛用于果汁、牛乳等的超高温杀菌过程。直接混合式加热超高温过程与间接式加热超高温过程相比，前者具有加热速率快、热处理时间短、食品颜色、风味及营养成分损失少的优点，但同时也因为控制系统复杂和加热蒸汽需要净化而带来产品成本的提高。而后者相对成本较低，生产易于控制，但传热速率相对前者较低。从图 6-5 可看出，在相同的致死率下，后者高温加热时间较前者为长，无疑后一过程发生不利化学反应的可能性增大。

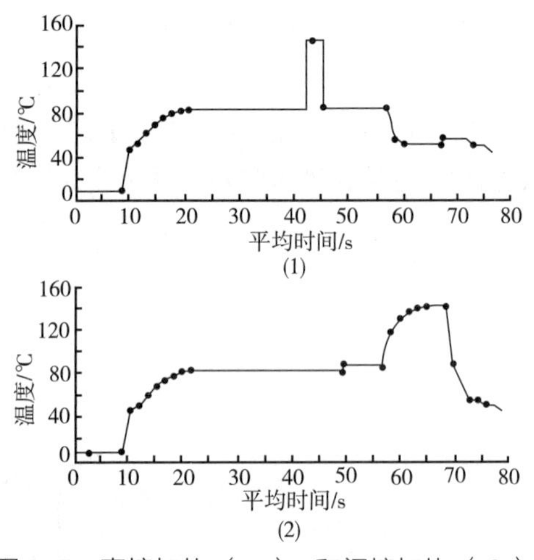

图 6-5 直接加热（1）和间接加热（2）

（一）直接混合式加热的超高温瞬时杀菌装置系统

根据被处理物料性质的不同，超高温杀菌的工艺流程也不完全相同，但主要的关键步骤则相同，即物料都由泵送至预热器预热，然后进入直接蒸汽喷射杀菌器，杀菌后的物料经闪蒸去除部分水分和降低温度之后进入下道工序。下面以消毒牛乳为例介绍一下直接混合式加热超高温过程的若干典型装置流程。

图 6-6 所示为 APV-6000 型灭菌乳生产杀菌装置流程图。原料乳由输送泵 1 送经第一预热器 2 进入第二预热器 3，牛乳升温至 75~80℃。然后在压力下由泵 4 抽送，经调节阀 5 送到直接蒸汽喷射杀菌器 6。在该处，向牛乳喷入压力为 1MPa 的蒸汽，牛乳瞬间升温至 150℃。在保温管中保持这一温度 2~4s，然后进入真空膨胀罐 9 中闪蒸，使牛乳温度急剧冷却到 77℃左右。热的蒸汽由水冷凝器 18 冷凝，真空泵 21 使真空罐始终保持一定的真空度。真空罐内部汽化

时，喷入牛乳的蒸汽也部分连同闪蒸的蒸汽一起从真空罐中排出，同时带走可能存在于牛乳中的一些臭味。另外，从真空罐排出的热蒸汽中的一部分进入管式热交换的第一预热器 2 中用来预热原料乳。经杀菌处理的牛乳收集在膨胀罐底部，并保持一定的液位。接着，牛乳用无菌乳泵 11 送至无菌均质机 12。经过均质的灭菌牛乳在灭菌乳冷却器 13 中进一步冷却之后，直接送往无菌灌装机或送入无菌贮罐。

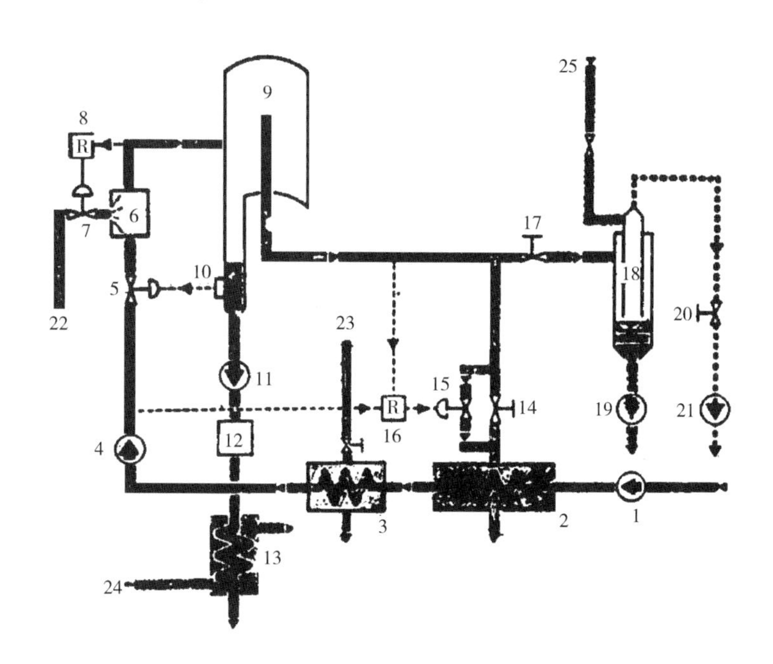

图 6-6　直接蒸汽喷射杀菌装置流程

1—输送泵　2—第一预热器　3—第二预热器　4—泵　5—调节阀　6—直接蒸汽喷射杀菌器　7—蒸汽气动阀　8—杀菌温度调节器　9—真空膨胀罐　10—装有液面传感器的缓冲器　11—无菌乳泵　12—无菌均质机　13—灭菌乳冷却器　14、17—蒸汽阀　15—阀　16—比重调节器　18—喷射冷凝器　19—冷凝液泵　20—真空调节阀　21—真空泵　22—高压蒸汽　23—低压蒸汽　24、25—冷却水

通常，直接蒸汽喷射杀菌装置使用的蒸汽必须是干饱和蒸汽，不含油、有机物和异臭，故只有饮用水才能作为锅炉用水。为了保证加热蒸汽在使用前完全干燥，除过滤器外，还需设置汽液分离器。

在杀菌过程中，系统的自动控制是重要的。因为喷射进入牛乳中的蒸汽量，必须和汽化时排出的蒸汽量相等，所以采用了比重调节器 16，借此控制阀门 15 以达到此目的。为了保证制品的高度无菌，要有高精度、反馈快的温度调节器。在保温管中安装了温度传感器，它是杀菌温度调节器 8 的一部分。因此可通过气动阀 7 改变蒸汽喷射速度，自动地保持所需的直接蒸汽杀菌温度。如果因供电或供汽不足等原因，料温低于要求，则原乳进料阀就自动关闭，软水阀打开以防止牛乳在装置中烧焦。通向无菌贮罐的阀门也会自动关闭，以防止未杀菌牛乳进入灭菌乳罐。由于自动连锁设计，装置未经彻底消毒前，不能重新开始牛乳杀菌作业。

目前，超高温工艺流程尚有更好的设计，如图 6-7 所示。与上述流程相比，生产连续性，灵活性更佳。

该流程特点是，当由于某些原因物料未达到杀菌温度时，则经转向阀 7 进入另一真空罐

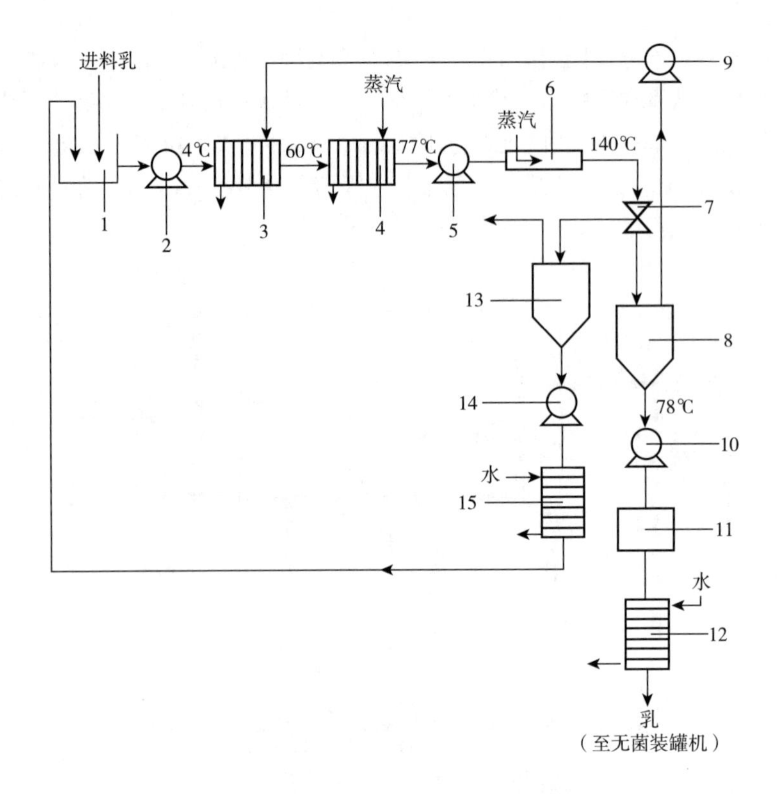

图6-7　直接热处理法UHT工艺设备流程

1—平衡罐　2—泵　3—预热器　4—加热器　5—高压泵　6—直接喷射杀菌器　7—分流阀　8—膨胀罐　9—真空泵　10—无菌泵　11—无菌均质机　12—冷却器　13—膨胀罐　14—泵　15—冷却器

13，先在真空下冷却，然后再经冷却器15进一步冷却，最后回到进料罐，重新处理，而不必中途停机避免设备重新杀菌。

图6-8所示为注入式加热器的装置流程。如图所示，利用增压泵1把待处理的原乳或其他乳制品从平衡槽2输送到片式换热器3，并加热到大约60℃。接着，由定时泵4抽出，送入片式预热器5，温度升高到大约77℃。在此温度下，制品进入注入式加热器6，并由输入加热器的蒸汽加热到147℃或更高温度。一般保持这一温度和压力4s。通常在接近加热器底部的地方，装上控制蒸汽的传感器，另一传感器则装在保温管7中部。牛乳经保温管和注入式加热器反压阀8后，进入无菌闪蒸罐9，在特定的真空度下，蒸掉加热时注入的全部蒸汽，从而保持加热前后含水量不变。同时用真空冷凝液泵25使牛乳或其他制品通过片式蒸汽冷凝器10，除掉所含的牧草和饲料等异味、过量的蒸汽和不凝性气体。聚集在闪蒸罐底部的灭菌制品，由无菌泵11送入无菌均质机12。进入均质机时，其温度已经再次降到适合均质作业的温度（77℃）。均质后的灭菌制品进一步在无菌换热器3中冷却到21℃。最后通过转向阀V_5，进入无菌包装机或其他下道工序。如果需要，也可输送到无菌贮槽中。转向阀的传感器安装在闪蒸罐进口的保温管中。如果因为某种原因，在此管路上的制品温度低于或降低到杀菌温度以下时，则转向阀将制品返回到平衡槽中重新处理。在没有使用无菌贮槽时，过量的灭菌制品也经由阀门V_7，返回到平衡槽。

法国的拉吉奥尔（Laguilharre）装置也是一种注入式的直接接触式加热装置，如图6-9所示。其工作过程大致为：原料乳由高压泵1从平衡槽输送到管式热交换器2，在此牛乳受到来

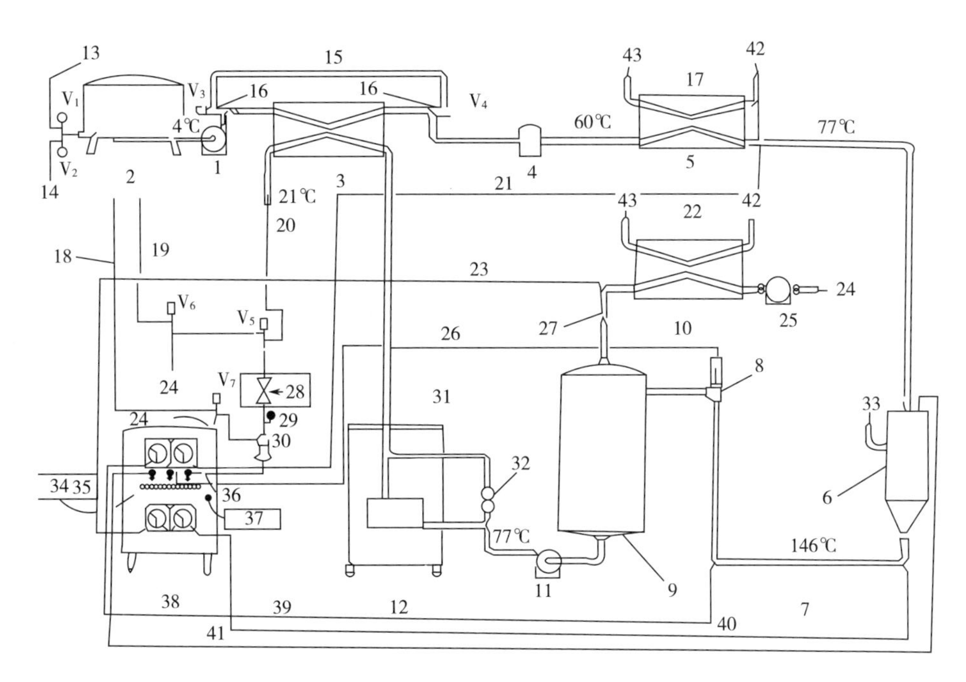

图 6-8　过热装置流程

1—增压泵　2—平衡槽　3—无菌片式交流换热器　4—定时泵　5—片式预热器　6—注入式加热器　7—保温管　8—注入式加热器反压阀　9—无菌闪蒸罐　10—片式蒸汽冷凝器　11—无菌泵　12—无菌均质机　13—进水口　14—牛乳进口　15—旁通管　16—流量控制阀　17—热水　18—到平衡槽过量灭菌牛乳　19—到平衡槽回流管　20—产品往无菌包装机　21—热水温控热敏元件　22—冷凝水　23—真空度调节器取压管　24—排出口　25—真空冷凝液泵　26—注入器反压阀的控制气　27—水汽出口　28—往灌装器　29—无菌压力表　30—装置反压阀　31—制品循环　32—止逆阀　33—蒸汽进口　34—切换开关 1　35—就地清洗消毒　36—装置反压阀的控制气　37—切换开关 2#（手动—自动）　38—控制仪表屏　39—安全加热范围传感敏感元件　40—注入器温控热敏元件　41—注入器气动阀的控制气　42—进口　43—出口

自闪蒸罐 5 的蒸汽加热。然后经第二管式热交换器 3 进一步受到来自加热器 4 排出的废蒸汽预热到大约 75℃。最后牛乳进入加热器 4。加热器中充满着温度由调节器 T 保持为 140℃的过热蒸汽。当微细牛乳滴从容器内部落下时，即被加热到杀菌温度。水蒸气、空气及其他挥发性气体，一并从顶部排出，返回再利用。加热器 4 底部的热牛乳，在真空抽吸作用下强制喷入闪蒸罐 5，在此大量蒸汽从罐顶部排出，并返回再利用。利用由温度调节器 T_2控制的自动阀门 V_2来调节废蒸汽的流速，从而控制牛乳在加热前和膨胀后的温度，以达到保持牛乳中的水分含量和总固形物含量不变的目的。另外，预热器 2、3 中来自加热器 4 和闪蒸罐 5 的不凝性气体不断由真空泵 8 抽出，以保持系统内应有的真实压力。

（二）间接加热的超高温瞬时杀菌装置系统

间接加热超高温瞬时杀菌是通过间壁式换热器来实现的。常用的间壁式换热器有板式、管式和旋转刮板式等。

图 6-10 所示为牛乳的间接加热超高温杀菌流程之一。如图平衡罐 1 中的牛乳经泵 2 送至预热器 3 预热以后进行脱气 4 和均质 5，再经预热器 6 进一步预热后进人管式超高温杀菌器 7。加热器 3、6 为交互换热式，以便回收利用余热。杀菌后的牛乳在加热器 3、6 中与冷的原乳进

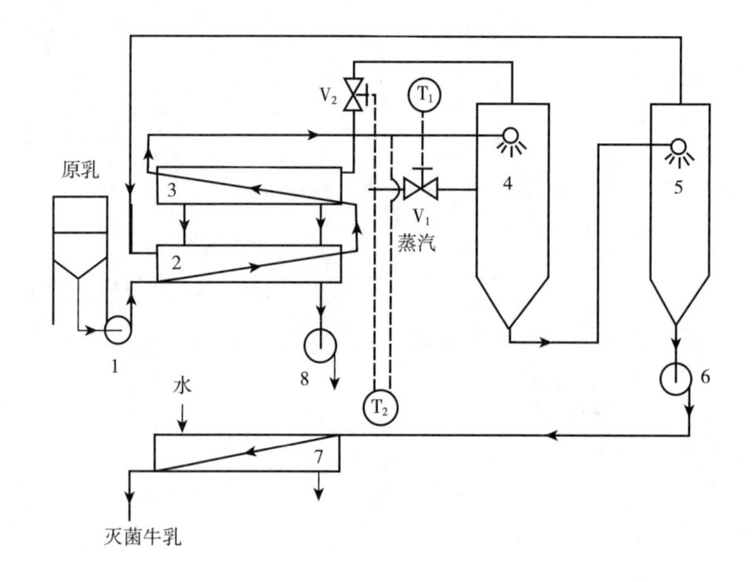

图 6-9　拉吉奥尔超高温装置流程

1—高压泵　2—预热器（水汽）　3—预热器（蒸汽）　4—加热器　5—闪蒸罐　6—无菌泵　7—冷却器　8—真空泵　T1、T2—调节器

行热交换，原乳被预热，而灭菌乳被预冷，最后经冷却器 8 最终冷却，送抵下道工序（无菌充填机等）。

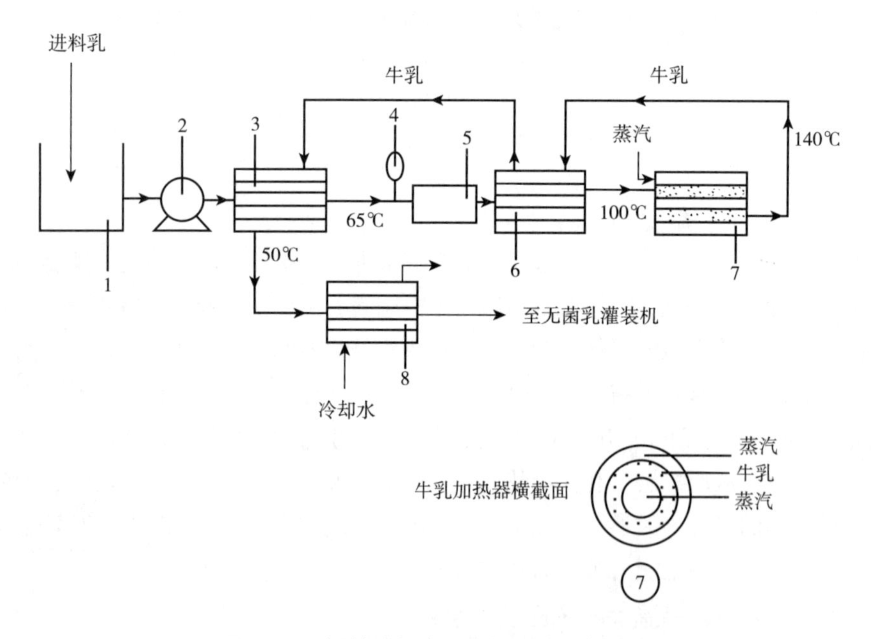

图 6-10　间接式超高温热处理法设备流程

1—平衡罐　2—泵　3、6—管式交互换热加热器　4—脱气机　5—均质机　7—高压管式加热器　8—冷却器

图 6-11 所示为斯托克-阿姆斯椅丹公司生产的套管式超高温杀菌装置流程。如图 6-11 所示，系统中热交换器包括循环消毒器、加热器、冷却器、交互换热式预热器和交互换热式冷却器。循环消毒器 4，是一盘用不锈钢弯成的环形套管，用以加热装置的清洗、消毒用水。加热

时，饱和蒸汽在外管逆向流过。在正常杀菌处理时，它不工作，产品只是经过而不加热。交互换热式预热器5、7，其内管与循环消毒器引出之内管相连接，同样弯制成环形套管。在该换热器里，进入的冷原乳被外管流过的热牛乳所预热。换热器5、7之间装有均质阀6。超高温加热器8，是安装在蒸汽罐中的不锈钢单管，管内牛乳在蒸汽罐中由蒸汽间接加热到杀菌温度。这一管子有相当长的一段延伸到蒸汽罐外，必要时，可用来延长保温时间。目前，环形单管超高温加热器被环形套管所代替。制品在内管流动，而蒸汽在外管逆向通过。整个加热器分成数个分段，每一分段都装有一自动的冷凝水排出阀，参见图6-12。在加热器工作负荷最大时，蒸汽通过整个加热环形管，冷凝水在最后一个阀门排出。而当某一灌装机停车，牛乳容量减少时，则只需使用部分加热环形管。自动流出的冷凝水与减少了的加热表面积相一致。其余加热管只不过被冷凝水充满而不起加热作用。一旦加工能力再增加时，超高温段的加热面会自动进行调整。这样就不致发生由于流过加热段整个长度的制品减少而造成的过热现象。这一设计使得加热面能适应各种不同黏度的制品，如牛奶布丁的加热。可见这种装置在产品加工能力和产品品种方面具有更大的适应性。

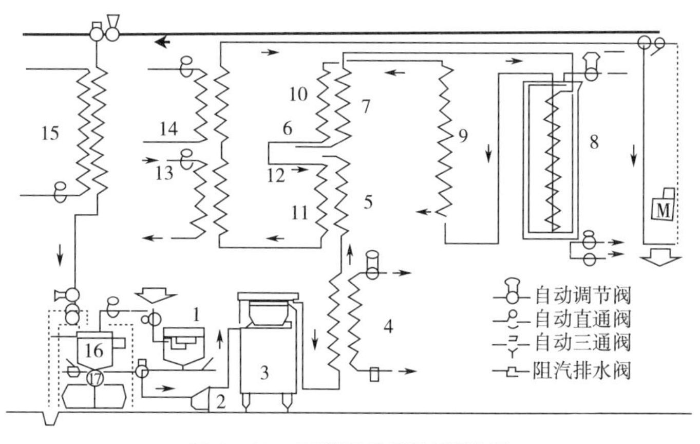

图6-11　无菌热处理装置流程

1、16—贮料筒　2—泵　3—均质机　4—循环消毒器　5、7—互换式加热器　6、12—均质阀　8—超高温加热器　9—恒温管　10、11—互换式冷却器　13—水冷却器　14—冷水冷却器　15—换热器　17—贮槽

回顾图6-11，交互换热式冷却器10和11是与交互换热式预热器5和7并联在同一段，做成套管式。在该交互换热器中，已杀菌的热牛乳被外层管内逆向流过的冷原乳所冷却。第二，均质阀12也安装在两冷却器10和11之间。水冷却器13，也是一盘环形套管，在环形套管中，冷水作逆流流动，以冷却经过前道冷却出来的超高温灭菌牛乳。如果需要，冷水冷却器14可作为超高温灭菌制品的最终冷却。辅助冷却器18仅作装置消毒期间冷却消

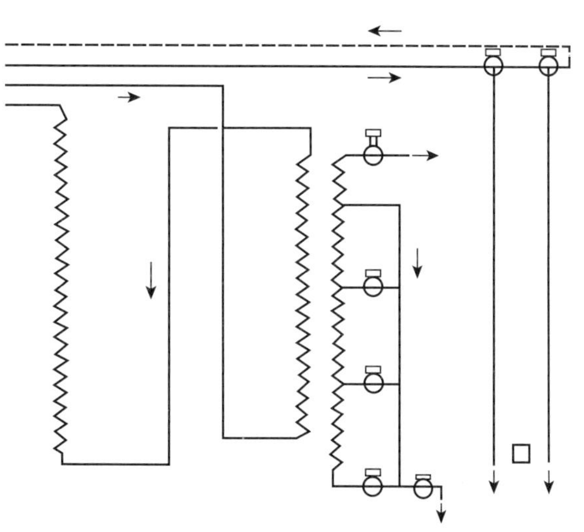

图6-12　无菌处理装置的新型加热器流程

毒水之用。所有热交换器均安装在一普通的不锈钢围罩内。

三、 超高温杀菌系统的加热设备

（一）板式换热器

板式热交换器是超高温过程中最常用的一种换热设备。与管壳式热交换器相比，它具有以下特点：

①传热系数高：传热面上可以压出各种凹凸形，在较低的雷诺数条件下即可出现紊流状态，故换热系数较高；

②结构紧凑：由于结构紧凑，空隙小，因而单位体积内拥有较大的传热面积。其安装面积约为管壳式的1/2~ 1/3，可节省占地面积与施工费用；

③容易增减传热面积：对于管壳式热交换器，在需要增加液体的处理量时，原有热交换器的传热面积几乎不可能增加。但板式换热器却可根据需要随时增减传热板数目来改变传热面积；

④容易清洗干净：由于传热板可以拆散，故便于彻底清洗污垢；

⑤热损失小：板式热交换器只有传热板的外壳端板暴露在大气中，因此散热损失可以忽略不计，也不需保温措施；

⑥价格低廉：板式热交换器的传热板是采用冲压加工，标准化程度高，所以比手工或小批量制作的管壳式热交换器价格便宜；

⑦有泄漏：板式热交换器采用密封垫密封，有时可能有泄漏；

⑧单位长度的压力损失大：由于传热面之间的间隙较小，传热面上凹凸不平，因此比传统的光滑管的压力损失大。

构成板式换热器的主要组件：传热板；垫片；导杆和压紧螺杆；前支架和固定板，后支架和压紧板；连接管。

如图 6-13 所示，传热板 1 悬挂在导杆 2 上，前端为固定板 3，旋紧后支架 4 上的压紧螺杆 6，可使压紧板 5 与各传热板 1 叠合在一起。板与板之间有橡胶垫圈 7，以保证密封并使两板之间有一定空隙。压紧后所有板上的角孔形成流体的通道。冷热流体就在传热板两边流动，进行热交换。拆卸时仅需松开压紧螺杆 6，使压紧板 5 与传热板 1 沿导杆 2 移动，即可进行彻底清洗或维修。

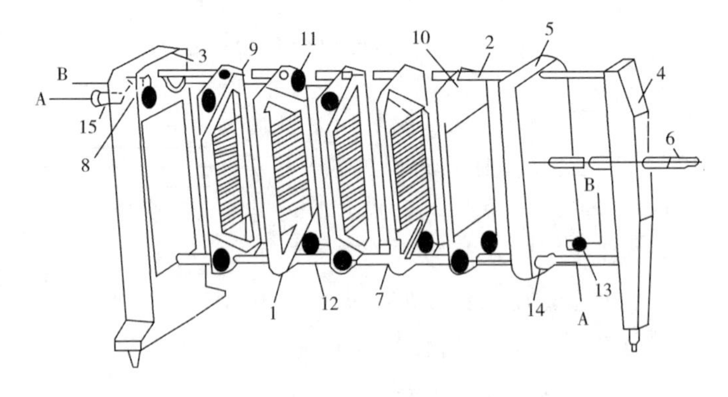

图 6-13 板式换热器组合示意图

1—传热板 2—导杆 3—前支架（固定板） 4—后支架 5—压紧板 6—压紧螺杆 7—板框橡胶垫圈 8—连接管 9—上角孔 10—分界板 11—圆环橡胶垫圈 12—下角孔 13、14、15—连接管

传热板是板式换热器的主要工作件，一般采用不锈钢冲压制成，其形状和尺寸有多种形式。用作液-液热交换的传热板板型有凸起状板、波纹板、人字形板等。人字形板和倾斜波纹板的传热系

数要比平行波纹板大。

（二）环形套管式换热器

超高温杀菌用环形套管式换热设备的主要结构为盘成螺旋状的同心套管。与管壳式热交换器相比，它具有以下特点：

①当流量小或者所需传热面积小的情况适用；

②因为螺旋管中的层流传热系数大于直管的，所以可用于较高黏度流体的热交换；

③因为传热管呈蛇形盘状管，具有弹簧作用，没有热应力造成的破坏漏失；

④紧凑，安装容易；

⑤用机械方法清洗困难；

⑥当用不锈钢管作传热管时，如果传热管长度大于某一限度，则为了保持壳侧流均匀，必须加隔板，从而使壳侧流体压力损失增大。

斯托克-阿姆斯特丹公司生产的小型无菌处理装置中即采用该种换热设备，在20世纪80年代，国内也生产制造出套管式高温瞬时灭菌机，并广泛用于乳品、饮料工业。

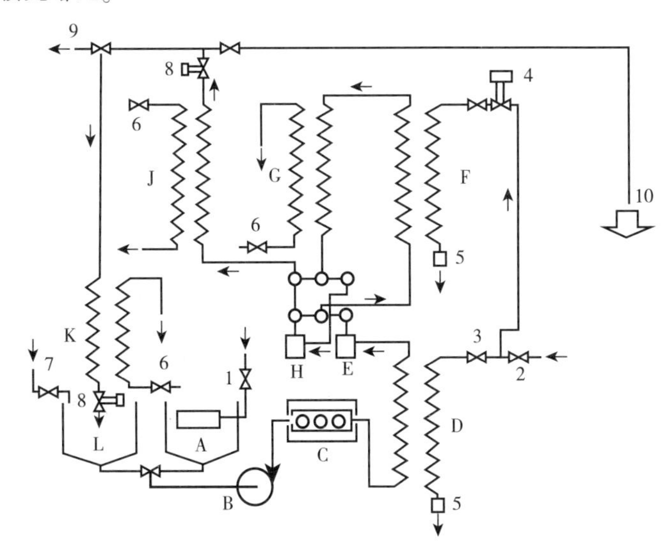

图6-14　小型无菌处理装置流程

1—牛乳阀　2—供汽阀　3—预热器阀　4—温度自动调节阀　5—阻汽排水阀　6—冷却器阀　7—供水阀　8—节流阀　9—溢流阀　10—牛乳排出阀　A—平衡槽　B—离心泵　C—高压泵　D—预热器　E—第一均质机　F—超高温加热器　G—第一冷却器　H—第二均质机　J—第二冷却器　K—回流冷却器　L—循环贮槽

图6-14所示为一小型无菌处理装置流程图。该装置常用于奶油或稀奶油的杀菌。首先，离心泵B将物料从平衡槽A抽出送至高压泵C，再由高压泵送往装置的其余部分。该装置用蒸汽把物料预热到70℃以利均质。在第一均质机E（若需要可再在第二均质机H）中均质。然后，物料进入超高温加热器F，在环形套管中由饱和蒸汽加热到杀菌温度。杀菌好的物料可直接在套管水冷却器G中冷却到70℃。如果需要，可在第二均质机H中再次均质。然后经第二冷却器J中进一步冷却至灌装温度（通常为20℃左右）。

（三）旋转刮板式超高温加热杀菌设备

如果待杀菌物料的黏度太大或流动太慢，或者物料在加热器表面易形成焦化膜，则旋转刮板式超高温杀菌设备是较合适的。这种杀菌设备主要由旋转刮板式换热器构成，其他辅助设备包括泵、预热器、保温器、控制仪表、阀门、贮槽等。

旋转刮板式换热器的结构如图6-15所示。这是美国Chemetron公司制造的沃塔托型热交换器。加热介质在传热圆筒外侧的夹套中流动，被处理的物料在圆筒内流动，传热圆筒内有旋转轴，流体的流动通道为筒径的10%~15%，刮板自由地固定在旋转轴上，由于旋转的离心力和流体的阻力使其于传热面紧密接触，连续地刮掉与传热面接触的流体覆盖膜，露出清洁的传热面，刮掉的部分沿刮片卷向旋转轴附近，而轴附近的液体被吸入到叶片后业已露出的传热面。

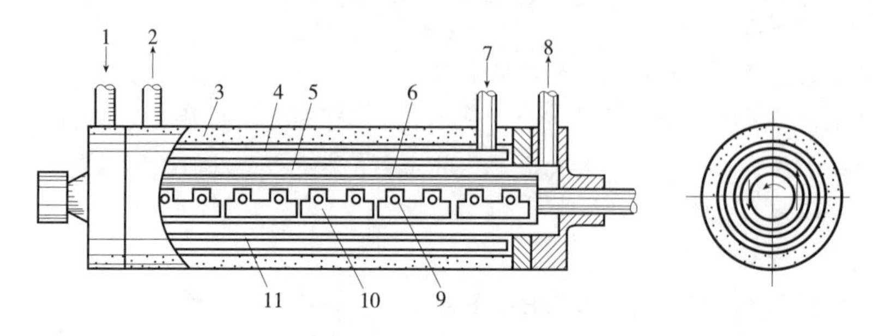

图6-15　旋转刮板式换热器结构（Chemetron）

1—工艺流体入口　2—加热介质出口　3—保温材料　4—夹套　5—工艺流体流道　6—旋转轴　7—加热介质入口　8—工艺流体出口　9—定位销　10—刮片　11—传热圆筒

这种换热器中，刮片的设计非常重要。刮片有各种类型，如图6-16所示。刮片和传热面之间的接触压力，必须能克服流体的附着力，但过大会损坏传热面或刮片。刮片的安装通常采用自由支持法，如图6-17所示。因为随着液体黏度的增大，流体阻力也变大，相应的接触压力也变大，即使传热面有凸凹也不用担心产生损坏。

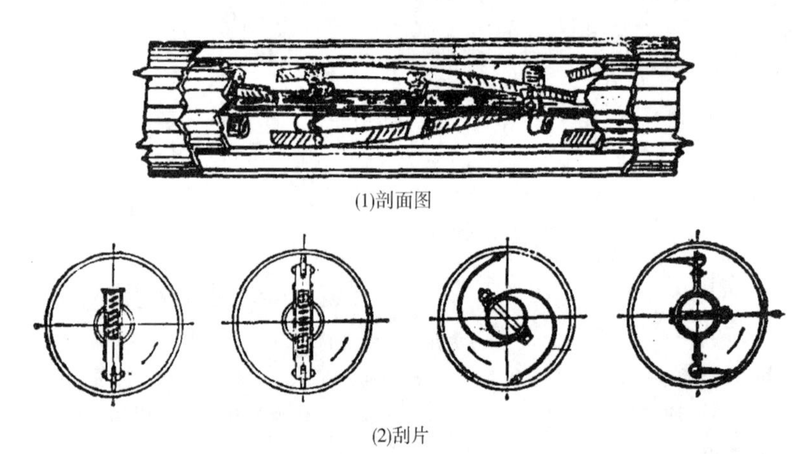

图6-16　刮片种类

带刮刀的旋转轴又称为搅拌器。搅拌器的中央通热水循环以减少物料对搅拌器表面的黏附程度，典型的搅拌速度为60~420r/min。

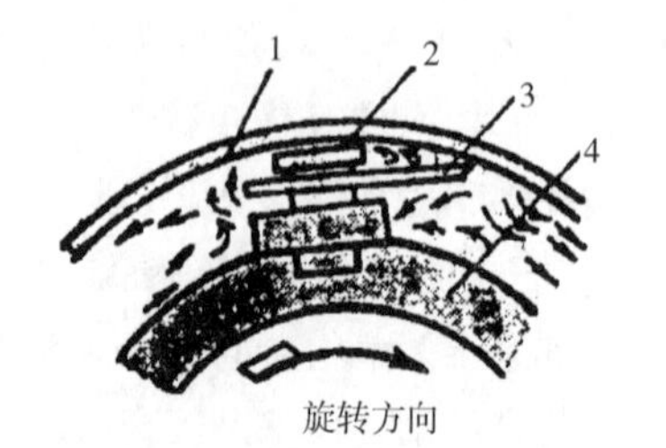

图6-17　刮片的安装

1—传热面　2—定位销　3—刮片　4—旋转轴

（四）直接加热式超高温杀菌设备

直接加热法杀菌设备主要由物料泵、蒸汽喷嘴（或物料喷嘴）、真空罐及各种控制仪表构成。其中最关键的是加热介质与物料相混合的装置。

图6-18所示为CREPACO公司制造的一种物料注入式直接蒸汽喷射热交换器。物料从上端由泵打入，蒸汽从中间喷

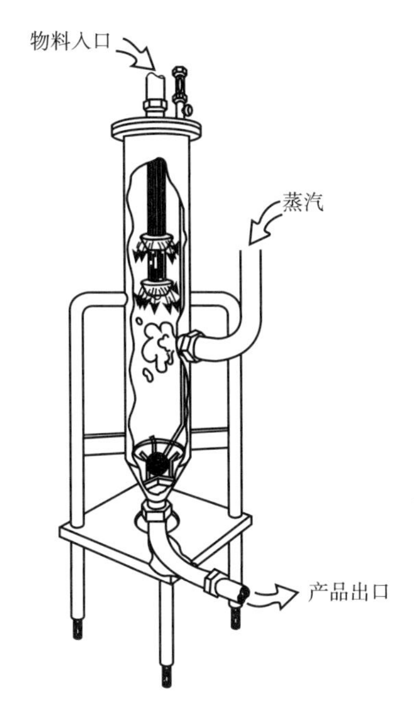

图 6-18　直接加热式超高温加热杀菌设备

入，杀菌好的产品即从底部排出。

另一种是由 ALFA-LAVAL 制造的蒸汽喷射器，如图 6-19所示。蒸汽喷射器的外形是一不对称的 T 形三通，内管管壁四周加工了许多直径小于 1mm 的细孔。蒸汽就是通过这些细孔并与物料流动方向成直角的方位，强制喷射到物料中去的。喷射过程中，物料和蒸汽均处于一定压力之下。为了防止物料在喷射器内发生沸腾，必须使物料保持一定压力。

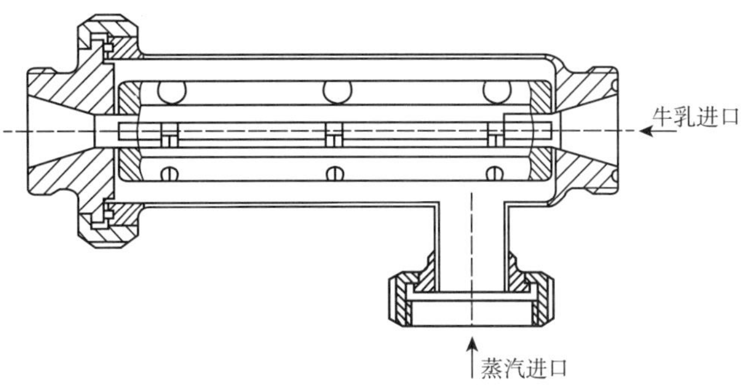

图 6-19　蒸汽喷射头

第二节　欧姆杀菌技术

欧姆杀菌是一种新型热杀菌的加热方法，它借通入电流使食品内部产生热量达到杀菌的目的。对于带颗粒（粒径小于 15mm）的食品，常规热杀菌方法是采用管式或刮板式换热器进行间接热交换，其过程速率取决于传导、对流或辐射的换热条件。间壁式换热情形，热量首先由加热介质（如水蒸气）通过间壁传递给食品物料中的液体，然后靠液体与固体颗粒之间的对流和传导传给固体颗粒，最后是固体颗粒内部的传导传热，使全部物料达到所要求的杀菌温度。显然，要使固体颗粒内部达到杀菌温度，其周围液体部分必须过热，这势必导致含颗粒食品杀菌后质地软烂、外形改变，影响产品品质。

而采用欧姆加热，则使颗粒的加热速率与液体的加热速率相接近成为可能，并可获得比常规方法更快的颗粒加热速率（1~2℃/s）。因而可缩短加工时间，得到高品质产品。目前，英国 APV Baker 公司已制造出工业化规模的欧姆加热设备，可使高温瞬时技术推广应用于含颗粒（粒径高达 25mm）食品的加工。自 1991 年以来，在英国、日本、法国和美国已将该技术及设备应用于低酸或高酸性食品的加工。

一、欧姆杀菌原理

欧姆加热是利用电极，将电流直接导入食品，由食品本身介电性质所产生的热量，以达到直接杀菌的目的。实际上，所使用的电流是50~60Hz的低频交流电。根据Joule定律，在被加热食品内部的任一点，通入电流所产生的热量为：

$$Q=K\ (\mathrm{grad}V\cdot\mathrm{grad}V)=\mathrm{K}\ (\nabla \mathrm{V})^2 \tag{6-9}$$

式中 Q——某点处的单位加热功率，W/m^3

K——某点处的电导率，S/m。S为电导单位西门子，它等于电阻（Ω）的倒数

$\mathrm{grad}V$——任一点处的电位梯度，V/m

∇——符算子$\frac{\partial}{\partial x}\vec{i}+\frac{\partial}{\partial y}\vec{j}+\frac{\partial}{\partial z}\vec{k}$

电位分布可由Laplace方程给出，即：

$$\nabla\ (K\nabla V)=0 \tag{6-10}$$

且电位分布取决于介质中电导率的分布以及装置的几何形状。

物料内部产生热量必将引起介质温度的变化。温度变化除了与电学性质有关外，还与下列热力学性质有关：物料的密度ρ和比热容C_p；物料的热导率λ。

对于黏稠的液体或固体（即无对流），把系统内任一点处的热量产生和热量传递两方程式联立起来，可得：

$$\nabla(\lambda\nabla T)+Q=\rho C_p\frac{\partial T}{\partial t}\quad (\mathrm{W/m^3}) \tag{6-11}$$

在式（6-9）~式（6-11）之间可通过物理性质与温度之间的函数关系联系起来求解，求解时要有已知的物理性质随温度变化关系的数据。

由上述方程组解得温度场后，即可代入式（6-12）以计算合理杀菌强度F值条件下所必需的杀菌时间t。

$$F=\int_0^t 10^{\frac{T-T_{ref}}{z}}\mathrm{d}t \tag{6-12}$$

（一）电导率与温度对欧姆加热的影响

通常食品物料的热导率、密度、比热容等数据可从手册或文献中查到，但它的电导率数据却很少见。Halden等利用专门设计的电导池，由测得的数据说明欧姆加热过程中食品电导率的变化情况。通常，由于食品是离子型电导体，所以其电导率一般随温度呈线性上升。这可能是由于食品结构发生变化引起的，如脂肪融化、淀粉糊化和蛋白质变性。但Halden等找到了电导率发生变化的如下重要原因：

①食品的电导率是频率的函数：工业电导仪在高于50Hz频率下测到的结果明显地不同于工业欧姆加热器中的电导率；

②食品的电导率是各向异性的：这可能与食物原料的生长及结构有关。例如，胡萝卜的电导率随电流方向而变，在平行于胡萝卜长轴方向上的电导率较高；

③如图6-20所示：在常规加热与欧姆加热之间，存在明显的电导率-温度分布差异。值得注意的是，电导率同样都是上升的，只是在欧姆加热中，电导率的上升发生在较低的温度区域。该图是对梨做试验后得出的。类似的结果还可从其他物料中见到（如甜菜块根）。这可能是由于振荡电场增加了离子穿过生物膜运动而导致传质加强的缘故。

根据能量转换原理，通入电流后，食品中偶极子的运动取决于所加的电场强度及其频率。由于这些基本粒子的极性取向在不断频繁改变，所以在食品介电物质内不断地将电能转换为热能。转换成热量的那部分能量也可由式（6-13）计算：

$$Q=k\varepsilon'\tan\delta\cdot E^2\cdot f \qquad (\mathrm{W/m^3}) \quad (6\text{-}13)$$

式中　k——转换系数，等于 5.56×10^{-13} A·S/（V·cm）

ε'——介电常数

δ——损失角

E——电场强度，V/cm

f——频率，Hz

式中 $\varepsilon''=\varepsilon'\tan\delta$ 称为介电损耗因子，所以上式又可写成 $Q=k\varepsilon''E^2\cdot f$。由此可见，外加电场的强度、频率及物质本身的介电常数均影响加热速率。但由于食品物料的复杂性，所以呈现的规律各不相同。有关食品物料的介电常数数据参阅第四章第一节“微波加热技术”。

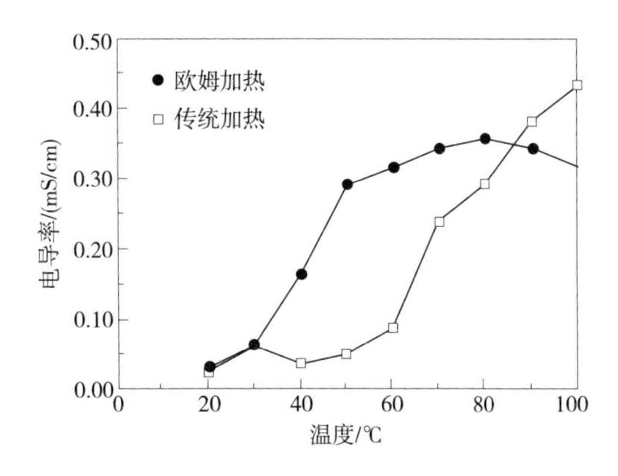

图 6-20　梨在欧姆加热和传统加热两种方式下其电导率随温度变化情况的比较

（二）电导率与形状因子对欧姆加热的影响

如前所述，采用适当的技术，可测得欧姆加热过程中食品的电导率。因此，在静态加热器中，通过一系列实验已经掌握了对欧姆加热速率有影响的因素的范围。实验表明，对液体中的单个粒子，加热速率是下列因素的函数：

①粒子的电导率；

②物料的其他物理性质；

③颗粒的形状；

④颗粒与所加电场的排列取向。

设固体的加热速率与液体的加热速率之比为 R_T，即

$$R_T=\left(\frac{\mathrm{d}T}{\mathrm{d}t}\right)_s\Big/\left(\frac{\mathrm{d}T}{\mathrm{d}t}\right)_l \qquad (6\text{-}14)$$

理想情形，R_T应保持不变，但实际上，R_T随物料的形状和电导率而变化。图 6-21 和图 6-22 表明，不同的颗粒形状以及增大液体的电导率有时可提高 R_T（图 6-21），有时也可降低 R_T（图 6-22），说明 R_T随形状和电导率而变化的复杂性。例如，在加热含马铃薯颗粒的物料时，与电场成平行或垂直两种情况下的颗粒加热速率与周围液体的加热速率并不相同，如图 6-23 所示。这种现象若用场内电流来分析，则可得到如下粗略的解释，即当颗粒垂直于电场时，可以认为颗粒与流体之间成更有效的串联关系，从而当固体的电阻相对较大情况下，固体加热速率就比流体为快。然而，这种分析方法忽略了许多因素，如电场的弯曲变形及热传导。

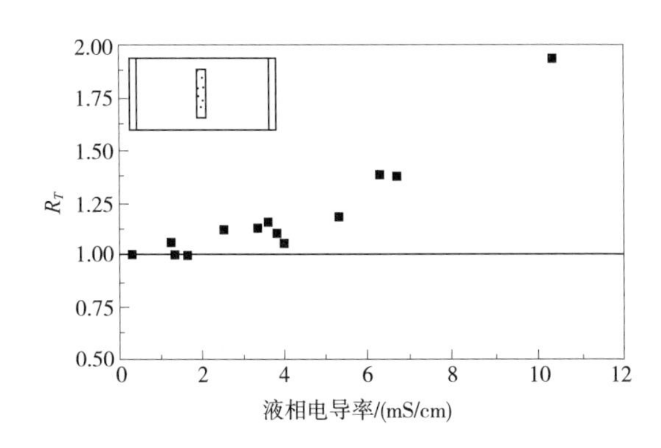

图 6-21　胡萝卜片（24mm×4mm）混装固液两相加热速率差异随液相电导率改变而变化的情况（电压 225V）

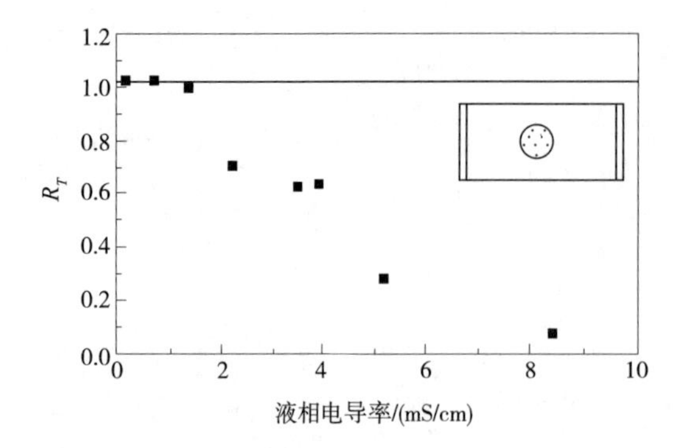

图 6-22 胡萝卜圆条（ϕ 24mm × 27.5mm）混装固液相两加热速率差异随液相电导率改变而变化的情况（电压 225V）

（三）流体流型对欧姆加热的影响

流体在欧姆加热器内的流动行为也是影响加热速率的一个因素。对于含颗粒食品的欧姆加热，其物料流多数为复杂的非牛顿流体，其有关的流变特性十分复杂。在一般的研究中，通常假定在加热器内流体的流动为塞流（P1ug Flow），即沿半径无轴向流速梯度。但实际上，含颗粒流体的流动多为具有沿径向速度分布的低速流、低 *Re* 数流。对于完全发展的层流流动，管内任意半径点处的轴向流速为：

$$U_T = \frac{2M}{\pi R_T^2 \cdot \rho}\left[1 - \left(\frac{r_T}{R_T}\right)\right] \tag{6-15}$$

式中 M——质量流率，kg/s

r_T——加热器管内任意点处的半径，m

R_T——加热器管内半径，m

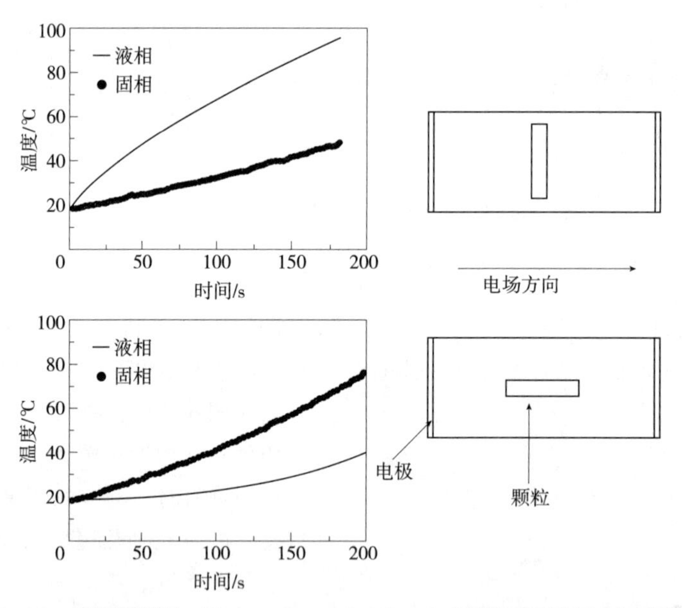

图 6-23 马铃薯颗粒（3cm × 4cm × 0.75cm）混装固液两相中固体颗粒不同取向对加热速率的影响（电压 200V）

图 6-24 所示为沿直径各点轴向流速分布的影响的结果，说明物料在加热器内各点的加热停留时间与该点径向位置之间的关系。如图所示，各点处物料在加热器内停留相应一定时间之后，靠近加热器壁面处的颗粒受到了较完全的杀菌，而靠近中心处的颗粒则难以达到杀菌的要求。图 6-25 表明液体的温度及颗粒的中心温度随它们在加热器内径向位置的不同而变化的情况。在管中心处，物料的温度低于预期平均流速下的物料温度，如果没有物料中其他温度较高部分与之相混合，就难以达到完全杀菌的效果。相反，在壁面处，物料温度

高于预期的温度，这就可能导致因过热而使物料产生物理及化学的变化。由此可见，层流流动下欧姆加热所产生的物料温度梯度将导致与常规加热法设计中类似的问题，即管中心加热不足，而管壁处加热过度。所以应在设计上避免这种稳定的层流流动，在操作上力求破坏加热器内速度分布的形成。

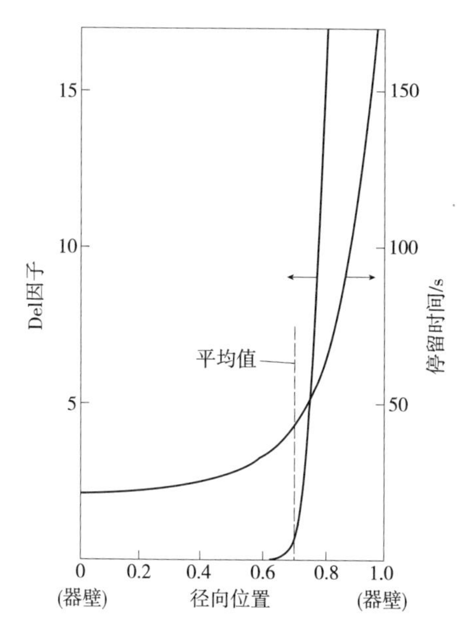

图 6-24 物料在加热器内径向位置与其停留时间及 Del 因子之关系

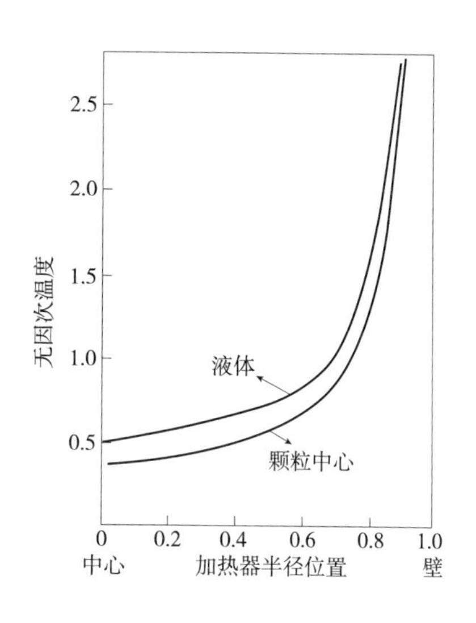

图 6-25 物料在加热器内径向位置与其温度的关系

（四）操作因素对欧姆加热速率的影响

在欧姆加热管内连续流动加热的条件下，反映加热速率的是物料通过欧姆加热管段两极之间后温度的升高（温升）。此温升取决于操作时的电场强度、电极间距、物料流率等因素。温升与这些因素的关系如下：

$$\Delta T = \frac{V^2 \cdot A_T \cdot \gamma}{L \cdot M \cdot c_p} \tag{6-16}$$

式中 V——两电极之间的电位差，V

A_T——加热管的横截面积，m

γ——电导率，S/m

L——两极间距离，即管段长度，m

M——物料流率，kg/s

c_p——物料比热容，J/（kg · ℃）

显然，外加电场强度越大，物料的温升就越高，加热也就越快，当两电极间距拉大时，加热速率将减慢；而物料流率越大其温升也越小。

对于非均一流体，图 6-26 说明，在液相发热速率大于固相（即 G_F>Gs）时，液相发热速率是如何对总热处理时间产生影响的。

G_F很低时，热处理时间将随 GF 降低而迅速增加，结果使物料在加热器内的停留时间延

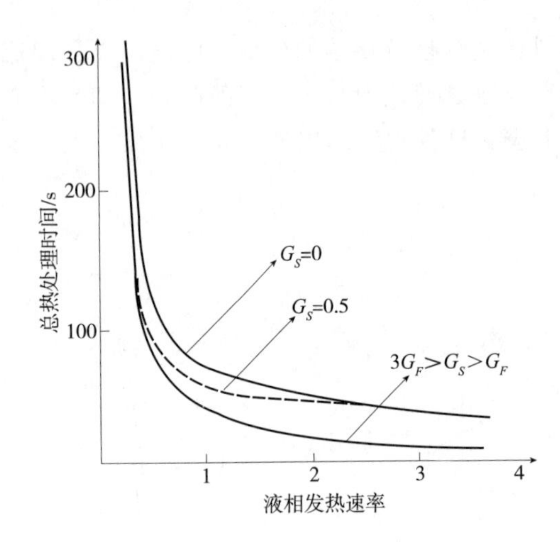

图 6-26　液相发热速率对总热处理时间的影响

长。在这种情况下，整个过程速率取决于液相的发热速率。另外，同样 $G_F>Gs$ 的情况，若改变 G_F 不明显增加总热处理时间时，则过程速率将大大地受 Biot 准数的影响，将受到外部热量传递的控制。Gs 的影响可从图 6-26 中清楚地看出。在低 G_F 值下，当 $Gs<G_F$ 时，总热处理时间一般不受 Gs 影响，整个速率主要受液相发热速率控制。而 Gs 在低 Biot 数值范围内会大大地影响加热区内颗粒的温度，从而影响整个热处理时间，如图 6-27、图 6-28 所示。应该强调指出，当 $Gs>G_F$ 时，在离开加热器前杀菌已完全实现。在这种情况下，热处理时间（图 6-28）是使液体温度上升达到 135℃ 时的时间。

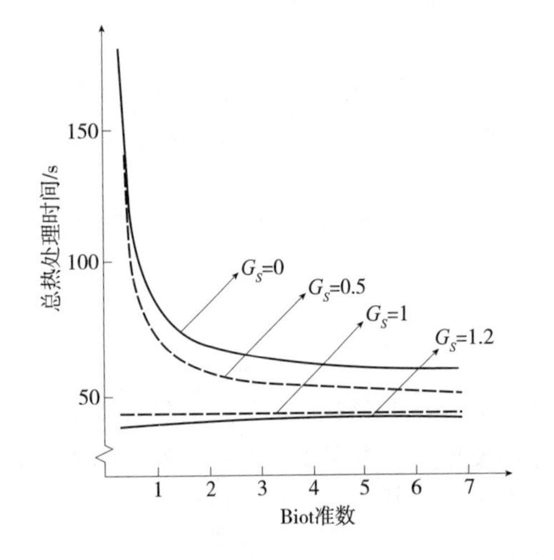

图 6-27　Biot 准数对总热处理时间的影响（G_F =1）

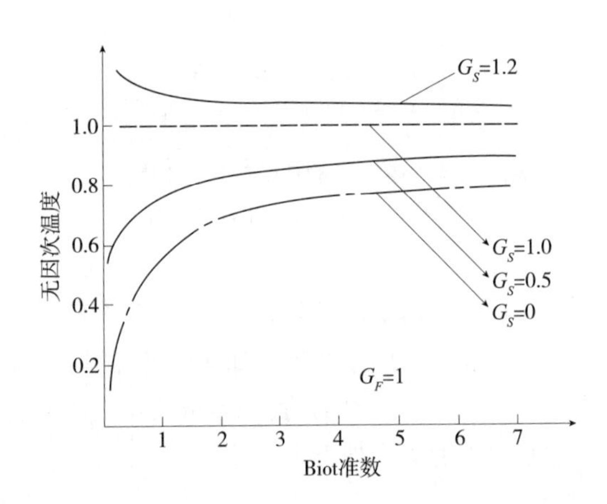

图 6-28　Biot 准数对颗粒中心温度的影响

二、欧姆杀菌装置

（一）欧姆杀菌装置

欧姆杀菌装置系统主要由泵、柱式欧姆加热器、保温管、控制仪表等组成，如图 6-29 所示。其中最重要的部分是柱式欧姆加热器。柱式欧姆加热器由 4 个以上电极室组成，电极室由聚四氟乙烯固体块切削而成，包以不锈钢外壳，每个极室内有一个单独的悬臂电极（图 6-30）。电极室之间用绝缘衬里的不锈钢管连接。可用作衬里的材料有聚偏二氟乙烯（PVDF）、聚醚醚酮（PEEK）和玻璃。

欧姆加热柱以垂直或近乎垂直的方式安装，待杀菌物料自下而上流动。加热器顶端的出口

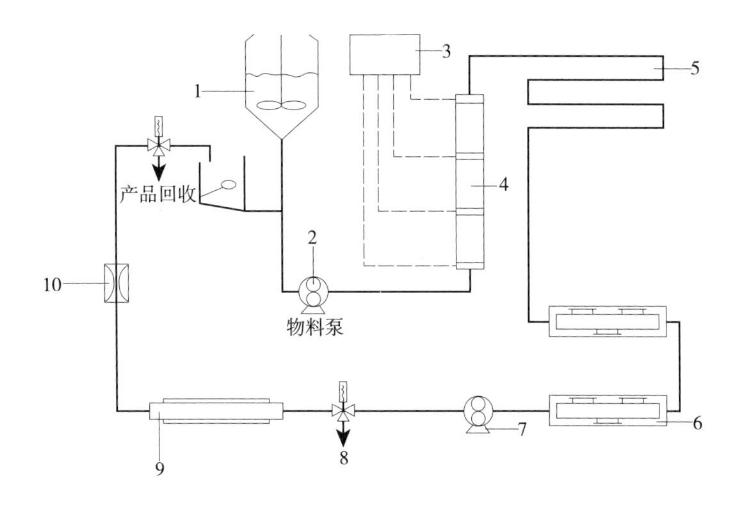

图 6-29　附欧姆加热器的 UHT 加工装置流程

1—物料罐　2—物料泵　3—控制板　4—欧姆加热器　5—保温管　6—刮板式冷却器
7—反压泵　8—产品出口（至充填机或无菌贮罐）　9—无菌冷却器　10—反压阀

阀始终是充满的。加热柱以每个加热区具有相同电阻抗的方式配置。因此，一般沿出口方向，相互连接管的长度逐段增加。这是由于食品的电导率通常随温度的升高而增大。实际上，离子型水溶液电导率随温度而增大呈线性关系。这主要是温度提高加剧了离子运动的缘故。这一规律同样适用于多数食品，不过温度升高黏度随之显著增大的食品例外，例如含有未糊化淀粉的物料。

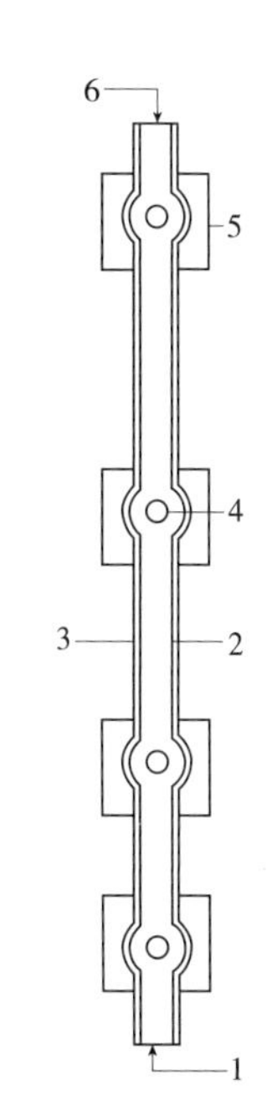

图 6-30　欧姆加热器

1—产品进口　2—绝缘衬里
3—不锈钢外套　4—电极
5—绝缘腔　6—产品出口

（二）欧姆杀菌技术操作（无菌技术）

首先是装置的预杀菌。欧姆加热组件、保温管和冷却管的预杀菌是用电导率与待杀菌物料相接近的一定浓度硫酸钠溶液循环来实现的。通过电流的通入达到一定的杀菌温度，通过压力调节阀控制杀菌操作的压力。其他设备，从贮罐至充填机及其管路的杀菌则采用传统的蒸汽杀菌方法。采用电导率与产品电导率相近的杀菌剂溶液的目的是使下一步从设备预杀菌过渡到产品杀菌期间避免电能的大幅度调整，以确保平稳而有效地过渡，且温度波动很小。

一旦装置杀菌完毕，循环杀菌液由循环管路中的片式换热器进行冷却。当达到稳定状态后，排掉杀菌液，同时将产品引入正位移式料泵的进料斗。

在转换期间，利用无菌的空气或氮气，调节收集罐上方的压力，以此对反压进行控制。收集罐用于收集硫酸钠/产品的交接部分。一旦收集完交接部分的液体，便将产品转入主杀菌贮罐，该罐上方的压力同样被用来控制系统中反压。加热高酸制品时，反压维持在 0.2MPa、杀菌温度 90～95℃，加热低酸食品时，反压维持在 0.4MPa、杀菌温度达 120～140℃。反压较高是防止制品在欧姆加热器中沸腾所必需的。

物料通过欧姆加热组件时被逐渐加热至所需的杀菌温度。然后依次进入保温管、冷却管

（管式换热器）和贮罐，供无菌充填。

当生产结束之后，切断电源并用水清洗设备，然后用80℃的氢氧化钠溶液（浓度2%，质量体积比）循环清洗30min。清洗液的加热用系统中的片式换热器。NaOH溶液的电导率很高，不宜用欧姆加热。

欧姆加热器可装有不同规格电极室和连接管，可达到3t/h的生产能力，具体产量视所要求达到的温度而定。实验室研究用的欧姆加热器为5kW、50kg/h。

三、欧姆杀菌技术在食品工业中的应用

与传统罐装食品的杀菌相比，欧姆杀菌可使产品品质在微生物安全性、蒸煮效果及营养/维生素保持方面得到改善。其主要优点如下：

①可生产新鲜、味美的大颗粒产品；

②能使产品产生高的附加值；

③能加热连续流动的产品而不需要任何热交换表面；

④可加工对剪切敏感的产品；

⑤热量可在产品固体中产生而不需要借助其液体的传导或对流；

⑥系统操作平稳；

⑦维护费用低，

⑧过程易于控制，且可立即启动或终止；

⑨加工和包装费用有节约潜力；

⑩包装的选择范围较宽。

Campden食品、饮料协会已开发了一种技术，将欧姆加热方法用于实际生产的场合。按该技术，将某种高耐热性的试验菌芽孢接种到藻朊酸盐模拟颗粒食品中。然后将接过种的藻朊酸盐颗粒加入食品，并在欧姆加热器中按正常方式进行杀菌处理。杀菌之后，回收颗粒，并检测其存活的芽孢数。根据存活芽孢数的资料以及已知的接种芽孢的抗热性，就可以让颗粒所受到的热处理以相当于121.1℃下的分钟数（F_0值）来说明。该技术已成功地应用于各种各样含颗粒的食品，且明显证实在欧姆加热时所发生的有利的容积效应。

例如，对照含牛肉丁和胡萝卜丁的一种肉汤食品，制备了藻朊酸钠模拟颗粒的溶液，并将已知量的嗜热脂肪芽孢杆菌的芽孢加到溶液中，在$CaCl_2$溶液中浸泡硬化而成颗粒立方体。将颗粒立方体加入料筒，并用45kW的欧姆加热装置加热，计算的杀菌条件是液相的理论杀菌值F_0为32min。杀菌之后，回收接种的小方块并测定存活的芽孢数（表6-4）。胡萝卜丁所受的热杀菌F_0值为28.1~38.5，而肉丁的F_0值为23.5~30.5。

实验清楚地说明，颗粒的加热直接来自电阻加热，其加热水平与液相所受的加热水平相仿。如果颗粒是用常规的方法，譬如在管式或刮板式热交换器中通过液相的热传导加热，则颗粒中心的理论F_0值将仅有0.2。

由表6-4可见，从接种颗粒得到的F_0值范围较窄，这也证明颗粒流经欧姆加热系统的停留时间分布没有很大的差异，说明颗粒的加热是直接加热而不依赖液相热传导来加热的另一个优点。

进一步的实验还对整个颗粒所受到的致死作用与颗粒中心所受到的致死作用作了比较。颗粒的制作方法同上所述，二分之一作为整颗粒，另外二分之一在颗粒中间加入已知芽孢量的藻

肮酸钠小珠后再形成立方体颗粒。对胡萝卜，得到的 F_0 值，全颗粒为 23.1~44.0，而中心则为 30.8~40.2。牛肉颗粒的 F_0 值，全颗粒为 28.0~38.5，而中心则为 34.0~37.5。实验表明，颗粒中心的热处理类似于全颗粒的，颗粒中心与颗粒外部边缘的热处理差异不大。

表 6-4　植入嗜热脂肪芽孢杆菌芽孢后的藻肮酸钠模拟颗粒经欧姆杀菌后致死率的测试结果

产品	藻肮酸钠颗粒类型	F_0 范围	平均 F_0 值
肉汤中的牛肉和胡萝 L	牛肉（$19mm^3$）	23~30.5	27.0
	胡萝卜（$19mm^3$）	28.1~38.5	33.7
肉汤中的牛肉和胡萝 L	牛肉（$19mm^3$）	28.0~38.5	32.5
	牛肉（$19mm^3$ 中 $3mm^3$ 芽孢珠）	34.0~37.5	37.0
	胡萝卜（$19mm^3$）	23.1~44.0	35.6
	胡萝卜（$19mm^3$ 中 $3mm^3$ 芽孢珠）	30.8~40.2	37.1

欧姆加热的另一大优点是它对营养物、维生素的破坏较小。通常，用测定的 C 值来表示，在加热杀菌期间食物所受的蒸煮过度和维生素破坏的程度，即蒸煮值 C_0。C 值的数学表达式为：

$$C_0 = \int_0^t 10^{\frac{T-T_{ref}}{Z}} \mathrm{d}t \tag{6-17}$$

式中　Z——33℃

T_{ref}——100℃

因此，为了把蒸煮反应降至最小，在最高杀菌温度下加热速率越快越好。然而按常规的加热方式，对含大颗粒食品的杀菌，当温度高于 130℃，液相必受到严重的过热处理。为了使颗粒中心杀菌值仅达到 $F_0=5$，液相的 F_0 值很高。如果试图将粒径 25mm 的颗粒加热至 135℃，则液相的 F_0 值近似为 150，这是严重的过热处理。然而，对 15mm 粒径的颗粒进行 130℃的杀菌，液相的 F_0 值仅略高于 25。图 6-31 也说明为什么罐头杀菌尤其含大颗粒的罐头食品杀菌温度通常不超过 125℃。

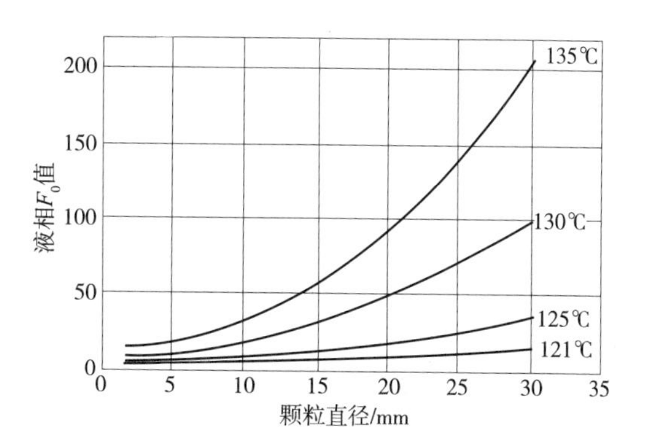

图 6-31　颗粒大小对液相 F_0 值的影响

造成常规加热处理缺陷的另一个因素是热量穿透至颗粒中心所需的时间。颗粒中心杀菌值到达 $F_0=5$ 所需的时间与液相温度、粒径之关系如图 6-32 所示。可见，当粒径大于 15mm 时，连续加热所需的保温时间将超过 5min，这样，保温管的长度就非常长。这也是常规加热方法不适合于含大颗粒食品的原因。

常规加热处理含颗粒食品时还应考虑固液比，通常颗粒含量限制在30%~40%，以保证有足够的热流体来加热固体颗粒。此外，黏度也不能过大，因为黏度升高导致液体与固体之间的传热速率的降低。

然而，若采用欧姆加热，则颗粒被直接加热，且杀菌温度可达140℃（工作温度受欧姆加热器塑料衬里成分的限制）而不存在任何液相过热处理。更重要的是，欧姆加热器能处理高颗粒密度、高黏度的食品物料，有利于使停留时间分布减至最小。

因此，欧姆加热器可用于在较高的杀菌温度下处理含大颗粒的食品，而使 C 值为最小。图6-33给出了 F_0 和 C_0 值（维生素 B_1）之间的关系。由图可见，140℃时 $F_0=24$、$C_0=4$，而130℃时，$F_0=8$、$C_0=8$。可见，欧姆加热能在较低的C值下达到较高的杀菌值，对于大颗粒食品具有最小的保留时间分布。

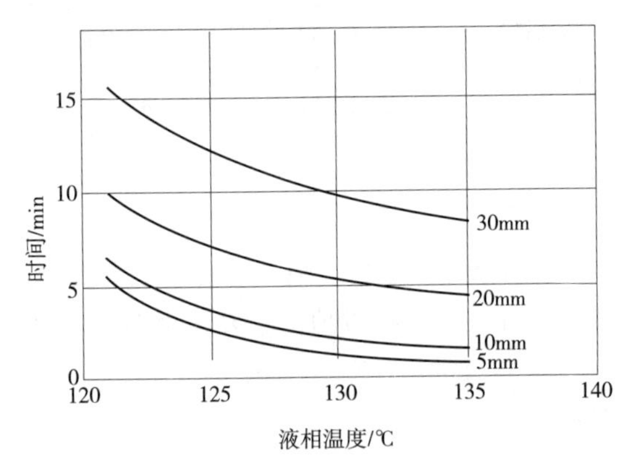

图6-32　颗粒大小对颗粒中心达到 F_0=5所用时间的影响

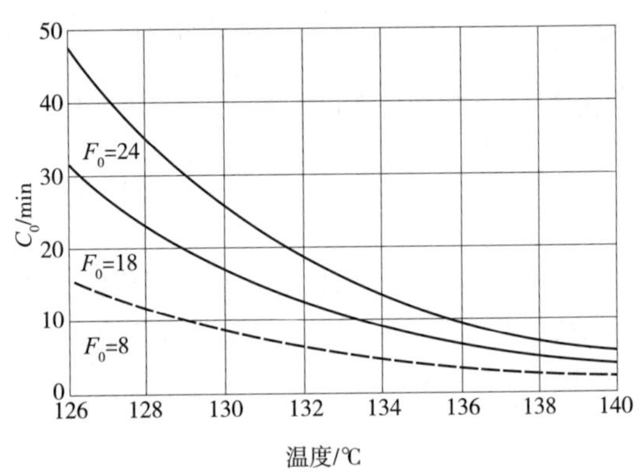

图6-33 热处理温度对 C 值的影响（Z=33℃）

第三节　高压杀菌技术

为了得到品质更好的食品，食品科学家研究了许多新的非热致的杀菌方法，以适应各种不同类型食品的加工。高压处理技术就是其中之一。早在1899年，Hite就以牛乳及肉类为原料进行了首次将高压应用于食品保藏的实验。1914年Hite等又对水果、蔬菜进行了压力保藏研究。不少科学工作者也相继研究了高压对微生物的影响，和高压技术在食品加工中的应用。近几年，日本首先开展了较大规模的食品高压加工技术的应用研究。由于这项技术的用途独特和应用前景可喜，已经引起人们的极大关注。随着科学技术的不断发展，高压技术将不仅用于食品的杀菌，而且还将应用于食品加工的其他方面，成为食品加工中一种颇具发展潜力的加工方法。

一、高压杀菌原理

所谓高压杀菌，就是将食品物料以某种方式包装以后，置于高压（200MPa以上）装置中加压处理，使之达到灭菌要求的目的。

高压杀菌的基本原理就是压力对微生物的致死作用。高压导致微生物的形态结构、生物化学反应、基因机制以及细胞壁膜发生多方面的变化，从而影响微生物原有的生理活动机能，甚至使原有功能破坏或发生不可逆变化。在食品工业上，高压杀菌技术的应用旨在利用这一原理，使高压处理后的食品得以安全长期保存。

（一）有关探索性研究的启示

高压技术的早期应用是非食品领域，用于生产陶瓷、钢铁和超合金，以制作高速硬质合金刀具。高静压在这些方面的应用主要涉及以惰性气体为压媒，压力和温度分别达到100MPa和1000℃。另一应用流体静挤压，采用的静压力为130~270MPa，依靠这种压力使物料经过模孔形成长形产品。此法与一般食品挤压类似，唯工作材料为金属，工作压力更高而已。此外，还有新型合成材料如人造金刚钻、多晶立方体氢化硼等在高压条件下生产，温度为1600℃，压力为400MPa。

最早研究将很高的流体静压应用于食品保藏的是Hire（1899），但他的研究工作并未引起人们密切注意。此后，研究高压影响完整细胞的工作多半集中在生物界常遇压力下的微生物方面。如海洋11000m深处细菌的生长情况，这里压力达到100MPa。众所周知，有的细菌极耐静压，如有的脱硫弧菌能够迅速使硫酸盐还原，且在100MPa的压力下仍能生长。与耐高压的情况相反，0.2MPa的低压力能杀死海洋中的适盐细菌（Halobacterium），这不过是个别特殊情况，多数微生物是能够耐流体静压的。这也就是说它们能够耐受高压，但通常在常压下生长最好。表6-5说明某些陆生微生物暴露在60MPa高静压下的存活情况（30℃，48h）。1949年Zobell和Johnson发现，发光的海洋细菌以及从地表附近采拾的细菌与陆生微生物相似，而从大洋深处分离得到的细菌则有较强的耐压能力。有趣的是，从海洋深处分离得到的细菌，经实验室常压保存若干年，并不失去其耐压性。

（二）高压对细胞形态的影响

极高的流体静压会影响细胞的形态。胞内的气体空泡在0.6MPa压力下会破裂。埃希大肠杆菌的长度在常压下为1~2μm，而在40MPa下为10~100μm。对于能动的微生物，特别是原虫，运动的停止直接与高压引起的结构变化有关。这种现象还与菌种有关，而且往往是可逆的。多数微生物在解除压力后会返回到正常形状重新开始运动。

表6-5　陆地微生物受流体静压力作用后的存活情况

微生物	流体静压力/MPa				
	0.1	30	40	50	60
黏性产碱杆菌	++++[①]	+++	++	-[②]d[③]	-d
枯草杆菌	++++	++	+	-	-
埃希大肠杆菌	++++	++++	+++	++	-
黄绿包小球苗	++++	++	-	-d	-d
腐草分枝杆菌	++++	+++	++	-d	-d
普通变形杆菌	++++	++	-	-	-d
荧光假单胞菌	++++	++++	+++	-	-
黄绿色八叠球菌	++++	+++	+	-	-d

续表

微生物	流体静压力/MPa				
	0.1	30	40	50	60
黏赛菌	++++	-	-	-	-
金黄色葡萄球菌	++++	++	-	-d	-d
乳酸链球菌	++++	++++	++++	++	-
异常汉逊酵母	++++	++	-d-	-d	-d
啤酒酵母	++++	++++	-d	-d	-d
圆酵母	++++	++++	++	-d	-d

注：①（+）表示相对于大气压控制下的浊度程度。

②（-）表示无增殖发生。

③（d）表示当压力消除后微生物已失去其繁殖能力。

1969 年 Kriss 等利用电子显微镜观察压力 30~45MPa 下的假单胞菌菌株，发现形态发生多方面的变化，包括细胞外形变长、胞壁脱离细胞质膜、无膜结构细胞壁变厚，细胞浆中海绵状或网状结构的光亮区和核蛋白体数目的减少。

（三）高压对细胞生物化学反应的影响

按照化学反应的基本原理，加压有利于促进反应朝向减小体积的方向进行，推迟了增大体积的化学反应。由于许多生物化学反应都会产生体积上的改变，所以加压将对生物学过程产生影响。按照绝对速率过程理论（absolute theory of rate process），反应的进行要经过某种活化的状态，这种状态区别于初态和终态在于活化自由能 $F*$。对于一个定温定压过程，如下的热力学关系使用：

$$F* = H* - TS* + PV* \tag{6-18}$$

式中 H——焓

T——温度

S——熵

P——压力

V——容积

显然，活化自由能 $F*$ 的表达式中含有容积一项，表明活化状态将涉及容积的膨胀或收缩。由此可见，加压将影响反应速率。

加压阻碍放热反应的进行，而放热反应又会使细胞的活力降低。压力对反应物系产生影响主要通过两方面，即减小有效分子空间和加速链间反应。凡是受压力强烈影响的反应往往是反应物和反应产物的可电离基团数目有差异的反应。电荷数不改变时，反应大体与压力无关。反应物系为水溶液的情形，容积减小往往是解离反应产生离子化基团数目增多的原因。这种情况通常是水在离子周围的电致伸缩作用引起的。加压的结果将隔离静电的交互作用，从而有更多的离子与水相接触。例如，25℃纯水的 pH 从常压下的 7.00 变到 100MPa 下的 6.27。这引起了容积的变小。

凡是对保持生物聚合物天然状态有利的化学键都会受压力的影响。氢键的形成伴随着容积的减小，所以加压必有利于氢键的形成。长期以来人们知道施加高压蛋白质会变性，可是在低压和中等压力（<100MPa）下，蛋白质变性速率由于氢键的压致增加而减慢，因为氢键增强对多肽螺旋结构的保持是直接相关的。

压力还会影响疏水的交互反应。压力低于 100MPa 时，疏水交互反应导致容积增大，以致反应中断。但是超过 100MPa 后，疏水交互反应将伴随容积减小，而且压力将趋向于使反应稳定。由此可见，蛋白质的疏水或亲水程度将决定在任何给定压力下的蛋白质变性程度。

1914 年 Bridgman 首先报道了鸡蛋白在很高流体静压下的变性，观察到超过 300MPa 时的不可逆变性，而且变性随压力升高和时间延长而加强。此后，还有许多研究者用别的蛋白质得到类似的试验结果。

如果压力导致蛋白质变性的解释是天然状态蛋白质结构的伸展（与热变性相似），那么其结果必然是容积增大。但 Suzuki 却提出蛋白质分子的伸展也不一定涉及容积的增大，因为反应系统的总体积还有可能因电致伸缩而减小。电致伸缩是在压力致使蛋白质分子内部离子键断裂、暴露更多离子化基团时发生的。有测定表明，蛋白质在水中的伸展实际上只能使蛋白质的容积减少 2%。肽键的伸展使大量的非极性残基与水接近。随着残基接触水偶极分子，分子间距离变短，从而容积变小。另外，在缠结的蛋白质分子中，氨基酸残基不是紧密靠拢的，因为受到由链角和键长不变所决定的条件的严格制约。水合蛋白质伸展时，水分子不受限制地填入氨基酸残基，因而容积便减小。

压力对微生物的抑制作用还可能是由于压力引起主要酶系的失活。一般来说，100～300MPa 压力引起的蛋白质变性是可逆的，超过 300MPa 引起的变化则是不可逆的。酶的压致失活的根本机制：

①改变分子内部结构；

②活性部位上构象发生变化。

这些压致效应又受 pH、底物浓度、酶亚单元结构以及温度的影响。由于压力对同一细胞内部的不同酶促反应所产生的影响不同，因此在有关机制问题上有可能引起混淆。例如，大肠杆菌的天冬酶活性由于加压而提高，直至达到 68MPa 的压力，而在 100MPa 下，活性将消失。但是，大肠杆菌的琥珀酸脱氢酶活性在 20MPa 时会降低。大肠杆菌的甲酸、琥珀酸、苹果酸脱氢酶的活性在相应的压力下并不相同。在 120MPa 和 60MPa 时，甲酸脱氢酶和苹果酸脱氢酶的活性相差不明显，而琥珀酸脱氢酶的活性在常压和 20MPa 压力之间明显呈线性下降。在 100MPa 时，这三种酶基本上都失去活性。另外，脱氢酶的这些耐压性差别也将随菌种、菌株而变。

从米曲霉得到的高峰淀粉酶（TAA）在 940MPa 下 10min 失去活性，而当压力解释后，活性将有相当程度的恢复。高峰淀粉酶长时间处于高压而失去的活性，有可能靠相当低压力下的再压缩而得到恢复。活性恢复程度取决于高峰淀粉酶的初始浓度，而且在 80～100MPa 下恢复情况最佳，超过 120MPa，活性恢复将随压缩时间延长而逐渐下降。显然，变性使摩尔体积增大，而恢复天然性质使摩尔体积减小。中等压缩可以使得因加压而伸展开来的蛋白质重新恢复缠结。伸展的高峰淀粉酶在超过 120MPa 时，可能发生不利于复原的不可逆构象变化。由此可见，活性的恢复取决于分子初始受扭曲变形的程度。

（四）高压对微生物基因机制的影响

核酸对剪切虽然敏感，但耐受流体静压力则远远胜过蛋白质。当施加的压力高达 1000MPa 时，鲑鱼精子和小牛胸腺的脱氧核糖核酸（DNA）天然结构在 25～40℃下 60min 不发生变化。

枯草杆菌的DNA溶液（0.002%~0.04%，pH4.8~9.9）在室温和高达1000MPa压力下也不变性。实际上，270MPa压力对热变性具有稳定作用，这也许是压力抵消了伴随热变性而来的容积增大所致。由于DNA螺旋结构大部分来自氢键形成，所以压力上升必然有利于氢键形成时所固有的容积变小作用。DNA与蛋白质两者之间耐压的差异可能就是这种分子内部高度氢键结合的结果。尽管DNA在压力下有这种稳定性能，但由酶中介的DNA复制和转录步骤却因压力而中断。

Pollard和Weller研究了β-半乳糖苷酶的诱导作用，使缬氨酸和脯氨酸组入蛋白质，使尿嘧啶组入RNA，使胸腺嘧啶组入大肠杆菌中的DNA。β-半乳糖苷酶的形成在45MPa下停止。压力高于90MPa时，便使多核蛋白体系统受到有害的影响。这一信息暗示压力直接作用于合成进程。当高达100MPa的压力一释放，所有代谢活动将回复。但是，若施加压力过于激烈，则回复即推迟。回复推迟可能是由于核蛋白体重新形成要有一定时间所致。1967年Landau发现，大肠杆菌的诱导、转录和转译因持续施加流体静压而受到抑制。27MPa时诱导作用停止，68MPa时转译完全受到抑制但在27MPa时不受影响。转录受压力影响最小，在68MPa时仍有影响。一旦压力释放，所有受抑制的诱导等各步均回复到正常情形。

对于蛋白质合成，核蛋白体-多核蛋白体系统以及t核糖核酸与多核蛋白体的结合方面据推测有两个位置上有可能对压力敏感。在压力作用下核蛋白体会变形，因而抑制了它与m核糖核酸的连接。核蛋白体连接上去的m核糖核酸也许使核蛋白体亚单元变成不受压力的影响，从而使分解作用减小。多核蛋白体是核蛋白体与核糖核酸的生物缔合产物，它的压力敏感性与单独的核蛋白体相似，但其亚单元的缔合作用则远远减慢。m核糖核酸本身据推测由于它在亚单元之间起止动作用而抑制了缔合作用。

在细菌中，30s核蛋白体亚单元决定了核蛋白体对压力敏感的程度。50s亚单元似乎在不同属细菌的功能上是相同的，因而在限制压力效应上不起明显的作用。另外，在压力作用下核蛋白体亚单元的稳定性还受环境离子的影响。例如，大肠杆菌的核蛋白体在相对较高和较低离子浓度下是静压敏感的，荧光假单胞菌在任何离子浓度下都是耐静压的，深海假单胞菌只在高离子浓度下耐流体静压。众所周知，核蛋白体需要Mg^{2+}才会稳定，才会有活性。

（五）高压对细胞膜壁的影响

细胞膜使胞内物质与周围环境相隔离，因而也就在细胞传输方面起着重要的作用，同时还起着呼吸方面的作用。如果细胞膜是极其可透的，细胞便面临死亡。细胞膜的主要成分是磷脂和蛋白质，其结构靠氢键和疏水键来保持。在压力作用下，细胞膜的双层结构的容积随着每一磷脂分子横切面积的缩小而收缩。加压的细胞膜常常表现出通透性的变化。在核蛋白体中，钾和钠的流出随压力升高超过40MPa而呈线性下降。压力引起的细胞膜功能劣化将导致氨基酸摄取受抑制，原因可能是蛋白质在膜内发生变性。一般认为，对于微生物，压力引起损伤的前沿部位便是细胞膜。

细胞壁赋予微生物细胞以刚性和形状。20~40MPa的压力能使较大的细胞因受应力的细胞壁的机械断裂而松解。这也许对真菌类微生物来说是主要的因素。而真核微生物一般比原核微生物对压力较为敏感。

（六）影响高压杀菌的主要因素

在高压杀菌过程中，对不同的食品对象采用不同的处理条件，这主要是由于食品的成分及组织状态十分复杂，食品中的各种微生物所处的环境的不同，因而耐压的程度也就不同。一般地，影响高压杀菌的主要因素有以下几点。

1. pH 对高压杀菌的影响

在压力作用下，介质的 pH 会影响微生物的生长。根据研究报道，一方面压力会改变介质的 pH，且逐渐缩小微生物生长的 pH 范围。例如，在 680 个标准大气压下，中性磷酸盐缓冲液的 pH 将降低 0.4 个单位。另外，在大气压下，pH9.5 时，*Streptococcus faecalis* 的生长受抑制，而在 40MPa 下，pH8.4 即可使之受抑制。*Serratia marcescens* 在 0.1MPa 下，pH10.0 被抑制，而在 40MPa 下，pH9.0 即使之生长受抑制。这可能是因为压力影响细胞膜 ATPase 之故。另一方面，在食品允许范围内，改变介质 pH，使微生物生长环境劣化，也会加速微生物的死亡速率，使高压杀菌的时间缩短或降低所需压力。

2. 温度对高压杀菌的影响

根据研究，在低温或高温下，高压对微生物的影响加剧。这主要是由于微生物对温度具有敏感性。因此在温度作用的协同下，高压杀菌的效果可大大提高。

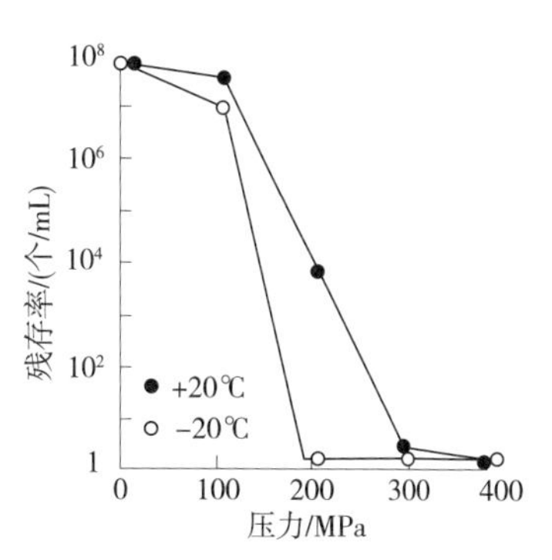

图 6-34　低温对高压杀菌（大肠杆菌）的影响

低温对高压杀菌的影响如图 6-34 所示。大多数微生物在低温下的耐压程度降低，主要是由于压力使得低温下细胞内因冰晶析出而破裂的程度加剧，所以低温对高压杀菌有促进作用。

对一定浓度糖液在不同温度下进行高压杀菌（图 6-35），在同样的压力下，杀死同等数量的细菌，则温度高的所需杀菌时间短。因为在一定温度下，微生物中蛋白质、酶等成分均会发生一定程度变性，因此，适当提高温度对高压杀菌也有促进作用。

3. 微生物生长阶段对高压杀菌的影响

微生物对高压的耐受性随其生长阶段不同而异。许多研究表明，微生物在其生长期，尤其是对数生长早期，对压力更敏感。例如，对大肠杆菌在 100MPa 下杀菌，40℃时需 12h，而在 30℃时需 36h，在 20℃时需 124h，才能杀死。这主要是因为大肠杆菌的最适生长温度在 37~42℃，在生长期进行高压杀菌，所需时间短，杀菌效率高。又如，*Bacillus* spp. 芽孢在 100~300MPa 下的致死率高于 11800MPa 下的致死率，是因为在 100~300MPa 下诱发芽孢生长，而生长的芽孢对环境条件更为敏感。从这个意义上讲，在微生物最适生长温度范围内进行高压杀菌，可提高杀菌效率。

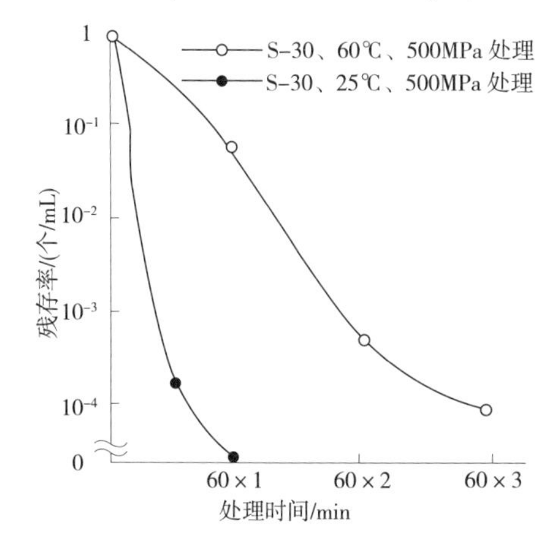

图 6-35　较高温度对高压杀菌（蜡状芽孢杆菌）的影响

4. 食品成分对高压杀菌的影响

食品的成分十分复杂，且组织状态各异。因而对高压杀菌的影响情况也非常复杂。一般地，当食品中富含营养成分或含高盐高糖时，其杀菌速率均有减慢趋势。这大概与微生物的高耐压性有关。

糖浓度对高压杀菌的影响，如图 6-36 所示，糖浓度越高，微生物的致死率越低。盐浓度对高压杀菌的影响，如图 6-37 所示，盐浓度越高，微生物的致死率越低。富含蛋白质、油脂的食品高压杀菌较困难，但添加适量的脂肪酸脂、糖脂及乙醇后，加压杀菌的效果会增强。

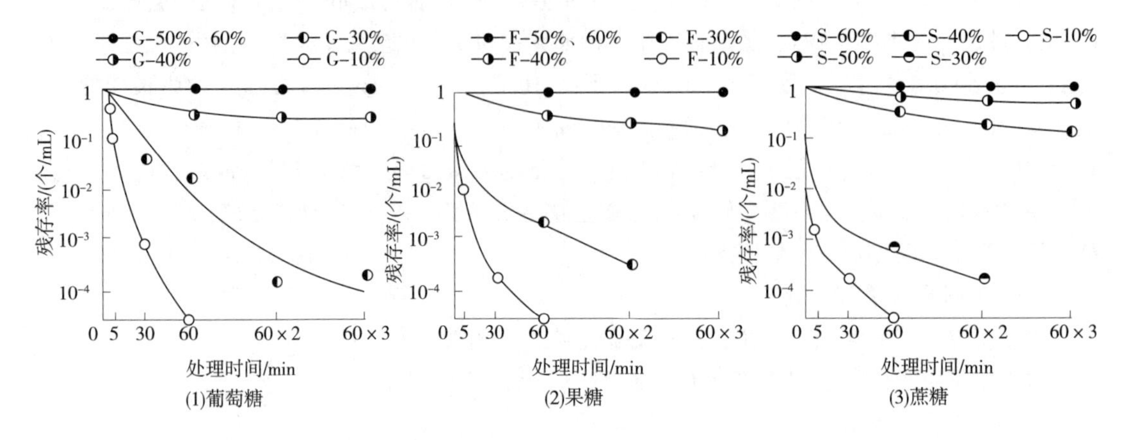

图 6-36　糖浓度对高压杀菌的影响（500MPa，25℃）（蜡状芽孢杆菌）

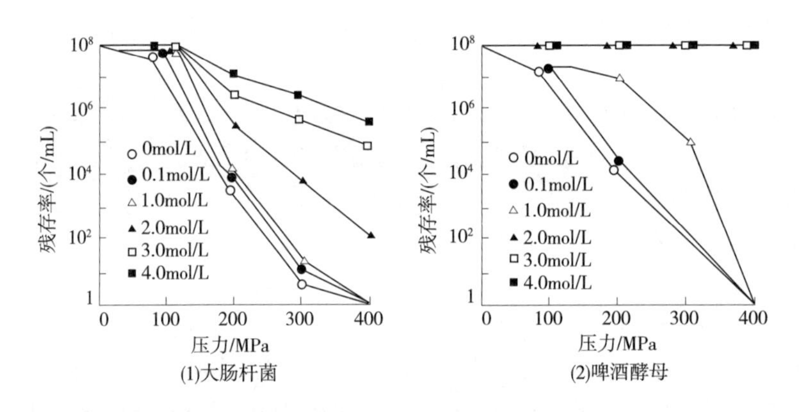

图 6-37　盐浓度对高压杀菌的影响（pH7.0，20min）

二、高压杀菌装置

在食品加工中采用高压处理技术，关键是要有安全、卫生、操作方便的高压装置。高压装置的性能及生产制造的可靠性很大程度上决定了该技术的推广应用前景。为此，科学工作者进行了不懈的努力，不断研究、设计、制造具有良好性能的高压处理设备。目前，适用于工业生产规模的高压设备已经问世。

（一）高压处理装置及分类

高压处理装置主要由高压容器、加压装置及其辅助装置构成。

按加压方式分，高压处理装置由直接加压式和间接加压式两类。图 6-38 为两种加压方式的装置构成示意图。图 6-38（1）为直接加压方式的高压处理装置。在这种方式中，高压容器与加压装置分离，用增压机产生高压水，然后通过高压配管将高压水送至高压容器，使物料受到高压处理。图 6-38（2）为间接加压式高压处理装置。在这种加压方式中，高压容器与加压气缸呈上下配置，在加压气缸向上的冲程运动中，活塞将容器内的压力介质压缩产生高压，使

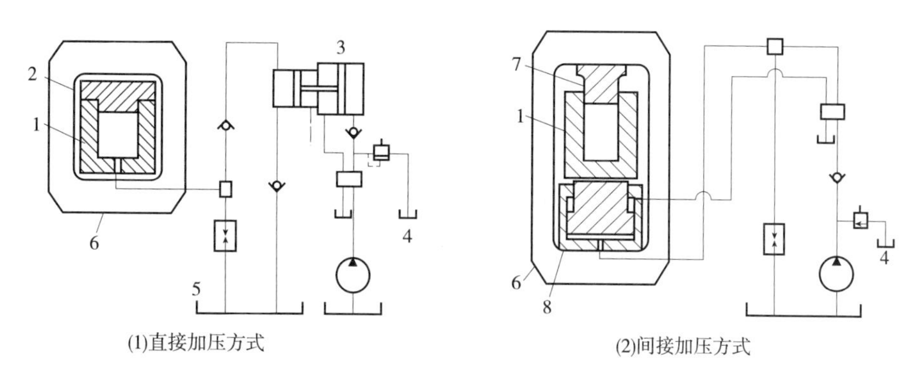

图 6-38　直接加压方式和间接加压方式的示意图

1—高压容器　2—上盖　3—增压机　4—油压装置　5—压媒槽　6—框架　7—活塞　8—加压气缸

物料受到高压处理。两种加压方式的特点比较见表 6-6。

按高压容器的放置位置分有立式和卧式两种。生产上的立式高压处理设备如图 6-39 所示，相对卧式、立式的占地面积小，但物料的装卸需专门装置。与此相反，使用卧式高压处理设备（图 6-40），物料的进出较为方便，但占地面积较大。

表 6-6　两种加压方式的特点比较

加压方式	直接加压方式	间接加压方式
构造	框架内仅有一个压力容器，主体结构紧凑	加压气缸和高压容器均在框架内，主体结构庞大
容器容积	始终为定值	随着压力的升高容积减小
密封的耐久性	因密封部位固定，故几乎无密封的损耗	密封部位滑动，故有密封件的损耗
适用范围	大容量（生产型）	高压小容量（研究开发用）
高压配管	需要高压配管	不需要高压配管
维护	经常需保养维护	保养性能好
容器内温度变化	减压式温度变化大	升压或减压时的温度变化不大
压力的保持	当压力介质的泄漏量小于压缩机的循环量时可保持压力	若压力介质有泄漏，则当活塞推到气缸顶端时才能加压并保持压力

（二）高压容器

食品的高压处理要求数百兆帕的压力，故压力容器的制造是关键，它要求特殊的技术。通常压力容器为圆筒形，材料为高强度不锈钢。为了达到必需的耐压强度，容器的器壁很厚，这使设备相当笨重。最近有改进型高压容器产生，如图 6-41 所示，在容器外部加装线圈强化结构。这与单层容器相比，线圈强化结构不但安全可靠，而且使装置轻量化得以实现。

（三）辅助装置

高压处理装置系统中还有许多其他装置，包括测量仪器。如图 6-42 所示。辅助装置主要包括：

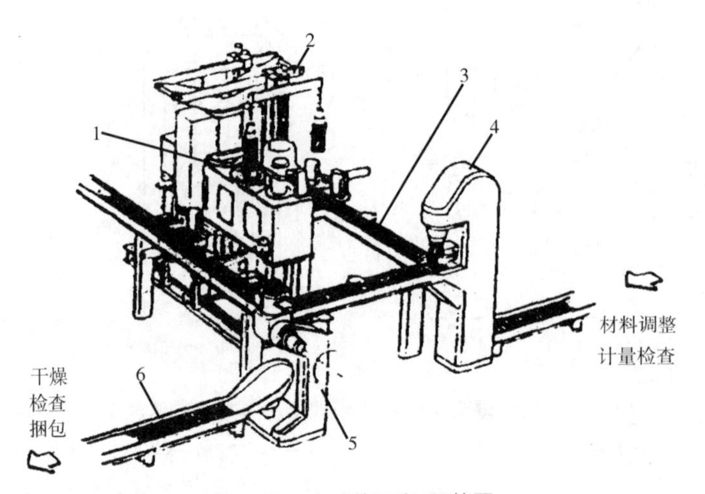

图 6-39　立式高压处理装置

1—高压容器　2—装卸搬运装置　3—滚轮输送带　4—投入装置　5—排出装置　6—皮带输送带

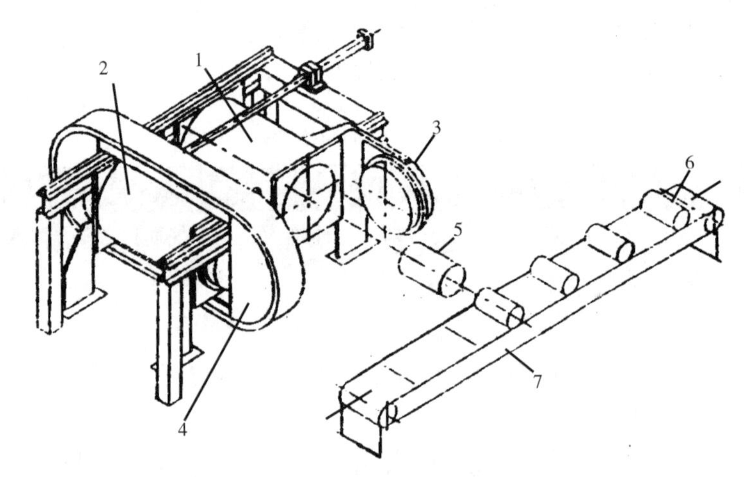

图 6-40　卧式高压处理装置

1—容器 1　2—容器 2　3—盖开闭　4—框架　5—密封舱　6—处理品　7—输送带

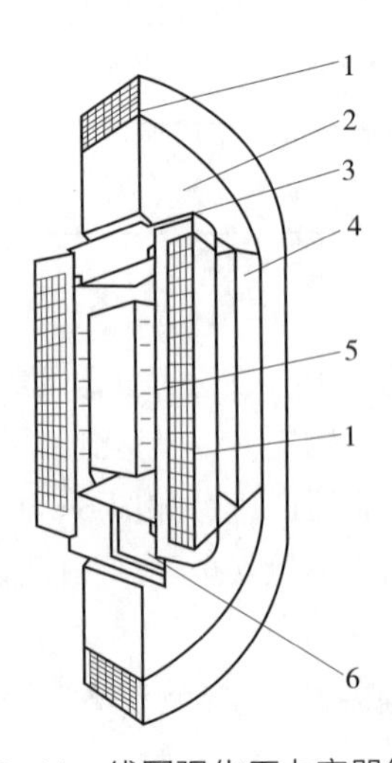

图 6-41　线圈强化压力容器结构

1—线圈　2—框架　3—上盖　4—支柱　5—压力容器（圆柱体）　6—下盖

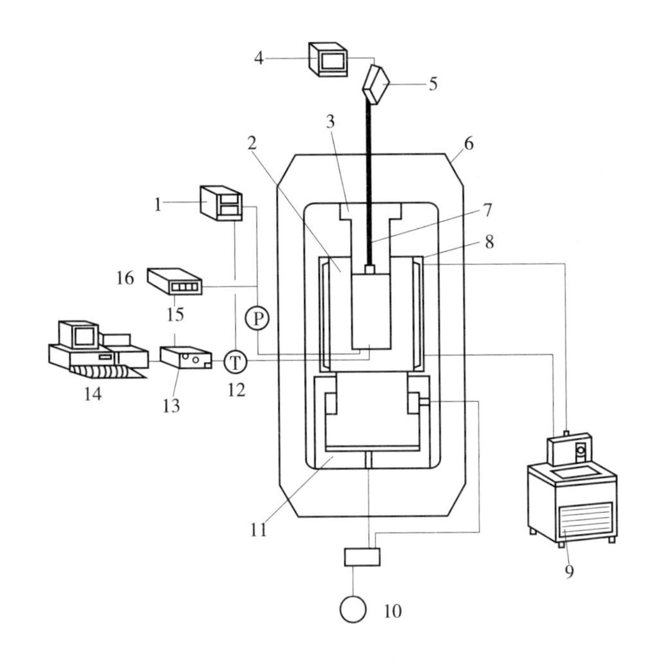

图 6-42　高压处理装置示意图

1—记录计　2—高压容器　3—活塞　4—TV 监控器　5—TV 摄像　6—框架　7—光电纤维　8—夹套　9—循环水恒温槽　10—油压泵　11—气缸　12—热电偶　13—接口　14—计算机　15—传感器　16—压力指示计

①高压泵：不论是直接加压方式还是间接加压方式，均需采用油压装置产生所需高压。前者还需高压配管，后者则还需加压气缸；

②恒温装置：为了提高加压杀菌的作用，可采用温度与压力共同作用的方式。为了保持一定温度，在高压容器外作了一夹套结构，并通以一定温度的循环水。另外，压力介质也需保持一定温度。因为高压处理时，压力介质的温度也会因升压或减压而变化，该温度的控制对食品品质的保持是必要的；

③测量仪器：包括热电偶测温计，压力传感器及记录仪、压力和温度等数据可输入计算机进行自动控制。还可设置电视摄像系统，以便直接观察加工过程中物料的组织状态及颜色变化情况；

④物料的输入输出装置：由输送带、提升机、机械手等构成。

（四）高压杀菌操作

按操作方式分，有间歇式、连续式和半连续式三种。由于高压处理的特殊性，连续操作较难实现。目前工业上采用的是间歇式和半连续式两种操作方式。在间歇式生产中食品加压处理周期如图 6-43 所示。由图可知，只有在升压时主驱动装置才工作，这样主驱动装置的开机率很低，浪费了设备投资。因此，生产上将多个高压容器组合使用，这样主驱动装置的运转率可提高，同时提高了生产效率，降低了成本。采用多个高压容器组合后的装置系统，实现了半连续化的生产方式，即在同一时间不同容器内完成从原料充填、加压处理、卸料的加工全过程。从而提高了设备利用率，缩短了生产周期。生产型的设备布置如图 6-44 所示。

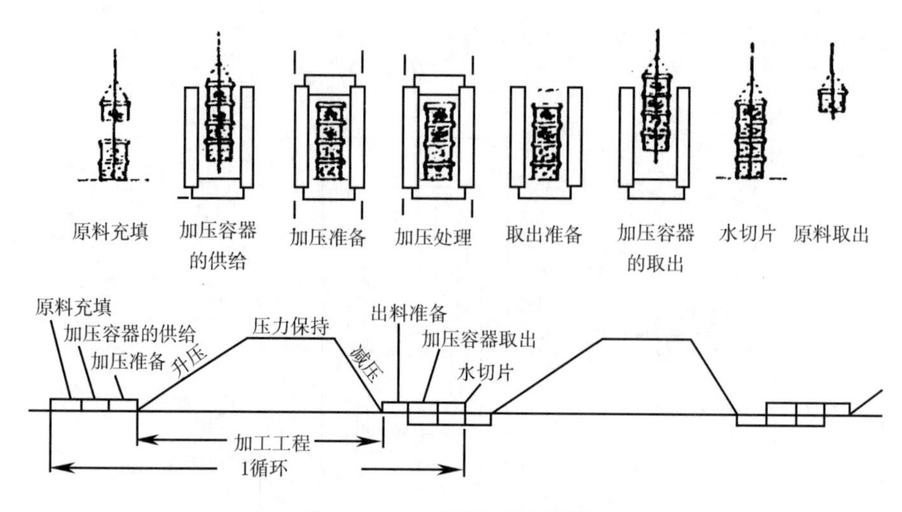

图 6-43 食品高压处理周期

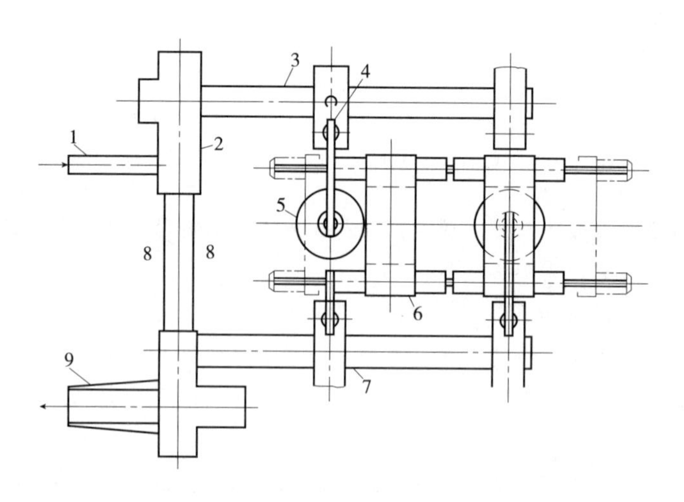

图 6-44 固体食品加压压处理装置车间平面布置示意

1—供给线 2—供给装置 3—装料输送带 4—装卸搬运装置 5—高压容器 6—框架 7—出料输送带 8—篮子回路 9—推出线

三、 高压杀菌技术在食品工业中的应用

（一）高压对食品营养成分的影响

传统的食品加工方法主要采用热处理，因此食品中热敏性的营养成分易被破坏，而且热加工使得褐变反应加剧，造成色泽的不愉快，食品中挥发性的风味物质也会因加热而有所损失。而采用高压技术处理食品，可以在灭菌的同时，较好地保持食品原有的色、香、味及营养成分。

1. 高压对蛋白质的影响

高压使蛋白质变性，其解释是由于压力使蛋白质原始结构伸展，导致蛋白质体积的改变。例如，如果把鸡蛋在常温的水中加压，蛋壳会破裂，其蛋液呈羊羹一样稍有黏稠的状态，它和煮鸡蛋中的蛋白质热变性一样不溶于水，这种凝固变性现象可称为蛋白质的压力凝固。无论是热力凝固还是压力凝固，其蛋白质的消化性都很好。但加压鸡蛋和未加压前一样鲜艳，口感仍是生鸡蛋味，且维生素含量无损失。

酶是蛋白质。高压处理对食品中酶的活性也是有影响的。例如，在对甲壳类水产品进行高压处理时，高压使水产品中的蛋白酶、酪氨酸酶等失活，减缓了酶促褐变及降解反应。但是，压力也具有增强酶活力的作用。例如，切片的马铃薯、苹果和洋梨在压力较低时，可激活组织中的多酚氧化酶，导致褐变发生。若加压到 400MPa 以上，则酶的活性逐渐丧失。可见，与迅速加热使酶失活一样，加压速率也应提高，以达到快速钝化酶的目的。

使蛋白质发生变性的压力大小依不同的物料及微生物特性而定，通常在 100~600MPa 范围内。

2. 高压对淀粉及糖类的影响

高压可使淀粉改性。常温下加压到 400~600MPa，可使淀粉糊化而呈不透明的黏稠糊状物，且吸水量也发生改变，如图 6-45 所示。原因是压力使淀粉分子的长链断裂，分子结构发生改变。根据研究报道，对蜂蜜进行高压杀菌处理，结果发现在微生物致死的情况下，对糖类几乎没有影响。

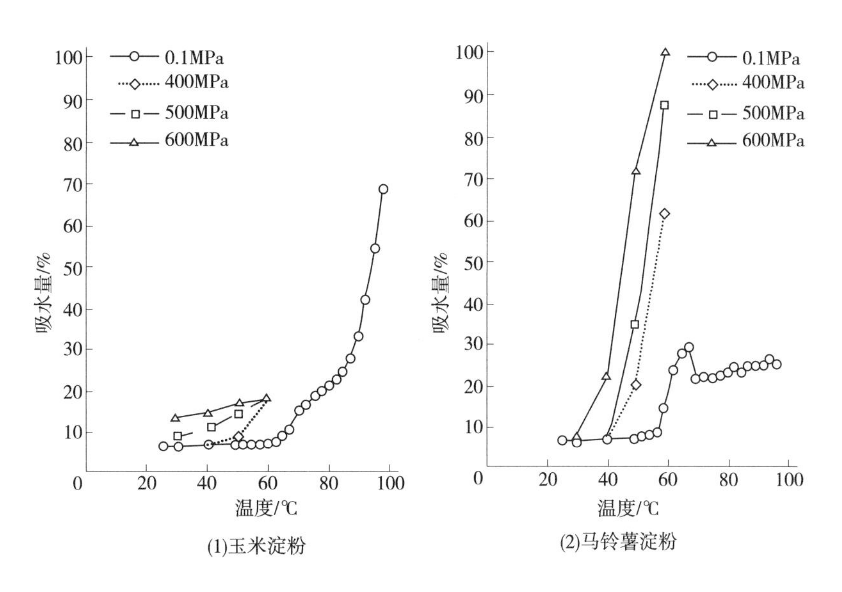

图 6-45　压力对淀粉的吸水量的影响

3. 高压对油脂的影响

油脂类耐压程度低，常温下加压到 100~200MPa，基本上变成固体，但解除压力后固体仍能恢复到原状。另外，高压处理对油脂的氧化有一定的影响。

4. 高压对食品中其他成分的影响

高压对食品中的风味物质、维生素、色素及各种小分子物质的天然结构几乎没有影响。例如，在生产草莓等果酱时，可保持原果的特有风味、色泽及营养。在柑橘类果汁的生产中，加压处理不仅不影响其营养价值和感官质量，而且可以避免加热异味的产生，同时还可抑制榨汁后果汁中苦味物质的生成，使果汁具有原果风味。

（二）高压处理在肉制品加工中的应用

许多研究人员采用高压技术对肉类制品进行加工处理，发现与常规加工方法相比，经高压处理后的肉制品在柔嫩度、风味、色泽及成熟度方面均得到改善，同时也增加了保藏性。例如，对廉价质粗的牛肉进行常温250MPa处理，结果得到嫩化的牛肉制品。300MPa、10min处理鸡肉和鱼肉，结果得到类似于轻微烹饪的组织状态。

（三）高压处理在水产品中的应用

水产品的加工较为特殊，产品要求具有水产品原有的风味、色泽、良好的口感与质地。常规的加热处理、干制处理均不能满足要求。研究表明，高压处理可保持水产品原有的新鲜风味。例如，在600MPa下处理10min，可使水产品中的酶完全失活，其结果是对甲壳类水产品，外观呈红色，内部为白色，并完全呈变性状态。细菌量大大减少，但仍保持原有生鲜味，这对喜食生水产制品的消费者来说极为重要。高压处理还可增大鱼肉制品的凝胶性，将鱼肉加1%及3%的食盐擂溃，然后制成2.5cm厚的块状，在100~600MPa、0℃处理10min，用流变仪测凝胶化强度。在400MPa下处理，鱼糜的凝胶性最强。

（四）高压处理在果酱加工中的应用

在生产果酱中，采用高压杀菌，不仅使水果中的微生物致死，而且还可简化生产工艺，提高产品品质。这方面最成功的例子是日本明治屋食品公司，该公司采用高压杀菌技术生产果酱，如草莓、猕猴桃和苹果酱。他们采用在室温下以400~600MPa的压力对软包装密封果酱处理10~30min，所得产品保持了新鲜水果的口味、颜色和风味。

（五）高压处理在其他方面的应用

由于腌菜向低盐化发展，化学防腐剂的使用也不受欢迎。因此，对低盐、无防腐剂的腌菜制品，高压杀菌更显示出其优越性。高压（300~400MPa）处理时，可使酵母或霉菌致死，即提高了腌菜的保存期又保持了原有的生鲜特色。

最近的研究努力已经涉及压力用于改变或改善食品的某些特性。例如，Hayashi等就成功地在200MPa下处理乳清，使酶解的β-乳球蛋白（β-Lg）沉淀。且这种沉淀是选择性的，即只沉淀β-Lg，而不沉淀α乳白蛋白（α-La），后者正是配制婴儿改性乳所需要的蛋白质。另外，采用高压技术，包括选择性地去除蛋白质在内的其他例子是：

①肉制品加工中副产品血红蛋白的脱色；

②特殊蛋白质的脱臭；

③用特定的蛋白酶增溶或改性鱼蛋白；

④其他潜在的应用包括食品功能性的改进等。

第四节 辐射保鲜技术

辐射保鲜技术是利用电离射线能处理所产生的生物和生理效应，使食品的保藏期得以延长的一种食品保藏技术。利用射线照射食品，可以起到杀虫、杀菌、抑制发芽、延迟后熟等作用。这一技术是继传统的物理、化学方法之后，又一发展较快的食品保藏新技术和新方法。

与传统的方法相比，辐射保藏食品技术有许多优点，主要体现在：

①食品在受射线照射过程中升温甚微，可以保持食品原有的新鲜感官特征；

②食品可以在包装以后不再拆包的情况下接受照射处理，节约材料，也避免再污染的可能，起到化学药品和其他方法所不能及的作用；

③操作适应范围广：在同一射线处理场所可以处理多种体积、状态、类型不同的食品；

④射线处理过的食品不会留下任何残留物：这与熏蒸杀虫和其他化学处理相比是一突出的优点；

⑤节约能源：据国际原子能机构通报的估计，与传统的冷藏、热处理和干燥脱水方法相比，辐射处理可节约70%~90%的能源；

⑥辐射装置加工效率高：整个工序可连续作业，易实现自动化。

在所有的食品处理方法中，还没有其他任何一种技术受到如食品电离辐射技术那样旷日持久、内容广泛、耗费巨大的研究。

早在伦琴发现X射线后的第二年，Mink就发表论文，提出了X射线对细菌的作用及其实际应用问题，但由于当时放射源强度不够和其他原因，以后三年间研究者们得出的结论认为X射线没有杀菌作用。后来随着射线源的增大和实验的改进，开始着重于射线灭菌机理的研究，但应用性研究较少。第二次世界大战期间，美国麻省理工学院的罗克多尔进行了射线处理应用于汉堡包保鲜的研究工作，拉开了辐射保藏食品研究的序幕。20世纪50年代起北美、欧洲以及日本等30多个国家先后投入了大量的费用，逐步开展了辐射保藏食品的研究，20世纪60年代起，一些第三世界国家也加入了这一研究的行列，目前从事这方面研究的国家有50多个。受到研究的辐照食品种类有粮食、粮食制品、水果、蔬菜、各种肉类、肉制品、家禽、水产品、香料和动物饲料等。人们从多方面对这项技术进行了研究。其中包括：食品辐照的机理和灭菌原理、辐照食品工艺、辐射食品化学、营养、微生物学、毒理学和剂量学等。与此同时，自20世纪60年代初起，联合国粮农组织、国际原子能机构、世界卫生组织联合主持召开了多次国际辐射保藏食品的科学讨论会。1980年10月召开的以上三个组织的专家委员会联席会议，在全面总结食品辐射化学、辐射食品的营养、微生物学和毒理学的基础上，建议批准经兆拉德以下处理的任何食品均可供食用。

在实际应用方面，一些国家先后批准了一批辐射产品的商业化应用。其中辐照马铃薯是获最多国家批准食用的一种商业化产品。其他一些辐照产品在不同范围和程度上获准商业化生产，其中包括鲜鳕鱼片、虾、去内脏鸡、谷物、面粉、杧果、草莓、蘑菇、芦笋、大蒜、洋葱、调味品等。

世界范围的广泛研究和应用表明，这种技术是有效的，对人体无害，可以安全应用于食品保藏。

正如所有其他保藏方法一样，辐射保藏有其局限性。不完全适用于所有的食品，必须有选择地使用。从人们对这一新的技术观念，市场接受性和经济可行性方面来看，这种方法的推广仍然受到其他传统保藏方法的很大挑战和阻碍。食品辐射保藏的各种问题还有待进一步解决。

我国自1958年开始辐射食品保藏方面的研究。20世纪70年代后，这方面的研究进入新的阶段。许多单位开展了研究工作，辐射试验过的食品种类有粮食、肉类、水产品、水果、蔬菜和蛋类等，大都取得了一定的成效。为了交流和总结经验，协作开展工作，有关部委先后多次召集全国性的辐射保藏食品的专业学术会议。20世纪80年代，一些省市建立了一批容量较大的辐射应用试验基地，为进一步开展实用性研究打下了必要的基础。

一、电离辐射原理

（一）电离辐射与射线的概念

电离辐射，一般也称辐射，是辐射源放出射线，释放能量，能使受辐射物质的原子发生电离作用的一种物理过程。电离射线有不同的种类，如高速不带电粒子流构成的α射线，由带电的粒子流构成的β射线，在电磁波谱中的X射线和γ射线都是能引起物质发生电离作用的电离辐射线。

辐射源辐射是一种能量转变的过程。如放射性同位素在放出射线的同时，自身从非稳定态的放射性同位素变成了稳定的另一种元素，因此是一个原子能转变成辐射能的过程。又如，电子束射线所得到的辐射能是通过加速器由电能转变而来的。因此，射线所具有的能量往往又称为辐射能。射线的能量单位通常用eV（电子伏）表示。一个电子伏相当于一个电子在真空中通过电位差为1V的电场中被加速所获得的动能。常用的单位还有keV（千电子伏）和MeV（兆电子伏）。

射线都具有程度不同的穿透物质的能力，并具有使受到作用的物质产生各种基本的物理效应。能使受辐射物质的原子发生电离作用的辐射称为电离辐射，相应的射线称为电离辐射线，但一般还是称为射线。

射线穿透物质和使物质发生电离的能力与射线的带电情况和能量有关，一般不同种类的射线有不同的带电情况和能量水平。同一种类的射线也有不同能量水平。

（二）辐照剂量

辐照剂量是反映物质受照射程度，即吸收辐射能程度的一些物理量。在表征生物体系受照射后的效应时，常用的辐照剂量物理量有照射量和吸收剂量。照射量和吸收剂量都可以用剂量计测定，也可由计算得到。辐照剂量是时间的函数，物质受照射的时间越长，吸收的辐射能越多，获得的辐照剂量也越大。

1. 照射量

照射量是X射线或γ射线在单位质量空气中打出的全部电子被空气阻止时，在空气中产生一种符号离子的总电荷量。照射量的法定单位是库仑/千克（C/kg），以前使用的单位是伦琴（R）。$1R=2.58\times10^{-4}C/kg$。

2. 吸收剂量

吸收剂量是电离辐射授予单位质量任何物质的平均能量。吸收剂量的法定单位是“J/kg”，也称为戈瑞（Gy），以前用拉德（rad）表示。戈瑞（Gy）与拉德（rad）有如下的换算关系式（6-19）：

$$1rad=0.01Gy \tag{6-19}$$

吸收剂量不同于照射剂量，它适用于任何电离辐射及被辐射的物质。对于吸收剂量要说明两点：

①所谓吸收能量包括热能与化学能；

②谈及吸收剂量时应指明介质和位置，否则指的是平均剂量。

照射量和吸收剂量从定义看概念是完全不同的，但都是描述辐射量的，其基础都是根据辐射与物质相互作用的原理。因此，它们又是相互有联系的。我们知道一个电子的电荷量为4.8×10^{-10}静电单位，因此产生一个静电单位电荷，需要的离子对数为2.08×10^{9}，而电子在空气中产生一对离子所消耗的平均能量（即电离功）为 33.73eV，则 1R 的照射量相当于 0.001293g 空气中吸收了 $2.08\times10^{9}\times33.73\text{eV}=7.02\times10^{10}\text{eV}=0.112\text{erg}$ 能量。1R 照射量时，1g 空气吸收的能量为：

$$\frac{0.112\text{erg}}{0.001293\text{g}}=86.9\text{erg/g} \tag{6-20}$$

即此时空气的吸收剂量为 0.869rad。

3. 吸收剂量率

单位质量的被照射物质在单位时间中所吸收的能量称为吸收剂量率。吸收剂量率的单位为 Gy/s。

剂量率与照射距离和辐射源活度有关。距离越近，受到的吸收剂量率越大；距离相同时，辐射源活度越大，受到的吸收剂量率也越大。

4. 剂量测量与剂量计

剂量测量分绝对测量与相对测量。绝对测量是根据剂量单位的定义直接测量有关物理量的测量方法，如电离室测量法、量热法测量。相对测量是根据照射引起物质的各种物理化学效应，找出这些效应和剂量的相应关系，再经绝对剂量计来标定，如化学剂量计测量。

一般在实际应用中，使用最为频繁的是化学剂量计。化学剂量计是利用辐射在物质中引起的化学变化，通过测这些变化来测量辐射剂量。化学剂量计一般都是次级剂量计，使用前必须与标准剂量计校对。

一个理想的剂量计应满足许多要求，如：化学变化的量（响应）应当与吸收剂量成正比，即使两者不是线性关系也应有一种确定的关系，且量程较大；响应与线性能量吸收系数及剂量率无关；响应对环境（杂质、温度、光等）不敏感；辐射引起的变化测定简单快速正确。

化学剂量计可分为液体和固体两类。如硫酸亚铁剂量计和硫酸铈剂量计是液体计量计；而塑料薄膜剂量计、玻璃剂量计是固体剂量计。其中硫酸亚铁剂量计常又被用来作为工作标准用。

（三）射线对材料的穿透特性

射线具有穿透能力，但射线在行进方向与受照物质发生相互作用过程中，能量逐渐被物质吸收，射线的能量也逐渐降低。因此，可以用受照物质的吸收剂量分布来量射线的穿透性能。

了解射线的穿透性，对辐射防护，确定辐射处理时受照射物料的厚度、包装体的尺寸，提高受照射物内部吸收剂量的均匀性都十分重要。

1. γ 射线对物质的穿透性与吸收剂量的均匀性

γ 射线穿过受照射材料时辐射强度按指数规律下降。射线每穿越同样厚度的均匀材料，辐射强度（从而材料的相对吸收剂量）下降的百分数相同（图 6-46）。因此，使用相对吸收剂量降低到某一水平所需材料厚度可以用来描述射线的穿透性。

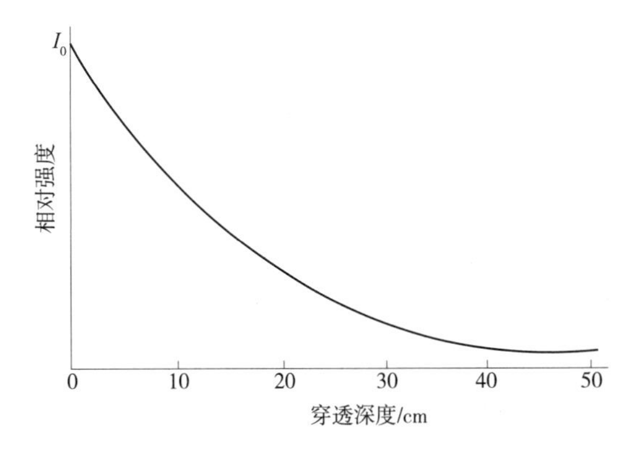

图 6-46　γ 射线强度与穿透深度的关系

通常用下降一半或十分之一剂量的厚度来描述射线的穿透性。

γ射线的穿透性与射线的能量成正比，射线能量越大，射线的穿透性也越大。γ射线的穿透性与照射材料的密度近似成反比。如果密度是1的厚度为11cm的产品将吸收γ射线的十分之一，那么，密度是0.5的产品要达到同样的吸收值，其厚度接近22cm。

用剂量降低厚度表征射线穿透能力这一方法很实用，因为它可以（在辐射防护时）用来确定使辐射降低到规定强度所需要的材料厚度，或者可以（在照射产品时）用来确定一定吸收剂量差异时允许的受照射材料的最大厚度。例如，如果测得的使吸收剂量降低十分之一时材料的厚度为3cm，那么，为了使剂量降低到原强度的百分之一，所需的材料的厚度就为6cm，又如，如果已知材料的十分之一厚度为18cm，那么为了使材料的最大吸收剂量与最小吸收剂量的比值不超过3，受辐射材料的最大厚度为6cm。

由上面的情形可知，材料在不同深处的吸收剂量分布是不均匀的。吸收剂量的均匀性通常用 D_{max} 和 D_{min} 之比表示，其中，D_{max} 和 D_{min} 分别代表最大的吸收剂量和最小吸收剂量。因此，在射线进入材料处有 D_{max}，而在离开材料处有 D_{min}。二者的比值越大，说明吸收剂量越不均匀。

如图6-47所示，可以用两侧辐照的方法改善吸收剂量的均匀性。

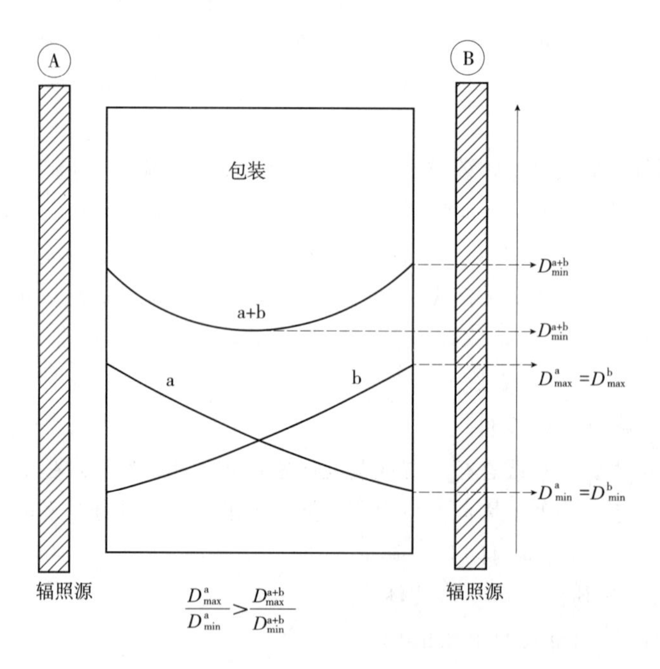

图6-47　双面γ辐射的穿透曲线和剂量曲线

2. 电子射线的穿透性和照射的适宜厚度

电子束在材料中的穿透是按布喇格（Bragg）曲线进行的（图6-48）。图中，相对吸收剂量为零处的横坐标值称为电子射线的射程，射程表示了电子的穿透能力的大小，射程用质量厚度表示，这种表示方法可以不受具体样品的限制。可见，电子的射程是能量的函数。电子的射程可从资料查到，也可以计算出。例如，以下是两个简单的计算电子射程的经验公式：

$$R=0.542E-0.133 \quad 0.8MeV<E<3MeV \tag{6-21}$$

$$R=0.407E1.38 \quad 0.15MeV<E<0.8MeV \tag{6-22}$$

式中　R——电子的射程，g/cm^2

E——电子的能量，MeV

知道电子的射程和受照射物质的密度就可以根据下式求出电子在样品中的穿透深度：

$$I=R/\rho \tag{6-23}$$

式中　I——电子在样品中的穿透深度，cm

ρ——样品的密度，g/cm^3

低能电子必须考虑空气层对电子能量的吸收，每 10cm 的空气层可使电子的能量减少 0.04MeV。

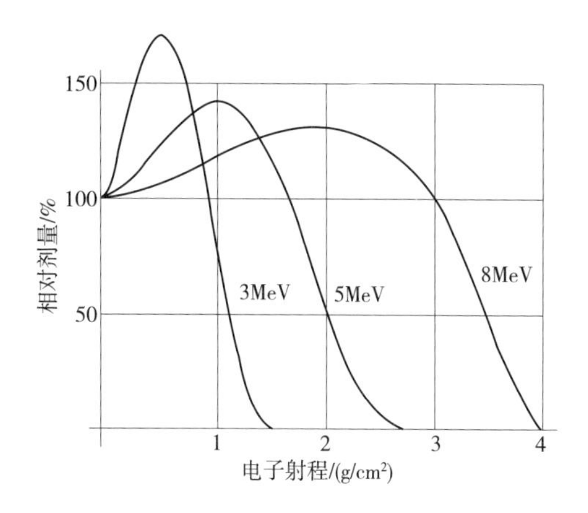

图 6-48　不同能量电子的穿透力

电子射线的穿透性远不如 γ 射线强，而且，只要受照射的材料的厚度超过电子束的穿透深度，剂量在材料厚度方面上的分布便成了从 100%到 0%。因此提出了照射的适宜厚度的概念（或有效包装厚度），通常把相当于电子 2/3 射程（或 3/5 穿透深度）的尺寸作为照射的适宜厚度。通过双侧照射，可以增加适宜厚度。不同能量的电子的穿透深度与照射的适宜厚度概况见表 6-7。可见，采用电子束进行辐照，即使采用高能电子束（最大允许 10MeV），和 γ 射线相比，也是有限的。所以对大容积的物体，电子射线只能用来进行表面处理。因而大体积物料的内部辐射都用 γ 射线进行处理。

表 6-7　　不同能量电子的穿透深度与照射的适宜厚度

能量/MeV	穿透深度/cm	照射的适宜厚度/cm	
		单侧	双侧
1	0.5	0.3	0.9
2	1.0	0.6	1.7
4	2.0	1.2	3.5
6	3.0	1.9	5.1
8	4.0	2.5	7.0
10	5.0	3.1	8.9

二、　电离辐射的生物学效应

辐射的生物学效应是由于生物体内的化学变化造成的。生物效应也可以由直接和间接两种作用引起。由于水是生物组织的主要组成，因此辐射的生物效应主要是间接作用引起的。

研究证明辐射不会产生任何特殊毒素，辐射的生物效应需要一定的时间表现出来。物体受损伤的效应主要与受照后的代谢作用和对辐射损伤的恢复能力有关。恢复能力与许多因素有关，而最主要的是接受照射的总剂量，足够高的剂量可使生物受到的损失不能恢复。

生物体对辐射的敏感性一般与生物体的大小成正比。不同生物体的辐射致死剂量见表 6-8。

表 6-8 各种生物机体的辐射致死剂量范围

生物体	剂量/Gy
高等动物及人类	5~10
昆虫	10~1000
非芽孢细菌	500~10000
有芽孢细菌	10000~50000
病毒	10000~200000

（一）病毒

病毒是最小的生活体，它没有呼吸作用，是以食品和酶为寄主。例如脊髓灰白质病毒及传染性肝炎病毒据推测是食品污染而来的，口蹄疫病可染及很多种动物。这种病毒只有使用高达30kGy（干燥状态下需40kGy）的剂量才能抑止活动。但使用过高的剂量对新鲜食品的质量有影响。若使用加热与辐射并举的办法，可以降低剂量达到使病毒抑止活动的目的。

（二）微生物

从食品的观点来看，微生物能使食品腐败、变质、变味。某些致病菌能感染人及动物，有的菌体还能在食品中产生毒素贻害于人。所以对贮藏食品的检验，主要看对微生物的控制程度。

由于微生物含水，其生长的环境往往也有一定的水分，因此射线对微生物的作用也以直接或间接效应的方式进行。射线对微生物作用与下列条件有关：辐射剂量、菌种及其菌株、菌数浓度、培养基的化学成分、培养基的物理状态，以及食品辐射后的贮藏条件等。

电离辐射杀灭微生物一般以一定灭菌率所需用的拉德数来表示，通常就以杀死微生物数的90%所需的剂量计。也就是使残存微生物数下降到原计数的10%时所需用的拉德数的剂量，并用D_{10}表示。因而有如下关系：

$$10g\frac{N}{N_0}=\frac{D}{D_{10}} \tag{6-24}$$

式中 N_0——最初微生物数

N——使用D剂量后残留的微生物数

D——初期剂量，Gy

D_{10}——微生物残存数减到原数的10%时的剂量，Gy

表 6-9 某些微生物的D_{10}值

菌种	基质	D_{10}值/10^{-2}kGy
肉毒杆菌A型	磷酸缓冲液	241
	罐装鸡肉	311
	罐装咸肉	189
肉毒杆菌B型	磷酸缓冲液	329
	罐装鸡肉	369
	罐装咸肉	204

续表

菌种	基质	D_{10}值/10^{-2}kGy
短小芽孢杆菌	缓冲液，厌氧	300
耐辐射小球菌 R1	牛肉	250
生孢梭状芽孢杆菌	磷酸缓冲液	209
产气荚膜杆菌	肉	210~240
肉毒杆菌 E 型	肉汤	200
枯草杆菌	盐水	260
	豌豆浓汤	35
啤酒酵母	缓冲液	200~250
短小芽孢杆菌	缓冲液，干燥，需氧	170
嗜热脂肪芽孢杆菌	缓冲液，需氧	100
鼠伤寒沙门菌	冻蛋	70
粪链球菌	肉汤	50
米曲霉	缓冲液	43
产黄青霉	缓冲液	40
鼠伤寒沙门菌	缓冲液，需氧	20
大肠杆菌	肉汤	20
金黄色葡萄球菌	干燥状态	65
	营养肉汤	10
假单胞菌	缓冲液，需氧	4
	营养肉汤	3

微生物对辐射的敏感性因种类不相同而异（表 6-9）。一般抗热大的细菌，对射线的抵抗力也往往较强，但也有例外，如引起罐藏食品产酸变质的嗜热脂肪芽孢杆菌具有特别强的抗热能力，可是对射线极为敏感；而很不耐热的小球菌却对射线有较大的抵抗力。

酵母菌与霉菌相比，前者对射线的抵抗力要大于后者，但两者对射线的抵抗力都不如革兰阳性菌强。可是有些假丝酵母菌株的抗射线的能力可以与某些细菌的芽孢相当。

辐射并不能使微生物毒素除去，如黄曲霉毒素对 γ 射线相当稳定，以 30Mrad 大剂量辐射后毒素没有大的变化。

（三）昆虫

昆虫对辐射来说相对是不太敏感的。正如其他生物体一样，辐射对昆虫的效应是与其组成细胞的效应密切相关的。对于细胞说来，辐射敏感性与它们的生殖活性成正比，与它们的分化程度成反比。处于幼虫期的昆虫对辐射比较敏感；成虫细胞对射线的敏感性较小，高剂量才能使成虫致死，但成虫的性腺细胞对辐射是敏感的，因此使用低剂量可造成绝育或引起配子在遗传上的紊乱。

辐射对昆虫总的损伤作用是：致死、“击倒”（貌似死亡，随后恢复）、寿命缩短、推迟换羽、不育、减少卵的孵化、延迟发育、减少进食量和抑制呼吸。这些作用都是在一定剂量水平下发生的，而在其他的（低的）剂量下，甚至可能出现相反的效应，如延长寿命、增加产卵、增进卵的孵化和促进呼吸。

必须指出，成年前的昆虫经辐照可产生不育；辐照过的卵可以发育为幼虫，但不能发育成蛹；照射的蛹可发展为成虫，但其成虫是不育的。用0.13~0.25kGy照射，可使卵和幼虫有一定的发育能力，但能够阻止它们发育到成虫阶段。用0.40~1.00kGy照射后，能阻止所有卵、幼虫和蛹发育到下一阶段。成虫甲虫不育需要0.13~0.25kGy剂量，而蛾需要0.45~1.00kGy才行。螨需要用0.25~0.45kGy剂量的照射才能达到不育。

（四）寄生虫

辐射对寄生虫的作用也随剂量率不同而异。一般对于幼虫来说，随着照射剂量的增加，出现的辐射效应依次为：雌性成虫不育、抑制正常的成熟和死亡。例如，使旋毛虫不育的剂量大约为0.12kGy；抑制其成熟大概需要0.20~0.30kGy；死亡大概需要7.50kGy；牛绦虫的致死剂量范围在3.00~5.00kGy。可见，对于控制这些寄生虫的生长和生殖来说，需要的剂量并不太大。

（五）植物

脱离植株后仍有生物活性的植物性食品中主要是水果与蔬菜。

1. 水果

在后熟时按其呼吸作用可分为有变换期和无变换期两类。有变换期的水果在后熟之前其呼吸率降至极小值，当后熟开始时呼吸作用大幅度的增长，并达到顶峰，然后进入水果的老化期，在老化期呼吸率又降低。无呼吸变换期的水果经常在全熟后就缓慢降低其呼吸率，无周期性的峰值出现。

对有呼吸变换期的水果，在其呼吸率达最小值时是辐射处理的关键时刻，在此时辐射能抑制其后熟期，主要是能改变体内乙烯的生长率，从而影响其生理活动。

辐射能使水果的化学成分发生变化，如维生素C的破坏，原果胶变成果胶质及果胶酸盐、纤维素及淀粉的降解、某些酸的破坏及色素的变化等。

2. 蔬菜

辐射可影响新鲜蔬菜的代谢反应，其效果与辐射剂量有关。辐射可以改变蔬菜的呼吸率，防止老化，改变化学成分。如辐射马铃薯，在辐射后的短期内能快速且大大地增加摄氧率，但随后又下降。若采用极低的或很高的剂量并不产生这种效应。

根菜类如马铃薯、洋葱等辐射后可抑制发芽，在光照下皮层也不发绿，若在过高剂量辐射下就会造成腐烂。对蘑菇可防止开伞延迟后熟。这些效应说明辐射干扰正常的生长（目前其机制尚不清楚）。化学成分除维生素C有变化外，其他营养成分无显著的量变。

三、辐射杀菌的目的和分类

（一）辐射处理的不同目的及辐射剂量范围

食品辐射处理有各种目的，主要有杀菌、杀虫和抑止生理劣变。食品辐射处理的主要操作条件是辐照剂量。所用辐照剂量的大小取决于很多方面，主要有：由于食品的种类、食品变质腐败的因素、辐射对各种食品及变质因子的处理效应以及处理后所要求的食品保藏期。表6-10所示为某些食品种类辐射处理的剂量范围。

表 6-10　　电离辐射处理食品的某些应用及剂量范围

食品	应用目的	剂量范围/万 Gy
肉类及肉制品	不需冷冻，长期保藏	4~6
调味品	杀菌、消毒	1~2
肉和鱼	在（0~4℃）下延长冷藏期	0.05~1.0
肉、食、蛋等	消除特殊病原菌，如沙门菌	0.5~1.0
水果、蔬菜	减少霉菌、酵母的损害	0.5~1.0
肉类	杀死寄生虫	0.01~0.2
谷物	杀灭害虫	0.01~0.1
马铃薯、洋葱	抑制发芽	0.005~0.015

辐射剂量过低或过高都会产生不利的影响。照射剂量过低，达不到处理目的，甚至还会加速食品的变质。同样，剂量过高，可能会产生对某些食品，如水果等的生理伤害，从而也影响这类产品的寿命。因此，必须有针对性的施用辐射剂量。

禽畜肉类及制品、蛋品、水产品及某些水果蔬菜含有丰富的营养成分，造成这类食品变质的主要原因是受微生物作用。因此，这类食品保藏的辐射处理主要是为了杀菌。辐射杀菌处理的方式有三种类型。

（二）辐射完全杀菌（radappertization）

这种处理方式应用的电离辐射剂足以使微生物的数量减少或使有生活能力的微生物降低到很小程度。在后处理没有污染的情况下，以目前现有的方法没有检出腐败微生物，也没有毒素检出。

这种处理的目的是希望生产出几乎是无菌的稳定的食品。处理过的食品，只要不受再污染，可在任何条件下长时间包藏。

辐射完全杀菌所需的剂量都在几百万拉德。这个剂量水平是从微生物学安全角度出发，根据最耐辐射的有毒微生物肉毒芽孢杆菌的 D_{10}值和所需 12D 杀菌要求而计算出的最小辐射剂量（MRD）。12D 杀菌要求是使活的芽孢菌数减少 1×10^{12}数量级。表 6-11 所示为某些食品的辐射完全杀菌的最小剂量。由于辐射对微生物的杀菌效果与食品的种类和辐射时的温度有关，所以 MRD 值也有相应的差异。含有某些防腐剂的食品（如火腿、猪肉香肠、腌肉等）比没有这些成分的食品所需要的 MRD 值要低些。

表 6-11　　某些食品的完全杀菌的辐射最低剂量

食品	辐照温度/℃	最低辐照剂量/万 Gy
咸肉	5~15	2.30
牛肉	-30	4.66
牛肉	-80	5.70
鸡	-30	4.47
鳕鱼饼	-30	3.17
咸牛肉	-30	2.47

续表

食品	辐照温度/℃	最低辐照剂量/万 Gy
火腿	5~25	2.90
火腿	-30	3.66
猪肉	5~25	4.56
猪肉	-30	5.09
猪肉香肠	-30	2.40
小虾	-30	3.72

（三）辐射针对性杀菌（radicition）

这种处理所使用的辐射剂量足以降低某些有生命力的特定非芽孢致病菌（如沙门菌）的数量，结果用任何标准方法都不能捡出。剂量范围 5~10kGy。

这种处理不能杀灭所有的微生物，因为食品中有可能存在比对象菌更耐辐射的芽孢菌或其他细菌。因而这种处理方式强调的是食品的卫生安全性，而不能保证长期贮存的微生物学安全性。因此，用这种方法处理的食品，贮存时必须有其他手段的配合，如低温或降低产品的水分活性等。另外，如果食品中已经存在大量的微生物数量，也不适合用辐射针对性杀菌剂量来处理，因为辐射不能去除食品中已经产生的微生物毒素。

适用于辐射针对性杀菌处理的食品有高水活度生或熟的易腐食品及一些干制品，如蛋粉、调味品等。

（四）辐射选择性杀菌（radurization）

应用的电离辐射剂量足以提高食品的保藏品质，并可使生活的特定腐败微生物的数量显著减少。

这种类型的辐射处理的目的主要是为了食品的保鲜，延长保藏期。许多食品的变质是从微生物生长繁殖开始的，因此低剂量辐射将食品中的腐败性微生物降低到足够低的水平，可以延缓微生物大量增殖出现的时间。由于生长在不同食品上的微生物种类不同，这些微生物的耐辐射性也不同，并且残存的微生物在一定条件下的生长速度也不同，所以这种处理的剂量水平随食品的种类和处理后贮存条件和贮存期要求而异。但一般说来，引起腐败变质的微生物的耐辐射性都不大，也就是说 D_{10} 值不大，所以这种处理的剂量范围多在 0.1 万~1.0 万 Gy 之间。

适用于辐射选择性杀菌处理的食品有高水分活性的生或熟的易腐食品，由于只是降低这些食品中微生物的数量，所以，与辐射针对性杀菌处理一样，用这种方式处理过的食品的贮存期是有限的，多数情况下要与冷藏或冻藏结合，才能获得一定的贮存期。

四、 电离辐射装置系统

（一）辐射装置的种类与适用处理的范围

1. γ 射线辐照器

这种类型的辐照装置以放射性同位素 ^{60}Co 和 ^{137}Cs 作辐射源的。两者比较起来，前者有许多优点，因此目前多采用 ^{60}Co 作辐射源。

由于 γ 射线的穿透性强，所以这种辐照装置几乎适用于所有的食品辐射处理。但对于那些只要求作表面处理的食品，用这种装置进行处理，效率不高，有时还可能造成对食品内部的影响。图 6-49 所示为一种 γ 射线辐照装置。

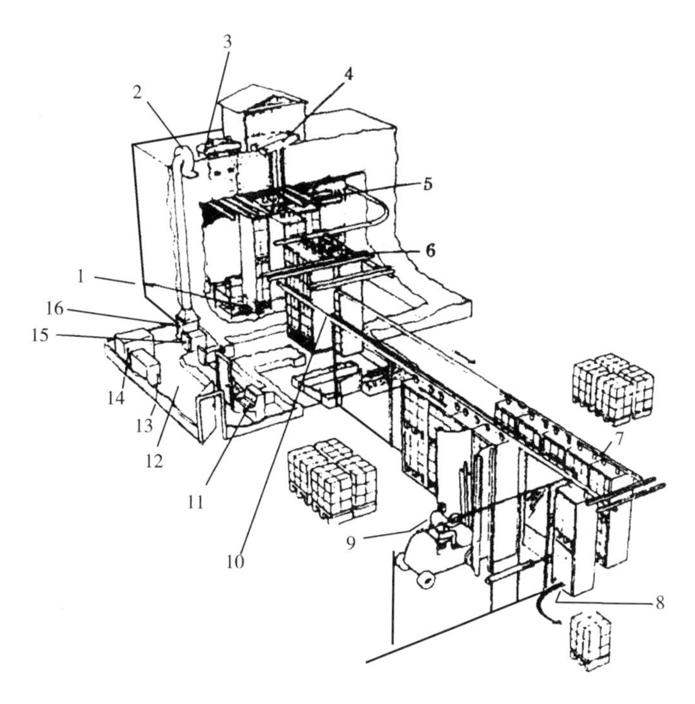

图 6-49　JS-9000γ 射线源辐照器

1—贮源水池　2—排气风机　3—屋顶塞　4—源升降机构　5—过照射区的传送容器
6—产品循环区　7—辐照后的传送容器　8—卸货点　9—上货点　10—辐照前的传送容器
11—控制台　12—机房　13—空压机　14—冷却器　15—去离子器　16—空气过滤器

2. 电子加速器辐照器

这种类型的辐照装置以电子加速器作为辐射源。它的适用范围没有上一类辐照器来得广，原因是电子束的穿透能力不强，只能作食品的表面辐射处理用。如果将电子射线转换成 X 射线，往往转换效率不高，目前还难以与 γ 射线相争。图 6-50 所示为一种电子加速器辐射装置。

（二）辐照装置的组成

1. 辐射源

辐射源是辐照器的核心。源的射线种类和功率容量的大小决定了辐照处理的生产能力、处理对象和屏蔽要求等。

γ 射线源通常做成平面栅状，这种形状可以使产品从源的两侧平行通过而接受比较均匀的照射剂量。γ 源常处于两种位置，即对产品进行照射的工作状态位置和贮存位置。一般辐射源贮存在深水池中。

电子加速器与 γ 源不同，工作或停工时不必移动位置，因为只要停止工作，其放射性就消失。

2. 产品传送系统

传送系统决定了可处理产品的包装形式。常用的适合于食品处理传送形式有：用于散装食品的传送带和用于包装或散装食品的单轨悬挂输送系统。

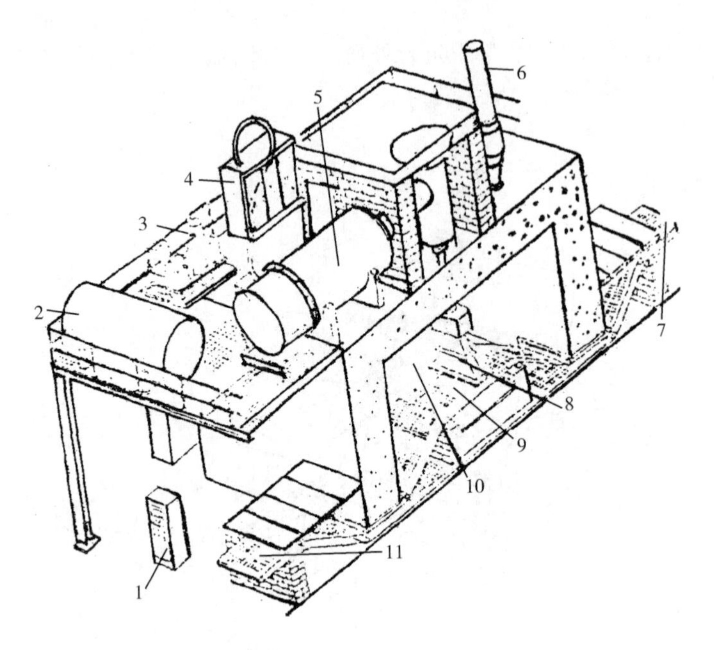

图 6-50　电子加速器辐照器

1—控制台　2—储气罐　3—调气室　4—振荡器　5—高频高压发生器
6—废气排放管　7—上货点　8—扫描口　9—传送带　10—辐照室　11—卸货点

值得一提的是，无论是加速器还是同位素源辐照器，传送系统都应该是可变速的。辐射处理时，由于源的强度在不断衰变，以及不同产品要求不同的辐照时间，所以要求调整传送链的速度，以使产品获得要求的剂量。

3. 安全系统

所有的辐照器都必须有连锁性故障安全系统。这种系统，在任何一个环节出现故障或不安全运作时，都会发出警报并同时自动做出安全处理，而且在故障消除或不安全运作终止以前，系统仍处于警报状态。

4. 包括屏蔽层在内的整体建筑

辐照器的建筑与普通厂房不同，因为它装有穿透能力很强的射线源。为了使辐照器外的放射性保持在足够安全的低水平，要将辐射源用很厚的混凝土迷宫墙屏蔽起来。辐照器中，其他建筑部分，如仓储室和操作室等，都要围绕屏蔽层安排。

5. 通风系统

辐射处理时，源周围的空气一直受到照射，会产生大量对操作人员有害的臭氧。因此辐照器都要配备通风系统，以降低室内空气中过高的臭氧浓度，从而保障操作人员的健康。

五、 辐射技术在食品保鲜中的应用

（一）畜禽肉类保鲜

这类制品腐败变质主要原因是腐败细菌引起的，加上这类产品本身对辐射处理，相对于其新鲜食品而言，不是很敏感，因此可以应用上面提到三种杀菌方式进行辐射处理。

应用高剂量进行辐射完全灭菌处理时，由于辐射完全杀菌的剂量不足以使产品中所含的酶完全钝化，为了获得常温下稳定的食品，一般在辐照前都采用适当的热处理使自溶酶钝化。高剂量的处理常使产品产生异味。目前减少异味最有效方法是在-80～-30℃范围的冷冻温度和真空条件下进行辐照。为了防止辐照产品的再污染，辐照前就应将产品真空密封于不透水气、空气、光线和微生物的容器中。到目前为止，适合于食品进行辐射完全杀菌处理的包装材料是金属罐。

低剂量辐射处理方式只是为了延长肉类产品的货架寿命。同样，也必须在辐射前先经过包装才能避免再污染。一般要与低温结合才能获得更长的产品寿命。

（二）水产品保鲜

与肉类制品一样，水产品既可以用高剂量处理也可以用低剂量处理。用高剂量处理时，情形与肉类相同，但辐照异味没有肉类明显。

鱼、虾、蟹等水产品是人们所喜爱的食品，由于它们生活在水中，捕捞后容易死亡，也容易腐烂。因此，许多国家对水产品的辐射保鲜进行了研究，有关研究方面包括抑制、杀灭水产品微生物的试验；射线对水产品品质影响的分析；辐射水产品的包装和包装材料的试验；辐射水产品的保藏条件和水产品辐射装置的试验研究等。通过对这些研究的综合分析，世界卫生组织、联合国粮农组织、国际原子能机构共同认定并批准，以 10 万～20 万 Gy 照射剂量来处理鱼，可以减少微生物，延长鲜鱼在 3℃以下的保藏期。关于辐射保藏水产品的试验研究情况见表 6-12。

表 6-12　辐射保藏水产品的情况

水产品	辐射源	照射剂量/kGy	照射效果
淡水鲈鱼	10MeV 电子射线	1. 00～2. 00	延长保藏时间 5～25d
淡水马哈鱼	10MeV 电子射线	1. 00	延长保藏时间 9～23d
淡水鳟鱼	10MeV 电子射线	0. 50	延长保藏时间 15～21d
淡水鲤鱼	10MeV 电子射线	5. 00	光谱分析未见核苷酸
	$^{60}Co\gamma$ 射线	4. 00	核酸含量异常
鲭鱼	$^{60}Co\gamma$ 射线	2. 50	延长保藏时间 18～20d
大洋鲈		2. 50	延长保藏时间 18～20d
鳕鱼		1. 50～2. 50	延长保藏时间 18～20d
鳖鱼类		1. 50	延长保藏时间 18～20d
比目鱼	$^{60}Co\gamma$ 射线	1. 00～2. 00	延长保藏时间 14～35d
鲶鱼	$^{60}Co\gamma$ 射线	4. 00	光谱分析未见异常
鲽鱼	$^{60}Co\gamma$ 射线	0. 50～1. 00	保藏性显著提高
小虾		1. 00～2. 00	延长保藏时间 35～42d
龙虾		1. 50	延长保藏时间 18～20d
荷兰虾		0. 50～3. 00	电泳法分析蛋白质未见异常
螃蟹		2. 50	延长保藏时间 56d
牡蛎		20. 00	延长保藏时间到几个月

续表

水产品	辐射源	照射剂量/kGy	照射效果
海扇		2.50	延长保藏时间三倍
软壳蛤		3.50	延长保藏时间 18~20d
蛤		1.00~2.00	延长保藏时间 5d
嘉鱼块		1.00~2.00	延长保藏时间 6d
熏制鳟鱼	γ 射线	50.00	完全灭菌，长期保藏
鱼类罐头		15.00~20.00	完全灭菌

（三）蛋类保鲜

蛋类的辐射主要是应用辐射针对性杀菌剂量，其中沙门菌是对象致病菌。由于蛋白质在受到辐射时会发生降解作用，因而辐射会使蛋液的黏度降低。一般蛋液及冰冻蛋液可用电子射线或γ射线辐射，灭菌效果良好。对带壳鲜蛋可用电子射线处理，剂量在 10kGy 左右，更高的剂量会使蛋带有 H_2S 等异味。

（四）果蔬类保鲜

果蔬类辐射处理是为了防止微生物的腐败作用、杀虫、延缓后熟和老化过程。

1. 水果类

导致水果蔬菜腐败的微生物大多是霉菌。如果辐射处理是为了抑制霉菌的生长，那么处理时应注意对剂量的控制，因过高的剂量有时会对产品本身的质地产生影响，因此属于辐射选择性杀菌。许多易腐水果及制品，用一定剂量的辐射处理后，均收到了延长保藏时间的效果。

在延迟水果后熟过程方面，对香蕉等热带水果的效果较好。例如，绿色香蕉用 0.5Gy 以下剂量处理就可收到效果，但对有机械损伤的香蕉，一般无这种效果。又如，用 2kGy 的剂量处理可延迟木瓜后熟。

辐射处理在果品杀虫方面也有一定的效果。

2. 蔬菜类

蔬菜类辐射处理的主要目的是抑制发芽和延缓新陈代谢作用。效果最明显的有马铃薯、洋葱，这两种产品，经过 0.04~0.08kGy 剂量的处理后，可在常温下贮藏 1 年以上。大蒜、胡萝卜等也有类似的效果。其他一些蔬菜的辐射处理情况如表 6-13 所示。

（五）谷物及谷物制品保鲜

谷物及其制品的辐照处理应以控制虫害及其蔓延为主。昆虫分蛾、螨及甲虫等。针对昆虫处理所需的剂量范围按使立即致死、几天内死去和不育要求分别为 3~5kGy、1kGy 和 0.1~0.2kGy。

控制谷类中霉菌所需的剂量范围在 2~4kGy。经 1.75kGy 剂量辐照处理过的面粉，能在 24℃下保质 1 年以上。大米可用 5kGy 的辐射剂量进行霉菌处理。高于此剂量时，大米的颜色会变暗，但煮沸时，有黏性增加的效应。

对于焙烤制品，如面包、点心、饼干和通心粉等，使用 1kGy 的剂量进行照射处理，就可收到除虫和延长贮存期的效果。

表 6-13　　某些蔬菜的辐射处理效果

蔬菜名	照射剂量/kGy	照射效果
蘑菇	0.25~3.00	抑制开伞，保持质量
大豆	2.50	缩短烹调时间三分之一
干马铃薯	3.00~7.00	复水快，复水后鲜嫩
干牛蒡	3.00~7.00	复水快，复水后鲜嫩
干洋葱	3.00~7.00	复水快，复水后鲜嫩
生胡萝卜	1.00~5.00	提高干燥速度
甘薯	1.20	抑制发芽
番茄	3.00~4.00	防止腐烂，延长贮存期 4~12d
龙须菜	<2.00	延长保藏时间
洋白菜	1.50	延长保藏时间
绿豆	0.60~1.50	杀虫

第五节　臭氧杀菌技术

食品安全最大的问题是微生物污染，而微生物的污染常常用热杀菌或防腐剂解决。但是，热杀菌破坏活性物质、营养成分和质构，增加营养成本；防腐剂的残留问题备受消费者关注。因此，超高压、辐照、高压脉冲电场等冷杀菌技术应运而生，在众多的冷杀菌技术中臭氧杀菌独树一格。

臭氧因其强氧化能力对包括细菌芽孢在内的各类微生物有极佳的杀灭效果，其广谱的抗菌作用已经在多种微生物上得到了证实，包括革兰氏阳性和革兰氏阴性微生物及细菌孢子，且灭菌过程无温变、无残留。因此，臭氧处理既能改善食品的微生物安全性，又能延长其保质期，且基本上不改变产品的营养、化学和物理性质，因而受到学术界和企业界的关注。

早在 1785 年，德国物理学家冯・马鲁姆用大功率电机进行实验时发现，当空气流过一串火花时，会产生一种特殊气味，但并未深究。此后，舒贝因于 1840 年也发现在电解和电火花放电实验过程中有一种独特气味，并断定它是由一种新气体产生的，而后宣告了臭氧的发现。20 世纪初，臭氧就已经开始用于食品的消毒杀菌，其作为一种强大的抗菌物质，一直被用于对各种水体进行消毒杀菌，包括瓶装饮用水、游泳池、温泉、海洋水族箱、市政污水以及防止冷却塔结垢。臭氧的应用先后被多个国家认可，还被应用于肉类、蔬菜、水果、鱼类、饮料以及草药香料行业。臭氧在水处理和食品领域应用简史如表 6-14 所示。

表 6-14　　臭氧在水处理和食品领域应用简史

年份	国家及地区	使用领域
1906	法国	臭氧被使用于饮用水的消毒
1910	德国	臭氧首次在肉类包装车间中使用
1918	美国	臭氧被用于游泳池消毒
1936	法国	臭氧被用于贝类等有壳的水生动物处理
1942	美国	臭氧被使用于鸡蛋和奶酪储藏室设备消毒
1972	德国	臭氧被使用于水净化过程
1982	美国	申报臭氧作为瓶装水的“GRAS”认证
1995	美国	重申臭氧的“GRAS”认证
1997	美国	美国电力研究协会专家公开宣布臭氧在食品加工领域通过“GRAS”认证
2000	美国	向食品与药物管理局提交食品添加剂申请书
2001	美国	食品与药物管理局正式批准臭氧可用于食品工业领域，可以与鱼、肉和禽类等食品直接接触使用
2001	美国	食品安全检验局也宣布臭氧可用作肉类和禽类产品中的杀菌剂

我国从 20 世纪 80 年代初期，已开始采用臭氧对饮用水进行消毒和工业废水深度处理，但发展较慢。在我国目前的城市供水中，绝大多数水厂均采用混凝、沉淀、过滤、消毒的处理工艺，其中消毒工艺主要采用氯气和漂白粉，使用臭氧的比例很低。如今，臭氧的使用正在稳步取代传统的杀菌技术，如氯、蒸汽或热水等。

一、　臭氧杀菌原理

（一）臭氧的物理性质

臭氧（ozone），分子式为 O_3，又称三原子氧、超氧，相对分子质量 47.998，因其类似鱼腥味的臭味而得名，在常温下可以自行还原为氧气。臭氧比重比氧大，微溶于水，易分解。由于臭氧是由氧分子携带一个氧原子组成，决定了它只是一种暂存状态，携带的氧原子除氧化用掉外，剩余的又组合为氧气进入稳定状态，所以臭氧没有二次污染。

臭氧存在于大气中，靠近地球表面浓度为 0.001~0.03mL/L，是由大气中氧气吸收了太阳的波长小于 185nm 紫外线后生成的，此臭氧层可吸收太阳光中对人体有害的短波（30nm 以下）光线，防止这种短波光线射到地面，使人类免受紫外线的伤害。

在常温常压下臭氧为气体，其临界温度-12.1℃，临界压力 5.31MPa。气态时为浅蓝色；液态臭氧呈深蓝色，密度 1.614g/cm^3（液，-185.4℃），沸点-111.9℃；固态臭氧呈蓝黑色，熔点-192.7℃，分子呈 V 形，不稳定。

臭氧在空气中稳定性极差，可分解为氧气，温度越高，湿度越大，分解越快；而臭氧在 164℃以上或有催化剂存在时，或用波长为 25nm 左右的紫外线照射时会加速分解成氧气。臭氧气体难溶于水，其溶解度是氧气的 13 倍，空气的 25 倍，不溶于液氧，但可溶于液氮及碱液。臭氧微溶于水后形成强氧化剂，臭氧的氧化电势为 2.7V，是自然界中存在的仅次于氟

（3.03V）的强氧化剂，相同浓度下臭氧杀菌能力为氯化物的600倍。

吸入少量臭氧对人体有益，吸入过量会刺激呼吸道，导致呼吸道水肿。国际臭氧协会安全标准为在0.01mg/kg浓度下可接触10h。

（二）臭氧的灭菌特性

臭氧分子是微生物的主要灭活剂，由于臭氧在水相和气相中的不稳定性，可分解出羟基、氢过氧化物和超氧化物等自由基，臭氧分解过程中产生的高反应副产物是潜在灭菌活性的来源。臭氧对细菌的灭活原理涉及对细胞膜成分（蛋白质、不饱和脂肪酸）、细胞包膜（肽聚糖）、细胞质（酶、核酸）、孢子外壳和病毒衣壳（蛋白质和肽聚糖）的攻击。

臭氧灭活微生物有两种机理：其一是臭氧分子与细菌细胞壁的脂类双键发生氧化反应，穿入菌体内部与脂多糖和脂蛋白相作用，改变细胞通透性导致胞内物质外流，细菌溶解死亡，称之为“细胞消散”；其二是臭氧分子氧化分解甘油磷酸脱氢酶，影响糖酵解途径，破坏细菌的物质代谢及繁殖过程；同时由于微生物的酶系统中富含巯基，臭氧进入细胞内部后极易与巯基发生氧化反应，生成醛类，从而使微生物快速失活。因此，臭氧对细菌的连续性损伤，使细菌细胞的DNA结构被破坏，导致新陈代谢紊乱，这其中膜屏障的破坏是导致继发性DNA损伤的最主要因素，最终导致细胞死亡。

（三）微生物对臭氧的敏感性

臭氧对多种微生物具有杀灭作用，包括革兰阳性菌和革兰阴性菌，以及孢子和营养细胞，其中革兰阳性菌包括单核细胞增生李斯特菌、蜡状芽孢杆菌、金黄色葡萄球菌、粪肠球菌；革兰阴性菌包括铜绿假单胞菌、小肠结肠炎耶尔森菌以及白色念珠菌、白酵母、黑曲霉菌、灰霉菌等。并且，革兰阳性菌（单核细胞增生李斯特菌）在臭氧水中暴露比革兰阴性菌（大肠杆菌、小肠结肠炎耶尔森菌）更敏感。但是，也有研究认为革兰阴性菌比革兰阳性菌更具臭氧抗性，因为它们的细胞壁中的肽聚糖含量较高。与细菌类似，霉菌种类也对臭氧有不同的敏感特征，如意大利青霉菌受臭氧影响较大，而指状青霉菌具有抗性。微生物对不同的臭氧形式敏感性也不同，如臭氧气体比臭氧水更能有效地减少毒素，但臭氧水在霉菌失活方面效果更显著。

（四）臭氧浓度检测方法

检测臭氧浓度的样品主要以气体或水溶液的形式存在，检测方法可分为非溶液（干）法和溶液法两类。臭氧浓度检测方法大致可分为物理方法、物理化学方法与化学方法，在1969年出版的分析化学系列丛书中列出的方法有20多种。早期检测臭氧经典的方法有碘化钾氧化还原法和靛蓝二磺酸钠褪色法；随着科学技术的不断进步，1970年后出现许多和电子技术紧密相关的分析方法，如氧化还原电化学法、热敏法、化学发光法以及紫外光谱法；1983年国际臭氧协会批准了使用碘量滴定法测定臭氧含量。沿袭至今普遍使用的检测方法仍是早期使用的碘量滴定法、靛蓝褪色反应法以及二乙基对苯二胺（DPD）方法。

二、 臭氧气的制备与应用

（一）臭氧气的制备方法

人工制备臭氧的方法有紫外线法、高频高压电晕法和电解法。紫外线法是利用波长短于200 nm的紫外线使空气中的氧分子电离而产生臭氧，该方法所得臭氧浓度低，且可能产生氮氧化物，能产生臭氧最大质量分数为0.1%（干基质量比）。高频高压电晕法是通过板式放电、管式放电或低温等离子体沿面放电技术，将氧气或空气经干燥等预处理后，送入高频高压放电室电离产生含臭氧和氮氧化物的混合气体。通过模拟大自然闪电作用，利用放电电离获得质量分数为 1.5%的臭氧混合气体，但采用该方法产生 6.81 g 臭氧混合气体需消耗电量 7 kW · h。

电解法是利用低压直流电电解水，使其在特制阳极水界面失去电子，氧化产生臭氧；该方法产生的臭氧纯度高，且不产生任何氮氧化合物等有害物质。20 世纪 80 年代，拥有自主知识产权的国产低压电解式臭氧发生技术的诞生，为臭氧的应用打开了一扇大门。该技术可通过阴、阳电极电解纯水连续制取臭氧，所产生臭氧纯度可达 25%以上，且不含氮氧化合物，设备简单可控，能耗低，并有成熟的配套技术（高效气-液混合技术、臭氧回收分解、氢气分解等），使高浓度臭氧水的制备成为现实。低压电解式臭氧机原理如图 6-51 所示，电极反应式如下。

$$\text{阳极反应式：} H_2O=\frac{1}{3}O_3+2e^-+2H^+ \tag{1}$$

$$\text{阴极反应式：} 2H^++2e^-=H_2 \tag{2}$$

$$\text{总反应式：} H_2O=\frac{1}{3}O_3+H_2 \tag{3}$$

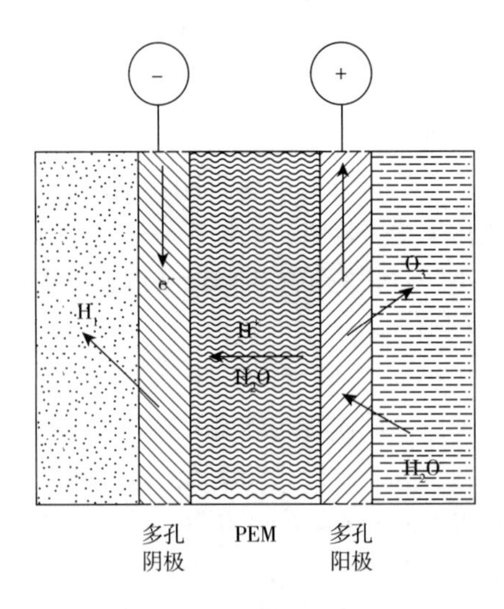

图 6-51　电解式臭氧机工作原理

（二）臭氧在食品杀菌中的应用

臭氧是世界公认的广谱、高效杀菌剂。目前在许多国家和地区，臭氧的应用很广泛，如应用在饮用水消毒、医用水消毒、污水处理、食品厂和药厂空气消毒、造纸漂白等行业和领域；一些小型的民用臭氧电器产品已走进了人们的日常生活中。在一定浓度下，臭氧可迅速杀灭水中和空气中的细菌，更重要的是臭氧在杀菌后还原成氧，因此是一种绿色环保的消毒剂。详见表 6-15。

表 6-15　　臭氧气体在各行业的应用

领域/行业	应用
饮用水	自来水杀菌消毒，瓶装、桶装纯净水、矿泉水等饮用水消毒，高楼屋顶水箱的水质处理

续表

领域/行业	应用
制药、食品	无菌室、包装物、工作服、器皿及其他物件的消毒灭菌；原材料（肉类、果菜类）及半成品、成品的保鲜、消毒
饭店、食堂	降解蔬菜残余农药，保鲜防腐，特别适用于生吃蔬菜的消毒，对鱼肉及海鲜能起到保鲜防腐作用，破坏肝炎表面抗源及其他病菌；以及餐饮炊具消毒、营业场所餐台椅消毒、环境消毒
宾馆、旅店	营业场所环境消毒、床上用品消毒
娱乐业	营业场的空气净化、环境消毒，游泳池水质处理
医疗卫生	病房空气净化、衣物消毒、环境除臭消毒、日常洗手消毒、器械消毒
家电行业	臭氧消毒洗涤器、臭氧洗衣机、臭氧消毒碗柜、臭氧洗碗机、臭氧灭菌筷子筒、臭氧蔬菜瓜果残余农药解毒机等
化工业	工业废水、废气处理，能迅速分解废水中的氰铬盐、酚等，有机染料脱色
水产、家禽养殖业	水质杀菌消毒，补充水中含氧量；圈舍灭菌除臭消毒、养殖场空气净化。经臭氧处理能显著提高成活率和产量，大大减少其病害，促进其成长发育，并能消除养殖场内恶臭

三、臭氧水的制备与应用

（一）臭氧水的制备方法

臭氧在水中的溶解度与水温、pH、气体压力、水的纯度及与水的接触时间等因素有关。理论上，纯臭氧在0℃水中的溶解度可达1372mg/kg；但在实际应用中，由于臭氧发生器输出的臭氧气体中混合着氧气或空气，导致臭氧在水中的溶解度大幅降低。当水中臭氧气泡越小，与水的接触面越大，越有利于臭氧的溶解稳定性，当气泡直径≤2μm时，臭氧在水中能达到最优的溶解效果。

水温是影响臭氧溶解度的主要因素。臭氧溶解速率随着混配水温的上升而下降，当水温在0.5~43.0℃时，溶解速率和水温呈负相关关系。所以，低温有利于臭氧的溶解，且水温是影响臭氧在水中溶解能力和半衰期的主要因素。实验表明，当利用4℃的去离子水（pH=6.5）调节水温，发现随着水温的升高，水中臭氧浓度快速降低，0℃水中的臭氧半衰期为40min，40℃时降低为3min。

水质也是影响臭氧溶解度的重要因素。水的纯度越高，臭氧的溶解度越高，因为在水溶液中臭氧会以游离态与有机化合物反应，从而加速臭氧的降解。而且臭氧在水中会不断降解，在20℃蒸馏水中臭氧半衰期为20~30min，水质越纯净，水中的臭氧的稳定性越好。

水的pH对臭氧溶解度的影响非常微妙。臭氧在酸性溶液中更稳定，当pH=3时，稳定性最佳，但当pH<3时，由于酸的催化作用臭氧的分解反而加快；而在碱性环境下，由于OH^-的催化作用，臭氧极易分解。此外，长沙理工大学的研究人员在试验过程中发现将臭氧水-臭氧气体进行循环混合可以显著提高臭氧水中臭氧浓度，第一次循环可使臭氧浓度提升30%左右；通过对臭氧水制备条件（水流量、水温、水质以及添加物等）优化，可制成浓度达50mg/kg

以上的臭氧水，将其置于-78℃超低温冰箱中，制取的臭氧冰中臭氧浓度高达12mg/kg。

（二）臭氧水在食品杀菌中的应用

臭氧水在水产品保鲜中的应用研究，早在1936年国外就用臭氧水洗涤鱼类及对贝类进行消毒净化。臭氧水可对瓜果蔬菜、海产品、肉类进行杀菌消毒，防腐保鲜，清除异味。同时，具有降解瓜果、蔬菜表面残留含磷农药的功能，详见表6-16。

表6-16　臭氧水在食品工业中的应用领域

作用	应用领域	应用方法举例
食品杀菌	食品原料（豆类、谷类和其他粉体类）、水果、蔬菜、生鲜点心、鲜鱼、肉类、生贝、熟菜类	鳕鱼、太平洋牡蛎、鲶鱼肉、鲳鱼块；整虾及龙虾仁、牛肉、酱板鸭；杨梅、水芹菜、草莓、豆芽等
环境空气杀菌	糕点车间、水产畜产加工车间、冷库、食堂、厨房、烤鸡烤鸭间、豆腐加工车间、冷冻食品加工车间	车间空气消毒，果蔬、禽蛋和肉的储藏
水杀菌	饮用水、排污处理、食品加工用水、清洗用水、食品喷雾水	鲜鱼、精肉、水果蔬菜、焙烤用具的用水杀菌，冻鱼、冻肉解冻用水杀菌，饮料水、清洗水杀菌
脱色及脱臭	肉食加工间、厨房操作间、食品原料的脱色和漂白	鱼贝类、鲜肉以及大蒜的脱臭
氧化以及其他作用	有毒气体的分解，食品原料的催熟化、新鲜度的保持	梨、苹果、葡萄、桃等果蔬新陈代谢和贮藏效果
种子发芽	降低种子发芽霉变率，有利于种子发芽过程中的淀粉分解、游离氨基氮的生成	高粱、玉米、黄瓜、韭菜、南瓜等
降解农药残留	敌敌畏、乐果、水胺硫磷、甲胺磷、呋喃丹与抗蚜威等有机物的降解	苹果、柑橘、大白菜、稻谷、小麦、玉米等

四、臭氧冰的制备与应用

（一）臭氧冰的制备方法

早期，鲑鱼和鱿鱼是美国及海外地区主要的渔业资源，人们为了提高鱼类的货架期，开始设想臭氧冰对新鲜鱼的保鲜，初期实验是用塑料瓶盛装臭氧水置于-80℃下冷冻成臭氧冰，其在热碘化钾溶液中融化中散发出臭氧的特殊气味，如此发现臭氧在冰中能能够稳定存在，并随着冰块融化缓慢释放。臭氧冰在-18℃的贮藏过程中，初始时冰中臭氧浓度会有明显的降低，而贮藏5~30d时，冰的臭氧浓度基本能维持稳定不变。臭氧含量越高的臭氧冰，常温下释放的臭氧浓度也越高。

当流速为2t/h的低温水（3℃）与流速为40g/h的臭氧在0.45MPa的压力下充分混合制成臭氧水，使用臭氧浓度在线监测传感器调整臭氧发生器的驱动电流和驱动频率，使臭氧水中臭氧浓度保持在149~150mg/kg；预先制成的臭氧水输入冷冻模具中，在-10℃温度的冷冻设备中进行初步成型，使其表面在 120s 内快速形成臭氧冰膜，膜的体积占臭氧水总体积的 3%，再将初级臭氧冰输送至另一冷冻设备中，在低于-20℃下冷冻 2h，然后在-25℃下冷冻 1h 进行包装，最后在-30℃下冷冻 5h 形成成品臭氧冰，该臭氧冰中臭氧浓度为 13~14mg/kg。

实验表明，当水的 pH=4.0，水温接近 0℃，臭氧气体流量 2.5L/min，混合泵出水压力 0.2MPa 的条件下进行循环混合，能制出含臭氧 115.3mg/kg 的高浓度臭氧水，然后用快速制冰机可制出含臭氧量高达 16.7mg/kg 的臭氧冰。

水温越低，臭氧水冻结速率越快，臭氧的损失越小，用液氮（-196℃）制备的臭氧冰浓度最高。

目前，较为成熟的臭氧冰制备技术是用低压电解水产生高浓度、高纯度臭氧气体，再将臭氧与水混合成臭氧水，利用低温设备冷冻成臭氧冰，工艺流程如图 6-52 所示。这其中臭氧水冷冻成臭氧冰的方法比较单一，一种是将臭氧水连接快速制冰机，直接产出臭氧冰，这种快速制冰机选材需要对臭氧具有良好的抗性（如氟材料、SS304 不锈钢、钛钢等）；另一种是把预制的臭氧水装入容器内密封，然后置于低温环境下（如液氮、低温乙醇、超低温冰箱或低温冷库等）速冻。

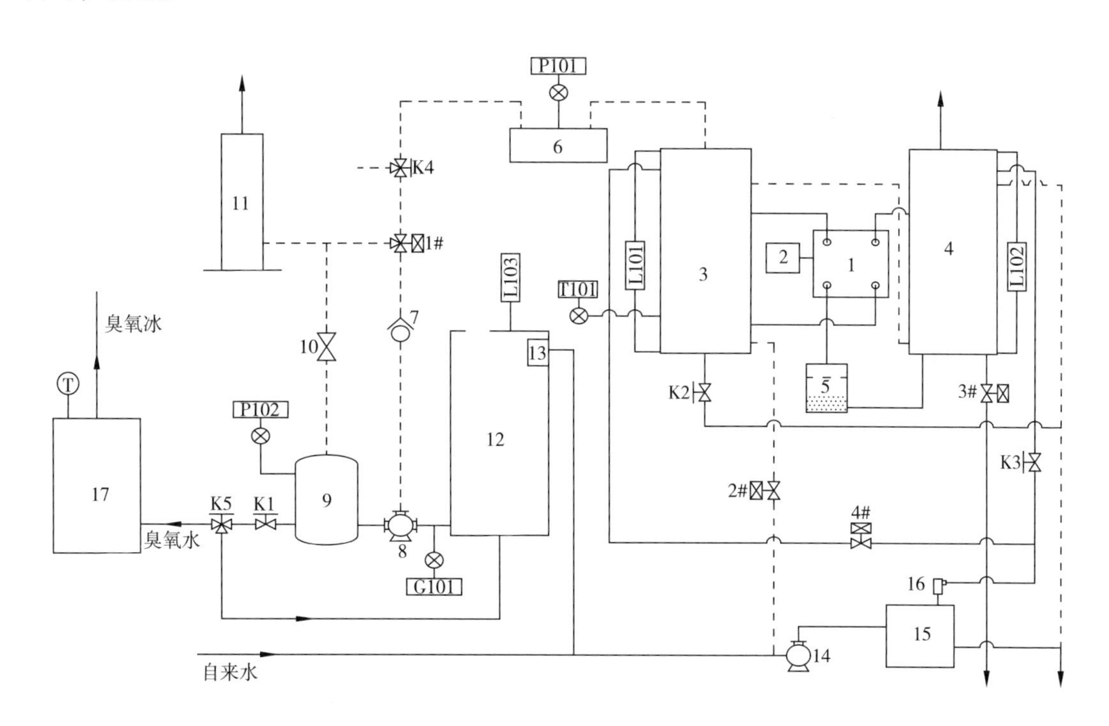

图 6-52　臭氧冰制备工艺设备流程

1—臭氧发生堆　2—直流恒流电源　3—阳极罐　4—阴极罐　5—阳离子树脂罐　6—分配器　7—四氟单向阀　8—气液混合泵　9—混合罐　10—气液分离阀　11—臭氧催化分解塔　12—水箱　13—全自动水位控制阀　14—隔膜增压泵　15—纯水机　16—电导率仪　17—制冷设备　K1—流量调节阀　K2、K3—手阀　K4、K5—四氟三通阀　L101、L102—水罐液位　L103—水箱低位浮球　G101—流量变送器

除了将预先制成的臭氧水利用低温设备冻结成臭氧冰外，日本学者还提供了臭氧冰制备工艺的另一种思路，该团队先制作包孕氧气气泡且密度为 550~910kg/m³ 的冰，再利用波长为 180~242nm 的紫外线对所制作的冰块照射，使冰中的氧气臭氧化制成臭氧冰。除此之外，还

可以考虑臭氧与其他技术结合，拓展臭氧冰的应用范围。例如，流化冰具有快速降温的效果，但使用期间易受到水产品表面微生物的交叉污染，而将流化冰与臭氧结合，可以充分利用流化冰的降温功能和臭氧的杀菌效果。

（二）臭氧冰在食品保鲜中的应用

1. 在水产品保鲜中的应用

臭氧冰在其融化过程中缓慢释放臭氧，对鱼、虾等体表细菌的生长产生抑制作用，从而在水产品保鲜中得到应用。当使用臭氧预处理活罗非鱼后，使其货架期延长了 12d，并且在 0℃下储存 30d 能明显改善罗非鱼的质量特性。另外，当使用 2mg/kg 的臭氧冰处理的墨鱼和鲑鱼 6d 后，样品细菌总数比普通冰降低了 4log（CFU/g）。国内学者使用 5mg/kg 臭氧冰对南美白对虾和罗非鱼进行保鲜研究，发现其菌落总数比普通冰处理减少 91%，且能减缓挥发性盐基氮（TVB-N）的升高，保鲜期延长 3~5d。另外，在 2℃条件下，用 3.53mg/kg 的臭氧冰保鲜鱿鱼，发现能有效减缓 pH 的回升，抑制细菌菌落总数的增加，感官品质明显提升，延长货架期 4~5d；同时发现，浓度为 0.51mg/kg 的臭氧冰对鱿鱼的保鲜效果较普通冰差异不明显。但是，通过比较 0.89mg/kg 臭氧冰冰埋和普通冰冰埋对东海白鲳的效果，发现在这个浓度下的臭氧冰能延长东海白鲳货架期 1~2d。臭氧冰的使用不仅解决了臭氧的保存与运输等问题，也为水产品保鲜提供了新的途径。

在臭氧杀菌技术的基础上，将臭氧与流化冰结合，可以充分发挥出这两种技术各自的优势。例如，将臭氧注入流化冰（水 60%、冰 40%）中，制成臭氧浓度为 0.1mg/kg 的臭氧流化冰保鲜大头鱼，通过凝胶电泳和电镜扫描结果，发现臭氧流化冰能够有效地延迟大头鱼肌原纤维蛋白的降解和减少微结构的劣化，臭氧流化冰保鲜大头鱼的货架期为 18d，比普通片状冰和流化冰分别延长 9d、3d。通过比较了不同浓度的臭氧流化冰对梅鱼的影响，发现用（0.82±0.04）mg/kg 的臭氧流化冰处理的梅鱼 pH、挥发性盐基氮值、硫代巴比妥酸（TBA）值和过氧化值（POV）都处于较低水平，且能减缓梅鱼的肌原纤维蛋白的盐溶性、巯基含量和活性下降速率，臭氧流化冰处理的梅鱼比碎冰处理延长货架期 9d。最后，采用臭氧流化冰（0.17mg 臭氧/kg，水 60%、冰 40%）分别对沙丁鱼和比目鱼（鱼和冰的质量比为 1∶1）进行冷藏保鲜（2℃），与流化冰和普通冰相比，臭氧流化冰可以减缓冷藏沙丁鱼肉挥发性盐基氮值与三甲胺氮（TMA-N）值的上升，其货架期为 19d，分别比传统冰和流化冰延长了 11d、4d；臭氧流化冰处理还能明显降低比目鱼冷藏期间的菌落总数和三甲胺氮值，使其货架期从 7d 延长至 14d。进一步采用同样的方法保鲜帆鳞鲆，臭氧流化冰对样品的菌落总数、pH、挥发性盐基氮、三甲胺氮等指标均有显著性影响（$p<0.05$），产品的冷藏货架期从 14d 延长至 20d。可见，将臭氧与流化冰结合用于水产品的保鲜不仅可以有效降低水产品的菌落总数，而且能够延缓水产品贮藏过程中 pH 和挥发性盐基氮的上升，减缓其蛋白质的变性降解，抑制肌肉组织的劣变和质地软化，保护蛋白质的空间结构不受破坏，有效保持感官品质，显著延长水产品的货架期。

2. 在果蔬产品保鲜中的应用

臭氧冰在果蔬保鲜中的应用主要采用臭氧冰膜包裹的方式，而臭氧冰膜的形成是通过将产品放入已制成的臭氧水中浸泡后取出，在其表面形成一层臭氧水水膜，再将其置于湿冷环境中又会迅速形成一层臭氧冰膜。

在水果类产品保鲜领域，常常以冬枣为研究对象，发现 2.0~3.0mg/kg 的臭氧冰膜包裹处理可抑制多酚氧化酶（PPO）活力的升高，推迟多酚氧化酶活力高峰的出现，有效保持果实硬度和维生素 C 含量，显著抑制总糖含量、乙醇含量的升高和果实的转红，从而延缓果实的采后衰老和酒化变软，同时还可延缓营养成分的散失。另外，在（−1.5±0.5）℃条件下，使用 2.5mg/kg 臭氧冰膜处理新鲜无花果能够显著提高过氧化物酶（POD）、过氧化氢酶（CAT）和超氧化物歧化酶（SOD）的活力，抑制 O_2^- 产生速率，延缓 H_2O_2 和丙二醛（MDA）含量的积累，从而降低无花果贮藏过程中活性氧的产生，延缓无花果的成熟和衰老。

在蔬菜保鲜领域，未处理前芹菜的大肠菌为 23000CFU/g，当使用浓度为 9.7mg/kg 的臭氧冰融化后的臭氧水浸泡 30min 后，大肠菌仅剩 140CFU/g，降低了两个数量级。另外，使用（1.81±0.08）mg/kg 的臭氧冰分别在（26.0±1.0）℃、（10.0±0.5）℃、（0.0±0.5）℃温度下对香菇进行贮藏，在这 3 种贮藏温度下，臭氧冰处理均能有效地抑制香菇的呼吸强度，延缓维生素 C 和可溶性固形物（TSS）的下降及丙二醛、多酚氧化酶活力和细胞膜透性的升高，很好地保持了香菇的鲜度，延缓菇体衰老。

可见，臭氧冰既可以起到为果蔬提供冷源的作用，又能缓慢释放臭氧并利用其强氧化性，分解乙烯，抑制酶活力，杀灭微生物，从而延长果蔬贮藏期，具有双重保鲜作用。

3. 在禽类产品保鲜中的应用

当利用臭氧处理大骨鸡时，发现臭氧会氧化鸡肉脂肪，使得鸡肉颜色变白，弹性变差，组织变粗，而 R−多糖有利于鸡肉颜色的保持，于是可用 0.12%R−多糖（复合防腐剂）溶液浸泡鸡肉，再用 5mg/kg 的臭氧冰对鸡肉保鲜，样品菌落总数可减少 92.4%，降低了鸡肉 pH，产品的货架期延长 2d。同样，将鲜切鸡肉浸泡在含有 30g 臭氧冰的复合保鲜剂（山梨酸钾 0.0075%、丙酸钙 0.015%、R−多糖 0.12%、尼森 0.03%）中 120s，在（3.0±0.5）℃下贮藏货架期可达 12d。

臭氧冰在禽类产品保鲜中应用都结合了复合保鲜剂使用，但相关的研究和应用较少，这与臭氧对禽肉类的漂白作用和过度氧化有关。此外，臭氧处理禽肉类，不仅可以去除禽肉中的腥味血污杂质，还会降低肌肉中的血红素，使得肌肉变白。但是在猪肉或牛肉中，在臭氧存在时肌肉中的亚铁血红素可被氧化为高铁肌红蛋白（MetMb）形成棕褐色；当肌肉中的还原性物质耗尽时，高铁肌红蛋白的褐色就成为主要色泽，所以减缓肉中氧合肌红蛋白向高铁肌红蛋白的转变，是保护色泽的关键所在。

五、 臭氧杀菌技术展望

臭氧因其广谱的杀菌性质，在食品保鲜中具有显著优势。臭氧以水和冰为载体，可使臭氧的半衰期有效延长，有望为臭氧冷杀菌技术应用提供新的思路。臭氧及其臭氧水/冰的制造成本低廉，且需求量极大，仅以浙江舟山渔港为例，远洋捕捞制冰需求量就达到 3000t/d，制取臭氧冰所需的成本仅比普通冰块的生产成本增加 70~80 元/t。随着中国速递行业的发展，生鲜食品的物流已经比较成熟，其市场容量也在迅猛扩张，以臭氧冰替代冰袋，成本增加极少，但可以大幅度提高生鲜食品的保鲜质量，延长保质期；传统海鲜餐饮门店也可以用臭氧冰替代普通碎冰，以延长海鲜的货架期。

臭氧冰在这个领域的应用还需要更多的基础研究和保鲜储运工艺参数支撑，也需要相应的耐强氧化包装材料以及低廉实用的保温箱支撑。这方面的基础研究尚处于起始阶段，需要加大研究力度。

目前，随着拥有自主知识产权的国产第三代低压电解式高浓度臭氧生成技术及系列装置的问世，使得臭氧技术从实验室走向市场成为可能，但臭氧水受到了即制即用的限制，而工业化生产臭氧冰也存在缺乏专用、快速、连续的制冰机械的技术瓶颈，解决这些难题需要多学科联合才能促使臭氧技术的应用得以推广。

微生物污染是全球食品安全面临的首要问题，臭氧以其强氧化性质可以轻易地杀灭病毒及包括耐高温的芽孢杆菌在内的微生物，而有望成为解决微生物污染的利器。但与所有的消毒技术一样，臭氧也不是万能的，需要与多种消毒技术联合使用，建立以减菌化为目的的栅栏技术，确保食品安全。

第六节　低温等离子体杀菌技术

食品冷杀菌保鲜包装技术的是国际食品科学技术最新发展方向之一，高压电场低温等离子体冷杀菌（cold plasma cold sterilization，CPCS）是目前国际上一种最新型的高效非热源性食品冷杀菌技术，利用食品周围介质产生光电子、离子和活性自由基团与微生物表面接触导致其细胞破坏而达到杀菌效果。目前，对于生鲜肉、新鲜果蔬销售及鲜切菜等热敏食品采用的杀菌包装技术，存在杀菌不彻底及产生二次污染问题；尽管产品可采用冷链物流贮藏，但微生物仍能大量繁殖引起腐败变质，货架保鲜期短。此外，热杀菌对产品生鲜感官品质及营养成分的负面影响，不利于保持原有品质。为生鲜食品有效杀菌保鲜及延长货架保鲜期，开发高效冷杀菌和保鲜包装技术成为食品行业的必然趋势。

一、低温等离子体杀菌原理

（一）低温等离子体冷杀菌概述

等离子体（plasma）是一种由自由电子和带电离子为主要成分的物质形态，广泛存在于宇宙中，被称为是物质除固态、液态、气态之外存在的第四状态，也被称为“等离子态”；它由中性气体在一定电场强度激发诱导产生，按照粒子温度可以分为热平衡等离子体和低温等离子体（cold plasma）。随着等离子物理工程学的研究发展，使得低温等离子体可以在大气压条件下产生，从而使其具有很好的商业应用开发价值。低温等离子冷杀菌（CPCS）成为近年来国际食品物理场加工技术的热点领域、食品科学工程技术的最新发展方向之一。

图6-53　高压电场低温等离子体形成机理

（二）低温等离子体冷杀菌机理

低温等离子体形成机理如图6-53所示。高压电场激发介质气体产生电子转移、形成光电子、离子和活性自由基团等低温等离子体，作用于微生物细胞的不同部位导致其细胞结构破坏而达到杀菌效果，其冷杀菌机理（图 6-54）可从低温等离子体对细胞的蚀刻作用、细胞膜穿孔与静电干扰、大分子氧化三个方面解释。

1. 蚀刻作用

是指低温等离子体作用微生物细胞导致某些生物大分子的化学键断裂，形成挥发性副产品，如 CO_2 和 CH_x 等。紫外线可造成生物体内化学物质的蚀刻作用，同时波长在 200 ~ 300nm 范围的紫外线，还可以诱导胸腺嘧啶二聚物的形成造成 DNA 的破坏。活性氧自由基如羟基自由基和氮氧自由基可以直接轰击生物体表面的细胞膜，并与环境中的氧分子共同作用，在细胞膜表面缓慢燃烧最终生成 CO_2 和 H_2O 等挥发性物质。

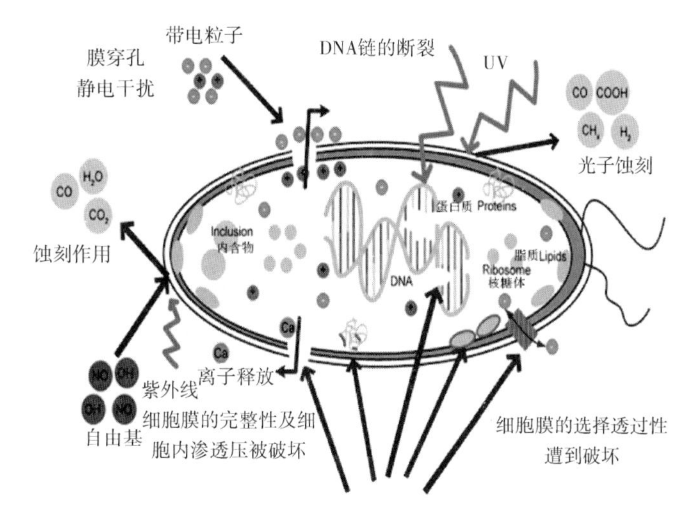

图 6-54　低温等离子体杀菌示意图

2. 细胞膜穿孔与静电干扰

低温等离子体产生的带电粒子在高电差的作用下高速运动，撞击微生物细胞膜表面，最终造成化学键的破坏和局部腐蚀，同时还可以与活性氧等协同作用，氧化细胞膜表面蛋白质和脂质，造成局部变形导致细胞膜表面穿孔。低温等离子体产生的电子离子在细胞膜表面富集，造成不规则性异样高的曲率而发生静电干扰，使细胞表面总张力超过细胞膜的总抗拉强度、而造成细胞膜穿孔。

3. 大分子氧化

低温等离子体产生的活性氧自由基（ROS）可以与细胞大分子发生氧化反应。活性氧自由基的生物靶点包括 DNA、蛋白质和脂类，尤其是细胞膜表面的脂质是活性氧自由基的主要攻击靶点。活性氧自由基攻击细胞膜中多不饱和脂肪酸，引起脂质的连锁反应如图 6-55 所示，活性氧自由基产生的氢过氧自由基、超氧离子自由基、单线态氧和臭氧都可以导致脂质氧化，它们可以从不饱和脂肪酸中提取氢原子，形成脂质自由基；脂质自由基在和氧分子反应生成脂质过氧化氢自由基，具有很强的氧化性，可提取周围不饱和脂肪酸中的 H 原子形成脂肪酸过氧化物，从而引发如图 6-55 所示的脂质链式反应。

- 初始
- 自由基提取不饱和脂肪酸中的氢原子，形成脂肪酸自由基　　$L+OH\cdot \longrightarrow L\cdot +H_2O$

- 链式反应
- 脂肪自由基与分子氧反应生成脂质过氧化自由基　　$L\cdot +O_2 \longrightarrow L\text{-}OO\cdot$
- 脂质过氧化自由基提取附不饱和脂肪酸中的氢原子形成脂质自由基和脂质过氧化氢　　$L\text{-}OO\cdot +L \longrightarrow L\cdot +L\text{-}OOH$
- 脂质过氧化氢通过粉汤反应或裂解反应生成脂肪酸醛类自由基　　$L\text{-}OOH \longrightarrow L\text{-}O\cdot$

图 6-55　脂质链式反应

脂质链式反应造成细胞膜内旋性的改变和细胞完整性的破坏，细胞膜的选择透过性破坏，渗透压失衡，最终导致细胞的裂解。活性氧自由基还可以攻击蛋白质，发生氨基酸侧链修饰和蛋白质结构的改变。这些改变可能会导致蛋白质的功能变化，从而扰乱细胞新陈代谢，对细胞具有潜在的灾难性影响。

细胞体蛋白质中的 Fe-S 簇对超氧化物自由基的攻击特别敏感，多数酶类的活性金属结合部位对活性氧自由基的攻击也特别敏感；同时细胞体内蛋白质氧化导致氧化蛋白在体内的积累，当存在过量氧化蛋白时会抑制蛋白酶的活性。活性氧自由基的另一个反应目标是DNA，它与 DNA 的碱基和糖基反应，造成脱氧核糖核酸的多种类型氧化损伤；羟基自由基因其超强的氧化性质可以与DNA 中的糖基反应，造成DNA 链的断裂。除活性氧自由基可以直接与DNA 反应之外，活性氧自由基的中间产物也可以与 DNA 反应，如脂质过氧化氢自由基可与 DNA 中的嘌呤反应造成嘌呤聚合物的产生；同时脂质链式反应的最终产物的某些醛类也可以与 DNA 反应造成碱基的烷基化和 DNA 链内或链间的交联。

低温等离子体产生的活性氧自由基对细胞大分子的氧化，最终导致细胞新陈代谢和结构完整性的破坏而死亡。

二、 低温等离子体杀菌装置

（一）低温等离子体发生装置

1. 电晕放电型

如图 6-56 所示，在电极两端加上较高但未达到击穿的电压时，电极表面附近的电场（局部电场）很强，则电极附近的气体介质会被局部击穿产生电晕放电（corona）现象从而形成低温等离子体。

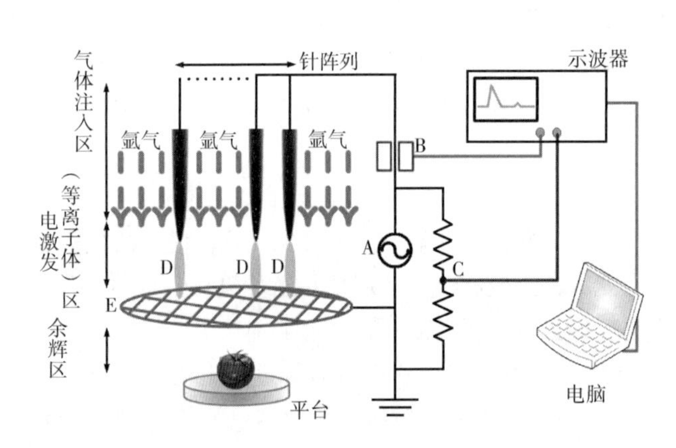

图 6-56 电晕放电型低温等离子体发生装置

2. 射频放电型

如图 6-57 所示，利用高频高压使电极周围的空气电离而产生低温等离子体。由于射频放电型低温等离子的放电能量高、放电范围大，现已被应用于材料的表面处理和有毒废物的清除和裂解。射频等离子可以产生线形放电，也可以产生喷射形放电。

3. 介质阻挡放电（DBD）型

如图 6-58 所示，在两个放电电极之间充满某种工作气体，两个电极连接高压电源即产生高压电场，高压电场激发介质气体产生电子转移、形成光电子、离子和活性自由基团等低温等离子体，作用于微生物细胞的不同部位导致其细胞结构破坏而达到杀菌效果。为提高高压电场强度而增强杀菌效果，将其中一个或两个电极用绝缘材料覆盖与介质气体完全隔离，覆盖的介质阻挡放电绝缘材料的介电性能和厚度决定了低温等离子体发生装置可耐受的电压（目前水平可达到 80~90kV）。目前介质阻挡放电型作为低温等离子体发生装置的主要形式已开始应用于包装食品的冷杀菌研发。图 6-59 所示为高压电场介质阻挡放电-低温等离子体杀菌系统原理图。

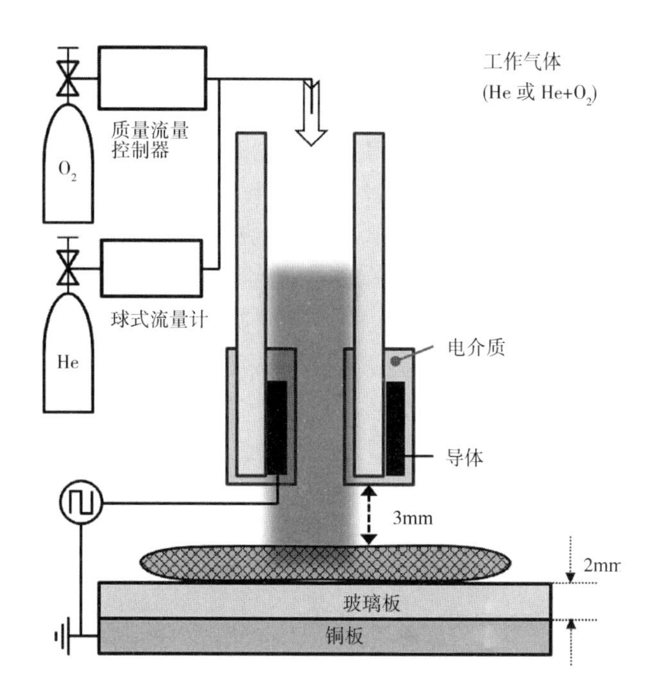

图 6-57 射频放电型低温等离子体发生装置

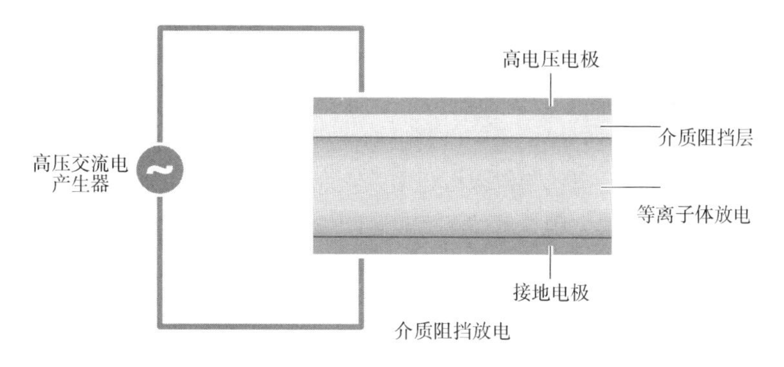

图 6-58 介质阻挡放电型低温等离子体发生装置

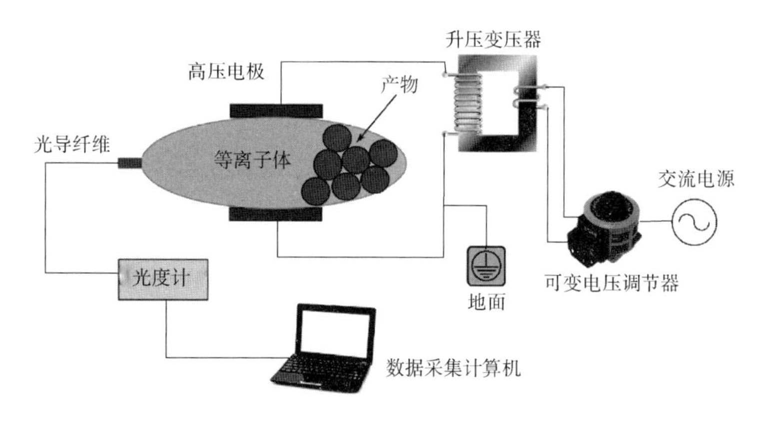

图 6-59 高压电场介质阻挡放电-低温等离子体杀菌系统原理

（二）高压电场低温等离子体冷杀菌实验设备

高压电场低温等离子体冷杀菌实验设备（图 6-60）由南京农业大学食品包装研究所通过产学研联合研发于2018 年首次推出，包括高压变压器、可变频高压电场发生器、低温等离子体核心装置、高压控制配电箱、可编程逻辑控制器（PLC）以及触摸控制屏等。本发明专利设备使 220V 电源通过高压变压器、可变频高压电场发生器等系统元器件，使低温等离子体核心装置的高压电极与地电极之间产生 60~90kV 的高压电场，激发包装内部介质气体产生等离子体而达到杀菌效果，可程序设定自动控制完成多步骤实验操作，具有杀菌程序精准可控、操作简单、工作效率高等优点。本实验设备在国际上首先突破了高压电场的频率调控关键技术，通过在一定范围内的可变频协同高压因子来调控高压电场的强度及低温等离子体的冷杀菌效能特性，可有效扩展高压电场低温等离子体冷杀菌的研究试验空间和效果。

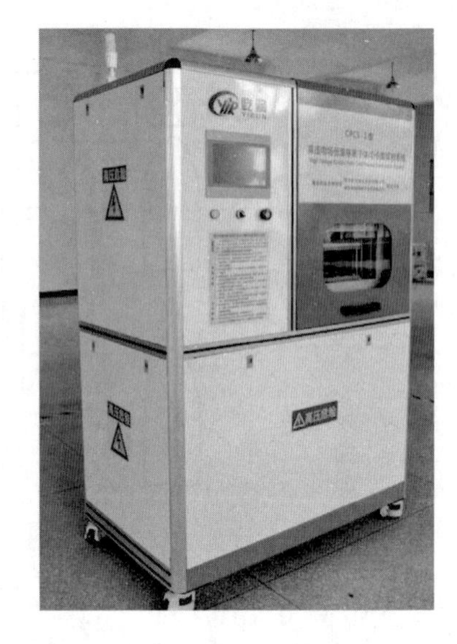

图 6-60　高压电场低温等离子体冷杀菌实验设备

（三）高压电场低温等离子体冷杀菌自动化生产线设备

目前，高压电场低温等离子体冷杀菌技术已有一些专利，如发明专利 ZL201410347682. 3 公开了“一种生鲜肉高压电场等离子体协同纳米光催化杀菌保鲜方法”，发明专利 ZL201510182548. 7 公开了“一种等离子体协同纳米材料光催化的包装内冷杀菌方法”；南京农业大学产学研联合开发的“高压电场低温等离子体冷杀菌实验装备”已为食品冷杀菌技术研发提供了试验装备基础，但适应规模化生产要求的高压电场低温等离子体冷杀菌自动化生产线设备，成为解决生鲜调理食品现代物流保鲜包装安全品质控制的技术瓶颈，农产品深加工产业食品冷杀菌的急需重要突破的关键技术装备。

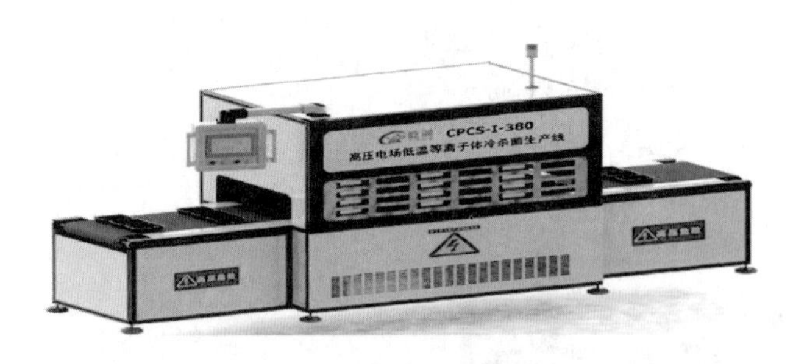

图 6-61　高压电场低温等离子体杀菌自动化生产线

如图 6-61 高压电场低温等离子体杀菌自动化生产线，包括机箱机架、传送带机构、高压变压器、可变频高压电场发生器、低温等离子体核心装置、高压控制配电箱、高压电场屏蔽门、可编程逻辑控制器以及触摸控制屏等。高压电场低温等离子体核心装置设置在机架上方的机箱内、顺着传送带机构运行方向间隔一定距离设置 2~5 组；低温等离子体核心装置由多组高压电极组件等距并列一排组成，高压电场屏蔽门分别可升降地设置在机架被杀菌包装件的进口和出口处。使用 220V 电源通过高压变压器等系统元器件，使高压电场低温等离子体核心装置的高压电极与地电极之间产生 60~90kV 的高压电场，激发包装内部介质气体产生等离子体而达到安全高效杀菌效果；本生产线对包装产品进行低温等离子体间隙多次连续杀菌处理，杀菌时间短、效果好效率高，通过可编程逻辑控制器与触摸屏控制相连使杀菌程序精准可控、操作简单，可适应食品规模化冷杀菌保鲜包装的自动化生产要求。

三、 低温等离子体杀菌技术在食品工业中的应用

与目前广泛采用的食品杀菌技术比较，高压电场低温等离子体冷杀菌技术是食品冷杀菌保鲜包装技术的重要突破；此技术可与气调保鲜包装技术完美结合，低温等离子体对包装产品进行杀菌处理不会产生二次污染，产生杀菌作用的等离子体来源于包装内部气体，不会产生化学残留，安全性高；尽管使用的电压非常高，但电流微小、杀菌处理过程很短不会产生热量、没有温升，且能耗很低、操作简便等。因此，低温等离子体杀菌技术作为一种新的冷杀菌方式，别适用于对热敏感食品（如生鲜畜禽鱼类肉制品及调理产品、新鲜果蔬及鲜切菜等）冷杀菌。这些特点对生鲜调理食品及其热敏性食品的大规模开发安全品质控制，具有关键的技术突破和巨大的开发空间。

（一）生鲜果蔬高压电场低温等离子体冷杀菌（CPCS）研究进展

低温等离子体冷杀菌具有作用时间短、杀菌基本没有温度升高等优势，非常适用于生鲜果蔬的冷杀菌，因此，国际上在过去几年中做了大量的研究工作。2007 年 Critzer 等研究低温等离子体对鲜切果蔬表面接种菌的杀菌效果的影响：在果蔬表面接种 7log（CFU/g）的大肠杆菌 O157、单增李斯特菌和沙门菌，低温等离子体冷杀菌 1min 分别造成 1log（CFU/g）、1log（CFU/g）、2log（CFU/g）的降低。杧果的高压电场低温等离子体冷杀菌处理得到类似的杀菌效果，1min 处理使表皮中单增李斯特菌和大肠杆菌 O157：H7 下降 2.5log（CFU/g）。

研究发现，低温等离子体冷杀菌处理不同微生物会造成不同的影响。哈密瓜表面的酿酒酵母和葡萄糖醋酸菌经等离子体处理后发现：酿酒酵母菌对低温等离子体的抵抗力最强，增加处理电压强度可产生更加有效的等离子体效应，对菌体的杀菌作用显著增强；采用 CPCS 处理杧果和柠檬果皮上大肠杆菌、酿酒酵母菌和葡糖醋杆菌发现类似的结果，CPCS 对酿酒酵母菌的杀菌效果要显著低于对大肠杆菌和葡糖醋杆菌的杀菌效果。除菌种个体之间带来的杀菌效果的差异外，食品材料本身也会影响低温等离子体的杀菌特性；Bermúdez-Aguirre 等在用低温等离子体处理生菜、胡萝卜和番茄时发现，不同的接种数量也会影响低温等离子体的杀菌效果，相比于高接种量、低接种量时低温等离子体的杀菌效果更佳。

图 6-62 和图 6-63 所示为南京农业大学进行的生菜高压电场低温等离子体冷杀菌试验。结果为：80kV 处理 60s 的介质阻挡放电-高压电场低温等离子体冷杀菌处理组，其杀菌率 ≥ 90%，延缓生菜腐烂，延长货架保鲜期 1 倍。介质阻挡放电-高压电场低温等离子体冷杀菌对生菜中有机磷农药的降解具有显著效应，如图 6-64、图 6-65 所示，80kV 处理 120s 生菜中毒死婢和马拉硫磷的降解率达到 51.76%和 50.88%。如果采用高压电场等离子体活性水（PAW）预处理协同调频试验，可有效提高生菜中有机磷农药的降解率。低温等离子体对农药的降解主要归因于生成不同的活

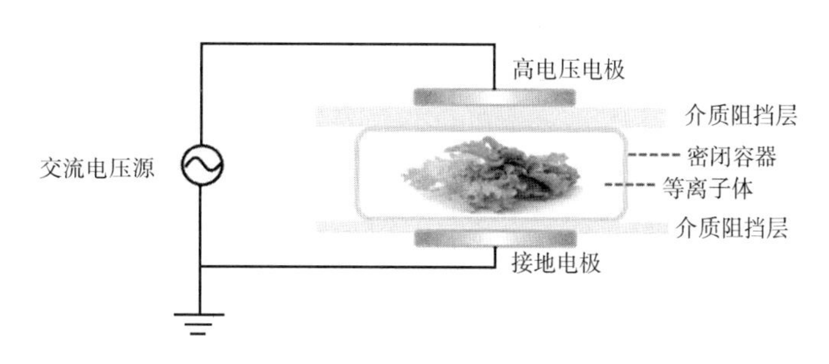

图 6-62　生菜的介质阻挡放电-低温等离子体冷杀菌实验

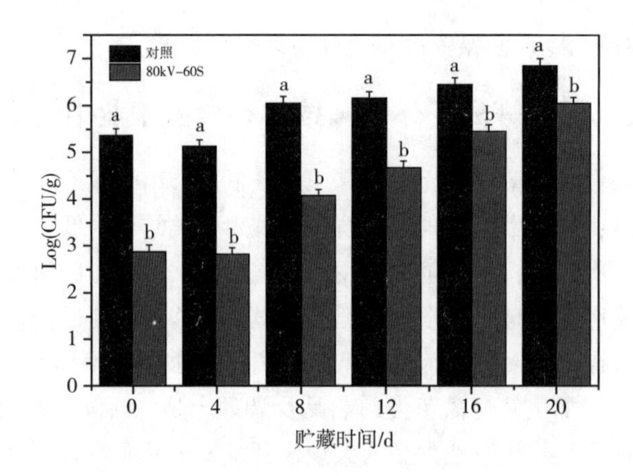

图 6-63　生菜高压电场低温等离子体冷杀菌贮藏期内的微生物变化

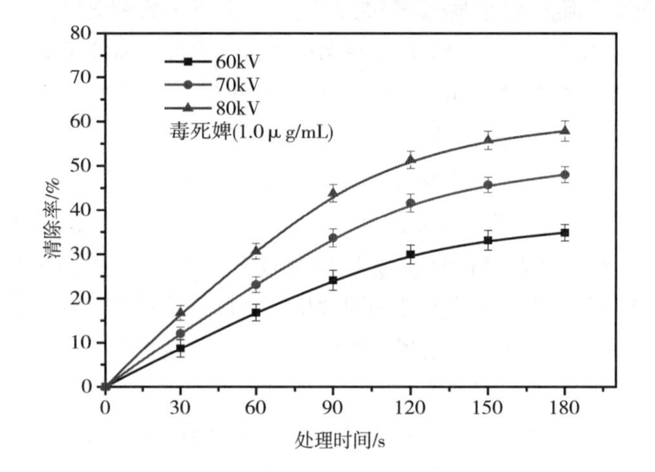

图 6-64　不同电压处理对生菜中毒死蜱降解率的影响

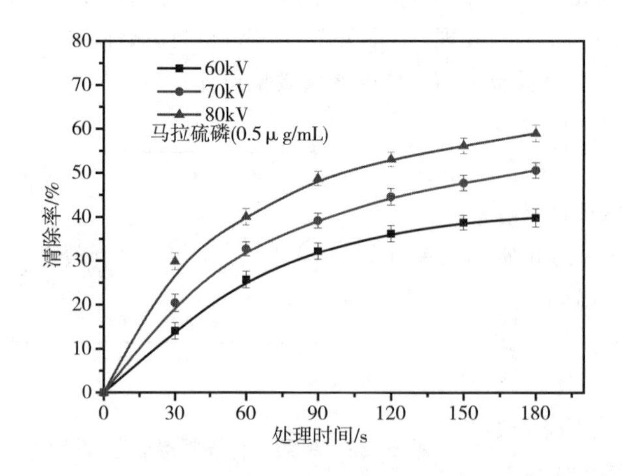

图 6-65　不同电压处理对生菜中马拉硫磷降解率的影响

性气体物种，如离子（H_3O^+、O^+、O^-、N^{2+}）、分子种类（O_3、H_2O_2）和活性自由基（O·、OH·、NO·）等。

高压电场低温等离子体冷杀菌对抗逆性较强的菌膜也有很好的杀灭效果，在温度低于 15℃的条件下处理5min，可造成生菜表面菌膜中的气单胞菌下降5log（CFU/g）。高压电场低温等离子体冷杀菌结构的不同也会带来对杀菌效果的不同，经滑动电弧介质产生等离子体处理果皮表面的沙门菌和大肠杆菌 O_{157}：H7，分别造成2.93log（CFU/g）和3.4log（CFU/g）的下降。

除新鲜果蔬外，高压电场低温等离子体冷杀菌可有效杀灭果汁中的微生物。鲜榨橙汁中含有金黄色葡萄球菌、白色念珠菌和大肠杆菌，经过25s的高压电场低温等离子体冷杀菌处理可以下降5log（CFU/mL）。高压电场低温等离子体冷杀菌还可有效地杀灭果汁中的某些耐酸菌，如弗氏柠檬酸杆菌，经过480s处理可以使苹果汁中的弗氏柠檬酸杆菌含量下降5log（CFU/mL）。在杀菌的同时如何保持果汁原有的食用特性至关重要，研究发现：高压电场低温等离子体冷杀菌处理后对橙汁的色泽、pH、抗氧化能力以及总酚含量并没有带来显著的影响，短时间的高压电场低温等离子体冷杀菌处理可以增加石榴汁中的花青素含量，但过长的处理时间可能造成樱桃汁中的花青素含量的下降。

高压电场低温等离子体冷杀菌对水分含量较低的干果类和香辛料类也具有很好地杀菌作用。利用高压电场低温等离子体冷杀菌可以有效地杀灭胡椒粉中的沙门菌、枯草芽孢杆菌孢子以及萎缩芽孢杆菌孢子，在30min的处理条件下分别造成其4.1log（CFU/g）、2.4log（CFU/g）、2.8log（CFU/g）的下降，并且对高压电场低温等离子体冷杀菌处理组胡椒粉的色泽风味与空白对照组无显著影响。

（二）生鲜肉高压电场低温等离子体冷杀菌研究进展

生鲜肉的保鲜包装是目前国际上肉类消费物流的主要方式，其货架保鲜期决定于加工包装过程中的杀菌处理效果；气调保鲜是目前国际上常用的生鲜肉保鲜包装方法，但流通销售过程中的微生物，尤其是腐败菌和致病菌，仍然是造成食品安全品质事故的主要原因。用于生鲜肉杀菌的方法有多种，采用加热的杀菌方式会对生鲜肉的感官品质产生严重影响，但目前可采用的冷杀菌方法都存在一些缺点，如超高压杀菌技术设备昂贵、维护费高等商业应用开发受到很大限制外，超高压处理会引起生鲜肉表面的感官效果下降；紫外光照处理对生鲜肉表面杀菌效果不高，且由于生鲜肉表面的形状不规则，会产生紫外光照的杀菌盲区；高压脉冲电场杀菌的局限性体现在处理过程中生鲜肉需要直接与电极相接触；而辐照杀菌技术会影响生鲜肉感官品质，消费者接受度低。因此，一种能用于生鲜肉包装后的有效冷杀菌处理，并保持产品的观感品质和安全的方法，是生鲜食品保鲜包装技术的重要突破，将推进生鲜食品物流保鲜包装安全品质控制技术的发展。

南京农业大学国家肉品工程技术研究中心从2012年开始，与美国农业部农业科学研究院（ARS）开展国际合作进行生鲜肉CPCS冷杀菌的系统研究，生鲜肉气调保鲜包装之后的生鲜肉进行冷杀菌处理，可以延长生鲜肉的保鲜期。生鲜鸡肉用高压电场低温等离子体冷杀菌处理后在4℃可保藏至少14d，等离子体处理有效抑制了鸡肉中嗜温菌、嗜冷菌和假单胞菌的生长，同时有效维持了鸡肉的良好感官品质。

图6-66所示为高压电场低温等离子体冷杀菌对生鲜牛肉贮藏期微生物变化的影响，发现高压电场低温等离子体冷杀菌处理可有效降低生鲜牛肉中的微生物、延长货架期，生产牛肉用高压电场低温等离子体冷杀菌处理的保鲜期进行了研究，并且与非高压电场低温等离子体冷杀菌处理组相比，贮藏期间牛肉的挥发性盐基氮含量和生物胺含量显著低于对照组，虽然高压电场低温等离子体冷杀菌处理会造成牛肉脂质氧化程度的升高、$a*$值的下降，但与对照组相比差异不显著。

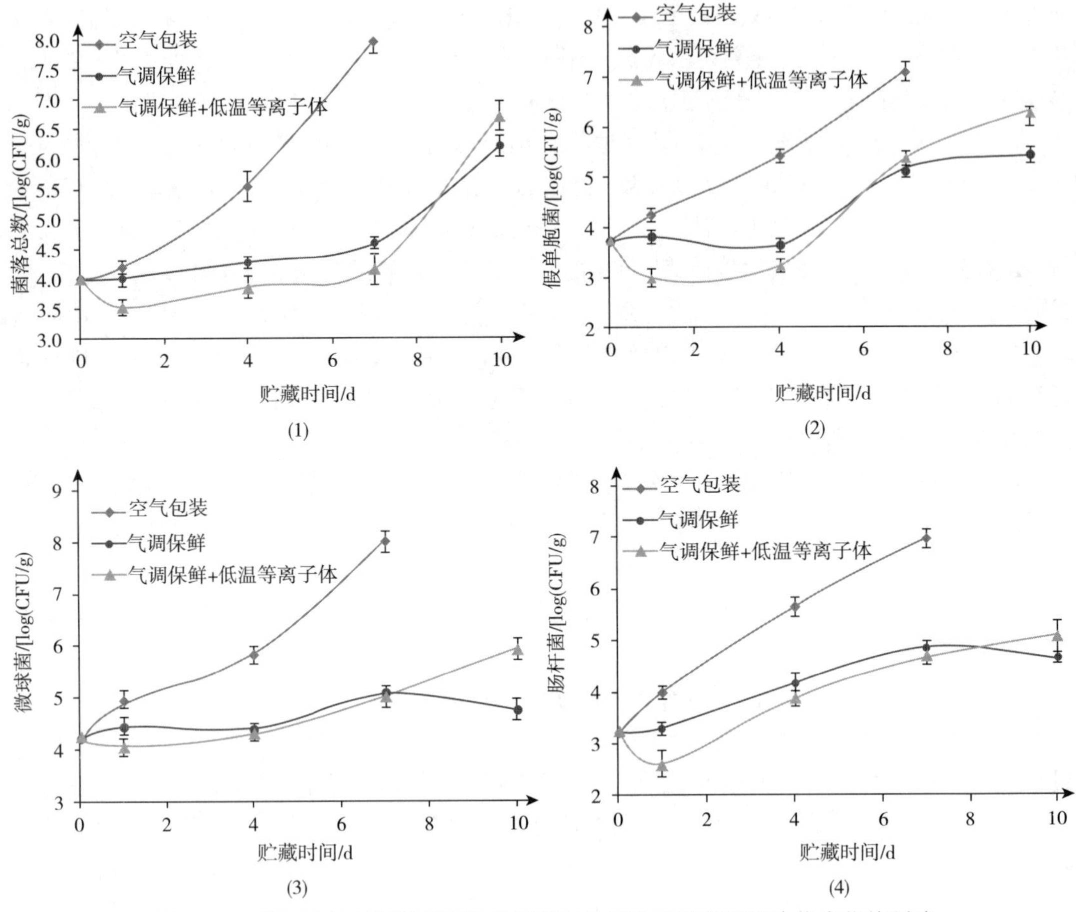

图 6-66　高压电场低温等离子体冷杀菌对生鲜牛肉贮藏期微生物变化的影响

高压电场低温等离子体冷杀菌对生鲜牛肉中生物胺的影响如图 6-67 所示，高压电场低温等离子体冷杀菌处理组的生鲜牛肉在贮藏过程中生物胺含量显著低于空气组和气调保鲜组；究其原因，生物胺的积累与微生物数量有很大的相关性，如腐胺与生鲜牛肉中的肠杆菌（$r=0.895$）和假单胞菌（$r=0.792$）都有很高的相关性，高压电场低温等离子体冷杀菌的杀菌作用能直接抑制腐胺等生物胺的形成，延缓牛肉的腐败并提高其品质和安全性。

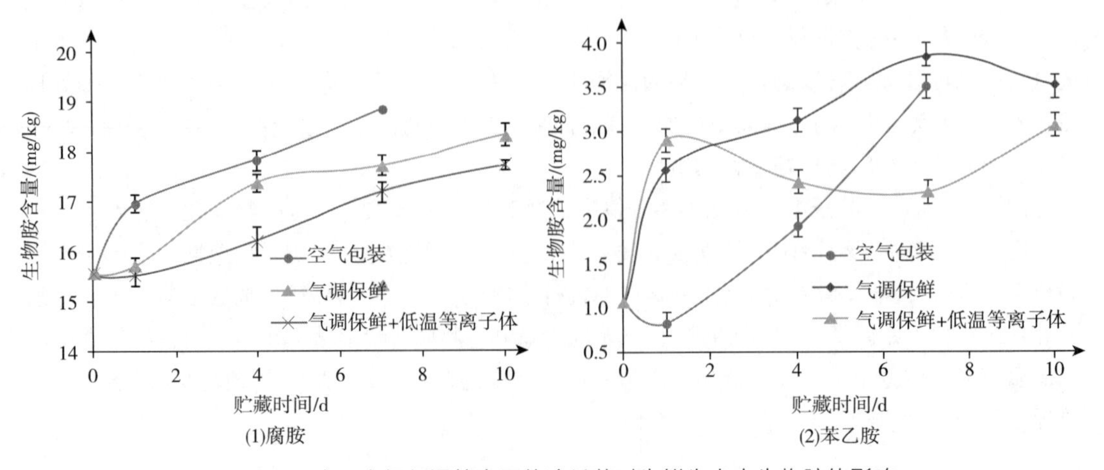

图 6-67　高压电场低温等离子体冷杀菌对生鲜牛肉中生物胺的影响

（三）高压电场等离子体活性水杀菌

如图 6-68 所示，高压电场低温等离子体冷杀菌产生的活性自由基可以被水吸收，在水中产生诸如活性氧、氮自由基以及 H_2O_2、O_3 等物质，极大地提高了水的氧化还原电位，被定义为等离子体活性水。高压电场等离子体活性水中活性氧和活性氮自由基具有强烈杀菌作用。

高压电场等离子体活性水已经被证明对不同的食源性致病菌、包装材料及设备表面的生物膜菌等均有较好的清除作用。研究发现高压电场等离子体活性水对草莓表面微生物有显著的杀菌效果，经过 20min 高压电场等离子体活性水处理，草莓菌落总数下降 3.5log（CFU/g），而采用高压电场低温等离子体冷杀菌直接处理草莓仅造成 1.72log（CFU/g）的下降，研究表明高压电场等离子体活性水的杀菌效果显著高于高压电场低温等离子体冷杀菌直接处理；这可能是由于草莓表面凹槽和小孔导致：草莓粗糙的表面限制了高压电场低温等离子体冷杀菌产生的活性物质的杀菌范围，从而达到保护内部微生物的作用，而高压电场等离子体活性水处理采用完全浸泡的方式，从而增大了杀菌物质与微生物的接触面积达到更好的杀菌效果。草莓在 0~4d 的贮藏过程中高压电场等离子体活性水处理并未对的 $L*$、$a*$ 和 $b*$ 造成显著影响，在贮藏期第 4 天，$a*$ 升高但与空白对照组相比差异不显著。

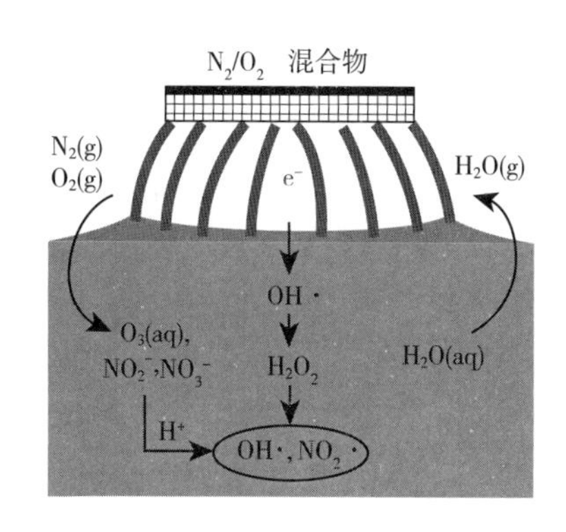

图 6-68　水中空气等离子体诱发化学过程

随后该研究人员又研究高压电场等离子体活性水对中国小红莓的作用发现，高压电场等离子体活性水处理能显著延长果蔬的保鲜期，同时 7d 的贮藏期内，高压电场等离子体活性水处理组和空白对照组的颜色差异不显著。

采用非热等离子体处理海藻酸钠水溶液，并研究其对不同致病菌的抑制作用。结果表明，改性后的海藻酸钠溶液对大肠杆菌有较强的致死作用，并且改性的海藻酸钠具有长效抑菌性。图 6-69 所示为乳酸对高压电场等离子体活性水杀菌效果的影响，以去离子水（DIW）为对照组，当水中乳酸浓度仅仅为 0.2%时，制得的等离子体活化乳酸（PALA）对沙门菌的杀菌可降低 6.75log（CFU/mL），并可显著延长高压电场等离子体活性水有效杀菌时间到 2d（图 6-70），这对商业应用开发具有重要意义。

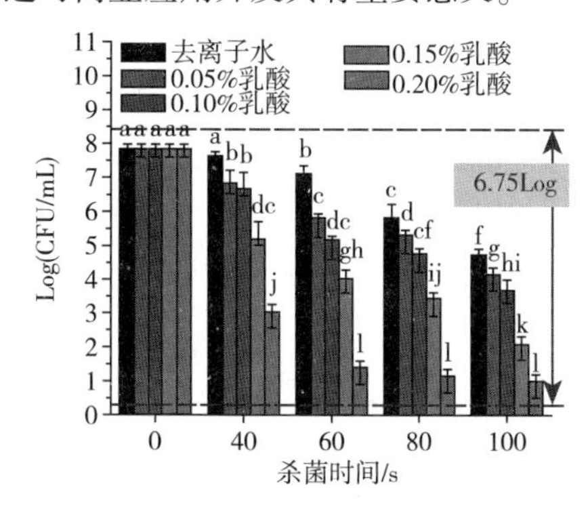

图 6-69　低浓度乳酸对高压电场等离子体活性水杀菌效果的影响

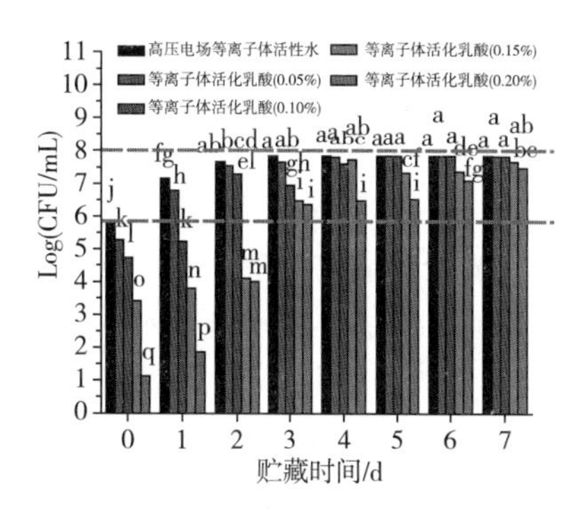

图 6-70　低浓度乳酸对高压电场等离子体活性水杀菌有效时间的影响

（四）食品高压电场低温等离子体冷杀菌需要进一步研究的问题

在过去5年中，高压电场低温等离子体冷杀菌在食品新技术研究领域引起了很大的关注，作为目前国际上一种最新的食品冷杀菌技术，研究显示高压电场低温等离子体冷杀菌在食品冷杀菌保鲜包装应用中的某些局限性。由于低温等离子体的渗透深度低，造成食品内部的微生物难以杀灭；细菌迁移到食品组织和粗糙食物表面形成的难以杀灭的生物膜也为高压电场低温等离子体冷杀菌提出了一个提高杀菌效能的问题；某些食品成分，如抗氧化剂和其他营养素可能会影响低温等离子体杀菌效率，这些因素突出高压电场低温等离子体冷杀菌对一个特定产品需要特殊的优化处理。此外，高压电场低温等离子体冷杀菌对食品品质的影响研究相对较少，除了对食品pH、脂肪氧化、感官色泽等品质因素的影响外，还需要研究高压电场低温等离子体冷杀菌对食品中微生物、酶等的影响机理和调控机制。这是食品科学一个新的研究领域，需要本学科领域的专家学者广泛深入的研究探索。

（五）高压电场低温等离子体冷杀菌关键技术装备研究展望

生鲜调理食品适合现代食品“特色美味、方便营养”消费理念，必定成为今后消费的主流食品，冷杀菌保鲜包装是制约其发展的瓶颈。为此，生鲜调理食品安全品质控制和冷杀菌保鲜包装关键技术是十二五国家科技支撑计划的重点研发领域，也是十三五国家重大研发项目的热点主题。传统商业杀菌保鲜包装技术，存在杀菌不彻底、二次污染、化学残留等问题，尽管产品可采用冷链贮藏物流销售，但微生物仍能大量繁殖引起腐败变质，货架保鲜期短，而热杀菌对产品生鲜感官品质及营养成分的负面影响，不利于保持原有感官风味品质。因此，低温等离子体杀菌技术作为一种新的冷杀菌方式，开发的高压电场低温等离子体冷杀菌-气调保鲜生产线具备智能高效自动化、冷杀菌无残留、低碳绿色等优势，特别适用于对生鲜类及其热敏性食品（如生鲜畜禽鱼类肉制品及调理产品、新鲜果蔬及鲜切菜等）的大规模开发，具有关键的技术突破、巨大的开发空间和良好前景。

第七节　脉冲电场杀菌技术

脉冲电场（pulsed electric fields，PEF）技术是一种温和的杀菌技术，它是将物料作为电解质放置在两个电极之间进行处理，使细胞膜发生不可逆电穿孔效应，从而达到细胞失活的目的，对果蔬汁、流体乳制品和液态蛋等黏性和电导率相对较低的液态食品具有良好优势。

早在19世纪末，就有利用电流对食品进行加工的报道，发现直流电流或低频交流电流可通过热效应和电化学效应进行杀菌。20世纪60年代，被誉为脉冲电场技术之父的德国工程师Heinz Doevenspeck首次报道了脉冲电场的产生、应用和对细胞膜的影响，发现脉冲电场能将细胞破壁，改善细胞内的相分离，可应用于微生物的灭活。

1967年，英国学者Sale和Hamilton研制了高强脉冲电场间歇处理室，率先对脉冲电场灭菌机理进行了较系统研究。在25kV/cm脉冲电场条件下，细胞形态发生变化，细胞膜破裂，引起细胞内容物外渗，可致死细菌营养体和酵母，证明电解产物和热力学效应均不是致死原因，脉冲宽度与脉冲频率的乘积和脉冲电场强度是影响杀菌效果的两个主要因素，且不同种类的微生物对电场的敏感程度不同。

20 世纪 80 年代，人们开始了用于工业生产的脉冲电场设备研究。德国克虏伯公司技术中心建立了一个脉冲电场试验工厂并投入运行，这是脉冲电场技术最早的工业应用之一。1990 年克虏伯公司与欧洲联邦海事委员会合作，将 Elsteril ® 设备应用于橙汁加工，对橙汁杀菌取得了良好的效果，且对橙汁质量没有产生不良影响。

1995 年，Purepulse 技术公司开发了 CoolPure ® 脉冲电场处理系统，用于液态或可泵送食品的杀菌。同年，美国食品与药物管理局发布了一份关于脉冲电场使用的“不反对函”，批准了 PurePulse 技术应用于工业上。1996 年，食品与药物管理局也批准了脉冲电场在规定的安全范围内可用于液蛋的加工。由于各机构对这项技术的兴趣与日俱增，进一步推动了脉冲电场的发展。

2000 年以来，脉冲电场技术取得了较大的发展。国内在 20 世纪 90 年代后期开始开展脉冲电场杀菌方面的相关研究，由于脉冲电场技术研究起步较晚，因而在设备的研究上与欧美国家相比要落后。

一、 脉冲电场杀菌原理

（一）脉冲电场杀菌机理

目前，关于脉冲电场杀菌机理存在多种假说，包括细胞电穿孔模型、电崩溃模型、黏弹性模型、电解产物效应和臭氧效应等，其中被广泛接受的机理为细胞膜电穿孔与电崩溃。

1. 细胞膜电穿孔机理

Tsong 等从细胞膜液态镶嵌模型出发，认为细胞膜是由蛋白质和磷脂双分子层构成，具有一定通透性和机械强度。脉冲电场处理过程中，由于细胞膜磷脂双分子层对电场比较敏感，导致其结构发生一定程度的改变，从而出现细胞膜失稳，膜磷脂无序度增加，并在细胞膜上形成亲水性小孔。电穿孔使细胞膜局部失去选择透过性，细胞膜通透性大幅增加，由于细胞内的渗透压高于细胞外，细胞吸水膨胀，引起细胞膜破裂，最终导致微生物死亡（图 6-71）。

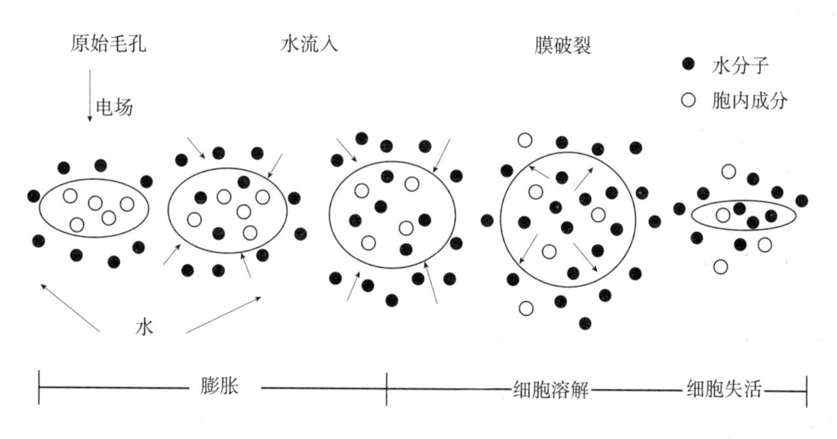

图 6-71　脉冲电场作用下细胞电穿孔机理

2. 细胞膜电崩溃机理

细胞膜的电崩溃机理则是依据构成微生物细胞膜磷脂双分子层对离子不通透且具有一定机械强度的特性。在电场作用下，细胞膜等效于一个电容，当细胞膜上外加一个电场（E）时，在电场诱导作用下使细胞内、外的离子在细胞膜上定向堆积，从而在膜上形成诱导电势（跨膜电势），而且细胞膜两侧堆积的异号电荷相互吸引，形成对膜的侧向挤压力；当外加电场强度逐渐增大，膜上诱导电势达到一个临界值时（0.5~1.5V），导致细胞膜穿孔，膜的通透性增加；场强进一步增大使细胞膜产生不可修复的穿孔，使细胞膜破裂、崩溃，导致微生物失活，最终达到灭菌效果（图 6-72）。

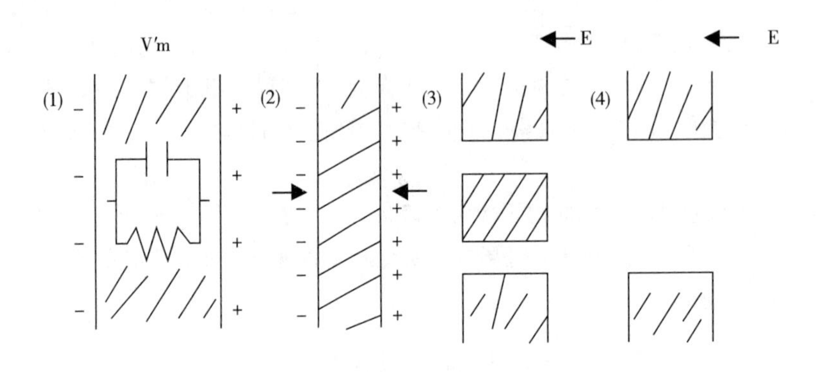

图 6-72　脉冲电场作用下细胞膜电崩溃机理

（1）细胞膜不通透特性，电场作用下等效为电容　（2）电场作用导致胞内外荷电物质膜上定向堆积，形成跨膜电势，并对细胞膜产生侧向挤压力　（3）电场强度逐渐增大，跨膜电势达到膜电势阈值，击穿细胞膜，形成亲水性小孔，膜失去选择透过性　（4）场强继续增大，孔增加导致细胞膜破碎，细胞失活。

（二）影响脉冲电场杀菌效果的主要因素

食品的组成成分复杂多样，而且微生物特性及其所处环境也不尽相同，导致脉冲电场对所作用食品中的微生物的杀灭效果也有所差异。影响脉冲电场杀菌效果的主要因素包括：电场处理参数、微生物特性和食品物料特性。

1. 电场处理参数

电场处理参数包括电场强度、有效处理时间（脉宽×脉冲数）、脉冲宽度、脉冲波形、电极形状等。其中有效处理时间与脉宽、频率、液体流速、处理室个数等参数紧密相关。在所有电场处理参数中对微生物杀灭效果影响最明显的为电场强度，其次是有效处理时间。

（1）电场强度　电场强度由高压脉冲发生器施加在处理室两极板间电压值、两极板间距离、处理室结构及食品物料的电导率等因素决定。一般而言，随着电场强度的增加，脉冲电场杀菌效果增强。如图 6-73 所示，随着电场强度的增加，脉冲电场对大肠杆菌的杀灭效果显著增加，当场强从 0kV/cm 增加至 25kV/cm 时（脉冲宽度 4μs，处理时间 160μs），对大肠杆菌的致死效果达到 6log。

（2）有效处理时间　有效处理时间取决于处理室内食品介质接受的脉冲个数与脉宽，因为液体在处理室径向上流速差异很大，管壁附近的流速相比管道中心区域小，所以液体的处理时间也不均匀。一定范围内，脉冲电场作用时间越长，微生物致死率越高，最终趋于稳定不变。超过这一范围，处理时间再延长，物料的灭菌效果不再有明显变化，而且会使处理室内液体温度大幅度上升。

（3）脉冲波形　最常用的脉冲波形有方波、指数衰减波和振荡波。从能量利用率和杀菌效果方面考虑：方波均优于指数衰减波和振荡波，其中振荡波形脉冲杀菌效果最差。方波的脉冲上升沿和下降沿极短，具有能量集中、利用率高和有效处理时间长等特点，但是其设备电路

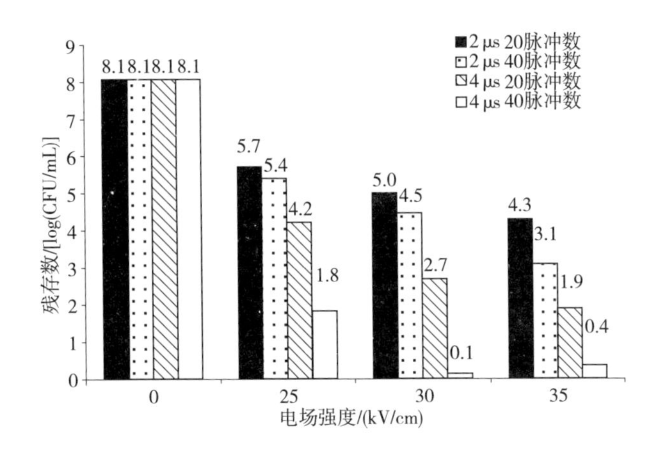

图 6-73　脉冲电场电参数（场强，脉宽，处理时间）对大肠杆菌杀灭效果影响（入口温度 30℃，流速：41mL/min）

结构复杂、设备造价高，一般多应用于杀菌。指数衰减波虽然具有较短的上升沿，但其下降沿时间长，导致能量不集中，有效处理时间短，大部分能量作为热进行耗散，能量利用率不高，但其设备造价低，一般多应用于脉冲电场破壁提取方面。从极性方面比较，双极性脉冲波杀菌效果优于单极性（图 6-74），而且双极性波具有减少液态食物介质的电解效应和电极表面沉积等优点。

2. 微生物特性

脉冲电场对微生物的杀灭效果与微生物自身特性密切相关，如微生物的种类、细胞的大小、微生物所处的生长阶段等均对杀菌效果有直接影响。

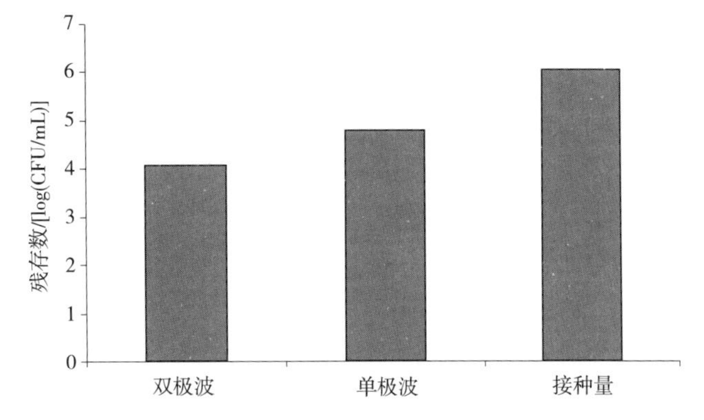

图 6-74　脉冲电场脉冲波极性对脱脂牛奶中接种的大肠杆菌杀灭效果影响

（1）种类　液态食物介质中的细菌微生物所属的种群不同对脉冲电场的敏感程度也各不相同。比如呈负电荷特性的细菌承受电场的能力低于带正电荷细菌；而芽孢对脉冲电场的承受能力非常强，脉冲电场对细菌芽孢几乎没有杀灭效果；脉冲电场对革兰阴性菌的杀灭效果强于革兰阳性菌。一般而言，脉冲电场对常见的微生物致死率顺序为：酵母菌>大肠杆菌>沙门菌>金黄色葡萄球菌>李斯特菌。

（2）所处的生长阶段　一般而言，对数期微生物比稳定期对脉冲电场更加敏感，脉冲电场对对数期的微生物杀灭效果高于稳定期（图 6-75）。

3. 食品物料特性

脉冲电场一般适用于低黏度、不易起泡、可泵动液体食品的杀菌，其杀菌效果与物料特性密切相关，如温度、pH、电导率及水分活度等。一般而言，提高食品初始温度能有效增强脉

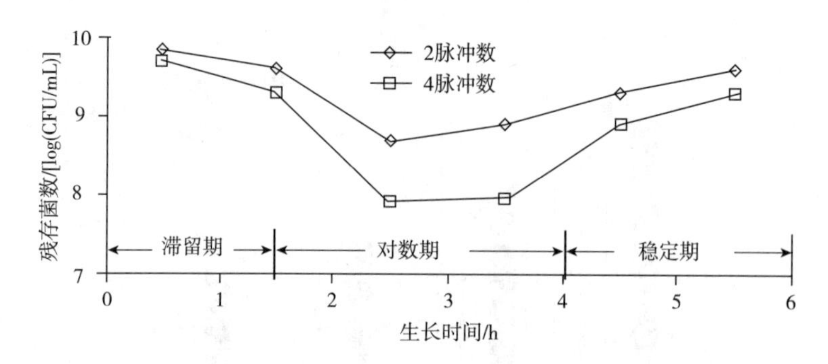

图 6-75　脉冲电场对不同生长期大肠杆菌杀灭效果（电场强度 36kV/cm，脱脂牛乳）

冲电场杀菌效果，因此热协同脉冲电场杀菌被认为是一种高效、简单可行的提高脉冲电场杀菌效果的方法。脉冲电场对低电导率的液态食品介质杀菌效果优于高电导率。食品的 pH 和水分活度是影响脉冲电场杀菌效果的重要因素，pH 越低杀菌效果越好，且在酸性 pH 下优于碱性。微生物在较低的水分活度条件下对脉冲电场处理表现出强耐受性，如较低的水分活度降低脉冲电场对大肠杆菌和酵母菌等的灭活效率。

二、脉冲电场杀菌技术的基本装置

（一）脉冲电场处理系统

脉冲电场处理系统是由高压电源、电容组件、高压开关转换器、处理室和示波器组成的一套完整的电气系统：

①高压电源是设备的核心部件之一，提供预定电压 U_0，其中脉冲高电压源发生器是将低能级电压转变成脉冲高强度电压；

②电容组件是将一个或多个暂时贮存电能的电容器连接到平行电极上组成的部件，作用是对其进行充电—放电，从而产生强大的瞬时高压；

③高压开关转换器主要用于接通或断开导电回路的电器元件，是高压开关与其他控制、测量、保护、调节装置，以及辅件和外壳等部件组成的总称；

④处理室是待处理物料接受脉冲电场处理的场所。一般是用碳、金属或者其他导电材料作为电极，外部采用绝缘材料，如有机玻璃、特氟龙等；

⑤示波器通过测定电极电压、脉冲宽度、脉冲频率等相关电参数，实时反映脉冲电场的处理情况。

（二）脉冲电场处理室

图 6-76（1）为脉冲电场静态处理室示意图，由可移动式螺杆、可导电的上极板和下极板、处理腔、绝缘的外壳等部分组成。将固体液体混合物料或者纯液体物料置于脉冲电场处理腔中，移动螺杆，使上极板与液面紧贴，不留任何空隙，而后施加电脉冲处理。

图 6-76（2）为脉冲电场连续处理室，由接地电极、高压电电极、绝缘体、O 型圈、处理腔等部分组成。通常处理室垂直放置，连续处理液体物料，物料“下进上出”，以保持物料的均匀性、连续性，同时可以准确控制物料的停留时间。管路中要先充满液料、排尽空气，方可接通电源，进行脉冲电场处理。

图 6-77 所示为三种常见的脉冲电场连续处理室的电极形状：

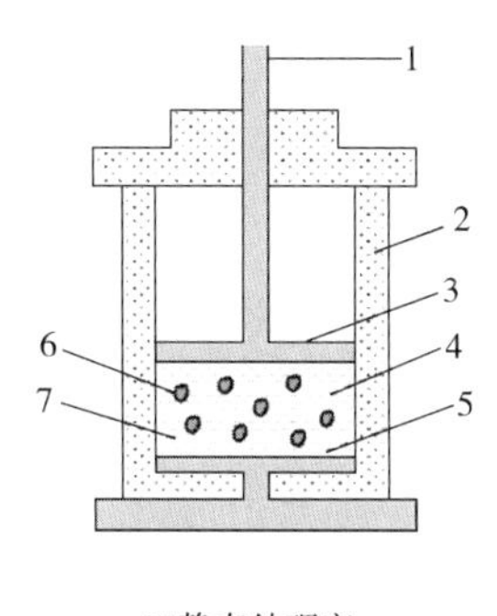

图 6-76　处理室分类

1—可移动式螺杆　2—绝缘外壳　3—上极板　4—处理腔　5—下极板　6—样品　7—液体介质　8—接地电极　9—绝缘体　10—O 形圈　11—高压电电极　12—处理腔

①平行平板式：整体管路为矩形，矩形的一侧接高压脉冲电、相对的一侧接地，液体物料由两板间空隙均匀流过，接通脉冲电场设备，从而形成均匀的平行平板脉冲电场。平板式电极具有电场分布最均匀、电极设计最简单等特点，有利于实验的进行；

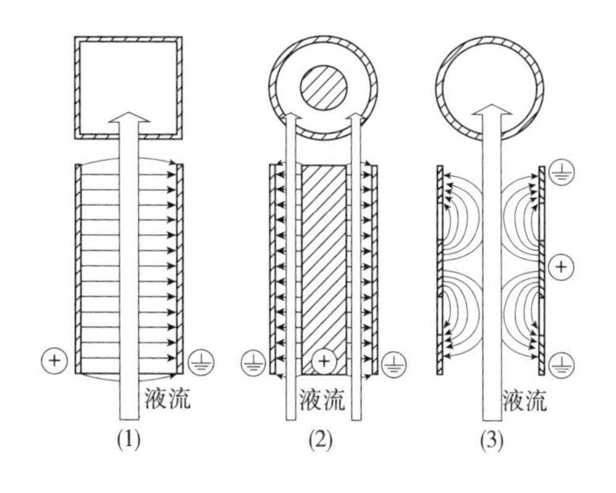

图 6-77　连续脉冲电场常见的电极形状

②同轴圆筒式：整体管路为圆形，中间有一根圆形实心导棒，外壳接地，内芯导棒接脉冲电源，液体物料由内芯导棒与外壳之间均匀流过，当接通脉冲电源时，可形成均匀脉冲电场；

③共场式：整体管路为圆形，上、下两小节管路接地，中间一节管路接脉冲电源，液体物料由中间空隙均匀流过，接通脉冲电场设备，从而形成特殊的脉冲电场。

（三）脉冲波形

脉冲信号是指短时间内作用于电路的电压或电流信号。广义上说，凡是非正弦波都可称为脉冲信号，如方波、矩形波、钟形波、三角波和锯齿波等。图 6-78 所示为实际矩形脉冲波形，下面将用以说明脉冲波形的主要参数：

①脉冲幅度 U_m：脉冲电压波形变化的最大值，单位为伏（V）；

②脉冲上升时间 t_r：脉冲电压波形从 $0.1U_m$ 上升到 $0.9U_m$ 所需的时间，反映电压上升时过渡过程的快慢；

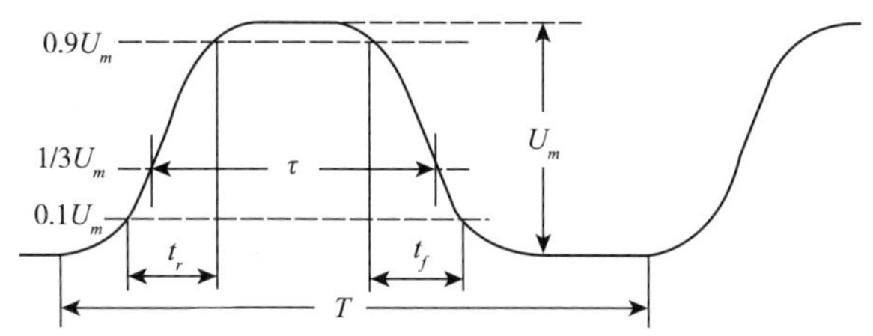

图 6-78　实际的矩形脉冲波形

③脉冲下降时间 t_f：脉冲电压波形从 $0.9U_m$ 下降到 $0.1U_m$ 所需的时间，反映电压下降过渡过程的快慢；

④脉冲宽度 τ：脉冲持续的时间，即同一脉冲内脉冲上升沿 $1/3U_m$ 至下降沿 $1/3U_m$ 的时间间隔。通常食品加

工中脉冲电场设备的脉冲宽度为几微秒至几十微秒；

⑤脉冲周期 T：在周期性脉冲中，相邻两个脉冲波形相位相同点之间的时间间隔；

⑥脉冲频率 f：每秒时间内脉冲出现的次数，单位赫兹（Hz），$f=1/T$。频率大小主要与脉冲产生形式的密切相关；

⑦占空比 q：脉冲宽度与脉冲重复周期的比值，$q=\tau/T$，描述脉冲波形疏密的物理量。

脉冲上升时间和下降时间越短，越接近理想的矩形脉冲。脉冲上升时间和下降时间很关键，时间越小，产热越少。

三、 脉冲电场杀菌技术在食品工业中的应用

脉冲电场杀菌技术从1961年首次应用于食品杀菌以来，学者们针对不同液体食品中的致病菌和致腐菌的杀灭效果进行了大量的系统研究。总体而言，脉冲电场杀菌技术对食品中大部分微生物具有良好的杀灭效果，脉冲电场通过非热作用能有效杀灭果汁、蛋液、牛乳、酒类（啤酒、红酒）等液体食品中大肠杆菌、李斯特菌、沙门菌、金黄色葡萄球菌、芽孢杆菌、酵母菌和乳酸菌等致病菌和致腐菌。但脉冲电场杀菌效果与热杀菌相比还存在一定的差距，主要体现在脉冲电场对微生物杀灭的广谱性差。例如，对不同微生物，及同种微生物不同物料条件杀灭效果不同。另外，同一种微生物处于不同的生长期其杀菌效果也不同。脉冲电场对处于不同的生长温度、pH、渗透压、水分活度等的微生物杀灭效果也有明显的差异。一般而言，可以通过与其他杀菌方式协同处理来弥补脉冲电场杀菌广谱性不足这一缺陷。

（一）脉冲电场对食品中主要致病菌的杀菌效果

食品中常见的致病菌主要指的是大肠杆菌、沙门菌、李斯特菌、金黄色葡萄球菌、芽孢杆菌等。

1 大肠杆菌

大肠杆菌（*Escherichia coli*）又称大肠埃希菌、革兰阴性（G^-）短杆菌，大小为0.5×（1~3）μs，无芽孢，广泛存在于果汁、牛乳及乳制品中，主要来源于食品加工过程中不良操作引起的原料和加工用水受粪便污染。目前 PEF 以果汁、牛奶、蛋液及缓冲溶液等为对象，针对高致病性大肠杆菌（*E. coli* O157：H7）及其他类型的杀菌效果进行了研究。

总体而言，脉冲电场非常适合果汁及其饮料的杀菌，对果汁中接种的大肠杆菌的杀菌效果均在5log以上，这在一定程度上是因为果汁的pH（pH 3~5）较低。另外，果汁因富含离子等电解质导致其电导率普遍较大（大约为4mS/cm），其 PEF 杀菌过程中产生的焦耳热的协同作用也不能忽略。例如，Timmermans 等利用脉冲电场处理分别接种 10^8 *E. coli* ATCC 35218 的苹果汁（pH 3.5）、橘子汁（pH 3.7）和西瓜汁（pH 5.3），对于低pH的苹果汁和橘子汁，脉冲电场对大肠杆菌具有良好的杀菌效果，分别为5个对数单位和4个对数单位；而对于高pH的西瓜汁，其杀灭对数仅为1个对数单位，但将西瓜汁的pH用HCl调至3.6后，其杀灭对数显著增加，达到5个对数单位。这表明脉冲电场杀菌过程中pH对果汁杀菌效果起至关重要的作用。Abigail Moody 等利用场强23.07~30.76kV/cm、脉冲个数21、初始温度20~40℃的脉冲电场条件，对苹果汁（接种 10^7 的 *E. coli* ATCC 11775）进行处理，发现：随着初始温度和场强的增加杀灭效果显著增加，在初始温度为20℃，场强为23.7kV/cm时，对大肠杆菌几乎没有杀菌效果；而当初始温度为40℃，场强为30.76kV/cm时杀灭效果达到5个对数单位。这表明热协同对杀菌效果有极显著的影响。类似地，脉冲电场与其他抗菌物质的协同作用能显著提高杀

菌效果。例如，脉冲电场处理（80kV/cm，60μs）协同2.0%肉桂和乳酸链球菌素（Nisin），其杀菌效果显著增加，分别达到6.23个对数单位和8.78个对数单位。另外，Evrendilek和Zhang发现脉冲极性对苹果汁中大肠杆菌的杀灭效果没有显著的影响，在场强为31kV/cm处理时间202μs时大肠杆菌减少对数均为2.6个对数单位。但对脱脂牛乳中的大肠杆菌影响显著。例如，在场强为24kV/cm处理时间141μs时，单极和双极脉冲对大肠杆菌的杀灭效果分别为1.27个对数单位和1.88个对数单位。通常情况下，双极脉冲对微生物的杀灭效果要略高于单极脉冲，而且在实际应用过程中双极脉冲能有效减少果汁、牛乳中固形物在电极上的沉积。

与果汁相比，脉冲电场对牛奶和蛋液中的大肠杆菌杀灭效果稍低，一般为3~4个对数单位，这与牛乳和蛋液pH较高（pH=6左右）有关，另外，蛋液和牛乳中的蛋白质和脂肪颗粒对杀菌效果也有一定的影响。Malicki等在20℃温度下场强32kV/cm，处理时间5.4ms处理全蛋液，大肠杆菌的杀灭为4.7个对数单位，这比Martín-Belloso等报道对大肠杆菌的杀灭效果少1个对数单位。

2. 沙门菌

革兰阴性菌（G^-）沙门菌作为一种常见的食源性致病菌，每年全世界引起近8.03×10^7例感染事件，并导致1.55×10^5名人员死亡，广泛存在于生肉、鸡蛋和乳制品中，其在2~4℃的温度下能够生长，并耐低酸和低水分活度的环境。目前脉冲电场对沙门菌杀灭效果主要针对牛乳、蛋液及果汁等。Saldaña等利用脉冲电场对柠檬酸磷酸缓冲液中的沙门菌（10^8），在30kV/cm、150μs、50℃和pH=3.5时，沙门菌的杀灭对数达到6个对数单位；而且，在酸性条件（pH=3.5）下比中性增加2个对数单位。另外，Timmermans等也发现食品的pH对杀灭也有显著的影响。对于低pH的苹果汁（pH=3.5）和橘子汁（pH=3.7），脉冲电场对接种的沙门菌（10^8）具有良好的杀灭效果，分别为7个对数单位和5个对数单位。而对于高pH的西瓜汁，其杀灭对数仅为2个对数单位，当将西瓜汁的pH用HCl调至3.6时，其杀灭对数显著增加，达到5个对数单位。

单一脉冲电场对蛋液中的沙门菌的杀灭水平达不到质量安全标准，这与蛋液的pH及物料性质有关，因此其他手段与脉冲电场协同对蛋液的杀菌十分有必要。例如，Monfort等利用温度、添加剂［EDTA、柠檬酸三酯（TC）］与脉冲电场协同对全蛋液中分别接种的7种沙门菌，先场强25kV/cm处理，接着热处理（52℃/3.5min，55℃/2min，60℃/1min）对添加2% TC全蛋液中沙门菌（*Salmonella* serovars Dublin、*Enteritidis* 4300、*Enteritidis* 4396、*Typhimurium*、*Typhi*、*Senftenberg*和*Virchow*）的杀灭效果达到5.0个对数单位。但对沙门菌*Salmonella senftenberg*和*Salmonella enteritidis* 4396仅分别达到2.0和3.0~4.0个对数单位。这表明添加剂和热的协同能有效增加蛋液中沙门菌的杀灭，但对高抗性菌种的杀灭效果还不够乐观。

3. 单增李斯特菌

单增李斯特菌为革兰阳性菌（G^+），广泛存在于牛乳、乳制品、果汁和蔬菜汁中，能在低温、低pH环境下生存。因此，单增李斯特菌严重影响着冷藏食品的安全性。近年来，美国和欧盟每年都有关于乳制品中因李斯特菌引起疾病的报道。李斯特菌因其特殊的细胞膜结构，单纯脉冲电场处理对其杀灭效果远低于革兰阴性菌如大肠杆菌、沙门菌。Saldaña等研究脉冲电场对不同pH磷酸缓冲溶液中李斯特菌和金黄色葡萄球菌的杀灭效果，发现pH对李斯特菌影响显著，低pH能有效增加李斯特菌的杀灭对数。如场强35kV/cm处理500μs，pH3.5比pH7.0杀灭效果增加1个对数单位，达到3.3个对数单位（图6-79）。

由于李斯特菌对脉冲电场处理抗性较高，学者们针对温度、pH、超声波和乳酸链球菌素协同脉冲电场对牛乳中李斯特菌的杀灭开展了一系列研究。温度的协同能有效增加脉冲电场对李斯特菌的杀灭效果，随着协同温度的增加杀灭效果逐渐增强，场强为40kV/cm，经过3、10、12、15个和20个脉冲处理，协同温度为53、33、23、15℃和3℃，牛乳中李斯特菌杀灭均能达到4.3个对数单位（图6-80）。

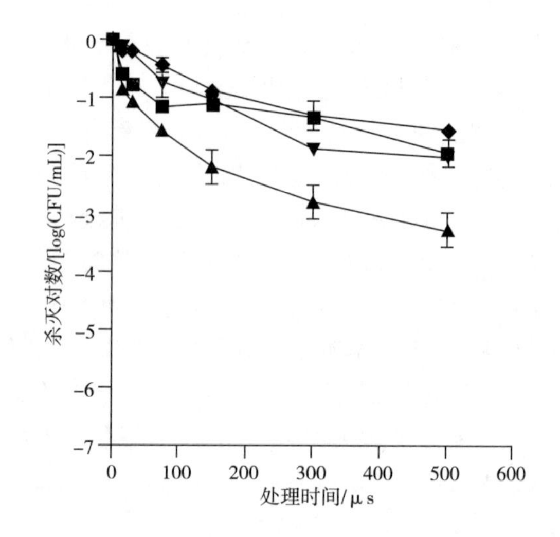

图6-79 在电场强度为35kV/cm条件下不同pH缓冲溶液对李斯特菌（*L. monocytogenes STCC5672*）PEF杀灭效果影响［McIlvaine缓冲溶液pH 7.0（◆），5.5（▲），4.5（▼），3.5（●）；0.1S/m；1Hz］

此外，Saldaña等利用pH、温度、乳酸链球菌素与脉冲电场的协同对牛奶中李斯特菌在脉冲电场场强30kV/cm、处理时间600μs、pH3.5、200μg/mL乳酸链球菌素、温度50℃条件下，杀灭对数达到5.5个对数单位。另一些研究发现牛乳中的脂肪含量对脉冲电场对李斯特菌杀灭起保护作用，显著影响其杀灭效果。但这结论存在一定争议。Picart等研究脉冲电场对不同脂肪含量的三种乳制品，即全乳（脂肪含量3.6%）、脱脂乳（脂肪含量0%）、液态奶油（20%）中单增李斯特菌的杀灭效果时发现：在场强为38kV/cm时在液态奶油中脂肪酸的保护作用显著。而Guerrero-Beltrán等利用脉冲电场处理脱脂牛乳和全乳的果汁奶制品，发现脂肪的存在对脉冲电场杀灭李斯特菌也没有显著影响。

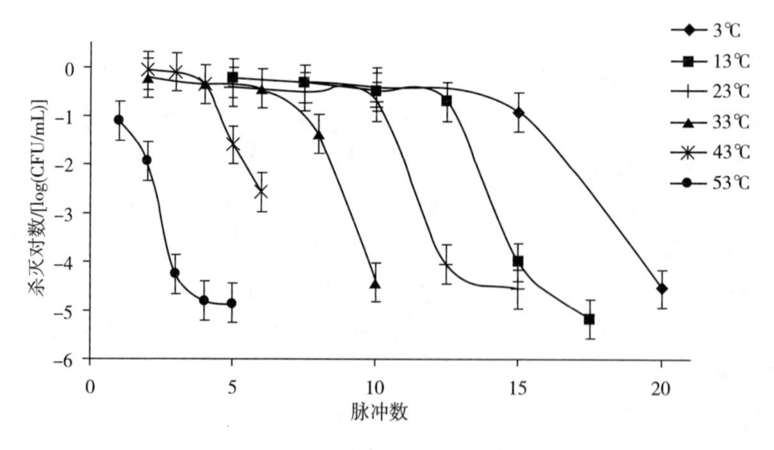

图6-80 不同的协同温度（入口）和处理脉冲数对牛乳中李斯特菌杀灭效果影响（电场强度为40kV/cm）

4. 金黄色葡萄球菌

金黄色葡萄球菌（G^+）作为牛乳中常见的食源性致病菌，其数量达到10^5CFU/g时产生高耐热的肠毒素引起人食物中毒。金黄色葡萄球菌与李斯特菌相似，对脉冲电场处理具有较高抗性，杀灭对数为2.0~3.0个对数单位。因金黄色葡萄球菌不耐热，因此脉冲电场与热的协同作用对其杀灭效果能达到6.0个对数单位。例如，Cregenzán-Albertia等利用脉冲电场［场强25~40kV/cm，处理77~130μs，温度20~45℃（入口）］对牛乳中金黄色葡萄球菌杀灭对数为0.71~5.22个对数单位，在32.5℃、40kV/cm、89μs条件下达到5.2个对数单位。

Walkling-Ribeiro等利用热超声与脉冲电场协同［热超声（10min，55℃）、脉冲电场场强40kV/cm、处理150μs］对橘子汁中金黄色葡萄球菌的杀菌效果与传统的热杀菌（94℃，26s）一致，达到7.0个对数单位。而且，与热处理相比，脉冲电场和热超声协同处理对橘子汁的pH、电导率、可溶性固性物几乎没有影响，对色泽的影响也小于热杀菌。另外，Sobrino-Lopez等利用脉冲电场与天然抗生素（促肠活动素AS-48、乳酸链球菌素、溶菌素）协同（促肠活动素AS-48 28units/mL，乳酸链球菌素20IU/mL，脉冲电场场强30kV/cm，处理800μs）对牛乳中接种的金黄色葡萄球菌的杀灭效果达到6.0个对数单位。而且，脉冲电场处理时间，抗生素添加量，牛乳的pH对金黄色葡萄球菌的杀灭效果有显著影响。

5. 芽孢杆菌

芽孢杆菌（*Bacillus*），是一类能形成芽孢（内生孢子）的杆菌或球菌。因芽孢具有厚且含水量低的多层结构，所以对热、干燥、辐射、化学消毒剂等有较强的抵抗力，广泛存在食品中且易引起食源性中毒，所以食品杀菌工艺的设计常将芽孢杆菌的杀灭作为杀菌效果衡量指标。总体而言，单一脉冲电场处理对芽孢杆菌的杀灭难以达到食品安全标准。Claudia Siemer等在不同协同温度下，以不同pH、电导率和糖液浓度对林格液（含有芽孢杆菌孢子）进行处理，表明温度的协同能有效增加芽孢杆菌孢子的杀灭对数，酸性优于中性，在pH=4时孢子杀灭对数为1.6，而pH为7时仅为0.6［9kV/cm，80℃（进口），能量输入167kJ/kg］；另外，糖液浓度对芽孢杆菌芽孢杀灭有一定的促进作用，在同等条件下，添加10%的糖，芽孢杀灭效果达到3个对数单位。Pol等利用乳酸链球菌素协同处理对磷酸缓冲溶液中芽孢杆菌营养细胞杀灭达到3.5个对数单位（16.7kV/cm，2μs处理50个脉冲，0.06μg/mL）。总体而言，不同的研究者针对芽孢杆菌营养体及其孢子的脉冲电场杀灭效果得出不一致的结果，这与所用的脉冲电场设备的功率及其处理方式不同有关。另外，所用芽孢杆菌的菌种特性也决定了脉冲电场对其的杀菌效果，热协同在一定程度上能增加对芽孢杆菌杀灭效果，但温度为80℃（进口温度）协同在实际应用过程中已经失去非热杀菌的意义，一般认为温度协同脉冲电场处理，物料处理后的温度应不超过60℃（出口）。

（二）脉冲电场对食品中常见致腐菌的杀菌效果

食品中常见的致腐菌为酵母菌、乳酸菌、霉菌等。脉冲电场关于致腐菌的研究主要为酵母菌和乳酸菌。

1. 酵母菌

酵母菌（*Yeast*），是一种单细胞真核微生物，大小为（1~5）×（5~30）μm，常用于面团醒发和酿酒工业中，但也是常见的食品腐败菌之一。酵母菌作为液体食品中常见的污染菌，其引起的酒精发酵，使果汁产生酒味，严重影响了产品的饮用性。目前脉冲电场关于酵母菌杀灭效果的研究主要为果汁、酒类（啤酒）等。酵母菌不同于细菌，其对脉冲电场处理非常敏感，杀灭对数能达到6个对数单位，而且脉冲电场致死场强阈值比细菌低，场强为10kV/cm就能使其致死。这一方面是因为酵母菌细胞比细菌大得多；另一方面，与酵母菌为真核微生物其细胞膜结构与细菌不同有关。Elez-Martínez等在场强为35kV/cm、处理1000μs（脉宽4μs）、处理温度 39℃、双极性波脉冲波对酵母菌最大杀灭对数为 5.1 个对数单位，而且双极性波比单极性波具有更好的杀灭效果。

酿酒酵母作为葡萄酒、啤酒发酵菌种，在发酵后期一般通过加热杀灭酒中的酵母，达到延长其保质期目的，但热杀菌对酒的品质，特别是啤酒会产生不利影响。脉冲电场对酵母菌杀灭效果的研究最开始主要是针对果汁，近年来利用脉冲电场对啤酒和葡萄酒中酵母菌的杀灭也引起了研究者的关注。对酒中酵母菌的研究分为酵母菌营养细胞和酵母菌子囊孢子，一般而言子囊孢子对外界环境具有较强的耐受能力，例如子囊孢子对热的耐受能力为其营养体的 100 倍。González-Arenzana 等利用脉冲电场（33kV/cm、脉宽 8μs、处理 105μs、出口温度 49℃）对葡萄酒中 12 种酵母菌营养体的杀灭对数为 2.06~2.95 个对数单位。其中 *S. cerevisiae* 对脉冲电场抗性最高，杀灭对数仅为 2.06 个对数单位，而 *Candida stellata* 对脉冲电场最敏感，杀灭对数为 2.95 个对数单位。Walkling-Ribeiro 等在场强 35kV/cm、处理时间 765μs、处理温度 13℃对啤酒中酿酒酵母营养体细胞杀灭效果达到 4 个对数单位，而且，啤酒的酒精含量，热的协同及啤酒充 CO_2 与否对杀菌效果都有显著影响。Elham Alami Milani 等研究脉冲电场对 9 种啤酒中酵母菌子囊孢子的杀灭效果，同时比较热协同和不同酒精含量对其的影响，结果表明脉冲电场对不同种类的啤酒中酵母菌子囊孢子杀灭效果不同，总体而言对酒精含量高的杀灭效果优于酒精含量低的，场强 45kV/cm，脉宽 70μs、脉冲数 46.3 个、温度低于 43℃处理对酒精含量 0%的杀灭效果仅为 0.2 个对数单位，而对酒精含量 7%的啤酒酵母菌子囊孢子杀灭效果最好，达到 2.2 个对数单位（图 6-81）。啤酒中酒精含量对杀菌效果的影响与乙醇对酵母细胞的毒害作用有关；另外，乙醇能有效增加微生物细胞膜的流动性，使磷脂双分子层由凝胶态向液晶态转变从而使细胞膜变薄，降低细胞膜穿孔阈值，使其在较低的场强下致死。

总体而言，脉冲电场对酵母菌具有良好的杀灭效果，与酵母菌营养细胞相比，酵母菌子囊孢子对脉冲电场抗性高。因此，实际应用过程中杀菌时机的选择非常关键，尽量避免酵母菌子囊孢子的形成。另外，热协同和酒精含量（啤酒等）对酵母菌的杀灭有一定的促进作用，有效的利用热和酒精的协同作用不仅能快速杀灭目标菌的作用，使食品符合安全标准，而且能有效地减少能耗，降低生产成本。

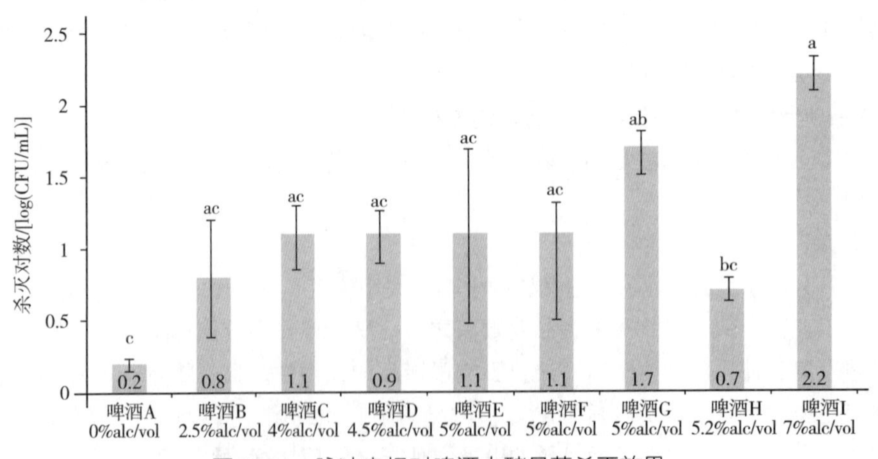

图 6-81　脉冲电场对啤酒中酵母菌杀灭效果

（45kV/cm，46 个脉冲，70ms，T<43℃）

2. 乳酸菌

乳酸菌指发酵糖类主要产物为乳酸的一类无芽孢、革兰染色阳性（G^+）细菌的总称。其生长代谢产物为乳酸，易导致食品的酸败，属于食品中常见的致腐菌之一。González-Arenzana等利用脉冲电场（场强33kV/cm，脉宽8μs，处理时间105μs，出口温度49℃）对葡萄酒中12种乳酸菌的杀灭对数为1.96~4.16个对数单位。其中*Oenococcusoeni. O46*对脉冲电场抗性最强，仅为1.96个对数单位；而*L. mali*对脉冲电场最敏感，杀灭对数为4.16个对数单位，表明脉冲电场对不同种的乳酸菌杀灭效果不一致。总体而言，脉冲电场对不同介质中的乳酸菌具有良好的杀灭效果，其杀菌作用受电场参数和协同温度的影响显著，在低于60℃的温度协同作用下，脉冲电场对乳酸菌杀灭能达到9个对数单位，这与乳酸菌本身不耐热有关。

（三）不同杀菌方式协同脉冲电场杀菌

针对食品，脉冲电场杀菌技术经过半个多世纪的研究已积累了大量的数据。总体而言，其对大部分微生物均能保持良好的杀菌效果，但对李斯特菌、芽孢杆菌及其孢子杀灭还不够理想。因此，为了推进该技术在杀菌方面的实际应用，研究者们将其他杀菌方式协同脉冲电场进行了一系列的研究。协同的其他杀菌方式主要包括：热和天然抗生素、超高压、超声波、脉冲强光、高密度CO_2等。

脉冲电场与热协同是最为简便、可行、高效的协同杀菌方式，一方面没有任何物质的添加，对食品本身没有任何影响。另一方面脉冲电场杀菌过程中产生的焦耳热可得到有效利用。例如，Fernández-Molina等将脱脂牛乳预先80℃热处理6s，然后场强30kV/cm处理60μs得到的产品其保质期达到30d，比单纯使用热或者脉冲电场杀菌保质期延长一倍。另外，Sepulveda等利用预先72℃热处理15s，然后场强35kV/cm处理11.5μs得到的产品其保质期达到60d。

与热协同杀菌相比，脉冲电场与其他杀菌方式（抗生素、超高压及超声波等）的协同也表现出非常好的杀菌效果。在天然抗生素协同作用下，微生物对脉冲电场敏感性显著增加。汪浪红等研究了柚皮素协同脉冲电场对橘子汁、荔枝汁和葡萄汁中大肠杆菌和金黄色葡萄球菌的杀灭效果，结果表明柚皮素在较低的浓度范围（0.05~0.20g/L）对果汁中的大肠杆菌有一定的抑制作用，对金黄色葡萄球菌具有轻微的灭活效应；随着处理场强和时间的增加，灭活率增大。其中脉冲电场对葡萄汁中金黄色葡萄球菌的杀灭效果最好，其次是荔枝汁，橙汁的效果最差。王倩怡等研究了脉冲电场对不同丁香酚浓度培养后的大肠杆菌脉冲电场杀灭效果，并从细胞膜的特性，膜相关基因的调控等方面对协同杀菌机制深入研究。随着培养过程中丁香酚浓度增加，脉冲电场对大肠杆菌灭菌对数逐渐增加，当丁香酚添加量为3/8MIC，大肠杆菌杀灭对数增加近两个对数单位，对细胞膜特性研究表明丁香酚的添加导致大肠杆菌细胞膜不饱和脂肪酸含量升高且环状脂肪酸含量降低，细胞膜流动性增加，从而增加灭菌效果（图6-82）。

与此同时，脉冲电场与其他技术（超高压、超声波、紫外光、脉冲强光等）协同杀菌也引起了研究者们极大的关注。Gachovska等利用紫外光与脉冲电场协同（首先利用60kV/cm，脉宽3.5μs处理13.5个脉冲，然后紫外光处理）对苹果汁中大肠杆菌的杀灭对数达到5.3个对数单位。Huang等利用脉冲电场与超声波协同对蛋液中的沙门菌杀灭对数增加2.5个对数单位（脉冲处理：56.7kV/cm，50个脉冲；超声波协同处理：50W，55℃，5min）。Noci等利用热和超声波与脉冲电场协同作用（首先55℃、60s，然后超声400W、80s，最后50kV/cm处理）对牛乳中的李斯特菌杀灭对数达到6.7个对数单位。Pyatkovskyy等研究超高压协同脉冲电场作用对接种于去离子水中的李斯特菌杀灭效果，结果表明先场强20kV/cm，处理1ms，然后

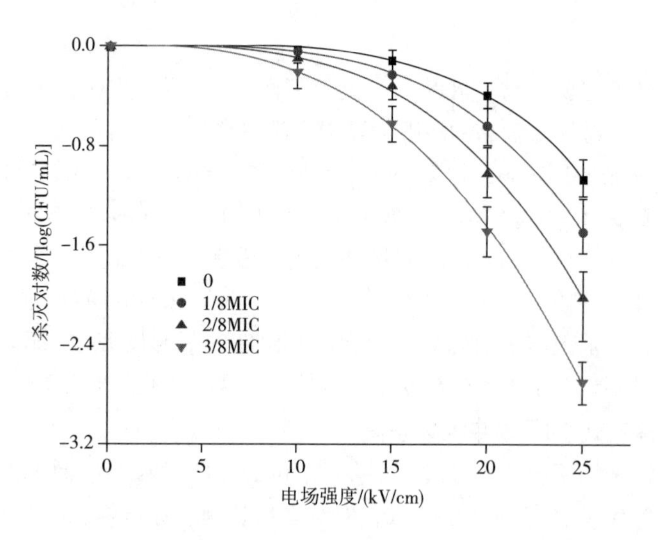

图 6-82　不同电场强度下大肠杆菌的脉冲电场灭活曲线

200MPa 处理 20min，比单纯使用脉冲电场和高静压（HHP）对李斯特菌杀灭效果增加 2.3 个对数单位，达到 3.2 个对数单位。Caminiti 等利用脉冲强光（5.1J/cm^{2}和 4.0 J/cm^2）与脉冲电场（24kV/cm 和 34kV/cm，89μs）协同作用对苹果汁中接种的 *Escherichia coli K*12 杀灭效果达到 5 个对数单位以上，达到食品安全标准，且对苹果汁的品质没有影响。

（四）脉冲电场杀菌技术的经济和环境效应

脉冲电场作为新型非热杀菌技术，有助于提高食品加工的环境绩效。在消费升级力量的推动下，新一代消费者不仅愿意购买高品质的产品，同时也关注生产方式对自然环境的影响，因此大大促进了传统加工替代技术的发展，这些技术比传统技术投入的能源更低、资源更少，此外，还可以提高原材料和副产品的利用率。

脉冲电场灭菌所需的电场强度远高于脉冲电场用于诱导植物或动物细胞裂的电场强度，工业规模的脉冲电场杀菌系统，处理量达 5t/h，预计投资成本与食品介质的电气特性，以及食品中潜在的致病菌、致腐菌对脉冲电场的耐受性有关，在 200 万～300 万美元。在加工过程中，能量使用效率是影响成本的一个重要因素，当加工系统输出能量密度过高，易导致产品产热严重，需要消耗更多时间和能量冷却产品，随之能量效率降低。研究表明，在 40℃时，采用脉冲电场设备对液蛋进行灭菌，输入能量为 357kJ/L，包括冷却所需总能量为 714kJ/L，液蛋保质期约为 26d。冷却能量是脉冲能量传递的直接函数，处理时间延长，意味着能源支出增加，为了尽可能减少冷却能量，一个可行的方法是产品在脉冲电场处理后，产品稳定性所需的最小能量基础上，在产品入口冷流和热流之间使用再生热交换，加快冷却速率。因此，脉冲电场处理的总能量输入不仅要包括电气系统消耗的能量，还要包括换热装置输入能量。

与仅采用脉冲电场技术灭活酶相比，脉冲电场结合微热不仅有利于酶失活，而且有利于减少输入能量。当热回收率为 95%时，在较高温度条件下，脉冲电场协同热效应，可减少脉冲电场能量输入，能量输入接近传统热巴氏灭菌所需的 20kJ/L。提高产品质量的同时，也减少了能源消耗，降低了生产成本。传统干燥、提取工艺需消耗大量的机械热能，时间长，加工成本高，脉冲电场预处理工艺可实现对果蔬细胞的可逆击穿，提高果蔬脱水速率，可有效节约能源，脉冲电场提取甜菜汁的能量输入约为 3mJ/t，远低于热提取通常需要的能量。通过脉冲电场对玉米、橄榄、大豆和菜籽油进行预处理，可以大幅增加油脂提取率和功能性食品成分的含量，如植物甾醇、异黄酮或生育酚等，从而降低了比能耗。当脉冲电场能量输入为 18kJ/kg 时，橄榄油产量增加了 7.4%。在生产过程中充分利用脉冲电场预处理的节能特点，使产品在生产过程中减少能耗，降低成本。从能源效率的角度出发，提出了今后深入研究的方向。

（五）脉冲电场技术的应用前景

目前，国内对于脉冲电场设备的研究多集中在中试水平，尚未应用于工业化生产规模。国内对脉冲电场技术及设备的研究主要以高等院校为主，缺乏企业的参与和政府的政策调控。但是经过 20 多年的研究发展，各研究机构已经取得了较为丰富的研究经验，通过与各优势学科相结合，将未来的重点放在大功率电源的设计与改进、处理室的设计与制作、杀菌工艺的研究与应用等方面。

在过去的十年中，脉冲电场加工已从实验室研究跃升至商业市场应用，并在不同的加工行业得到应用，相信商业市场的极大需求会进一步促进工业化脉冲电场系统的快速发展。这种转变将会促进处理量更大、自动化更高的产品设备及系统的发展以满足商业食品加工设施的要求。

随着人们生活水平的提高，人们对于产品的风味与营养的追求越来越高。我国作为一个农业大国，但是目前杀菌技术滞后、产品的深加工利用程度较低，缺乏市场竞争力。作为非热杀菌技术中极适合流体食品杀菌，高压脉冲电场不仅效果好，而且成本低，非常适合我国国情。但是，国内对高压脉冲杀菌方面的研究还处于初步阶段，特别是对设备的开发（高压脉冲发生器和处理室的研究）还只是处于起步阶段。对此，有必要从高功率设备的研发、新工艺的研究和重点突破领域三个方面着手，加快高压脉冲电场技术的产业化研究与应用。

思考题

1. 什么是超高温杀菌技术？超高温杀菌技术的杀菌效果如何评价？
2. 与管式热交换器相比，板式热交换器具有哪些优点？
3. 什么是欧姆杀菌技术？它具有哪些优点？
4. 试简述欧姆杀菌技术的基本操作。
5. 高压杀菌技术的基本原理是什么？
6. 影响高压杀菌的因素有哪些？
7. 简述高压对食品营养成分的影响。
8. 辐射保鲜技术具有哪些优势？
9. 辐射杀菌有哪些分类？
10. 臭氧杀菌的作用机理是什么？
11. 简述常用的臭氧检测方法。
12. 举例说明臭氧杀菌技术在食品加工中的应用。
13. 什么是低温等离子体冷杀菌技术？它的作用机理是什么？
14. 脉冲电场杀菌机理是什么？
15. 影响脉冲电场杀菌效果的因素有哪些？

第七章 食品包装高新技术

CHAPTER 7

[学习目标]

1. 掌握无菌包装原理，了解无菌包装材料的分类、杀菌要求以及典型的无菌包装系统。

2. 了解蒸煮袋的性质和软罐头的充填与封口，掌握软罐头的杀菌技术。

现代社会结构和生活方式的变化，对各种方便、保健、风味食品的需求与日俱增，为适应市场发展的需要，对食品包装也提出了新的要求。食品包装不但具有防止产品受到机械损伤，避免化学、微生物或其他污染源污染，方便食品运输和贮存，为消费者提供必要的信息，吸引消费者注意等功能，还在保持食品风味，延长食品货架期等方面发挥重要的作用。干净、安全、易于处理的食品包装成为现代消费者的一个普遍要求。为提高食品的保护功能和满足消费者的需求，新的包装材料和包装技术不断涌现。本章介绍无菌包装技术和软罐头包装技术两项高新技术。

第一节 无菌包装技术

食品的无菌包装（aseptic packaging）始于乳品工业。早在1913年，丹麦就曾对牛乳进行热杀菌并实施无菌包装，于1921年取得无菌保藏加工方面的专利。20世纪20年代，美国研究了加热-冷却-充填无菌加工，主要研究罐头的灌装、封口设备。罐头和盖子以饱和蒸汽杀菌，以蒸汽或蒸汽与空气混合气体保持封口空间的正压。1945年美国建立了三座根据此原理设计的生产厂。20世纪40年代末，瑞典乳品业和机械制造业合作研究开发出超高温瞬时杀菌技术，用于乳品加工，同时还成功地开发了生产上可行的装置。该装置是后来乳品加工中利乐包（Tetra Pak）无菌包装系统的必要组成部分。20世纪40年代，美国开始了多尔-马丁（Dole-Martin）无菌罐装系统的研制，1950年市场上出现了第一台工业无菌充填装置，它采用

210℃的蒸汽加热。在近20~30年期间，无菌包装技术的研究取得了很大的进展，它不仅应用于乳品工业，而且广泛应用于其他食品工业。尤其是果汁、蔬菜汁、豆乳、酱类食品、保健食品类的无菌包装，其应用更为面广量大。

1979年，广州首先引进瑞典利乐公司的砖型盒包装机，用于生产甘蔗汁、番石榴汁和荔枝汁等饮料。此后一度在全国范围内掀起广泛引进无菌包装的热潮，大多用于果汁饮科的包装，如无菌杯式包装、无菌袋式包装等。国内自制无菌包装设备和生产线的研制和生产尚处于刚起步的状况，由于是一个新兴的技术领域，技术难度较高，所以虽有上海、南京等地的一些半无菌的设备，但差距仍很大。

根据无菌包装对象物料的状态来分，大致可分为两类，一类是液体食品的无菌包装，另一类是固体食品的无菌包装。严格地讲，后一类是半无菌包装，因为对固体食品如咖啡、干酪片、火腿片等不可能进行完全无菌的包装，只能在一般的灭菌状态下进行无菌包装。

无菌包装设备有许多种，主要区别在于操作方式、包装形式、充填系统。目前，食品工业上常用的无菌包装设备主要有以下几种类型：

①卷材纸盒无菌包装设备，典型的是瑞典Tetra Brik的L-TBA系列；

②纸盒预制无菌包装设备，典型的是德国Combibloc的FFS设备；

③无菌瓶装设备；

④箱中衬袋无菌大包装设备等。

一、 无菌包装原理

（一）无菌包装的概念

无菌包装从狭义上讲就是在无菌环境条件下，把无菌的或预杀菌的产品充填到无菌容器并密封之。目前，用于无菌包装的食品主要分为两大类：

①能常温保存的无菌食品：即采用包装机把连续杀菌过程和无菌容器包装结合起来，目的是获得能在常温下贮存的商业无菌食品。一般来说，超高温瞬时杀菌和其他方法预杀菌的乳及乳制品、布丁、甜食、蔬菜汁、果汁、汤汁、沙司以及带颗粒状的产品均可无菌包装；

②能在低温下保存的无菌食品：即在无菌环境下将没有杀菌的新鲜产品，如发酵乳、甜食、酸乳酪等包装起来，目的是使食品在冷藏链中免受霉菌、酵母等的再污染，以获得较长的货架寿命。

采用无菌包装特点：

①对包装内容物可采用最适宜杀菌方法（如HTST法、UHT法等）进行杀菌，使色泽、风味、质构和营养成分等食品品质少受损害；

②由于包装容器和食品分别进行杀菌处理，所以不管容器容量大小如何，都能得到品质稳定的产品，甚至还能生产普通罐装法根本无法生产的大型包装食品。再者，与包装后杀菌相比，食品与容器之间不易发生反应，包装材料成分向食品溶渗减少；

③由于容器表面杀菌技术较易，且与内容物杀菌无关，故包装材料的耐热性要求不高，强度要求也没有那么严格；

④适合于进行自动化连续生产，既省工又节能。

由于无菌包装的这些特点，使得该技术在食品工业中发展十分迅速，有着极好的应用前景。

（二）无菌包装的原理

食品无菌包装基本上由以下三部分构成：一是食品物料的预杀菌；二是包装容器的灭菌；三是充填密封环境的无菌。这也可以说是食品无菌包装的三大要素。由于无菌包装技术的关键是要保证无菌，所以它的基本原理是以一定方式杀死微生物，并防止微生物再污染为依据。微生物致死的机理主要有以下三种：

①机械破坏机制：它是假设微生物存在一决定其存活的所谓“控制中心”。破坏此控制中心，即可使微生物致死。这可从致死的靶理论（target theory）及对数致死规律得到说明，符合实际上的统计数字分析；

②化学作用机制：强调由抗代谢作用产生的重要物质的量的变化。它要求用定量的化学分析数据来说明；

③生命力原理：代谢过程中的局部干扰作为杀菌机制的基础。它要求用定性的生化分析论据来说明。

要确立无菌化包装技术，就要求我们综合性地灵活运用现有的杀菌和除菌技术，使食品、容器、操作环境都达到规定的杀菌水平。有关食品本身的杀菌有大量论著可供查阅，本节仅概括介绍容器杀菌和无菌充填所要求的环境杀菌，再介绍几种无菌包装系统的实例。

二、 无菌包装材料及其杀菌方法

（一）无菌包装用的包装材料

在食品的流通过程中，包装材料的作用非常重要。一般地，对食品包装材料的性能要求是要能保持食品的品质、提高食品的商品价值、适应生产的连续化、保证食品的卫生安全、具备生产应用上的经济性。

对无菌包装用的材料，则要求具备以下性能：

①热稳定性：在无菌热处理期间不产生化学变化或物理变化；

②抗化学性、耐紫外性：在用化学剂或紫外线进行无菌处理过程中，材料的有机结构不改变；

③热成型稳定性：在无菌处理或干制的热处理过程中，容器外形不发生明显改变；

④阻气性：一方面能阻隔外部空气中的氧气渗入；另一方面能保持充入容器的惰性气体不外渗；

⑤防潮性：阻止水分的穿透，以保持产品应有的湿含量；

⑥韧性和刚性：具有合适的这些包装性能，便于机械化充填、封口；

⑦避光性：阻隔光线的穿入；

⑧卫生性：材料应是无毒的、符合食品卫生标准，且易杀菌；

⑨经济性：来源丰富，成本低。

无菌包装材料一般可分为四类：金属、纸板、塑料和玻璃。

从完全阻隔分子扩散而言，金属和玻璃是理想的材料。使用这些材料的其良好保藏性能取决于容器的密封性及牢固性，但包装成本较高。

纸板和塑料价格较便宜，可大大降低包装成本，因此是无菌包装系统最常用的包装材料。材料的性能与材料的分子结构有关。极性强的聚合物显示出亲水性，所以这类材料的水蒸气透过率和透气率较大。

塑料具有不同的结晶度，也有的塑料是非晶态的。结晶度受加工工艺（如定向处理）和热处理的直接影响，而结晶度的大小又直接影响着聚合物的某些物理化学性能。大体上说，聚合物结晶度高的，其气体透过的扩散系数较小，从而透气率较小。但水蒸气的透过率未必也是小的，如尼龙和聚乙烯醇材料。

材料中分子的排列规律对其性能也有直接的影响。热塑性塑料的分子排列大都属于线型结构的，但线型排列的规整程度可以不同，有定向的和非定向的，有单向定向的和双向定向的，有低定向度的和高定向度的等。采用压延和流涎工艺制得的膜是不定向的，其分子排列不规整；采用拉幅机拉伸的薄膜是属于定向的，其定向度比吹胀法的为高；吹塑工艺定向的倍数较低，介于定向和不定向之间。经过定向处理的材料，其透气率降低，而透明度和机械强度都相应地提高。

包装材料的种类很多，其性能也各不相同，因此在选用时应综合考虑，合理选用。表 7-1 所示为包装材料的合理选用范围。

表 7-1　包装材料的合理选用

要求性能	推荐选用的材料
抗张强度	OPP、UPVC、PET、OPA、纤维素膜
抗撕裂强度	PVC、PE、PVDC/PVC、PP、EVA
挺度	纸、UPVC、EPS、含填料的 PP、尼龙-11、ABS、PS
耐刺穿性	离子型薄膜、尼龙、PET
折痕	铝箔、纸、醋酸纤维
印刷性能	纸、纤维素薄膜、尼龙、PET 铝箔、OPP、PS、PE
热封性	LDPE、EVA、离子型薄膜、PVDC、涂塑 PP、PVC、再生纤维素
遮光性	铝箔、纸、镀铝薄膜
隔绝水蒸气	铝箔、LDPE、HDPE、PVDC、涂塑纤维塑膜 PP、PCTFE
隔绝氧气	铝箔、各种纤维素、PVDC、PA、PET、PCTFE、PVC、EVAL
耐低温（-40℃以下）	纸、铝箔、PET、PCTFE、PE、EVA、OPS、离子型、OPP、UPVC、PVDC、尼龙
耐高温	纸、铝箔、未涂塑玻璃纸、尼龙、PET、PCTFE

（二）包装材料（容器）的杀菌

1. 包装材料杀菌的要求

要实现无菌包装，不仅要对其内容食品进行杀菌，还必须将包装食品所用的容器（如金属罐、玻璃瓶、纸、塑料薄膜制成的容器等）或包装材料表面所黏附的微生物杀死或清除。工业应用的杀菌过程应满足以下要求：

①D 值低：现代高速包装机必然要求在很短时间内完成对包装材料（容器）表面的灭菌；

②杀菌剂与包装材料（容器）之间有良好的润湿性；

③杀菌剂应易于从包装材料（容器）表面除去；

④所用的杀菌方法对操作者无害，对消费者也无害；

⑤不可避免的残留杀菌剂要不损害产品品质及消费者健康；

⑥杀菌方法应对所用的包装材料无腐蚀性；

⑦具有与环境之间的相适应性；

⑧应用上是可靠的、经济的。

包装材料（容器）的杀菌大致可分为两大类，即物理方法和化学方法。

2. 加热杀菌法

不同的杀菌方法适用于不同的包装材料及容器。例如，热力方法一般不宜用于纸质和塑料容器的加热杀菌，而金属罐和玻璃容器则可通过加热即采用饱和蒸汽、过热蒸汽或热风处理而达到充分杀菌的目的。不过，无论从机械设备角度还是从人工操作角度看，这种加热处理在常压条件下完成较为有利。这样就达不到200℃以上的高温，所以难以办到以秒计的短时间内杀死包括耐热的细菌芽孢在内的所有微生物。过热蒸汽虽有极好的杀菌效果。但因其压力过高，故仅适用于耐压容器，如金属罐的杀菌。

以上所说的是对微酸性至中性食品的包装容器表面进行杀菌时以细菌芽孢为杀菌对象而言。对于诸如酸性食品和半干半湿食品等，若其本身已具良好的耐藏性，则加热杀菌条件可视情况而另作斟酌。但总的说，除细菌芽孢以外的其他微生物，在低水分活度或干燥状态下，也需要100℃以上温度的条件。

玻璃容器如同金属罐一样，也能利用加热杀菌，但要考虑玻璃不耐热冲击的特性，另外，还必须注意对瓶盖进行杀菌。常用的方法是杀菌时逐步使瓶子升温，充填时控制玻璃瓶温度与食品温度的温差在20~30℃，或者采用加热蒸汽对瓶内、外进行均匀加热的杀菌方法，当然这要有保持压力的装置。

利用微波进行加热实际上也属于热致的杀菌方法。此法能够使含有中等水分的包装材料很快地升温。尤其是包装材料的内表面，能迅速产生热量。而不立时传导扩散，其结果是使包装中最易受污染且最需彻底灭菌的部分都得到了灭菌消毒。由于微波辐射具有加热时间短、便于调整热能强度、提高加热效率、操作灵活、控制方便等特点，所以是食品包装工业上有效的一种新技术。采用微波杀菌必须考虑材料的特性。对非定向的聚丙烯和聚酯的复合材料，经微波加热后会出现针孔，而且温度和拉力使材料的强度削弱。铝箔材料，由于对电磁辐射具有反射性能，所以不宜采用微波杀菌。

3. 紫外线照射法和电离辐射法杀菌

对于用纸、塑料薄膜及其复合材料制成的容器，就不能像金属罐和玻璃罐那样易于用加热法进行杀菌。因此，这类材料表面的杀菌，从方法上讲，必须首先考虑冷杀菌，即采用化学方法或辐射方法，靠共挤工艺得到的复合板材，其无菌表面的保持是靠表面覆盖的一层称为保护层的薄膜（剥离层）来实现的。采用辐射杀菌法的情形，包装材料和容器可通过高效紫外线照射而达到灭菌目的。

紫外线的灭菌效果与照射强度、照射时间、空气温度和照射距离有关，也与被照射材料的表面状态有关。无菌包装实践经验表明，采用高强度的紫外杀菌灯照射长度为76.2cm的软包装材料，若照射距离为1.9cm，照射时间为45s，则能获得较好的灭菌效果。据报道，对于表面光滑无灰尘的包装材料，采用紫外线可杀灭表面上的细菌。对于压凸铝箔的表面，其杀菌时间要比光滑平面的长3倍。特别是不规则形状的包装容器表面，其灭菌照射时间比平面的要长

5 倍。采用紫外线杀菌时，也须考虑材料的特性，尤其是那些作为复合材料内层的材料。如氯乙烯/醋酸乙烯、聚偏二氯乙烯和低密度聚乙烯等塑料，受紫外线照射后会降低其热封强度（约 50%）。紫外线还可与干热、过氧化氢或乙醇等灭菌方法结合使用，以增强杀菌效力。

采用离子辐射方法来处理包装材料，也可以控制微生物的生长。德国包装专家早在 1962 年就对食品包装材料的辐射灭菌进行了研究，认为辐射剂量以 10~60kGy 为宜。许多研究结果表明，多数的食品包装材料采取辐射灭菌消毒是可行的，且当辐射剂量为 10kGy 或更低时，包装材料的机械性能和化学性能的变化甚微。当辐射剂量较大时，则材料固有性质有明显变化，尤其是塑料类材料，会使高聚物发生交联反应或主链的分裂，不饱和键的活化，放出氢气或其他气体（如低分子质量的烃类），以及促进氧化反应，形成过氧化物（当辐射在空气中进行时）。含卤素的塑料对辐射剂量十分敏感，会放出卤化氢气体。纤维素受到辐射后，分子会断裂，发生分解，并丧失其抗张等机械强度。辐射对复合材料的影响视其各种基材和黏合剂的个别特性而定。

4. 化学杀菌法

在化学杀菌方法中，已经发现 H_2O_2有满意的杀菌效果。H_2O_2是一种无色透明的液体，几乎无臭，可以按任何比例与水充分混合，纯净 H_2O_2的熔点为-0.89℃，沸点为 151.4℃。H_2O_2对微生物具有广谱杀菌作用，但其杀菌效果（*D* 值）与其温度有关。同温度下 H_2O_2的杀菌效果则与其溶液浓度有关。

H_2O_2灭菌工艺只有在 H_2O_2溶液温度和浓度较高时才有可能应用于无菌包装。由于各种微生物对 H_2O_2的敏感程度不同，特别是细菌芽孢有更强的耐力，因此必须选择适当的 H_2O_2溶液浓度。据报道，一般当 H_2O_2浓度达到 30%，灭菌温度为 80℃时，即可取得较好的杀菌效果。但采用 H_2O_2溶液灭菌时，须考虑其与包装材料或容器表面的润湿性，只有良好的润湿性，才能实现更好的杀菌效果。因而有时需要结合使用有效的润湿剂。据报道：当采用润湿剂时，即使 H_2O_2溶液浓度为 15%~20%，也只需要 3~4s 就能有效地杀死细菌；如果不采用润湿剂，则 H_2O_2溶液浓度必须提高到 25%~35%，而灭菌时间还需 8~9s。但是，这两种方法都应该配备热空气喷射（90~100℃的热空气），以增强 H_2O_2的灭菌效能。

另一种常用的化学灭菌剂是环氧乙烷。它主要用于包装机有关部件、包装容器和封口材料的消毒灭菌。由于环氧乙烷气体对乙烯基塑料有渗透作用，而包装机中许多与食品接触的部件往往是由乙烯基塑料制成的，因此当用环氧乙烷杀菌时，应采取升温和减压的方法加速使它挥发排出。对封口材料杀菌时，同样须考虑此问题。

三、 卷材纸盒的无菌包装系统

（一）卷材纸盒包装的特点

1961 年，Tetra Pak 首先推出卷材纸盒包装机，经过几代的改进，现在的 Tetra Pak 无菌装置有以下特点：

①包装材料以板材卷筒形式引入；

②所有与产品接触的部件及机器的无菌腔均经灭菌；

③包装的成型、充填、封口及分离在一台机器上进行。

目前，这种类型的无菌包装设备在世界上广泛使用，国内也已有几十套。

使用卷材来制作容器的好处：

①机器操作人员的工作任务简化，劳动强度降低；

②因为只是平整的无菌材料进入机器的无菌区，可保证高度无菌；

③集成型、充填、封口为一体，不需要各工序间的往返运输；

④包装材料的存贮空间小，且无须空容器的存贮空间；

⑤包装材料的生产效率高。

用于该装置的包装材料，其中80%为纸板，纸板复合了几层塑料和一层铝箔。包装材料各层（从外到里）的作用如下：

①外层的聚乙烯（PE）层保护印刷的油墨并防潮，且当包装叠起时保护封口表面；

②纸板赋予包装应有的机械强度以便成型，且便于油墨印刷；

③PE使铝箔与纸板之间能紧密相连；

④铝箔阻气，并保护产品防止氧化和免受光照影响；

⑤最内层的聚乙烯（或其他塑料）以提供液体阻隔性。

（二）L-TBA/8无菌包装机器的灭菌

下面以L-TBA/8无菌包装机为例，说明这类无菌包装的典型过程。

无菌包装开始之前，所有直接或间接与无菌物料相接触的机器部位都要进行灭菌。在L-TBA/8中，采用先喷入35%H_2O_2溶液，然后用无菌热空气使之干燥的方法，如图7-1所示，首先是空气加热器预热和纵向纸带加热器预热，在达到360℃的工作温度后，将预定的35% H_2O_2溶液通过喷嘴分布到无菌腔及机器其他待灭菌的部位。H_2O_2的喷雾量及喷雾时间是自动控制的，以确保最佳的杀菌效果。喷雾之后，用无菌热空气使之自动干燥。整个机器灭菌的时间约45min。

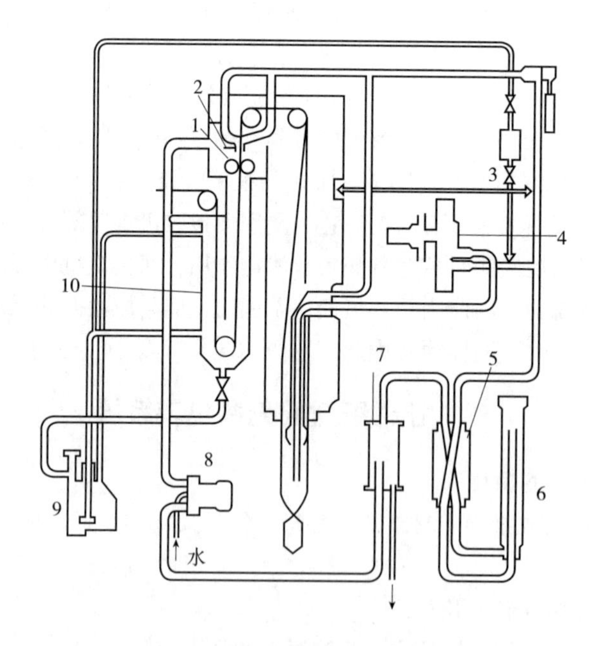

图7-1 L-TBA/8充填系统的灭菌

1—挤压挡水辊 2—空气刮刀 3—喷雾装置 4—无菌产品阀 5—热交换器 6—空气加热器 7—水分离器 8—压缩机 9—双氧水贮槽 10—双氧水浴

（三）包装材料的灭菌

如图 7-2 所示，包装材料引入后即通过一充满 35%H_2O_2溶液（温度约 75℃）的深槽，其行经时间根据灭菌要求可预先在机械上设定。包装材料经由灭菌槽之后，再经挤压拮水辊和空气刮水刀，除去残留的 H_2O_2，然后进入无菌腔。

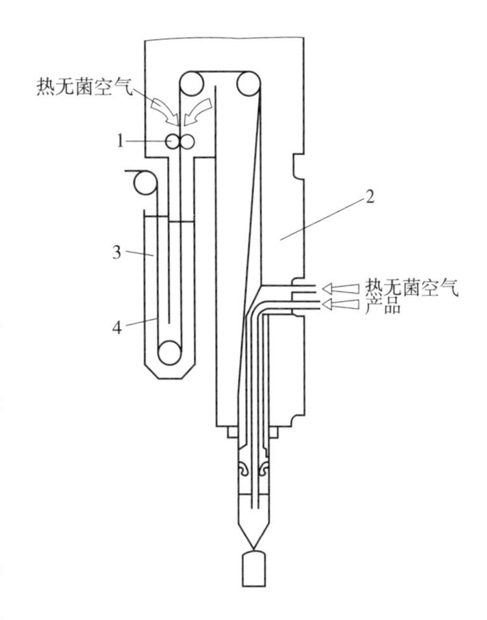

图 7-2　包装材料的灭菌

1—挤压拮水辊　2—无菌腔

3—热双氧水　4—包装材料

（四）包装的成型、充填、封口和割离

包装材料经转向辊进入无菌腔。依靠三件成型元件形成纸筒，纸筒在纵向加热元件上密封，图 7-3 所示为其密封的原理。可见，密封塑带是朝向食品封在内侧包装材料两边搭接部位上的。无菌的制品通过进料管进入纸筒，如图 7-4 所示，纸筒中制品的液位由浮筒来控制。每个包装产品的产生及封口均在物料液位以下进行，从而获得内容物完全充满的包装。产品移行靠夹持装置。纸盒的横封利用高频感应加热原理，即利用周期约 200ms 的短暂高频脉冲，以加热包装复材内的铝箔层，以熔化内部的聚乙烯层，在封口压力下被粘到一起。因而所需加热和冷却的时间就成为机器生产能力的限制性因素。

（五）带顶隙包装的充填

最好的设备可充填高黏度的产品，也可以充填带颗粒或纤维的产品。对这类物料的充填，包装产品的顶隙是不可少的。包装过程中，产品按预先设定的流量进入纸管。如图 7-5 所示，引入包装内部顶隙的是无菌的空气或其他惰性气体。下部的纸管可借助于特殊密封环而从无菌腔中割离出来。密封环对密封后的包装略施轻微的过压，使之最后成型。

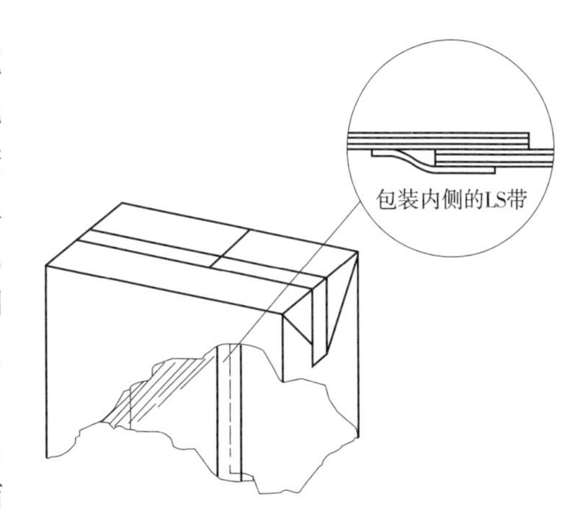

图 7-3　TB/TBA 的纵向密封

这种装置只对单个包装的顶隙充以惰性气体，故不会像别种设备那样要求过量供应惰性气体而造成浪费。尤其是 TBA/8 无菌包装机，由于装备了顶隙形成部件和双流式充填部件，故可以充填含颗粒的产品。该系统利用正位移泵输入颗粒制品，用定量阀控制液体产品的输入。

（六）单个包装的最后折叠

割离出来的单个包装被送至两台最后的折叠机上，用电热法加热空气，进行包装物顶部和底部的折叠并将其封到包装上。完成了小包装的产品被送至下道工序进行大包装。

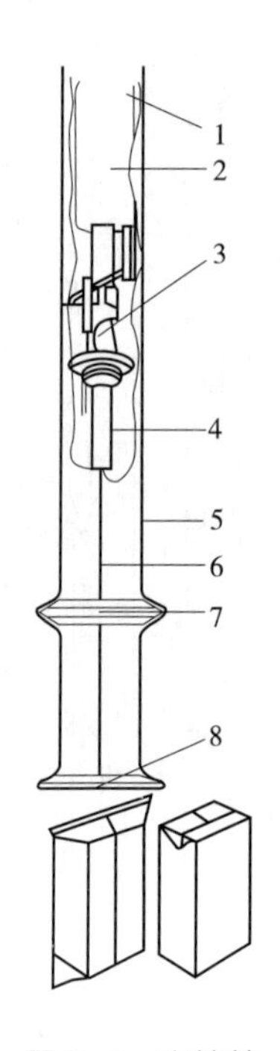

图 7-4　充填管

1—液位　2—浮子　3—节流阀　4—充填管
5—包装材料管　6—纵封　7—横封　8—切割

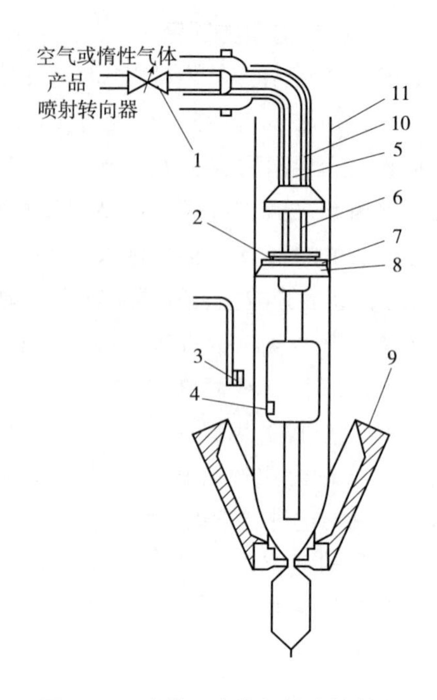

图 7-5　形成顶隙的低位充填装置

1—恒流阀　2—膜　3—超量警报　4—磁头
5—充填管　6—顶隙管　7—夹持器　8—密封圈
9—夹具　10—喷射分流管　11—包装材料管

四、纸盒预制的无菌包装系统

（一）纸盒预制无菌包装的特点

在无菌纸盒包装的两大系统国际竞争中，除前面所述的一类外，另一类是纸盒预制的无菌包装系统，即将纸筒的预制作为独立分开的一步先行完成，然后进入所谓的成型-充填-封口装置系统（FFS）。纸筒预制所用的包装材料基本上与瑞典 Tetra Brik 纸盒包装材料的相同，也是纸塑铝复合材料。所不同的是无菌包装全过程中，先由卷筒薄膜分割预制成开口的小纸筒。这样下工序的无菌充填和封口中避免了冗长连续纸带在无菌腔中的灭菌和卷制。典型设备是德国 PKL 公司的 Combibloc 无菌包装设备。其优点：

①灵活性大，可以适应不同大小的包装盒，变换时间仅需 2min；

②纸盒外形较美观，且较坚实；

③产品无菌性也很可靠；

④生产速度较快，而设备外形高度低，易于实行连续化生产。

（二）纸筒的预制

图 7-6 所示为预制纸筒过程各步，制成的纸筒是开口的，成扁平片状装箱，供下一步直接需用或运输到各地需要的食品生产厂家。纸盒的基材由优质纸板，经漂白或部分漂白或不漂白，以单层或多层加工而成。现在用于带液体食品的纸盒多由复合材料制成。最外层的低密度聚乙烯（LDPE）覆盖层保证有良好的印刷表面，同时有防潮性和密封性。从纸板和第二低密

度聚乙烯层往内有一层 6.5μm 厚的铝箔，其作用是阻氧避光。从铝箔再往内还有一层低密度聚乙烯，以提供黏合性。整片复合纸板由 70%的纸板、25%的聚乙烯和 5%的铝组成。

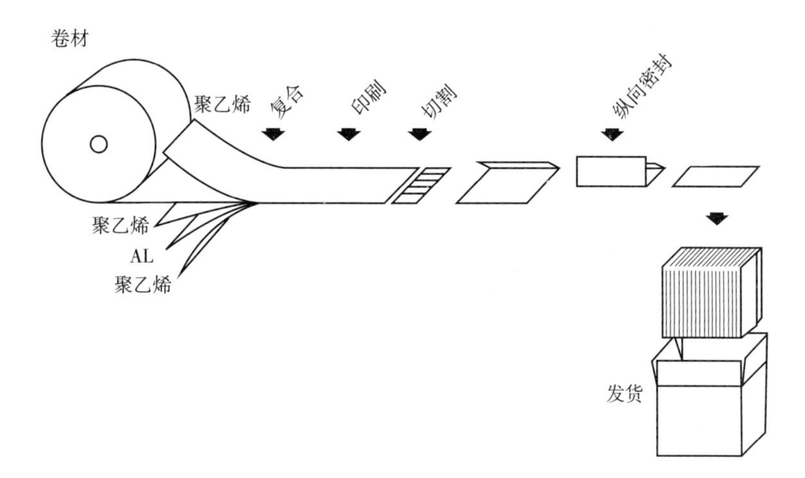

图 7-6　袋子的制作过程

（三）Combibloc 无菌包装机

图 7-7 所示为 Combibloc 无菌包装机的工艺过程。使用型芯和热封使预制筒张开、封底形成一个开顶的容器，然后用 H_2O_2进行灭菌。在无菌环境区内将灭菌过的物料灌入无菌容器。根据被充填产品的性质，必要时可使用合适的消泡剂。为了尽可能使顶隙减小，可使用蒸气喷射与超声波密封相结合的方法消泡。如果需要产品有可摇动性的性状，则需留给足够的顶隙空间，以便充以氮气等惰性气体。然后封顶，并进行盒顶成形，以后送往下道工序。

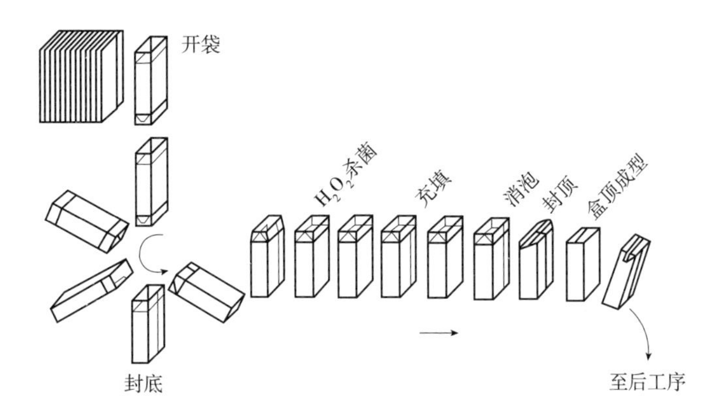

图 7-7　Combibloc 填充机的工艺过程

（四）机器的灭菌

由于 Combibloc 的 FFS 机是开放系统，所以缩短暴露时间和减少空气中微生物含量十分重要。所谓暴露时间是指从容器灭菌到密封之间的时间。在 FFS 机内，所谓无菌区即仅仅覆盖这一段从容器灭菌的密封之间的区域，如图 7-8 所示。在机器开工之前，无菌区采用 H_2O_2蒸气和热空气的混合物进行灭菌。在正常运转期间，为减少该开放系统无菌区内的细菌含量，采用特殊设计的与空气净化系统相连的无菌空气分布系统，并使无菌空气流动尽可能呈层流状态，并保持该区域处于正压，从而达到保证无菌的目的。

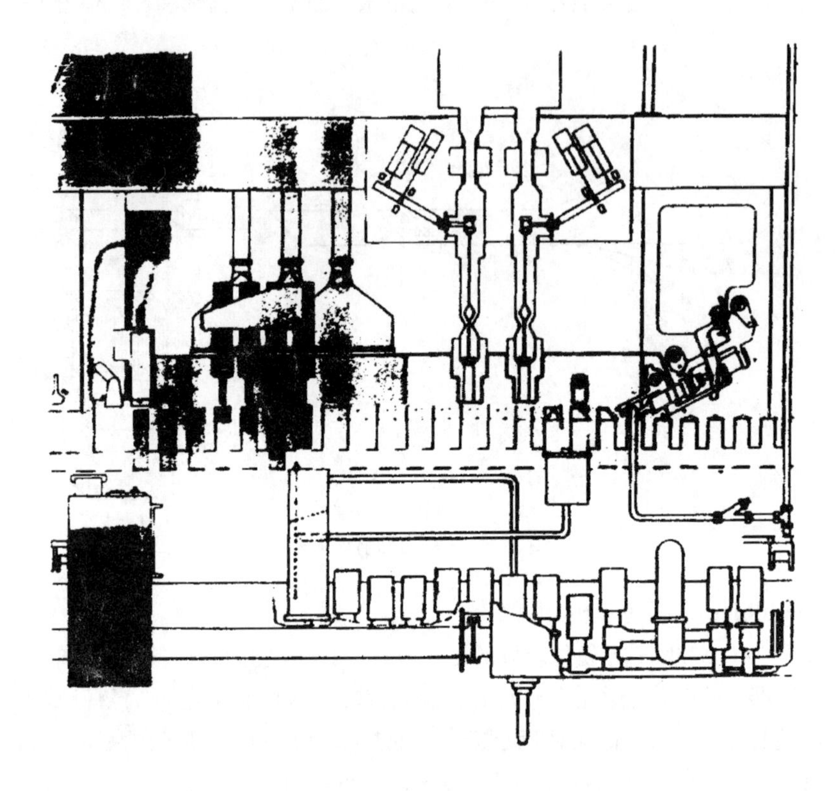

图 7-8　Combibloc 的 FFS 机内的无菌区

（五）容器的灭菌

除了机器灭菌及无菌区内空气净化外，容器的灭菌也至关重要。经预热的容器用 H_2O_2溶液和热空气混合冲洗，可避免 H_2O_2液滴落在容器壁面上。灭菌后用热无菌空气使之干燥，H_2O_2 和无菌空气的流量由微型压缩机控制，H_2O_2 残留量小于 0.5mL/L。容器的灭菌过程为自动控制方式，若设备系统出现差错，容器则不能进入充填部位，机器内的包装将被分隔出来，机器便停下来。当故障消除之后，再开始生产，但必须重新进行机器的灭菌。

（六）充填系统

图 7-9 所示，该机的充填装置采用可编程逻辑控制器控制。充填装置有不同的形式。如单管仅供液体的充填；双管可供带颗粒液体的充填。充填装置中还包括缓冲槽，槽内设置搅拌器，以防颗粒与液体分离。供料使用正位移泵，强制产品注入容器。注入器的出口设计取决于产品的类型。目前这类注入器可充填最大粒径为 20mm，黏度在 80～1000mPa · s，颗粒含量最高达 50%的液体物料。

（七）容器顶端的密封

容器封顶是无菌区内的最后工位。对充填好的容器，采用超声波进行顶缝密封。超声波密封法由于热量直接发生在密封部位上，故可保护包装材料。密封发生在声极与封砧之间。声极振动频率为 20000Hz，从而使聚乙烯变柔软。密封时间约 1/10s。超声波可绕过微小粒子或纤维而不影响密封质量。

Combibloc 无菌包装机生产的产品的包装规格有多种，目前市场上有 4 种不同截面积的包装规格，其容积从 150mL 到 2000mL 不等。该机生产能力为 5000~16000 盒/h。

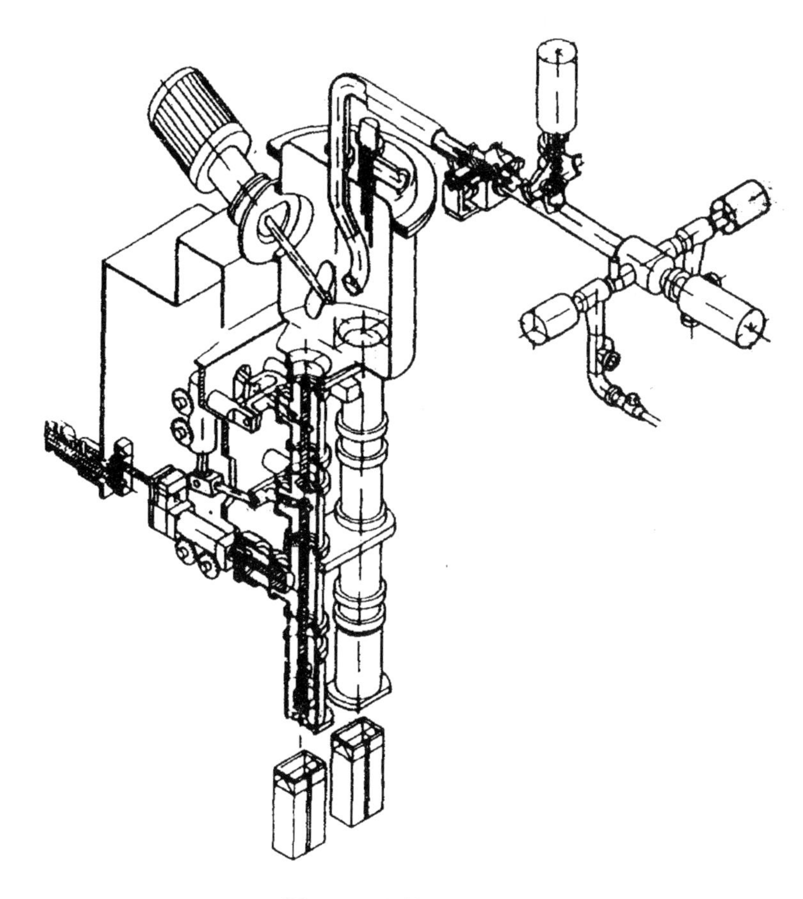

图 7-9　充填工位

五、 玻璃瓶的无菌包装系统

（一）无菌瓶装的概念和特点

可进行无菌包装的玻璃或塑料容器可以是一次性的，也可以是重复使用的瓶（如用于超高温瞬时杀菌牛乳的瓶子），可以是广口的，也可以是细口的瓶子。

国外研究塑料瓶非常活跃。瓶子由各种不同基材制造，如聚丙烯（PP）、聚碳酸酯（PC）。特别是聚对苯二甲酸乙二醇酯（PET），当与其他隔气材料共挤时，可得到气密性很好的容器。PET 瓶子的大量使用引起人们对降低其制造费用感兴趣，不过大多数价格便宜的瓶种都是未经结晶化，只能承受低于 74℃ 的温度。回收使用过的塑料瓶是研究的热门课题，虽然目前还存在一些问题，相信这种瓶子更能满足工业生产上的需要。

采用这类容器进行无菌包装的食品如表 7-2 所示。

表 7-2　　无菌瓶装的内容物

食品类别	中性或低酸性食品（pH>4.5）	高酸性食品（pH<4.5）
实例	超高温处理的牛乳 乳饮料（带果汁/咖啡） 奶油 乳制品 婴儿食品 运动饮料 蔬菜汁 沙司 快餐	果汁 酸乳、可饮酸乳 调味料、色拉沙司 果片/糖浆果片 番茄制品

无菌瓶装的好处：

①节能：至少对采用超高温法先杀菌的无菌包装来说，它比之于在杀菌锅内的后高压杀菌法或热装法之后进行再冷却的方法，都有节约能量的可能；

②产品质量好：由于超高温预杀菌的处理严格，所以可以生产出优质的产品。在中性或低酸性食品的加工中，无菌工艺可以生产出过去不可能生产的特种产品；

③节约工作人员：因为自动化程度高；

④设备占空小：无须灌装设备以后的高压杀菌器、巴氏消毒器、冷却和相应的输送设备；

⑤容器的温度、压力变形小：这也促进了轻质玻璃、简易瓶盖以及温敏塑料容器的开发。

用于玻璃瓶的无菌包装系统如图 7-10 所示。它由以下几部分组成：

①洗瓶机；

②瓶子杀菌机；

③连接隧道；

④充填机；

⑤密封装置；

⑥必要的器材供给装置。

该装置系统的主要特性是在生产过程中，始终被略高于大气压的无菌空气，以使外界大气中的细菌等不能进入，从而达到包装的无菌环境的要求。目前，在欧洲、美国、日本等许多国家都有这种玻璃瓶（或塑料瓶）的无菌包装装置。

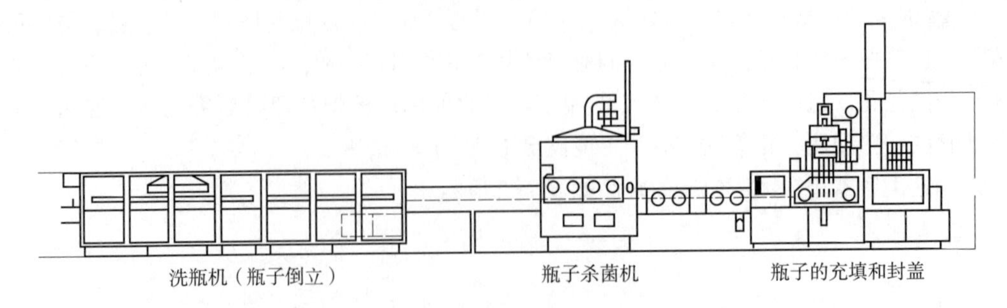

图 7-10　玻璃瓶的无菌包装系统

（二）玻璃瓶的灭菌

玻璃瓶的灭菌步骤如下（图7-11）。玻璃瓶经一段时间预热后，被送至灭菌工位。灭菌剂管逐渐插入瓶内，吹出 H_2O_2蒸汽与热空气的混合物，对容器的全部内表面进行灭菌。待灭菌剂管完全插入后，瓶子上升，稍稍离位，留出灭菌剂进入环隙的通路，如此容器内外表面经一定时间的灭菌作用之后，凝结在内外表面上的 H_2O_2蒸汽由热的无菌空气吹干。灭菌剂流速、温度和浓度等操作可按不同容器的要求来调节。

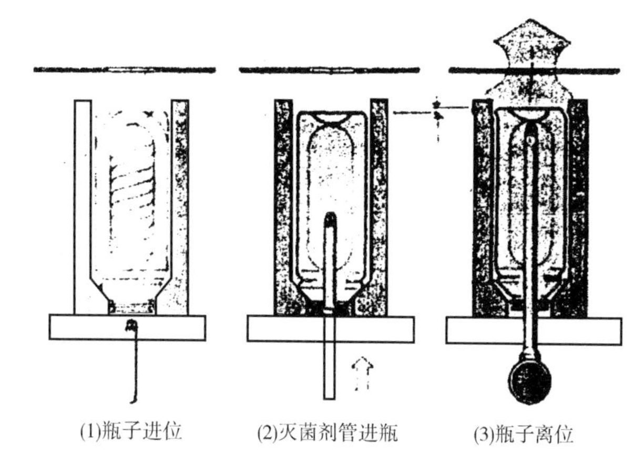

图 7-11　玻璃瓶灭菌过程

采用这种玻璃瓶灭菌工艺可达到很高的灭菌效率。但实际上，为了避免灭菌剂不必要的损耗，灭菌效率只要达到符合实际要求即可。

（三）瓶盖的灭菌

瓶盖的灭菌要根据瓶盖材料的特性而采用不同的方法。若瓶盖为热敏性的（如塑料及卷材封盖膜等），则采用前述的 H_2O_2溶液灭菌法。若瓶盖为非热敏性的（如金属等），则可采用饱和蒸汽热灭菌等方法。无论采用何种方法，杀菌率至少要达到5*D*，以确保无菌的实现。

（四）容器的充填

根据物料性质的不同，采用不同的充填方式。一般对低黏度液体，采用重力充填；对易产生泡沫的物料，采用内插喷嘴充填。如图 7-12 所示。对高黏度的流体和浆体，采用活塞式充填机。对含颗粒的流体盒浆体，采用专门设计带特殊充填阀的活塞式充填机。这种特殊充填阀保证了喷射面不漏水的定量给料，它可以对付含有大到 12mm 的混合物。至于进一步处理颗粒进度大一倍的混合物，研究工作也有很大的进展。

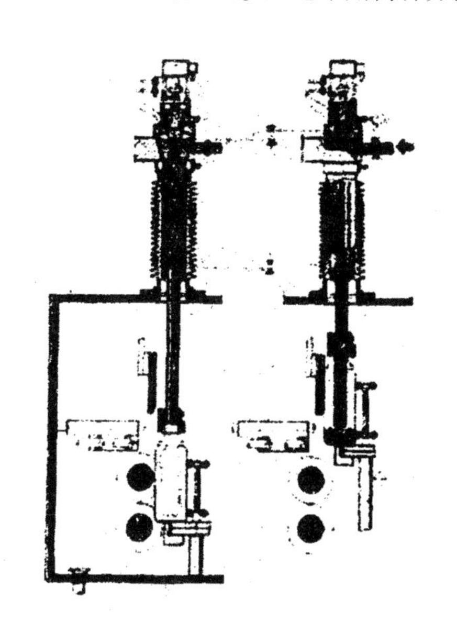

图 7-12　瓶子的充填

（五）容器的密封

在封口之前或封口过程中必要时可采用无菌惰性气体或蒸汽冲刷容器的顶隙。当充填极度敏感的物料时，惰性气体冲刷可在充填过程之前就进行。

常用的瓶盖有压旋盖［即玻璃纸（PT）盖，压入瓶口，但也可旋进旋出］。爪旋盖（四旋盖）、止旋螺纹盖（瓶口螺旋末端有止旋线）、螺旋瓶盖、热封瓶盖等。其中热封瓶盖可在包装机上由卷式包装材料直接制造。

六、 塑料瓶的无菌包装系统

该无菌包装系统是以热塑性颗粒塑料为原料，采用吹模工艺制成容器，在无菌环境下，直接在模中进行物料的充填、封口。其显著特点是容器不需要二次灭菌，因为在挤压吹模成型后模中的容器已是无菌的了，故在无菌环境下可直接进行充填、封口。该设备可包装各种食品，如超高温灭菌乳、果味乳、巧克力饮料、婴儿配方乳、水果饮料、柠檬汁以及不充 CO_2 的其他饮料（碳酸饮料不适用）。该设备的包装规格从 1mL 到 10L。塑料瓶的造型依市场需要而变，但同时也受吹模工艺及经济性的影响。设备的生产能力取决于模具的数量、充填体积等。

用于制造容器的塑料主要是聚烯烃类，如聚乙烯、聚丙烯及其共聚物等。主要考虑的性能是材料的熔点是否适合于挤压、吹模，且无毒、无臭、无味。

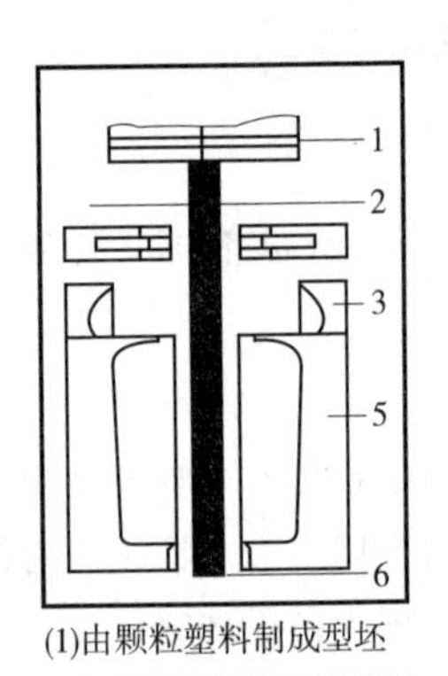

(1)由颗粒塑料制成型坯

(2)由型坯吹制成容器并充填

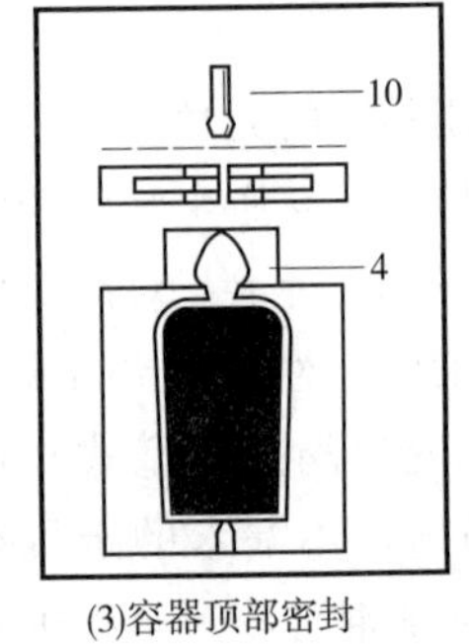

(3)容器顶部密封

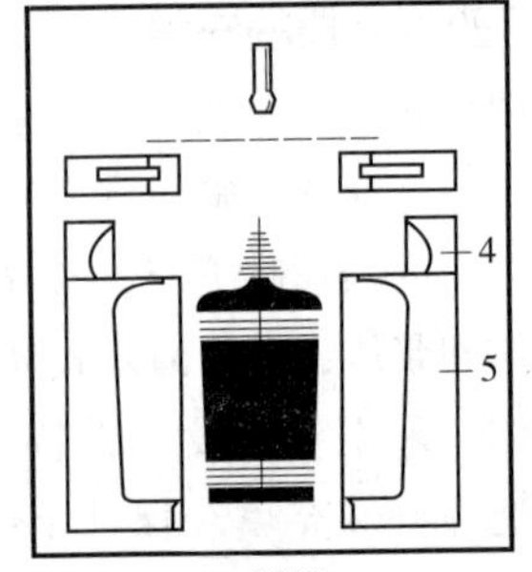

(4)脱模

图 7-13 “Bottle Pack” 无菌包装过程

1—型坯头 2—切割刀 3—真空供应 4—顶模 5—体模
6—塑料型坯 7—芯杆部件 8—压缩空气进口
9—压缩空气出口 10—吹气/充填芯杆

如图 7-13 所示，无菌包装时首先热塑粒子挤压成塑料型坯，然后借助压缩空气将型坯吹制成容器，同时将产品充填到容器中，最后是容器顶端的密封和密封好的无菌包装制品的分离。如此往复循环。

（一）吹模中容器的形成

如图 7-13 所示，颗粒塑料经挤压而连续形成塑料型坯，同时在体模中以无菌压缩空气使热型坯吹制成容器。

塑料型坯的形成装置主要有两类：一是单一式型坯挤压方式；另一是多块集中式型坯挤压方式。

在单一式型坯挤压方式中，一块单独的型坯用于制成一只容器。如要提高生产能力，则须依靠在一个多挤出头上并联数个单一型坯出口来实现的，如图 7-14 所示，视塑料种类的不同最多可达 6 个。

在集中式型坯挤压中，一块集中的型坯占有数个模穴宽度，如图 7-15 所示。将集中型坯的横截面设计成这种方式便于用夹钳制成位于吹模上方的长椭圆形型坯，长椭圆形型坯略宽于全部模口宽，如图 7-16 所示。用此方法每块型坯最多可同时产生 12 个容器。每个模穴各有其吹气/充填装置。当充填封口完成后，打开模具，瓶装制品便脱模而出。

若采用交叉往复方法，无论是单一式型坯挤压法还是中央式型坯挤压法都可提高生产能力。如图 7-17 所示，交叉往复工艺过程中一具挤出器供应二套模具，靠开关的切换，将挤出的型坯交替地供给二套模具。

图 7-14　单一式型坯挤压

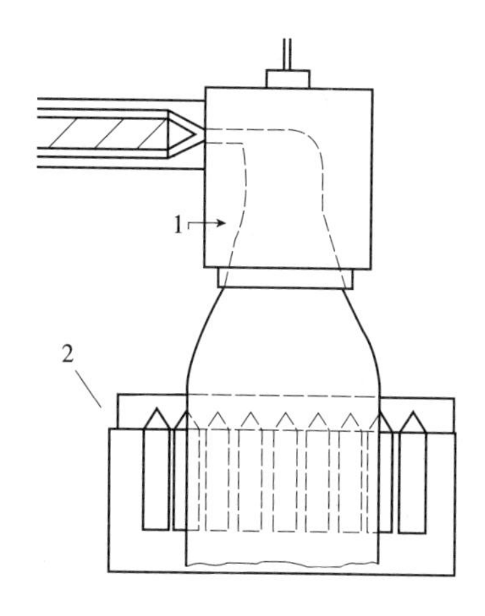

图 7-15　多块集中式型坯挤压

1—挤压头　2—吹模

如果再要进一步提高产量，还可采用如图 7-18 所示的方式，即利用由两半模的开合构成连续循环的模具链，以减少模传送所花的空载时间。随着两半模合拢到一起，塑料型坯不断地以相同速度垂直向下运动。

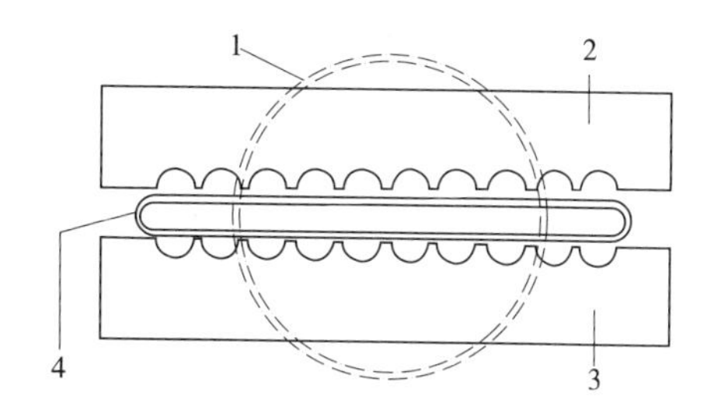

图 7-16　集中式型坯截面

1—挤压中央型坯　2—后半模

3—前半模　4—椭圆形中央型坯

（二）吹模中的无菌充填、封口

如图 7-13（2）所示，在吹模中容器形成的同时，紧接着吹气/充填芯杆（在型坯内部）将定量的产品充填到容器中。充填完毕之后，吹气/充填芯杆便垂直地上升回到上限止位［如图 7-13（3）所示］。在吹气/充填芯杆上升回位过程中，连续进入无菌充填腔内的无菌空气浴连续起作用，以防止污染（图 7-19）。这样，生产时不仅保证吹气/充填芯杆无菌，而且也保证塑料型坯尚未成型的顶部也受到无菌保护，从而实现可靠的无菌充填及封口。容器顶部的成型是先使顶模合拢，并施以压力使之闭紧，借抽真空使顶部成型并密封。热塑容器的成型和封口不需额外供热，因为挤压后的型坯热损失很小。

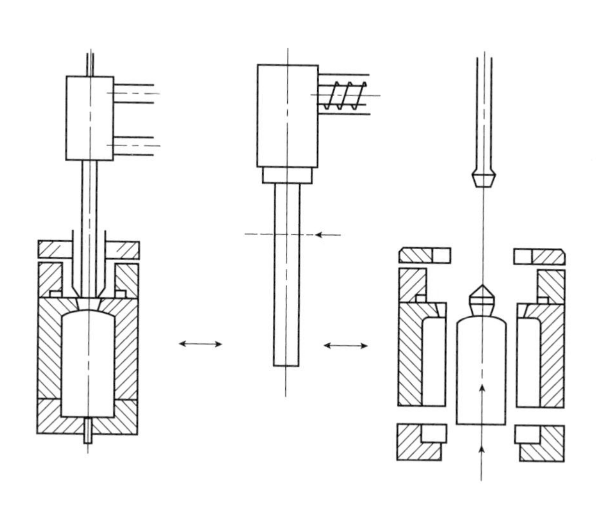

图 7-17　交叉往复工艺过程

（三）制品脱模

容器充填密封之后，打开模具，如图 7-13 所示。包装好的产品由输送带运走。至此，一次包装工作循环便完成。

（四）定量给料装置的在线清洗

生产线上还有采用在线清洗方式的无菌操作定量给料装置。在图 7-20 中，可从清洗罩清楚看到，它回收充填末端的清洗液并引导其返回。值得注意的是，给料泵活塞背侧区域作为预防措施也属于清洗范围，泵的接触表面靠泵的自动往复运动在清洗液中清洗。在清洗之后，以同样的方式进行蒸汽杀菌。蒸汽温度为 130℃，压力约为 250kPa。杀菌之后所有的充填管路再用无菌空气吹干，以防冷凝水混入充填产品，同时冷却充填管。

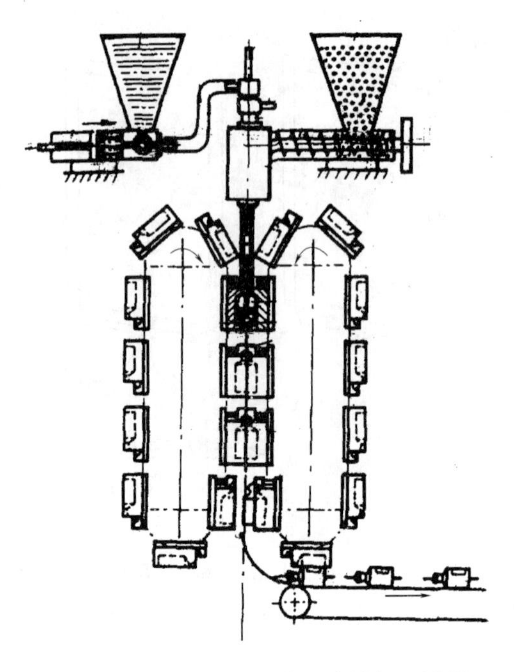

图 7-18　单一式型坯挤压连续加工过程

（五）无菌空气处理过程

无菌空气的处理过程如图 7-21 所示。从压缩机来的压缩空气经气液分离器以除去空气中水大及少量油，经活性炭吸附以除去特殊气味，再经一系列过滤器（包括无菌过滤器）过滤，以除去悬浮粒子及微生物、芽孢等。而压缩空气流通的管道在生产之前要先进行清洗，2.5×10^5 Pa、130℃的蒸汽杀菌至少 20min。管路中的冷凝水用无菌空气吹出，同时管路被冷却。

七、箱中衬袋大容量的无菌包装系统

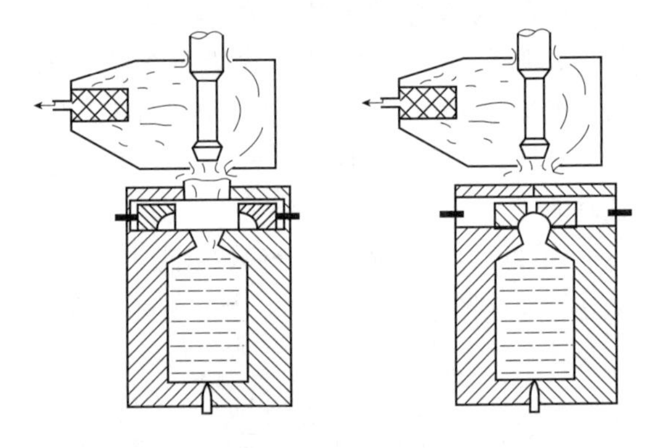

图 7-19　容器的封口

对于零售商店、宾馆、饭店等的销售或使用来说，大容量无菌包装是十分经济、方便的。通常所谓无菌大包装是将袋子装入箱子（或桶等）的包装方式。这种包装的特点是具有一个特殊设计的充填喷嘴，无菌灌装后的产品能够随用随取，而不会造成再污染，也不需冷藏。在这类包装方式的装置中，瑞典 ALFA-LAVAL 公司的 STAR-ASEPT 是较安全的箱中衬袋包装装置。经过世界上众多用户的使用经验证明，该装置换作灵活方便、充填精度高，充填机操作容易。

无菌充填的基本方法取决于充填喷嘴的结构。在常规的箱中衬袋包装装置中，充填对杀过菌的容器盖子需移开，充填之后需盖好，这一切均在无菌环境下进行，因而所要求的无菌空间相当大。而 STAR-ASEPT 充填机很好地解决了这个问题，而且在下列主要性能指标上更令人满意：

①充填嘴区域内氧气的渗透减至最小；

②采用蒸汽杀菌是理想的可行方法，因为它安全可靠，可与食品接触，且可进行温度、时间的测量记录；

③可充填酸性和低酸性的食品；

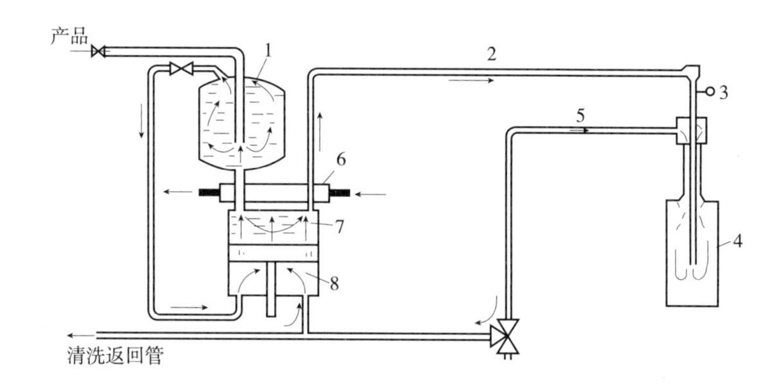

图 7-20　在线清洗过程

1—密封缓冲罐　2—充填管　3—浸没充填管　4—清洗罩　5—排出空气管
6—定量阀进出口　7—定量腔　8—活塞背侧

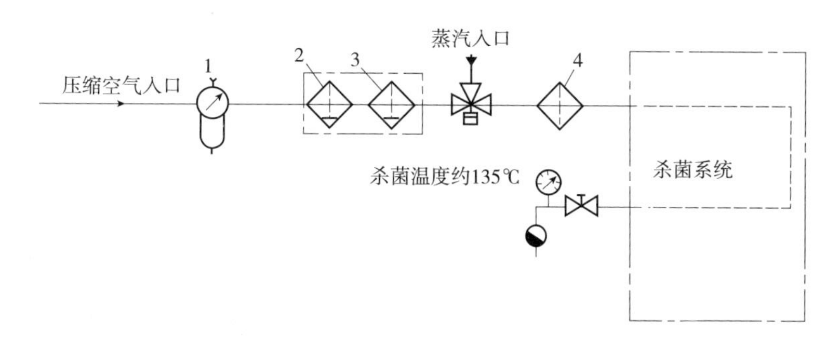

图 7-21　无菌空气处理过程

1—液体分离器和压力调节器　2—预滤器和主滤器　3—活性炭过滤　4—无菌过滤器

④无菌取料。即消费者可以随意取用部分食物而包装袋内仍能保持无菌；

⑤由于包装顶隙极小，故氧气的作用及运输过程中包装袋挠裂的危险减至最小。

但上述方式不宜于充填带颗粒和纤维的物料。因为这类产品充填后，袋的封口可能易造成假封。如果一定要采用这种方式包装，则需设计更合适的充填嘴和充填阀。

（一）STAE-ASEPT 无菌包装过程

在 STAR-ASEPT 装置中，盖子放在袋的内侧，并从袋的背侧进行开启或关闭。充填嘴的工作过程：先用钳子提起充填嘴，按预设的温度和时间进行蒸汽杀菌，杀菌过程由内部组装的监测系统来控制和录下；当杀菌结束后，袋子松开，以便充填。然后充填阀打开，充填嘴被拉向后，物料冲入袋中直至达到预定的重量；于是充填阀关闭，充填阀与充填嘴之间的小间隙则在用蒸汽冲洗之后才闭合，最后充填嘴关闭；一旦充填过程全部完成，袋子自动松离钳子。

充填机的操作是非常简单的，其清洗是采用就地清洗（CIP）循环处理，当然在具有超高温设备、清洗管、包装机的无菌罐下进行。

（二）包装袋

无菌包装的食品在运输和贮存过程中应防止光照及氧化等不良作用发生。因此，包装袋的抗挠裂程度就十分重要。图 7-22 所示为几种商业上已经使用的复合材料包装袋在受机械应力作用后对其氧气透过量的影响情况。机械力的影响使用类似于 Gelboflex 的方法。当包装袋受到

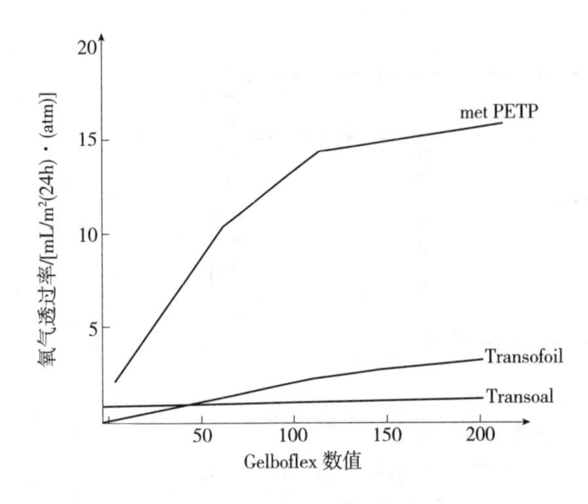

图 7-22 机械处理对包装袋氧气透过量的影响
met PETP、Transofoil、Transoal 均为复合材料产品

一定张力作用，并经数次扭折后，测定其氧气透过量。从图 7-22 可以看出，在高于 100Gelboflex 时，氧气透过量有较大差异。即当材料被弯曲扭折后无抗挠裂性时，就发生氧气透过量增大，食品被氧化的不良结果。严重的挠裂甚至还可使霉菌及酵母进入包装袋内，而造成袋内食品的变质。为了防止挠裂的发生，各种不同用途的包装袋采用了不同的复合材料。

图 7-23 为 STAR-ASEPT 包装袋复合材料构成示意。STAR-ASEPT 包装袋由带有两个未固定的直链低密度聚酯（LLDPE）内衬袋的复合材料构成。该直链低密度聚酯内衬袋可承受 140℃蒸气短时杀菌。包装袋的阻光、隔绝氧气、防湿作用主要由共挤层及铝箔承担。铝箔外层喷涂聚酯以抗挠裂。

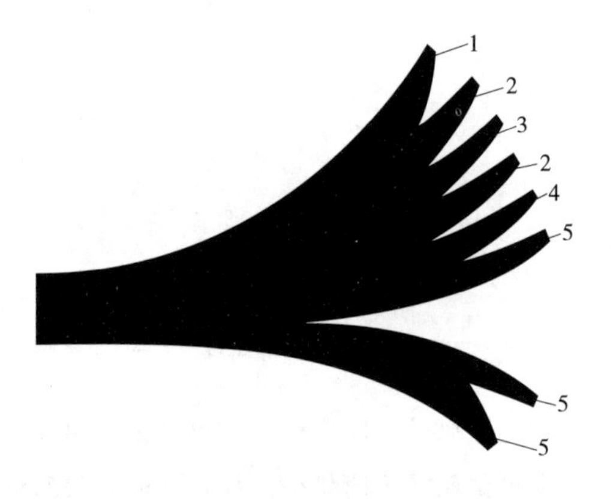

图 7-23 STAR-ASEPT 包装袋复合材料构成
1—OPA 2—共挤层 3—铂箔 4—LDPE 5—LLDPE

长期的商业保藏经验证明，按 STAR-ASEPT 装置包装的食品，在常温下贮存半年以上，其产品品质与冷藏相比并不逊色多少。图 7-24 所示为菠萝浓缩汁在室温贮存与在冷冻、冷藏之间在色泽方面的比较。由图可知，在常温下贮存的产品品质变化并不十分显著，与冷冻保藏相比，可节省大量的保藏费用。在常温下贮存一年的品质变化情况如图 7-25 所示。由图可知，使用 STAR-ASEPT 装置包装的无菌产品在常温下贮存一年，其品质仍保持在商业可接受的程度

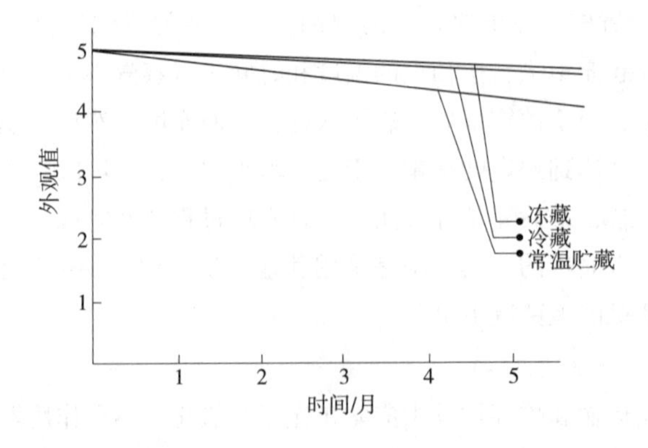

图 7-24 STAR-ASEPT 包装产品在冷（冻）藏与常温贮藏下的色泽比较

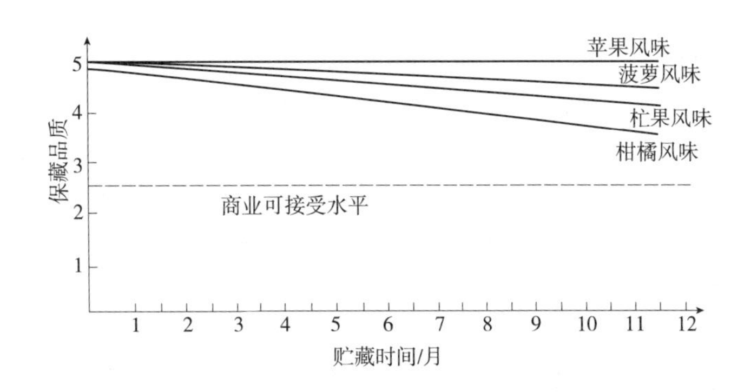

图 7-25　STAR-ASEPT 包装产品在室温下贮藏 1 年的品质变化情况

以上。

前面介绍了一些有关无菌包装及其装置的一般概念、内容，实际上，无菌包装的内容还有很多，且随着科学技术的发展，无菌包装技术也将不断地发展。目前，许多种类的食品原料或加工食品都趋于按其不同的处理情况来采用无菌化包装，故无菌包装内容还有不断扩大的趋势，该技术的应用前景是极其可观的。

第二节　软罐头包装技术

蒸煮袋是采用由聚酯、铝箔、聚烯烃等材料复合而成的多层复合薄膜制成的软质包装容器，适宜于充填多种食品，可热熔封口，并能耐受高温高湿热杀菌。与常规的罐装容器相比，用蒸煮袋包装的食品具有重量轻、体积小、传热快、安全卫生性好、外观美观、易携带、可速食、能耗低等特点。因此，蒸煮袋装食品属于软包装食品，也称软罐头食品，简称软罐头。

蒸煮袋食品自 1956 年在美国展开试验以来，许多国家都投入了生产，如日本（1968 年）、意大利（1965—1966 年）、瑞典、英国、德国、美国（1977 年）。我国 20 世纪 70 年代后期开始了蒸煮袋复合材料的研制工作。1983 年以后我国的蒸煮袋食品，首次销到日本，开始进入国际市场，现在已远销北美、欧洲、港澳等地。从包装形式上可分为袋装、盒装、长筒形袋装三类，可广泛用于肉类食品的真空和冷冻包装、液态食品的包装、膏状食品的包装、熟制品的包装等。

一、　蒸煮袋的分类和性质

蒸煮袋是由多层复合薄膜以黏合剂通过干法或其他方法复合后切制成一定尺寸的袋，可热封口，并能耐受高湿高热杀菌。

蒸煮袋按其是否具有阻光性可分为带铝箔层的不透明蒸煮袋和不带铝箔层的透明蒸煮袋。按其耐高温程度分，有普通蒸煮袋（RP-F，耐 100～121℃杀菌温度）、高温杀菌蒸煮袋（hiRP-F，耐 121～135℃杀菌温度）和超高温杀菌蒸煮袋（URP-T，耐 135～150℃杀菌温度）三类。按包装袋规格分有大型蒸煮袋及小型蒸煮袋。

（一）铝箔蒸煮袋

铝箔袋由数层不同材料复合而成，通常最内层（即与食品物料相接触的内层）为无毒的聚烯烃类，厚度约70μm，主要起隔绝水气作用，且易于热熔封口，中间层为铝箔，厚度约9μm，主要阻隔气体和光照；铝箔内或外面常为尼龙薄膜，厚度约为20μm，用作提供韧性抗机械冲击；最外层通常为聚酯，厚度约12μm，具有防止铝箔折裂的功能，且便于印刷，具有光泽、防水等性能。制作这种袋子，通常是先把印刷好的聚酯薄膜和铝箔干法复合，然后再与其他塑料薄膜材料复合。

由于铝箔蒸煮袋能完全阻隔空气、光、水蒸气，所以能防止内容物食品的变质，使食品的色、香、味得以长期保存，保存期长达2年以上。但使用铝箔复合袋要注意酸性食品对铝箔的腐蚀作用，以及因折曲产生的针孔导而导致内容物变质。

（二）透明蒸煮袋

透明蒸煮袋分为透明普通型和透明隔绝型两类。

1. 透明普通型蒸煮袋

透明普通型蒸煮袋因为能看见内容物，所以被多数食品厂家所采用。这种包装材料，其外层采用尼龙或聚酯薄膜，内层是聚丙烯、聚乙烯等聚烯烃薄膜。适合在120℃以下使用的蒸煮袋，其内层（即密封层）采用特殊高密度聚乙烯，而能够在135℃温度下杀菌的蒸煮袋，须用特殊聚丙烯作为密封层。

2. 透明隔绝型蒸煮袋

蛋白质和脂肪含量高的肉制品和鱼制品的杀菌，要求采用透明隔绝型包装材料。这些包装材料中间夹有高隔绝性聚偏二氯乙烯薄膜。高隔绝性聚偏二氯乙烯复合薄膜作为包装材料，具有非常良好的特性。对有隔绝性的三种复合薄膜，在杀菌前和120℃、130℃杀菌后进行氧气透过量测定，结果表明，高隔绝性聚偏二氯乙烯复合薄膜在120℃、130℃杀菌后，氧气透过量仍变化不大，而其余两种包装材料，杀菌前氧气透过量很低，杀菌后氧气透过量则急剧增大。

3. 高温短时杀菌蒸煮袋

采用高温短时杀菌技术，可在短时间内杀死有害菌，而使食品保持较高的风味品质。这些蒸煮袋黏结温度高，为137℃，黏结强度大，大于8kN/20mm宽。热封温度也较普通蒸煮袋为高，铝箔袋为190~250℃，透明袋为180~220℃。

4. 立袋

顾名思义立袋即能够站立的袋子，但在加压杀菌时则可平放，由于平放时袋子厚度较薄，因而杀菌时间缩短，在保证质量的同时能提高产量。立袋外表美观，不需要外包装，所以强度要求比普通平袋高。

5. 大型蒸煮袋

大型蒸煮袋所装内容物可多达1kg以上，而且大多外面不使用盒包装，所以对耐击性和穿刺性有较高的要求，因而必须使用四层薄膜组成。在材料及其厚度的选择上要根据内容物的种类及数量而定。

二、 软罐头的充填和封口

罐头工业的生产逐渐形成软罐头和普通罐头两大类。软罐头的生产过程类似于普通罐头的生产过程，但软罐头由于其包装材料的软性以及包装形式的多样性，使得其充填、封口，杀菌工艺及设备都具有特殊性，而与普通罐头的生产相异。

软罐头食品是将各种不同的食品原料加工处理后，装入热熔封口的蒸煮袋内，经过适度的加热杀菌，使之成为能长期保存食用方便的食品。软罐头的品种颇多，按其内容物分有肉禽类、水产类、果蔬类、调料类、主食类、即食菜类、其他小吃类等。软罐头食品的一般工艺流程：

原辅料的验收及选择→加工处理→装袋→封口→杀菌→包装

下面主要介绍与普通罐头生产中不同的充填、封口、杀菌的工艺及设备。

（一）充填和封口技术

充填工艺的主要要求是适当的充填量和合适的内容物，保持袋内一定的真空度、保持袋子封口处清洁无污染。

软罐头食品的充填量与其杀菌效果有直接的关系，这主要是与充填后袋的厚度有关。在一定的充填量下，袋厚度的增加一方面往往导致杀菌时间的不足，造成成品可能败坏；另一方面也可能因封口时袋子拉得太紧，而造成袋封口处污染。因此充填量与包装袋的容量要相适宜。通常控制内容物离袋口至少3~4cm。除此之外，对内容物质地也有要求，即不能装带骨和带棱角的内容物以免影响封口强度，甚至刺透包装袋，造成渗漏而导致内容物腐败。

与普通罐头的灌装类似，软罐头充填时也应尽量排除袋内空气。以防止袋内食品颜色褐变、香味变异、维生素损失，同时也防止因空气受热膨胀而导致破袋发生。保持袋内一定真空度的方法通常如下：

①蒸汽喷射法：该法可达到较高的真空度；

②抽真空法：根据内容物的特性决定抽真空的大小，由真空度决定袋内空气的残留量；

③压力排气法：利用机械或手工挤压，将袋内空气排出。

为了保证封口强度，关键是充填时切勿污染蒸煮袋的封口处。如果在封口部分内侧有汁液、水滴等附着，热封口时封口部分内侧易产生蒸汽压，当封口外侧压力消除时，会因瞬时产生气泡而使封口部分局部膨胀，导致封口不紧密。如果封口部分内侧有油或纤维或颗粒等附着，则封口部分区域不能密封。

防止蒸煮袋袋口污染的方法有以下几种：

①严格控制袋口的构型，使用夹钳或抓手来定向，使用真空吸嘴及空气喷射使袋口完全张开，以利充填；

②使用适合于产品特性的灌装器。如使用往复式泵，螺杆泵推进或齿轮泵灌装器；

③在灌装汁液时，在喷嘴尖上装一个环形的吸管，以回吸由于惯性而滴下的液体，并用同步金属片作保护装置，以防止点滴污染封口部分。另外，在灌装时使用翼状保护片，插入袋内，以保护内层封口表面不受污染（图7-26）；

④控制装袋量。内容物与袋口要保持一定距离。通常至少4cm左右；

⑤控制排气所用的真空度。真空度视不同的产品而定，尤其要防止真空度过高而导致汤汁外溢，污染袋口。

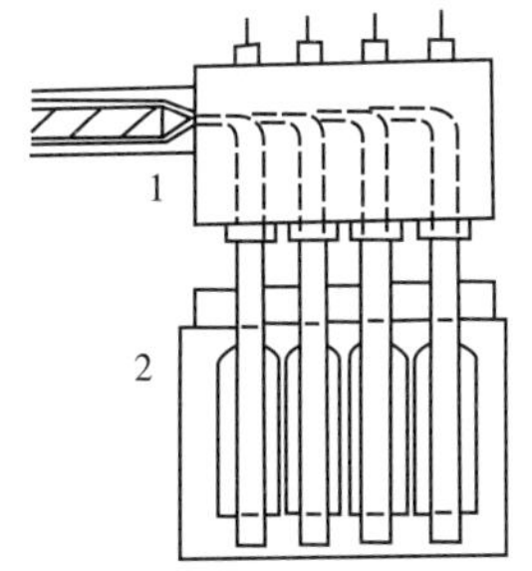

图7-26 把翼状保护片插入口袋内以防封口部分受污染

1—挤压头 2—吹模

充填好的软罐头进入封口工序。软罐头的封口采用热熔密封，即电加热及加压冷却使蒸煮袋内层薄膜熔融而密封。封口的关键是合适的封口温度、压力、时间及良好的袋子封口状况。

目前，国内外普遍采用电加热密封法和脉冲封口法。电热密封主要是由金属制成的热封棒，表面用聚四氟乙烯涂布作保护层，通电后热封棒发热到一定温度时蒸煮袋内层薄膜熔融加压黏合。为了提高密封强度，热熔密封后再加压一次，但也有通电后即通冷却水进行冷却密封。而脉冲封口是通高频电流发热密封，自然冷却。

封口的温度、压力、时间视蒸煮袋的构成材料、薄膜的熔融温度、封边的厚度等条而定。在一定的封口时间内，温度过低会造成薄膜熔融不完全不易使之黏合，而温度过高又会使薄膜熔融过度而改变其物理化学性质，也造成封口不牢。同样，压力过低也会造成熔融的薄膜连接不够紧密，压力过高可能造成熔融的薄膜材料挤出而封口不牢。封口时间决定了生产能力的大小。在保证封口质量前提下，封口时间短则生产能力大，反之相反。一般，封口的温度、压力、时间要进行试验。图 7-27 所示为带铝箔三层复合蒸煮袋热熔封口特性曲线，由该曲线看出：最适热封温度 180~220℃、压力 294kPa、时间 1s，在此条件下封口强度≥7kg f/20mm。

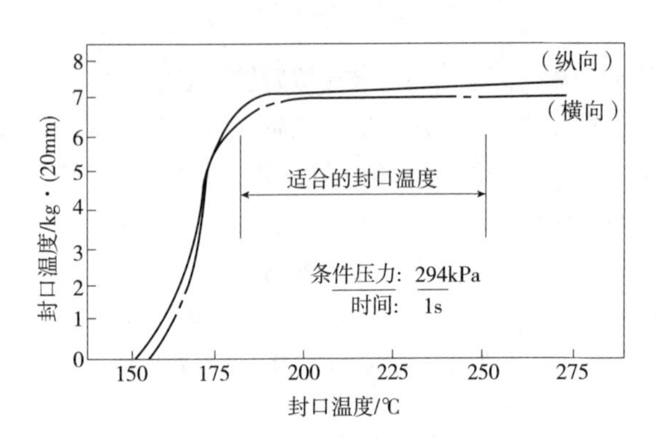

图 7-27　蒸煮袋加热特性曲线

封口时袋子封口处平整一致程度也是影响封口质量的因素之一。要保持袋子封口处平整，封口后无皱纹产生，一般需注意以下几点：

①蒸煮袋口必须平整，两面长短一致；

②封口机压模两面平整，并保持平行，夹具良好；

③内容物块形不能太大，装袋量不能太多，袋子总厚度不能超过限位要求。

（二）自动充填封口机

自动充填封口机是采用机械、气动、电气控制等方式使蒸煮袋经过上袋、胀袋、加固形物、加汤汁、抽真空、二次热封和冷轧打印及卸袋等动作，在一台机上实现顺序、协调、自动连续的灌装封口过程。

封口机的型号很多。国内从日本引进的 TVP-A 型封口机，是由两个转台所组成。第一个转台有 6 个工位，是取袋和灌装食品的部分，第二个转台 12 个工位即 12 个真空室，是抽空及密封的部分，为防止抽空时液体溅出，抽真空需三次完

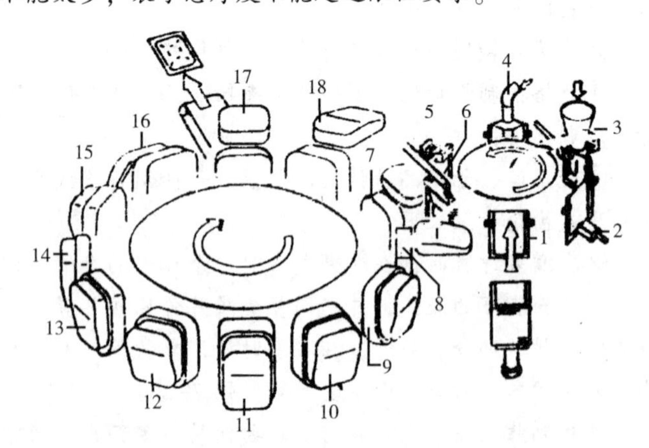

图 7-28　TVP-A 型封口机各工位的排列

1—上袋　2—打印日期　3—开袋并充填固形物　4—加汤汁
5—电热预封　6—移袋　7—接袋　8—闭盖　9~15—抽真空密封
16—破真空，真空室壁打开　17—卸袋　18—空挡

成。各工位排列如图 7-28 所示。为了便于食品的装袋，配备固形物自动投入装置，这是一种戽式输送带，戽是由不锈钢丝制成，容量约为 500g，输送带与主机同步运转，通过翻斗，将戽内食品经装料斗倒入袋内。

第一转台各工位作用：

①取袋：袋子装载在袋架上，高度可自动调整，由于袋子横放在架子上，故也可以使用材质较软的袋子；

②日期打印：应用橡胶印模和快干耐高温油墨；

③开袋：应用真空吸嘴及压缩空气吹管开袋，袋开口后，在同一工位的装袋漏斗进行固形物充填；

④加汤：汤汁从贮筒经泵及加液口注入袋中，加液口孔径有 8、10、20mm 三种，8mm 及 10mm 的适装低黏度的汤汁，20mm 孔径的尚附有活塞式加液管，适装黏度高的汤汁；

⑤预封：为了防止在后工序抽空时内容物被抽出，袋口先经电热预封，预封部位长 50mm，宽 5mm；

⑥转移：预封后的袋由夹具紧挟转移至第二转台。

第二转台各工位作用：

①接袋：挟住转移来的袋子；

②闭盖：关上真空室盖；

③预备真空：联通 15 工位，使获得较低真空度；

④第一次抽空：一般可抽至 93.3kPa 左右；

⑤保持真空：使有充分时间进行抽空；

⑥第二次抽空：可抽至 100kPa 左右；

⑦脉冲密封：为避免真空室温度提高，应用脉冲密封，在抽空后夹具向两端拉伸，以减少密封部位皱纹的形成；

⑧封口冷却：应采用自然冷却或真空降低；

⑨接通大气：真空破坏，真空室盖打开；

⑩排出：蒸煮袋自真空室中跌落在输送带上；

⑪空档：准备下一次循环。

在一般生产条件下，预备真空 46.7kPa，预封温度 150℃，密封时间 0.3s，密封电压 14V，这样成品的密封强度平均可达 4.8kg/15mm。

目前，我国自行设计制造的自动封口机也已用于生产。其适用范围为三层或四层铝箔袋或透明复合袋，封口范围：宽 130~150mm，长 170~200mm。每分钟可封 30 袋。下面简单介绍国产自动封口机的构造、原理及性能。

图 7-29 所示为机器的结构特征。该机采用单转盘间歇回转式结构。辅以自动加料输送机、自动定量机及拌液筒。主机采用上下两层平台组成的框架结构，上台面有 8 个工位和转盘，下台面为机架；二台面之间的主传动部件和各工位动作的传动。

八个工位及动作是根据工艺要求设计的。8 个工位分别为上袋、张袋、加固形物、加汁液、抽真空、预封、热封、冷压打印。

工作原理：二组带有真空吸头的摆杆将空袋送至转盘的二夹头之间，夹紧后转位；二张袋真空吸头将袋吸开，同时两夹头位置靠拢；固形物通过定量或人工称量，从加料输送机倒入加

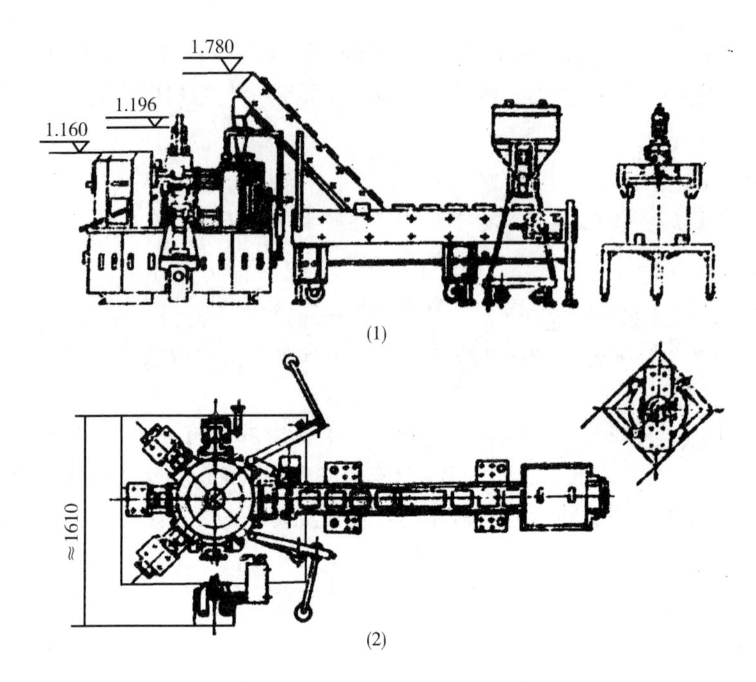

图 7-29　自动充填封口机结构

料器而进入空袋；加液管将定量液体送入袋内；抽真空的同时二夹头撑紧袋口拉平；预封使之黏合；热封使之牢固，提高封口强度，冷轧打印日期；随后卸袋；转盘转点工位再循环。

（三）链式封口机

这是一种由低速微型电动机带动传动链条，通过链条钢带的夹持使封口处均匀通过加热区，钢带在加热区受到两块加热板的挤压，使塑料薄膜受热后黏合，然后在钢带夹持下送入冷却区冷却，滚花轮滚压，使封口部分滚压出条纹状或网状的封合包装袋的设备。用这种设备封合的蒸煮袋不受封口长度的限制，封口处带有明显的凹槽，增强了密封性，特别适用于复合薄膜袋的封口。

（四）热熔封口的检验

1. 热熔封口污染的检验

①肉眼检测法：这是主观的、人为的目测法，在理想条件下，有效率可达 75%；

②红外线审视法：固定热源和检测器装置，使袋的封口部分在二者之间以一定速度通过，若封口部分有污染时，能因热流被阻而使检测器的温度下降，这种红外线审视装置还可剔除因脂肪和水分等污染的不合格袋产品，实用可靠，但造价较高；

③测厚方法：使用测厚仪来测定封口的厚度。用一根与表面接触的探针，使袋的封口部分有一个通过测定装置的无摩擦的行程，而测定值被放大和转变成电能输出，并通过一台电容电阻测量装置，当封边厚度不均匀时，它能测出袋口的污染微粒及折叠状的封口皱纹，但对油脂及水分不易检出。

2. 热熔封口质量的检验

良好的封口必须通过下列检验：

①表观检验：肉眼观察封口外观，应无皱纹及污染；用手挤压时封口边应无裂缝及渗透现象；

②熔合试验：良好的封口必须完全熔合；

③破裂试验：即耐内压力及外压力强度试验，也称爆破强度试验及静压力强度试验；

④拉力试验：分静态拉力试验及动态拉力试验两种。静态拉力试验是用一种万能拉力测试器，在一般环境下进行拉力测试；动态拉力试验是将封口放入杀菌锅中在121℃、30min杀菌过程中进行的拉力测试。

三、软罐头的杀菌技术

充填密封好的软罐头必须经过合理杀菌，以达到长期保存的目的。软罐头的杀菌与常规的金属罐、玻璃罐类似，其工艺过程也分为升温阶段、杀菌阶段、冷却阶段。由于软罐头中的杀菌值（F_0）、D值和Z值等的微生物耐热性参数及其概念与普通罐头食品相同，所以其杀菌理论及杀菌计算也可以直接用于软罐头。

（一）软罐头的杀菌参数

软罐头的杀菌时间比同类普通罐头的杀菌时间可以缩短。由于软罐头具有传热面积大、呈扁平状、横截面小，传热快、冷点不明显等特点，因此在相同的加热杀菌条件下，其杀菌值比一般的金属罐头大。这种特点在传导型的传热过程中尤为显著。

软罐头和金属罐头在杀菌时升温阶段的热传导，对于罐内容物接近或达到杀菌实际温度（RT）有重要的影响作用，即对杀菌值（F_0）有显著的影响。在升温时间（CUT）中有部分是有效杀菌时间。当然，其升温时间中有效杀菌时间长，相应其最终杀菌值（F_0）也大，正因为如此，计算软罐头的杀菌值时要有别于金属罐头，如采用Ball公式，就要修正理论加热时间（B），也就是要修正有效的升温时间内的有效杀菌时间系数（0.42）。

理论杀菌时间按Ball公式计算：

$$B=t_p+0.42\text{CUT} \tag{7-1}$$

式中　t_p——杀菌锅恒温及降温阶段的有效杀菌时间，min

CUT——升温时间，min

0.42——升温阶段的有效杀菌时间系数

通过试验可以证明，在相同的杀菌工艺条件下，软罐头比金属罐头在升温阶段内升温快。因此在相同的升温时间内软罐头的杀菌值大于金属罐头的杀菌值。为了精确计算软罐头的杀菌值，只有提高升温阶段的有效杀菌时间系数。当然，由于软罐头的品种及加工工艺的不同，有效杀菌时间系数也不尽相同。这可通过试验测定得到。提高有效杀菌时间系数的结果是缩短了杀菌时间而达到同样的杀菌效果。一般来说，软罐头的杀菌时间比金属罐可缩短约三分之一的时间，比玻璃罐缩短约五分之二以上的时间。

软罐头在杀菌冷却过程中的另一个特点是容易产生破袋现象。软罐头在高温杀菌过程中，袋内残留气体的膨胀及内容物体积变大，使得袋内压力上升，当袋内压力大于袋子所能承受的内压时，若杀菌锅中的压力低于袋内压力，则袋子会被胀破。为了保证软罐头在杀菌过程中不破袋，通常采用加压杀菌及加压冷却。其流程如图7-30所示。

软罐头进入杀菌锅后锅温达到多少度才开始用空气加压，这要视软罐头的初温、装袋量、残留空气多少等条件而定。一般从90℃开始加压，如果加压开始过早，则升温时间延长，如果加压太迟，则易发生袋的破裂。

杀菌后的软罐头应快速冷却。与普通罐头的冷却一样，也应采取加压冷却，以防止锅内蒸

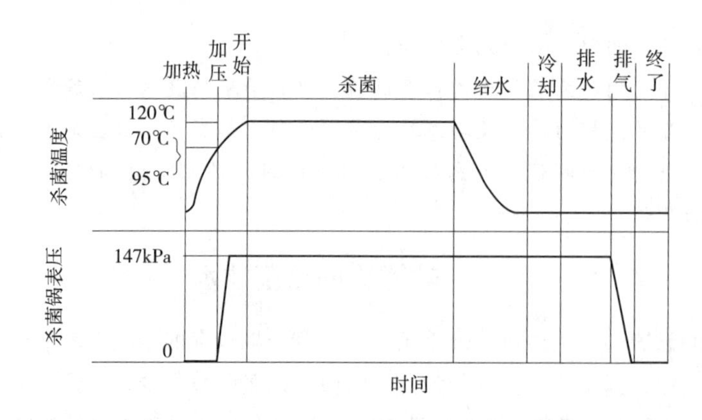

图 7-30　加压杀菌-加压冷却流程示意图（120℃，147kPa 杀菌）

汽冷凝时袋外压力急剧下降而导致破袋。同时，冷却用水须符合饮用水标准，最好使用经氯化处理过的水，使冷却水中含游离氯 3~5mg/kg，以控制细菌数，防止软罐头的后污染。

（二）间歇式杀菌装置

常用的间歇式杀菌装置有卧式双筒体自动回转杀菌锅。这是带有热水回收或用蒸汽杀菌方式的双筒体回转式杀菌设备。设备结构如图 7-31 所示。该装置主要由两个压力容器组成，下方为杀菌锅，锅内笼格回转时，外圆与轴同心，端面与轴垂直，上方为热水贮罐。因此，不仅热水能重复使用，而且还可使热水罐中的热水高于杀菌温度，在瞬间将其注入杀菌锅，既缩短了升温过程，又可进行高温杀菌。该设备在工艺控制上制定了五种杀菌方式，如图 7-32 所示。

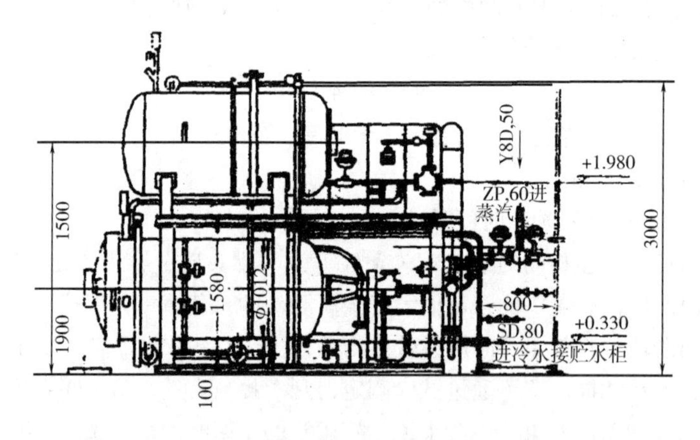

图 7-31　卧式双筒体自动回转式杀菌锅

①水杀菌回收法一次冷却；

②水杀菌回收法二次冷却；

③水杀菌置换法二次冷却；

④汽杀菌一次冷却；

⑤汽杀菌二次冷却。

采用微机控制杀菌全过程。下面以水杀菌一次冷却为例说明其工作过程原理。

把充填封口后的软罐头放在铝盘内，层层叠好后，用运载小车推入杀菌锅内，关上门。旋转的门圈撞击微动开关，发出电信号，电磁气动阀打开推动活塞杆带动插锁把门锁紧，微机启

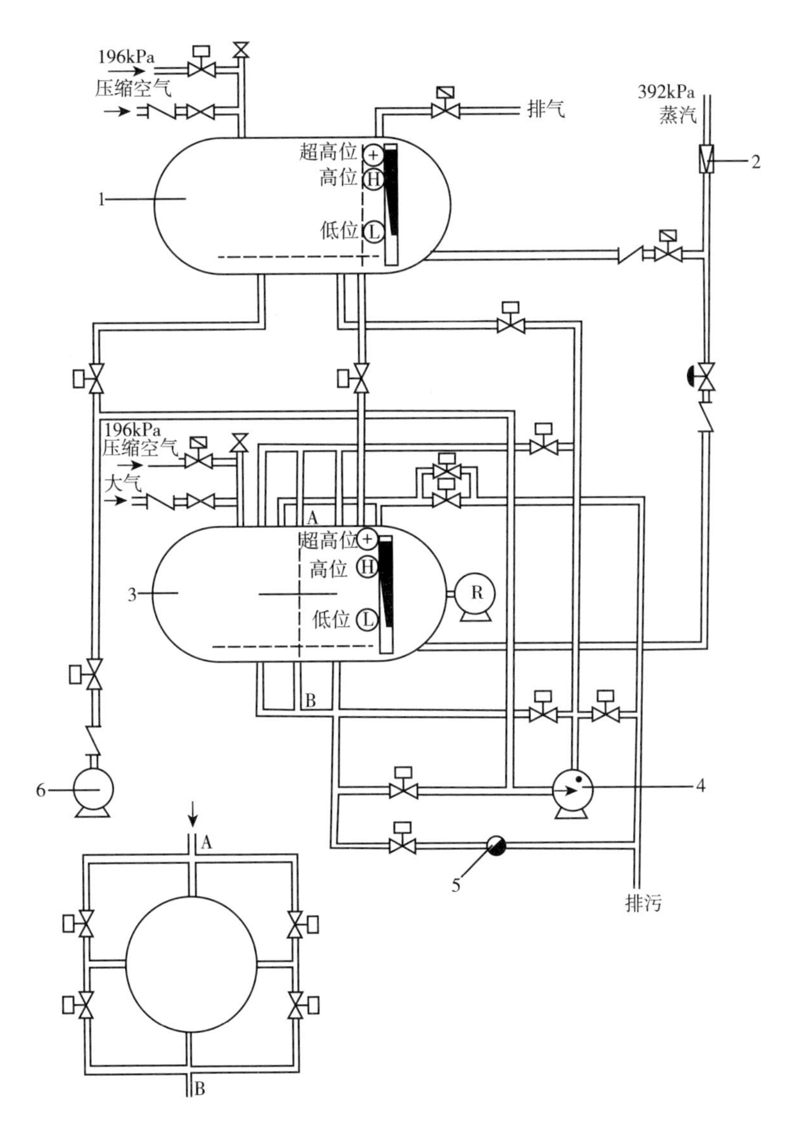

图 7-32　工艺控制设计上五种杀菌方式

1—热水釜　2—稳压阀　3—杀菌釜　4—循环泵　5—疏水器　6—冷水泵

动并控制操作程序。水泵抽吸冷水打入上层热水锅内，同时蒸汽对杀菌锅进行预热。热水锅内达到一定的水位后，自动关闭水泵，蒸汽加热约 0.5h，锅内水温升到 135℃，自动关闭进汽阀门，把过热水放入杀菌锅，同时热水循环泵启动，使热水交叉流动循环。杀菌时间按不同产品而异，锅内小车经过一定时间的回转后停止，杀菌程序完成，热水泵将热水送回热水锅后，水泵将冷水打入杀菌锅并不断循环进行冷却，直至程序完成，机器停止。最后取出杀菌后的产品。

如果用蒸汽杀菌，不必将冷水打入热水锅加热，可直接让蒸汽进入杀菌锅内。采用蒸汽杀菌时，由于软罐头不接触热水，所以在得到均匀加热的同时容器不致变形。

（三）连续式杀菌装置

连续式杀菌装置能直接与生产线相连，与间歇式相比，可缩短三分之一的工作时间，因而提高了工作效率，降低了生产成本。

连续式杀菌装置有多种类型。法国 ACB 公司生产的是一种卧式连续杀菌装置，采用转盘的水封式结构，保持杀菌装置的压力和温度，把待杀菌的袋子装入传送器的篮里，连续进行预热、杀菌（最高温度 143℃）和冷却。

水封式连续杀菌装置的特点是利用水封式旋转阀加以控制，能够很容易地在温度 100~143℃压力 98~294kPa 的范围内进行调节。

这种连续杀菌装置的系统随包装材料的种类而异。图 7-33 所示为用于火腿香肠的水封式连续杀菌系统，图 7-34 所示为软罐头用的水封式连续杀菌装置。充填好的软罐头食品通过水封式旋转阀连续地进行杀菌，经冷却后由卸料口取出。

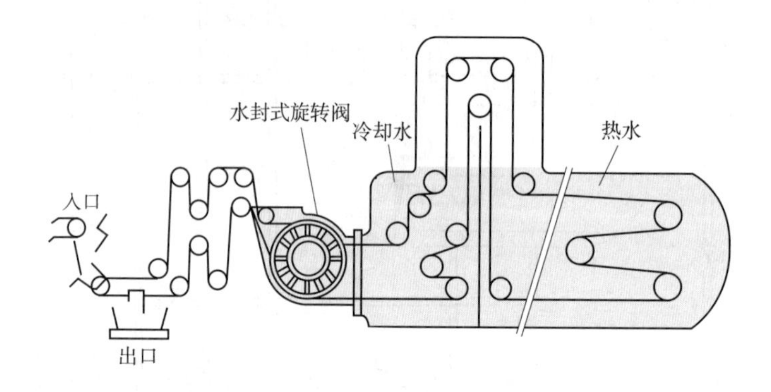

图 7-33 火腿、香肠用水封式连续杀菌系统

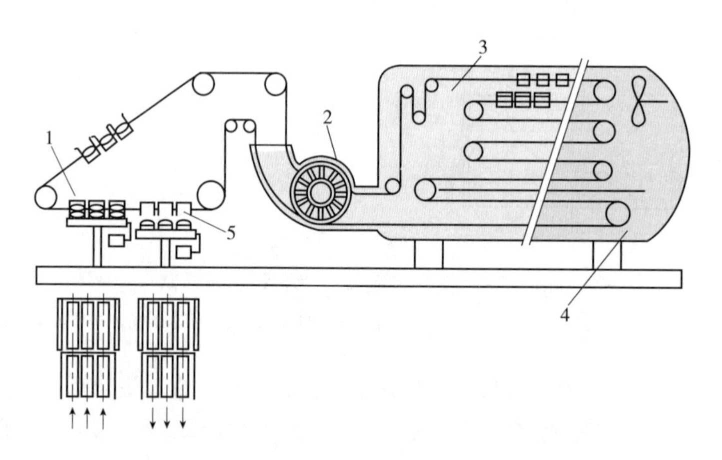

图 7-34 软罐头食品的水封式连续杀菌系统

1—入口 2—水封式旋转阀 3—杀菌空间 4—冷却水 5—出口

DV-Lock 水封式连续杀菌装置采用两个旋转阀，保持杀菌冷却段始终处于被封闭状态。利用旋转阀不同相位的变化，使制品不断地进入系统，经杀菌冷却后不断地离开系统。图 7-35 所示为旋转阀的工作原理。如图所示，两个旋转阀之间形成一个阀袋。当两个阀门处于（1）状态时，继续旋转则阀袋内压力开始下降；处于（2）状态时，左边阀门打开，右边阀门完全关闭，切断压力，此时阀袋内为大气压；处于（3）状态时，继续旋转则阀袋内压力开始上升；处于（4）状态时，左侧阀门完全关闭，右侧阀门打开，此时阀袋内为高压。

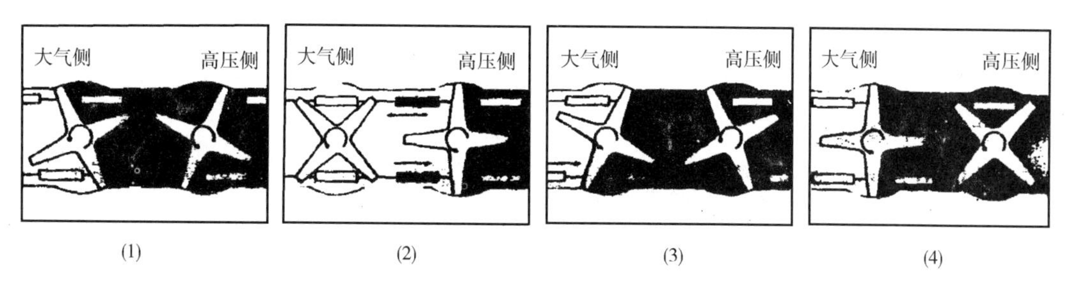

图 7-35　DV-Lock 旋转阀工作原理

思考题

1. 无菌包装技术具有哪些特点？
2. 无菌包装材料的杀菌方法有哪些？
3. 常用的无菌包装设备有几种类型？简述它们的特点。
4. 软罐头食品充填时如何保持袋内的真空度？
5. 热熔封口的检验方法有哪些？

第八章

CHAPTER 8

食品质构调整高新技术

[学习目标]

1. 掌握挤压机的分类、工作原理和组件，了解挤压蒸煮技术在食品工业的应用。
2. 掌握气流膨化机的原理、分类和组件，了解气流膨化技术在食品工业的应用。
3. 掌握变温压差膨化干燥技术的原理、装置和应用。

挤压蒸煮技术、气流膨化技术和变温压差膨化干燥技术是三种新型的食品质构调整技术。它们在工作原理上基本一致，即原料在瞬间由高温、高压突然降到常温、常压、原料水分突然汽化，发生闪蒸、产生类似“爆炸”的现象。由于水分的突然汽化闪蒸，使谷物组织呈现海绵状结构，体积增大几倍到十几倍，从而完成谷物产品的膨化过程。但是，气流膨化与挤压膨化又具有截然不同的特点。在挤压过程中由于原料受到剪切的作用，可以产生淀粉和蛋白质分子结构的变化而呈线性排列，可以进行组织化产品的生产，而气流膨化不具备此特点。挤压膨化不适合于水分含量和脂肪含量高的原料的生产，而气流膨化在较高的水分和脂肪含量情况下仍能完成膨化过程。

第一节　挤压蒸煮技术

20 世纪 40 年代，挤压技术在食品工业中的应用领域得到了较快地推广，挤压机的使用很快普及。种类繁多的大量方便食品，即食食品、小吃食品、断奶制品、儿童营养米粉等挤压方便产品相继问世。日本在第二次世界大战期间，采用挤压技术大量加工玉米、麦类等谷物原料，在加工过程中，通过添加某些营养元素如矿物质、维生素等制成食用方便，营养价值高，深受人们喜欢的食品。

20 世纪 50 年代至 60 年代，挤压技术又有了很大的发展进步，其应用领域由单纯生产谷物食品，发展到生产家畜饲料，鱼类饲料，植物组织蛋白等，同时，对所用挤压机的结构设计、工艺参数和挤压过程机理也进行了研究，提高了对挤压加工技术的理论认识。挤压设备由单螺杆发展到双螺杆，适合于加工不同原料的高剪切力挤压机和低剪切力挤压机也被分别应用于不同的生产领域。新的挤压设备，对于改善产品质量，拓宽挤压技术的应用领域起到了推动作用。

20 世纪 70 年代之后，挤压技术的应用已有相当规模。日本在 1979 年生产的挤压膨化食品种类有几百多种，年产量 14.6 万 t。美国的挤压膨化食品年产值达到了十几亿美元，畅销世界各地。挤压技术在新领域中的应用又有了扩展。如应用于水产品、仿生制品、调味品、乳品、糖果制品、巧克力制品、方便面等食品的加工，以及其他多个领域的应用。目前，该技术在许多方面的应用已比较完善。

挤压成型是使物料经预处理（粉碎、调湿、预热、混合）后，经过机械作用强使通过一个专门设计的孔口（模具），以形成一定形状和组织状态的产品。因此，挤压成型的主要含义是塑性或软性物料在机械力的作用下，定向地通过模板连续成型。大多数的食品挤压机是将加热蒸煮与挤压成型两种作用有机地结合起来，使原料经过挤压机之后，成为具有一定形状和质构的熟化或半熟化的产品。食品挤压蒸煮技术归结起来有以下特点：

①连续化生产：原料经预处理后，即可连续地通过挤压设备，生产出成品或半成品；

②生产工艺简单：生产流水线短，便于管理，挤压机能够集原料的粉碎、混合、加热、熟化、成型于一体，发挥了一机多能的作用，避免了串联使用多道机器分别进行单一功能的工艺操作，方便了生产管理和产品质量管理，降低了劳动强度，减少了占地面积和生产人员；

③生产效率高、原料浪费少、能耗低：使用挤压机进行生产，操作简单，生产能力可在较大范围内调整。小型挤压机的生产能力可达 20~50kg/h，大型设备的生产能力可达 5~10t/h。生产过程中，除了开机和停机时需投少许原料作头料和尾料，使设备操作过渡到稳定生产状态和顺利停机外，不存在其他原料浪费现象（头尾料可进行综合利用，不会造成污染和其他公害）。使用挤压机进行生产，由于避免串用多台单功能机种，极大提高了能源的使用效率。一般情况下，能耗仅是传统生产方法的 60%~80%；

④应用范围广：食品挤压加工适合于小吃食品，即谷物食品、方便食品、乳制品、肉类制品、水产制品、调味品、糖制品、巧克力制品等许多食品生产领域的加工，并且经过简单地更换模具，即可改变产品形状，生产出不同外形和花样的产品，因而产品范围广、种类多、花色齐，可形成系列化产品，有利于产销灵活性。

一、 挤压机的分类和工作原理

（一）挤压机的分类

应用于食品工业的挤压机主要是螺杆挤压机，它的主体部分是由一根或两根在一只紧密配合的圆筒形套筒中旋转的阿基米德螺杆组成。食品挤压机类型很多，分类方法各异，通常有以下的分类方法。

1. 按挤压过程剪切力的高低分类

按分类方法可将挤压机分为高剪切力挤压机和低剪切力挤压机。

高剪切力挤压机是指在挤压过程中能够产生较高剪切力的挤压机。这类设备的螺杆上往往带有反向螺杆，以便提高挤压过程中的压力和剪切力。另外，这类设备的作业性能较好，在控制好所需要的工艺参数（如温度、物料水分含量、螺杆转速等）条件下，可方便地生产出多种挤压产品。该设备往往具有较高的转速和较高的挤压温度。但由于剪切力较高，使复杂形状的产品成形较困难，比较适合于简单形状的产品生产。

低剪切力挤压机在生产过程中产生的剪切力较低，它的主要作用在于混合、蒸煮、成型。该类设备较适合于湿软的动物、鱼类饲料或高水分食品的生产。形状复杂的产品用该设备进行生产较为理想，产品成型率较高。适合低剪切力挤压机加工的物料，水分含量一般较高，挤压过程物料黏度较低，故操作中，引起的机械能黏滞耗散较少。

2. 按挤压机的受热方式分类

按挤压机的受热方式进行分类可分为自热式挤压机和外热式挤压机。

自热式挤压机在挤压过程中所需的热量来自物料与螺杆之间、物料与机筒之间的摩擦，挤压温度受生产能力、水分含量、物料黏度、环境温度、螺杆转速等多方面因素的影响，故温度不易控制，偏差较大。该设备一般具有较高的转速，转速可达500~800r/min，产生的剪切力也比较大。自热式挤压机可用于小吃食品的生产，但产品质量，不易保持稳定，操作灵活性小，控制较困难。

外热式挤压机是靠外部加热的方式提高挤压机筒和物料的温度。加热方式很多，如蒸汽加热、电磁加热、电热丝加热、油加热等。根据挤压过程各阶段对温度参数要求的不同，可设计成等温式挤压机和变温式挤压机。等温式挤压机的筒体温度全部一致，变温式挤压机的筒体分为几段，分别进行加热或冷却，分别进行温度控制。

自热式挤压机一般是高剪切力挤压机，外热式挤压机可以是高剪切力的，也可以是低剪切力的。外热式挤压机的原料和产品较多，设备灵活性大，操作控制容易，产品质量易保持稳定。

3. 按螺杆的根数分类

按螺杆的根数分类可将挤压机分为单螺杆挤压机、双螺杆挤压机和多螺杆挤压机。

螺杆挤压机主要由套筒和在套筒中旋转的带螺旋的螺杆所构成。螺杆上螺旋的作用是推挤可塑性物料向前运动。由于螺杆或套筒结构的变化以及由于出料模孔截面比机筒和螺杆之间空隙横截面小得多，物料在出口模具的背后受阻形成压力。再加上螺杆的旋转和摩擦生热及外部加热，使物料在机筒内受到了高温高压和剪切力的作用，最后被迫通过模孔而挤出，并在切割刀具的作用下，形成一定的形状。

在挤压过程中，有时为了增强螺杆对物料的剪切效果，在套筒内面设置了轴向凸棱，在螺杆上增加了反向螺段，其目的在于限制物料的运动。

单螺杆挤压机在机筒内只有一根螺杆，它是靠螺杆和机筒对物料的摩擦来输送物料和形成一定压力的。一般情况，物料与机筒之间的摩擦系数大于物料与螺杆之间的摩擦系数。否则，物料将包裹在螺杆上一起转动而起不到向前推进的作用。双螺杆挤压机是在单螺杆挤压机的基础上发展起来的，双螺杆挤压机的套筒横截面是“∞”形，在套筒中并排安放两根螺杆。

（二）双螺杆挤压机的作用

双螺杆挤压机虽然和单螺杆挤压机十分相似，但在工作原理上，它们之间存在较大的差异。不同的双螺杆挤压机，其工作原理也不完全相同。与单螺杆挤压机相比，双螺杆挤压机具有以下特点。

1. 强制输送

单螺杆挤压机对物料的输送是基于物料与螺杆和物料与套筒之间的摩擦系数不同，假如物料与机筒间的摩擦系数太小，则物料将抱住螺杆一起转动，螺杆上的螺旋就难以发挥其推进作用，物料也不能够向前输送，更谈不上形成压力和剪切力。双螺杆挤压机的两根螺杆可以设计成不同程度地相互啮合，而机筒呈如图 8-1 所示形状。在螺杆的啮合处，螺杆之一的螺纹部分或全部插入另一螺杆的螺槽中，使连续的螺槽被分成相互间隔的“C”形小室。螺杆旋转时，随着啮合部位的轴向向前移动，“C”形小室也作轴向向前移动。螺杆每转一圈，“C”形小室就向前移动一个导程的距离。“C”形小室中的物料，由于受啮合螺纹的推力，使物料抱住螺杆旋转的趋势受到阻碍，从而被螺纹推向前进。

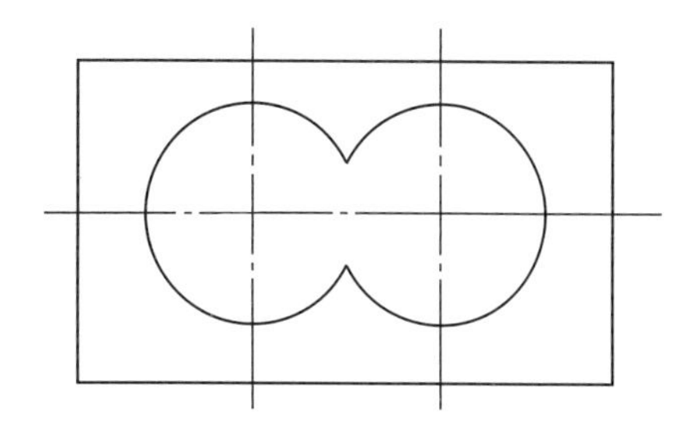

图 8-1　双螺杆挤压机套筒

根据双螺杆的旋转方向、啮合程度和螺纹的参数不同，“C”形小室可以是相通的，也可以是完全封闭的，输送的过程一般不会产生倒流或滞流，因此具有很大程度的强制输送性。

由于双螺杆具有强制输送的特点，不论其螺槽是否填满，输送强度基本保持不变，不易产生局部积料、焦料和堵机等现象。对于机筒具备排气孔的挤出机，也不易产生排气孔堵塞等问题。同时，螺杆啮合处对物料的剪切作用，使物料表层不断得到更新，增加了排气的效果。

2. 混合作用

双螺杆的横断面可以看成是两个相交的圆。相交处为双螺杆的啮合处，如图 8-2 所示。

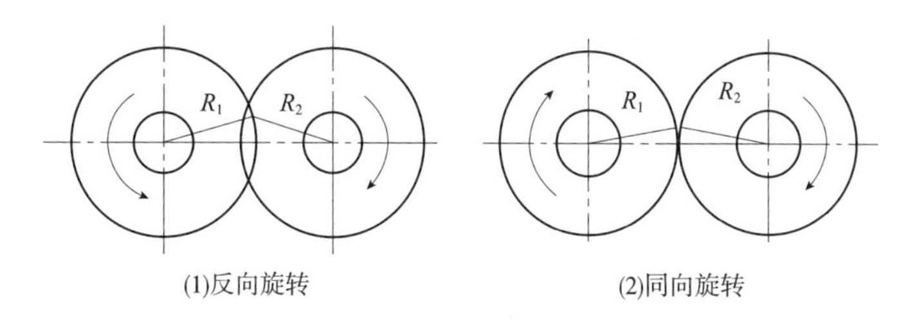

图 8-2　双螺杆旋转方向

在啮合处，螺纹上任意点对螺槽的相对速度是：

$$反向旋转：v=2\pi n\ (R_1-R_2)\ (cm/min) \tag{8-1}$$

$$同向旋转：v=2\pi n\ (R_1+R_2)\ (cm/min) \tag{8-2}$$

式中　n——螺杆的转速，r/min

R_1——啮合处某点距螺杆 1 轴心间距离，cm

R_2——啮合处某点距螺杆 2 轴心间距离，cm

从式中可以看出，对于反向旋转的螺杆，啮合处，螺纹与螺槽的旋转速度虽相同，但仍存在相对速度差 v，因此被螺纹带入啮合处的物料会受到螺纹和螺槽间的挤压、剪切和研磨作用，使物料得到混合。

对于同向旋转的螺杆，啮合处螺纹和螺槽间的旋转方向相反，因此，被螺纹带入啮合间隙的物料也会受到螺杆和螺槽间的挤压、剪切、研磨作用，同时由于相对速度比反向旋转的大，啮合处物料所受的剪切力也大，更加提高了物料的混合、混炼效果。

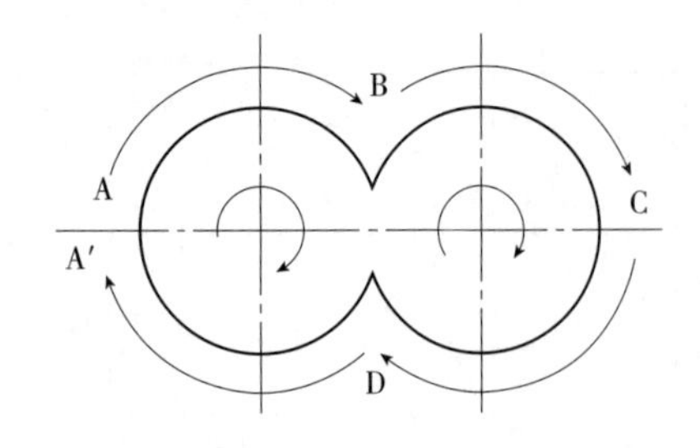

图 8-3　双螺杆挤压机中料流的方向

由于同向旋转的螺杆在啮合处的旋转方向相反，两根螺杆对物料所起的作用也不大相同。一根螺杆要把物料拉入啮合间隙，而另一根螺杆则要把物料从间隙中推出，结果使物料由一根螺杆转移到另一根螺杆，物料呈如图 8-3 所示的方向前进，即物料从 A→B→C→D→A。运动方向改变了一次，轴向移动前进了一个导程。料流方向的改变，更有助于物料相互间的均匀混合。

双螺杆挤压机中的“C”形小室，在一定程度上影响到物料在挤压机中的混合均匀性。但是，物料在挤压前，一般经过了预混合处理过程，因此，挤压机中的物料混合只起补充作用。确切地讲，物料在挤压机中发生的混合作用应称之为“混炼”，其主要作用是物料之间水分的转移，不同物料之间的细微混合，以及不同物料之间不同成分的重新组织化等作用。混炼的效果直接关系到产品的质地、组织状态。没有好的混合也就谈不上均匀的混炼。虽然混合在挤压前的预处理中就开始进行，但是为了提高混合效果，设计螺杆螺纹时，应使“C”形小室之间留出通道，使“C”形小室中的物料能够经过通道相互混合。混合的效果与通道的大小、物料的压差、螺杆的转向、物料黏度、螺杆转速、物料和套筒间的摩擦系数有关。由于剪切力的作用，“C”形小室中的物料能够产生很好的混合效果。相邻“C”形小室中的物料，由于产生倒混、滞流等原因，也会产生一定程度的混合。

3. 自洁作用

黏附在螺杆螺纹和螺槽上的积料，如果滞留时间太长，将引起物料受热时间过长，产生焦料，严重时，会使旋转阻力增大，能量消耗增大，甚至会产生堵机、停机等现象，不利于质地均一产品的稳定正常生产。对于热敏性物料，这个问题尤为突出。若能及时清除黏附的积料，将有助于生产的正常进行与产品质量的提高。

反向旋转的螺杆的啮合处，螺纹和螺槽之间存在速度差，能够产生一定的剪切速度，旋转过程中会相互剥离黏附在螺杆上的物料，使螺杆得到自洁。

同时旋转的双螺杆的啮合处，螺纹和螺槽的旋转方向相反，相对速度很大，产生的剪切力也大，更有助于黏附物料的剥离，自洁效果更好。

4. 压延作用

物料进入双螺杆进入挤压机后，被很快拉入啮合间隙。由于螺纹和螺槽之间存在速度差，所以物料立即受到研磨、挤压的作用，此作用与压延机上的压延作用相似，故称“压延作用”，如图 8-4 所示。

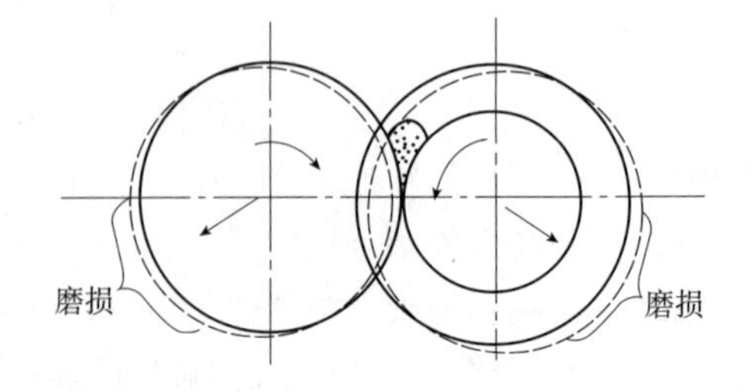

图 8-4　双螺杆挤压机的压延作用

对于反向旋转的双螺杆积压机，物料在啮合间隙受到压延作用的同时，还产生使螺杆向外分离和变形的反压力。该反压力的作用会导致螺杆和套筒间的磨损增大。螺杆转速越高，压延作用越大，磨损就越严重。因此反向旋转的挤压机螺杆转速不能太高，一般在 8~50r/min。

同向旋转的双螺杆挤压机，由于不会产生使螺杆相互分离的压力，对磨损的敏感性较小，它可在较高转速 300r/min 的情况下工作。

表 8-1 所示为单螺杆挤压机与双螺杆挤压机部分性能的比较。

表 8-1　　单螺杆挤压机合双螺杆挤压机部分性能的比较

项目	单螺机	双螺机
输送原理	物料与螺杆及物料与套筒间两摩擦因数之差	依靠“C”形小室的轴向移动
输送效率	小	大
热分布	温差较大	温差较小
混合作用	小	大
自洁作用	无	有
压延作用	小	大
制造成本	小	大
磨损情况	不易磨损	较易磨损
转速	可较高	一般小于 300r/min
排气	难	易

多螺杆挤压机是指在一个套筒中并排几根螺杆的挤压机。这是挤压机的混合效果更加理想，但制造较困难，对传动系统的要求较高，生产时更易产生摩擦，因而在食品加工行业中极少使用。

（三）挤压蒸煮原理

这里所说的挤压蒸煮基础理论是指科学地描述物料在螺杆挤出机中运动和变化过程的一些基本理论。研究挤出理论的目的主要是为了揭示、掌握和运用这些运动和变化的基本理论，使蒸煮、挤压、成型能够达到优质高产和低能耗，为新型挤压机的设计和新型挤压食品的开发提出可靠的理论依据，以便科学地选用原料，合理地安排生产流程和准确地确定工艺参数。

挤压理论包括的范围十分广泛，主要涉及流变学、传热学、摩擦原理、高分子结构理论、材料学、材料力学等科学领域。挤压理论的研究在 20 世纪 60 年代就有了较快的发展，目前，有些方面的研究尚未十分深入，尚不甚细致完善，有些理论还存在一定程度的片面性和一定程度同实际情况的偏差。挤压理论有待日趋完善和系统化。

1. 挤压膨化的原理

挤压食品品种类很多，如蒸煮成型产品、挤压组织化产品、挤压膨化产品等。挤压膨化产品仅仅是挤压制品中的一种产品形式。因此，不能将挤出产品简单地理解为膨化产品。另外，膨化产品也不等于是挤压产品。挤压只是膨化的手段之一，将产品进行膨化还可以采取其他的技术（如气流膨化）。

挤压膨化的原理：含有一定水分的物料，在挤压机套筒内受到螺杆的推动作用和卸料模具或套筒内节流装置（如反向螺杆）的反向阻滞作用。另外，还受到了来自于外部的加热或物料与螺杆和套筒的内部摩擦热的加热作用。此综合作用的结果使物料处于高达 3~8MPa 的高压和200℃左右的高混的状态之下。如此高的压力超过了挤压温度下的饱和蒸汽压，所以在挤出机套筒内水分不会沸腾蒸发，在如此的高温下物料呈现熔融的状态。一旦物料由模具口挤出，压力骤然降为常压，水分便发生急骤的蒸发，产生了类似于“爆炸”的情况，产品随之膨胀、水分从物料中的散失，带走了大量热量，使物料在瞬间从挤压时的高温迅速降至80℃左右，从而使物料固化定型，并保持膨胀后的形状。

根据对产品要求的不同，膨化制品的生产工艺也不尽相同。挤压膨化食品可以分为直接膨化食品和间接膨化食品。直接膨化食品是指原料经挤压机模具挤出后，直接达到产品所需的膨化度、熟化度和产品造型，不需采用后期膨化加工。该种产品只需依据产品的特点及需求，在挤出膨化后进行调味和喷涂。

间接膨化食品是指原料经挤压机模具挤出后，没有膨化或只产生少许膨化，产品膨化工艺主要靠挤出之后的焙烤或油炸来完成。有时为了改善产品质量，使产品的质地更为均一，糊化更加彻底，挤出后的半成品还经过了一段时间的恒温恒湿过程；然后再行后期的焙烤或油炸等制作工艺。在这种生产工艺中，原料经过挤压机的作用，只是让原料达到熟化、半熟化或组织化，以及给予产品一定形状的目的。这时，原料的水分含量可以高些，挤压过程中温度和压力可低一点。

与直接膨化食品相比，间接膨化食品一般具有较均匀的组织结构，口感较好，不易产生粘牙的感觉，淀粉和糊化较彻底，膨化度较易控制。对于造型较为复杂的产品，直接膨化一般不能达到直接成形的目的，而间接膨化则有较好的膨化效果和较高的成形率。但间接膨化生产流程较长，所需辅助设施较多。

2. 挤压组织化的原理

植物蛋白经组织化后，可产生类似于肌肉的结构和纤维的特征，改善了口感，扩大了它的使用范围，提高了营养价值。植物蛋白不含胆固醇，因此对于那些害怕胆固醇摄取过量而不敢过多食用肉类产品的人，植物蛋白无疑是一种很好的肉类代替物。目前的植物组织蛋白，基本上有两种类型：一种是肉类填充料（meat extender），它可以添加于肉食原料中使用；一种是能代替肉类的仿肉类产品（meat analogs）。

挤压法生产组织化植物蛋白的工艺过程中，热变性程度是一个较关键的参数。含有较多蛋白质（50%以上）的原料，在挤压机内，由于所受的剪切和摩擦力的作用，使维持蛋白质三级结构的氢键、范德华力、离子键、双硫键遭到破坏。随着蛋白质的三级结构被破坏，形成了相对呈线性的蛋白质分子链。这些相对呈线性的分子链在一定的温度和一定的水分含量下，变得更为自由，从而更容易发生定向的再结合。也就是说，热变性和剪切促使蛋白质结构成为类似纤维状的结构。

随着剪切的不断进行，呈线性的蛋白质分子链不断增多，相邻的蛋白质分子链之间由于分子间的相互吸引而趋于结合，当物料被挤压经过模具时，较高的剪切力和定向流动的作用更加促使蛋白质分子的线状化、纤维化和直线排列。这样，经过挤出的物料就成了一定的纤维状结构和多孔的结构。纤维状结构的形成给予产品以良好的口感和弹性，而多孔的结构给予产品以良好的复合性和松脆性。

呈直线排列的线状蛋白质分子之间的相互结合，主要来自氢键、范德华力、部分离子键以及双硫键的作用。有人经过实验认为，在挤压过程中，除了以上几种作用外，还有主要的酰胺键作用使蛋白质分子产生再聚合。

二、 挤压机的螺杆

（一）挤压机的主要部件

一台挤压设备通常由如下主机、辅机及控制系统所组成：

主机：
- 挤压系统：主要由机筒和螺杆组成，是挤压设备的关键部分
- 传动系统：其作用是驱动挤压机的螺杆，保证传输螺杆在工作过程中所需扭矩和转速
- 加热冷却系统：保证蒸煮挤压过程中所需要的温度

辅机：
- 进料器：其作用是按需要定量供送原材料入机，并保证安全进料
- 液体进料器：主要是水的加入，也可以加入其他的液体辅料
- 设备润滑系统：保障设备的正常运转
- 切割器：按照要求，对挤出模具的物料进行切割，配合模具给予产品一定外形
- 模具：给予产品一定外形

一台完善的挤出设备应当有相应适当的生产能力和较广泛的适应性，并能准确无误地、协调地控制挤压机的各个动作，使挤压机的温度、压力、流量等参数严格控制在工艺条件所要求的范围内，以获得高质量的产品。

（二）挤压机螺杆的功能分段

螺杆是食品挤压机的中心构件，是挤压机的“心脏”部分，因此许多研究人员长期以来在螺杆方面进行了大量的研究。螺杆的作用是输送原料，施加挤压、剪切和混合作用于物料，然后把熔融状的物料从模孔中挤出。

挤压螺杆按其功能的不同可以分为三段，各段的名称和它们各自的功能是相对应的。

1. 进料段

进料段又称喂料段或输送段。螺杆在进料口喉道处接收原料的部分统称进料段。它一般占螺杆总长度的10%～25%。进料段一般采用深螺纹，以便物料能较易落入螺槽，并很快被输送到压缩段。它的作用是：保证充足的物料沿着螺杆向前均匀而稳定地移动和输送，使后面的螺杆完全充满。

2. 压缩段

压缩段又称挤压段，一般占螺杆总长度的50%左右，挤压是螺杆的核心功能。在压缩段，物料被压缩并受到摩擦和剪切的作用。其压缩的过程可用螺杆的压缩比表示。使物料受压缩的方式一般有改变螺纹深度、改变螺纹螺距，改变套筒结构或在螺杆上加阻流环等方式。物料在压缩段被挤压成连续的面团状物质，即从原来颗粒或粉末状态变为一种无定形的塑性面团。

3. 计量段

计量段又称限流段、排料段或控温段。它是最靠近挤压机出料口的螺杆部分，它的特征在于具有很浅螺槽或很小螺距的螺纹。它的作用是使物料再进一步受到高剪切的作用，使温度急剧上升。在该段，剪切速率达到最高值。机械能的大量耗散和外部的加热作用使物料温度上升很快。由于高剪切的作用，加剧了物料的内部混合，使物料温度趋于均匀。在该段，物料基本上呈熔融状态。有时为了增大剪切力和压力，还在该段加设反向螺杆，也可采用柱销或切口螺纹，以利提高混合效果和加强机械能耗散。一般螺杆的外形如图8-5所示。

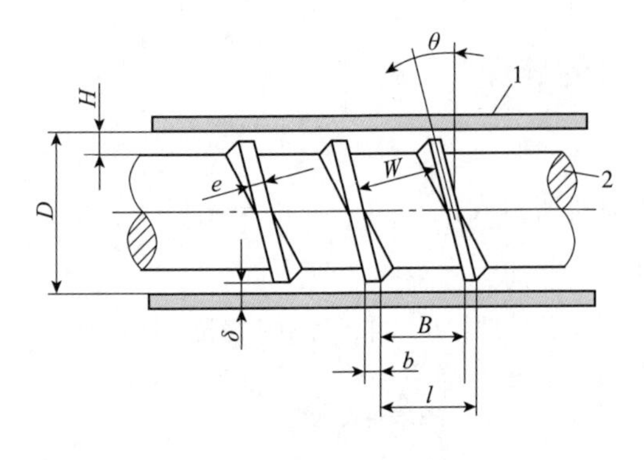

图 8-5　螺杆外形筒

1—外套　2—螺杆

（三）有关螺杆的主要参数

1. 螺纹

绕在螺杆周围的螺旋卷金属带，它将机械力施加在物料上，使物料沿螺杆向卸料方向移动，同时产生挤压、剪切、混合、摩擦作用，与套筒配合完成挤压的全过程。大多数螺杆的螺纹是连续的。若螺纹是断开的，则称为切口螺纹。切口螺纹可以起到增大剪切、混合作用的效果。

2. 齿根

螺杆除去螺纹后，余下的连续的中心轴，它可以是圆柱形或圆锥形。

3. 齿承

螺纹的外圆周表面，它构成了螺杆的外轮廓线。通常，齿承要经过火焰淬火或熔敷硬金属表面涂料作特殊的硬化处理，增强其抗摩擦能力。

4. 螺纹前沿

螺纹的推动面，它面向挤压机卸料口，是螺杆中最易产生磨损的部位。

5. 螺纹后沿

背向挤压机卸料口的螺纹面。

6. 齿型

齿型即螺纹的外部形状，通常为矩形或梯形。梯形螺纹使通道的上部宽度大于齿根部宽度，可以减少物料滞留在螺纹和齿根间的转角处。

7. 螺杆直径

螺杆名义直径是指螺杆在其中转动的套筒的内径，用 D 表示。为了在一定程度上防止和减少螺杆与套筒间的碰撞与摩擦，螺杆与套筒之间有一定的间隙 δ，故螺杆的实际直径为：

$$D_s = D - 2\delta \tag{8-3}$$

8. 螺纹高度

螺纹名义高度是指套筒内表面与齿根之间的距离（H）。同样，考虑到套筒和螺杆的间隙，实际螺纹高度为：

$$H_s = H - \delta \tag{8-4}$$

9. 齿根直径

螺杆齿根处的直径：

$$D_r = D - 2H = D_s - 2H_s \tag{8-5}$$

10. 导程（L）

导程为从一个螺纹的前沿到同一螺纹向前旋转一周后的前沿，在它们外缘处的轴向距离。

（四）普通螺杆

一般情况下，根据螺杆的特点将螺杆分为普通螺杆和特种螺杆。

普通螺杆是加料段至计量段为全螺纹的螺杆。按照螺纹导程和螺槽深度是否变化，它可以分为以下几种形式。

1. 等距变深螺杆

如图 8-6 所示，从进料段的第一个螺槽开始至计量段的最后一个螺槽，其螺距不变，而螺槽深度则逐渐变浅。该种螺杆由于在计量段螺槽较浅，有利于加强物料的剪切混合。但是，由于进料段螺槽较深，齿根直径较小，因而在同等条件下，与等深变距螺杆相比，进料段处所能承受的转矩较小。

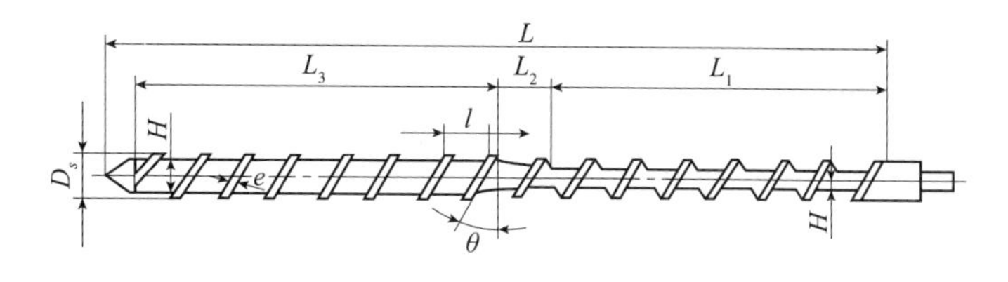

图 8-6　等距变深螺杆

2. 等深变距螺杆

如图 8-7 所示，该种螺杆的螺槽深度不变，而螺距则从螺杆的第一个螺槽开始至计量段末端为止逐渐变小。该种螺杆由于螺杆深度不变，加料段的齿根直径与计量段齿根直径相同，有利于提高加料段螺杆的深度，有利于提高转矩和螺杆转速。由于变距，也有利于设计大压缩比的设备。但由于计量段的螺槽深度也较大，故与等距变深螺杆相比，它对物料在排出前进一步加强剪切混合作用要差一些。

3. 变深变距螺杆

如图 8-8 所示，它是指螺槽深度和螺杆的螺距从加料段至计量段分别逐渐变浅和逐渐变小的螺杆。

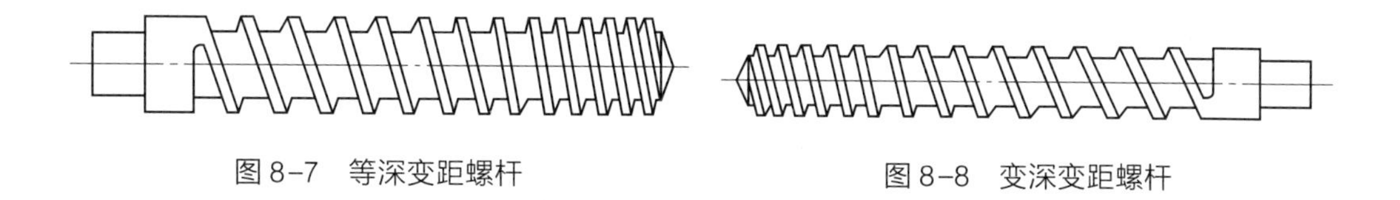

图 8-7　等深变距螺杆　　　　图 8-8　变深变距螺杆

这类螺杆有前述两种螺杆兼有的特点，可以得到较大的压缩比。与等深变距螺杆相对物料的混合与剪切作用也有所改善，但其机械加工复杂。

4. 带反向螺纹的螺杆

如图 8-9 所示，该种螺杆的特点是在压缩段或计量段加设了反向螺纹，使物料产生倒流的趋势，这样可进一步提高压力和剪切力，提高混合效果。为了更便于物料混合，通常在反向螺杆上开设沟槽。通常这种螺杆是在前述三种螺杆的基础上进行改组装配而成。

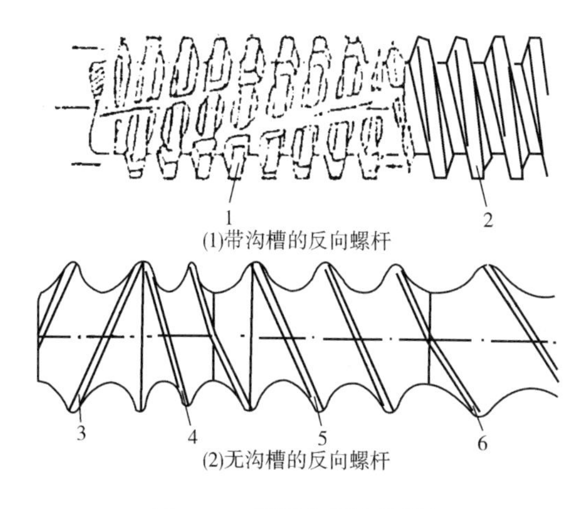

图 8-9　带反向螺纹的螺杆

1、3—反向螺杆　2、4、5、6—正向螺杆

（五）特种螺杆

现有的大多数挤压机的螺杆一般均采用普通螺杆。在生产实际中，发现普通螺杆存在某些不足之处。例如在进料段，理

想的条件是应有较好输送效率，但实际上进料段的输送区段的输送效率一般只有20%~40%，并且随转速的提高而下降，从而压力的形成迟缓。同时，输送效率不稳定，也易产生挤压机内压力的形成不均匀，容易造成螺杆偏心而与套筒发生摩擦。普通型螺杆有时不能完全满足固体颗粒熔融和物料均匀混合的要求，会影响到产品的质地和组织化程度，也影响到挤压过程的均一性和压力波动，从而影响产品质量。由于普通螺杆有如此一系列不足，人们就在生产过程中对它不断进行改进，并从理论上进行研究和探索，以适应不同的生产需要。目前有以下几种特种螺杆受到大家关注，其中有的已用于生产。

1. 分离型螺杆

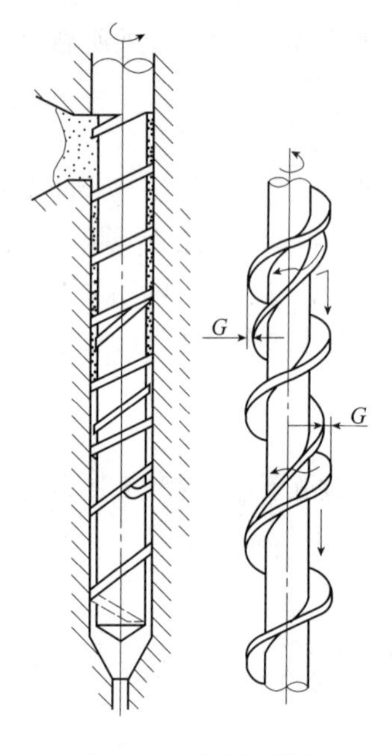

图 8-10　分离型螺杆

如图8-10所示，分离型螺杆的基本结构是，它的进料段与普通螺杆的结构相似，不同的是在加料段末端设置一条起屏障作用的附加螺纹，后者简称副螺纹，副螺纹的外径小于主螺纹，其始端与主螺纹相交，但其导程与主螺纹不同。

该种螺纹有利于加强物料进入压缩段后的剪切作用，因副螺纹与套筒间隙只允许熔融料通过，便于物料进入压缩段后熔融成为可塑性面团，并且提高熔融的均匀性，从而可以改善挤出物质地的均匀性，提高生产能力，降低单耗。

2. 屏障型螺纹

屏障型螺杆是从分离型螺杆变化而来的一种新型螺杆。它是在普通螺杆的某一位置上设置屏障段，以达到提高剪力和摩擦力，使物料经压缩段后，尚存的固体物料彻底地熔融和均化。在大多数情况下，屏障段都设置在螺杆的头部，因此也称为屏障头。

如图8-11所示，屏障螺杆是在外径等于螺杆直径的同柱上交替开出的数量相等的进出料槽。沿螺杆转动的方向，进入出料槽前面的凸棱比螺杆外半径小一径向间隙 G，G 称为屏障间隙。这是每一对进出料槽唯一通道，这条凸棱称为屏障棱。一般情况若没有此屏障段，物料经压缩段进入计量段后，还会有未熔融的颗粒存在。这些未熔融的固体颗粒使得物料混合的均匀性下降，会影响到产品质地的均匀性和组织化的程度，也会在一定程度上造成压力的波动。另外，大的未熔融的颗粒在进入模具后，会造成模具孔的堵塞，造成“堵车”、“停车”等故障，影响生产的正常进行。屏障段的设置使得未熔融颗粒在屏障间隙内受到较大的剪切作用，使颗粒升温熔融。由于进出料槽的物料一方面作轴向运动，另一方面由于螺杆的旋转作用，也作圆周运动，两种运动的结果使物料在进出料槽中呈遇涡状环流运动的状态，这样有利于物料进一步的混合和均匀化。

屏障型螺杆与普通型螺杆相比，如果设计合理，其挤出温度可以较低，径向温差较小，产品质地更加均匀，而功率消耗却与普通螺杆相差不多。

3. 分流型螺杆

分流型螺杆是在普通型螺杆上设置分流螺杆的一种新型螺杆，它与分离型和屏障型螺杆的工作原理有所不同。它是利用设置在螺杆上的销钉或利用螺杆上所开的通孔将含有固体颗粒料的熔融物料流分成许多小流股，然后又混合在一起，经过以此反复出现的过程，以达到均化物

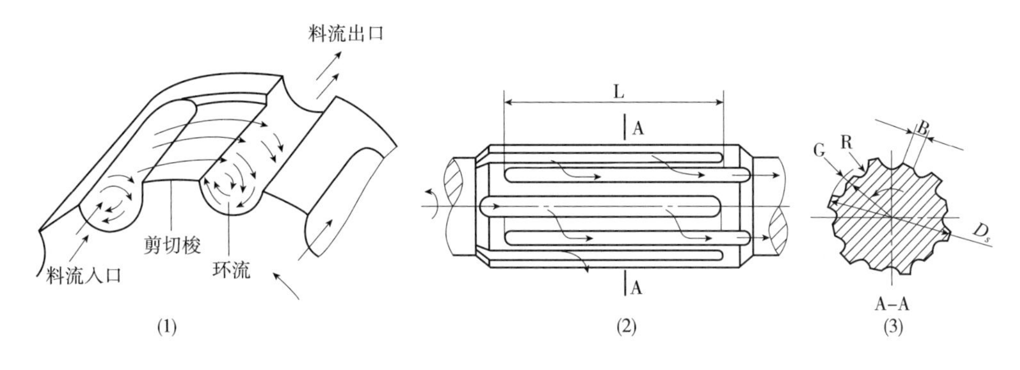

图 8–11　屏障型螺杆

料，提高剪应力的作用。

目前常见的分流型螺杆是销钉型，它是在压缩段或计量段的一定位置上设置一些销钉。物料流经销钉时，含有固体颗粒料的未彻底熔融的物料被分成许多细小的料流，如图 8–12 所示。

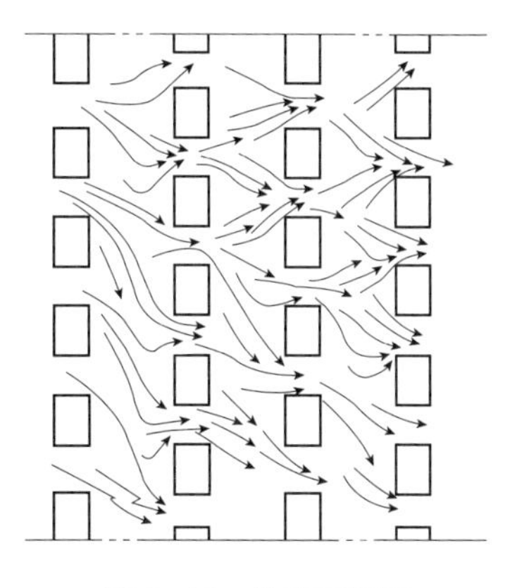

图 8–12　分流型螺杆

经过多次分流、合流、分流、再合流的过程，在挤压剪切作用下，使大的未熔颗粒料变小，最后达到彻底熔融和均质，从而得到质地均一的挤出物。

4. 波状螺杆

波状螺杆是在普通型螺杆的基础上研制而成的，它通常设置在压缩段的后半部分或设置在计量段。与普通螺杆相比，该螺杆外径不变，只是螺槽底圆的圆心不完全在螺杆轴上，因而螺槽深度沿螺杆轴向发生改变，并以 $2D_s$ 的轴向周期变化。

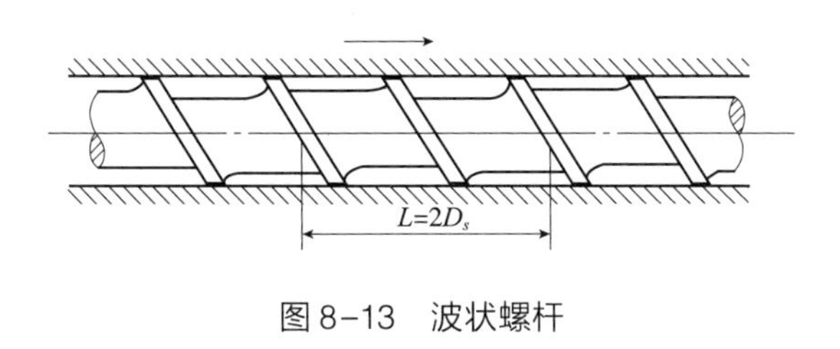

图 8–13　波状螺杆

如图 8–13 所示，物料经过波峰时受到强烈的挤压和剪切，经过波谷时又产生轻度膨胀，使它受到松弛获得能量平衡，增强了物料的均匀性和混合效果，改善了挤出物的质地，提高了产品的质量。

除了以上几种特种螺杆之外，还有其他的一些螺杆，如通孔型分流螺杆（简称 DIS 螺杆）。

这些特种螺杆的设计和使用的主要目的在于提高混合效果，稳定挤压过程，以便生产出质地均匀、组织化程度高、质量好的产品。在这些螺杆中，有的以剪切作用为主，混合作用为辅；有的以混合作用为主，剪切作用为辅。螺杆的设计总体上力求简单，易于机械加工和安装，使用寿命长。有利于产品质量的改善，生产能力的提高和能耗的降低。

（六）双螺杆的配合方式

双螺杆挤压机中有相互平行的两根螺杆。按照两根螺杆转轴的旋转方向可以分为反向旋转型和同向旋转型。按照两螺杆的啮合程度可以分为相互啮合型和非啮合型。图 8–14 所示为常见的几种配合方式。

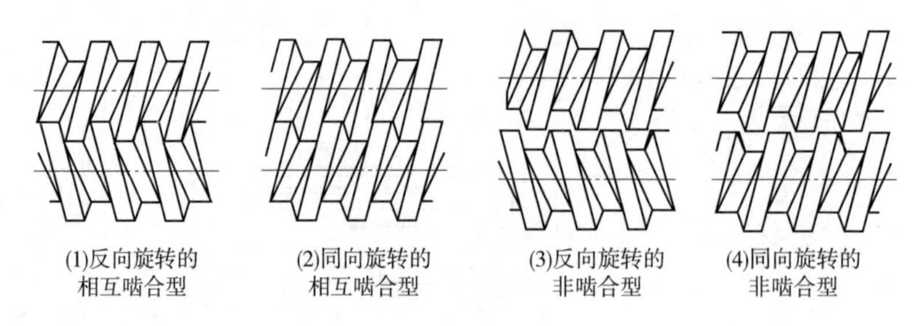

图 8-14　两螺杆常见配合方式

1. 反向旋转双螺杆

如图 8-15 所示，在物料进入挤压螺杆后，首先在两螺杆之间产生压力，此压力易造成两螺杆分离和偏心，因而套筒和螺杆之间易产生摩擦，造成设备磨损。因此，反向旋转的双螺杆挤压机转速不易太高，一般控制在 50r/min 左右。

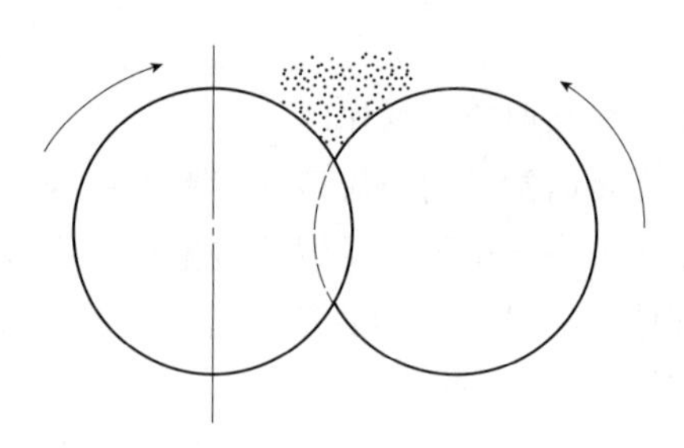

图 8-15　反向旋转双螺杆

2. 啮合型双螺杆

该双螺杆的啮合处间隙很小，对物料具有强制输送的能力，不易产生倒流、漏流现象。它能在较短时间内建立起高压，推送物料经过螺杆的各个部位。这种配合方式，料流稳定，但不同“C”形小室中物料各自的混合效果较差。

3. 非啮合型双螺杆

因为双螺杆不完全啮合，其间的间隙较大，不同“C”形小室中的物料各自混合效果好，但螺杆的输送能力较啮合型的差，易产生漏流、倒流和料流不稳现象，难以达到强制输送效果。

双螺杆中的每根螺杆都可采用普通螺杆中的任意一种形式，但同一台机器上的两根螺杆必须是同一形式，否则无法协调运转。

早期很少有直径小于 75mm 的双螺杆挤出机，原因是当时的传动装置在两螺杆中心距离较小情况下，无法解决给螺杆传递所需转矩。目前，新型的传动装置能够保证直径为 45mm 的双螺杆机正常工作，甚至有些实验用的双螺杆挤压机的螺杆直径小到仅有 20mm 左右。常见双螺杆挤压机的传动元件如图 8-16 所示。

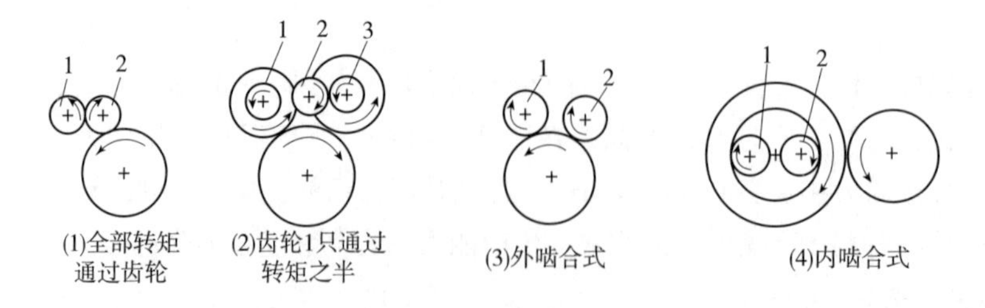

图 8-16　常见双螺杆挤压机的传动元件

1、2—配比齿轮（分别安装在螺杆延长轴上）　3—中间轴

根据双螺杆啮合程度的不同，双螺杆的中心距离 A 通常取以下值：

单螺纹双螺杆：$A=(0.7\sim1)D$

双螺纹双螺杆：$A=(0.7\sim1)D$

三头螺纹双螺杆：$A=(0.87\sim1)D$

双螺杆机与单螺杆机相比，结构较复杂，价格较昂贵，公差要求更精密。双螺杆机在生产过程中，两螺杆之间的间隙，螺杆与套筒间的间隙，应当充满物料，否则易造成磨损。双螺杆挤压机不应该在无料空机的情况下将螺杆转速提得很高。

三、 挤压机的套筒

挤压机的套筒是与旋转着的挤压螺杆紧密配合的圆筒形构件。在挤压系统中，它是仅次于螺杆的重要零部件。它与螺杆共同组成了挤压机的挤压系统，完成对物料的输送、加压、剪切、混合等功能。套筒的结构形式关系到热量传递的特性和稳定性，影响到物料的输送效率，对压力的形成和压力的稳定性也有很大影响。

根据设备的性能和生产能力的不同，不同的挤压设备具有不同的套筒内径（D）和长径比（L/D）。现在，用于生产的大多数挤压机的套筒内径一般在 45~300mm，长径比一般为 1∶1~20∶1。根据套筒的结构可以将套筒分为普通套筒和特种套筒。

（一）普通套筒

1. 整体套筒

图 8-17 所示为整体式套筒的结构形式之一。该套筒的特点：装配简单；加工精度和装配精度容易得到保证；螺杆与套筒易达到较高的同心度，在一定程度上会减少螺杆与螺杆之间、螺杆与套筒之间的摩擦。另外，在套筒上设置外热器不易受到限制，套筒受热容易均匀。但是，套筒的加工设备要求较高，加工技术和精度要求也较高，套筒内表面一旦出现磨损，就需将整个套筒更换。

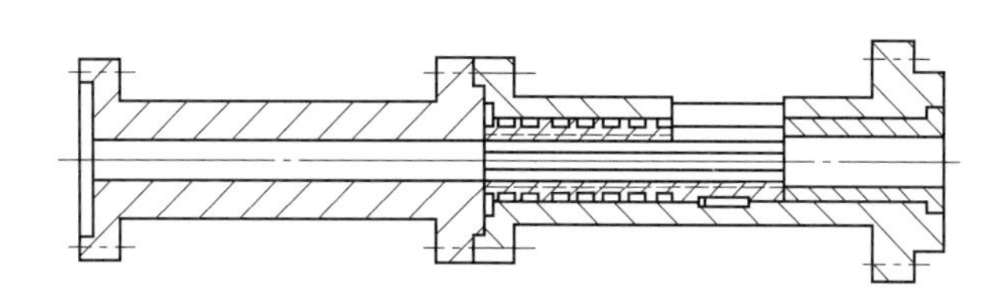

图 8-17　整体式套筒结构

2. 分段式套筒

图 8-18 所示为一分段式套筒的结构形式。该套筒是将整个套筒分成几段加工，然后用一定的连接方式将各段连接起来，形成一个完整套筒。

这种形式的套筒比整体式套筒容易加工，在实际生产时，可根据生产的不同需要，拆卸掉一段或几段套筒和几段螺杆，从而比较方便地改善机器的长径比。因此，实验室用挤压机多采用分段式套筒。但是，这种形式的套筒在连接时较难保证各段准确地对中。由于螺杆与套筒的间隙很小，一旦对中有偏差，就会产生较大磨损，影响套筒加热的均匀性。

分段式套筒的连接方式常见的有如表 8-2 所示的几种。

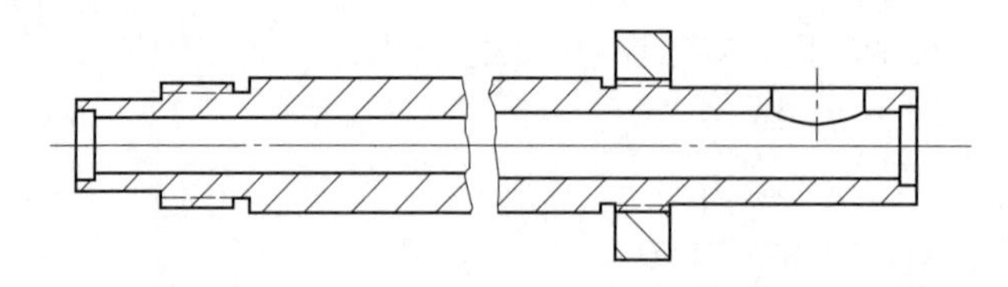

图 8-18　分段式套筒结构

表 8-2　　分段式机筒的连接方式

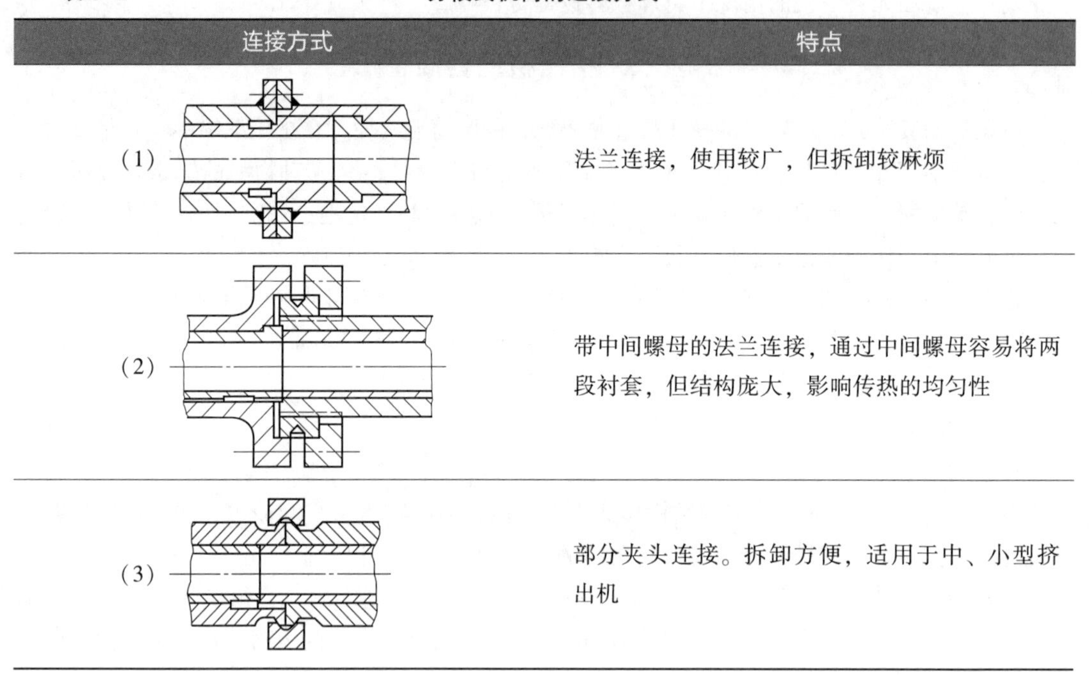

连接方式	特点
（1）	法兰连接，使用较广，但拆卸较麻烦
（2）	带中间螺母的法兰连接，通过中间螺母容易将两段衬套，但结构庞大，影响传热的均匀性
（3）	部分夹头连接。拆卸方便，适用于中、小型挤出机

3. 双金属套筒

双金属套筒是由两种不同的金属所组成。套筒内表面的一层金属为耐腐蚀、硬度高、耐磨损的优质金属。它主要有两种结构形式，一种是衬套式，另一种是浇铸式。

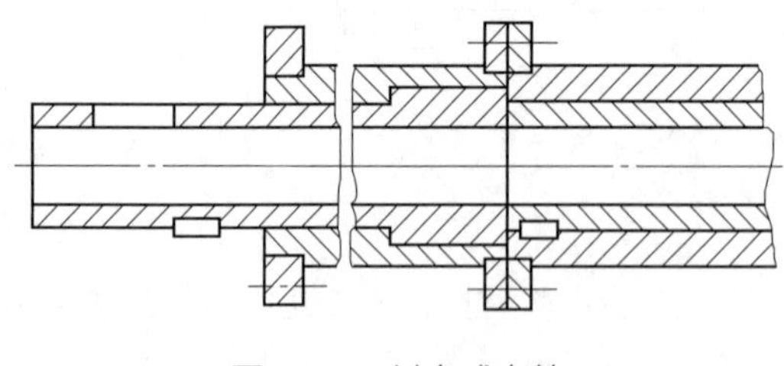

图 8-19　衬套式套筒

图 8-19 所示为衬套式套筒。该套筒的内表面是可更换的合金钢衬套，外表面是一般的碳素钢或铸钢材料。它可以做成分段式，也可以是整体式。

这种结构形式的套筒在满足抗磨损、抗腐蚀的要求下，节省了贵重金属材料，衬套磨损后可更换，提高了整个套筒的使用寿命，但其制造较复杂。制造时应考虑到两种材料性质的不同，两种材料的热传递及两种材料之间会产生的相对位移。

如图所示两种材料间隙十分小，配合十分紧密。除了拆装衬套十分困难外，还会产生较大的装配应力。另外，两种材料性质不一样，膨胀系数也不一样，挤压过程中就会产生内应力，严重时会使套筒变形。若两者之间的间隙较大，虽然可以免除以上不足，但两套筒间易在生产时产生相对位移，影响设备性能和正常工作状态，同时也不利于热量的传递，据此必须选择合适的配合间隙。

浇铸式套筒是在机筒内壁上浇铸一层大约 2mm 厚的合金层，通常采用离心浇铸法，然后将此层研磨到所需要的套筒内径尺寸和光洁度。浇铸时，浇铸量要控制准确，既要保证浇铸均匀，又使浇铸后的研磨工作量降到最低限度。

这种套筒的特点是合金层与套筒基体的结合较好，沿套筒轴向上的结合较均匀，既没有剥落的倾向，也不会开裂，还有极好的滑动性能。由于合金层耐磨性好，该套筒的使用寿命较长。

以上几种形式的套筒，其内表面都是光滑的圆筒面，容易制造，目前绝大多数的套筒都采用此种形式。但挤压机理论与实践表明，此形式套筒的输送效率较低，一般只有 20%～40%。为了进一步提高生产能力和压力，经常使用一些特种套筒。

（二）特种套筒

1. 轴向开槽套筒

图 8-20 所示为轴向开槽套筒的几种形式。它有普通轴向开槽套筒和锥形轴向开槽套筒之分。这种形式的挤压机套筒是在套筒的内表面上开有小凹槽，以防止物料在套筒内壁上滑动。小凹槽一般开在套筒的进料段位置。该套筒有利于提高物料输送效率，使物料在套筒内较早地形成稳定压力，缩短输送段的距离，以利产品质量的稳定和提高。

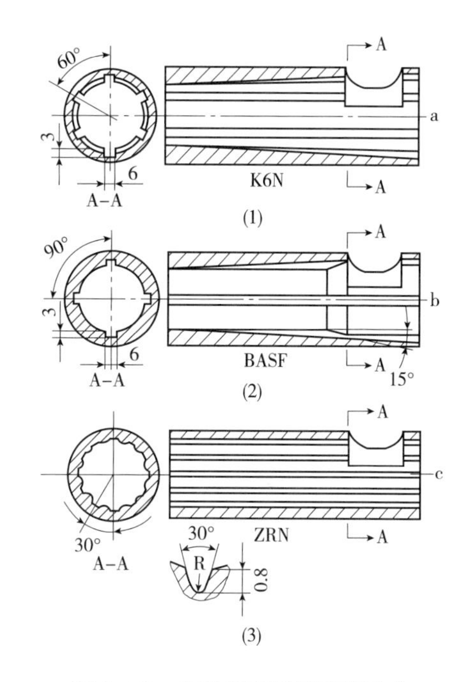

图 8-20 几种轴向开槽套筒形式

2. 带排气孔的套筒

一般的挤压机在高温高压物料挤出模具后，便立刻突然降压，所含水分便闪蒸，所含气体便排出，完成挤压的全过程。所谓带排气孔的套筒指的是在套筒的某一位置开设了泄气的阀门或孔口的套筒，它与特殊设计的螺杆相配合，达到预先排除部门气体的目的。该挤压机与一般挤压机相比有以下特点：

①根据不同的需要，配置相应的螺杆，以满足不同产品的加工要求。如为了提高混合效果和组织化效果，往往需要高剪切、高压、高温的条件，但是在该条件下，复杂形状的产品的成型率较低，若采用套筒带排气孔的挤压机，则可以在一定程度上解决了这个问题。可以将套筒排气孔位置之前的相应螺杆设计成满足高压、高剪切、高温条件，排气孔位置之后的相应螺杆设计成只需满足挤压成形条件。因此套筒加了排气孔的挤压机实际上相当于两台不同特性挤压机的串联；

②有时原料中含有的空气会不同程度地影响产品质量，如产生高温下的氧化现象，使产品的色泽和风味受到影响，以及由于空气含量太高，影响热传递的均匀性和产品质地的均一性等。采用套筒带排气孔的挤压机，可以在排气孔之间进行了低强度的挤压蒸煮，在排气孔处进行高强度蒸煮排除大部分气体，在排气孔后面再进行高强度的挤压。如此可避免上述的不足，尤其对空气含量高的原料和含易氧化成分的物料效果尤为明显；

③带排气孔的挤压机能更好地控制产品的膨化度和糊化度等。

带有排气孔的前后两段式单螺杆挤压机的一般结构及其压力分布如图 8-21 所示。

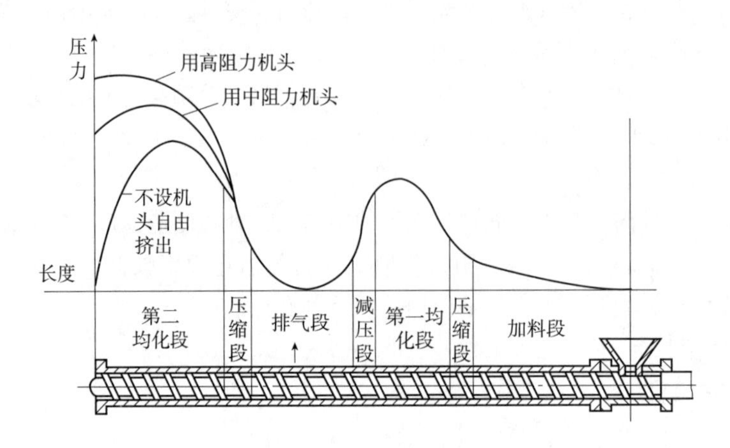

图 8-21　带有排气孔的前后两区段式单螺杆挤压机

这种挤压机在工作时，原料从进料口加到第一区段螺杆上，经过第一区段螺杆的压缩、混合均化后，达到一定的熔融状态。螺杆的压缩比可以根据不同的产品要求进行设计。然后混合后的物料便进入减压段。在减压段，螺杆的螺槽逐渐变深或螺距逐渐变大，到达套筒带有排气孔的前后两区段式单螺杆挤压机排气孔时，螺杆的特征与输送段螺杆基本相同。此时，螺杆对物料不再起加压作用，只起输送作用，防止了物料从气孔排出，同时让汽化的水分和空气从排气孔排掉。之后，物料即进入第二区段螺杆，经压缩段计量段后挤出模具，完成挤压全过程。

根据开设的排气孔的多少，可以将排气式挤压机分为二区段式排气式挤压机（具有一个排气孔）和多区段式排气式挤压机。最常采用的是二区段式排气式挤压机。

目前使用的排气式挤压机，其排气方法不尽相同，最经常使用的方法是直接排气或抽气。前面图中所示的排气式挤压机的排气方法即为直接排气式，它的特点是套筒、螺杆的加工较其他形式的排气方法方便，加工适用的物料范围广，套筒上可比较方便地安装加热冷却装置。除了该种方式之外，还有旁路排气式、中空排气式及尾部排气式。

毫无疑问，在相同的生产能力下，排气式挤压机的长径比较普通挤压机的大，其长径比一般在 24 以上，有的可以达 43。因为挤压机的套筒和螺杆大多采用悬壁式，故长径比越大，越易产生弯曲变形，制造和安装也越困难，越易产生螺杆和套筒间的摩擦损伤，除此之外，整个设备还需配备能承受较大转矩和防止推力的传动系统及相应较大功率的电机。因此，使用带排气孔的挤压机虽然满足了一机多能的特点，但由于以上不足，有些时候生产厂家宁可选用两台单机串联使用。

四、挤压蒸煮技术在食品工业中的应用

（一）挤压小吃食品生产工艺

1. 小吃食品（snack food）概况

挤压小吃食品早在 1936 年就开始生产了。现在，挤压小吃食品在整个挤压食品中仍占有很大的比例。目前，市场上的挤压小吃食品各种各样：从外形看，有球形、棒形、环形、动物

造型、字母造型和夹心型等；从风味上讲，有鸡味、海鲜味、麻辣味、果香味、奶香味和可可味等。挤压小吃食品的生产工艺也在不断完善。最简单的生产工艺一般是采用一台高剪切力挤压机直接挤压成型，包装后上市销售。也有的将挤出物进一步喷涂，包被调味料，然后再包装上市，这类小吃食品通常称作第二代小吃食品。所谓第一代小吃食品指的是采用传统工艺经配料、造型、油炸、烘烤等生产工艺生产的小吃食品，而不是采用挤压法生产的小吃食品，如油炸马铃薯片等。第二代小吃食品外形种类较多，但比较简单。造型复杂的产品成形率不高，口感也较次。现在许多厂家采用两台不同特性的挤压机进行小吃食品生产，第一台挤压机起到蒸煮熟化作用；第二台挤压机起造型作用。后者挤压过程剪切力较低，因而成形较好，复杂造型的产品也有较好的成形率，口感风味也得到改善。另外，还可以进一步采用共挤出（coextrusion）工艺生产夹心产品，这类产品统称为第三代小吃食品。

2. 第二代小吃食品的生产工艺

这类食品的工艺流程：

原辅料→配料→调整水分→熟化、挤压成型→干燥→喷涂、包被→包装→产品

产品生产所采用的原料一般是玉米粉、大米粉、小麦粉、马铃薯粉、普通淀粉和变性淀粉等。另外，还有糖、油脂、乳粉、盐、味精、调味料等其他辅料。

原料的水分含量一般控制在13%～15%，有时根据需要也可略增加一些水分，但一般不高于20%。配料要均匀，调整水分时，应在原料强烈搅拌的情况下将水喷入，水喷入后应在一定的湿度环境中暂存，让喷入的水分有一平衡的时间，以保证它与原料均匀混合。若挤压机上有比较精密的进水泵，也可利用进水泵均匀进水，若原料中水分含量不均匀，挤出产品质量不稳定，成形率也会降低。

挤压过程的温度一般控制在150～200℃。相同条件下，温度高，膨化率大。产品挤出后，水分含量一般在7%～10%，可以直接上市销售，也可以先烘干至水分含量在5%以下。水分含量在5%以下时，产品会有比较安全的保质期。

有的产品在挤出后经过了深层包被，有的不进行包被而在挤出产品的外层上涂一层其他的原料。最常用的包被原料是巧克力，喷涂的主要作用是调味。如前所述，挤压过程中芳香成分损失较大。所以一般挤压前只进行稍许调味，风味的调整主要是靠挤出后的喷涂。当然，并不是所有的风味都靠后期喷涂来调整，有些风味如咖啡味、巧克力味、麻辣味和洋葱味等，在挤压前将其调整好，经过挤压反而有利于风味的形成。表8-3是洋葱味小吃食品挤压前调整风味的一个简单配方。

表8-3　　小吃食品配方

原料/kg	品类			
	洋葱味小吃	咖啡味小吃	巧克力味小吃	麻辣味小吃
大米粉	70	30	45	20
盐	2	1	—	2.5
小麦粉	23	15	20	25
洋葱粉	23	—	—	—
水分	20	—	—	—

续表

原料/kg	品类			
	洋葱味小吃	咖啡味小吃	巧克力味小吃	麻辣味小吃
咖啡粉	—	2	—	—
植物油	—	3	—	2
玉米粉	—	60	40	60
可可粉	—	—	4	—
麻辣粉	—	—	—	5

该原料经180~200℃的挤压后，水分含量大约在9%，如果接着采用油炸工艺，即使不经喷涂也可以得到洋葱味丰厚的小吃食品。

表8-3所示分别为咖啡、麻辣、巧克力风味小吃食品的生产配方。这些原料经180~200℃左右挤压后，膨化率约为3.5，水分含量为7%~8%，不经后期喷涂也具有很好的相应风味。

挤出物的水分含量一般在7%~10%，比较干燥。若调味品是固体，喷撒之后，不容易黏附在产品表面。此时一般需用植物油作黏附剂，先将油均匀喷在产品表面，再将调味品撒布其上。若为液体调味剂，则需采用油溶性的，不能采用水溶性的，可将其直接喷涂于产品表面。

这类小吃食品一般具有较高的膨化率，但质构不太均匀，产品中局部有较大的气室，也有密实部分，形状一般较为简单。这种工艺生产的产品，有时会产生令人厌恶的粘牙感，其原因尚不十分清楚。有的研究者认为粘牙感觉的产生与淀粉的降解有密切的关系。高剪切力挤压机易造成淀粉降解。降解程度越大，越易产生粘牙感。淀粉的糊化程度也与粘牙感的产生有关。糊化程度高，不易粘牙，故最好采用预调理（调质）器，先对原料进行预糊化。提高挤压过程中的水分含量，也有利于消除粘牙感；提高配料中的油脂含量，对改善粘牙也有较好的效果。

3. 第三代小吃食品

第三代小吃食品一般是指用第二台挤压机对经过蒸煮的谷物淀粉面团进行成型，从而将产品制成形状更加精致复杂。第二台挤压机加工之前的蒸煮工序可以在挤压机上进行，也可以在预调理（调质）器或其他蒸煮设备上进行。这种产品，除外型壳更加精致复杂外，其质构更加均匀，口感也有很大改善，一般工艺流程如下：

（1）原料→挤压蒸煮机→成形挤压机→干燥机→油炸→包被、涂层调味→包装→产品

（2）原料→调理（调质）器预糊化→成形挤压机→油炸→包被、涂层调味→包装→产品

该工艺与第二代膨化小吃食品生产工艺十分相似。因原料是经预糊化之后再进行挤压成型，故要求它水分含量相对于第二代膨化小吃食品来讲较高，一般控制在20%~30%。物料在成型挤压机中主要完成成型的作用，仅产生少许膨化，产品的膨化主要靠挤压之后的油炸和烘烤来实现。

现以如下配方为例，分别按第二代和第三代工艺生产线进行生产，而后对产品进行比较。配方：米粉80%、玉米粉13%、洋葱粉5%、盐2%。

按第二代小吃食品的生产工艺，原料经混合后，直接进入挤压机挤压膨化，膨化后经喷涂调味，喷涂时用棕榈油，调味时再撒上重量为产品重量的10%的洋葱粉。

按第二代小吃食品的生产工艺，首先将原料水分调整到30%，然后分别经挤压蒸煮机和成形挤压机加工，成形之后的水分含量为18%，然后经160℃的烘烤至水分含量8%，并形成膨化结构，再进行喷涂与调味。

从风味上讲，按第三代工艺法的产品风味浓厚；从质构上讲，按第三代工艺法生产的产品质构均一，气孔很小，膨化率为3.1~3.4，而按第二代工艺生产的产品膨化率为3.5左右，但有粘牙的感觉。

在改善产品质构均匀性方面，有许多研究。Roaenquest等通过往原料中添加磨得黏度小于4μm，不起化学反应的很细物质占0.2%~2%，发现对改善产品质构有益。他采用的物质有二氧化钛、硅酸钙、二氧化硅和氧化铝。加工出来的产品无异味，添加物对产品膨化率无影响，产品气囊一般都在35μm以下。

在包被涂层的加工过程中，除了喷撒油和调味料外，也有许多厂家使用糖浆和巧克力进行包被涂层。如将含水分30%的糖浆加热到160℃以上，然后经喷嘴快速喷洒在产品表面。喷洒时一部分水分即汽化，这样就在产品表面形成了一层透明的糖衣。采用这种方法若操作稍有不慎就会产生焦糖。

也可以使用总含量为70%~85%的糖浆，糖浆中也可以加入其他一些甜味剂，如转化糖、葡萄糖、果糖等。这种糖浆水分含量较高，容易操作，容易喷洒均匀。产品经喷涂后，须在热风干燥机中处理较长时间，使水分降到2%~3%。此时产品表面除了有一层糖的包衣外，还出现糖霜层，外观很美。

采用同样的方法也可以喷洒巧克力。但喷洒后，应在冷风干燥机中进行处理，直到巧克力固化。

在食用时，为了防止喷涂的糖衣和巧克力熔化而粘手，可在喷涂糖衣和巧克力之后，再喷涂食用胶。此外，还有用硬质脂肪（熔点为32~40℃）与熔化糖一起混合均匀，喷涂在产品表面，或用一种乳剂喷洒在产品表面作为涂层。乳剂由5%~32%的油和浓度为60%~86.5%的糖浆组成，再加甘油单酸酯作乳化剂。这些方法均改善糖衣的性质，提高产品的保存性能。

用共挤出工艺生产的夹心制品也属于第三代小吃食品。夹心制品外壳所用的原料与前述的相仿。其夹馅多半是：花生酱、巧克力、干酪、豆沙、菜泥等。由于夹馅含有一定的水分，影响产品的保质。故通常要进行烘干，或更多地采用油炸，使产品总水分含量在3%以下。还可以在烘干或油炸之后，进行表面喷涂和调味，制成风味各异的特色产品。

（二）植物组织蛋白生产工艺

植物组织蛋白有许多优点。相对于动物蛋白来讲，它价格低廉，不含胆固醇，具有良好的吸收性。植物蛋白经挤压加工之后，呈干燥状态，微生物含量少，货架期长，可安全地放置1年左右。植物组织蛋白能快速复水，复水后质构与动物蛋白极为相似。另外，植物组织蛋白易着色、增味，可制成不同的食品。由于植物组织蛋白的这些优点，它的研究、生产一直受到人们的关注。挤压法植物组织蛋白的生产工艺，主要工艺流程如下：

原料→预处理→配料→挤压→干燥→冷却→包装

目前，生产植物组织蛋白最主要的原料是大豆，其次还有棉籽。

1. 挤压组织化大豆蛋白

大豆在挤压之前，需经脱皮、脱脂、脱溶、烘烤及粉碎处理，最后得到适合加工的脱脂大豆粉。该脱脂大豆粉的蛋白质含量应高于50%，纤维含量应低于3.0%，脂肪含量低于1.0%，蛋白质分散指数（PDI）或氮溶解指数（NSI）控制在50~70。

大豆中含有一些抗生长因子，如胰蛋白酶抑制因子，血球凝集因子等。前者能在蛋白质消化过程中起破坏胰蛋白酶的作用；后者会影响红细胞。所以这些抗生长因子的存在会降低大豆蛋白质的有效利用率（PER）。但经过加热可以破坏抗生长因子。对于挤压组织化生产过程，加热作用之一来自原料预处理过程中的烘烤，另一来自挤压过程本身。所以在预处理过程中，加热的程度要控制好，因为加热虽然可以破坏抗生长因子提高有效利用率，但又不可避免会造成蛋白质分散指数或氮溶解指数值的下降，使蛋白质的功能作用降低，并最终影响到产品质量。因此加工过程中，对大豆只能进行轻度烘烤，保证蛋白质分散指数值或氮溶解指数值在50以上。经过烘烤后残余的抗生长因子，则靠挤压组织化过程中的热作用破坏。

得到的脱脂大豆粉应进行水分调整、pH调整以及合理配料。植物组织蛋白的生产可以采用一次挤压法，也可以采用两次挤压法。采用一次挤压法，原料水分含量应调整到25%~30%；采用两次挤压法，原料水分含量可调整到30%~40%。

pH的调节与产品的关系比较密切。对于大豆组织蛋白，pH的最佳范围为5.5~7.5。pH低于5.5，会使挤压作业十分困难，组织化程度也会下降。随着pH的升高，产品的韧性和组织化程度也慢慢提高。当pH到达8.5时，产品则变得很硬、很脆，并且产生异味。若pH大于8.5，则产品具有较大的苦味和异味，且色泽变差，其原因可能是由于碱性、高温条件下的蛋白质和脂肪的分解造成的。

原料中添加2%~3%的氯化钠，除了改善口味外，还有强化pH调整效果，提高产品复水性的作用。另外，根据产品需要可配入食用色素、增味剂、矿物质、乳化剂和蛋白质分子交联强化剂如硫元素（形成二硫键，便于蛋白质分子交联）和$CaCl_2$（Ca^{2+}的交联作用）等，也可加入卵磷脂，以利产品颜色的改善，生产出具有脂肪色的洁白外观的产品。

原料的混合应在调理（调质）器中进行。为了提高混合效果，提高混合均匀性，提高混合物的水合作用，温度控制在60~90℃效果比较好。

2. 挤压组织化棉籽蛋白

棉籽是一种有发展前途的生产植物组织蛋白的原料，通过挤压也能使它组织化。从原料来源和价格考虑，棉籽优于大豆。但是棉籽中含有色素，使挤出物呈现浅绿色，影响产品的外观和作为植物组织蛋白商品的性能。另外，棉籽中含有毒性物质——棉酚，使棉籽的应用受到较大的限制。采用与大豆相同的加工条件，用棉籽生产的植物组织蛋白，其吸收性和复水性较差。在棉籽组织蛋白中，直线排列的蛋白质分子的交联程度较低，产品中游离的蛋白质分子较多，其质构和纤维感均较大豆组织蛋白差。以棉籽作为原料生产植物组织蛋白尚需进一步研究。目前，采用新的栽培技术得到的棉籽，可以不含有或仅含有少量的色素。另外，采用新的分离技术，有效地除去棉籽中棉酚等的措施，已为改善棉籽组织蛋白加工工艺和提高产品质量打下基础。

挤压过程也可以采用一次挤压或二次挤压。一次挤压原料的初始水含量可控制在25%~30%，挤压温度控制在150~200℃，压力控制在5MPa左右。挤出物经过水分闪蒸，其水分含量在18%~24%。采用这种加工方式挤出的产品产生一定程度的膨化。膨化作用使产品具有多孔性，使产品的复水性和吸水率提高。复水性是指产品吸水的速度及蛋白质发生水合的程度。质量高的蛋白能够在较短时间内吸收水分，并彻底产生蛋白质的水合作用。吸水率是指吸水后产品的重量与干产品的重量之比。有的棉籽组织蛋白产品的吸水率可达到6。通常吸水率在

2.5~3.5的情况下，产品口感好，质构好；吸水率在2.0以下，则产品质构较硬，口感变差；吸水率太高也会使产品失去其应有的纤维质构感和口感。

膨化程度大，复水性和吸水率一般都高。通常提高加工温度，可以提高膨化程度，原料中添加0.2%左右氧化镁或氧化钙也能提高膨化程度，并且能改善产品的质构和口感。膨化程度大、吸水率高的产品比较适合作为肉类填充料，以制作其他产品。采用一次挤压法生产的产品较二次挤压法生产的产品一般膨化率都大。

采用两次挤压法可以增加产品的密实度，提高组织化程度，产品复水后更类似于肉的质构、风味，且无异味。挤压之前，原料水分含量可调整到35%~40%；第一次挤压时采用100~110℃的温度，先生产出能流动的，尚未有定向组织化的半成品；该半成品再进入第二道高剪切力挤压机，在150~160℃的温度下进行第二次挤压，挤出的产品其组织化程度、口感、质构较一次挤压法生产的产品好，可作为肉类替代物。

在挤压加工工艺中，为了取得较好的组织化程度，挤压机的剪切力应较大，挤压机模具通道应较长，后者同样有利于组织化程度的提高。为了使产品具有层次感，可以采用圆周向排列的模孔。

物料挤出后，经120~130℃的烘干过程，使产品最终水分含量为6%~8%，然后经冷却后进行包装。

第二节　气流膨化技术

气流膨化与挤压膨化的原理基本上一致，即谷物原料在瞬间由高温、高压突然降到常温、常压、原料水分突然汽化，发生闪蒸、产生类似“爆炸”的现象。由于水分的突然汽化闪蒸，使谷物组织呈现海绵状结构，体积增大几倍到十几倍，从而完成谷物产品的膨化过程。

但是，气流膨化与挤压膨化具有截然不同的特点。挤压膨化机具有自热式和外热式，气流膨化所需热量全部靠外部加热，其加热形式可以采用过热蒸汽加热、电加热或直接明火加热。挤压膨化高压的形成是物料在挤压推进过程中，螺杆与套筒间空间结构的变化和加热时水分的汽化，以及气体的膨胀所致；而气流膨化高压的形成是靠密闭容器中加热时水分的汽化和气体的膨胀所产生。挤压膨化适合的对象原料可以是粒状的，也可以是粉状的；而气流膨化的对象原料基本上是粒状的。挤压膨化过程中，物料会受到剪切、摩擦作用，产生混炼与均质效果，而在气流膨化过程中，物料没有受到剪切作用，也不存在混炼与均质的效果。

在挤压过程中，由于原料受到剪切的作用，可以产生淀粉和蛋白质分子结构的变化而呈线性排列，可以进行组织化产品的生产，而气流膨化不具备此特点。挤压膨化不适合于水分含量和脂肪含量高的原料的生产；而气流膨化在较高的水分和脂肪含量情况下，仍能完成膨化过程。挤压机的使用范围较气流膨化机的使用范围大得多。挤压机可用于生产小吃食品、方便营养食品、组织化产品等多种产品。但是，气流膨化设备目前一般仅限于小吃食品的生产。综上所述，挤压膨化与气流膨化主要区别如表8-4所示。

表 8-4　　挤压膨化与气流膨化的主要区别

项目	气流膨化	热挤压膨化
原料	主要为粒状原料，水分和脂肪含量高时，仍可进行加工生产	粒状、粉状原料均可，脂肪与水分含量高时，挤压加工及产品的膨化率会受到影响，一般不适合高脂肪原料加工
加工过程中的剪切力和摩擦力	无	有
加工过程中的混炼均质效果	无	有
热能来源	外部加热	外部加热和摩擦生热
压力的形成	气体膨胀，水分汽化所致	主要是螺杆与套筒间空间结构变化所致
产品外形	球形	可以是各种形状
使用范围	窄	广
产品风味及质构	调整范围小	调整范围大
膨化压力	小	大

一、气流膨化机的主要部件和工作原理

气流膨化机有连续式和间歇式两种。间歇气流膨化机的结构十分简单，它一般由一耐压的加热室与一相应的加热系统组成。加热室上有密封门，物料进出全部经过这一密封门。物料的进出需要在停机状态下进行。

物料首先由密封门进入加热室，在此室内加热到一定温度和压力之后，再从密封门出料。为了保证密封门能迅速开启，从而达到迅速降压的效果，密封门一般采用卡式结构。加热室可以采用直接加热，也可以采用电加热或其他的加热形式。为了保证物料在加热室中受热均匀，加热室中应安装搅动装置，或采用加热室直接震动，转动的方式。

间歇式气流膨化机的生产能力一般较小。加热结束打开密封门时，产生的噪声很大。

连续式气流膨化机可以达到很大的生产能力。它通常由进料器、加热室、出料器、传动系统及加热系统组成。其加热方式一般采用电加热。

不论是间歇式或连续式，气流膨化机的主要部件是进料器、加热室、出料器和加热系统。

（一）进料器

要达到气流膨化机的连续生产，必须首先满足膨化机进料的连续。由于气流膨化机加热室中的压力可高达 0.5~0.8MPa，因此进料器在完成连续进料的同时，还必须做到保证进料始终处于密封状态，保证加热室中压力不产生下降或波动。目前，连续式气流膨化机的进料器一般是摆动式密封进料器和旋转式密封进料器。

1. 摆动式密封进料

摆动式密封进料器主要由定子和转子组成（图 8-22）。定子和转子之间的间隙的配合要非常准确，保证在高压下不产生漏气和减压。定子在进料口、压缩空气进口、出料口处用法兰分别与进料斗、压缩空气管道、加热室相连。在定子进料口的相对一端开设筛网孔，使落料时能

顺利置换排出槽孔中的空气，并能托住落下的物料。为了保证顺利进料而不产生积料，转子圆形槽孔的直径应于定子进料口、压缩空气入口及出料孔直径相同。在传动装置带动下，转子在定子腔内以 α 角度摆动。当转子圆槽孔的一端与定子进料口相对时，转子圆槽孔的另一端正好与定子的筛网孔处相对。此时物料由料斗下落，进入转子圆槽孔。物料下落时，圆槽孔内的空气被迫由定子筛网孔处排出，防止了由于孔中空气排不出去而形成进料障碍。同时，落下的物料被筛网托住，完成装料过程。然后，转子逆时针摆动 α 角度，此时转子圆槽孔上原来对中进料口的一端便于定子压缩空气入口处相对，另一端则与定子出料口处相对。此时，压缩空气入口、转于圆槽孔、加热室三者相通，在压缩空气压力的作用下，圆槽孔内的物料即被吹入加热室，从而完成进料过程。之后，转子再顺时针摆动 α 角度，回到原来装料时的位置，完成一个工作循环。

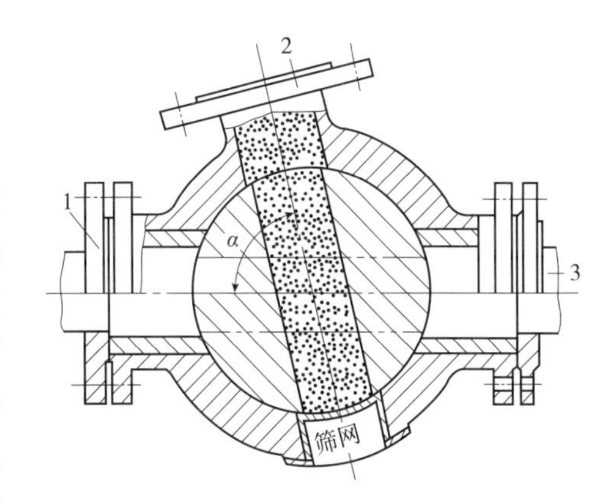

图 8-22　摆动式密封进料器

1—压缩空气入口　2—进料口　3—出料口（加热室）

由于转子圆槽孔的体积是一定的，同一种物料的堆置密度也大体一定，故转子在一定的摆动速度下，可以保持气密条件下的连续定量进料。通过调节转子的摆动速度，可以使进料量很方便的得到调节。

2. 旋转式密封进料器

旋转式密封进料器如图 8-23 所示。该进料器的外形比摆动式密封进料器显得庞大。它也由定子和转子配合而成，定子的上方、下方及侧方各开有两个圆孔，如图 8-24 所示。

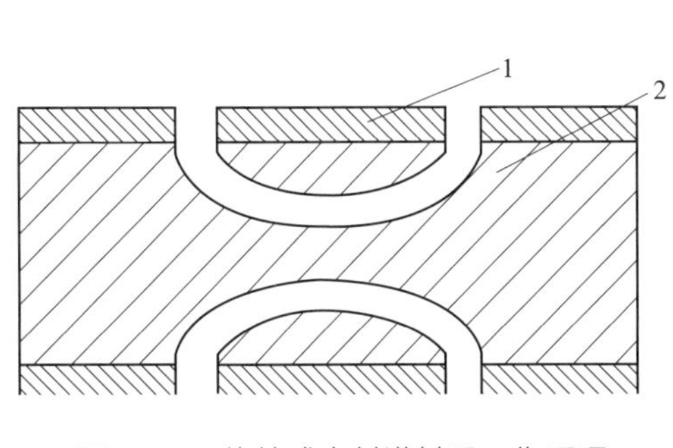

图 8-23　旋转式密封进料器工作原理

1—定子　2—转子

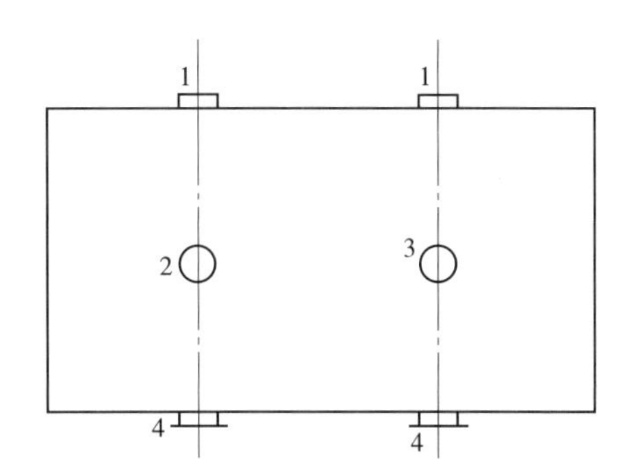

图 8-24　定子

1—进料孔　2—压缩空气或过热蒸汽接口

3—加热室接口　4—余气排出孔

上方的两上圆孔与进料斗相连，用以装料，侧方的两个孔一个与压缩空气道或过热蒸汽道相连，一个与加热室相连而用以进料。下方的两个孔为余气排出孔，各对两孔之间距离均相同。

转子的圆柱侧面向内开有四条相隔 90°的弧形槽道，每条槽道在侧面上各有一对圆形开孔。

转子旋转时，每一弧形槽道的两孔口均能顺序与定子上的进料孔、压缩空气或过热蒸汽进口、加热室接口对应接通。

当转子上弧形槽道的两端孔口旋转到与定子上方两进料口相对时，物料便依靠重力进入该槽道，即处于装料工位。当装满物料的该弧形槽道旋转 90°到水平状态时，槽道的两端孔口一个与压缩空气或过热蒸汽进口相对，一个与加热室接口相对，此时，在压缩空气或过热蒸汽压力的作用下，物料被吹入加热室，即该槽道处于气力进料工位。当该弧形槽道继续旋转 90°与余气排出孔相对时，该弧形槽道中残余的高压气体便被排掉，即槽道处于排气工位，为下次装料做好准备。当转子继续旋转 180°，此弧形槽道的两端又回到与定子进料口相对，便完成一个进料循环。由于转子上有 4 条弧形槽道，故每完成一个进料循环，便有 4 次进料过程。

由于转子上弧形槽道的体积一定，同一种原料的堆装密度也固定，故只要转子转速确定，便可实现密封状态下的定量进料。调节转子转速，便可调节进料量。该进料器体积较为庞大，用在大型的气流膨化生产线上，可实现连续稳定地进料。

除了上述两种常用的进料器外，还有其他类似的进料器。但不管哪种进料器，都必须能保证气密、均匀、稳定地进料，否则易造成加热室中的压力波动或下降，难以掌握加热室中物料的受热程度，影响产品的质量。

（二）加热室

加热室的作用是使物料在一定的时间内升温到一定程度，使谷物积聚能量，并创造高温高压环境。它可以采用直接明火加热，但不利于工厂车间卫生安全管理，热效率也不高。大部分加热室是采用过热蒸汽和电加热。加热室内的温度可达 250℃或更高，压力可达 0.5~0.8MPa，故加热室必须耐温耐压。为了充分利用能源，防止热量损失，避免车间温度太高和改善工作环境，加热室应有绝缘层保温措施。

为了保证产品质量，物料在加热室中的受热必须均匀，同时受热时间应容易控制。如果在加热室中产生了物料的滞留或积聚等问题，将会严重地影响产品质量。有的加热室采用螺旋输送器传送物料，在螺旋输送器的推动下，原料不断由进料口移至出料口。输送过程中原料的不断翻动使原料受热趋于均匀，而不至于产生局部受热过度而焦化。通过螺旋输送器转速的调节达到控制加热时间的目的。

此外，采用多孔板构成的链带式传送装置输送物料也是加热室中常用的输送形式之一。原料由进料口落至多孔板输送链带上，铺成均匀的薄层，在链带的驱动下，物料被慢慢送至出料口处卸料。调节链带的线速度可以调节加热时间。

另外，如果采用过热蒸汽作为热源，加热室内物料的输送还可以采用气流输送。过热蒸汽不断进入加热室，经出料口一端排出，然后经旋风分离器分出杂质，在重新混入新鲜过热蒸汽返回加热室。蒸汽的循环使用节省了能源。在加热室中，原料受高速、高压蒸汽流的吹动而呈悬浮流化的状态。物料在这种加热室中受热非常均匀。要使物料达到悬浮和流化状态，必须保持一定的风速。因此，物料在这种加热室中，受热时间的调整幅度较小，故适合于加热时间为几十秒钟的加热过程。若需要更长的加热时间，可以加长加热室长度，或在气力输送条件许可的情况下，酌情降低气流速度。

（三）出料器

对于连续式气流膨化设备，出料器与进料器同样十分重要。要求出料器能保障物料均匀连续地从加热室中排出，并完成膨化任务，同时还要做到气密状态下排料，不能在出料时造成加热室压力下降或波动。常用的出料器有旋转式密封出料器和旋转活塞式密封出料器。

1. 旋转式密封出料器

图 8-25 所示为旋转式密封出料器，它是由定子和转子组成。定子上、下对侧开有两个圆孔。一个是出料器的进料孔，与加热室出口相连；另一个是出料孔，与大气相通。这两个圆孔的位置在它们共同的轴心上。在转子上、也有沿两半圆对侧面向转子轴线开进的两个对称圆形槽孔，两槽孔在中心处不相通。

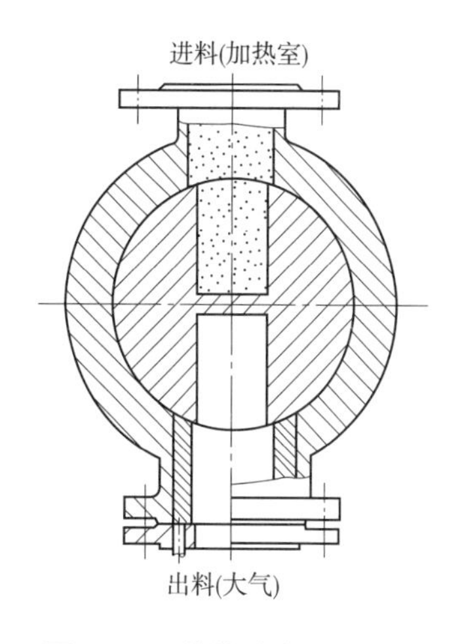

图 8-25　旋转式密封出料器

转子转动时，当转子圆形槽孔之一与定子的进料口相通时，已完成加热过程的物料在气流作用下落入该转子圆槽孔。当转子转过 180°后，该槽孔正好与定子上的出料孔相通，高温高压状态下的物料瞬间降为常压，并在同一瞬间冲出圆槽孔，排入大气，完成出料和膨化的任务。实际上，转子连续转动时，在转子在该槽孔反复进行进料出料时，另一槽孔也在进行相位差为 180°的同样的进料、出料作业。这样，转子每旋转一周，两个槽孔都进出料各一次，即此出料器进行了容量等于两个槽孔容量的出料工作。

2. 旋转活塞式密封出料器

旋转活塞式密封出料器是在旋转式密封出料器的基础上改进的，主要是它的转子经过了特殊的机械加工，在转子的两个不相通的圆形槽孔中装进一个工字形的活塞。槽孔的改进及其工作原理如图 8-26 所示。

当转子转到（1）状态时，转子上圆槽孔与定子进料口相通，下圆槽孔与定子出料孔相通，工字形活塞处于垂直位置，在加热室高压气体及物料和活塞的自身重力作用下，活塞被物料推送下降，物料随之进入上圆槽孔，完成装填过程，同时活塞在下槽孔进行着相反的过程。

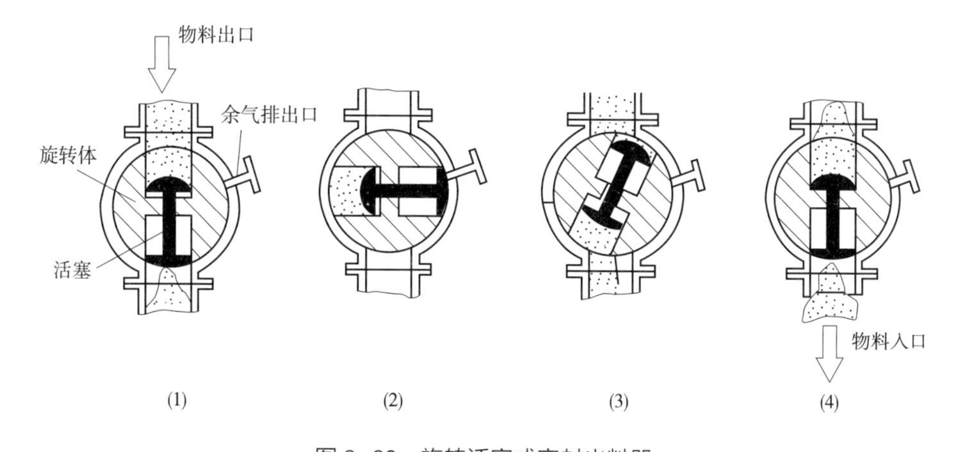

图 8-26　旋转活塞式密封出料器

当转子转到（2）状态时，活塞处于水平状态，出料器完全被封闭。由于转子和定子之间的间隙配合是经过非常精密加工和装配的，所以即使在高压下也不会漏气减压。

转子所处的（3）状态说明槽孔的进料与出料也不是瞬间的，而是在一定的短暂时间内随转随进随出。

另外，定子上还设有余气排气孔，当转子圆槽孔出完料旋转到与余气排气孔相对时，残留在圆槽孔中的部分高压气体被排出，为下一次装料扫除进料障碍。

在气流膨化过程中，为了改善产品口感及风味，在配料时需加入一定量的糖、油脂等调味料。由于这些调味料在高温时的黏附性，会使槽孔出料时不顺利，有些物料会黏附残留在槽内。工字型活塞的设置，便依靠它的移动，刮除附着在圆槽孔壁上的残余物料，从而起着清理的作用，保证出料的顺利进行。

出料器在出料过程中，如果转子转动速度太快，转子圆槽内的物料难以装满，甚至无法装料。如果转的太慢，在出料时，减压时间会拉长，达不到瞬间降压的目的，影响产品膨化率，不利于物料的完全膨化。因此，出料器的转速应予以适当调节，以达到较好的膨化效果。当然，影响膨化效果的因素很多，温度、压力、受热时间、原料水分含量、原料中成分组成等都会影响产品膨化率。通过调节出料器转子的转速，一定程度上会达到调节膨化效果的目的。必须指出，转子转速不是影响膨化效果的主要因素。

为了防止膨化过程物料在加热室中积料，造成物料受热时间过长而影响产品质量，产生焦料，甚至影响机器设备的正常运转，在调节进料转速的时候，要相应调节出料器转子的转速，反之亦然。为了防止在调整进料器转速时有可能疏忽调节出料器转速，气流膨化机上的进料、出料器转子的转速一般由同一台调速电机驱动，协同进行进料器和出料器转速的调整。

二、 气流式膨化机的种类

（一）电加热式气流膨化机

图 8-27 所示为电加热式气流膨化机。其进料器采用摆动式旋转进料器，转子上开有 Φ45mm 的圆槽孔，生产能力约 150kg/h。加热室是由 Φ426mm×11mm 的无缝钢管制成的圆筒形压力容器，两端有法兰盖，器内设有螺旋推进器。为了使物料在加热室内既便于推进，又不磨损加热元件，输送器外缘与加热室内表面的间隙选取 1~1.5mm，保证小颗粒物料也能被推向前进。螺旋输送器用 0.75kW 的电磁调速电机驱动，转速可在较大范围内变化，以便有适当调整

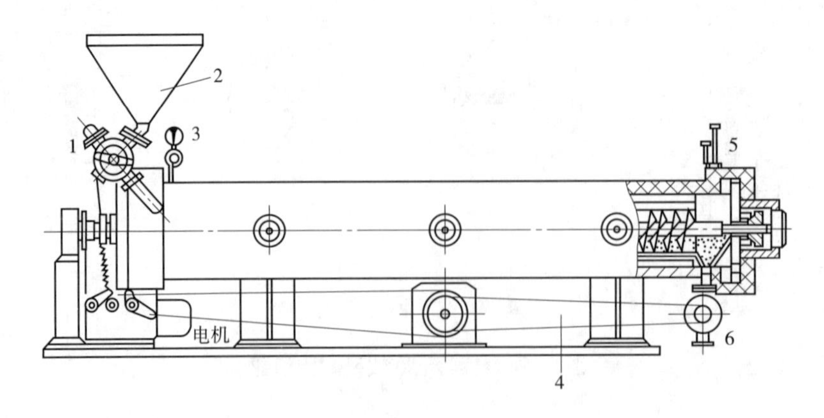

图 8-27 电加热式气流膨化机

1—进料器 2—料斗 3—压力表 4—驱动电机 5—温度计 6—出料器

各种谷物膨化所需加热时间的余地。加热式的加热系统是由半圆形埋入式高频电热陶瓷红外辐射元件扣合而成的圆筒状加热装置。其外部用硅酸铅毯保温，以减少热损失。加热室温度由动圈温度指示调节仪控制和显示。

该膨化机采用旋转式密封出料器，出料、进料器采用同一台电机驱动，保证进出料相平衡。

该机的特点是体积较小，容易操作，热损失少，适合加工的原料多，几乎所有谷物原料均可进行加工。该设备传动系统的密封均为无油润滑。压缩空气易净化，对食品无污染。各元件的使用寿命都较长，即使是最易损坏的电热元件，寿命也在 4000h 以上。该设备的参数如温度、压力、受热时间、生产能力等的调整均很方便，能满足不同原料的生产及品质管理的要求。一般情况下，温度控制在 180~200℃，温度低不易完全膨化，温度高又易产生焦料。压力一般控制在 0.6~0.8MPa。适宜于膨化的原料，其最适含水量为 11%~13%。一般情况下，若水分含量在 10%~25%，均可膨化。

（二）过热蒸汽加热式气流膨化机

图 8-28 所示为过热蒸汽加热式连续气流膨化机，该机的进料器为摆动式密封进料器，物料在高压蒸汽（也可用压缩空气）的作用下吹入加热室。

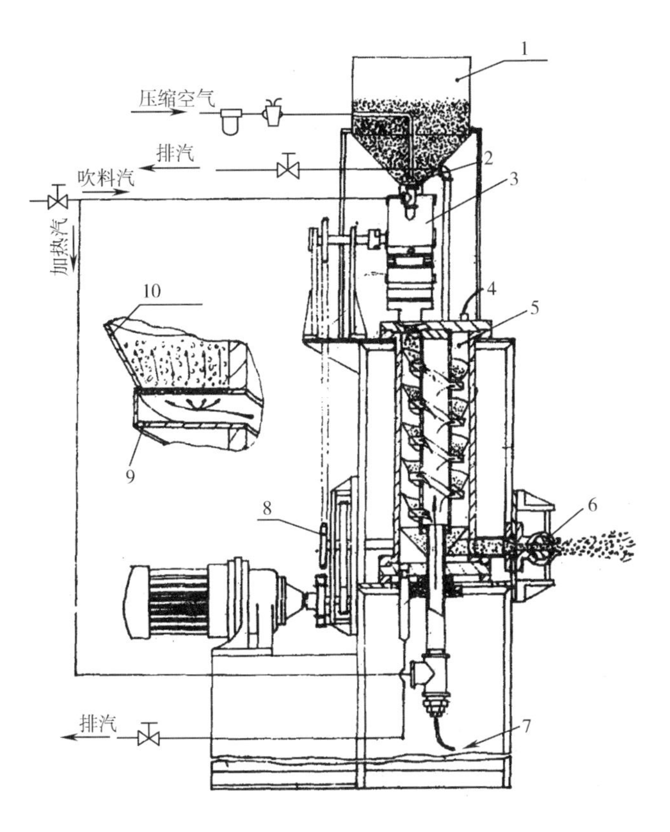

图 8-28　过热蒸汽加热式气流膨化机

1—料斗　2—压力表 1　3—进料器　4—压力表 2　5—加热器　6—出料器
7—温度计　8—传动系统　9—中央螺旋板　10—螺旋护板

加热室为立式结构，靠过热蒸汽加热。首先来自汽源的饱和水蒸气由过热器进一步加热，使之成为压力和温度均达要求的过热蒸汽，然后由加热室的底部进入加热室内的螺旋板输送器空腔里，螺旋板上自上而下的物料便呈现流化状态，并被加热至所需温度，然后由下端进入出料器。该机出料器采用旋转密封式出料器。

（三）连续带式气流膨化机

这种设备也是采用过热蒸汽加热的，如图 8-29 所示。

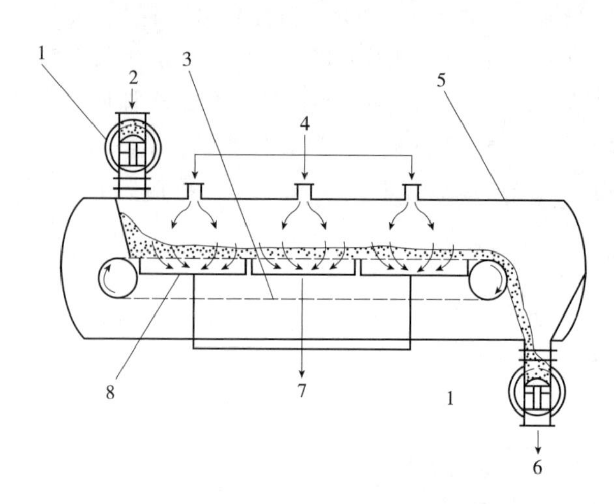

图 8-29　连续带式气流膨化机工作原理

1—旋转式密封供料阀　2—原料入口　3—传送带　4—过热蒸汽入口　5—膨化装置本体　6—膨化制品出口　7—过热蒸汽出口（接循环风机）　8—排气柜

加热室是卧式圆形耐压容器。过热蒸汽分别以顶部三个孔和侧面两个孔吹入。物料由旋转活塞式密封进料器供送。进入加热室的物料均匀地撒布在输送带上，在链带的带动下，输送旋转活塞式出料器，完成出料和膨化过程。

（四）气力输送式连续膨化设备

图 8-30 所示为气力输送式连续气流膨化设备。来自汽源的饱和蒸汽，首先经过耐高温、高压的鼓风机和过热器变成过热蒸汽。然后经过旋转式密封进料器而与物料一起进入环形气力输送式加热管。加热之后的原料与气体再经旋风分离器加以分离。旋风分离器的排气出口管与鼓风机的进口管相连，排出的过热蒸汽在补充了新鲜过热蒸汽后，经鼓风机重新变成高温高压过热蒸汽而返回利用，降低了热能的消耗。另外，经旋风分离器分离之后的加热过的物料，则由旋转活塞式密封出料器排出，完成出料膨化过程。

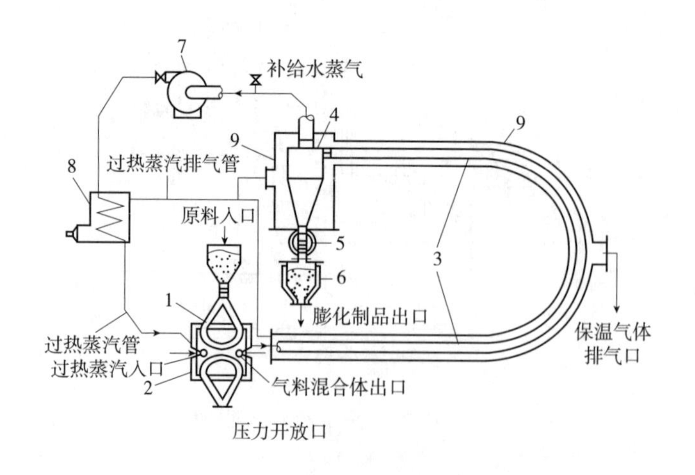

图 8-30　气力输送式连续膨化设备

1—人字滑槽　2—旋转式密封进料器　3—气力输送式加热管　4—旋风分离器　5—旋转活塞式密封出料器　6—产品收集仓　7—鼓风机　8—过热器　9—保温套

（五）流化床式连续气流膨化设备

图 8-31 所示为流化床式连续气流膨化设备。它的加热室为立式圆筒形密封罐体，进出料器均采用旋转活塞式的形式，加热方式采用过热蒸汽加热式。

原料由进料器进料后均匀撒布在由多孔板构成的受料盘上，受料盘的均匀转动使物料便于形成均匀的料层，过热蒸汽和原料直接接触，受热均匀，受料盘上的原料转到落料斗时，进入下料管，在下料管底部有一个蒸汽支管进行补充加热。整个加热时间为数十秒左右，加热后的原料由出料口出料，完成整个膨化过程。

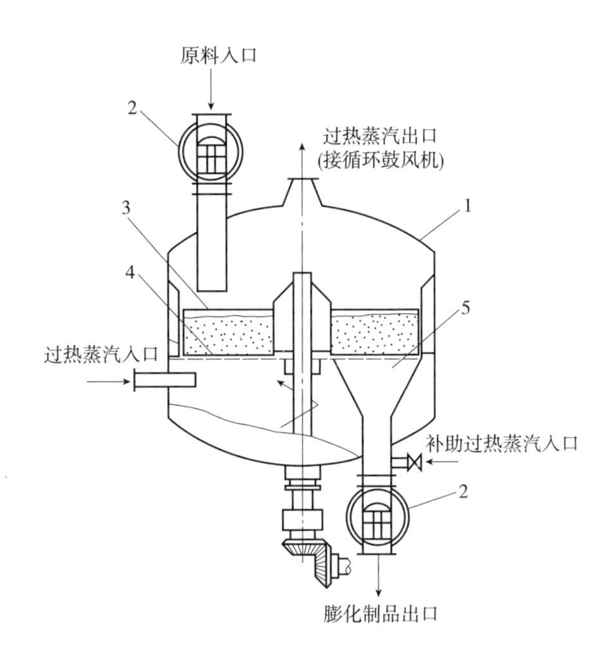

图 8-31　流化床式连续气流膨化设备原理

1—壳体　2—进（出）料器　3—多孔截料板　4—多孔承料板　5—落料斗

三、 气流膨化技术在食品工业上的应用

与挤压膨化一样，气流膨化的工艺过程也十分简单，例如以下所述的工艺流程：

原料处理→水分调整→进料→加热升温升压→出料膨化→调味→包装

原料的处理主要在于去除一些混杂在原料中的石块、灰尘等杂质。原料净化处理之后，即进行水分调整。一般情况下，气流膨化时的水分含量控制在 13%～15%，这是粮谷类食物的一般水分含量。有时，根据产品质量要求，需要调整提高水分含量。调整时，为了使水分均衡，应该在原料喷水之后，让它有一段恒温恒湿的时间，即均湿过程。原料由进料器送入，原料在加热室中的温度一般控制在 200℃左右，压力一般达 0. 5～0. 8MPa。被加工原料在加热室中蓄积了大量能量，然后通过出料器放出而膨化，从而完成气流膨化的整个加工工艺过程。部分原料的气流膨化主要技术参数见表 8-5。

表 8-5　　气流膨化的主要技术参数

谷物名称	膨化温度/℃	膨化压力/MPa	膨化率
玉米	190~225	0.6~0.75	95%
大豆	190~220	0.6~0.7	100%
籼米	180~200	0.7~0.85	不开花
江米	170~180	0.6~0.7	95%
花生米	170~200	0.4~0.6	100%
大米	180~200	0.75~0.8	100%
绿豆	140~180	0.7	95%
高粱米	185~210	0.75~0.8	95%
小黄米	180~210	0.75~0.8	95%
蚕豆	185~250	0.75~0.8	85%
马铃薯片	180~220	0.6~0.8	不开花
红薯片	170~220	0.6~0.8	不开花
玉米糙	190~225	0.75~0.8	95%
芝麻	250~270	0.75~0.8	不开花
葵花籽	200~230	常压	不开花
稻壳	180~220	常压	呈金黄色

第三节　变温压差膨化干燥技术

传统果蔬脆片生产方法主要有热风干燥、油炸膨化、低温真空油炸膨化、真空冷冻干燥等。热风干燥脱水速度慢、产品品质较差；油炸膨化与低温油炸果蔬产品是目前生产果蔬脆片的主要加工技术，但产品最终含油量较高，易因油脂氧化产生哈败味并影响人体健康；果蔬真空冷冻干燥产品具有良好的颜色和风味，但干燥时间长、能耗大、设备较贵。

变温压差膨化干燥是近年来国内兴起的新型果蔬干燥技术，它既有热风干燥生产成本低廉和真空冷冻干燥品质较好的优点，又克服了真空低温油炸干燥含油量高的缺点。变温压差膨化生产的膨化果蔬脆片是继油炸果蔬脆片、真空低温油炸果蔬脆片之后的第三代产品，生产过程无须添加色素或其他添加剂，脆片内部产生了分布均匀的多孔、海绵状结构，口感更为酥脆，味道鲜美、营养丰富、易于贮存、携带方便。不同干燥方式生产的果蔬膨化脆片综合对比见表 8-9。

表 8-6　　不同干燥方式果蔬膨化脆片的综合对比

干燥方式	含油量	感官	营养素保留	生产成本	适宜品种
热风干燥	无	色泽差，膨化度低、易皱缩，口感硬	较低	低	果蔬类

续表

干燥方式	含油量	感官	营养素保留	生产成本	适宜品种
冷冻干燥	无	色泽好，口感硬酥软无咀嚼感	90%~98%	最高	果蔬、淀粉类
真空油炸	高	色泽较好，酥脆有咀嚼感	70%~80%	较低	果蔬、淀粉类
变温压差膨化	无	色泽较好，酥脆有咀嚼感	70%~80%	较低	果蔬、淀粉类

一、 变温压差膨化干燥原理

变温压差膨化干燥技术，其基本原理可以从该技术的字面上理解：

①变温：在膨化干燥过程中温度不断变化；

②压差：物料在膨化前的预干燥期间，经历了常压到高压的过程，而膨化瞬间经历了一个由高压到低压的过程；

③膨化：利用相变和气体热压效应原理使被加工物料内部的水分升温汽化、快速减压瞬间膨胀，促使物料组织结构破坏，并形成具有网状结构特征的蜂窝状组织；

④干燥：膨化后的物料在真空状态下被高温迅速脱去水分并固化的过程。

果蔬变温压差膨化干燥是以新鲜果蔬为原料，经过预处理、预干燥等前处理工序后，根据相变和气体的热压效应原理，利用变温压差膨化设备进行的。其设备主要由膨化罐和真空罐（真空罐体积是膨化罐的 5~10 倍）组成，果蔬原料经预干燥（至含水率为 15%~35%）后，送入膨化罐，加热使果蔬内部水分蒸发，当罐内压力从常压上升至 0.1~0.2MPa 时，物料也升温至 100℃左右，此时产品处于高温受热状态，随后迅速打开泄压阀，与已抽真空的真空罐连通，由于膨化罐内瞬间卸压，使物料内部水分瞬间蒸发，导致果蔬组织迅速膨胀，形成均匀的蜂窝状结构。再在真空状态下加热脱水一段时间，直至含水率≤7%，停止加热，冷却至室温时卸除真空，取出产品，即得到膨化果蔬产品。变温压差膨化干燥的基本工艺流程如下：

预处理的果蔬→装入膨化罐→密封→膨化罐升温至膨化温度→保温几分钟→

泄压→抽真空干燥→水分≤8%→成品

膨化发生的过程分为三个阶段：

①第一阶段为相变段，此时物料内部的液体因吸热或过热，发生汽化；

②第二个阶段为增压段，汽化后的液体迅速增压并开始带动物料膨胀；

③第三阶段为固化段，当物料内部的瞬间增压达到和超过极限时，气体迅速外逸，内部因失水而被高温干燥固化，最终形成泡沫状的膨化产品。

果蔬变温压差膨化干燥是在热风干燥的基础上进行的，我们已经知道果蔬的干燥主要经过三个阶段：

①物料预热阶段；

②恒速干燥阶段；

③降速干燥阶段。

在干燥的第三个阶段，干燥速度明显下降，并且耗费了更多能量。将果蔬原料进行一定时间的热风干燥后（即预热阶段和恒速干燥阶段），由于果蔬原料表面和内部失水速度不同，会在物料表面形成部分干燥层，阻止了果蔬内部水分的外溢（这也是热风干燥降速干燥阶段脱水慢、能耗高的原因）。而变温压差膨化干燥恰恰“变害为利”，利用这一特性锁住了果蔬内部水分，继续使水分吸热汽化，并在增压条件下水汽体积快速增大产生瞬间高压带动物料膨胀；当果蔬内部水分汽化形成的压力超过干燥层极限阻力时，瞬间泄压，果蔬外部空间形成真空，其内部的水汽“喷薄而出”，果蔬内部组织因脱水形成一个个更大的气室，并被高温干燥固化，形成分布均匀的蜂窝状组织。变温压差膨化干燥是在果蔬进入降速干燥期前，进行加热、增压、泄压的处理从而减少了能耗。

从变温压差膨化干燥过程来看，并非所有的果蔬都可以作为变温压差膨化干燥的原料，比如豆类，因其外壳坚韧而无法进行膨化，花生和椰子也无法成功地进行膨化，肉类等蛋白质类食品也不易被膨化。只有当物料与环境同时符合膨化所需要的特定条件时，膨化才有可能得以顺利进行。也就是说，只有具备以下特定条件的果蔬物料才有可能得以顺利进行：

①在膨化发生以前，物料内部必须均匀含有可汽化的液体，果蔬原料含有大量的自由水和结合水，其中主要为自由水，原料内部的自由水为膨化过程提供了所需的汽化剂；

②果蔬在变温压膨化干燥过程从相变段到增压段，物料内部的自由水开始汽化，并迅速膨胀，此时物料内部应能广泛形成相对密闭的弹性小室，而且这些弹性小室内的气体增压速度必须大于气体外泄造成的减压速度，以满足气体增压的需要；

③构成气体小室的内壁材料必须具备一定的拉伸成膜性，而且能在固化段蒸汽外溢后迅速干燥，并固化成膨化制品的相对不回缩结构网架；

④整个变温压差膨化干燥过程需要外界提供足以完成膨化全过程的能量。包括相变段的升温需能、汽化需能、膨化需能、干燥需能等，这个过程可以通过外界方式获得，如加热、微波等。

二、 变温压差膨化干燥设备

（一）发展历程

变温压差膨化干燥设备发展历程较长，起初并没有果蔬变温压差膨化专用设备。第一代果蔬膨化设备由谷物膨化腔改造而来。这类设备先对置于膨化腔内的物料进行升温加压，然后瞬间泄压，过热蒸汽瞬间膨化蒸发，从而使物料中的水分散失、体积膨胀。第二代设备在第一代设备基础上内部进行镀镍处理，使用耐热橡胶圈代替铅制品进行膨化枪的密封，并安装减震器来减少膨化枪的后坐力。专门针对果蔬原料的第三代果蔬膨化设备是在第二代设备的基础上，降低了膨化腔腔壁的厚度，重新设计了导热系统，并加装了气压阀控制设备开关，该设备缩短了加热时间，1~2min 即可达到设备所需温度。这三代设备均属于间歇性分批加工难以连续化生产。

为实现变温压差膨化干燥的连续化生产，Sullivan 等于 1977 年研制出了连续爆炸膨化装置；美国佐治亚州蓝莓协会也于 1984 年研制了一套用于蓝莓膨化干燥的连续式生产设备。图 8-32所示为连续装置示意图。法国学者 Allaf 发明了新一代压差膨化技术——可控瞬时压差加工技术（instant controlled pressure drop processing，DIC）。可控瞬时压差加工技术与前两代压差加工技术不同，主要体现在以下几个方面：

首先，常规压差技术膨化后仅降压至大气压状态（非变温压差膨化干燥），可控瞬时压差加工技术则是降压至真空状态（0.3~0.5kPa），加大了物料在泄压瞬间经历的压差变化(0.1~

0.6MPa)，从而提升了物料内部水分的闪蒸强度。瞬间水分闪蒸强度剧增，其结果是更大的体积膨胀和形成更酥松的多孔结构。

其次，通过降压至真空状态，提升压差强度增强了水分蒸发的动力；当预期的水分蒸发量相同时，可控瞬时压差加工技术可以通过采用较低的膨化温度实现，这对于一些热敏性的果蔬原料是一个明显的优势。再者，更多的水分闪蒸将带走更多的蒸发潜热，因此，可控瞬时压差加工技术处理后样品的温度可瞬间下降并接近环境温度（30~40℃），而变温压差膨化干燥的膨化温度通常在80℃左右，这使得产品很快硬化并得以继续保持膨化后的组织状态。

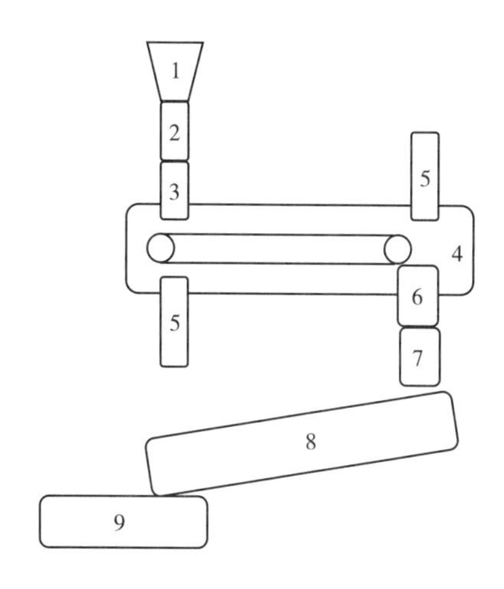

图 8-32　连续爆炸膨化装置示意图

1、2、3—喂料系统　4、6—加热传送系统

5—热蒸汽通道　7—膨化系统　8、9—传送系统

（二）国产变温压差膨化干燥设备

国内常见的变温压差膨化干燥技术，其原理与可控瞬时压差加工技术类似，都基于降压至真空压力。21世纪初，中国天津率先研制了国内第一套低温脱水果蔬膨化机组，填补了国内果蔬加工行业的技术空白。2011年，天津农学院研究人员针对该机组的不足进行了进一步的改造：采用冷却真空泵水温的方式、改进真空罐与膨化罐的体积比，改用双极组合真空泵提高真空度，使胡萝卜、茶叶等高纤维含量的果蔬原料实现膨化成为可能；采用自然降温与压力脉冲相结合的方式，使果蔬膨化设备的单罐生产周期由4h缩短至2.5h，从而使原年产100t的膨化设备产能提高到130t。并在膨化设备安装了质量和温度传感器，对膨化干燥过程中物料的含水率与温度进行在线监测，为变温压差膨化干燥技术传质传热技术理论的研究提供了技术支撑。

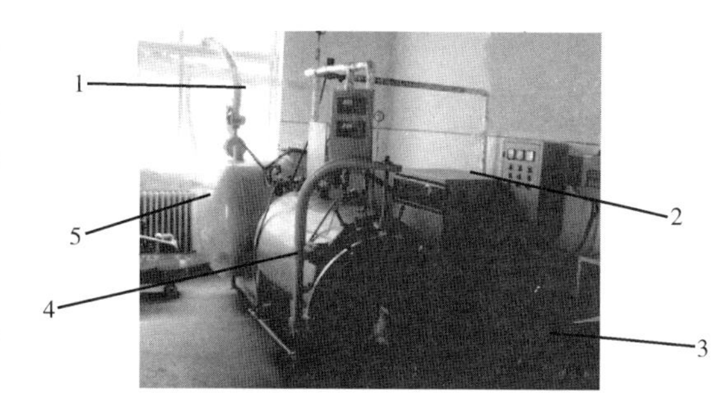

图 8-33　国产变温压差膨化干燥中试机组

1—质量温度检测装置　2—蒸汽发生器

3—空压机　4—膨化罐　5—真空罐

图8-33所示为变温压差膨化干燥中试机组，主要组成部分是真空罐、膨化罐、真空泵、气泵、控制系统。由于采用蒸汽加热升温、抽真空降温，变温压差膨化干燥所需的能耗大为减少，生产出的产品品质接近真空冷冻干燥。以该套设备为例，生产5kg冬枣需要25~30kW·h能耗，仅为热风干燥生产干制冬枣所需能耗的1.5~2倍。而通常真空冷冻干燥电耗是热风干燥能耗的3~4倍，且设备成本高昂。由此可以看出变温压差膨化干燥具有较好的工业化应用价值。

（三）变温压差膨化干燥技术与气流膨化技术的异同点

由于国内有些学者和企业把变温压差膨化干燥称之为“低温气流膨化干燥”，似乎只是把气流膨化技术中的高温降低了，因此，这种说法会造成概念和工艺设备上的混淆。

当然，这两种技术均具备了膨化干燥的基本原理：都是借助外界提供的能量将加热室（膨化罐）内的原料加热、加压，原料组织内部的水分受热汽化；然后，突然泄压、降温，使物料组织结构被“爆裂”，瞬间膨胀，并形成具有网状结构特征的蜂窝状组织。

但是，此两者之间还是有很多根本性的区别：

①原料加热温度与压力不同：气流膨化工艺中原料通常需要快速加热到200℃左右，加热室内压力高达0.5~0.8MPa，仅停留时间十几秒；而变温压差膨化干燥中原料仅需缓慢升温至100℃左右，膨化罐内压力只有0.1~0.2MPa，原料达到预定温度后，还需要停滞5~10min；

②膨化过程的压力变化不同：气流膨化工艺中原料经历了常压到高压再到常压的过程，而变温压差膨化干燥工艺中原料在经历常压到高压后，还要进入长时间（2~5h）的真空状态，最后进入常压，因此比气流膨化设备多了一个硕大的真空罐和真空泵；

③膨化后温度不同：气流膨化工艺中原料被瞬间泄压后进入常压、室温中，而变温压差膨化干燥工艺中原料是在真空状态下维持加热（80℃左右）脱水2~5h，直至达到所需的安全含水率（5%~7%），停止加热，冷却至室温时卸除真空，取出产品；可控瞬时压差工艺中原料膨化后则进入高真空度（0.3~0.5kPa），并可迅速降温至室温；

④适应的原料特性与终产品不同：气流膨化仅适合颗粒状原料的加工，终产品形状近似圆形，其优势在于可以膨化外壳坚韧的豆类、坚果，也可以膨化脂肪、蛋白质含量较高的物料(如肉类、海鲜等)；由于气流膨化的加热温度太高，会导致一些热敏性物料褐变、营养成分损失大，因此，未见采用气流膨化技术生产果蔬脆片的报道。而变温压差膨化干燥可加工颗粒、片状、粉末类原料，因其加热温度较低，适合一些热敏性原料的膨化干燥，特别适于加工果蔬脆片，其终产品不仅有各种形状，其色泽、营养也保存较好，接近真空冷冻干燥产品。但该技术对外壳坚韧的原料或脂肪、蛋白质含量较高的原料无能为力；

⑤其他区别：气流膨化中原料的升温升压始终处于快速运动中，原料之间不断碰撞导致碎裂；膨化压差较大，膨化度极高，但膨化后直接进入常压室温状态，终产品尽管疏松，但易吸湿，不易保存。而变温压差膨化干燥过程中原料的升温升压处于静止状态，原料外形保持较好；尽管膨化压差不大，膨化度较低，但膨化后继续保持真空和高温状态，将已膨化产品中的残余水分蒸发，并固化膨化形成的蜂窝状组织结构。因此，其终产品口感更为酥脆，且不易吸湿，易于贮藏。

由此可以看出，两种技术其工艺原理还是有所区别的，设备机组及单机结构大相径庭，其技术优势也是各有千秋，互为补充。由此看来，变温压差膨化干燥这一命名突出了“温变”“压差”两大技术特点，称之为“低温气流膨化干燥”并不合适，且会造成概念混淆。

三、 变温压差膨化干燥技术在果蔬加工中的应用

（一）果蔬原料特性及预处理对膨化干燥效果的影响

果蔬原料是复杂的混合物体系，所含化学成分不同，各成分含量间的相对比例也不同。现有的色谱分析无法破解果蔬原料复杂体系的复杂性，也无法破解复杂体系的整体性。而红外光谱由于具有宏观性（谱峰的叠加性）规避了对复杂体系各个组分的剖析，同时宏观性契合了复杂体系的整体性。因此，果蔬原料的品种、产地的不同均可在红外图谱中显示出差别来，凭借这些差异就可以达到宏观质量控制的目的，从而使膨化果蔬原料选择的更为科学化、标准化。经过近50年的不断研究，近红外光谱（NIRS）技术越来越多被应用于水果品质检测中。

在果蔬原料膨化干燥前必须进行预处理，预处理的目的：

①保证或改善干燥产品的品质；

②提高脱水干燥效率；

③满足其产品形状大小方面的特殊要求。

预处理按作用方式可分机械预处理、物理预处理和化学预处理三类。机械预处理是通过机械手段来实现原料预处理，常见的有物料切分、粉碎、削皮、去蒂等，大多仅对脱水速度和产品外观品质有较大影响。物理预处理是利用物理因素的变化达到某种效果的预处理方法，如常用的热烫处理、冷冻处理就是通过对介质温度、处理时间和介质湿度三因素控制来实现的。一般来说，物理预处理对脱水速度和膨化干燥产品品质均有较大影响。化学预处理则是通过化学手段来干涉物料在加工过程中的化学变化，从而控制其变化向有利于品质方向转化的预处理方法。

果蔬变温压差膨化干燥过程果蔬原料的主要预处理方法：

①机械预处理：以切割、粉碎等手段加大物料脱水过程中的水分蒸发面积。从脱水机理来说，切分既减少了内扩散的距离，又增大了外扩散面的面积，从而有效地提高了脱水速率；

②热烫预处理：作为一种重要的细胞膜阻力削弱手段被广泛地应用，在热烫温度（90~100℃）的刺激下，细胞死亡，细胞内原生质发生凝固；

③为了减少膨化干燥产品的皱缩，改善其外观，常将可食用的多羟基化合物（如麦芽糖浆、蔗糖、甘油等）在干燥前渗入组织，以使复水后的脱水蔬菜有良好的组织重建特性。这个过程实质上是一个渗透质交换过程，物料与所用添加剂的亲和程度不同，渗透程度差异很大；

④原料的冻融：冻融包括冻结和解冻两个过程，通常情况下物料中的水以游离水和结构水两种方式存在，在冷冻过程中，物料随着温度、时间的变化而逐渐呈现 3 个阶段的变化，即晶核形成阶段、大冰晶成长阶段、共晶阶段。

冻结过程中，物料中水分的状态直接影响着产品的品质。冷冻温度在一定范围内与脆度呈正相关，与色泽呈负相关，超出该范围后，影响减弱。在冷冻温度低于物料共晶点温度的条件下，冷冻时间在一定范围内对脆度和色泽有显著影响，随着时间的延长，影响显著减弱。冷冻时间和冷冻温度两者均对产品的品质有协同作用。确定不同原料的冻结温度和冻结时间将是应用冻融处理改善产品品质的关键点。

经过冻融预处理的产品膨化度、色泽、酥脆度明显高于未经处理的，而且具较完整、均匀的外观，可有效避免产品外观收缩的现象。

（二）变温压差膨化干燥工艺关键控制点

1. 切片厚度对果蔬脆片品质的影响

随着切片厚度的增加，产品膨化度先增大而后减小，复水比降低；切片过薄时，果蔬物料内部的水分闪蒸过程中产生的蒸汽压力小，膨化动力不足；适当增加切片厚度，在一定程度上可以提高产品的膨化度，但产品复水比下降。这是因为切片厚度超过最佳厚度时，内扩散距离太长，压力尚未深入到物料内部就已大幅度衰减，导致原料内部的水分未能充分蒸发，原料得不到充分的膨化，产品的酥脆度随之下降。

2. 预干燥物料水分含量对果蔬脆片品质的影响

变温压差膨化技术主要是靠水分受热蒸发使压力上升，造成与真空罐之间的压差，以达到膨化的目的。但是，膨化前果蔬的含水量要适宜。含水量过高则在膨化时易起大泡，真空干燥时间也会延长；含水量过低，能够被闪蒸的水分少，难以在膨化瞬间产生足够的蒸汽压力，膨化效果不明显，影响制品的外观、口感等。通常来说，果蔬产品的膨化度、复水比在预干燥物料水分含量为15%~20%时达到最大值。

3. 膨化温度对果蔬脆片品质的影响

膨化温度是影响膨化品质的重要因素之一。温度是水分蒸发的载体，是压力形成的条件。如果膨化温度过低，物料内部水分达不到汽化的目的，被闪蒸水分太少，膨化动力降低，膨化效果不明显。随着膨化温度的不断升高，物料内部水分汽化速度不断提高，单位时间内汽化的水分增多，物料的膨化度随之增大。但膨化温度过高，热敏性的果蔬原料极易发生褐变反应，形成不溶性的类黑色素，严重影响成品的风味和色泽。有些含淀粉多的原料则需要在高温下才可能使淀粉糊化，进而取得较好的膨化效果。此外，缓慢升温由于果蔬内部受热均匀其膨化效果比快速升温要好。

4. 膨化压力差对果蔬脆片品质的影响

采用变温压差膨化果蔬时，压力大小的控制是整个膨化过程中关键性的技术。压力越高，压力罐与真空罐之间的压差越大，膨化效果越明显。但压力大小要适宜，膨化压力差过小或过大均不利于产品的膨化。压力过大，对于一些易破碎的果品蔬菜会造成膨化过度而裂开，破坏外观形态；压力过小，膨化效果不明显。

这是因为：随着膨化压力差的逐渐增大，果蔬原料内部的水分得以充分闪蒸，膨化所需的压力差增大，膨化效果随之提高。但当膨化压力差超过一定值，产品过度膨化，致使成品表面产生气泡状鼓泡，直接影响成品的外观。

5. 均湿处理对果蔬脆片品质的影响

均湿处理时间延长有利于产品质量的提高。随着均湿处理时间的延长，物料被充分浸润，物料内部的水分分布更为均匀，产品的膨化度、复水比均得到相应的增加，而且物料脱水速率也因此随之提高。

6. 抽真空温度与时间

抽真空温度是最终产品达到终止水分的重要影响因素。过低的抽真空温度，对物料水分的蒸发影响不大，过高的抽真空温度，会使产品出现焦煳现象。每一种原料都有一个最适抽真空温度，抽真空温度一定要保证低于膨化温度。

抽真空时间是指物料在膨化后，通过真空系统继续抽除物料剩余水分的起止时间。适当的抽真空时间可以使原料充分受热，如果时间过长，膨化产品的含水率呈显著下降，产品焦煳，有苦味；时间过短，则产品发硬，不酥脆。

7. 停滞时间对果蔬脆片品质的影响

停滞时间是指经过低温处理的果蔬脆片从进入膨化设备到开始抽真空的时间间隔。适当的停滞时间可以使果蔬充分受热。打开真空阀后，果蔬内的水分迅速均匀汽化。停滞时间过长，产品焦煳，有苦味，而且会使产品的果蔬营养成分损失较多。停滞时间过短，产品发硬，不酥脆。

四、 变温压差膨化干燥技术展望

（一）目前存在的主要问题

果蔬变温压差膨化干燥技术的研究还处于起步阶段。产业化过程中存在的一些问题亟待解决：研究易脱水品种如苹果的多，研究难脱水品种如高淀粉类的少；对膨化干燥果蔬食品一些共同基础性干燥机理研究的少，已有的研究结果往往仅对某些具体的品种有效，但缺乏通用的干燥规律研究。必须从变温压差膨化干燥的一些共性、基础性干燥机理入手，获得通用的干燥规律，为开发通用性强的干燥设备提供技术基础。

膨化食品的颜色和体积等物理特性直接反映了膨化食品的品质特性。因此，膨化果蔬脆片生产及贮藏中出现的质量问题主要是产品膨化度和色泽的变化。

1. 美拉德褐变反应

由于变温压差膨化过程处理温度较高，果蔬原料内部的氨基酸和还原糖发生美拉德褐变反应，从而导致物料褐变。解决这一问题的主要技术思路：

①尽可能选用低糖原料；

②降低膨化罐内操作温度，操作温度应尽量保持恒定；

③采用非冷凝性气体（如 N_2）稀释过热蒸汽（蒸汽：气体=2：1）。

2. 粉末状物质的吸附

果蔬原料经膨化后，体积膨胀，其内部的组织结构也变得疏松多孔，因而对粉末状物质的吸附能力增强。而残存于膨化罐中的物料碎未经长时间的高温处理，发生褐变甚至焦化，这些粉末状物质会污染后续加工的膨化产品。因此，应定期清洗膨化罐和真空罐。

3. 果蔬内部水分分布与膨化程度

果蔬原料的物化特性在食品预处理加工过程中会发生改变，水的分布和状态变化在物化特性的改变中扮演重要角色。进行变温压差膨化时，物料含水量的控制至关重要，可以通过核磁共振技术确定被固定的不同部分的水分子的流动性质及其结构特征。此外，膨化罐内操作温度、膨化罐与真空罐之间的压力差也是影响脆片质量的关键因素，只有三者参数的恰当组合，才有可能生产出高质量产品。

4. 减少营养物质的损失

果蔬中富含维生素和芳香成分等，这些物质热稳定性较差，因此加工过程中应尽可能降低加工温度或缩短高温下的处理时间，尽量保留果蔬原有的营养物质，并使制品更酥脆可口。

5. 延长产品的货架期

变温压差膨化果蔬结构疏松多孔，其中还含有一定的油脂和糖分，而油脂的自动氧化作用可引发其制品品质劣变；糖分则可导致制品吸湿发软，影响口感。所以要尽量降低产品水分，采用充 N_2 包装和加抗氧化剂如丁基羟基茴香醚（BHA）、二丁基羟基甲苯（BHT）或 BHA+BHT 来延长制品的保质期。

（二）应用展望

迄今已有大量的果蔬原料采用变温压差膨化干燥技术生产出膨化果蔬脆片，这些产品可以直接作为绿色膨化休闲食品出售，也可以进一步加工成新型果蔬营养粉，作为方便食品的调料或作为生产新型保健食品的原料。

采用变温压差膨化干燥技术，尤其是膨化温度更低、膨化效果更佳的可控瞬时压差加工技术，可以使物料形成多孔微结构，从而改变了物料的吸湿性、溶液渗透特性和水分扩散速率等物理性质，进而影响宏观质构品质、化学组分提取率等特性。基于该技术特性，对食品或农产品进行较为温和的（低温）快速干燥、质构改性、植物中组分的提取；其次，可以利用瞬间压差膨化对组织细胞的损伤，以及对生物大分子物质的结构影响，如果胶、纤维素和蛋白质等，进行低温杀菌、固态食品脱敏以及生物大分子改性等。

1. 质构改性

除了上述的新型果蔬营养粉，该技术还可以改变食品原料的吸湿性，提高其溶解度或复水性。如将该技术与喷雾干燥技术结合，可以显著提高乳粉及乳清蛋白粉的速溶性。也可以提高被处理物料对外加香精香料、甜味剂等的吸附能力。

2. 低温快速干燥

利用该技术瞬间脱水的技术优势，可以对一些热敏性物料（乳粉、固态胶原蛋白凝胶等）进行温和快速干燥，并最大程度保持其营养组分、活性成分。法国已成功研发并制造了用于干燥粮食、实现粮食减损的工业化生产技术与设备，日产量已达到50t。

3. 植物中组分的提取

在生产果蔬脆片的过程中，果蔬原料中大量挥发性香气成分会逸出，如果在真空罐出口处加上一组冷凝系统，则可以同时收集这些香精油。利用该技术可以改善微观结构、损伤细胞的完整性，有利于外来溶剂的渗透，促进果蔬中精油、非挥发性活性物质的扩散，从而提高植物中组分的提取率，在缩短提取时间、减少提取过程的能量损耗外，还因其较低的温升，更多地保持植物中各组分尤其是热敏性组分的活性。例如，花青素、干花精油及多酚类物质的提取；茶叶、咖啡中各种活性成分的冷浸提取。

4. 低温消毒杀菌

固态颗粒、粉末类食品的微生物污染是目前食品加工行业的技术瓶颈，可以利用该技术通过瞬间压力差造成微生物营养体、芽孢细胞壁或细胞器的物理损伤，进而达到将其杀灭的效果。由于该技术杀菌是基于微生物的物理损伤而非热效应，因此对物料的营养和风味影响较小。如果采用高压二氧化碳（1.5~5.5MPa）替换可控瞬时压差加工技术处理仓内的高压蒸汽，其对大肠杆菌、酵母菌、粪肠球菌的杀菌效果将进一步增强。再通过多次循环处理，也可以进一步增强杀菌效果，特别是细菌芽孢的灭活。目前，已经成功实现了该技术对果蔬、藻类、香料和调味品等的有效灭菌或减菌。

5. 固态食品中过敏源的脱敏

食品过敏原是指食物中能够引起机体免疫系统异常反应的成分。食物过敏源一般为相对分子质量10000~70000的蛋白质或糖蛋白，常见的含有过敏原的食品包括鸡蛋、花生、牛乳、黄豆、小麦、树木坚果、鱼类和甲壳类食品，还包括芝麻籽、葵花籽、水果、豆类（绿豆除外）。脱敏处理是食品加工过程中的重要研究热点，然而，针对固态食品的脱敏技术却仍然缺乏低廉有效的方法。利用变温压差膨化干燥技术，尤其是可控瞬时压差加工技术处理固态食品，可以改变过敏源蛋白分子量和空间结构，导致其表位的破坏、掩蔽或暴露，从而大幅降低了其在人体内与IgE抗体结合的能力。这方面的研究还有待深入，因为前期的一些研究发现可控瞬时压差加工技术处理对不同原料的脱敏效果不同，如经可控瞬时压差加工技术处理后的烘焙花生，仍然检测到相当强烈的IgE介导免疫反应。

思考题

1. 什么是挤压蒸煮技术？它具有哪些特点？
2. 食品挤压机有哪些分类？
3. 分别简述挤压膨化和挤压组织化的基本原理。
4. 气流膨化和挤压膨化的区别是什么？
5. 气流式膨化机有哪些分类？它们的特点是什么？
6. 举例说明气流膨化技术在食品加工中的应用。
7. 气流膨化技术和变温压差膨化干燥技术有什么区别和联系？
8. 什么是变温压差膨化干燥技术？简述其原理。
9. 举例说明变温压差膨化干燥技术在食品加工中的应用。

第九章

食品生物技术

[学习目标]

1. 了解基因工程的定义、内容和应用，思考转基因食品及其安全性问题。
2. 了解微生物的发酵过程及其控制，了解发酵设备及在食品工业中的使用情况。
3. 了解细胞工程技术及其在食品工业中的应用。
4. 了解酶工程技术及应用，熟悉酶反应器基本内容。
5. 了解蛋白质工程及其在食品工业中的应用情况。

生物技术（biotechnology），是当今迅速发展的一个高新技术领域，是21世纪最具有发展潜力的新兴产业。目前，生物技术已被广泛应用于食品、医药、农业、化工、环保等各种工业部门。随着对生物分子认识水平和改造生物遗传物质手段的提高，生物技术将为有效解决长期困扰人类的粮食短缺、疑难病症、能源危机、环境污染等问题带来美好的前景。

生物技术是应用自然科学及工程学原理，依靠微生物、动物、植物细胞及其产生的活性物质，作为某种化学反应的执行者，将原料进行加工成某种产品来为社会服务的技术。它是利用生物体系，应用先进的生物学和工程技术，加工或不加工底物原料，以提供所需的各种产品，或达到某种目的。

食品生物技术是生物技术中重要的应用分支学科，主要是指生物技术在食品工业中的应用。早在几千年前，人类已懂得利用天然微生物发酵酿酒、生产奶酪和制造面包。近年来随着生物技术的发展，特别是DNA重组技术、细胞融合技术的出现，在改造食品资源、提高食品的加工储藏水平，以及在食品包装、食品检测等方面得到了应用。

功能性食品（functional food）是强调其成分对人体能充分显示机体防御功能、调节生理节律、预防疾病和促进康复等功能的工业化食品。功能性食品是新时代对传统食品的深层次要求。开发功能性食品的最终目的，就是要最大限度地满足人类自身的健康需要。

功能性食品的出现，标志着作为食品中的关键组分，开始从重点要求大量的传统营养素，开始转向重点要求微量的功效成分。高新技术在功能性食品生产中所占的比重不断增大，特别是生物技术的应用得以长足的发展，尤其是用在生物活性物质的生产上，这将有力地推动食品工业发生革命性的变化。这是一个令人振奋的高新技术领域，是当今国际食品生物技术领域的前沿阵地，有广阔的发展空间和巨大的市场潜力。

第一节　基因工程技术

基因工程（gene engineering）是对某种目的产物在体内的合成途径、关键基因及其分离鉴别进行研究，将外源基因通过体外重组后导入受体细胞内，使这个基因受体细胞内复制、转录和翻译表达，使某种特定性能得以强烈表达，或按照人们意愿遗传并表达出新性状的整个工程技术。

一个完好的基因工程，包括基因的分离、重组、转移，基因在受体细胞的保持、转录、翻译表达等全过程。基因工程的实施，至少要有四个必要条件：工具酶，基因，载体和受体细胞。除了少数 RNA 病毒外，几乎所有生物的基因都存在于 DNA 结构中，而且外源基因体外重组的载体也是 DNA 分子，因此基因工程又称为重组 DNA 技术（DNA recombination）。

第二代基因工程，是在 DNA 分子水平上位点专一性的改变结构基因编码的氨基酸序列，使之表达出比天然蛋白质性能更为优异的突变蛋白（mutein），或者通过基因化学合成，设计制造自然界不存在的全新天然工程蛋白，这一过程又称为蛋白质工程。

利用分子生物学技术，将某些生物的一种或几种外源性基因转移到其他的生物物种中，从而改造生物的遗传物质使其有效地表达相应的产物（多肽或蛋白质），并出现原物种不具有的性状或产物。用转基因生物为原料制造而得的食品，就是转基因食品（gene modified foods）。转基因技术已经在食品工业上得到应用，目前大众关心的根本问题，是转基因食品的安全问题。

一、　基因工程的主要内容

基因工程可狭义定义为生物的 DNA 片段在体外剪切并与载体连接，形成新的 DNA 分子，即重组 DNA，重组 DNA 被转入另一宿主细胞体内（如大肠杆菌等），并在宿主细胞中复制、扩增、表达，最后生产出人们期望的蛋白产品的这一过程所用的方法和技术。因此，选出产品蛋白对应的 DNA、选择合适载体、选择生产目标蛋白的宿主细胞是应用基因工程的三大重要步骤。

广义的基因工程指应用 DNA 重组技术进行产业化生产，包括上游技术和下游技术。上游技术就是狭义的基因工程，指对外源基因重组、转入宿主细胞、外源基因在宿主细胞内克隆、表达出目标产物这一过程进行设计构建。下游技术包括大规模培养含有重组 DNA 的宿主细胞（基因工程菌或细胞）、分离纯化外源基因的表达产物等过程。上游技术是基因工程的基础，下游技术是实现基因工程的必经途径。

基因工程的基本流程，包括以下几个主要步骤：

①根据待分离的基因组 DNA 选择合适的载体；

②从目标细胞中分离出基因组 DNA；

③用限制性核酸内切酶将目的基因切开，同时也将载体分子切开；

④目的基因在DNA连接酶的作用下与切开的载体连接，形成重组DNA分子；

⑤用细胞转化技术将重组DNA转入宿主细胞；

⑥培养转化后的宿主细胞，大量扩增宿主细胞内的重组DNA或使重组DNA整合到宿主细胞的基因组中；

⑦筛选和鉴定转化成功的宿主细胞，获得稳定且高效表达重组DNA的基因工程菌或基因工程细胞；

⑧培养工程菌株或细胞，使之表达重组蛋白；

⑨利用各种分离技术分离纯化重组蛋白产品；

⑩将纯化后的蛋白做成期望的产品。

二、工　具　酶

基因工程第一步要将载体DNA分子打开，同时将染色体DNA或重组的DNA等不同来源的DNA上的目的基因片段切下，然后将两者连接成重组子。这一系列操作都需要特异的工具酶来完成。

（一）限制性核酸内切酶（restriction endonuclease）

限制性核酸内切酶来自细菌，它能够识别特异的DNA序列，并在识别位点或其周围催化双链DNA断裂。根据限制性核酸内切酶性质不同分为三型：Ⅰ型是限制-修饰酶，除了DNA限制酶作用外，还具有DNA修饰功能，因为它们的限制性核酸内切活性及甲基化活性都作为亚基的功能单位包含在同一酶分子中；Ⅱ型限制性内切酶，分子量小，辅助因子仅需Mg^{2+}，且能识别双链DNA的特异序列，并在这个序列内进行切割，产生特异的DNA片段，因此广泛应用于基因工程。Ⅲ类限制性内切酶与DNA依赖ATP识别结合DNA位点，也是限制-修饰酶。

1. 命名

限制性核酸内切酶的基本名称以生物体属名的第一个大写字母和种名前两个小写字母构成，如果酶来源于特殊的菌株中，则将该菌株名的一个字母加在基本名称之后，若酶的编码基因来源于噬菌体（病毒）或质粒上，这些非染色体的遗传因子还需用一个大写字母表示，最后部分为罗马数字，表示在该生物体中发现此酶的先后次序。如HindⅢ为*Haemophilus influenzae d*株中发现的第三个酶，EcoRⅠ表示其基因位于*Escherichia coli*中的抗药性R质粒上。

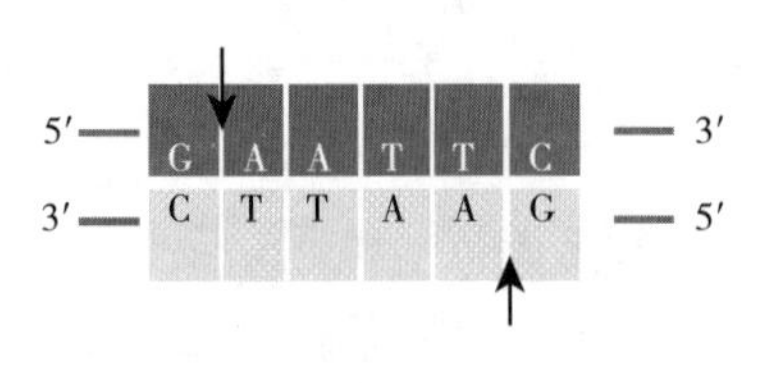

图9-1　EcoRⅠ识别序列

2. 识别和酶切位点

通常多数Ⅱ类限制性核酸内切酶识别位点具有回文结构（palindrome），识别序列一般为4～6个碱基对，如图9-1所示，EcoRⅠ识别序列为：

限制性核酸内切酶切割双链DNA分子后可以产生平端（blunt end）或者黏性末端（sticky end），例如图9-2中的HindⅡ和SmaI，酶切后产生平端DNA片段，而图中的BamHⅠ和PstⅠ酶均产生黏性末端片段。

3. 同尾酶和同裂酶

能识别同一序列（切割位点可同或不同），来源不同的两种酶互称同裂酶（isoschizomer）。如图9-2中，SmaI和XmaI互为同裂酶。有些酶识别位点不同，但切割DNA后能产生相同末端序列DNA片段，称为同尾酶（isocaudarner）。如图中箭头表示酶切部位，BamHⅠ和BglⅡ就

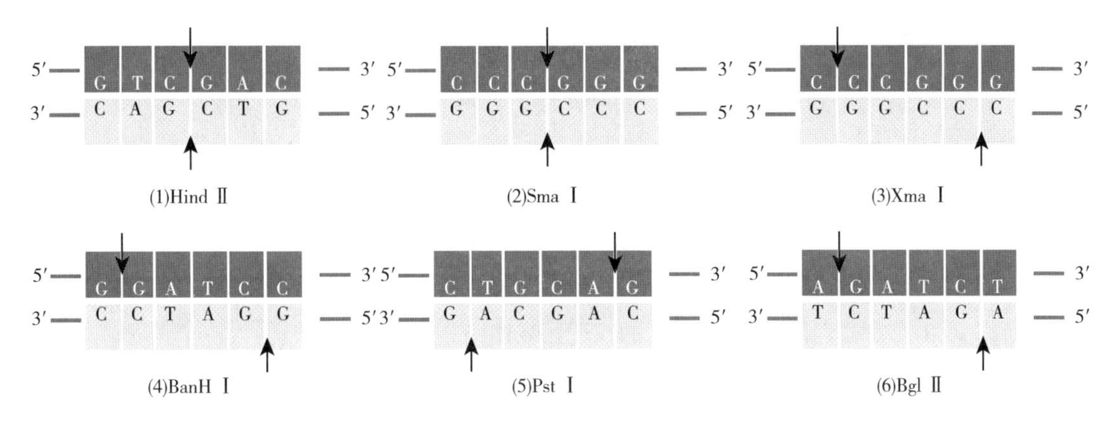

图 9-2　限制性核酸内切酶识别序列

是同尾酶，它们酶切所产生的 DNA 片段可以交互碱基配对并进行连接。同尾酶和同裂酶为 DNA 操作提供了多种选择余地。

4. 影响限制性核酸内切酶作用的因素

缓冲系统的基本组成或温度会影响限制性核酸内切酶的识别特异性。例如，EcoRI 在正常情况下识别“5′-GAATTC-3′”序列，但在低盐（<50mmol/L）、高 pH（>8）和甘油大量存在时，除原来识别序列还可识别 5′-AAATTC-3′和 5′-GAGTTC-3′等序列，这种现象称为星号活性（star activity）。此外，识别位点内有特异碱基修饰（如甲基化）的序列通常不能被限制性内切酶切割。

（二）DNA 连接酶（DNA ligase）

我们称能催化 DNA 片段中两个相邻的 3-OH 和 5′-磷酸基团形成 3′，5′磷酸二酯键，从而将 DNA 单链断裂形成的缺口或片段连接起来的酶为 DNA 连接酶。按照不同来源，DNA 连接酶分为：

①需 ATP 作为辅因子的 T4DNA 连接酶，来源于大肠埃希 T4 噬菌体 DNA 编码；

②需 NAD+作为辅因子的 DNA 连接酶，来源于大肠埃希菌染色体编码。

（三）DNA 聚合酶（DNA polymerase）

DNA 聚合酶 I、DNA 聚合酶 I 大片段（Klenow 片段）TaqDNA 聚合酶和逆转录酶（依赖 RNA 的 DNA 聚合酶）是基因工程中常用的 DNA 聚合酶。

1. DNA 聚合酶 1

大肠埃希菌 DNA 聚合酶 I（DNA Polymerase），主要用于合成 DNA。该酶除具有 5′→3′聚合酶活性外，还有 3′→5′及 5′→3′核酸外切酶活力，因其具有 5′→3 核酸外切酶活性而常用于 DNA 探针的切口平移法（nick translation）标记。

2. DNA 聚合酶 I 大片段

DNA 聚合酶 I 大片段又称为 Klenow 片段，它能识别并校正错配的碱基。其具有校对活性，即：

①5′→3′聚合酶活性；

②3′→5′外切酶活力，能把 DNA 合成过程中错配的核苷酸去除，再把正确的核苷酸接上去，保证 DNA 复制的准确性。

Klenow 片段这些功能可以用于合成补齐双链 DNA 的 5 黏性末端（5′→3′聚合酶活力）、水解切除 3′-黏性末端未配对的核苷酸（3′-5′外切酶活力），称为平头末端；通过含有同位素的脱氧核苷酸为底物，进行互补链的3′-末端标记；可以用于催化cDNA第二条链的合成；用于双脱氧末端终止法分析DNA序列。

3. TaqDNA聚合酶

TaqDNA聚合酶具有5′→3′外切酶活力和5′→3′聚合酶活力。是聚合酶链反应（polymerase chain reaction，PCR）中常用的酶，因其具有良好的聚合活性和热稳定性用于核酸的体外扩增。但该酶没有3′→5′外切酶活力，故在PCR反应中如果发生碱基错配，该酶没有校正功能。TaqDNA聚合酶的末端转移酶活性能在所合成DNA链的3′-末端加上一个多余的腺苷酸残基（A），所以PCR产物可直接与带有3′-T的线性化载体（T载体）连接。

4. 逆转录酶（reverse transcriptase）

逆转录酶在基因工程中主要用于合成cDNA。该酶以RNA为模板指导三磷酸脱氧核苷酸合成互补DNA（cDNA）。

三、 基因工程载体

绝大多数基因工程所用的载体是DNA双链分子，它们通过携带外源DNA，将外源基因转移进入受体细胞，并在受体细胞中为外源基因提供复制能力或整合能力、扩增能力和表达能力。常见的载体有质粒（plasmid）、λ噬菌体、病毒DNA等。由于使用质粒的目的不同，质粒可以分为克隆质粒、表达载体、穿梭质粒等。

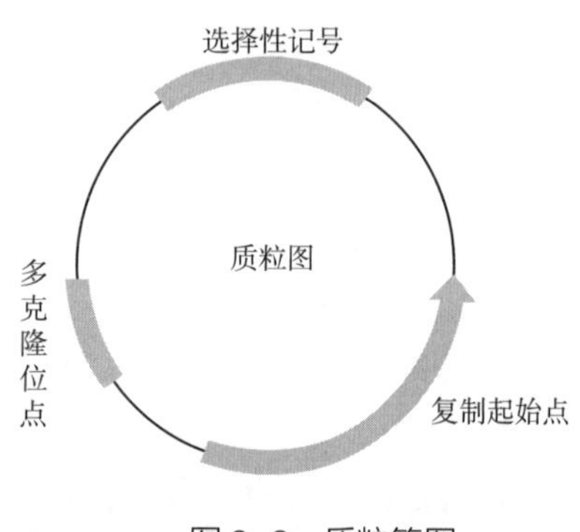

图9-3　质粒简图

克隆载体一般包括复制起始点（origin of replication，ori）、选择标记（selection marker）、多克隆位点（multiple cloning sites，MCS）等要素（图9-3）。复制起始点是利用受体细胞复制系统复制起始的区域。选择标记含有一个或多个抗性筛选基因，用于鉴定和筛选转化有质粒的受体细胞。转入质粒的受体细胞具有质粒中带有的抗生素抗性基因表达的表型，在含抗生素的环境中与未转入质粒的细胞共培养时就能被筛选出来。多克隆位点用于插入外源目的DNA，含有DNA限制内切酶作用位点。

表达载体在克隆质粒的基础上在多克隆位点的上游下游分别有转录效率高的启动子、合适核糖体结合位点（SD序列）以及强有力的终止子结构，即转录、翻译起始、终止区域，这些区域为目的基因在受体细胞中高效转录和翻译打下基础，使得表达质粒不仅能复制而且还能在受体细胞中表达出目标蛋白。穿梭质粒既能在原核细胞中遗传表达，也能在低等真核生物（如酵母）或高等真核生物（如哺乳动物细胞）中遗传表达。实际上，穿梭质粒携带多个包括原核、真核或不同种属细胞的复制起始位点，如果需要外源基因表达则在穿梭质粒上携带不用种属细胞的转录、翻译调控系统的起始、终止区。

四、 目的基因的获得方法

基因工程主要步骤包括制备目的基因，构建、转化重组DNA，筛选及表达基因重组工程菌。编码特定功能蛋白质的基因被称为目的基因，为了获得特定功能的靶蛋白质，先要制备成功目的基因。制备目的基因的手段包括聚合酶链反应（PCR）、cDNA文库及化学合成法。

（一）聚合酶链反应

已知目的基因的序列，通过引物设计，用聚合酶链反应（PCR）从基因组 DNA 或 cDNA 中就能得到目的基因。PCR 这种核酸体外扩增技术，被广泛应用于食品、医药等领域。

PCR 是根据生物体内 DNA 复制原理，在加入 DNA 聚合酶催化和 dNTP 情况下，引物依照 DNA 模板扩增 DNA。引物、DNA 模板、dNTP、DNA 聚合酶置于同一缓冲溶液体系，首先发生变性（denaturation）：加热使得双链 DNA 模板变性解离成单链模板；接着退火（annealing），退火后温度下降，引物结合至单链模板；然后是延伸（extension），将温度调至 DNA 聚合酶最适宜温度，在 DNA 聚合酶作用下，dNTP 被催化加至引物 3′-OH 端，接着向 5′→3′方向延伸，直至与单链模板形成双链 DNA，至此一个循环结束，并开始下一个循环，三个循环步骤反复，从而实现 DNA 扩增。基本原理如图 9-4所示。

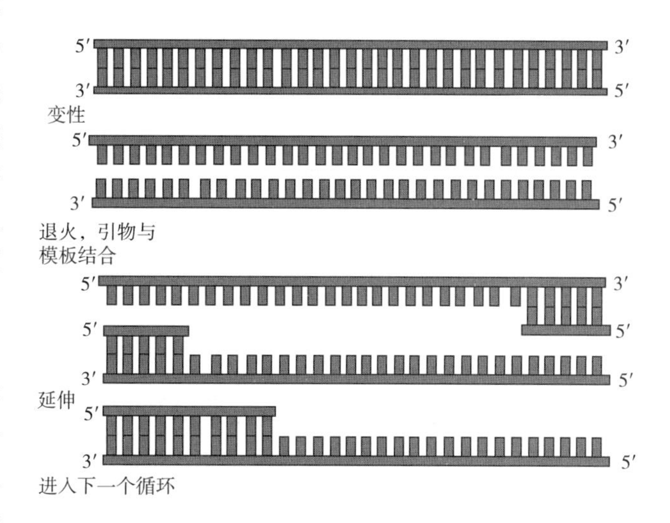

图 9-4　PCR 反应示意图

（二）cDNA 文库法

cDNA 一般由提取的生物体总 mRNA 通过逆转录酶催化合成。它是与 mRNA 互补的 DNA（complementary DNA）。通常将全部 cDNA 克隆至宿主细胞构建而成的库，称为 cDNA 文库。已知基因序列一般采取逆转录-PCR（RT-PCR）法扩增特定的 cDNA 片段，更为简便。即设计特异引物，用逆转录酶从提取的 mRNA 中扩增特异的目的基因片段。

（三）基因组 DNA 文库法

我们将某一特定生物体全部基因组 DNA 序列的随机克隆体的集合称为基因组 DNA 文库。基因组 DNA 文库以 DNA 片段的形式贮存了包括所有外显子和内含子序列的所有基因组 DNA 信息。

（四）化学合成法

目前利用 DNA 合成仪已可以自动合成小于 100 个碱基的特定序列的寡聚核苷酸单链，不过这种化学合成法要在已知目的基因的核苷酸序列或其编码产物的氨基酸残基序列的前提下才可以通过化学合成法直接合成目的基因。

五、 基因的重组与检测

体外重组技术的建立需要 DNA 限制性内切酶和 DNA 连接酶的作用，目的基因与载体分别经过 DNA 限制性内切酶剪切后，获得目的基因，和剪切后的载体，我们可以利用 DNA 连接酶（DNA ligase）催化载体 DNA 与目的基因片段连接，使得两个 DNA 片段的 5′-磷酸基团和 3′-羟基在连接酶催化下形成磷酸二酯键，得到重组载体-重组子。

目的基因和载体在同一种限制性内切酶作用下或者在同尾型限制性内切酶作用后，都会产生互补的黏性末端（sticky end），再经过退火，在DNA连接酶催化作用下，连接形成重组DNA，获得正反两方向的重组DNA分子。一般来说，一种相同内切酶产生的黏性末端会引起目的基因片段或载体的自连，从而使反应效率受到影响，同时产生的重组载体中存在正反插入基因片段的方向性问题。在基因工程中，常采用双酶切方法、内切酶酶切、载体上的选择标记、目的基因片段的PCR等方法进行筛选和鉴定。此外，一些DNA限制性核酸内切酶产生平头末端，平端（blunt end）之间的连接效率远远低于黏性末端之间的连接。由于大肠埃希菌DNA连接酶催化平端DNA片段之间的连接效率很低，因此在平端连接时，常选用噬菌体T4DNA连接酶。

得到重组DNA并不能马上得到目标蛋白，只有将重组DNA导入合适的受体细胞后，才有可能生产出靶蛋白。受体细胞分为原核细胞和真核细胞两类，基因工程中常见的原核细胞包括大肠埃希菌、乳酸菌、链霉菌、沙门菌等，真核细胞有哺乳动物细胞、酵母、昆虫细胞等。

重组质粒导入大肠埃希菌等细菌中，常采用化学转化、电转化和感染法。前两种方法，先需要制备特殊的细菌-感受态（competent）细胞，即使得细菌细胞膜通透性增加，以便外源DNA进入。化学转化法（transformation）是将对数生长期的细菌经冰浴上预冷的氯化钙溶液处理，增加细胞膜通透性，变为感受态细胞。转入重组质粒时，经42℃热休克处理，质粒DNA进入感受态细胞。37℃，含有抗生素LB培养基培养细胞一定时间，生长过夜得到克隆菌落。含有转入质粒的细胞就会在抗生素培养板上生长。电转化法（electroporation）就是细菌的细胞膜在高压电脉冲作用下形成电穿孔，使得外源DNA进入到细胞中的方式。感染法（infection）就是以病毒形式（噬菌体或者包装病毒）将外源DNA注入受体细胞的过程。

重组DNA导入酵母目前主要采用电转化法、化学转化法和原生质体转化法。重组DNA导入哺乳动物细胞转移效率远远低于大肠埃希菌，分为物理方法、化学方法和生物方法。显微注射法和电转化法就是属于物理方法。显微注射法就是用显微注射仪，将外源DNA注射入细胞核中，经体外培养以及分子生物学检测，可以用于基因表达；哺乳动物细胞的电转化法就是在高压电脉冲作用下，哺乳动物细胞膜上产生瞬时可让DNA通过的微孔以摄取外源DNA。化学方法包括DNA-磷酸钙转染法、二乙氯乙基-葡聚糖转染法和脂质体介导的基因转染法。生物方法常用携带目的基因的逆转录病毒、慢病毒、腺病毒、腺相关病毒，通过感染途径将目的基因导入到哺乳动物细胞内，甚至可以整合至染色体DNA上，成为稳定的细胞系。

由于转化效率所限，不是所有的DNA都被导入受体细胞，因此需要筛选出转入重组子的细胞。首先我们可以根据载体选择性标记的生物特性表达出的现象进行初筛。比如外源基因插入选择性标记会使其失活，那么培养出的重组子细胞就不会表达出这个标记的性状。像载体选择性标记基因-β-半乳糖苷酶基因如果被外源基因插入，会使含有重组DNA的细胞不表现β-半乳糖苷酶生物活性。再如，载体中常用抗生素抗性基因标记，目的DNA插入不会破坏该抗性基因，载体DNA转入宿主细胞后，将表达出抗抗生素特征，能在含有相应抗生素的培养基中生长，因此转入载体的受体细胞能够生长，而没有转入DNA的细胞不能生长，达到初筛的目的。常见的筛选标记包括卡那霉素（Kan）、氨苄西林（Amp）、氯霉素（Cm）、新霉素（Neo）、四环素（Tet）等抗性基因。这种方法初筛的细胞仅能判断受体细胞是否转入了载体，而不能判断载体是否插入了目的基因，容易造成假阳性。

基于初筛可能有假阳性的情况，因此，还要通过其他检测手段进一步验证。我们可以通过目的基因DNA序列的特异性筛选鉴定重组DNA，就是利用PCR技术，直接用受体细胞扩增载体的内的目的基因，再结合琼脂糖凝胶电泳，检测扩增产物的分子量是否与理论值相一致。同时我们也可以针对目的基因与载体插入位置的 DNA 核酸内切酶位点，用载体中相应的内切酶酶切受体细胞中的载体，再用琼脂糖凝胶电泳检测酶切产物分子量是否与理论值相一致。但是，上面一些检测手段无法确认外源基因在基因重组过程中是否发生了突变，因此，一般都需要通过基因测序检测重组子中的外源基因序列，以确定重组子正确插入载体中。此外，也可对目的基因编码产物蛋白质进行检测，鉴定阳性克隆。如果载体上插入的目的基因能在受体细胞中表达目的基因编码的蛋白，且受体细胞本身不生产该蛋白质，就可以通过检测该靶蛋白的表达水平或者生物活性来筛选和鉴定重组子。一般常用酶联免疫吸附分析（ELISA）、免疫组化分析等方法，这些方法是利用抗原-抗体的反应原理，抗体（一抗）能识别目的蛋白，第二抗体（二抗）用酶、化学发光基团或者荧光基团标记系统信号放大进行检测，以分析能特异表达靶蛋白质的阳性细胞。

六、 外源基因的表达

（一）原核细胞工程菌的构建与筛选

目前，已经建立的原核表达系统有大肠埃希菌、乳酸菌、苏云金杆菌、沙门菌、芽孢杆菌、链霉菌、枯草杆菌等。大肠埃希菌表达系统以其清楚的遗传背景、易于转化、迅速生长、培养基组成简单等优点成为原核细胞表达系统使用最广泛的系统。通常，原核表达体系既可表达原核蛋白，也可表达某些真核蛋白。原核细胞工程菌的构建，须考虑的步骤有目的基因的结构、表达载体、宿主菌、表达产物的形式、下游分离纯化等。

1. 目的基因的结构与形式

原核细胞一般采用 cDNA 作为目的基因，因为原核细胞转录后加工能力缺乏，无法对真核基因的内含子序列切除等加工，所以不能直接采用基因组 DNA。另外，还要考虑生物密码子偏爱性（codonbias），许多氨基酸不只有一个密码子，不同生物使用这 61 个密码子的偏好不同。原核生物，如大肠埃希菌的密码子具有选择性，分为存在较多的密码子是偏爱密码子，用得较少的密码子是稀有密码子。如 GTC、ACA、ATA、CCG、CCT、AGC、CTC、CGA 就是大肠埃希菌的稀有密码子。因此，当目的基因多使用大肠埃希菌偏爱密码子，蛋白质合成就迅速，且错配率较低。外源目的基因一般都是固定的密码子，对含高比例稀有密码子的外源基因，定点突变方法是很好的应对策略，从而提高外源基因的表达效率。

2. 表达载体的选择和构建

表达载体是外源基因表达的关键影响因素。强而可控的启动子、核糖体结合位点（SD 序列）和转录终止信号是表达载体的基本框架，另外拷贝数高且稳定、表达产物容易纯化等特性是选择表达载体的重要考虑因素。真核生物中的基因在原核生物中表达时，因为原核生物的 RNA 聚合酶不能识别真核基因的启动子，所以必须将真核基因插入原核的启动子后方，原核细胞常见的启动子有乳糖（lac）、色氨酸（trp）、λ 噬菌体（λPL/λPR）、T7 噬菌体、tac、phoA 等可供选用。此外，核糖体结合位点（SD 序列）是影响外源基因表达的另一个重要因素。大肠埃希菌中外源基因的表达效率与 SD 序列的核苷酸组成、SD 序列与 AUG 之间的距离、AUC 两侧核苷酸的组成、mRNA5′端的二级结构等相关。

3. 宿主菌的选择

基因工程用于表达外源基因的宿主菌，都需要进行人工改造。在选择表达菌株时，要考虑宿主菌是否与载体配套。如染色体带有 T7 噬菌体 RNA 聚合酶基因的大肠埃希菌 BL21（DE3）菌株，该菌种是为含 T7 启动子的表达载体（如 pET 培养系列）设计的，BL21 的染色体上整合了 T7 噬菌体聚合酶基因，通过诱导就可以开始表达外源基因。表达菌株中，内源性的蛋白酶可能会造成外源表达蛋白的不稳定，因此需考虑蛋白酶缺陷型菌株作为表达菌株，如大肠埃希菌 BL21 系列就是 lon 和 ompT 蛋白酶缺陷型。此外，BL21 衍生菌 Rosetta2，含有大肠埃希菌缺乏的 7 种稀有密码子对应的 tRNA；K-12 衍生菌 Origami2 系列可提高蛋白质的二硫键形成率、蛋白质的可溶性和活性表达水平；Rosetta-gami2 具有以上两类菌株的优点，能翻译稀有密码子以及促进正确形成二硫键。总而言之，不同的工程菌中表达的同一目的基因的情况会有差异，一般都需筛选才能得到理想的工程菌。

4. 外源基因的表达形式

大肠杆菌被内膜、外膜分隔为胞内、周质、胞外三个区域，外源基因表达的靶蛋白可以在胞内或周质表达，也可以被分泌到胞外。这需要根据靶蛋白的性质，以及下游工艺处理的需要选择相应的表达系统。

胞内表达胞内表达率高，但易形成包含体。胞内表达可分为非融合表达和融合蛋白表达两种形式。

（1）非融合表达　指外源基因表达的靶蛋白不与细菌的任何蛋白质或多肽融合在一起，即外源基因插入载体的启动子和 SD 序列的下游进行表达如图 9-5 所示。通过非融合表达形式，可以获得结构、功能以及免疫原性等与天然状态相似的处源蛋白，但易被蛋白酶所降解而影响蛋白质表达量。产生这一现象的主要原因是大肠杆菌系统不包含外源 DNA 表达蛋白的折叠复性和翻译后加工系统；不具备真核生物细胞完整的亚细胞结构及稳定因子；大肠杆菌内高表达的外源蛋白导致浓度过高，蛋白分子间相互作用增强。

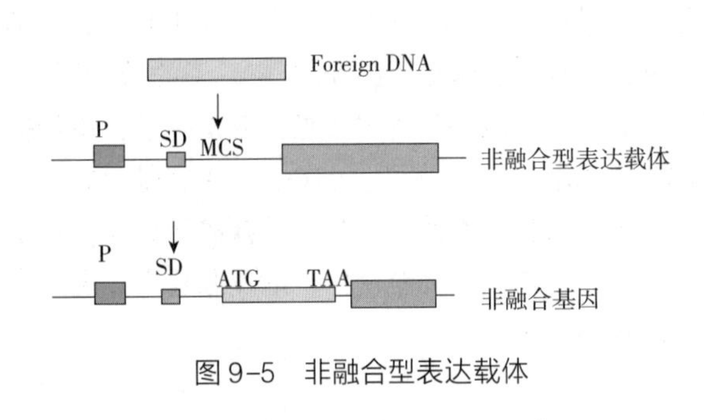

图 9-5　非融合型表达载体

此外，在某些生长条件下，非融合蛋白表达时会形成不溶的，没有活性的包含体（inclusion body）。出现包含体是由于原核生物蛋白质翻译过程中折叠系统的功能缺陷造成的，错误折叠多肽链聚集成难溶性颗粒。通过选择不同的表达载体系统、降低表达温度和缩短诱导时间有时可以避免或者减弱包含体的出现。有时，通过变性和复性过程，可以将包含体蛋白复性，得到有活性的重组蛋白。

（2）融合表达　融合表达就是将外源基因与宿主细胞自身蛋白质编码基因拼接在一起，在同一阅读框内，使宿主细胞蛋白编码基因与目的蛋白连接表达形成融合蛋白（fusion protein），如图 9-6 所示。通常宿主细胞蛋白位于 N 端，外源蛋白位于 C 端。

融合蛋白的显著特点之一就是稳定性得到提高。非融合蛋白不稳定的主要原因是不能形成有效的空间构象，导致多肽链上蛋白酶切位点暴露，而形成融合蛋白后宿主大肠埃希菌蛋白与外源蛋白部分形成良好杂合构象，有利于增加稳定性。其次，融合蛋白能简化分离纯化程序。

因为融合蛋白的结构功能通常已知，因此就可以利用宿主细胞蛋白的特异性抗体、配体、底物亲和层析技术纯化融合蛋白。最后，融合蛋白在大肠埃希菌内较稳定，表达效率提高。目前常用的融合蛋白表达体系有谷胱甘肽S-转移酶（GST）表达体系、金黄色葡萄球菌蛋白A表达体系、麦芽糖结合蛋白MBP表达体系等。

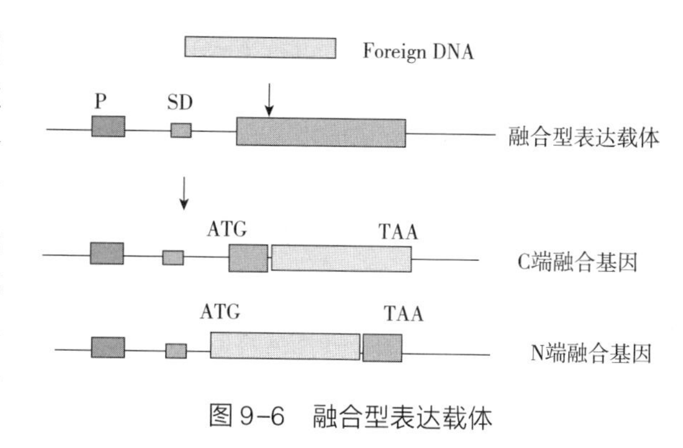

图9-6　融合型表达载体

分泌型表达外源基因在大肠埃希菌中胞内表达是最常用的方法，但易被降解，有时会形成包含体，而采用分泌表达途径可以改善外源蛋白的表达效果。通过将外源基因融合进编码原核蛋白信号肽序列的下游，实现分泌型表达。蛋白产物N端存在信号肽序列是产生分泌型外源蛋白的前提。信号肽和外源蛋白的融合蛋白在跨过内膜或外膜后，信号肽酶切去信号肽，外源蛋白被分泌至细胞周质腔，甚至穿过细胞外膜进入培养基中。

（二）真核工程细胞株的构建与筛选

原核表达体系的缺陷不少，如缺少蛋白质折叠系统的原核表达体系，易形成空间构象错误的外源真核蛋白及不溶性的包含体；缺乏蛋白质翻译后加工系统也使得外源真核蛋白在原核细胞内不能进行糖基化、磷酸化等修饰。因此期望获得有活性的真核蛋白产物时，特别是某些修饰是蛋白活性重要因素，而原核表达体系无法做到时，必须要用真核表达体系来实现功能性表达。目前基因工程中常用的真核表达系统有酵母表达系统、昆虫细胞表达系统和哺乳动物细胞表达系统。

甲醇酵母、酿酒酵母、克鲁维酵母、裂殖酵母等表达系统是酵母表达系统。酵母表达系统的一般穿梭载体，既能在酵母菌中复制扩增也能在大肠埃希菌中复制扩增。这种载体以大肠埃希菌质粒为基本框架，加以适合酵母菌内复制、转录、翻译等顺式作用元件。这些转录、翻译调控元件称为表达盒，主要由转录启动子和终止子组成。表达载体启动子主要是酵母细胞基因的启动子，上游是各种调控转录顺式作用元件，如激活序列、阻遏序列、组成型调控元件等；下游是转录起始位点和TATA序列，通过与RNA聚合酶形成转录起始复合物，决定外源基因的基础表达水平。酵母表达系统根据外源基因在宿主细胞存在状况，酵母表达载体分为整合载体和附加载体（也称游离型载体）两类。通常整合型表达载体的拷贝数可以变化很大。通常含多拷贝外源基因的表达菌株，外源蛋白的表达水平较高。体内整合可以通过多次插入的方法获得多拷贝整合；另外，也可以用将多个外源基因串联连接后插入的方法进行体外整合。高拷贝数转化子可以通过抗生素G418、Zeocin抗性基因进行筛选，以获得高拷贝数工程菌株。酵母表达系统应用最为广泛的是甲醇酵母表达系统，特别是巴斯德毕赤酵母（*Pichia pastoris*）表达系统，它可以在甲醇为唯一碳源和能源的培养基中生长，外源蛋白表达量高，系统稳定性好，具有翻译后修饰功能，可分泌表达利于后续分离纯化。

昆虫细胞表达系统常利用昆虫细胞和杆状病毒载体来表达外源蛋白。目前最常用的是核型多角体病毒-家蚕表达系统。与其他表达系统比较，昆虫细胞表达系统可以表达较大的外源基因，并可同时表达多个外源基因；蛋白质翻译后加工系统与哺乳动物细胞相近；该系统不仅可以胞内表达，还可以分泌型表达；昆虫表达系统易于培养而且生长速度快，重组蛋白产量较高；杆状病毒生物安全性高，宿主专一性强，对植物和脊椎动物无致病性等优点。

哺乳动物细胞表达系统具有比原核表达系统和昆虫表达系统更大具有很大的优势，哺乳动物表达系统中重组蛋白质能实现精确折叠，形成正确构象，能完成包括N-型和O-型糖基化等复杂的蛋白质翻译后加工，且表达的靶蛋白不易降解。因此，尽管哺乳动物表达系统有操作技术要求高、细胞生长慢、表达效率较低、成本高、放大生产困难等劣势，一些表达结构复杂和多种修饰的功能性蛋白质，如凝血因子、治疗性抗体等，还是需要用哺乳动物细胞表达系统进行生产。

哺乳动物细胞表达载体系统使用的载体有病毒载体和质粒载体，腺病毒（adenovirus，AV）、腺相关病毒（adeno-associated virus，AAV）、慢病毒（lentivirus，LV）、逆转录病毒（retrovirus，RV）等都是常用的病毒载体，病毒载体通过病毒颗粒的外壳蛋白与宿主细胞膜相互作用，引导外源基因进入细胞内。另一类是表达质粒-穿梭质粒，表达质粒的基本结构如下：

①能在COS细胞（用复制起点缺失的SV40基因组转化绿猴肾CV-1细胞所获得的细胞系）中复制，具有很高拷贝数的SV40复制点；

②转录起始的强启动子；

③mRNA加工修饰信号，包括mRNA剪接信号、多聚腺苷酸化序列等；

④外源基因插入的多克隆位点；

⑤筛选重组子细胞的选择性标记。

如CDM8载体含有SV40和多瘤病毒的复制点，使该载体在COS细胞和多瘤病毒转化的鼠成纤维细胞中能有效复制；含有一个巨细胞病毒（CMV）的启动子，用于调控外源基因的转录起始；还有一个T7启动子；在CMV启动子下游有来源于SV40的剪接信号和poly（A）位点。

常用的乳动物细胞株一般是传代细胞，包括中国仓鼠卵巢细胞（CHO细胞）、鼠骨髓瘤细胞株、COS细胞、BHK-21细胞、Vero细胞、HEK-293细胞等。其中，CHO细胞是最常用的哺乳动物宿主细胞，分野生型和dhfr缺失突变型，遗传背景清楚，可以悬浮或者贴壁生长，外源基因可整合进入染色体，外源蛋白的折叠和修饰准确，可以分泌表达和胞内表达，被美国食品与药物管理局确认为安全的基因工程细胞株。

七、基因工程技术在食品工业中的应用

基因工程技术为食品产业的发展打开了新天地。应用基因工程技术对动植物、微生物的基因进行改良，可以产生营养丰富的动植物原材料、性能优良的微生物菌种以及高活力而价格适宜的酶制剂这些都为食品工业提供新型加工原料，赋予食品多种功能、优化生产工艺和生产新型食品。基因工程技术的发展为食品工业的发展提供了新的发展契机，对于促进食品工业的发展有着巨大的作用。表9-1中列出了基因工程技术在食品工业中的主要应用。

（一）改良食品原料

碳水化合物是人类身体能量的重要来源。对于农作物来说，淀粉是形成碳水化合物的常见形式，调控农作物的淀粉含量，具有很大的经济效益。一方面促进淀粉生成，能增加干物质的量，增加农作物的商业价值；另一方面抑制形成淀粉可通过减少合成淀粉的碳流，促进生成其

表 9-1 基因工程技术在食品工业中的应用

应用领域	用途
改造食品原材料	油脂改良，提供对人体健康有益的植物油
	蛋白质改良，提高必需氨基酸的含量，改善蛋白质的加工性能
	碳水化合物改良，改变植物食品中淀粉组成及含量
改善食品品质和加工特性	应用于酱油酿造，改善酱油风味，提高酱油产率
	应用于啤酒酿造，改善啤酒风味
增强果蔬食品的贮藏性和保鲜性能	延长番茄、草莓、梨、香蕉、桃、西瓜等的储存期限
改革传统的发酵工业	改良微生物菌种，从而改善产品风味，节约能源，缩短生产周期
	改良乳酸菌的遗传特性，确保菌株的安全性，改良产品风味，加速干酪熟化
	大量生产酶制剂
生产保健食品及特殊食品	利用植物生产狂犬病病毒、乙肝表面抗原、链球菌突变株表面蛋白等

他贮存物质，如贮存蛋白的积累增加。一般来说，可利用基因工程技术调节合成淀粉的特定酶的活力或各种酶之间的比例，以达到增加淀粉含量或获得性质独特、品质优良的新型淀粉品种的目的。目前研究可知，ADP-葡萄糖焦磷酸化酶（ADP glucose pyrophosphorylase，AGPP）、淀粉合成酶（starch synthase，SS）和淀粉分支酶（starch branching enzyme，SBE）是高等植物体内淀粉生物合成的关键酶类。

植物油是人类日常生活必需品。脂肪合成酶（fat acid synthase，FAS）的多酶体系调控这高等植物体内脂肪酸的合成，该多酶体系组成的改变将影响脂肪酸的链长和饱和度，可按预期设计获得高品质、安全及营养均衡的植物油。硬脂酸 CoA 脱饱和酶基因被导入油菜后，降低了转基因油菜种子中的饱和脂肪酸（软脂酸、硬脂酸）的含量，增加了不饱和脂肪酸（油酸、亚油酸）的含量；硬脂酸-ACP 脱氢酶的反义基因被转入转基因油菜种子中后，结果硬脂酸的含量从 2%增加到 40%。目前，高油酸含量的转基因大豆及高月桂酸含量的转基因油料芥花菜等作物品种已在美国商品化。

在改良食品原料方面，通过导入硬脂酸-ACP 脱氢酶的反义基因，可使转基因油菜籽中硬脂酸的含量从 2%增加到 40%，而将硬脂酰 CoA 脱饱和酶基因导入作物后，可使转基因作物中的饱和脂肪酸的含量下降，而不饱和脂肪酸的含量则明显增加，从而改善了油脂的品质。

将转基因技术用于蛋白质改良，可将谷物类植物基因导入豆类植物，开发蛋氨氨酸含量提高的转基因大豆。从玉米种子中克隆富含必需氨基酸的玉米醇溶蛋白基因，导入马铃薯中，能使转基因马铃薯块茎中的必需氨基酸提高了 10%以上。

利用反义基因技术，通过抑制细胞壁降解酶聚半乳糖醛酸酶（PG）的合成，可以使番茄的成熟期显著地推迟，从而增强了番茄的风味，并延长了货架期；利用基因重组技术还可以将来自细菌的番茄红素和β-胡萝卜素等类胡萝卜素的生物合成基因以及类胡萝卜素合成原料的异戊烯腺嘌呤焦磷酸（IPP）的合成途径酶——酵母的IPP异构酶（IPPI）基因导入番茄中，使番茄总胡萝卜素含量和番茄红素含量提高了2~3倍。这种转基因番茄的番茄红素及类胡萝卜素含量很高，对预防癌症有良好作用。

将高分子质量面筋蛋白基因导入普通小麦中，获得了含量更多的高分子质量面筋蛋白质的小麦；通过反义基因抑制淀粉分枝酶基因可获得完全只含直链淀粉的转基因马铃薯，从而达到碳水化合物改良的目的。

基因工程技术在改良蛋白质、碳水化合物及油脂等食品原料品质方面有着广泛的应用。人类生存离不开蛋白质，蛋白质原料中有65%是植物蛋白。谷类蛋白质中赖氨酸（lys）和色氨酸（Trp）含量低，豆类蛋白质中蛋氨酸（Met）和半胱氨酸（Cys）含量低，这些都是人类所必需氨基酸，通过基因工程，可改变这种氨基酸组成不合理的现象，获得高产蛋白质的作物或高产氨基酸的作物。植物中一些氨基酸含量较低，组成合理的蛋白质，利用基因工程改良时可以把编码这些蛋白质的基因分离出来，并重复转入同种植物中，使之过量表达，大大提高了蛋白质中必需氨基酸的含量，提高了蛋白质的营养价值。如有人用Met密码子序列取代了拟南芥菜2S白蛋白的可复制区域，所获得的转基因拟南芥菜可生产富含Met的2S蛋白。

（二）改善食品品质和加工性能

在改善食品品质和加工特性方面，最典型的代表是酱油的酿造。将参与酱油酿造的羧肽酶和碱性蛋白酶的基因克隆并转化成功后，新构建的基因工程菌株中碱性蛋白酶和羧肽酶的活力大幅提高，从而提高了酿造过程中所生成氨基酸的量，改善酱油风味；还有研究将纤维素酶基因克隆后，用高纤维素酶活力的转基因米曲霉生产酱油时，使酱油的产率明显提高；除此之外，米曲霉中的木聚糖酶基因被成功克隆，抑制该酶的表达所构建的工程菌株酿造酱油，可降低木糖与酱油中的氨基酸反应产生褐色物质的进行，从而酿造出颜色浅、口味淡的酱油。

基因工程技术的应用，也能改善啤酒的酿造过程。双乙酰是影响啤酒风味的重要物质，含量过多会严重破坏啤酒的风味与品质，去除啤酒中双乙酰的有效措施之一就是利用A2乙酰乳酸脱羧酶。利用转基因技术将外源A2乙酰乳酸脱羧酶基因导入啤酒酵母细胞，并使其表达，构建转基因啤酒酵母，明显地降低啤酒中的双乙酰含量的同时不会对啤酒酿造过程中的其他发酵性能造成不良影响。

（三）果蔬保鲜

基因工程技术还用于增强果蔬食品的贮藏性和保鲜性能。乙烯是果实成熟过程中调节基因表达的最重要、最直接的指标，用基因工程将ACC还原酶和ACC氧化酶反义基因和外源的ACC脱氨酶基因导入正常植株中，获得乙烯合成缺陷型植株，达到控制果实成熟的目的。

（四）改造传统发酵工业

在改革传统的发酵工业方面，可以通过改良微生物菌种和改良菌种的遗传特性达到此目的。将霉菌的淀粉酶基因转入大肠杆菌，并将此基因进一步转入酵母细胞中，使之直接利用淀粉生产酒精，省掉高压蒸煮工序，可节约60%能源，生产周期大为缩短；利用基因工程技术选育无耐药基因的乳酸菌株或去除菌株中含有的耐药质粒，可确保食品安全；用DNA重组技术将凝乳酶、葡萄糖异构酶等基因克隆到大肠杆菌中并成功表达，可用于凝乳酶、葡萄糖异构酶等酶制剂的生产。

（五）生产特殊用途食品

近年来，将某些致病微生物的有关蛋白质（抗原）基因，通过转基因技术导入某些植物受体细胞中，并使其在受体植物细胞中得以表达，从而使受体植物直接成为具有抵抗相关疾病的疫苗，保持了重组蛋白的理化特征和生物活性。利用这种方法可以生产特殊食品。

2002 年，中国农科院已通过重组 DNA 技术选育出具有抗肝炎功能的番茄。这种番茄被人食用后，可以产生类似乙肝疫苗的预防效果。将一种有助于心脏病患者血液凝结溶血作用的酶基因克隆至牛或羊中，牛乳或羊乳中就含有这种酶。目前，已获成功的有狂犬病病毒、乙肝表面抗原、链球菌突变株表面蛋白等 10 多种转基因马铃薯、香蕉、番茄的食品疫苗。此外，口服不耐热肠毒素转基因马铃薯后即可产生相应抗体。

将有助于心脏病患者血液凝结作用的酶的基因克隆至羊或牛中，可以在羊乳或牛乳中产生这种酶。1997 年上海医学遗传所与复旦大学合作研发的转基因羊，羊的乳汁中生产出人的凝血因子。此外，可以利用基因工程在植物中生产食品疫苗。具体方法就是将某些致病微生物的抗原表位蛋白质基因通过转基因技术导入某些植物宿主细胞中，并使其表达，表达的产物就是能激起人体免疫反应的抗原，这种植物就成为疫苗，被人体吃下后就有可能是人体具有抵抗相关疾病的能力。目前，已获成功的有狂犬病病毒、乙肝表面抗原、链球菌（streptococcus）突变株表面蛋白等十多种转基因、番茄、香蕉、马铃薯食用疫苗。这些抗原表位基因可以长期地储存于转基因植物的种子中，有利于疫苗的保存生产、运输，转基因植物作为廉价的疫苗生产系统展示了很好的发展潜力。

（六）基因工程技术在海藻糖生产中的应用

海藻糖（trehalose）是由两个葡萄糖残基通过一个 α，α（1→1）键连接而成的非还原性双糖。海藻糖广泛存在于细菌、酵母、真菌、藻类及昆虫中，由于具有独特的生物学功能，受到世界各国的广泛关注。海藻糖可以保护蛋白质、生物膜及敏感细胞的细胞壁免受干旱、冷冻、渗透压变化等造成的伤害，在工业上作为不稳定药品、食品和化妆品的保护剂等，还可以保护 DNA 防止放射线引起的损伤。

现在海藻糖主要通过酶法生产，已实现工业化规模。目前对于海藻糖合成相关的酶基因的序列分析及氨基酸序列特征，已有一定的进展。如根瘤 M-11 中 2 个海藻糖合成相关的酶，MTSase 和 MTHase 的基因已在大肠杆菌中克隆和序列分析，从氨基酸序列推导出的分子量分别为 85ku 和 65ku，均与 SDS-PAGE 测定的结果相近。2 个基因有各自的可能的核糖体结合位点和翻译起始序列，2 个基因有一个核苷酸序列的重叠区，表明在一个操纵子上。DNA 印迹分析表明这 2 个基因在基因组 DNA 上是单拷贝的。

硫矿硫化叶菌 KM1 和嗜酸热硫化叶菌（*Sulfolobus acidocaldarius*）ATCC33909 的新型葡糖基转移酶和新型 α-淀粉酶的基因也已克隆、表达和序列分析。其新型葡糖基转移酶的氨基酸分别为 720 和 728 个，推测分子质量为 86ku 和 85ku；新型 α-淀粉酶的氨基酸分别为 558 和 556 个，推测分子质量 65ku 和 64ku，均同根瘤 M-11 的 2 个酶的大小接近。硫化叶菌这 2 个酶的基因都带有自己的启动子，同根瘤菌中的情况（在一个操纵子上）不同。嗜酸热硫化叶菌的 2 个酶同硫矿硫化叶菌的酶的氨基酸同源性分别为 50% 和 59%。尽管氨基酸序列的同源性较低，但酶的性质很接近。基因工程菌株可以在常温培养，产酶活力高，有工业应用前景。

上述的 3 个菌株的 2 种酶其氨基酸序列，尽管同 α-淀粉酶有很大区别，但都存在 α-淀粉酶家族（包括 α-淀粉酶，普鲁兰酶，环状糊精葡聚糖转移酶，淀粉脱支酶等）的几个保守的同源区，已知这些保守区域同 α-淀粉酶家族的酶的催化活性和同底物结合相关，推测这 2 个海藻糖合成相关的酶有与 α-淀粉酶相似的（α/β）8 桶状的三级结构。

基因重组法，已分别在植物和微生物中试验。如能把葡萄糖转换成海藻糖的酶的基因引进产糖作物中，使其能在植物体内制出海藻糖。已知很多微生物能产生海藻糖，其生物合成涉及 2 种酶：海藻糖-6-磷酸合成酶（trehalose-6-phosphate synthesase）和海藻糖-6-磷酸磷酸酯酶（trehalose-6-phosphate phosphatase）。合成途径包括两步：

①首先，由葡萄糖-6-磷酸与尿苷二磷酸葡萄糖，通过海藻糖-6-磷酸合成酶合成海藻糖-6-磷酸；

②再由海藻糖-6-磷酸，通过海藻糖-6-磷酸磷酸酯酶，除去磷酸基得到海藻糖。

现已将编码上述这两种酶的基因进行了克隆，得到了具有这两种酶基因的新微生物，正在作进一步的解析研究。

此外，还可直接把合成海藻糖酶基因导入到植物中去，使其自行积累海藻糖。这种富含海藻糖的植物可直接干燥保藏运输，复水后风味和营养成分几乎不变。关于这一点，荷兰 Moreh 公司与英国 Vander Have 公司领先一步，他们设法提高农作物（如甜菜和马铃薯等）的海藻糖含量，并已取得其生产技术的专利保护。

还有专利指出，采用基因技术把古细菌中的游离海糖酶基因克隆人大肠杆菌中，以得到热稳定的海藻糖合成酶，再以此酶来生产海藻糖，结果也较为理想。

（七）转基因食品的安全性问题

尽管基因工程技术已经给现代食品工业发展带来了深远的变革，然而，鉴于目前的技术水平，转基因在受体细胞染色体上的整合是随机的，外源基因性状的表达同时还伴随着其他性状的出现，目前科学技术的研究水平不能精确预测外源基因对未来会产生何种影响。

从人类历史发展的经验来看，科学技术是一把双刃剑，应用得当是人类社会之福，应用不当会对人类社会产生危害。基因工程技术在食品产业中的应用同样存在这样的问题。转基因食品引发的安全性问题与农业和食品工业的发展紧密相关。专家们关注基因工程运用后可能会产生的环境安全，包括外源基因是否扩散，是否会破坏生物多样性等问题；普通人急于了解基因工程是否会带来潜在的毒副作用。从外源基因表达产物的安全性方面来看，鉴于新增加的基因是人们熟知的和深入研究过的，一般情况下，食品中基因工程的外源基因没有直接的毒性问题，标记基因的水平转移可能性也很小，转基因食物中的绝大部分核酸物质进入人体胃肠道后，会被降解并在胃肠中失活，极小部分的有活性成分要转移整合进入受体细胞也是一个非常复杂的过程。这种整合需要特定的选择环境、合适的调控系统，受体细胞要呈感受态，而且对同源性也有一定要求。从外源基因编码蛋白质的过敏性角度看，如果基因是已知的过敏源，且其编码的蛋白质是可食部分，必须提供数据以确定该基因是否编码一种过敏源。如果转基因食品有潜在的过敏性，则会其安全性进行慎重的评估，如含高蛋氨酸贮藏蛋白的巴西坚果。对标记基因编码蛋白质的降解产物也会进行毒性分析，以防止标记基因翻译后由于修饰作用产生毒性，从而保证转基因食品安全。从理论和技术角度上看，目前上市的转基因产品在有限的时间内暂时是安全的。

第二节　发酵工程技术

发酵英文起源于拉丁语 fervere，原意为发泡、翻腾现象。发酵的历史悠久，早在 4000 多年前古人就已经通过发酵酿酒，但直到近两百年人们才开始了解其本质。1861 年，路易斯·巴斯德（Louis Pasteur）通过曲颈瓶实验，证明了发酵与微生物密切相关，彻底否定了以往解释发酵现象的“自然发生说”。

发酵是指通过微生物在无氧条件下的代谢活动，大量积累微生物菌体本身、微生物直接代谢产物或次级代谢产物的过程。在合适的条件下，采用现代工程技术手段，利用具有某些特定功能的微生物生产出对人类有用的产品，或直接把微生物应用于工业生产，即发酵工程技术。

一、发酵工程的主要内容

（一）发酵用微生物菌种

发酵离不开微生物的参与，最为常用的菌种主要包括细菌、酵母菌和霉菌三大类。

1. 细菌

细菌是分布最广、数量最多的一类微生物。细菌作为一种原料参与发酵过程，也影响着发酵后产品的安全性。醋酸杆菌属于严格好氧型细菌，能将糖类和酒精氧化为醋酸，是制造食醋的主要菌种。乳酸杆菌能将葡萄糖等糖类分解为乳酸，常见的保加利亚乳酸杆菌、乳酸乳杆菌和嗜热乳杆菌等，可用于生产干酪、酸奶等乳制品。谷氨酸棒杆菌、钝齿棒杆菌等能将绝大部分的糖和尿素转变为谷氨酸，因此被广泛用于生产味精。

2. 酵母菌

酵母菌属于真菌类，是一种典型的异养兼性厌氧菌，广泛分布于自然界中。酵母菌主要生长在富含糖类的酸性环境中，通过 EMP 途径代谢产生丙酮酸，在无氧条件下再经脱羧生成 CO_2 和乙醛，乙醛接受糖酵解过程中释放的还原态氢被还原成乙醇。酵母菌种类较多，有 56 个属、500 多种，其中最为常见的有酿酒酵母、假丝酵母、类酵母等，可用于生产可食用的酵母菌体蛋白、发酵面包以及酿造啤酒、葡萄酒等。

3. 霉菌

霉菌是丝状真菌的统称，多属于需氧微生物。霉菌的用途十分广泛，许多种类发酵食品的生产都是在霉菌的参与下完成的。发酵中常用的霉菌有毛霉属、根霉属、曲霉属和地霉属 4 个属。毛霉分解蛋白质的能力较强，可用于制作腐乳、豆豉等，常用的有鲁氏毛霉等；根霉具有很强的糖化酶活力，能将淀粉分解为糖，在酿酒工业得到广泛应用，常用的有日本根霉、米根霉、华根霉等；曲霉属中应用较多的有米曲霉、黑曲霉、黄曲霉、宇佐美曲霉等，在制曲、制作豆酱、酿造酱油、白酒和黄酒中发挥着重要作用。

（二）微生物培养基

在发酵过程中，需要对微生物进行培养，培养基的选择对微生物的生长情况至关重要。培养基是指由人工配制的、适合微生物生长繁殖或积累代谢产物的营养基质，不同微生物对营养要求不同，但一般都含有氮源、碳源、无机盐、生长因子、水及能源这六大类营养要素。

1. 碳源

碳源可为微生物的生命活动提供碳元素，分为无机碳源和有机碳源。除水分外，碳源就是需求量最大的营养物质。大多数微生物都以复杂的有机物作为碳源，只有少数自养型微生物以CO_2作为唯一碳源。工业上常用淀粉和淀粉水解糖等作为碳源，如葡萄糖、糖蜜，但对水解糖液有一定的要求，如在谷氨酸发酵过程中，要求淀粉水解糖的DE值（dextrose equivalent）大于90%，还原糖含量大于18%，并且无糊精化反应。

2. 氮源

氮源可为微生物的生命活动提供氮元素，分为有机氮源和无机氮源。无机氮源可能会引起培养基pH的变化，如硫酸铵作为氮源被利用后使得pH下降，尿素则会使pH上升。而有机氮源成分复杂，除提供氮源外，还可作为能源、提供生长因子等。因此，有机氮源和无机氮源常混合使用，在发酵初期使用容易同化的无机氮源；到了发酵后期，菌体的代谢酶系已经形成，则使用蛋白质等有机氮源。

3. 无机盐

无机盐可为微生物提供除碳、氮元素之外的重要元素，既是菌体的细胞组成成分，也起到作为酶的激活剂或抑制剂、调节培养基的渗透压及pH等作用。常使用磷酸盐、硫酸镁、钾盐等来补充培养基的无机盐。

4. 生长因子

生长因子是调节微生物生长代谢所必需但不能自行合成的一类有机物，需求量很少，包括氨基酸、嘌呤、嘧啶、维生素、光照、氧气等。提供生长因子的主要是一些农副产品原料，常用的有玉米浆、麸皮水解液、糖蜜、酵母水解液等。

5. 水

水既是微生物的组成成分，也是一切生命活动的介质和溶媒。水的质量直接关系到发酵产品的质量，选择水源时必须充分考虑水的pH、溶解氧、可溶性固形物、矿物质组成和含量等参数。

6. 能源

一切生命活动都要消耗能量。能源为微生物的生命活动提供最初能量。大多数培养基不需额外添加能源，化能营养型微生物通过无机物或有机物的氧化过程获得能量，光能营养型微生物则以日光为能源，通过ADP的磷酸化产生ATP供微生物细胞利用。

不同营养类型的微生物有不同的营养需求，应根据实际情况选择适宜的营养物质，配制针对性较强的培养基。对于发酵培养基来说，其营养成分既要利于菌体的生长，又能充分发挥菌种合成代谢的能力。首先，微生物只有在各营养物质浓度合适时才能生长良好，过低时不能正常生长；过高时则生长可能会受到抑制，在高浓度糖类、重金属离子等浓度过高时，微生物生长均会受到抑制。其次，培养基中各营养成分的配比也会影响到微生物的生长繁殖和代谢产物的积累，其中C/N影响较大。通常情况下，培养真菌的培养基需要较高的C/N，而培养一般细菌的培养基则需要较低的C/N。

（三）微生物发酵过程及其控制

微生物的发酵类型不一，但发酵过程总体上都包括菌种选育与筛选、菌种扩大培养、灭菌、发酵过程控制和产品分离提纯。

1. 菌种选育与筛选

优良的微生物菌种是发酵成功的关键因素之一，通过菌种选育可得到优良的微生物菌种。

菌种选育即通过一定的手段，使微生物的遗传物质发生变异，从而改变微生物的遗传性状，获得高生产性能的目标新菌株。菌种选育常用的方法包括自然选育、诱变育种和杂交育种，此外还有微波辐射、原生质体融合育种、代谢控制育种、基因工程育种等手段。

①自然选育：微生物在自然条件下自发突变，通过选育可获得具有优良生产性能的高产菌种，但较低的自发突变率使得自然选育效率低下，而且出现优良性状的可能性也很小；

②诱变育种：利用物理、化学或生物诱变剂处理均匀分散的微生物细胞群，引起大部分细胞死亡，同时大大地提高存活细胞的突变率，从中筛选出符合育种目的的突变株。诱变育种具有简便高效、效果显著的优点，是目前最主要的菌种选育手段；

③杂交育种：利用两个基因型不同的菌株，通过有性杂交、准性杂交、原生质体融合、转化和转导等方式，使菌株间进行遗传物质交换和重新组合，把优良性状汇集于重组体菌株中。

2. 菌种扩大培养

菌种的扩大培养首先要实现生产菌种的活化，即把处于休眠状态的菌种经无菌操作接入试管斜面或液体培养基中，培养成熟后挑选菌落正常的孢子或营养体反复培养几次。实现菌种活化后，再经摇瓶（液体）或茄形瓶（固体）培养，最后转入种子罐逐级扩大培养，从而获得相当数量、代谢旺盛的纯种的过程，因而又称为种子制备。菌种扩大培养的目的是使有限数量的菌种营养体或孢子发芽、生长繁殖成足够量的营养体，接入发酵罐培养基后能迅速成长，达到一定菌体量。种子罐逐级扩大培养是菌种扩大培养的关键。根据菌种对氧的需求，可分为静止培养和通气培养。静止培养适用于厌氧微生物，如双歧杆菌；通气培养适用于好氧微生物，如醋酸杆菌。

3. 灭菌

发酵过程中如果受到杂菌污染，杂菌就会和发酵微生物竞争营养基质，影响发酵产物的产率，甚至杂菌比发酵微生物生长得更好，导致发酵罐中以杂菌为主。因此，在接种之前，要对培养基和发酵设备进行灭菌。影响培养基灭菌的因素有污染杂菌的种类和数量、灭菌温度和时间、培养基成分、培养基成分颗粒度、培养基 pH、冷空气排除情况、泡沫等。

4. 发酵过程的控制

微生物发酵过程的控制因素主要包括培养基基质的影响及补料、菌体浓度、温度、pH、搅拌速度、溶解氧、CO_2等。

（1）培养基基质的影响及补料　培养基基质是微生物细胞生长和代谢产物积累的物质基础，因此，合适的基质种类和浓度对高产、稳定的发酵过程有很大影响，培养基基质对发酵过程的影响和控制主要体现在碳源、氮源和补料这几方面。碳源有快速利用和慢速利用之分。快速碳源（如葡萄糖）能迅速参与菌体生长、代谢和产生能量，有利于菌体生长。慢速碳源有利于延长代谢产物的合成，特别是延长抗生素的生产期。发酵过程中常采用混合碳源，能起到提高产率的作用。

氮源也可以分为快速利用和慢速利用，一般都选用混合氮源。在不同发酵阶段，微生物对氮的需求量不同，如进行谷氨酸发酵时，在发酵前期，由于过高浓度的NH_4^+会抑制菌体细胞生长，氮源浓度一般较低，而到了产酸阶段为积累更多的谷氨酸，则需要提高浓度氮源浓度。控制氮源浓度，主要是通过在发酵过程中中间补料。可以补加无机氮源，如氨水、尿素等，既可作为氮源，又可调节 pH；还可以补加有机氮源，如能调节 pH 的尿素、有效提高发酵单位的酵母粉、玉米浆等。

大多数微生物发酵还需要添加磷酸盐，常用的磷酸盐有磷酸二氢钾等。要根据具体的发酵过程确定补加磷酸盐的时机和浓度，以少量多次为好。

（2）菌体浓度　菌体浓度是指单位体积发酵液中微生物菌体的含量。在发酵动力学研究中，可以通过菌体浓度计算出菌体的比生长速率和产物的比生成速率等有关动力学参数，以研究它们之间的关系。菌体的比生长速率适当时，发酵产物的产率将与菌体浓度成正比。菌体浓度与发酵液的表观黏度有关，间接影响到发酵液的溶解氧浓度。在生产上，常根据菌体浓度来决定适合的补料量和供氧量，以达到预期的生产水平。

（3）温度　微生物生长和代谢产物形成是一系列酶促反应的结果，而温度是保证酶活性的重要条件，因此在发酵过程中必须保证稳定而适宜的温度环境。不同菌种、培养条件以及不同的发酵阶段，其最适温度都会有所不同，菌体的最适生长温度与产物的最适合成温度往往也不相同。另外，还需综合考虑到其他发酵条件，如供氧条件、培养基的成分和浓度等，选择最适宜的温度，使微生物生长速度最快和代谢产物的产率最高。

（4）pH　pH 是发酵过程中的一个重要参数，过高过低都会影响发酵速度、微生物代谢产物的种类和数量。培养基 pH 在发酵过程中是变化的，一是由于营养物质不断消耗，培养基成分和比例改变；二是代谢产物不断积累，如有机酸使 pH 下降、NH_4^+使 pH 上升。控制发酵过程中 pH，首先应根据微生物的特性控制原始培养基的 pH 适当，各类微生物生长的最适 pH 不同，酵母菌一般为 4.5~5.0，霉菌为 5.0~6.0，细菌为 6.5~7.5。发酵过程中随时检测 pH 变化情况，选用适当的方法及时进行调节和控制，比如选用不同代谢速度的氮源和碳源种类和比例；在培养基中加入缓冲剂，如碳酸钙、磷酸钙；适量加入弱酸或弱碱；中间补糖控制等。

（5）搅拌速度　搅拌速度的大小会影响到发酵液中的液相体积氧传递系数和产生的泡沫程度。通常情况下，发酵罐体积的放大是以单位体积发酵液所消耗的搅拌功率为基础的。发酵罐体积越小，搅拌速度越大；发酵罐体积越大，搅拌速度越小。但无论发酵罐的大小，搅拌功率都要维持在 $2\sim4kW/m^3$。

（6）溶解氧　氧气难溶于水中，而微生物只能利用溶解状态的氧。氧是需氧微生物生长所必需的，如霉菌和醋酸杆菌，如果不供应氧或供应不足，就会影响到它们的生长代谢。而酵母菌属于兼性厌氧菌，在无氧条件下也能较好地生长，但如果在发酵过程中供应氧，菌体会生长地更好。通常是通入大量的无菌空气作为氧气的来源。为了提高溶氧量，可以采取使用含氧较多的空气或纯氧，加大通风量，改变搅拌速度，增加罐压，排除尾气等措施。

（7）CO_2　CO_2是呼吸和分解代谢的最终产物，几乎所有发酵都会产生 CO_2。CO_2浓度变化受培养基性质、菌种、发酵工艺等多种因素的影响，一般采用通气搅拌的方法控制 CO_2浓度。降低通气量和搅拌速度，可以增加发酵液中的 CO_2浓度，反之则会降低 CO_2浓度。CO_2溶于发酵液中会形成碳酸而降低发酵液 pH，可以加碱中和，但不能使用 $CaCO_3$。

微生物培养流程如图 9-7 所示。

二、发酵设备

在发酵生产中用到的设备类型有很多，发酵前需用到原料的处理与输送设备，发酵过程中需用到灭菌设备、空气过滤除菌设备、发酵罐（生物反应器），发酵后需用到发酵产物的分离纯化设备。其中发酵罐是发酵设备中最主要和关键的设备之一，有效实现发酵工程技术的产业化。以机械搅拌式发酵罐应用最为广泛，占发酵罐总数的 70%~80%，所以也被称为通用式发

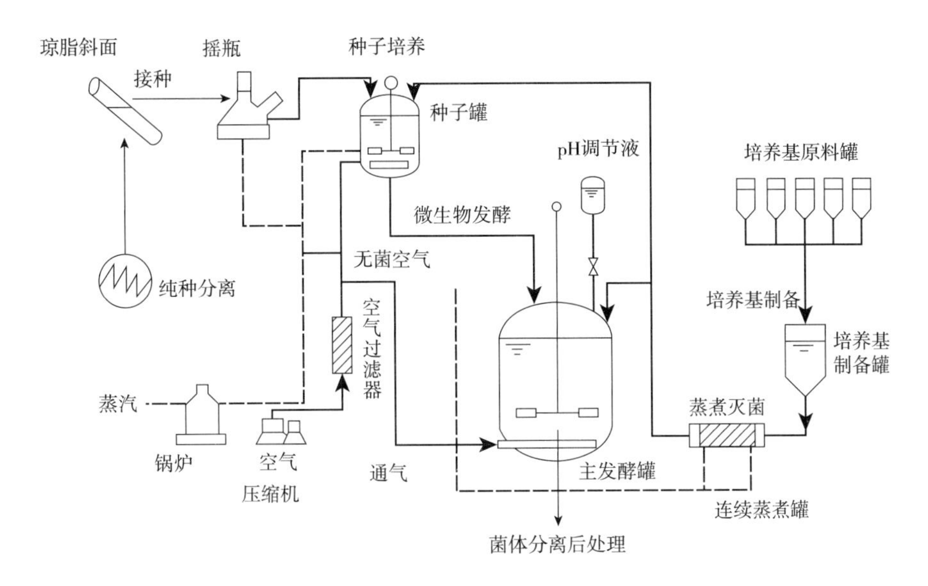

图 9-7 微生物培养流程

酵罐。

（一）机械搅拌式发酵罐

机械搅拌式发酵罐是利用机械搅拌作用将通入的空气气泡打碎，使空气和发酵液充分混合，促使氧在发酵液中溶解，以保证供给微生物生长繁殖和代谢活动所需要的氧气。机械搅拌式发酵罐可分为小型夹套机械搅拌式发酵罐（通常小于 $5m^3$）和大型无夹套机械搅拌式发酵罐，机械搅拌式发酵罐的构造如图 9-8 所示。

机械搅拌式发酵罐具有许多有优点，如溶氧系数较高，适合多数好氧微生物的发酵。其发酵液内气泡分散均匀，混合效果好，氧的利用率较高，不易产生沉淀。但也存在一些缺点，如设备结构比较复杂，不方便清洁和维修，造价和操作费用较高；动能消耗大，机械搅拌产生的剪切力易使抗剪切性较差的菌体受损伤等。

1. 搅拌器

搅拌器的主要作用是打碎气泡，延长气液接触时间，加速和提高溶氧，同时也有利于传热过程，常用的搅拌器有平桨式、螺旋桨式、涡轮式，其中涡轮式使用最广泛。搅拌器可使发酵液有足够的径向流动和适度的轴线运动，以防止搅拌器运转时流体产生巨大的旋涡，同时增大被搅拌液体的湍流程度。

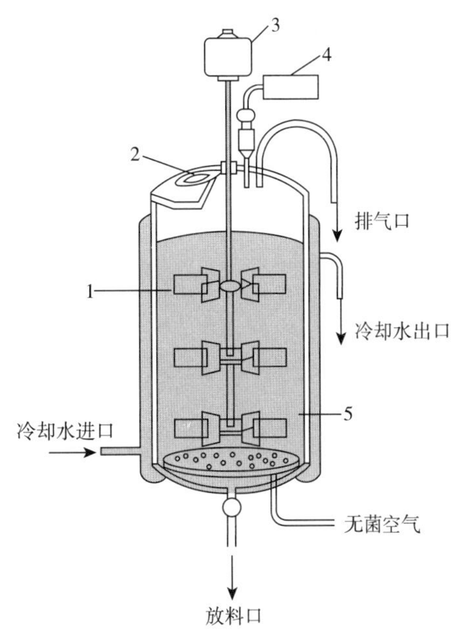

图 9-8 机械搅拌式发酵罐

1—搅拌器 2—加料口 3—电动机
4—pH 检测及控制装置 5—培养液

2. 换热装置

发酵罐的换热装置是必不可少的，可用于发酵培养基的加热、灭菌、冷却及发酵温度的调节。

换热装置类型可分为三种：一是夹套式换热装置，适用于小型发酵罐。其优点是结构简单，加工容易，罐内死角少，容易清洁灭菌，有利于发酵；缺点是传热壁较厚，冷却水流速低，发酵时降温效果差，传热系数为400~600kJ/（m^2·h·℃）。二是立式蛇管换热装置，大中型发酵罐多用这种换热装置。冷却水在管内的流速大，传热系数大，降温效果较好，用水量较少，适用于冷却水温度较低的地区。若冷却水温度较高时，则降温困难，弯曲部分容易腐蚀。三是立式排管换热装置，其以排管形式分组对称安装在发酵罐内，加工方便，适用于气温较高、水源充足的地区。但传热系数比蛇管换热装置低，用水量较大。

3. 空气分布装器

空气分布器是将无菌空气导入发酵罐的装置。空气分布管的形式对溶氧速率有较大的影响，通常可分为环管式和单管式两种。单管式空气分布器结构简单，在发酵工业上较常使用。环管式空气分布器的效果不如单管式的，容易使物料被堵塞住，目前已很少使用了。

4. 消泡装置

培养基中的蛋白质或多肽及菌体生长过程中释放出的蛋白质都是表面活性剂，在强烈的通气搅拌条件下会产生大量的泡沫。过多的泡沫将导致发酵液外溢，并增加了被杂菌污染的机会，不利于发酵的进行。为了要将泡沫控制在一定范围内，常用消泡剂和机械消泡装置两种方式进行消泡。常用的机械消泡装置有耙式消泡器、离心式消泡器、半封闭涡轮消泡器、刮板式消泡器等。

（二）气升式发酵罐

气升式发酵罐的工作原理是，无菌空气从罐底喷射进发酵液中，通气一侧的液体平均密度较低而向上升，不通气一侧的液体密度较高而向下沉，形成发酵罐内液体的循环流动，从而实现液体的混合、搅拌和传递氧。

根据环流管的安装位置不同，气升式发酵罐可分为内循环式和外循环式两种，前者是循环过程中的上升管和下降管都设置在发酵罐内，后者则是上升管和下降管分立布置，如图 9-9 所示。

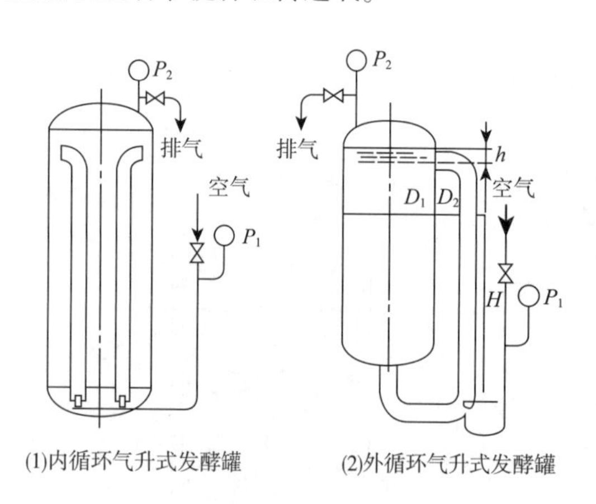

图 9-9 气升式反应器

P_1—进气口压力 P_2—排气口压力

与机械搅拌式发酵罐相比，气升式发酵罐具有诸多优点，如无须搅拌，结构简单，能耗低，不用加入消泡剂；清洗和维修方便，不易染菌；剪切力小，对生物细胞损伤较小；发酵液分布均匀，溶氧速率和溶氧效率较高。气升式发酵罐已成功用于酵母、单细胞蛋白、酶制剂和有机酸等的发酵生产中，但不适合固形物含量高、黏度较大的发酵液。

（三）机械搅拌自吸式发酵罐

机械搅拌式自吸式发酵罐是一种无须空气压缩机提供加压空气，而是利用特殊设计的搅拌吸气装置吸入无菌空气，同时实现混合搅拌与溶氧传质的设备。与机械搅拌式发酵罐的区别体现在，它使用的是自吸式搅拌器和导轮，又称为转子和定子，并且不需要空气压缩机。搅拌式自吸式发酵罐的结构如图 9-10 所示。

该发酵罐的特点：结构简单，节省了空气压缩机及其附属设备，减少了设备投资；便于实现自动化和连续化；溶氧系数高，能耗较低，用于酵母生产或醋酸发酵生产时效率高。但是，进罐空气处于负压状态，增加了染菌机会，不适合无菌要求较高的发酵过程；搅拌容易导致转速提高，有可能切断菌丝，影响菌体的正常生长。由于产生吸力有限，使用搅拌式自吸式发酵罐时，还必须配备低阻力损失的高效空气过滤系统，否则有可能无法供应足够多的无菌空气。

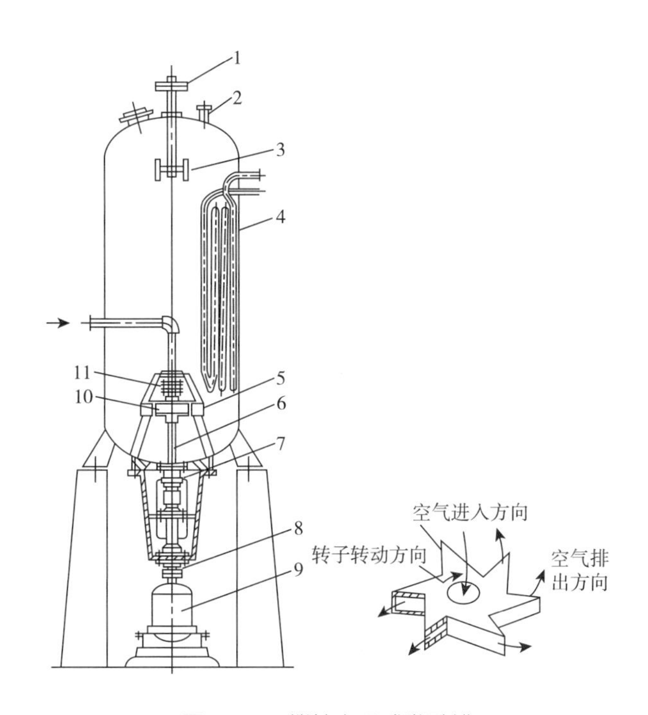

图 9-10 搅拌自吸式发酵罐

1—皮带轮 2—排气管 3—消泡器 4—冷却排管 5—定子 6—轴
7—双端面封轴 8—联轴节 9—马达 10—自顺式转子 11—端面封轴

（四）喷射自吸式发酵罐

喷射自吸式发酵罐既不用空气压缩机，也不需要搅拌吸气装置。它是利用文氏管喷射吸气装置或溢流喷射吸气装置实现混合通气的。

文氏管喷射自吸式发酵罐的结构如图 9-11 所示。其工作原理是，发酵罐底部的循环泵将发酵液压入文氏管中，由于文氏管的收缩段中液体的流速增加，形成真空吸入无菌空气，并使气泡分散与液体均匀混合，从而提高发酵液中的溶解氧。溢流喷射自吸式发酵罐的结构和工作原理与文氏管喷射自吸式发酵罐类似。

喷射自吸式发酵罐的特点是，气、液、固三相混合均匀，吸氧效率高；设备简单，不需要空气压缩机和搅拌装置，动力消耗大大降低。但也存在一些缺点，比如气体的吸入量与液体循环量之比很低，可能达不到微生物所需要的溶氧速率，因此不适合耗氧量较大的微生物发酵。

三、 发酵工程技术在食品工业中的应用

自古来以来，人们就利用微生物发酵制作出传统的发酵食品，如酱油、醋、腐乳和白酒等酒类。随着现代发酵工程技术的不断发展和成熟，一大批满足消费者需求、营养丰富、风味独

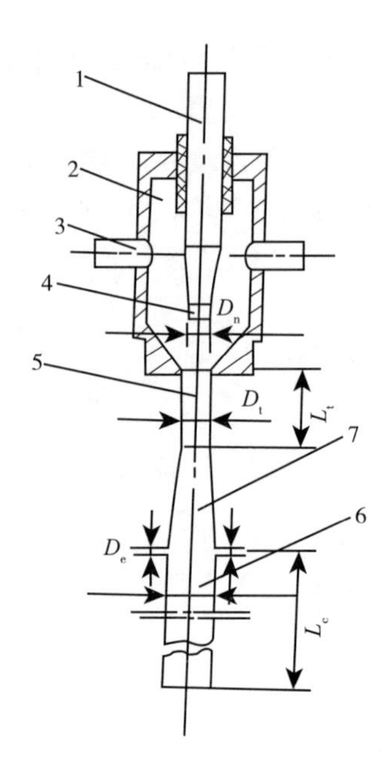

图 9-11　液体喷射吸气装置

1—进风管　2—吸气室　3—进风管　4—喷嘴　5—收缩管　6—导流尾管　7—扩散段

特的发酵食品相继面世。应用于食品中的发酵技术可参见表 9-2。

表 9-2　发酵工程在食品中的应用

产品		生产菌种	主要原料
乳制品	酸乳	保加利亚乳酸杆菌、嗜热链球菌、	优质鲜乳
	干酪	乳酸菌、丙酸菌、霉菌	优质鲜乳
饮料酒	啤酒	上面发酵酵母、下面发酵酵母	优质麦芽、水
	葡萄酒	葡萄酒酵母	新鲜葡萄或葡萄汁
	黄酒	麦曲（黄曲霉或米曲霉）、毛霉、根霉、黄酒酵母	糯米（或籼米、粳米、黍米、玉米）
	白酒	曲霉、根霉、毛霉、啤酒酵母、产酯酵母、乳酸菌、醋酸菌	谷类和薯类等淀粉质原料（高粱、大米、小麦、玉米、马铃薯、木薯、甘薯等）、糖质原料（蔗糖、糖蜜等）
调味品	酱油	米曲霉、酵母菌、乳酸菌	大豆、脱脂大豆（豆粕、豆饼）等蛋白质原料、小麦（麸皮）等淀粉质原料
	食醋	曲霉、酵母菌、醋酸菌	大米、高粱、小米、玉米，以及碎米、麸皮、米糠等
	味精	谷氨酸棒杆菌、钝齿棒杆菌	谷类和薯类等淀粉质原料（大米、小麦、玉米、木薯、甘薯、山芋等）、糖质原料（蔗糖、糖蜜等）
	豆酱	曲霉、酵母菌、乳酸菌	豆类
	腐乳	毛霉、根霉、藤黄微球菌	大豆

续表

产品		生产菌种	主要原料
食品添加剂	红曲色素	红曲霉	大米、籼米
	维生素 C	氧化葡萄糖酸杆菌、巨大芽孢杆菌、棒杆菌	D-山梨醇、葡萄糖等
	核黄素	阿舒假囊酵母、棉病阿舒囊霉、枯草芽孢杆菌	蔗糖、葡萄糖、糖蜜等为碳源，蛋白胨、酵母膏等为氮源
	柠檬酸	曲霉（黑曲霉、文氏曲霉等）、青霉、毛霉、木霉、解脂假丝酵母、细菌	谷类和薯类等淀粉质原料（大米、小麦、玉米、木薯、马铃薯等）、糖质原料（蔗糖、糖蜜等）
	乳酸	德氏乳酸菌、米根霉菌	
	黄原胶	黄单胞菌	葡萄糖、蔗糖、葡萄糖浆、玉米糖浆或淀粉等为碳源，蛋白胨、鱼粉、豆粕粉、硝酸盐、铵盐等为氮源
酶制剂		细菌、霉菌、酵母菌	淀粉、果胶、麸皮、豆饼等
面包制品		酵母菌、乳酸菌	小麦面粉
中式火腿、香肠等肉制品		乳酸菌、青霉、酵母菌、微球菌和葡萄球菌等	猪肉等肉类
泡菜、酸菜等蔬菜制品		乳酸菌、酵母菌、醋酸菌、其他细菌、霉菌	新鲜蔬菜

（一）两次发酵法生产维生素 C 的应用实例

维生素 C 又称 L-抗坏血酸，是一种白色无味的晶体粉末状物质。维生素 C 为人体所必需的维生素，并作为许多具有重要生理功能的金属酶的辅助因子，而参与胶原蛋白的羟基化、肉碱生物合成、多巴胺羟基化、缩氨酸激素的 α-酰胺化和酪氨酸的代谢等多种代谢活动。同时，维生素 C 还是一种重要的自由基清除剂，可清除超氧阴离子（O_2^-·）、羟自由基（OH·）和烷过氧基（ROO·）等，这些自由基被认为与癌症、心血管疾病等密切相关。

莱氏法生产维生素 C，自 20 世纪 30 年代问世以来，一直为世界各国普遍使用至今。其基本原理是，首先将 D-葡萄糖氢化为 D-山梨醇，经弱氧化醋酸杆菌（*Acetobacter suboxydans*）或生黑醋酸杆菌（*Acetobacter melanogenum*）发酵，氧化 L-山梨糖，再用强氧化剂 H_2SO_4、$Na(OCl)_2$或 $KMnO_4$将 L-山梨糖 C-1 位上的伯醇基氧化成 2-酮基-L-古洛酸，最后再酸或碱性条件下（HCl 或 $NaHCO_3$）内酯化及烯醇化为 L-抗坏血酸。

在强酸氧化过程中，必须在 H_2SO_4存在下先用丙酮处理山梨糖，将其酮化成双丙酮-L-山梨糖，再用 $KMnO_4$在碱性条件下将之氧化成双丙酮-L-古洛酸，进一步水解成 2-酮基-L-古洛酸，最后转化为 L-抗坏血酸。

莱氏法的工艺路线繁杂、生产劳动强度大，近年来经过不断改进，生产机械化程度和自动化水平有了很大的提高。

由于莱氏法的工艺路线复杂冗长，辅助原料消耗量大，自 20 世纪 60 年代开始世界各地的科学家都致力于简化缩短该反应路线的研究。研究重点都集中在微生物发酵上，希望能将D-山梨醇或L-山梨醇直接转化为2-酮基-L-古洛酸。

我国从1969年开始在微生物发酵-化学合成法的基础上进行维生素C二步发酵生产工艺的研究，在1974年取得了很大成功。中国科学院微生物研究所等单位筛选出以氧化葡萄糖酸杆菌（*Gluconobacteroxydans*）为主要产酸菌，以条纹假单胞菌（*Pseudomonas striata*）为伴生菌的自然共生菌丝。单独培养时，前者生长缓慢且产酸能力微弱，而后者根本就不产酸，但两者共生发酵时，却能将L-山梨醇直接转化为2-酮基-L-古洛酸。在后续研究中，还筛选出具有相同生物转化能力的其他菌株。

1. 两次发酵法的工艺流程

两次发酵法生产维生素C，实质上是通过微生物发酵法代替莱氏法中部分化学合成阶段，这样就避免了丙酮、酸、碱或苯等有机溶剂的大量使用。在L-山梨糖之前的工艺方法与莱氏法完全相同，只是从L-山梨糖开始，用生黑醋酸杆菌或氧化葡萄糖酸杆菌和假单胞菌发酵，选择性氧化L-山梨糖C-1上的醇羟基，使之直接转化成2-酮基-L-古洛酸，而省去了莱氏法中的丙酮保护步骤。之后的工艺路线与莱氏法相同。图9-12所示为其工艺流程。

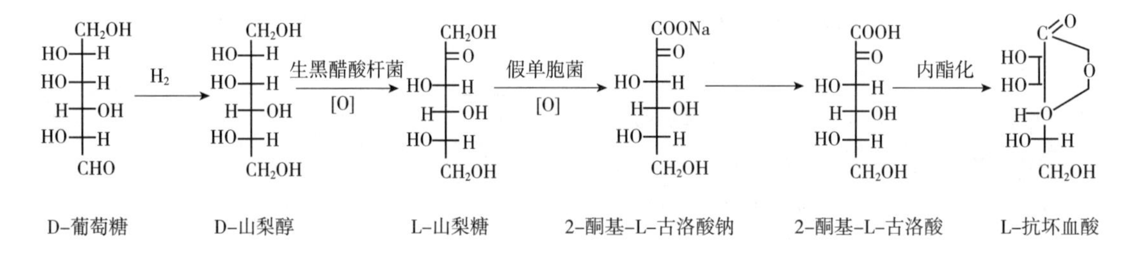

图9-12　两次发酵法生产维生素C的工艺流程

两次发酵法为我国首创，是沿袭半个多世纪的维生素C生产方法的巨大发展。其工艺简单，原料消耗少，可节省大量化工原料，安全卫生，且三废和污染较小，已为国内大部分厂家采用。

2. 发酵菌种

研究表明，可将D-山梨醇转化为L-山梨糖的微生物菌种，除了上述弱氧化醋酸杆菌和生黑醋酸杆菌之外，还可使用生黑葡萄糖醋酸杆菌（*Gluconobactermelanogenus*）、玫瑰色葡萄糖醋酸杆菌（*Gluconobacterroscum*）、恶臭醋酸杆菌（*Acetobacter rancens*）纹膜醋酸杆菌（*Acetobacter aceti*）和拟胶醋酸杆菌（*Bacterium xylinoides*）等，但经常使用的是前两种菌。

将L-山梨糖转化成2-酮基-L-古洛酸所用的主要产酸菌氧化葡萄糖酸杆菌，除了与条纹假单胞菌共生发酵外，还可与荧光假单胞菌（*Pseudomonans fluorescens*）、双黄假单胞杆菌（*P. diflava*）、恶臭假单胞菌（*P. putida*）、绿叶假单胞菌（*P. chlororaphis*）、橙黄微球菌（*M. rosens*）及金黄色葡萄球菌（*Staphylococcus aureus*）等共生发酵。

3. 发酵工艺

生产时，可直接用葡萄糖做原料，也可用甘薯、木薯或马铃薯淀粉为起始原料，经酸法或双酶法转化成精制葡萄糖水溶液。调节水溶液浓度为40%～50%，加入占葡萄糖重量5%的镍-铝-钛催化剂，通入氢气在3.5MPa压力下还原葡萄糖成山梨醇。反应结束后，过滤除去催化剂，用离子交换法除去还原液中的离子杂质，加入活性炭脱色，并经多效蒸发浓缩，得到符合要求的山梨醇溶液。其中山梨醇浓度要求为 70%、残留糖及糊精含量不大于 0.2%和 0.1%，pH 为 6.5。

将山梨醇溶液泵入内循环气升式发酵罐中，加水调节山梨醇浓度至 10%~35%，通常在发酵初期浓度较低，待菌体繁殖至对数期再提高浓度。接种弱氧化醋酸杆菌进行发酵，调节 pH6.2~6.8，温度 28~30℃，发酵罐内压力 0.02~0.1MPa，通气量 0.6~1vvm，罐内装填率 70%~80%。经 14~33h 后结束，山梨糖得率可达 96.5%。表 9-3 为发酵各阶段的培养基组成实例。

表 9-3　　发酵各阶段的培养基组成　　单位：%

组成/项目	10L 种子罐	200L 种子罐	主发酵罐
山梨醇浓度	15	16.5	18
玉米浸出液	1	1	0.25
$CaCO_3$	0.1	0.1	0.01
NaH_2PO_4	0.1	0.1	0.1
十八醇	0.1	0.1	0.02
装液量/L	5	100	1200
发酵时间/h	24	24	20
发酵结束时的山梨糖浓度	12.8	14.3	16.4

第一次发酵结束后，将发酵醪升温至 80℃保持 10min 完成杀菌后，补充所需的原辅料，调节 pH6.7~7.0，接种入氧化葡萄糖酸杆菌和条纹假单胞菌，在 30℃温度下进行共生发酵，所用的种子培养基及发酵罐培养基组成如表 9-4 所示。当芽孢菌开始生成芽孢时，氧化葡萄糖酸杆菌开始产生 2-酮基-L-古洛酸，直到完全形成芽孢。出现游离芽孢时，酸的产生也达到高峰。为保证产酸的正常进行，应定期补充碱溶解调节 pH7.0，以中和产生的酸转变成盐，这样就有利于产酸菌的继续发酵产酸。

表 9-4　　共生发酵培养基组成　　单位：%

种子培养基		发酵罐培养基	
山梨糖	0.5	山梨糖	7~10
酵母膏	0.3	玉米浸出液	0.5
蛋白胨	1	尿素	0.5
牛肉膏	0.3	$MgSO_4 \cdot 7H_2O$	0.01
$MgSO_4 \cdot 7H_2O$	0.2	KH_2PO_4	0.03
pH 调至	7	K_2HPO_4	0.07
		甘油	0.2
		$CaCO_3$	0.5

经过一段时间（20~36h）之后，将山梨糖耗尽且游离芽孢与残存芽孢杆菌菌体逐步自溶

成碎片时，发酵即达到终点，此时的温度略有升高，为32±1℃，pH约7.2。第二次发酵结束后，过滤或离心除去菌体蛋白，发酵液经静置、澄清、离子交换、浓缩和干燥后可得到2-酮基-L-古洛酸晶体，再经后续的化学合成阶段进一步转变成终产品维生素C。

从D-山梨醇第一次发酵开始，至第二次发酵生成2-酮基-L-古洛酸，再经化学合成生产维生素C的三个过程，共需76~80h就可完成，比莱氏法缩短了很多时间。以D-葡萄糖为原料，经两次发酵法制得维生素C的总得率为44.5%~46.7%。

（二）发酵法生产灵芝菌的应用实例

灵芝（*Ganoderma lucidum*），是一种寄生于栎及其他阔叶树根部的多孔菌科真菌，别名赤芝、红芝、木灵芝、菌灵芝、万年蕈或灵芝草，属于真菌门（*Eumycota*）、担子菌纲（*Basidiomycetes*）、多孔菌目（*Polyparales*）、多孔菌科（*Polyparaceae*）、灵芝属（*Ganoderma*）。世界上已知约有120种，世界各地均有分布，以热带及亚热带地区较多。中国有63种，其中野生灵芝分布于山西、吉林、江苏、江西、湖北、广西、四川、云南、西藏和台湾等省区，紫芝主要分布于浙江、福建、湖南、广东、广西和江西等省区，薄盖灵芝分布于广东、海南及云南等地。

自然界生长的灵芝，由菌丝体和子实体两部分组成。菌丝体生长在营养物中，有类似绿色植物“根”的作用，它由众多的无色透明、有分隔分支、直径为1~3μm的菌丝组成。菌丝表面常分泌白色草酸钙结晶，所以菌丝体外观呈白色。子实体是菌丝体生长发育到一定阶段形成的产物，即人们通常看到的灵芝，代表种赤芝是由菌盖和菌柄组成，菌盖形如天上的云朵，呈肾形或半圆形，生长过程中由黄色渐变成红褐色，成熟的菌盖木栓化，其皮壳组织革质化，并具环状棱纹及辐射状皱纹，以表面光泽如漆者为佳品，菌盖下面呈白色，最后可变为浅褐色，菌柄侧生，质地坚硬，也有漆状光泽。

1. 灵芝的培养条件

（1）温度　灵芝深层培养的温度范围为22~35℃，以27~30℃为最适合。低于27℃菌丝生长缓慢；高于30℃则菌丝容易老化，随着时间延长菌丝逐渐趋于自溶，发酵液的颜色变得较深；36~38℃菌丝停止生长，40℃即死亡。

温度能影响灵芝多糖的产量。据报道在发酵过程中，前期0~30h以稍高的温度促进菌丝迅速生长，这样可缩短非生物合成的周期。在30~150h以稍低的温度尽可能延长有效物质的分泌期。150h以后，温度稍微提高，以刺激有效物质的分泌。后期提高温度会促使菌丝衰老较快，但因接近放罐，影响不大。

（2）通气　灵芝菌丝体的新陈代谢同样需要吸收氧气。通气的目的是保证最好的氧溶解性，并和细胞接触，以便更好地吸收液体中的氧气，此外还可以除去二氧化碳和代谢产物。深层培养供氧状况对菌体的生长和有效物质积累有重大的意义，特别是发酵培养初期12~60h，由于菌丝量显著增加，菌丝的耗氧率达到高峰，这时对溶解氧极为敏感。在这阶段若是出现降低溶氧的情况，如停止供气、一次性大量加入消沫油或补料等都有可能引起异常发酵，出现菌丝自溶或原生质凝集，导致明显的代谢变化、产量下降甚至发酵失败。

在发酵初期，菌丝量不多的情况下，通气量可少些；到了菌丝生长旺盛期，由于菌丝大量繁殖，通气量就大些；发酵后期菌丝逐渐衰老，代谢能力弱，通气量可以相对减少。

（3）搅拌　在深层发酵中菌丝体需大量供氧，由于氧难溶于水，因此为保证菌丝能利用溶解的氧，必须进行搅拌。通过搅拌可以更好地溶解氧，除去二氧化碳和代谢产物，并使菌丝体处于均匀悬浮状态。

在通气效果差的情况下，可增加搅拌补偿。如改变搅拌形式，加长搅拌叶直径，都可以改善通气。电机与搅拌之间连接的减速器，一般在100~200r/min，过快转速会把菌丝打得很碎，对菌体生长不利。还应根据培养基的性质，决定搅拌器形式，搅拌流型等问题，灵芝菌丝体深层培养基黏度大，液面高，为了达到良好的搅拌效果，常采用两挡或三挡搅拌器，大型发酵罐多至四挡。

目前国内外已发展瘦长的无机械搅拌发酵罐（H：D=12~16），罐身高，氧的利用率高。瘦长罐要求空气量要大，才能使发酵液上下充分翻动。由于无机械搅拌，罐体容易保持严密，因而染菌率较低，一般在0.2%以下。

（4）消沫　灵芝深层培养基中含有蛋白质类的物质，在通气和搅拌下易形成泡沫，导致培养液上升，若不加以控制会造成大量的逃液，增加了染菌的机会。同时由于泡沫过多，还会影响通气和搅拌的正常进行。发酵过程的泡沫产生主要原因有两点：

①与通气搅拌程度有关；

②与培养基所采用原料性质有关。

灵芝深层培养料中含有蛋白质、玉米浆、花生粉、黄豆粉、酵母粉等。在通气和搅拌情况下，很容易产生泡沫，而糖类物质本身起泡能力较差。

消除泡沫的方法有机械消沫和消沫剂消沫两种。机械消沫的优点在于不需要从外面加入物质，因此减少染菌机会，但消沫效果不如消沫剂迅速可靠。灵芝深层培养的消沫剂为植物油，用量0.03%~0.035%，加油过量对菌丝体生长与代谢有一定的影响。一般在培养基灭菌之前加入适量植物油外，在培养过程中若有泡沫上升可少量多次地添加，但尽量少加油或不加油，而其他合成消沫剂不宜采用。

（5）pH　灵芝深层培养要求一定的pH范围，灵芝菌丝最适生长的pH5.0~6.0，发酵初期pH4.0~5.4左右，到了发酵中期菌丝体生长旺盛，菌体干物质和有效成分的积累，pH急剧下降到2.5~3.5之间，进入发酵后期菌丝生长缓慢，出现菌体自溶，pH回升。

发酵过程中pH的变化和培养基的组成有密切的关系。如采用玉米粉-蔗糖-酵母粉培养基，到发酵中后期pH会急剧下降，而采用花生饼粉-蔗糖培养基pH变化不大。在发酵过程中遇到pH急剧下降或上升，必须注意调节，其方法有以下三种：

①选择合适的培养基；

②借助pH测定仪，控制加入酸或碱（氨）量，调节到合适的pH范围；

③加入磷酸盐、磷酸钙等缓冲物质。

在发酵工业上若加入磷酸盐或柠檬酸盐等因加入量大，不够经济，一般采用磷酸钙就可达到缓冲的目的。

（6）菌龄与接种量　灵芝深层培养菌种的菌龄一般为48h左右，接种量5%~10%，接种量少了会延长发酵周期；接种量太多菌丝老化快，既降低有效物质的积累，又给后处理带来困难。

2. 灵芝的发酵法生产工艺

灵芝菌是较早采用此法培养的高等真菌之一，其发酵工艺成熟。这里介绍4种发酵工艺，分别见图9-13~图9-16，当菌丝变细、少数菌丝自溶、菌丝含量为15%~20%及pH降至2.0~3.0时，可以放罐。相对应的发酵培养基的组成分别如表9-5~表9-9所示。

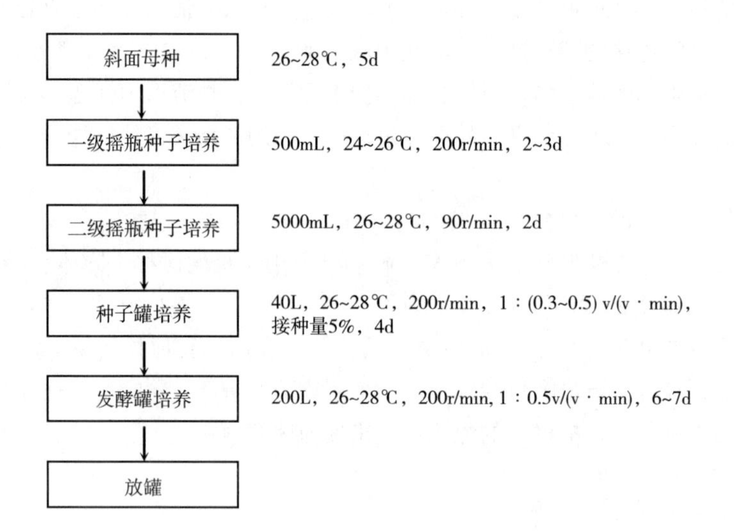

图 9-13　灵芝深层发酵工艺之一

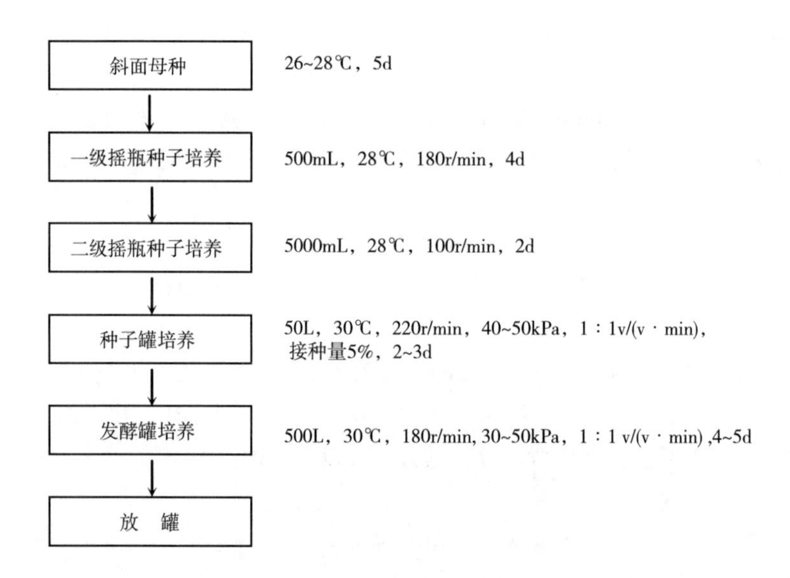

图 9-14　灵芝深层发酵工艺之二

表 9-5　　灵芝深层发酵培养基组成之一

成分/%	斜面培养基	摇瓶和种子罐培养基	发酵罐培养基
葡萄糖	4	—	—
蛋白胨	1	—	—
琼脂	2	—	—
蔗糖	—	2	4
黄豆饼粉	—	1	2
KH_2PO_4	—	0. 075	0. 15

续表

成分/%	斜面培养基	摇瓶和种子罐培养基	发酵罐培养基
$MgSO_4 \cdot 7H_2O$	—	0.03	0.075
$(NH_4)_2SO_4$	—	—	0.05
$CaCO_3$	—	—	0.1
消泡剂	—	适量	适量
pH	7	6.5	6.5

表 9-6　灵芝深层发酵培养基组成之二

成分/%	斜面培养基	摇瓶培养基	种子罐培养基	发酵罐培养基
马铃薯	20	—	—	—
蔗糖	2	2	2	2
蛋白胨	0.2	0.2	—	—
酵母粉	0.3	0.3~0.5	0.2	0.2
琼脂	2	—	—	—
玉米粉	—	1	1	1
KH_2PO_4	0.1	0.1	—	0.01
$MgSO_4 \cdot 7H_2O$	0.06	0.06	—	—
$(NH_4)_2SO_4$	—	—	0.2	0.2
豆油	—	—	少许	少许
pH	自然	自然	自然	自然

表 9-7　灵芝深层发酵培养基组成之三

马铃薯-葡萄糖-琼脂培养基（PDA）	葡萄糖-麦芽膏-酵母膏培养基（GMY）	蛋白胨-葡萄糖-琼脂培养基（PGA）	玉米粉-蛋白胨培养基
马铃薯煮汁* 1000mL	葡萄糖 10g	蛋白胨　2.0g	玉米粉（煮汁）　40g
葡萄糖　20g	麦芽膏 10g	葡萄糖　20g	葡萄糖　20g
琼脂　20g	酵母膏　4g	K_2HPO_4　1.0g	蛋白胨　20g
pH 自然	琼脂　18g	KH_2PO_4　0.5g	琼脂　20g
	水　1000mL	$MgSO_4$　0.5g	水　1000mL
	pH 自然	维生素 B_1　0.5mg	pH 自然
		水　1000mL	
		琼脂　18~20g	
		pH　6.5	

* 马铃薯汁制备：马铃薯洗净、去皮切块，称取 200g，加水 1000mL，煮沸 20min 过滤得马铃薯滤汁。

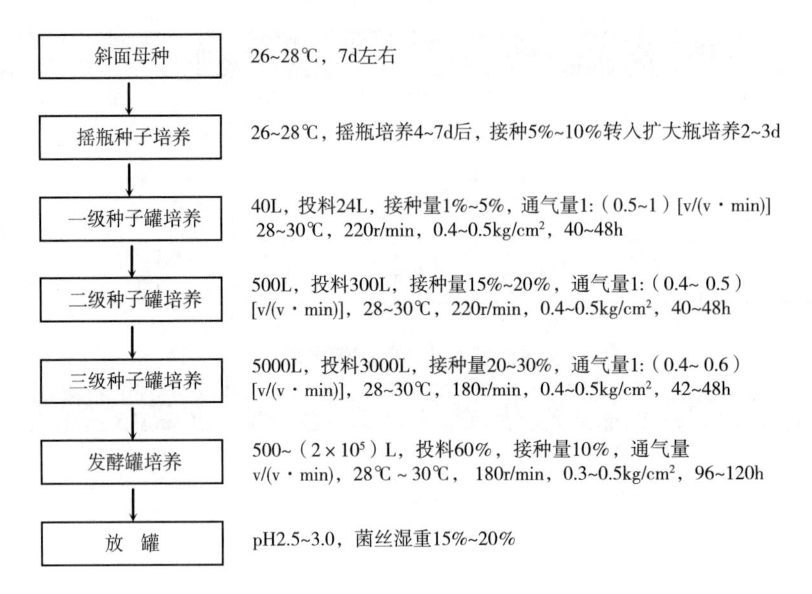

图 9-15 灵芝深层发酵工艺之三

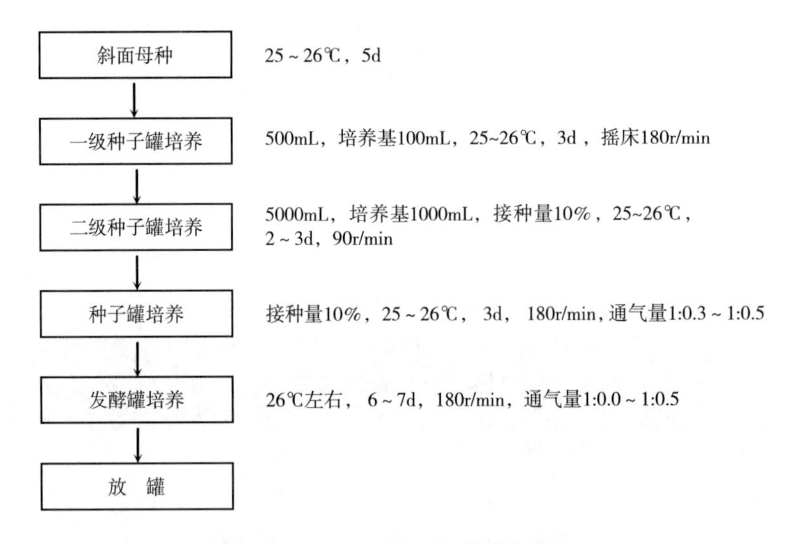

图 9-16 灵芝深层发酵工艺之四

表 9-8 灵芝菌深层发酵培养基组成之四 单位：%

成分	摇瓶种子培养基	种子罐培养基	发酵罐培养基
玉米粉	1	1	1
蔗糖	2	2	2
蛋白胨	0.2	—	—
酵母粉	0.3~0.5	0.2	0.2
豆油	—	适量	适量

续表

成分	摇瓶种子培养基	种子罐培养基	发酵罐培养基
$MgSO_4$	0.06	—	—
KH_2PO_4	0.1	0.2	0.01
$(NH_4)_2SO_4$	—	—	0.2
pH	自然	自然	—

表 9-9　薄盖灵芝菌培养基组成　单位:%

成分	斜面培养基	发酵罐培养基
麦麸煮汁	5	—
葡萄糖	1	1
蔗糖	2	2
KH_2PO_4	0.15	0.5
$MgSO_4$	0.075	0.075
蛋白胨	0.2	0.2
豆饼粉或黄豆粉	—	2
消沫剂（豆油）	—	适量
琼脂	1.8	—
pH	自然	自然

注：种子培养基同试管斜面培养基组成，只是减去琼脂。

第三节　细胞工程技术

细胞工程（cell engineering），是将动物和植物的细胞或者是去除细胞壁所获原生物质体，在离体条件进行培养、繁殖及其他操作，使其性状发生改变，达到积累生产某种特定代谢产物或形成改良种甚至创造新物种的目的的工程技术。也就是借助微生物发酵对动植物细胞大量繁殖的技术，以及在杂交育种基础上发展形成的细胞（原生质体）融合技术。

一、细胞工程的主要内容

（一）细胞工程的定义

1665 年，Hooke 发现了细胞，为生物学的研究奠定了基础。19 世纪 40 年代，德国植物学家施莱登（Matthias Jakob Schleiden）和动物学家施旺（Theodor Schwann）提出了细胞学说，人们由此认识到了细胞是动植物基本的结构和功能单位。到 20 世纪初，Harrison 和 Careel 建立了体外培养组织和细胞的基本模式，为细胞工程的诞生提供了保障，细胞工程领域的技术和理论由此以后不断地丰富发展起来。

细胞工程是指应用细胞生物学、分子生物学、生物化学等多学科的理论、方法和技术，在细胞、亚细胞或组织水平上操作，按人的设计蓝图来改变细胞内的遗传物质，有计划地大规模培养特定的组织或细胞的生物工程技术。细胞工程能产生新型生物或特种细胞产品，是一种综合性的科学技术，是生物技术的重要领域之一。

细胞工程按生物类型进行分类，可分为动物细胞工程、植物细胞工程以及微生物细胞工程。细胞工程涉及范围较广，包含细胞与组织培养、细胞融合、细胞核移植、染色体工程、转基因生物等等。细胞工程主要技术操作有细胞培养技术、细胞融合技术、细胞拆合技术、染色体及染色体工程技术、体外受精和胚胎移植技术等。在食品工业中，被广泛应用的细胞工程技术主要为细胞培养技术、细胞融合技术以及细胞拆合技术。

（二）细胞工程的主要内容

1. 细胞培养技术

细胞培养（cell culture）是体外培养，细胞培养是指将离体细胞置于培养基内，在体外人为模拟体内的生理环境，包括体内的营养条件、温度以及 pH 等，无菌操作下使得从体内取出的细胞能够很好地在体外进行生长繁殖以获得细胞、组织或个体的一种技术。细胞培养是细胞工程最为基础的一环。

2. 细胞融合技术

1975 年，Cesar Milstein 在 Geoger Kohler 的建议下，将羊红细胞免疫过的小鼠脾细胞与小鼠骨髓瘤细胞进行融合，得到的杂交瘤细胞不仅能在体外无限繁殖还能产生特异性抗体，引发了免疫学革命，他们二人为细胞融合技术奠定了基础，也因此获得了 1984 年的诺贝尔医学及生理学奖。

细胞融合是指在自发或人工诱导下，两个或者多个细胞接触后，细胞膜分子发生重排，导致细胞合并、染色体等遗传物质重组的过程。细胞融合是细胞工程的重要基本技术，细胞融合不仅在动物细胞与动物细胞、植物细胞与植物细胞之间，甚至在动物细胞与植物细胞之间也能发生融合。细胞融合实现了细胞之间的杂交而不受亲缘关系的限制，成为研究遗传和新品种培育的重要方法。

3. 细胞拆合技术

细胞拆合技术是对细胞组分进行拆分和重组，一般主要是指细胞核移植技术，即使用特殊的方法使完整活细胞的细胞质和细胞核分离开来，然后在体外在一定的条件下，把不同来源的细胞核和细胞质组合在一起形成一个新的核质杂交细胞。利用细胞拆合技术，可以获得更多的遗传变异，可进行品种改造，获得更多优良性状的个体。

二、 植物细胞工程

（一）植物细胞工程的理论基础

1902 年，德国植物学家 Haberlandt 就曾经提出，植物细胞具有全能性，在合适的条件下可以培育成新的植株，但由于设备和技术的限制，Haberlandt 的设想并没有成功被验证，但他提出的理论却为其他科学家提供了一种思路，成为组织培养的理论基础。直到 1965 年，Vasil 和 Hildebrandt 用单个分离的胡萝卜细胞进行培养，得到了整个植株，Haberlandt 的设想终于被证实。

植物细胞工程就是以植物细胞的全能性为理论依据，利用现代工程技术进行精细操作，使得植物细胞在体外进行生长、分裂、繁殖，其生物学特性能够按照人们的需求进行改变，从而培育出改良品种和新的品种的过程。

1. 植物细胞的全能性

细胞全能性是指已经分化的细胞，仍然具有发育成完整植物体的潜能。对于高等植物来说，尽管各个组织和器官的细胞形态及功能各不相同，但是这些细胞都是同一个受精卵细胞有丝分裂而来，其细胞核含有全部的遗传信息，具有相同的遗传组成，每一个细胞都具备发育成完整的个体的潜力。它们之所以在形状和功能上有差异是由于细胞分化的结果。在植物细胞工程中，为了实现植物细胞的全能性，就必须要经历两个过程——脱分化和再分化。

2. 植物细胞的脱分化

在组织培养的过程中，从植物体上切下来的离体器官或组织也就是外植体能成为具有未分化特性的细胞，通过细胞分裂可形成新的组织。不过，这种新生成的组织细胞排列疏松且无规则，是一团无定形的薄壁细胞，称为愈伤组织。这种原来已经分化过，具有一定功能的体细胞（或性细胞），丧失了原有的结构和功能，又重新恢复分裂的过程，就称作植物细胞的脱分化。分化细胞脱分化后细胞结构有两点明显的变化：一是在细胞内出现液泡蛋白；二是叶绿体转变成原质体。不同植物种类的材料，脱分化的难易程度各不相同。一般说来，双子叶植物比单子叶植物和裸子植物脱分化容易，而与人类生活关系密切的禾本科植物脱分化则较难。

3. 植物细胞的再分化

将处于脱分化状态的愈伤组织移植到合适的培养基上继续培养，愈伤组织就会重新进行分化，并形成具有根、茎、叶的完整植株。这个过程就称作植物细胞的再分化，细胞的再分化过程事实上是基因选择性表达与修饰的人工调控过程。

（二）植物细胞的组织培养

植物组织培养是通过体外模拟植物细胞在体内的生长环境，对离体植物组织、器官或细胞进行培养并诱导使其成长成完整植株的技术。离体培养的细胞、组织或器官发育形成完整植株，有体细胞胚胎发生和器官形成两种方式。体细胞胚胎发生即在愈伤组织表面或内部形成类似于合子胚的称为胚状体的结构，而后发育为一株完整的植株；器官形成是指愈伤组织的不同部位分别形成不定根和不定芽。

利用植物组织培养技术可以研究外植体在体外培育的生长和分化规律，通过改变培养条件来影响它们的分化和生长，以解决理论和生产的问题。植物细胞和组织培养工艺流程：外植体→植物组织或器官→表面消毒→外植体→在固定培养基上诱发愈伤组织→愈伤组织继代培养→悬浮培养植物细胞。

在进行植物组织培养时，必须保持灭菌状态，影响植物细胞脱分化和再分化的因素有很多，可总结为内部因素和外部因素。内部因素包括植物遗传性状和生理状况。外部因素包括营养条件（如植物激素、无机盐、有机营养成分等）和环境因素（如培养基的pH、渗透压、温度、湿度、光照等）。这些因素不同程度的影响到植物细胞脱分化、再分化及器官建成的各个过程。

1. 培养基

培养基是指供给植物生长繁殖的，由不同营养物质组合配制而成的营养基质。一般都含有碳水化合物、含氮物质、无机盐（包括微量元素）、维生素和水等几大类物质。培养基既能提供细胞营养和促使细胞增殖的基础物质，也是细胞生长和繁殖的生存环境。

（1）无机元素在植物生长中非常重要，如氮就是各种氨基酸、维生素、蛋白质和核酸的重要组成元素，钙是细胞壁的组成成分之一，镁是构成叶绿素分子的一部分，铁、锌、钼这些元素是某些酶的组成成分。组织培养是要体外模拟植物细胞在体内的生长环境，所需的无机元素和正常植株生长所需要的元素完全相同，无机盐类包括为外植体的细胞分裂、生长和分化提供必需的大量元素和微量元素。植物所必需的大量元素有 C、H、O、N、P、S、K、Ca、Mg，其中，培养基中无机氮的供应有两种形式，即硝酸盐和铵盐。植物所需的微量元素有 Fe、Mn、B、Cu、Zn、Mo、Co、Cl 等。

当某些营养元素的供应不足时，愈伤组织会表现出来某种缺陷症。例如，缺氮，某些组织（五叶地锦）表现一种很引人注目的花色素苷的颜色，不能形成导管；缺氮、磷或钾，细胞过度生长，形成层组织减退；缺硫，非常明显的褪绿；缺铁，细胞分裂停止；缺硼，细胞分裂停滞，细胞伸长；缺锰或钼，影响细胞伸长。

（2）在培养基中，作为植物离体细胞分裂和细分化所必需的有机碳、氢、氮和能量是以糖类、氨基酸和维生素的形式提供的。所有的培养基都需要糖作为碳源和能源，糖可以为培养物提供所需的碳骨架和能源，并且可以维持培养基的渗透压，常用的为 2%～5%浓度的蔗糖，但由于培养目的和培养类型的不同蔗糖的浓度也有很大的差异，另外某些组织的培养使用葡萄糖和果糖也能达到不错的效果。

对于组织培养来说，氨基酸和有机附加物不一定是必需的。因氨基酸是蛋白质的组成部分，也是一种有机氮源，常用的有甘氨酸、精氨酸、丝氨酸等，也可添加多种氨基酸的混合物。

维生素酶类物质直接参与酶的合成及蛋白质、脂肪代谢等生命活动。尽管正常植物能够合成它们自身生长所需要的维生素，但在组织培养中，为了获得更好的效果，必须适当地添加这些物质。

（3）植物生长调节物质是人工合成的能调节植物的生长、分化、发育的化学物质，其中许多种类的结构及作用与天然植物激素相似。它对愈伤组织的诱导和器官的分化都有直接的影响，其中生长素类、细胞分裂素类和赤霉素类最为常用。在诱导离体细胞分裂和分化过程中，常需要生长素和细胞分裂素的协同作用。

生长素类的显著作用是促进细胞的伸长生长和细胞分裂、诱导产生愈伤组织、促进根的分化。在组织培养过程中常用的生长素有吲哚乙酸（IAA）、吲哚-3-丁酸（IBA）、萘乙酸（NAA）、萘氧乙酸（NOA）等。细胞分裂素影响细胞分裂、顶端优势的变化和茎的分化。在培养基中加入细胞分裂素的主要目的是促进细胞分裂和由愈伤组织或器官上分化不定芽。常用的细胞分裂素有苄氧基嘌呤（BAP）、6-苄氧基嘌呤（6-BA）、异戊烯腺嘌呤（2-ip）和呋喃氨基嘌呤（激动素）。

赤霉素对于生长素和细胞分裂素具有一定的增效作用，多数情况下，培养物本身的内源赤霉素已能满足其生长发育的需要，只在一些特殊情况下才需要添加。

（4）琼脂是从海藻中提取的一种高分子碳水化合物，它的主要作用是使培养基在常温下凝固，同时不参与代谢。因此，在植物组织培养中一直被作为固体的培养基质而广泛应用。琼脂的使用浓度一般为 0.5%～1.0%。当培养基偏酸时，琼脂用量要增加。

2. 植物细胞大规模培养的环境影响因素

（1）培养基的 pH　可通过影响培养物的细胞内的代谢吸收过程，直接地或者间接地影响愈伤组织的形成及形态。植物细胞的生长和分裂需要偏酸性的环境，一般培养基的 pH 为 5.5~6.0，为了稳定培养基的 pH，往往向培养基中加入 pH 缓冲溶液。

（2）光照　对不同的培养物所产生的影响是不同的。在烟草细胞培养物中泛醌的合成不受光的影响，黄酮类的生物合成却需要光照；蓝光则能抑制八仙花细胞培养物中多酚化合物的合成。在植物细胞和组织的培养中，光照对其是一种诱导效应，诱导植物细胞脱分化和再分化。例如，石芹的组织培养在黑暗中虽然也增殖，但不形成黄酮类，而暴露于光线下就能产生芹菜苷。

（3）温度　对外植体器官发生的数量和质量均有一定的影响，植物细胞和组织的生长发育有一个合适的温度。一般来讲，植物细胞和组织生长和再分化形成芽和根的最适温度范围为 24~28°C，低于 15°C 培养的组织细胞会生长停滞，高于 35°C 则生长不利。

另外外植体和培养基的选择也会很大程度的影响植物细胞培养。由在离体培养条件下，不同种植物的组织对营养的需求不同，甚至同一种植物不同部分的组织对营养的需求也不相同，没有任何一种培养基适合一切类型的植物组织和器官，只有满足了它们各自不同的特殊要求，它们才能正常的生长、发育。培养基的选择一方面要满足植物细胞生长量的培养，同时还要使细胞能合成和积累尽可能多的次生产物。因此，对于培养基的选择还必须进行充分探索。

（三）植物细胞融合

植物细胞融合是指让除去细胞壁的原生质体进行体细胞融合，得到杂种细胞，然后对杂种细胞进行筛选、培养，使之分化再生、之后再形成新物种或新品种的技术。一般先对两种待融合的体细胞进行去除细胞壁处理，用纤维素酶、果胶酶消化去除细胞壁，得到原生质体，然后通过物理或化学的方法诱导它们进行细胞融合形成杂种细胞，再以适当的技术进行杂种细胞的分拣和培养，促使杂种细胞进行分裂形成细胞团、愈伤组织直至杂种植株。通过植物细胞融合，可实现基因在远缘物种间的转移。

1. 植物原生质体的制备

植物原生质体的分离，早期人们最常使用的方法是——机械去壁，但是这种方法只适用于从高度液泡化的细胞中分离得到有限的原生质体，大大地限制了植物原生质体培养的发展。而现在我们除了使用机械的方法，使用酶分离法也可以得到原生质体。

一般选取生命力旺盛、生命力强的组织的细胞，经过预处理或预处理，选取适当的分离纯化方法和酶液组成，将原生质体分离。用来使细胞分离并降解细胞壁的酶制剂主要有果胶酶、纤维素酶和半纤维酶等。

2. 植物原生质体的融合

植物原生质体的融合一般的融合方法如下，电融合法和聚乙二醇（PEG）法是比较常用的。

（1）自发融合　自发融合一般是多核融合。在酶解细胞壁形成原生质体的过程中，相邻的原生质体会因胞间连丝的扩展和粘连，而在融合时形成同核体。每个同核体内可能是两个或多个核，这种类型原生质体的融合被称作为自发融合。多核融合体常出现在植物幼嫩叶片或分裂旺盛的培养细胞制备的原生质体中。如在玉米胚乳愈伤组织细胞和玉米胚悬浮细胞原生质体中，大约有 50%是多核融合体。

（2）聚乙二醇法　聚乙二醇法是将两种不同的原生质体以合适比例混合后，加入 28%~58%的聚乙二醇溶液处理 15~30min，然后用培养基进行清洗后即可培养。后来有学者对聚乙二醇法进行了改进，即逐步降低聚乙二醇的浓度，提高溶液中 Ca^{2+} 的浓度和 pH，使融合效果得到有效的提高。聚乙二醇法易于控制、操作简单、促进细胞融合的能力较强、诱导的融合没有特异性，易核体形成的频率较高，可重复性较强。

（3）高 pH、高 Ca^{2+} 法　该法以钙盐作诱导剂，在高 Ca^{2+} 高 pH 的条件下，使原生质体发生融合。该种方法是由 Keller 和 Melchers 在 1973 年进行诱导烟草原生质体融合时创造的。具体是将两个原生质体的混合物放于含有 7.35g/L $CaCl_2 \cdot 2H_2O$ 和 72.87g/L 甘露醇的溶液中，pH 为 10.5，在 200rpm/min 低速下离心 3min，然后将离心管保持在 37℃ 水浴锅中 40~50min。在通常情况下，Ca^{2+} 影响细胞融合的效率比 Na^+ 和 K^+ 要低，但是在高 pH 环境下，高浓度的 Ca^{2+} 影响细胞融合的效率大大升高，但对于有些原生质体系统来说，较高 pH 可能会产生毒害作用。

（4）电融合法　电融合法是指用细胞融合仪产生交变电压和高压脉冲电场，使粘连的原生质体膜瞬间可逆性破裂，然后与相邻的不同原生质体连接闭合产生融合体。目前就有人成功地利用电击细胞融合，使紫罗兰和桂竹香的原生质体融合。电融合法是在常温、pH5.8 的条件下完成的，不附加任何有害化学物质，没有化学残留，对细胞的毒害作用较小。而且该法操作简单，融合率高，一次可融合大量原生质体。

3. 杂种细胞的筛选

经过融合处理的原生质体，除了未融合的原生质体之外，也有同核体、异核体和其他的核质组成，所以得到的原生质体混合物还需要通过一定的方法进行筛选和鉴别。

根据亲本的原生质体大小、颜色、漂浮密度及电泳迁移率、形成的愈伤组织的差异等特性来筛选杂种细胞。如亲本 1 用异硫氰酸荧光素（绿色）标记，亲本 2 用碱性蕊香红荧光素（红色）标记，在荧光显微镜下，就可以找到杂种细胞。这种方法的缺点是物理特性常常难以满足、分离工作量大、挑选出来极少数细胞不容易增殖等。

亲本双方都有营养缺陷的情况下，只有杂种细胞能在特定的条件下生存，如亲本 1 是叶绿体缺陷型，亲本 2 是光致死型，亲本 1 的细胞和同核体在培养时呈白色，亲本 2 的细胞和其同核体在光照死亡，只有杂种细胞能培养成绿色植株。

利用原生质体对培养基成分要求与反应的差异选择杂种细胞，如粉兰烟草与朗氏烟草细胞原生质体均需外源激素才能生长，但其杂种细胞可以产生内源激素，在培养基上不需加入植物激素，因此使用无植物激素的培养基，可以达到筛选目的。

有时无法直接筛选出预期的杂种细胞，可以对融合细胞进行培养甚至形成植株，再进行形态学、细胞学或分子生物学上的鉴定；有时能够筛选出杂种细胞之后，需要对细胞代谢产物进行鉴定。

（四）植物染色体工程

对植物细胞按设计有计划削减、添加和代换同种或异种染色体，以便创造新的品种或物种的方法和技术就称作植物染色体工程。植物染色体工程技术包括植物染色体倍性改造和非整倍体改造。

染色体倍性改造工程是指有目的、有计划的增加或减少一组或几组同源或者异源染色体。染色体加倍是染色体倍性改造工程的关键技术之一，可分为自然加倍和人工诱导两种，自然诱导的效率较低，主要是人工诱导。人工诱导分为化学诱导法和生物诱导法，化学诱导法主要是使用秋水仙素、细胞松弛素 B 等进行诱导，生物诱导法即通过杂交的方法获得具有优良基因组合的异源多倍体，从而创造植物的新品种、新类型和新品种。用秋水仙素（一种植物碱，含有剧毒）处理二倍体西瓜的种子或幼苗，就可以得到三倍体西瓜，三倍体西瓜无籽，食用起来更加方便，更受消费者的喜爱。

染色体非倍性改造主要是有计划的削减、添加和代换同种或异种的一条或若干条染色体或其一部分，也可以在一定程度上定向改变植物的遗传性、选育新品种的品种。冰草染色体替代的小麦染色体 3D 的异代换系（异代换系指某种植物的个别染色体被外源植物的一些染色体所代换而形成的新类型）能抗 15 种秆锈病生理小种；有黑麦 6R 的小麦异代换系抗白粉病，这些都说明了植物染色体工程在培育抗病新品种上有重要意义。

（五）转基因植物

植物转基因技术又称转基因重组技术或 DNA 重组，即将人工分离和修饰过的基因导入植物基因中，由于导入基因的表达而引起植物体形状的可遗传修饰。植物转基因技术转移的基因则不受生物体间亲缘关系的限制，所操作和转移的基因是经过明确定义的基因，其功能清楚，而且转基因技术转入的外源基因，一般不会影响原有优良形状的表达。目前已经有大量的抗病、抗逆及品质改良的转基因植物获得成功，主要有大豆、玉米、棉花和油菜等，转基因植物应用前景广阔。

植物转基因技术包括目的基因的克隆、外源基因的导入和转基因植物的再生。具体的来讲就是把已知功能的目的基因的 DNA 提取出来，跟一个载体相连，然后从植物上取出一部分的组织和器官，通过转化技术，将含目的基因的 DNA 导入到受体细胞中去，然后进行培育，获得转化的组织或器官，经过组织培养最后形成一个完整的植株。

三、 动物细胞工程

（一）动物细胞工程的基本概念

随着动物细胞在体外大量培养技术的成熟，越来越多企业利用动物细胞生产特定产品，由此发展出动物细胞工程。一些人源生理活性物质很难利用微生物或植物细胞生产系统培养直接获得，因为这两种系统中没有动物细胞的蛋白后处理系统，因而人们应用分子生物学、细胞生物学等理论和技术，通过改变动物细胞的某些遗传特性，赋予动物细胞具备生产某种产品的能力，达到改良或生产新产品的目的。动物细胞工程生产食品，已成为食品生物技术最重要的组成部分之一，一般利用动物细胞（包括原代细胞、二倍体细胞、异倍体细胞、融合或重组的细胞）为宿主或者反应器，也包括利用转基因动物作为生物反应器，生产多肽、蛋白质等生物技术食品。

动物细胞工程生产保健食品的基本过程可分为上游阶段和下游阶段。上游阶段主要是培养细胞、构建和保藏工程细胞。工程细胞的构建过程与基因工程菌的构建过程类似，即目的基因插入表达载体形成重组子，再将重组子转入合适的动物细胞中，得到稳定高效表达的工程细胞。下游阶段主要是大规模培养工程动物细胞、分离纯化目标产品、质量控制等。

（二）体外培养动物细胞

1. 体外培养动物细胞的类型

动物细胞离体培养时，根据培养时细胞对生长基质的依赖性，动物细胞可分为三种类型：贴壁依赖性细胞（anchorage-dependent-cell）、非贴壁依赖性细胞（anchorage-independent-cell）和兼性贴壁细胞（anchorage-compatible cell）。

（1）贴壁依赖性细胞　非淋巴组织细胞和许多异倍体细胞等大多数动物细胞属于铁壁依

赖性细胞，细胞自身可分泌贴附因子（attachment factor），贴壁生长于带适量正电荷的固体或半固体表面，也可人为在培养基中加入贴附因子培养，贴附因子可使细胞在支持物表面贴附伸展和生长增殖。成纤维细胞型（图 9-17）或上皮细胞型（图 9-18）两种形态是动物细胞贴壁生长时一般状态。

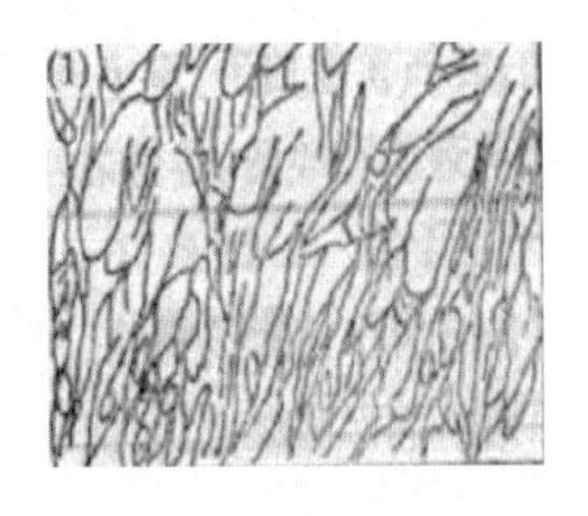

图 9-17　成纤维细胞型

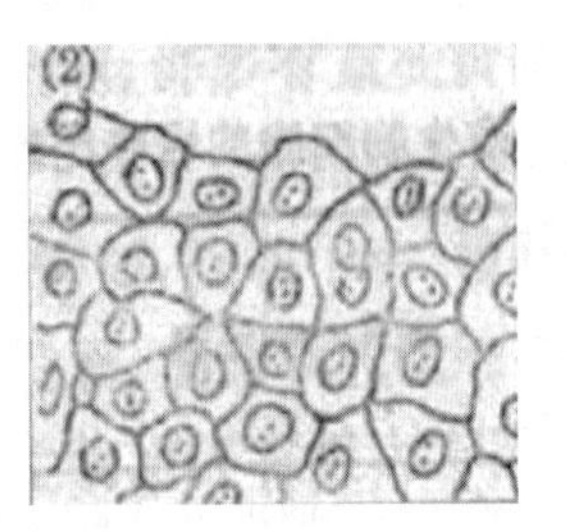

图 9-18　上皮细胞型

（2）非贴壁依赖性细胞　非贴壁细胞也称为悬浮细胞（suspension cell），见图 9-19。一些肿瘤细胞和某些生产干扰素的转化细胞都属于悬浮细胞，它们不用固体支持，在培养液中悬浮生长。血液、淋巴组织的细胞和杂交瘤细胞一般是悬浮细胞，悬浮细胞形态一般是球形。

（3）兼性贴壁细胞　一些细胞可以贴壁生长，在一定条件下也可以悬浮生长的细胞称为兼性贴壁细胞。如小鼠 L929 细胞、中国仓鼠卵巢细胞和幼地鼠肾（BHK）细胞等，这些细胞贴壁培养时具有成纤维或上皮形态，悬浮培养时为球形。

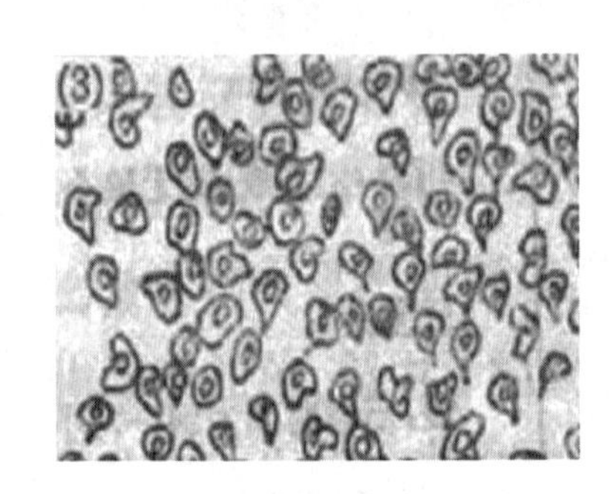

图 9-19　悬浮细胞

2. 动物细胞培养的环境条件

动物细胞生长不仅需要营养，培养温度、pH、通氧量、渗透压等环境因素也是影响动物细胞生长重要因素。动物细胞不同，对温度的要求不也不同，37℃是哺乳类动物细胞的最适温度，昆虫细胞最适温度为 25~28℃。pH 7.2~7.4 是大多数动物细胞的生长 pH。细胞生长代谢生成的代谢产物会影响培养液中 pH，pH 低于 6.8 或高于 7.6 时会影响细胞生长，甚至导致细胞死亡。磷酸盐缓冲液经常会被加入到培养基中维持相对稳定的 pH，也常用空气、氧气、二氧化碳和氮气的混合气体进行供氧和调节 pH，配制培养基时往往在培养液中加入少量酚红作为酸碱变化的指示剂。动物细胞生长除了需要氧气还要有二氧化碳，一般在培养要使用 CO_2 培养箱。此外，防止污染在动物细胞培养过程中要十分重要，动物细胞增殖效率比不上微生物，因而培养时间长，而动物细胞培养液的营养丰富，很容易引起细菌、真菌，病毒等污染。特别是小牛血清的支原体污染及组织材料的污染很容易发生。所以，培养时所有的培养液和器皿等都要按操作规程严格灭菌，在配制培养液时往往会加入如青霉素，链霉素和卡那霉素等各种抗生素。

良好的细胞生长离不开营养物质，体外培养细胞的营养物质基本与体内相似。除三大营养素（糖类、脂肪、蛋白质）外，还需要一定量的维生素等。细胞的培养基中不仅含有这些营养物质，还含有激素类物质和促细胞生长因子。此外，大多数细胞培养对渗透压有一定要求，一般大多数细胞，渗透压在260～320mOsm/L范围都适宜。

3. 动物细胞培养的基本技术

（1）原代培养细胞　原代培养的主要步骤如下：在原代培养超净台上，以无菌条件从健康动物体内取出适量组织，剪切成小碎片→加入适宜浓度的胰蛋白酶或胶原酶和EDTA等进行消化分散细胞→用磷酸缓冲盐溶液（PBS）洗涤分散后细胞，用培养基稀释并以（2×10^6）～（7×10^6）细胞/mL培养基的浓度种植到培养皿中，37℃培养箱原代培养，并适时进行传代培养。

一般采用胚或成体的组织、器官或肿瘤细胞制取原代细胞，因为胚胎组织细胞生命力强，细胞间弱粘连，易消化分散和培养繁殖。而肿瘤细胞增殖力强，可在体外无限繁殖。

（2）细胞的传代培养　将一个培养皿中细胞扩增后融合度大于80%的细胞由一皿传种到两皿的操作称为细胞传代（passage）。培养皿中的细胞生长繁殖一定时间后，细胞密度增加、生存空间减少、代谢产物蓄积在培养液里，浓度逐渐增高，因此为了维持细胞的生长，得到更多的细胞要进行细胞的传代培养（subculture）。

（3）细胞克隆培养　分散动物组织后，从一群细胞中分离出一个细胞，将这个细胞培养成纯系细胞群称为细胞克隆培养（clonal culture），也称单细胞分离培养。由于动物细胞在自然状态时与周围细胞均有信号交流互动，而单个培养就没有这些交流信号，因而单个细胞较难培养，培养过程中常用条件培养基，或在培养基中加入饲养细胞如小鼠胸腺细胞或腹腔细胞，以满足细胞克隆的条件。饲养层克隆法、稀释铺板法、软琼脂平板克隆法、血纤维蛋白膜层板克隆法和胶原膜板法等是常见的单细胞克隆培养技术。

（4）动物细胞的冻存与复苏　细胞培养过程中，需要冻存一部分保种，以方便日后使用。细胞在-70℃以下，细胞内的酶活性已丧失，代谢完全停止，可以长期保存。但是，不采取任何保护措施直接冻存，易引起细胞死亡，因为直接冻存细胞，细胞内外环境中的水会形成冰晶，刺伤细胞、电解质浓度会变高引起渗透压、pH、脱水，蛋白质等发生改变，导致细胞死亡。但若向培养液加入保护剂，可降低冰点，在缓慢冻结条件下，细胞内水分在冻结前透出细胞。细胞冻存的关键温度是-20～0℃，在此温度范围，冰晶呈针状，极易导致细胞的严重损伤。而且在冷冻时，冷冻速度很重要，太快不足以使水分排出，太慢会产生冰晶损伤细胞，在实际操作中，一般利用程序降温盒梯度降温大大提高细胞冻存存活率。目前保存细胞，大多都采用液氮低温（-196℃）保存。细胞冻存后如需使用，则需要进行复苏。细胞复苏原则是快速融化，冻存在-196℃液氮中的细胞必须在3min内快速融化至37℃，这样可使细胞外冻存时的冰晶迅速融化，预防冰晶融化时进入细胞再结晶伤害细胞。在实际操作中，当从液氮罐取出冻存细胞的冻存管后应立即放入37℃水浴中，不断地摇动，使管中的液体迅速融化，再将细胞离心，倒除含有对细胞有一定毒性的二甲基亚砜培养基，接下来的程序与细胞传代一样。隔天应观察细胞生长情况，再换液一次。

4. 动物细胞培养基

水、碳源、氮源、维生素、激素及无机盐等一般的营养成分是培养细胞必需要素。动物细胞培养也有一些特殊营养要求，如碳源一般要求为葡萄糖；氮源主要为各种氨基酸；碳源氮源都不能是无机物；5%～20%的小牛血清或动物胚胎浸出液培养时一般要添加。这些营养成分都放在培养基中供给细胞生长繁殖。培养基可分为天然培养基（natural medium）、合成培养基（synthetic medium）和无血清培养基（serum-free medium）三大类。

胚胎浸出液、血清、乳蛋白水解物、血浆、酪蛋白水解物等动物体液或组织中提取的成分就属于天然培养基。合成培养基的化学成分主要为氨基酸、碳水化合物、蛋白质、核酸类物质、维生素、辅酶、激素、生长因子、微量元素及缓冲剂等。如市面上可见的 RPMI 1640、DMEM 、199、IMEM、MEM、CMRL、F12 等都是合成培养基。无血清培养基是未添加血清的合成培养基，可以维持细胞在体外较长时间生长繁殖。由于血清组成不明确，对产品会产生污染，加大了细胞培养标准化的难度，因而规模化培养细胞使用无血清培养基已成为一种趋势。

从 20 世纪 50 年代起，人们即开始了无血清培养基的研究。进入 20 世纪 80 年代后，新的无血清培养基不断问世。经研究发现，在培养基中增加如胰岛素（insulin）、纤连蛋白（fibronectin），表皮生长因子（epidermal growth factor，ECF）、转铁蛋白（transferrin）等某些适于细胞生长的成分，很多细胞就能在无血清供应的情况下生长，特别是骨髓瘤细胞、CHO 细胞、BHK-21 以及杂交瘤细胞等。

第一代无血清培养基不含血清，但含有大量的动物或植物蛋白。第二代无血清培养基不含动物来源的蛋白质，培养基中蛋白质含量少于 100g/mL。第三代无血清培养基没有任何动物、人类蛋白或多肽，是表达产品的下游产物、简化下游处理工序较理想的培养基，但是价格昂贵。

5. 动物细胞培养操作中常用的其他液体

动物细胞培养时还会加入其他液体，首先会用平衡盐溶液（balanced salt solution），稳定细胞渗透压、平衡培养液酸碱度。平衡盐溶液一般由生理盐水和葡萄糖组成，也有用磷酸盐缓冲液，其中会加入少量酚红指示剂，指示培养液 pH。常用的平衡盐溶液有缓冲能力较弱 Hanks 液和缓冲能力较强的 Earle 液。其次，是用培养基 pH 调整液调培养液 pH，羟乙基哌嗪乙磺酸（*N*-2-hydroxy-ethylpiperzaine-*N*-ethane-sulphonic acid，HEPES）溶液以及 7.4%、5.6%、3.7%的 $NaHCO_3$溶液是常用的 pH 调整液。此外，原代细胞培养、细胞传代均要将细胞分散悬浮，这些操作要用细胞消化液完成。胰蛋白酶溶液和 EDTA 溶液是常用的消化液。胰蛋白酶能水解细胞间的蛋白质，因此能解离分散细胞，消化细胞结束时，一般加入含血清的培养基稀释消化液浓度终止消化作用。EDTA 有非酶解离作用，适用于细胞解离，常用 0.02%浓度，终止消化一般用 Hanks 液冲洗，而血清对其无终止作用。卡那霉素、青霉素、链霉素、制霉菌素等常在培养液中加入预防细胞培养时微生物污染。

（三）生产用动物细胞

最初 1949 年用哺乳动物原代细胞生产生物制剂。20 世纪 80 年代，致瘤研究排除了转化细胞系致瘤的可能性后，转化细胞才被广泛用于生物产品生产中。生产用动物细胞有的直接来源动物组织，再经处理、传代获得的细胞，也有的是融合细胞系和基因重组细胞系。

1. 原代细胞（primary cell）

如前所述，直接用动物器官或组织粉碎、消化获得原代细胞，由于并不是所有消化得到的细胞都可以使用，因而这种方法需要消耗大量的动物组织，而且原代细胞每次使用均需临时制备，很不方便，繁殖效率也低，因此原代细胞大规模生产很难实现。早期生产疫苗曾用原代细胞，日前生产狂犬疫苗也还在利用鸡胚细胞。

2. 传代细胞系（passage cell line）

传代细胞系也称为二倍体细胞系（diploid cell line）一般用动物胚胎组织制成原代细胞，再将含有多种细胞的原代细胞经过传代、筛选、克隆后，纯化得到具有明显的接触抑制和贴壁性，具有正常细胞核型的，无致瘤性传代细胞系，这种细胞系一般传50代左右。正常人胚胎组织W1-38是第一个用于生产脊髓灰质炎灭活疫苗的二倍体细胞系，正常男性胚肺组织MRC-5和人胚肺二倍体成纤维细胞2BS也曾经被广泛应用于生产，现在传代细胞已广泛用于人用生物制品的生产。

3. 转化细胞系（transformant cell line）

转化细胞系是指具有无限增殖的能力的细胞系，是正常细胞经过转化，丢失正常细胞的特点而制得。转化细胞系一般来源于正常细胞，有的是自发形成，如当细胞传代过程中有的细胞的染色体发生断裂形成异倍体，就具有无限增殖的能力；转化细胞系也可以人为制作，如使用病毒感染或使用化学试剂处理正常细胞后，获得有无限生命力的细胞系；此外，也可直接从动物肿瘤组织中直接制取无限增殖的细胞，这也属于转化细胞。转化细胞系以其倍增时间短、培养条件要求低、具有无限生命力的优势受到各大规模工业化生产的欢迎。近年来用于生产的转化细胞系有正常成年非洲绿猴肾细胞、中国仓鼠卵巢细胞、淋巴瘤细胞、幼鼠肾细胞等。

4. 工程细胞系（engineering cell line）

宿主细胞的染色体经基因工程技术或细胞融合技术重组或修饰改造，获得稳定遗传的特定性状的细胞系称为工程细胞系。如昆虫卵巢细胞（Sf-9）、中国仓鼠卵巢细胞、幼鼠肾细胞、小鼠骨髓瘤细胞（SP2/0）均可用于构建工程细胞。其中中国仓鼠卵巢细胞用得最多。

（四）动物细胞的大规模培养

与微生物发酵相似，动物细胞的大规模培养也是在细胞生物反应器中，设定特定的pH、温度、溶氧等条件下高密度培养动物细胞生产生物制品。

1. 动物细胞的大规模培养方法

悬浮培养、贴壁培养和悬浮-贴壁培养是实验室常用的动物细胞培养方法，在生产中一些永生细胞系如杂交瘤细胞、中国仓鼠卵巢细胞、昆虫细胞、幼鼠肾细胞等一般采用悬浮培养，一些原代细胞、传代细胞常常采用贴壁培养。

（1）悬浮培养法（Maitland's culture）　非贴壁依赖性细胞及兼性贴壁细胞贴壁能力弱，容易在培养液中形成悬浮状态生长繁殖，这样的方式可以连续测定细胞的浓度，也无须消化分散，因此，细胞收率高，而且继代培养时可以连续收集部分细胞。搅拌式和气升式生物反应器是悬浮培养最常用的生物反应器。

（2）多孔载体培养法　大规模高密度动物细胞培养方法还包括多孔载体培养法。多孔载体培养法就是利用多孔载体内部的网状小孔培养细胞，接种细胞后让细胞在小孔内生长。这种方法即适用于培养悬浮细胞的固定化连续灌流，适用于细胞的贴壁培养。优点是载体内部生长的细胞，在培养时因搅拌造成的机械损伤的概率大大减少，因此，在大规模生产时可以提高搅拌转速和通气量。常用的多孔载体材料有海藻酸钠、纤维素及其衍生物、明胶、胶原、陶瓷、玻璃、聚苯乙烯和聚乙烯等。这些材料一般对细胞无毒害，具备良好的生物相容性、机械稳定性和热稳定性，搅拌、高温、高压条件下不破碎、不软化、不分解。

（3）中空纤维培养法　中空纤维培养法是模拟细胞在体内生长的三维状态，将细胞接种在中空纤维的外部，营养供给通过中空纤维内部输送，以此模拟人工毛细血管。这种方法可以促进动物细胞高密度生长。目前中空纤维材料有聚丙烯、聚砜等。

（4）微载体培养法　贴壁依赖性细胞，如非淋巴组织细胞和许多异倍体肿瘤细胞等大多数动物细胞，在现实生产时一般使用微载体或微珠提供贴壁条件，以便于进行大规模动物细胞培养。在培养液中通过搅拌，贴壁依赖性和兼性贴壁细胞会吸附于微载体颗粒表，逐渐生长成单层。这样的培养方式使贴壁细胞的培养兼有悬浮培养和固定化培养的优点，适于二倍体传代细胞和正常组织细胞。

（5）微囊化培养法　利用海藻酸和多聚赖氨酸可以制成一种微囊，微胶囊化后细胞被包裹在微囊里可以进行悬浮培养，微囊化的技术基础是酶的固定化技术。这种微胶囊可以保护细胞，降低搅拌对细胞的剪切力影响，且细胞可以大量生长，极大提高了细胞的密度和纯度。

2. 动物细胞生物反应器

动物细胞生物反应器的材料应具有良好的传热性、密闭性，并对细胞无毒，且能连续长期运转。市面上有的动物细胞生物反应器有，一次性摇袋式细胞培养生物反应器、透析袋式或膜式生物反应器、搅拌式生物反应器、气升式生物反应器、中空纤维式生物反应器、固定床或流化床式生物反应器等。

一次性摇袋式细胞培养生物反应器的袋子在摇动平台上，经 25～40kGyγ 射线辐射消毒，独立无菌包装，袋子一次性使用，适用于各种类型的细胞培养。在摇袋式细胞培养生物反应器中，细胞和培养基注入无菌塑料袋中，通入经由除菌过滤器过滤的空气后形成一个具有一定空间的培养容器，随着摇动平台的左右摇动，培养基液体在袋中形成剪切力很小的波浪式运动，这种剪切力远远小于传统罐体中用搅拌或者气升式方法所产生的剪切力。摇动平台的摇动频率和角度可以调节，培养过程中可以向袋内通入一定比例的空气/氧气混合气，该生物反应器最大可以支持 6×10^7的细胞密度，培养周期结束后，可以分别回收培养基和细胞，袋子作为“生物垃圾”处理。

透析袋式或膜式生物反应器有双室或三室系统，双室分别放置有培养基、细胞，三室分别放置有培养基、细胞、产物。室与室之间根据需要装有滤膜，方便保留和浓缩产品以及分离提纯产品。搅拌式生物反应器是根据微生物发酵罐改造的，具有搅拌剪切力小、通气性好等优点，可以长时间和高密度培养动物细胞，可用于微囊培养、悬浮细胞培养、微载体培养等。

气升式生物反应器没有搅拌，通过在罐底的喷管通入气体进入导流管，这样罐底部液体的密度小于导流管外部的液体密度，使得液体形成循环流。这种生物反应器的剪切力比搅拌式生物反应器还要小，主要用于微载体培养、悬浮细胞的分批培养。中空纤维式生物反应器由数百或数千根中空纤维束组成，主要用于贴壁细胞的培养，也可用于悬浮细胞培养。固定床或流化床式生物反应器在反应器内装填了陶瓷、有孔玻璃、塑料等对细胞生长无害且有利于细胞贴附的载体，流化床中培养液自下往上输，微球在这种液体流动作用下可以在一定范围内旋转，微球内细胞可以获得充分养料和氧气。

四、微生物细胞工程

细胞工程按生物类型进行分类，可分为动物细胞工程、植物细胞工程以及微生物细胞工程。微生物细胞工程技术又称发酵工程技术，是指利用微生物的某些特殊性质，使用现代科学工程技术手段，提高产品的品质甚至创造新的产品，以满足人们的需求，或直接把微生物应用于工业生产过程的一种新技术。微生物细胞工程技术的内容包括菌种的选育、培养基的配制、灭菌、扩大培养和接种、发酵过程和产品的分离提纯等方面。具体内容详见本章第二节。

五、 细胞工程技术在食品工业中的应用

随着细胞工程技术的不断发展，细胞工程已经被应用于诸多领域，在食品领域的应用尤甚。目前在食品领域中，我们主要利用植物工程技术来提高农作物的产量和质量以获得更多更好的食物，以及高效生产碳水化合物、蛋白质、糖、氨基酸、黄酮类等各类食物成分；主要利用动物工程来培育优良的动物个体和生产生物活性物质；利用微生物细胞工程可以培育新的优良菌种，用于食品发酵。其在食品工业中的应用如表 9-10 所示。

表 9-10　细胞工程技术在食品工业中的应用

类别	应用领域		产品
植物细胞工程	食品添加剂	香料	香草素、葡萄香素、草莓风味剂、菠萝风味剂
		色素	咖啡黄、类胡萝卜素、紫色素、辣椒素、靛蓝、红色素
		其他	脂肪酸、维生素 B_2、维生素 B_{12}、维生素 C、维生素 D、琼胶
	天然食品		可可碱、咖啡碱、黄豆苷
	抗氧化剂		α-生育酚
	农作物	培育新品种	多倍体百合、紫色菊花、有香味的天竺葵、四倍体花叶芋
		改良作物品质	超级水稻、抗寒亚麻、优质番茄、新品系小麦、抗小斑病玉米、抗疫病马铃薯
		促进快速繁殖	兰花、苹果、柑橘、枣树、葡萄、木薯、无籽西瓜的大规模生产
		脱除作物病毒	苹果、马铃薯、香蕉、葡萄、山楂、梨、桃等的脱毒
动物细胞工程	优良动物品种		高产奶牛、瘦肉型猪等
	生物活性物质		病毒疫苗、干扰素、单克隆抗体、胰岛素、生长激素、麝香、甲状腺素等

（一）植物细胞工程技术在食品工业中的应用

植物细胞工程技术开启了繁衍植物和育种的新途径，使得农作物的产量和质量都得到了提高，不仅对解决全球饥饿问题起到了一定的作用，而且还能培育出更加适合市场需求的新品种。日本就利用原生质体培养等技术培育成功水稻、马铃薯和果树等新品种。美国也利用植物细胞工程技术成功培育出抗除草剂的大豆、油菜和烟草新品种。

另一方面，利用植物细胞工程技术大量培养植物细胞，可以提取细胞的次级代谢产物，如类萜、酚类和生物碱等。这些物质可用于生产天然色素、天然香料及其他食品添加剂，但在植物体内含量低、提取困难、人工也很难合成，而利用植物细胞工程技术就可以解决这个问题。日本就已成功培养草莓细胞生产红色素作为着色剂，在食品和化妆品工业中使用。

（二）动物细胞工程技术在食品工业中的应用

动物细胞工程技术也能培育新品种，得到优良性状的新个体。通过体外受精可以培育出高

产奶牛，瘦肉型母猪等优质动物个体。同时，动物细胞的大规模培养也能生产出珍贵的生物制品，如疫苗、干扰素、激素、酶、蛋白质、单克隆抗体等。

当前，科学家们为了解决全球饥饿问题，设法利用动物细胞培养技术生产新式人造肉。新型人造肉的制备，首先是从动物身上抽取干细胞，将其置于营养液中培养，使它扩增培养成肌肉细胞，并且分化成肌肉纤维而成为“肉”，目前在世界范围内已有应用。

第四节　酶工程技术

酶是活细胞产生的具有高效催化功能、高度专一性和高度受控性的一类特殊蛋白质。酶工程（enzyme engineering）是利用酶的催化作用进行物质转化的技术，即将生物体内具有特定催化功能的酶分离，结合化工技术，在液体介质中固定在特定的固相载体上作为催化生化反应的反应器，以及对酶进行化学修饰或采用多肽链结构上的改造使酶的化学稳定性能、催化性能甚至抗原性能等发生改变，以达到特定目的的工程技术。

一、 酶工程的主要内容

酶工程技术普遍应用于工业、农业、医药和能源开发等领域。酶具有特异催化功能，作为生物催化剂具有催化效率高、反应条件温和、专一性强等优点，因此颇受各领域研究者的重视，研究者将酶学、微生物学的基本原理与化学工程等有机结合，并根据实际情况对酶进行修饰改造，应用生物反应器，并根据相关工艺过程进行生产生物制品，随着这项研究的日益成熟，产生了交叉学科——酶工程。

利用酶或含酶细胞作为生物催化剂促使重要的化学反应发生是酶工程的特点。酶工程最初应用自然存在的酶制剂，如从淀粉酶来自植物、凝乳酶来自牛胃、凝血酶来自血液、胰酶来自胰脏，这些都是自然状态的酶制剂，但这种提取的酶制剂产量低、价格昂贵应用并不广泛，随着微生物培养技术的进步，发酵设备的发展，利用微生物生产大量的酶制剂成为可能，极大地提高了酶制剂产量及降低了酶制剂成本。酶制剂的使用也逐渐广泛。随后出现的固定化酶技术，在载体上固定酶提高了酶的稳定性，实现连续催化反应，极大扩大酶的使用范围，渐渐地多酶固定化体系及细胞固定化技术体系也发展开来。20 世纪 90 年代，酶工程结合基因工程，将酶基因导入微生物进行表达，生产酶制剂。21 世纪，新酶的研究与开发、优化生产酶及高效应用酶成为酶工程研究的主题。

（一）酶的生产技术

酶的生产技术有提取分离法、化学合成法、生物合成法等。最早采用提取分离法生产酶。现在在动植物资源丰富的地区仍使用这种方法生产酶制剂，如木瓜蛋白酶可以从木瓜中分离得到，溶菌酶可以从鸡蛋清中提取，菠萝蛋白酶从菠萝皮中提取，胰蛋白酶可以从动物胰脏中分离纯化等。动植物原料的生长周期、来源地、季节和气候等因素会影响酶制剂的提取，难以满足大规模生产。

化学合成工业的发展也为酶制剂的生产提供了另一途径，但这种方法生产酶的反应步骤多、成本高、设备条件要求高且工艺复杂，极大限制了化学合成生产酶制剂的应用。目前该方法在酶的化学修饰、人工模拟酶合成以及短肽的合成等领域仍有应用。以上两种方法均不太适用大规模生产，在酶制剂生产的探索中又发展出生物合成法。

生物合成法又称为生物转化法，生产时要经预先设计，运用基因工程、细胞融合等现代生物技术手段，利用微生物细胞、植物细胞或动物细胞的生长代谢，获得目的酶制剂。用这种方法生产的酶的品种齐全，几乎自然界存在的所有酶都可以用生物转化法生产；而且微生物生长繁殖快，生长周期短，因此酶的产量高；此外，微生物培养原料价廉，微生物适应力、应变力都比较强，这些都极大降低酶制剂成本，因此，生物合成法已成为酶制剂主要生产方法。如利用微生物生产葡萄糖淀粉酶、α-淀粉酶、β-淀粉酶以及异淀粉酶等。微生物发酵法生产酶的基本步骤，首先是选择合适的产酶菌株，接着是选用适当发酵培养方式和培养基进行微生物发酵，生产大量目的酶，最后是将目的酶经分离纯化制作成酶制剂。目前常用的产酶微生物有大肠埃希菌、青霉菌、啤酒酵母、枯草杆菌、链霉菌等。其中，大肠埃希菌以其清楚的遗传背景，优良的性质成为应用最广泛的产酶工程菌。

（二）酶工程的主要内容

随着酶在工业、食品、农业、医药等领域中广泛的应用，不断进步的生物技术也让酶工程的研究内容不断更新。目前，酶工程的研究内容主要包括酶的生产、分离纯化、酶和细胞的固定化、酶的修饰及分子改造、非水相催化、酶反应器、抗体酶、人工酶和模拟酶。酶制剂生产一般选用品质好的产酶菌株，通过选育优良菌株、构建基因工程菌株、优化发酵条件等方面提高酶的产量。微生物发酵生产酶后，需要分离纯化获取高活性、高纯度和收率的酶制剂，因此需要对分离纯化技术进行研究。应用酶的固定化技术制备固定化酶时，为延长固定化酶使用时间、增加酶的稳定性、扩大酶制剂的应用范围，需要研究固定化酶的酶学性质及应用条件。

如果制备的是固定化细胞，则相应的要研究固定化细胞的酶学性质，研究如何扩大固定化细胞的应用范围。酶自身也有性质缺陷，因此要研究采用各种修饰方法对其结构进行改造，以改善天然酶的性质，如研究如何促进酶的稳定性提高、抗蛋白酶水解、降低抗原性等，以提高酶的应用价值。值得注意的是酶催化环境的改变会影响酶的催化活性，在非水相中，酶分子受到非水相介质的影响，因此需要研究酶在非水相介质中酶的催化活性，非水相介质包括有机溶剂、气相介质、超临界介质和离子液介质等。在酶制剂生产中为经济效益和社会效益最大化，需要提高生产效率、降低成本、减少耗能和污染，因此，根据酶的催化特性，设计出酶反应器用于生产。

二、 固定化酶技术

酶的催化作用效率高、选择性强、反应条件温和，是绿色环保的催化剂，但游离态的酶不稳定，对酸、碱、热、有机溶剂、高离子强度等较敏感，易失活，且反应后，酶与底物混合分离纯化困难，不能重复使用。这些问题通过固定化技术和应用固定化酶得到了解决。固定化酶（mobilized enzyme）是指被固定在载体或被束缚在一定的空间范围内催化反应的酶。固定化酶有如下优点，酶经固定化后，容易与产物分开，方便后续的纯化，能进一步减少污染；固定化酶可以反复使用，节约成本，提高酶的利用效率；酶被包裹在固定化载体中，可以降低剪切力对酶的伤害，提高酶的稳定性。但固定化酶也有不少缺点，如酶固定化时必然会伴随一定程度的酶活损失，固定化也增加了初始投资，加大生产成本，在生产中一般只适用于可溶性、小分子底物，不适用于大分子底物等。

（一）固定化酶的制备原则

酶的固定化方法很多，具体使用时根据固定化酶应用的目的、应用环境而各不相同。但固定化酶的制备一般要遵循以下的基本原则：

①在不改变酶的专一性及催化活性前提下固定化；

②以利于生产自动化、连续化为前提固定化酶；

③尽可能最小化固定化酶的空间位阻；

④酶与载体的结合应牢固；

⑤可能提高固定化酶的稳定性；

⑥合理的固定化成本。

（二）酶的固定化方法

酶的固定化（enzynle，immobilization）是制备固定化酶的过程，具体是采用各种方法使得酶与水不溶性的载体相结合。酶的固定化方法多种多样，固定化反应有载体结合法、交联法和包埋法等类型。

1. 载体结合法（carrier-binding method）

酶可以通过物理吸附法、离子结合法和共价结合法三种形式结合到不溶性载体上，这样一种将酶结合于不溶性载体上的固定方法就是载体结合法。酶和载体间的非特异性物理吸附作用有范德华力、氢键、疏水作用、静电作用等。物理吸附法就是利用这些非特异性物理吸附作用，将酶固定在载体表面。物理吸附法优点是工艺简便、条件温和、载体选择范围大，吸附后酶的构象变化小甚至基本不变，因而对酶的催化活性影响小。但酶和载体之间通过物理吸附形成的结合力弱，pH、离子强度、温度的等条件改变都易引起酶的脱落，从而污染反应产物。酶和载体之间还可以用离子键相互结合，可以用这种方法的载体有多糖类离子交换剂和合成高分子离子换树脂，具体有 Amberlite CG50、XE97、Dowex-50 和 DEAE 纤维素等。虽然离子结合法处理条件温和、操作简单、固定化酶活性中心不易破坏，且酶的回收率高，但离子键的结合力仍较弱，容易受缓冲液种类或 pH 影响，高强度离子条件下，酶容易从载体上脱落。除了以上两种结合酶与载体的方式，还可通过共价键将酶固定到载体上，即酶分子上非活性部位功能团与载体表面反应基团进行共价结合，从而实现酶的固定化。共价结合法得到的固定化酶能与载体实现较牢固的结合，且稳定性好，可重复使用，是当前酶固定化方法研究的热点。但共价结合反应剧烈，易引起较严重的固定化酶活性损失。

2. 交联法（cross-linking met）

交联法与共价结合法一样也是利用共价键固定酶，只不过它不使用载体，而是将酶分子共价结合到双功能或多功能交联试剂上，从而将酶分子之间彼此交叉连接，形成网格状结构的一种酶固定化方法。常用的交联剂有戊二醛、双偶氮苯、己二胺、顺丁烯二酸酐等。交联法制备难度大，制备后酶活损失也较大，常作为其他固定化方法的辅助手段。

3. 包埋法（entrapment method）

包埋法是将载体与酶溶液混合并加入引发剂，以促进聚合反应发生，通过物理作用将酶限定在载体的网格中，从而实现酶固定化的方法。包埋法又分为网格型和微囊型两种，网格型就是将酶和细胞包埋在高分子凝胶细微网格中。聚丙烯酰胺、聚乙烯醇和光敏树脂等合成高分子化合物，以及海藻胶、淀粉、明胶等天然高分子化合物是常用的高分子凝胶。这种方法在固定化微生物最有效，用得最多。微囊型就是将酶和细胞包埋在高分子半透膜中，这种颗粒要比网格型小，有利于底物与产物的扩散。包埋法条件温和，很少涉及酶构象及酶分子的化学变化，因此酶活力和回收率较高。但包埋法固定化酶扩散受限、机械强度差、传质阻力较大且易泄漏，不适用催化大分子底物。

4. 新型酶固定化方法

传统固定化酶的载量不高，酶在任意位点与载体进行连接，不能充分暴露酶活性位点，因此需要继续发展新型酶固定化方法以优化固定化酶的作用。新型酶固定化方法的目标是在较为温和的条件下进行固定化，尽量避免或减少酶活力的损失，提高固定化效率，以达到理想的固定化效果。以下是几种新型酶固定方法：

（1）耦合固定化（co- immobilization）　是将几种固定化方法或载体的联合使用，如包埋交联法、吸附-交联法、絮凝-吸附法、包埋-吸附法、膜-吸附法、吸附-交联法等。该方法在固定化过程中添加稳定因子和促进因子，以解决酶和载体结合不牢固、容易脱落等问题。耦合固定化也指将不同的酶同时固定于同一载体内形成共固定化系统，可使几种不同功能的酶、细胞和细胞器在同一系统内进行协同作用。

（2）无载体固定化（carrier-free immobilization）　是直接利用交联剂交联溶解酶、晶体酶、物理聚集酶和喷雾干燥酶形成交联溶解酶、交联晶体酶、交联酶聚集体和交联喷雾干燥酶的酶固定化技术。无载体酶催化活性高，成本低；具备较高的比表面积；可加入多种酶；底物扩散受限较少；在极端条件、有机溶剂和蛋白酶中的稳定性较高。

（3）定向固定化（oriented immobilization）　就是把酶和载体在酶的特定位点上连接起来，使酶在载体表面按一定的方向排列，使其活性位点面朝固定表面的外侧，这样有利于底物进入酶的活性位点，显著提高固定化酶的活性。

三、 酶反应器

酶反应器是完成酶促反应的核心装置，酶和固定化酶在体外进行催化反应时，都必须在一定的反应容器中进行，酶反应器为酶催化反应提供合适的场所和最佳的反应条件，以便控制催化反应的各种条件和催化反应的速度，达到最大限度生成产物的目的（图 9-20）。

酶反应器基本结构包括：提供酶促反应的罐体、控温电极、搅拌器、pH 电极、检测器等。反应器中酶反应主要有两种类型，一种是在溶液中直接应用游离酶进行反应的均相酶促反应，另一种是利用固定化酶进行的非均相酶促反应。按照几何形状酶反应器可分为罐式、管式、塔式和膜式等；根据酶反应器结构不同分类又有搅拌罐式反应器、填充床式反应器、流化床式反应器、鼓泡式反应器、膜反应器、喷射式反应器等；根据操作方式不同，还可分为分批式反应器（batch reactor）、连续式反应器（continuous reactor）和流加分批式反应器（feeding batch reactor）。

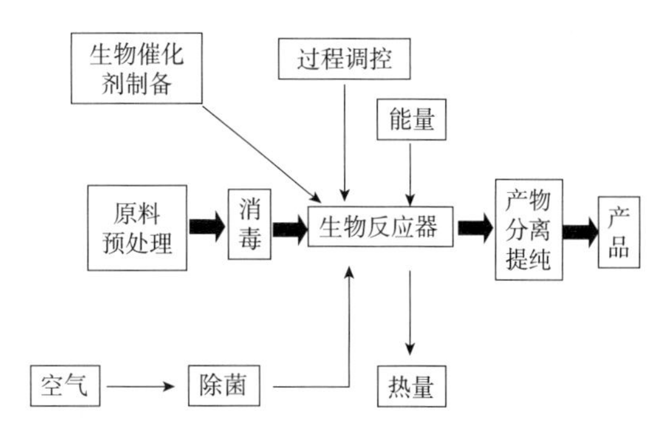

图 9-20　酶催化反应过程

（一）酶反应器类型

1. 流化床式反应器（fluidized bed reactor，FBR）

流化床式反应器的特点是固定化酶颗粒在反应液中不断地悬浮翻动的状态进行催化反应（图 9-21），固定化酶进行连续催化反应时可选用这种方式。该方法先将固定化酶颗粒置于反应容器内，底物溶液从反应器底部向上，以足够大的流速连续地通过反应器，反应液连续从上方排出。对于黏度较大和含有固体颗粒的底物溶液，需要提供气体或排放气体的酶反应，可以考虑选用流化床式反应器。值得注意的是，选用此种反应器所采用的固定化酶颗粒应具有较高的强度，同时颗粒不应过大。

2. 填充床式反应器（packed column reactor，PCR）

填充床式反应器又称固定床反应器，适用于固定化酶的催化反应。该方法先将酶固定化制成固定化酶，然后再固定化酶填充到柱式反应容器中，制成柱床，反应时底物溶液以一定方向、一定流速流过反应床，实现物质的传递和混合，同时实现催化反应（图 9-21 和图 9-22）。在使用过程中，为减弱填充床式反应器底层的固定化酶颗粒所受到的压力，预防固定化酶颗粒的变形或破碎，会在反应器中间用托板分隔。填充床式反应器操作方便、设备简单、单位体积反应床的固定化酶密度大。

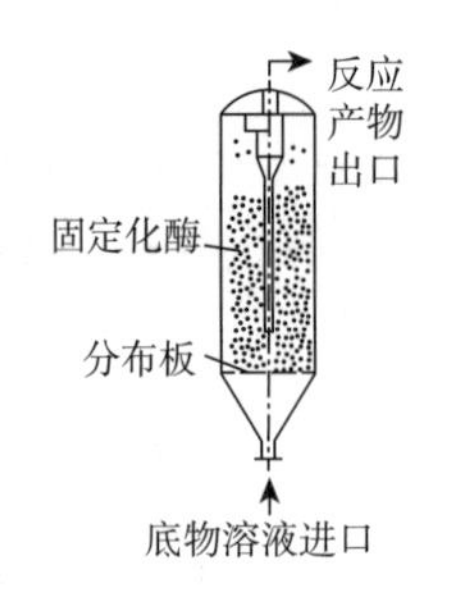

图 9-21 流化床式反应器

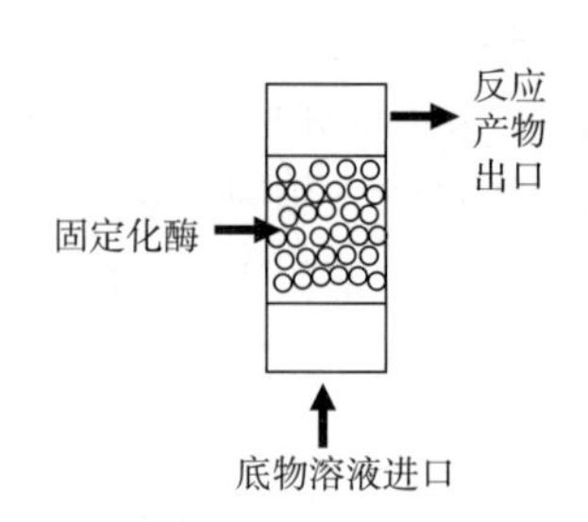

图 9-22 填充床式反应器

3. 膜反应器（membrane reactor，MR）

酶催化反应与半透膜的分离作用组合在一起而制成的反应器称为膜反应器。酶是生物大分子，不同孔径的膜可以截留不同分子大小的物质，因此选择适当孔径的膜可以将酶截留在反应器中，而小于这个孔径的物质将被排出，达到初步分离的效果。膜反应器适用于游离酶催化反应和固定化酶的催化反应。

膜反应器有管形、平板形、中空转盘形、螺旋形等多种形状。以中空纤维反应器最常见。如图 9-23 所示，中空纤维由反应器的外壳和醋酸纤维等高分子聚合物制成。中空纤维壁的内外结构一般不同，紧密光滑的半透膜是内层，根据半透膜截留分子的大小而分离组分，半透膜允许小分子物质通过，截留大分子物质如酶。外层是多孔海绵状的支持层，也就是酶固定的位置，底物透过中空纤维的微孔与酶分子接触，进行催化反应，反应生产的小

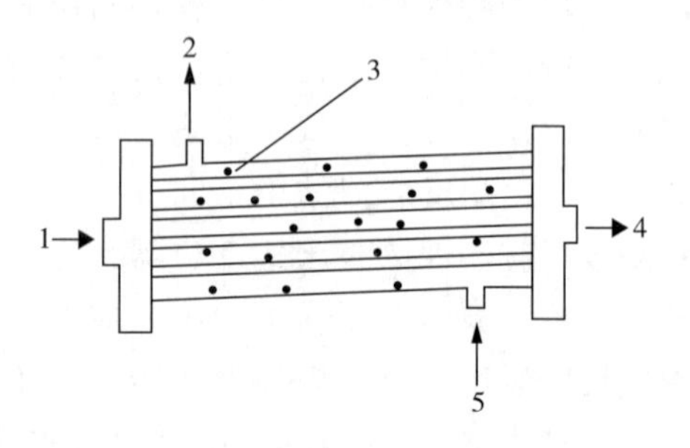

图 9-23 中空纤维反应器

1—空气与二氧化碳入口 2—培养基出口 3—细胞 4—空气与二氧化碳出口 5—培养基入口

分子产物又透过中空纤维微孔，进入中空纤维管，流出反应器。流出液中含有反应物及产物，如果反应物浓度较高，可将产物分离后，再将流出液重新进入反应器进行酶催化反应，如此循环使用。中空纤维反应器固定化过程比较便宜、经济，易于随时替换酶（细胞）用于生产不同产品，也可以完全保留酶（细胞）保持酶的充分活性。

游离酶的催化反应也可选用膜反应器，如图 9-24 所示。游离酶在膜反应器中进行催化反应时，酶在膜反应器中与底物溶液反应，随后酶与产物一起进入膜分离器，小分子的产物可以透过超滤膜而排出，大分子的酶分子被截留下来循环使用。具体使用时应考虑酶分子和产物的分子量大小选择合适孔径的分离膜。游离酶催化反应选择膜反应器，可以将反应与分离整合为一体。一方面可以回收循环使用酶，提高了酶的催化效率，特别对于价格较高的酶，这种反应器很有优势；另一方面连续流出的反应产物可以降低甚至消除产物引起的酶抑制作用，酶催化反应速度得到明显提高。虽然膜反应器有诸多优点，但分离膜经过一段时间使用，会污染，容易吸附酶和杂质，造成酶的损失，影响分离速度和分离效果。

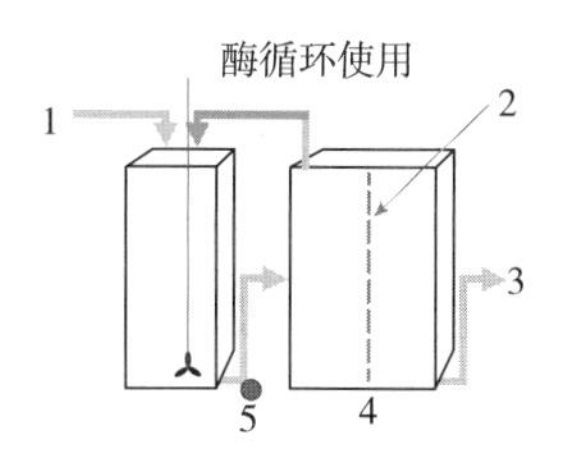

图 9-24 游离酶膜反应器

1—底物溶液进口 2—超滤膜

3—反应产物出口 4—膜分离器

5—泵

4. 喷射式反应器（projectional reactor，PR）

利用高压蒸汽的喷射作用混合酶与底物的反应器称为喷射式反应器（图 9-25），是进行高温短时催化反应的反应器。喷射器和维持罐是喷射式反应器的基本结构，喷射器中先预混酶与底物，并在此进行高温短时催化，接着将混合液从喷射器中喷出，同时温度也迅速被降低到 9℃左右，催化作用继续在维持罐中进行。对于某些耐高温的酶促反应，使用喷射式反应很有优势，特别是对于耐高温游离酶的连续催化反应来说，喷射式反应器结构简单、体积小、混合均匀，由于温度高，催化反应速度快、催化效率高，短时间内即可完成催化反应。

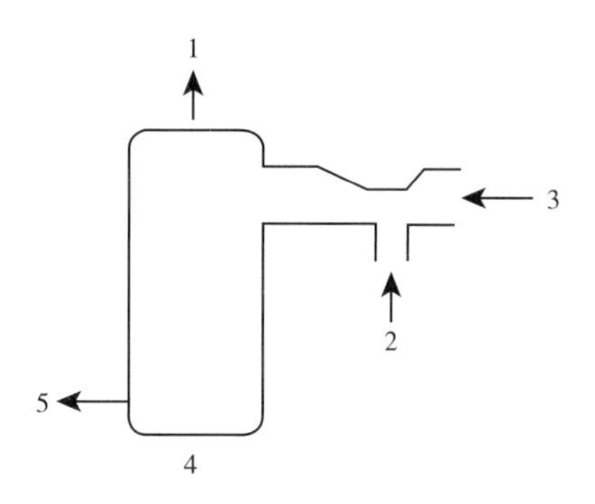

图 9-25 喷射式反应器示意图

1—排气口 2—高压蒸汽进口

3—底物与酶溶液进口

4—维持罐 5—反应产物出口

（二）酶反应器的选择

酶反应器的种类很多，不同类型的反应器有不同的特性和用途，在选择反应器的过程中，应从酶的应用形式、底物和产物的理化性质、酶反应动力学特性等几个方面考虑。同时，所选择的酶反应器也应考虑选择操作简便、结构简单、可适用于多种催化反应、易于维护和清洗、制造成本和运行成本较低的反应器。

酶参与反应的形式有游离酶与固定化酶两种形式，选择反应器时，不同形式的酶考虑的因素也不同。

1. 根据底物或产物的理化性质选择反应器

酶催化反应效率还跟底物和产物理化性质，如溶解性、分子质量、黏度、挥发性等相关。对于可溶性底物可以选用各类反应器，对于易堵塞柱床的难溶或呈胶体溶液底物，可选用流化床式反应器。连续搅拌罐式反应器可以维持颗粒状底物和固定化酶的悬浮状态，因而对于颗粒状底物可选用连续搅拌罐式反应器。当反应产物是小分子，可选择膜反应器；当底物或产物为气体，可选择鼓泡式反应器。

2. 根据酶的应用形式选择反应器

在使用游离酶进行催化反应的过程中，酶与底物一起溶解在反应溶液中，相互混合进行催化反应。适合于游离酶催化反应的酶反应器主要有搅拌式反应器、鼓泡式反应器、喷射式反应器和膜反应器等。其中，搅拌罐式反应器最常用。膜反应器适用于游离酶价格较高、反应产物的分子量较小且较难获得时。耐高温酶的催化反应可选用喷射式反应器，不仅混合效果好，催化效率也很高。鼓泡式反应器通过连续通入气体，使得酶与底物充分混合、物质与热量的传递效率也最高。

固定化酶的性状、颗粒大小及对机械强度的承受能力各不相同，酶催化反应器的选择应根据这些差异来考量。直管状、颗粒状、螺旋管状和平板状是固定化酶常见形状。通常，填充床式反应器、连续搅拌罐式反应器、流化床反应器和鼓泡式反应器适用于颗粒状固定化酶。膜反应器适用于直管状、平板状和螺旋管状固定化酶。固定化酶的颗粒大小的差异会影响固定化酶在反应器中的悬浮状态，当固定化酶颗粒较小时，易悬浮，应选择流化床式反应器，而不能选择固定化床反应器，因为固定化床反应器容易造成固定化酶的流失。此外，不同类型反应器对固定化酶机械承受度的要求不同，使用流化床反应器应用稳定性好的固定化酶，因为该反应器中固定化酶的密度大，酶颗粒需承受较大的压力，易导致固定化酶颗粒的变形、破碎，进一步造成阻塞现象。使用搅拌罐式反应器时，也应选择稳定性较好的固定化酶，因为搅拌桨叶旋转所产生的剪切力容易对固定化酶颗粒造成损失。

3. 根据酶反应动力学特性选择反应器

酶与底物的混合程度、底物浓度、产物对酶的反馈抑制作用等酶反应动力学特性也是选择反应器的重要参数。首先，酶与底物混合程度越高，越能增加酶分子与底物分子的有效碰撞，提高催化反应效率。混合效果较好的反应器有搅拌罐式反应器、鼓泡式反应器和流化床式反应器。填充床式反应器和膜反应器混合效果较差。其次，对于酶促反应体系，一定范围内，底物浓度越高，酶促反应速度越大，但有些酶促反应，底物浓度过高会产生高浓度底物抑制，对于这样的酶促反应应选择膜反应器和连续流操作以维持底物浓度在较低点，从而提高催化反应速率。此外，产物对酶的也有反馈抑制作用，固定化酶可选择膜反应器或填充床式反应器降低产物浓度对酶促反应的抑制作用，游离酶可以选择膜反应器降低产物浓度对酶促反应的抑制作用。

（三）酶反应器的操作

如何调控酶反应器进行催化反应，充分发挥酶的催化功能，是酶工程的主要目标之一。适宜的酶应用形式、高质量的酶、适宜的酶反应器是达到这个目标的前提，此外，确定适宜的酶反应器操作条件，并根据变化的情况进行适当的调节控制是完成目标不可缺少的部分。

1. 酶反应器操作条件的确定及其调节控制

酶浓度、底物浓度、pH、温度、流动速度、搅拌速度等都可以在酶反应器中操作。

（1）酶浓度的确定与调节控制　酶反应动力学表明，在高浓度底物的条件下，酶浓度与酶催化反应速度成正比，酶浓度增加，催化反应速度也增加。我们在确定酶浓度时，不仅要从反应速度角度考虑，还要从生产成本角度考虑，高浓度的酶必然增加生产成本，所以要综合考虑成本及反应速度，确定适宜的酶浓度。同时，酶催化反应伴随着酶损失，特别时在连续使用较长时间后，因此，为了稳定酶浓度，需要补充或更换酶。鉴于此，连续式固定化酶反应器应有结构简单、操作容易的添加或更换酶的装置。

(2) 底物浓度的确定与调节控制 酶的催化作用就是酶催化底物，促使底物转化为产物，在这个催化作用过程中，底物浓度是决定酶催化反应速度的主要因素。因此，在酶催化反应过程中，要确定一个适宜的底物浓度范围。底物浓度过低，反应速度慢；底物浓度过高，反应液的黏度增加。还要注意考虑的是，有些酶还会受到高底物浓度的抑制作用。为了防止高浓度底物引起的抑制作用，对于分批式反应器可先将一部分底物和酶加到反应器中反应，等底物浓度逐步降低以后，再连续或分次地将一定浓度的底物溶液添加到反应器中；对于连续式反应器，可以预先配制一定浓度的底物溶液，再连续将底物加入反应器中，如此能保持反应器中底物浓度恒定，连续排出反应液。

(3) pH 的确定与调节控制 酶的活性受 pH 影响，因此，调控酶反应器中的 pH 是优化酶催化反应的手段之一。应先根据酶的动力学特性确定酶催化反应的最适 pH，然后根据确定的 pH，维持反应液 pH 在合适的范围内。值得注意的是有些酶的底物或者产物是酸或碱，反应前后 pH 的变化较大，应在反应过程中进行必要的调节。如葡萄糖氧化酶催化葡萄糖与氧气反应生成葡萄糖酸，乙醇氧化酶催化乙醇氧化生成醋酸等。pH 的调节通常采用稀酸溶液或稀碱溶液进行，添加过程注意要缓慢添加，并要一边搅拌一边添加，以防止局部过酸或过碱，根据实际情况，必要时可以采用缓冲溶液配制底物溶液，以维持反应液的 pH。

(4) 反应温度的确定与调节控制 温度也是影响酶催化作用的重要因素，因此，确定酶催化反应的最适温度是应用酶反应器需要考虑的方面，一般酶反应器中依赖列管或夹套换热，将反应温度控制在适宜的温度范围内。列管或夹套里通一定温度的水，通过热交换作用，维持反应器中的温度恒定在设定的范围。喷射式反应器，则是通过控制水蒸气的压力来控制温度。

(5) 流动速度的确定与调节控制 连续式酶反应器的特点是底物溶液和反应液都呈连续流动的状态，底物溶液连续进入反应器，反应液被连续地排出反应器，通过溶液的流动实现酶与底物的混合和催化。溶液流速过慢，固定化酶颗粒就不能呈现翻动飘浮的状态，甚至会沉淀在反应器底部，使得酶与底物接触不均匀，催化反应也很难顺利进行；过高的溶液流速或状态混乱的流动，容易导致反应器中固定化酶颗粒激烈的翻动碰撞，破坏固定化酶的结构，甚至使酶脱落、流失，影响催化反应的进行。

填充床式反应器中，底物溶液以恒定的流速，恒定的方向流过固定化酶层，酶与底物的接触时间和反应的程度就取决于流动速度。流速慢酶与底物接触时间长，反应越完全，但降低了生产效率；流速过快，酶与底物接触时间短，反应不完全，甚至部分底物为转化成产物直接排出，转化效率低。

(6) 搅拌速度的确定与调节控制 一般酶促反应需要通过搅拌混合，搅拌速度与反应液的混合程度密切相关，混合程度越高，酶的催化效率越好。一般搅拌速度过慢影响混合均匀性，过快则会产生较大的剪切力影响游离酶和固定化酶的结构，进而影响酶促反应的进程。一般游离酶膜反应器和搅拌罐式反应器中都安装有搅拌装置，需要设置合理的搅拌速度，最大限度优化酶促反应。

2. 酶反应器应用的注意事项

应用酶反应器的过程中，除了以上介绍的各种控制反应的注意事项，还应注意：

①保持酶反应器的操作稳定性；

②防止酶的变性失活；

③防止微生物污染。

酶的稳定是酶促催化反应顺利进行的保障，特别是游离酶反应体系，需要尽量保持酶浓度稳定在一定范围；固定化酶反应体系，要每隔一段时间检测酶的活力，并根据检测情况及时进行更换或补充固定化酶。并且在使用反应器过程中，要特别注意重金属离子、温度、pH、剪切力等因素引起的酶失活变性。酶与重金属离子共存，会与重金属离子结合，导致酶的不可逆变性，在酶反应器中要尽量避免例如铅离子（Pb_2）、汞离子（Hg_2）等重金属离子的存在，如果体系中存在重金属离子，可以尝试通过添加适量的EDTA等金属螯合剂，除去重金属离子。温度是影响酶催化反应的重要因素，除了某些耐高温的酶，通常60℃以下才能顺利进行酶催化反应，温度过高引起酶的变性失活，缩短酶的半衰期。酶反应在一定pH溶液中进行，通常pH4~9是酶催化反应的适宜条件，pH过高或过低都会抑制催化反应，甚至会引起酶的变性失活。此外在搅拌式酶反应器中，剪切力的影响不容忽视，过高搅拌速度产生过大剪切力，破坏固定化酶结构；在流化床式反应器和鼓泡式反应器中，溶液流动速度过高会过度翻动或碰撞固定化酶颗粒，引起固定化酶的结构破坏。除了以上这些需要注意的方面，为了防止反应器中酶的变性失活，可以在反应液中添加某些保护剂，提高酶的稳定性，如可添加钙离子，保护淀粉酶，稳定催化反应。

酶促反应器工作过程中一定要注意防止微生物的污染，具体的预防措施有：

①生产环境要保持清洁、卫生；

②使用前，使用后都要清洗、消毒反应器；

③反应器操作过程中，要经常检测；

④必要时可在反应液中适当添加杀灭或抑制微生物生长的物质，但必须保证这种物质对酶催化反应和产品质量没有不良影响；

⑤在不影响酶催化活性的前提下，选择在较高的温度（如45℃以上）、较高或较低的pH条件下进行操作。

四、 酶工程技术在食品工业中的应用

现代酶工程技术先进、污染小、耗能低、效率高、产品收率高、流程简单，已被广泛应用于化学工业、食品行业和医药工业。利用现代酶工程技术不仅可以获得传统的微生物发酵食品，甚至可获得传统技术难以生产的保健特殊食品。工程细胞、固定化酶技术以及固定化基因工程菌与生物反应器的结合，引发了食品工业的根本性变革。

酶在食品中的应用已经深入到食品工业的各个环节，目前，已经有几十种酶或固定化酶成功的用于功能性低聚糖的生产、蛋白质制品的加工、乳制品的加工、酿酒工业、果蔬加工以及面粉烘焙加工等，表9-11所示为一些酶工程在食品工业的应用情况。

表9-11　　酶工程在食品工业的应用

应用领域	产品或应用	酶	原料
淀粉加工	果葡糖浆	葡萄糖异构酶、α-淀粉酶、糖化酶	淀粉
	葡萄糖	α-淀粉酶、糖化酶	淀粉
	麦芽糖浆	α-淀粉酶、β-淀粉酶或真菌淀粉酶	淀粉
	麦芽糊精	α-淀粉酶、耐高温-α-淀粉酶	淀粉

续表

应用领域	产品或应用	酶	原料
淀粉加工	低聚果糖	果糖基转移酶、蔗糖酶或菊粉酶	蔗糖或菊粉
	低聚木糖	木聚糖酶	木聚糖
	低聚乳糖	乳糖基转移酶、乳糖酶	乳糖
	低聚异麦芽糖	α-淀粉酶、β-淀粉酶、α-葡萄糖苷酶、普鲁兰酶	淀粉
	低聚壳聚糖	蛋白酶、壳聚糖酶	壳聚糖
	低聚甘露糖	甘露聚糖酶	甘露聚糖
	异潘糖	放线菌淀粉酶	普鲁兰
	乳果糖	β-半乳糖苷酶、果糖基转移酶	蔗糖、乳糖
特殊蛋白质制品加工	肉类嫩化	木瓜蛋白酶、菠萝蛋白酶	肉类
	肉类保鲜	溶菌酶	肉类
	废弃蛋白利用	蛋白酶	杂碎鱼、动物内脏、碎肉
	明胶	蛋白酶	动物皮骨
	酱油	蛋白酶	大豆
乳制品加工	提高乳制品可消化性	乳糖酶	乳制品
	干酪	凝乳酶	牛乳
	婴儿乳品的消毒抗菌	溶菌酶	婴儿乳粉
酿酒工业	啤酒酿造	糖化酶、木瓜蛋白酶、菠萝蛋白酶等	大麦、玉米、大米
	果酒酿造	淀粉酶、果胶酶、酸性蛋白酶	果实
果蔬加工	橘子脱皮	果胶酶	橘子
	橘汁去苦	柚柑酶	柚柑
	果汁脱色	花青素酶	葡萄汁、桃酱
	果汁脱氧	葡萄糖氧化酶	果汁
面粉烘焙加工	改良面粉质量	α-淀粉酶、β-淀粉酶	面粉

（一）酶法水解淀粉

淀粉是人类膳食中碳水化合物的主要来源，它的基本组成单位是葡萄糖。在一定条件下，淀粉可水解成含有葡萄糖、麦芽糖和其他寡糖的糖浆。若此过程是在酸催化下进行的称为酸法水解；若用酶催化的称为酶法水解。淀粉完全水解成葡萄糖可用下式表示：

$$(C_6H_{10}O_5)_n+nH_2O \longrightarrow \text{加热催化剂} \longrightarrow n(C_6H_{12}O_6)$$

工业规模应用酶法水解淀粉已有多年历史。由于酶法水解专一性强，故可按要求生产特定性能的糖类产品。此外，由于整个过程反应条件温和，副产物形成较少，因而正在逐渐取代传统的酸法水解，成为淀粉原料深度加工的主要手段。

（二）酶法加工蛋白制品

蛋白质是食品中的主要营养成分之一。以蛋白质为主要成分的制品称为蛋白制品，如乳制品、蛋制品、鱼制品和肉制品等。将酶法应用于蛋白制品加工是食品工业中的重要课题之一。

干酪是原料乳经乳酸菌发酵或加酶使之凝固，并除去乳清而制成的营养价值高容易消化的食品，在盛产乳类的国家和地区有大量生产。

在干酪制造中，首先在乳中加入凝乳酪和乳杆菌培养物，其中凝乳酶使牛奶中的酪蛋白凝聚，形成凝乳，与乳清分开，然后再以凝乳为原料，根据不同的加工工艺，经微生物发酵，包括乳酸菌对乳糖的分解，蛋白酶对蛋白质的分解，成为游离氨基酸及其他风味物质，制成不同类型的干酪。

过去干酪制造中的凝乳酶多用牛犊的胃膜做原料，但因受牛犊数量的限制，因此逐渐发展了以微生物凝乳酶代替动物凝乳酶用于干酪加工工艺。另外，采用固定化酶也可使酶的利用更经济，并且有可能实现加工过程的连续化。

肉的嫩度是食用肉的重要指标之一。一般说来，在屠宰前肉的嫩度受结缔组织的数量、分布和类型的影响。天然胶原是很坚固的，但幼龄家禽和牲畜的胶原蛋白在烹饪时易被溶解成明胶。随着动物年龄的增加，胶原蛋白形成交联而变得更稳定，结缔组织的数量也增加，而且分布广泛。现已确认，肉的宰后加工能使嫩度发生很大变化，变化之一是肌肉组织本身所含蛋白酶促使肌原纤维分解而导致嫩化。为此，可通过外加蛋白酶法促进水解，进行人工嫩化。常用的蛋白酶有木瓜蛋白酶、菠萝蛋白酶、米曲霉蛋白酶和黑曲霉蛋白酶等。处理的方法主要有表面处理法和注射法。

（三）酶法果汁加工

各种水果中含有多种糖类、有机酸、维生素等营养成分。它们除了作为新鲜水果食用外，还大量被加工成果汁、果酒和水果罐头等。但将它们加工为成品的过程中，会产生一些问题。例如各种水果都不同程度含有一定数量的果胶质，在加工过程中果胶质进入果汁和果酒，给过滤和澄清带来困难。再如柑橘中含有苦味物质，影响柑橘罐头的品质和口味。解决这些问题的方法之一是在加工过程中使用酶制剂（主要是果胶酶），以提高果汁、果酒和水果罐头等产品的加工质量，其中果汁澄清是商品果胶酶应用的最大市场。

果胶是高等植物细胞间质和细胞初生壁中的结构性多糖类，是各种水果和蔬菜的结构成分之一。在加工过程中，果汁内所含的一定量果胶会导致压榨汁不易澄清和过滤，采用果胶酶在适宜条件下处理果汁能使不溶性果胶质溶解，使可溶性果胶质黏度下降，从而使悬浮粒子絮凝，果汁获得澄清，易于过滤，生产出稳定的果汁产品。

（四）酶法生产食品添加剂

酶制剂还被用在香味料生产、改善食品的品质和风味、食品加工废物的回收利用等其他方面。

在香味料的生产中，可以利用黑曲霉胺氧化酶和大肠杆菌单胺氧化酶氧化香草胺生产香兰素或用固定化胺氧化酶连续生产香兰素；采用从豆类提取的脂肪氧合酶或均质的植物组织如莴苣叶可将亚油酸转化成顺-3-己烯醇和反-2-己烯醇，其具有新鲜、青香的气息；可以通过脂肪酶或接入某种微生物，使奶油中的乳脂肪分解，从而得到增强许多倍的乳香原料。

此外，以啤酒废酵母为原料，添加蛋白酶和葡聚糖酶，经过脱苦、自溶等工序而制成的酵母抽提物，富含多种氨基酸，具有强烈的增鲜效应及醇厚浓郁的肉香味；用酶法提取的米糠蛋白的溶解性、起泡性、乳化特性和营养性等蛋白功能特性上表现出良好性能，不仅可以作为食品中的营养强化剂，还可以作为食品中的风味增强剂；采用玉米麸质粉为主要原料，经 α-淀粉酶液化、水解、脱色脱臭及干燥制得新型食品添加剂玉米蛋白发泡粉。

在烘焙加工中，α-淀粉酶可加速面团发酵，用于增大面包体积，改善风味；蛋白酶能水解蛋白质，从而降低面筋筋力，使面团弹性降低，易于伸展和延伸；木聚糖酶在面粉中能提高面筋的网络结构和弹性，增强面团的稳定性，改善加工性能；葡萄糖氧化酶能使面粉蛋白质中的硫氢基氧化成二硫键，故具有增筋的作用；脂肪酶也可用于面粉，它具有增筋和增白的双重作用。以玉米淀粉为原料，在糊化时加入耐热α-淀粉酶，采用酶脱支反应等手段改变淀粉原有的分子结构并重新结晶，可以提高产品中抗性淀粉的含量；利用果胶酶可以提高果汁澄清度，葡萄糖氧化酶用于果汁脱氧化，超氧化物酶用于乳清脱色等。

在食品工业中应用酶工程生产的产品还有：维生素类，如肌醇（肌醇合成酶）、2-酮基-L-古龙糖酸（山梨糖脱氢酶及L-山梨糖醛氧化酶）、辅酶A（辅酶A合成酶系）、L肉碱（胆碱酯酶）等；核苷酸类，如通过5′-磷酸二酯酶酶解脱氧核糖核酸制得脱氧核苷酸，经核酸酶水解产蛋白假丝酵母菌体中的核酸制得腺嘌呤核苷酸等；氨基酸和有机酸类，如L-赖氨酸（二氨基庚二酸脱羧酶或α-氨基-ε-己内酰胺水解酶和消旋酶）、尿酐酸（L组氨酸氨解酶）、DL-氨基酸（氨基酰化酶）、L酪氨酸及L-多巴（β-酪氨酸酶）、L-苯丙氨酸（L-苯丙氨酸氨解酶）、L-天冬氨酸（天冬氨酸合成酶）、L-丝氨酸（转甲基酶）、L-谷氨酸（L-谷氨酸合成酶）、L-色氨酸（色氨酸合成酶）、谷胱甘肽（复合酶系）、天冬酰胺（天冬酰胺合成酶）、谷氨酰胺（谷氨酰胺合成酶）、氨基丁酸（谷氨酸脱羧酶）等氨基酸，还包括乳酸（乳酸合成酶系）、葡萄糖酸（葡萄糖氧化酶与过氧化氢酶）、L-苹果酸（延胡索酸酶）、长链二羧酸（加氧酶和脱氢酶）、衣康酸（复合酶系）、L（+）-酒石酸（环氧琥珀酸水解酶）等有机酸。作为酶工程核心技术之一，固定化酶技术正受到越来越广泛重视，人们已将固定化酶技术广泛应用到多种生产过程和领域。

（五）酶工程法生产低聚果糖的应用

低聚果糖（fructooligosaccharide）又称寡果糖或蔗果三糖族低聚糖，是指在蔗糖分子的果糖残基上通过β（1→2）糖苷键连接1~3个果糖基而成的蔗果三糖、蔗果四糖、蔗果五糖及其混合物。天然的或用糖苷酶酶法生产的低聚果糖，其结构式表示为GF_n（G为葡萄糖基，F为果糖基，n=2~6），属于果糖与葡萄糖构成的直链低聚糖，图9-26所示为其化学结构。利用内切菊粉酶催化水解菊粉生产的低聚果糖，其结构式表示为F_n（F为果糖基，n=3~7），属于由果糖构成的直链低聚糖。

低聚果糖目前采用微生物发酵生产的β-果糖转移酶（β-fructosyltransferase）或β-呋喃果糖苷酶（β-fructofuranosidase）作用于蔗糖，进行分子间果糖转移反应而得。另外还可以利用内切菊粉酶催化水解菊粉，来生产低聚果糖。

1. 酶法生产原理

低聚果糖的生产目前采用微生物发酵生产的β-果糖转移酶（β-fructosyltransferase）或β-呋喃果糖苷酶（β-fructofuranosidase）作用于蔗糖，进行分子间果糖转移反应而得，见图9-27。其分子间的果糖转移反应分两步进行，第一步是蔗糖在β-果糖转移酶或β-呋喃果糖苷酶的作用下分解为果糖基和葡萄糖，第二步是部分果糖基与水合成果糖，另一部分与受体蔗糖反应合成蔗果三糖，蔗果三糖作为果糖基受体则合成蔗果四糖，蔗果四糖作为受体则合成蔗果五糖。

在这两步反应中，蔗糖即是受体，又是供给体，反应液是葡萄糖、果糖、蔗果三糖、蔗果

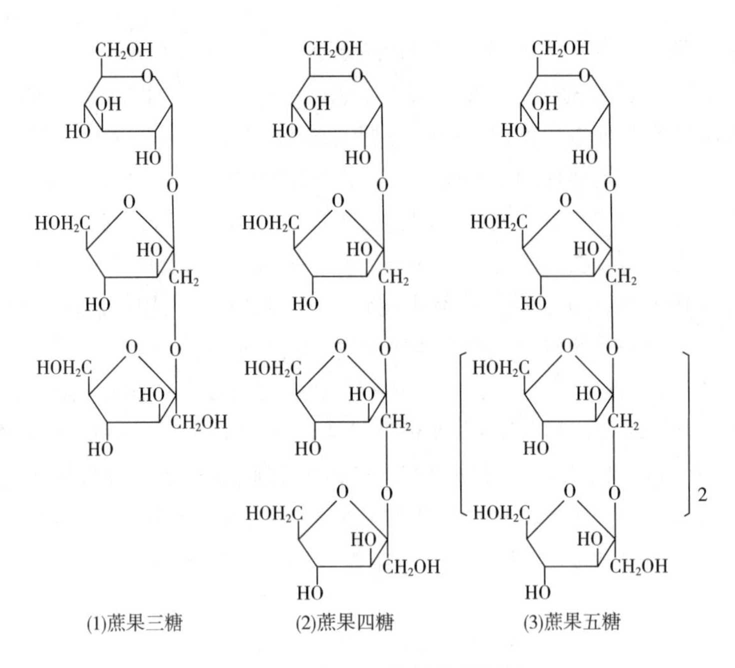

图 9-26　低聚果糖的化学结构

四糖、蔗果五糖和未反应完的蔗糖组成的混合糖浆。第一步反应是低聚果糖生产的必经步骤，故生成葡萄糖是不可避免的，而第二步中的部分果糖基与水的合成反应应加以抑制，同时促进果糖基与蔗糖反应生成蔗果寡糖的反应不断进行，以提高期望产物的得率。通过提高底物蔗糖的浓度，既可以促进合成蔗果寡糖的反应，又可以抑制果糖基水合反应，从而达到高含量低聚果糖的生产目的。

由于酶法合成低聚果糖过程中，生成了副产物葡萄糖，而葡萄糖是果糖基转移酶的抑制剂，阻遏了底物蔗糖的进一步转化，造成酶法合成产物中低聚果糖含量通常为 40%~55%。使用 NOVO 公司商品酶 Pectinex Ultra SP-L 生产低聚果糖，最后产品中含有 56.5%低聚果糖、19.45%未反应蔗糖、23.4%葡萄糖和 0.7%果糖。为了消除葡萄糖的抑制作用，通常在反应物中同时加入葡萄糖氧化酶，将葡萄糖氧化为葡萄糖酸，然后通过离子交换色谱除去葡萄糖酸，从而提高产物中低聚果糖含量。对于固定化酶法生产低聚果糖，可以将葡萄糖氧化酶与黑曲霉共同包埋固定化，或将固定化黑曲霉与固定化葡萄糖异构酶混合作用。葡萄糖异构酶能将葡萄糖转化为果糖，从而对蔗糖的转移反应起协同促进作用，最终达到增加低聚果糖生成量并提高产品纯度的目的。此外，有人提出用反渗透技术来去除反应过程中生成的葡萄糖。

2. 酶法生产工艺

低聚果糖生产中，催化果糖基转移的酶的选择至关重要。工业上通常采用细菌、霉菌、酵母菌等微生物发酵产的果糖转移酶或β-呋喃果糖苷酶。酵母的果糖转移酶水解活性通常较强，虽然在转移反应初期产生以蔗果三糖为主的低聚糖，但在反应后期又会水解蔗果寡糖，导致终产物中的低聚果糖含量不高。因此，工业上常采用霉菌进行发酵生产果糖转移酶。工业生产上一般采用黑曲霉（*A. niger*）等产生的酶，它能催化高浓度底物（50%~60%的蔗糖液）获得含量为 60%左右的低聚果糖产品。图 9-28 所示为其生产工艺流程。用酶法工艺生产得到的低聚果糖，其分子结构与天然存在于果蔬植物中的完全相同。

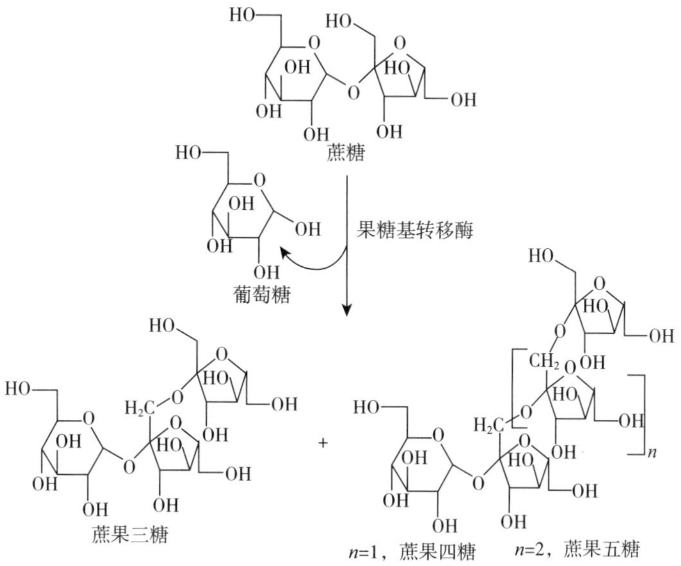

图 9-27　低聚果糖酶法合成的机理

先将经过筛选得到的具有较高 β-D-呋喃果糖苷酶活力的黑曲霉菌株，接种于 5%～10%蔗糖溶液中，在 30℃下振荡培养 4 天，获得具有较高果糖转移酶活性的黑曲霉菌体。为提高酶活力，可往培养液中适当添加氮源物质（如蛋白胨或 NH_4NO_3，0.5%～0.75%）和无机盐（如 $MgSO_4$ 或 KH_2PO_4，0.1%～0.15%）。由于黑曲霉等大多数真菌所产生的果糖基转移酶属于胞内酶，一般将菌体分离后，直接对菌体进行固定化，也可将菌体细胞破碎，分离纯化出果糖转移酶后，再进行固定化处理。

采用菌体或酶的固定化增殖细胞法，可以实现低聚果糖的连续化生产。菌体或酶的固定化方法，一般是采用海藻酸钠包埋法。将海藻酸钠配成 6%～8%的溶液，经消毒处理后，与湿菌体或酶按比例在真空条件下混合均匀，然后应用压力喷雾法使混合液通过孔径为 0.6mm 的喷嘴，均匀落入 0.5mol/L 的 $CaCl_2$ 溶液中，形成直径在 2～3mm 范围内的凝胶珠，硬化 20～30min 后，过滤分离即得到固定化菌体或固定化酶，填充到固定化床或流化床生物反应器中。

在获得高活性果糖基转移酶后，将 50%～60%的蔗糖糖浆在 50～60℃的温度下以一定速率通过固定化酶柱或固定化床，使酶作用于蔗糖发生转移反应，反应时间控制在 24～30h，流速根据酶的活力进

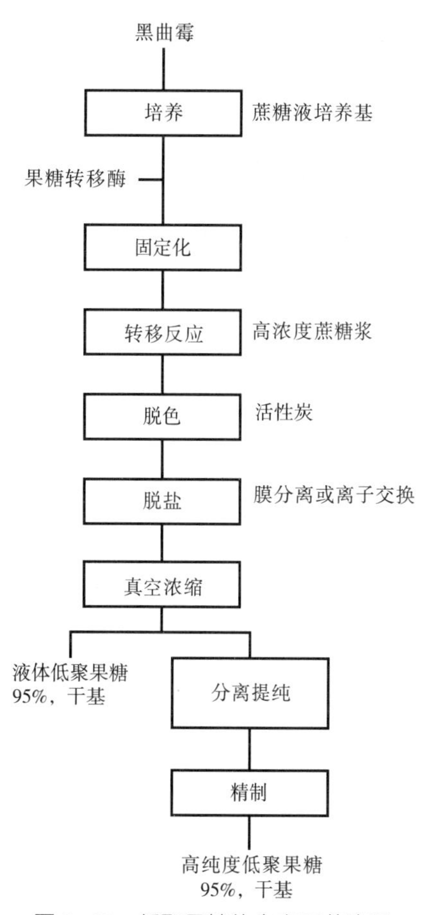

图 9-28　低聚果糖的生产工艺流程

行控制，温度和 pH 根据选用菌株的产酶特性来确定。例如，诱变菌株 HNUP-13 所产酶的最适反应温度是 54℃，pH5.6。

在固定化酶法合成低聚果糖的过程中，低聚果糖转化率随着蔗糖浓度的升高而升高。在固定化 *Aspergillus japonics* 生产低聚果糖过程中，当蔗糖浓度增加到 65%时，转化率达到最高值（图 9-29）。在低浓度下，特别在低于 5%的浓度下，低聚果糖转化率几乎为零，主要发生蔗糖水解反应，随着蔗糖浓度越高，生成的低聚果糖也越多。研究表明，用 *Aspergillus japonics* 固定化菌体产生的 β-呋喃果糖苷酶作用于蔗糖，在蔗糖浓度低于 30%时，仍有部分酶作用于水解反应生成果糖，蔗糖浓度在 50% 以上时，则几乎全部作用于转移反应生成低聚果糖，不再有水解反应。

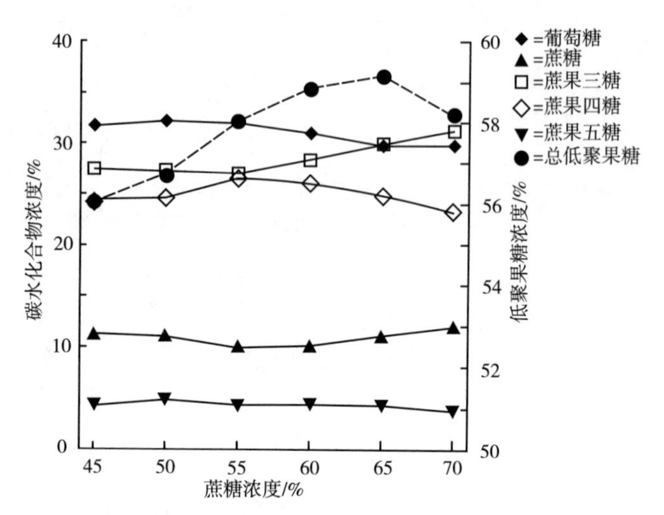

图 9-29　固定化 *Aspergillus japonics* 生产低聚果糖，蔗糖浓度与低聚果糖产量的关系

反应条件：菌体浓度 5.75%，pH5.0，反应时间 4h，温度 50℃，蔗糖浓度 60%，温度 50℃

上述反应中，在蔗糖浓度为 60%的反应条件下，低聚果糖产量随时间变化的关系见图 9-30。从图中可以看出，总低聚果糖的合成反应在前 3h 内完成，此时的蔗糖浓度降至 11%。当反应时间延长至 4h，总低聚果糖浓度没有增加，而蔗糖浓度降至 10%。反应时间超过 4h，低聚果糖浓度变化很小，但蔗果四糖和蔗果五糖的浓度呈线性增长，蔗果三糖浓度相应降低，因此如果生产的目的是得到用作甜味剂的低聚果糖，最佳反应时间应控制在 3~4h。

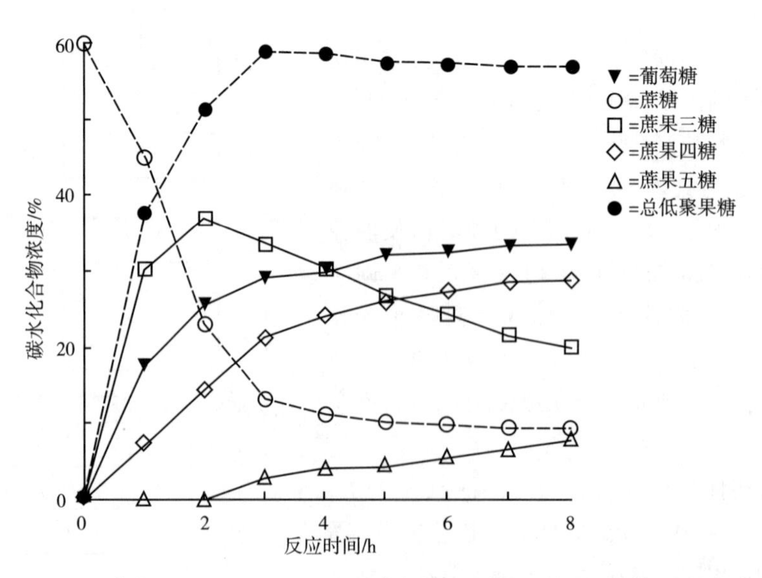

图 9-30　固定化 *Aspergillus japonics* 生产低聚果糖，产量随时间变化的曲线

[反应条件：菌体浓度 5.75%（质量体积比），pH5.0，蔗糖浓度 60%，温度 50℃]

从固定化酶柱或固定化床中流出的反应液组成是：55%～60%的低聚果糖，30%～33%的葡萄糖和10%～12%的剩余蔗糖。然后将这些反应液流过活性炭柱进行脱色处理，用膜分离法或离子交换法脱盐等手段进行分离提纯，经浓缩后得到低聚果糖含量占固形物55%～60%的液体糖浆产品。若进一步分离提纯，可得到低聚果糖含量约为95%的高纯度产品。

（六）酶工程法生产低聚异麦芽糖的应用实例

低聚异麦芽糖（isomaltooligosaccharide）又称分枝低聚糖（branching oliogosaccharide），是指葡萄糖之间至少有一个以α（1→6）糖苷键结合而成的、单糖数2～5不等的一类低聚糖，由异麦芽糖、潘糖、异麦芽三糖、四糖以上的低聚糖，及余留下的麦芽糖、葡萄糖组成。低聚异麦芽糖在各种发酵食品和蜂蜜中都有天然存在。

尽管是在一定范围内的混合物，但在转苷反应的产物中，主要为异麦芽糖（isomaltose）、潘糖（panose）和异麦芽三糖（isomaltotriose），其他聚合度或结构的低聚异麦芽糖则较少。异麦芽糖、潘糖、异麦芽三糖的结构见图9-31。商品低聚异麦芽糖的产品规格分两种，主成分占50%以上的称为IMO-50，主成分占90%以上的称为IMO-90。

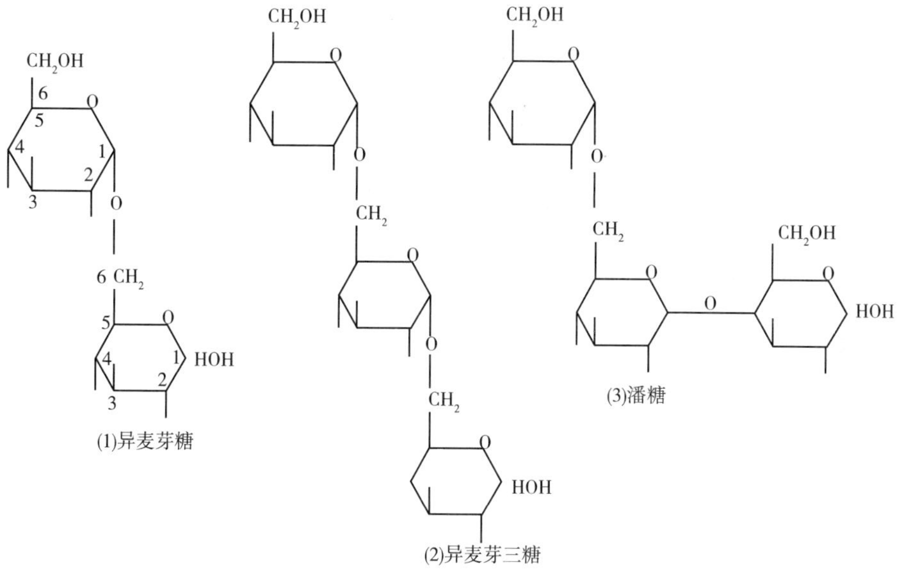

(1)异麦芽糖

(2)异麦芽三糖

(3)潘糖

图9-31　异麦芽糖、潘糖和异麦芽三糖的化学结构

工业化生产低聚异麦芽糖，是以淀粉制得的高浓度的葡萄糖浆为底物，通过α-葡萄糖苷酶催化发生α-葡萄糖基转移反应而得。黑曲霉（*Aspergillus niger*）和米曲霉（*Aspergillus oryzae*）等菌株均可产生α-葡萄糖苷酶，由其催化产生低聚异麦芽糖的转化率超过60%。*Leucomostoc mesenteroides* B-512FM葡聚糖蔗糖酶，能够催化蔗糖的葡萄糖基转移反应生成葡聚糖，如果反应体系中蔗糖浓度很高，并且含有葡萄糖，葡萄糖基就能以葡萄糖为受体生成异麦芽糖，又以异麦芽糖为受体生成异麦芽三糖，以异麦芽三糖作为受体生成异麦芽四糖，从而生成一系列低聚异麦芽糖，见图9-32。

1. 糖化和转苷工艺

糖化工艺是指液化液中糊精经糖化酶的作用生成麦芽糖和少量的麦芽低聚糖，转苷工艺是

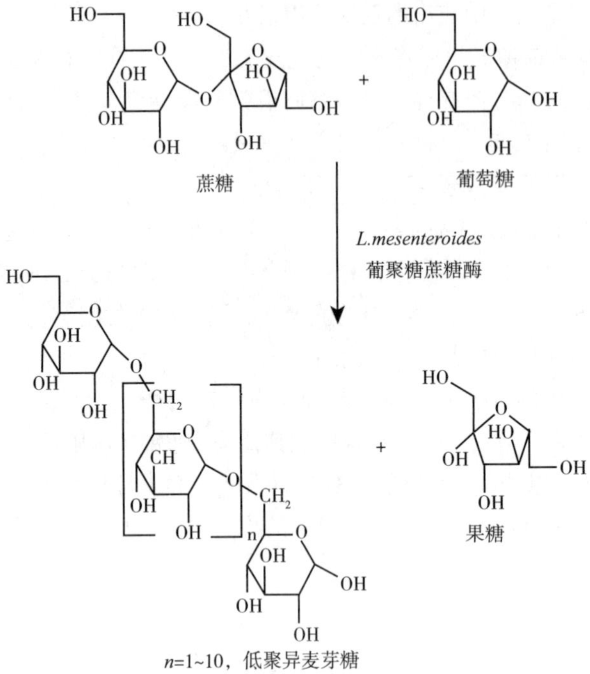

蔗糖 + 葡萄糖

L.mesenteroides
葡聚糖蔗糖酶

果糖

n=1~10，低聚异麦芽糖

图 9-32 *Leucomostoc mesenteroides* B-512FM 葡聚糖蔗糖酶催化合成低聚异麦芽糖

以 α（1→4）糖苷键结合的麦芽糖或麦芽低聚糖经葡萄糖转苷酶的作用，生成以 α（1→6）糖苷键结合的异麦芽糖、潘糖、异麦芽三糖、异麦芽四糖等。在生产工艺顺序上，是先糖化后转苷。但在低聚异麦芽糖大生产过程中，一般都是利用糖化酶和转苷酶各自作用的专一性，在同罐中同时进行糖化和转苷，统称糖化转苷工艺。

（1）糖化酶的选择　糖化工艺条件主要取决于所选择糖化酶的种类。β-淀粉酶真菌和 α-淀粉酶都可用于生产低聚异麦芽糖，但须以各自的最适 pH、温度、底物浓度及其液化 DE 值、作用时间和辅助酶作用条件，来确定相应的糖化工艺条件。

应用β-淀粉酶水解液化液，以非还原性末端依次间隔地切开 α（1→4）糖苷键生成麦芽糖，但当接近支链淀粉 α（1→6）键时水解反应即停止。其优点是糖化液中葡萄糖含量少，终产品的糖分组成比较理想。缺点是界限糊精影响滤速。它要求底物液化葡萄糖当量（DE）值较低，且必须配合使用普鲁兰酶，以促进过滤的顺利进行。选择 β-淀粉酶的酶活力应在 100000U/mL 以上，这样虽然价格高些，但使用效果好。

应用真菌 α-淀粉酶水解液化液，由于它属于内切酶故不产生界限糊精，有利于过滤，但最终产生葡萄糖较多。如果作用时间短，三糖、四糖以上糖分比例偏高。

（2）转苷反应条件　为提高低聚异麦芽糖产品中异麦芽糖、潘糖和异麦芽三糖等主要成分的含量，应严格控制好转苷工序的工艺条件：

①底物的浓度与麦芽糖含量：底物浓度控制在 25%~28%有利于转苷工艺。同时，底物麦芽糖含量多，为转苷创造的机会也多。但麦芽糖过多，并不会生产更多的低聚异麦芽糖；

②pH：转苷酶的最适 pH 为 5.0。实际操作应先调节糖化液 pH 至 5.0 并搅拌均匀，然后再加入转苷酶；

③转苷酶的用量：转苷酶的用量增加，产物中异麦芽糖和葡萄糖也相应增加，而潘糖和四

糖以上的糖分则减少。相反，转苷酶用量适当减少，潘糖和四糖以上的糖分相对较多，而葡萄糖量减少。对于贮藏时间长的转苷酶，应注意检查其酶活力降低的情况。酶活力太低，使用效果不佳；

④温度：转苷酶的最适温度为55~58℃，实际生产时以58℃较好，以缩短转苷时间；

⑤时间：转苷时间短，潘糖含量多，而葡萄糖量少。延长转苷时间，异麦芽糖和葡萄糖量增加，异麦芽三糖也略增加，而麦芽三糖、潘糖及四糖以上糖分则相应减少。应注意的是，不要为增加异麦芽糖、潘糖及异麦芽三糖的含量而过分延长转苷时间，这样可能导致葡萄糖大量增加，而影响低聚异麦芽糖总含量。

2. 连续喷射液化技术

在低聚异麦芽糖浆生产中，连续喷射液化技术比酶法生产葡萄糖要复杂得多。因为低聚异麦芽糖中异麦芽糖、潘糖、异麦芽三糖、异麦芽四糖等主要成分的要求占总糖50%以上，还要尽可能控制产品中的葡萄糖含量，同时要求兼顾熬煮温度高、甜度低、色泽浅、黏度适中、易过滤（出率高）等问题。在喷射液化过程中，除了选择合适的喷射液化器及配套高温泵之外，底物浓度、pH、液化温度、液化酶种类以及液化DE值等因素的影响，也非常重要。

（1）底物浓度的确定　淀粉乳浓度直接影响着液化操作，间接影响糖化程度。实践表明，淀粉乳浓度低一些，控制在15~16°Bé，则液化操作易于掌握，且液化均匀完全，效果良好。这是因为淀粉乳浓度低，糊化过程的黏度相应低，使得液化酶分散均匀且作用及时。淀粉乳浓度高，则起到相反作用。另一方面，固形物含量高的液化液，不利于糖化作用。其中主要缺点是糖化时间过长，往往会引起逆反应，产生不需要的其他糖类。

（2）液化温度和液化酶的选择　以蒸汽喷射产生的高温（105~108℃）促使淀粉充分糊化，喷射液化的实质是凭借耐高温α-淀粉酶较强的水解作用使充分糊化的淀粉完全液化。充分糊化是完全液化的前提，喷口温度高有利于淀粉颗粒的充分糊化，但是温度的升高受到酶活力稳定性和糊化在高温上停留时间的限制。

淀粉的糊化速度与酶的液化速度相匹配，同步进行。同时，淀粉液黏度降低，似水流状顺利进入层流罐或维持罐。继续保温95~96℃液化30~40min，达到目标DE值。然后进行灭酶，可采用高温（120~125℃）灭酶法或调酸（pH<4.5）煮沸灭酶法。前者灭酶彻底、效果较好，而后者有少量酶残余，且因反复调酸碱而导致产品味道不佳。

（3）pH的影响　为兼顾酶活力、防止淀粉老化及保证液化液质量，pH应控制在6.0~6.4，以pH6.2为最佳。若pH<6.0时，酶活力明显下降，且液化液在酸性条件下易老化；若pH>6.5~7.0，会使低聚糖还原性末端葡萄糖残基异构化，而生成果糖等其他不需要的糖类。

（4）液化DE值的控制　从理论上讲，要求低DE值有利于生成较多低聚异麦芽糖及较少葡萄糖。但实际生产中经验表明，既不能不控制DE值任其上升，也不能盲目追求DE值太低。较低DE值不但不能取得效果，而且还会给过滤、离子交换带来困难，影响质量和出率，造成经济损失。以玉米淀粉为原料，选用耐高温α-淀粉酶进行喷射液化，控制DE在12~17为最佳。当然，不同原料、不同液化酶，其最佳DE值也不一样。

3. 分离纯化和喷雾干燥

（1）分离纯化　酶法生产的低聚异麦芽糖浆中含有相当多的葡萄糖（25%~40%），而对其双歧因子增殖作用和抗龋齿作用产生很大的干扰。为获得高纯度的IMO-90产品，必须去除掉糖浆中的葡萄糖成分，使低聚异麦芽糖占绝对主要成分，以保证产品的优良品质。

去除低聚异麦芽糖浆中葡萄糖的方法包括，色谱分离法、发酵法和葡萄糖氧化法。其中，色谱分离法是最有效而又最经济的纯化方法，其主要的成本费用是用于能耗，全部生产成本仅是回收葡萄糖价值的一半。发酵法和葡萄糖氧化法的关键在于，使糖浆中的葡萄糖全部或大部分被酵母发酵或被氧化，这样导致糖浆中杂质较多并有异味，且生产成本也较高。

对于色谱分离法，首先应根据交联度、粒径和均匀性等来选择合适的阳离子交换树脂，或对其进行改型；然后根据色谱分离工艺设计或选购工业色谱分离装置（设备），包括间歇式、半连续式和连续式三种；最后优化色谱分离工艺条件，包括适宜的糖浆固形物浓度、温度、pH、进样量、洗脱剂和流速等，以及分离柱结构和树脂再生处理方法等。

（2）喷雾干燥　由于低聚异麦芽糖的热敏性和强吸湿性，糖浆在喷雾干燥时常可能因热变性、凝聚而导致粘壁、堵塞和包装结块。对此比较容易的解决方法是添加麦芽糊精或控制糖化转苷度，但会因此而降低低聚异麦芽糖有效成分的含量而影响其生理功效，因此不可取。为使喷雾干燥顺利进行，可以从喷雾干燥设备和添加剂两方面入手。

①选择合适的喷雾干燥设备：低聚异麦芽糖浆属于高转化糖浆，若采用一般生产麦芽糊精的喷雾干燥塔，糖浆 DE 值超过 45%就会出现严重的粘壁问题，这是干燥塔本身结构所造成的。为此，可以采用先进的三次干燥的喷雾干燥设备。喷雾塔内干燥温度控制在 70℃，塔底部为固定流化床，继续通入干燥热风，使糖粉水分量降低至 3%以下。塔底下还装有振动流化床，前半部分是干燥热风，后半部分为除湿冷风，使糖粉温度下降到 30℃以后再进行包装；

②选择合适的食品添加剂：在低聚异麦芽糖浆中添加 β-环糊精、阿拉伯胶或明胶等食品添加剂，控制使用量在 3%以下。这样既可以使喷雾干燥能够顺利进行，提高产量和收率，又不会影响产品品质。

第五节　蛋白质工程技术

通过蛋白质化学、蛋白质晶体学和动力学的研究获取关于蛋白质物理、化学等各方面的信息，在此基础上对编码该蛋白质的基因进行有目的的设计、改造，并通过基因工程等手段将其进行表达和分离纯化，最终将其投入实际应用的技术称为蛋白质工程。基因工程的发展，从理论上讲，自然界中任何蛋白质的基因，都可以被分离，并通过 DNA 重组技术，将其构建在特定的宿主中表达，再分离纯化得到蛋白产品。天然存在的蛋白质，其理化性质有可能不适于工业生产，这就需要通过蛋白质工程对天然蛋白质进行化学修饰。蛋白质的生物学活性取决于蛋白质特点的一级结构和空间结构，广义上理解，凡是通过基团引入或去除使得蛋白质一级结构发生改变的过程就是蛋白质的化学修饰。

一、　蛋白质工程的主要内容

蛋白质工程是以分子生物学、晶体学及计算机技术的迅猛发展为前提而发展的，蛋白质工程已成为研究蛋白质结构和功能的重要手段，同时广泛应用于食品及其他工业生产中。蛋白质工程一般步骤如下，首先分离纯化得到需改造的靶蛋白；然后进行氨基酸序列测定，找到已分离纯化的蛋白质的氨基酸序列，并进行 X 射线晶体衍射分析和核磁共振分析等一系列测试，应用以上各种方法尽可能多地获得该蛋白质结构和功能数据；接着根据所获得的蛋白质序列设计核酸引物或探针，从 cDNA 文库或基因文库中扩增得到编码该蛋白质的基因序列；接下来就是根据该蛋白的基因序列，设计改造方案；然后就是根据方案，对基因序列实施改造；再将经过改造的基因片段插入合适的表达载体，选择合适的宿主细胞表达出靶蛋白；最后是分离、纯化表达产物并进行功能检测。

一般情况下，研究者不太清楚靶蛋白的结构与功能关系，除非对需改造的蛋白非常了解，能准确知道要改变的氨基酸残基可能会引起的结构、功能变化，所以蛋白质改造是有难度的，但蛋白改造的一些经验性律可以帮助降低这样的难度。比如，蛋白质中心活性区域常出现疏水氨基酸，酶配体、底物结合部位和酶活中心通常不会是作为支架结构的 α 螺旋和 β 折叠；蛋白质的表面通常是带电荷及转角（turn）及环（loop）区。突变设计要注意保留常被用来终止 α 螺旋区的脯氨酸和能形成二硫键的半胱氨酸残基，因为，半胱氨酸能发挥稳定作用，其中的二硫键也是分泌性蛋白的标志。当试图改变酶活性、底物结合活性等高度特异性的性质时，酶基因点突变要尽量保留保守残基，且潜在的 N 糖基化位点（Asn-X-Ser/Thr-X-Pro）中的 Asn、Ser 或 Thr 要注意保留，因为对分泌性蛋白及穿膜蛋白来说，正确糖基化影响蛋白质活性；删除含有内含子序列的某一外显子或外显子组合，可能不会影响蛋白质其余部分的正确折叠，因为单个外显子通常编码独立折叠的结构域。

二、 定点突变技术

常规的突变随机性较大，而定点诱变技术可以预期可能生产的蛋白质，因此在蛋白质工程较常用。定点突变技术能根据设计，准确改变基因中特定氨基酸，并产生特定性状的蛋白质。因此，在理论上可以生产各种特定性状的蛋白质，但实际上要产出这样的新蛋白并不容易，而根据现有蛋白进行改造的难度却不高。这种改进可以在基因上直接改造，也可以在蛋白质上改进。如改变一个核苷酸，删除或加入某一结构域的编码序列等改造编码蛋白质的基因；对蛋白质进行磷酸化、糖基化等的修饰。相比于化学修饰，蛋白质的基因操作更简便。目前人们可以利用计算机程序推测氨基酸序列预测蛋白质的功能。

定点诱变的具体操作可通过改变特定核苷酸，或对最可能影响蛋白质功能的一段基因序列进行随机突变，产生一系列突变蛋白。此外若已通过 X 射线晶体衍射或其他方法测定出蛋白质的三级结构，就较容易推断改变哪些氨基酸可以得到预期性状。

（一）定点诱变在蛋白质工程中的应用

至今研究的酶已有几千种，但可用于工业生产的酶却极少，如 α-淀粉酶可用于制备糖浆、酿造啤酒、制造酒精；凤梨蛋白酶可作为嫩肉剂和果汁澄清剂；过氧化氢酶可作为食品抗氧化剂；酯酶可用于制备乳酪，制造调味剂等。研究的绝大多数酶都不适用于工业，因为工业生产中的条件与自然条件差别巨大，因此这些酶在自然条件下有活性，但在工业生产中却没有活性或活性很低。工业生产中，反应体系有酸碱度、温度的要求，很多情况下有有机溶剂，在这样的条件下大多数酶都会变性。因此要对自然存在的酶通过定点突变和基因克隆的方法进行改性，使之适合工业生产。此外，工业生产的产物是蛋白质，同样希望产品稳定，产率高，因此，也涉及蛋白质的改性。由此可见，蛋白质优化改造对工业生产十分重要。

1. 提高热稳定性

提高蛋白质热稳定性可引入二硫键，因为含二硫键的蛋白质热稳定性较高，一般不易折叠，且在有机溶剂或极端条件下这种蛋白质也不易变性。酶的活性中心一般不能定点突变，因为活性中心突变可能引起酶活的改变，引起负面结果。此外，在蛋白质中突变非必需 Asn，替换 Asp、Cys 和 Met 预防天冬酰胺脱氨基、分子内二硫键的形成或断裂及甲硫氨酸的破坏导致的蛋白质不可逆失活等都是提高热稳定性的方法。

2. 提高酶的活性

酶的活性与活性中心的空间结构有关，通过酶活性中心的空间结构可以推断改变哪些关键氨基酸会影响酶与底物结合的特异性。如嗜热脂肪芽孢杆菌的 Tyr-tRNA 合成酶与底物结合的特异性就可以通过诱导突变改变，从而提高催化效率。改造可按以下步骤进行，首先确定 Tyr-tRNA 合成酶的三维结构，确定活性中心，接着用计算机软件预测活性中心的一个或几个氨基酸突变后酶与底物的结合情况。通过计算机软件先预测某一氨基酸的改变对反应动力学的影响，再进行实验验证找出改变后有可能改善酶的动力学行为的关键氨基酸侧链。

3. 提高蛋白质的生物学活性

应用蛋白质工程，可以生产出各种预想的酶类，如提高酶的动力学特性，促使酶的结构更合理，赋予酶类更高的稳定性以及生物活性等。自然界中水蛭、蚊子等吸血动物通过产生凝血酶抑制剂，抑制凝血。水蛭素就是很好的凝血酶抑制剂，水蛭素 47 位的 Asn 突变成 Arg 或是 Lys，其抗凝血效率在体外提高了 4 倍；体内其抗凝效率提高了 20 倍。

4. 改变酶的最适 pH

工业化生产时的 pH 一般与蛋白质的最适 pH 不同，但改变反应体系的 pH 难度很大，因此改变酶的最适 pH 对提高产率显得尤为重要。一般通过改变蛋白质的一级结构，可以优化蛋白质作用的最适 pH。有研究表明丝氨酸蛋白酶表面电荷的变化会引起催化活性的改变，因此调节酶的最适 pH，可通过改变离子催化基团的 pK_a 值，也就是说改变活性中心附近的电荷状态实现。

三、 蛋白质工程其他技术

（一）利用结构域互换进行蛋白质改造

天然蛋白质中，大部分蛋白质分子都是由多个结构域构成的，结构域是蛋白质分子中的一种基本的结构和功能单位。在蛋白质工程研究中，常互换相关基因的相类似的、具功能的区域，然后检查互换后的蛋白质的功能，产生新型蛋白质，这种方法就是蛋白结构域互换（domain swapping）。结构域互换也是蛋白质工程中常用的一种方法，如医用的干扰素就是通过结构域互换得到的新分子。

（二）改造四级结构未知的蛋白质

已知蛋白的一些结构信息改造蛋白质相对容易，X 射线晶体衍射和核磁共振常用于研究蛋白质的结构。但必须得到蛋白质晶体才能用 X 射线晶体衍射研究蛋白质的结构，而符合质量要求的晶体很难得到。怎么得到蛋白质的四级结构呢？一般在制得晶体后，用 X 射线晶体衍射分析得出电子密度，相关计算机软件建立物理模型；或使用计算机预测已知蛋白某一特定氨基酸进行替换后的结构变化；而当同源蛋白的四级结构已知，靶蛋白四级结构未知的情况下，可以参照同源蛋白的结构进行定点突变，改造目的蛋白结构。如果没有蛋白质四级结构任何信息，需要改造得到特定条件下稳定的蛋白质，可以利用这种极端条件定向筛选出稳定的蛋白质，从而找到特定条件下稳定的蛋白。

（三）利用缺失诱变改造蛋白质

改造目的蛋白可以通过删除某些结构域得到新蛋白，也可以通过改变某些关键氨基酸进行改造。直接切割原有蛋白改造很难做到，一方面由于很难找到对应精准的蛋白酶，而且直接切割很容易破坏蛋白构象，导致蛋白失活，另一方面蛋白质酶切割蛋白成本也太高，因而采用基因工程的方法，根据目的蛋白的编码基因，直接在基因水平上缺失突变比较可行。

四、 蛋白质工程技术在食品工业中的应用

随着科学技术的发展，为满足人们日益增长的生活水平要求，蛋白质工程在人们生活的方方面面起到了很大的作用。蛋白质工程研究为生物技术的产业化发展注入了新的生命力。在食品工业中，蛋白质工程主要应用在新型食品工业专用酶制剂上。在已经研究过的酶中，绝大多数酶都不能应于工业生产。通过对酶的结构或性质进行改造，可以提高酶的稳定性、提高酶活力和改变酶的选择性，从而得到更适合工业化生产的酶。

酶的稳定性包括热稳定性、抗蛋白酶稳定性、抗氧化稳定性和在有机溶剂中的稳定性等。酶的稳定性受温度、pH 及变性剂等外界条件的影响，但主要还是受氨基酸序列、三维结构及辅基等多种因素的影响。一般可以通过突变引入二硫键、离子键等来提高酶的稳定性。另外有些氨基酸的突变能使酶折叠的熵降低，同时可以在蛋白质结构的刚性部分引进新的分子内作用力，也可用来提高酶的稳定性，还有些可以通过延长碳链来达到同样的效果。野生型溶菌酶不含二硫键，引入二硫键能提高溶菌酶的热稳定性。通过定位突变，能使溶菌酶半衰期由 11min 提高到 6h。如果同时使用碘乙酸封闭余下的第 54 位半胱氨酸，或者将其突变为苏氨酸或缬氨酸，就能同时提高该酶的抗氧化稳定性。

酶活力是指酶催化反应的能力，由酶分子上的必需基团决定。酶活力的高低直接影响工业生产效率和生产成本。酶的活性中心及调控部位一般只由几个少数关键氨基酸残基在空间排列而成，酶的活力会因为这些残基中的微小改变而发生很大的变化。通过一些活性中心附近的特定氨基酸残基突变，可以显著提高突变体酶的活力。用定点诱变的方法使枯草杆菌蛋白酶先后通过突变 Met-222-Ala、Gln-103-Arg、Asp-60-Asn，就可以使碱性蛋白酶抗氧化性达到 95% 以上，并提高酶的比活力 2~3 倍。

通过定位突变可以改变酶与底物结合位点的某些性质，如氨基酸种类、电荷分布、疏水性及立体结构等，从而改变酶对底物的选择性。天花粉蛋白（TCS）是 Ⅰ 型核糖体失活蛋白，对治疗恶性葡萄胎、滋养层细胞疾病等有较好疗效，还有广谱的抗病毒作用。但其作为外源毒蛋白，在体内引起免疫应答，会导致过敏反应。通过蛋白质工程对天花粉蛋白进行结构与功能的改造，可以降低天花粉蛋白的免疫原性。

然而，酶的稳定性、活性和选择性往往是相互联系的，如果要在蛋白质工程改造酶的过程中只提高酶的某一方面特性，而其他方面特性不受影响，就要了解酶的各种特性之间的密切联系。蛋白质工程还能创造自然界中原本不存在的新的蛋白质，或者定向改造某些天然蛋白质的结构和功能使其符合人类生产和生活的需要。在赖氨酸合成过程中，对两个关键酶——天冬氨酸激酶和二氢吡啶二羧酸合成酶进行改造，就能使玉米叶片和种子中的游离氨基酸分别提高 5 倍和 20 倍。

除此之外，一般牛乳的酪蛋白分子含丝氨酸，已被磷酸化从而使酪蛋白表面带有大量阴离子，易结合钙离子而沉淀。用丙氨酸代替丝氨酸，降低磷脂化，使蛋白不易与钙离子结合，从

而提高牛乳的热稳定性，防止牛乳消毒中有沉淀现象。

下面介绍利用蛋白质工程法生产高效甜味剂索马甜（Thaumatin）的应用实例。

目前生产索马甜的主要作物，生长于西非某些地区热带雨林的边缘。如加纳的 *Thaumatococcus daniellii* 果皮中含有索马甜。在西非，这些果实和果实提取物，被用作酸果、夹心面包和棕榈酒的甜味剂。*T. daniellii* 还可在马来西亚半岛等地种植。但这些植物的果实小，索马甜产量低，在食品中的应用受到限制。据报道 1kg 果实可提取索马甜 900mg，另一研究发现提取时添加低浓度铝盐可使提取率提高至 6g/kg。植物索马甜，由于植物基因变异或季节和（或）气候等条件不同引起不同批产品中，索马甜的含量差别很大。

从植物提取的索马甜，至少有 5 种蛋白质分子，可以根据电荷数差异进行分离。van der Wel 和 Loeve 开发了提纯索马甜的工艺流程：超速离心、SP-Sephadex C-25 离子交换层析。离子交换层析分离出 2 个主要成分：索马甜 Ⅰ 和 Ⅱ，其他低含量组分（索马甜 a、b、c）再经 Whatman CM32 离子交换树脂与索马甜 Ⅰ 、Ⅱ 分离。测定发现各索马甜分子的氨基酸组成、甜度和分子质量等都相似。

索马甜 Ⅰ 的 207 个氨基酸组成及其序列已全部直接测定，测定结果与由索马甜 mRNA 合成的 cDNA 推得的肽链不完全一致：有 5 个氨基酸不同。索马甜 Ⅰ 的三级结构见图 9-33 所示。目前认为由 cDNA 推得的肽链对应于索马甜 Ⅱ，并认为两者氨基酸的不同是导致它们电荷差异的原因之一。由 cDNA 得到的索马甜 Ⅱ 与索马甜 Ⅰ 都有如下结构：N 端是由 22 个氨基酸组成的分泌信号（前体序列），C 端是含 6 个氨基酸的副体序列。除去前体和副体序列即得到成熟蛋白质。用克隆的索马甜 Ⅱ cDNA 作为探针对 *T. danielli* 染色体 DNA 进行 DNA 印迹法分析，结果表明存在着一组索马甜基因。索马甜 Ⅱ 的基因编码中含有两个较短的内含子。

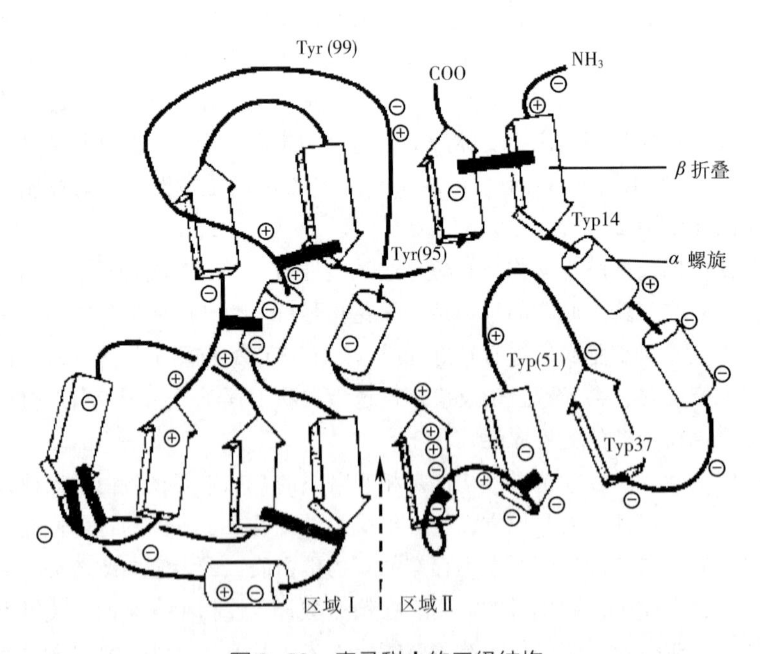

图 9-33　索马甜 Ⅰ 的三级结构

目前用基因工程生产索马甜的研究很活跃，表 9-12 所示为其中一些研究结果。许多研究从学术意义上说非常成功，但产率还无法与从植物提取的相竞争。索马甜在微生物中的表达水平需达到 1g/L，其成本才能与天然提取的相当，目前还没有一种重组索马甜达到了这个表达水平。

表 9-12　　蛋白质工程法生产索马甜

宿主	启动子	分泌型	产率	甜味构型
大肠杆菌（*Escherichia coli*）	*Trp/lac*①	否	很低	否
酿酒酵母（*Saccharomyces cerevisiae*）	*PgK*②	否	低	否
Kluyveromyces lactis	*Gapdh*③	是	低	否
枯草杆菌（*Bacillus subtilis*）	*α-amy*④	是	1mg/L	是
Streptomyces lividans	*β-gal*⑤	是	0. 2mg/L	?
Penicillium roquefortii	*Gla*⑥	是	1~2mg/L	是
Aspergillus nigervar. awamori	*Gla*	是	5~7mg/L	是
Solamun tuberosum	*CaMV*⑦	否	低	是

注：①*Trp/lac*，大肠杆菌色氨酸和乳糖启动子。
②*PgK*，*S. cerevisiae* 的 3-磷酸甘油酯启动子。
③*Gapdh*，*K. lactis* 的 3-磷酸甘油醛脱氢酶启动子。
④*α-amy*，*B. subtillis* 的淀粉酶启动子。
⑤*β-gal*，*S. lividans* 的 β-半乳糖苷酶启动子。
⑥*Gla*，*A. niger* 的葡糖淀粉酶启动子。
⑦*CaMV*，35SRNA 的 Cauliflower Mosaic Virus 启动子。

将合成的索马甜基因在啤酒酵母中进行表达，通过酵母直接分泌或变性索马甜折叠复性的方法，得到了具有甜味构型的索马甜。通过测定了植物索马甜分子的氨基酸序列，发现与已报道的索马甜Ⅰ、Ⅱ有一定的区别。

（一）索马甜基因的合成

植物索马甜，经过 SP-Sephadex 离子交换层析及酸性尿素凝胶电泳后，完全分离。提纯得到的两种主要的蛋白质，由苯乙胺酰氯甲基酮（TPCK）修饰的羧甲基胰蛋白酶降解为肽段（苯乙胺酰氯甲基酮降低了胰凝乳蛋白酶活力），再经 C_{18} 柱逆向高效液相色谱分离，收集洗脱液并测定氨基酸组成及序列后，根据已知索马甜的一级结构（依据相似性）进行排序。比较后发现，这两种索马甜中只有在 46 位上的氨基酸不同（分别为天冬酰胺和赖氨酸），但它们均与已报道的索马甜Ⅰ和Ⅱ序列不同，新序列分别用索马甜 A、B 表示。索马甜 A 有 1 个或 4 个、索马甜 B 有 2 个或 3 个氨基酸与索马甜Ⅰ或Ⅱ不同（表 9-13）。

表 9-13　　四种索马甜氨基酸序列差别比较

索马甜	氨基酸位置				
	46	63	67	76	113
A	天冬酰胺	丝氨酸	赖氨酸	精氨酸	天（门）冬氨酸
B	赖氨酸	丝氨酸	赖氨酸	精氨酸	天（门）冬氨酸
Ⅰ	天冬酰胺	丝氨酸	赖氨酸	精氨酸	天冬酰胺
Ⅱ	赖氨酸	精氨酸	精氨酸	谷氨酰胺	天（门）冬氨酸

要在酵母中表达索马甜，首先要合成相应的基因。为使基因能在酵母中高效表达，采用酵母优选密码子合成索马甜Ⅰ基因，为便于操纵DNA序列，在索马甜基因设计时在序列中包含多个限制性酶切点。索马甜Ⅰ基因长度为630bp，它的DNA序列的5′端和3′端分别为*Bel* Ⅰ位点和*XhoI*位点。索马甜Ⅰ合成基因经直接定点突变或DNA片段替换合成索马甜A、B基因。将索马甜Ⅰ基因113位的天冬酰胺的密码子替换为天冬氨酸的密码子即得索马甜A基因序列，随后将索马甜A基因40位的天冬酰胺的密码子替换为赖氨酸的密码子即得到索马甜B基因。

（二）质粒构建

在索马甜Ⅰ，A、B基因的5′端，加上3-磷酸甘油活化酶（PGK）启动子，在3′端加上PGK终止子作为转录终点和多聚腺苷酸信号。将索马甜基因试剂盒，克隆至*E. coli*-酵母间的运送载体，质粒pJDB209。由于索马甜基因在*E. coli*和酵母中都能复制，因此既能在*E. coli*中对基因进行操纵，又能在酵母中对基因进行功能测试。但质粒pJDB209含有一个*leu2-d*标记，使β-异丙基苹果酸酯脱氢酶在酵母中的表达水平较低。将带索马甜基因的质粒转移至*leu2*突变株中，这样由于约每200个酵母细胞完成一个*leu2*突变，因此索马甜基因试剂盒利用率也提高了约200倍，基因表达水平也相应提高。

将含索马甜Ⅰ、A、B基因的质粒转移至酵母菌株AH22和BB25-ld，对照质粒中除没有PGK启动子和索马甜基因外，其余都相同。细胞在选择性培养基上培养后，进行分离提纯。

（三）酵母索马甜的提纯工艺

分离提纯过程，主要根据索马甜的水不溶性及电荷特性进行。图9-34所示为从酵母中分离提纯索马甜的流程图，得率达80%，纯度>95%。在该流程后，还可以再进行SDS凝胶电泳或在离子交换层析后，在100mmol/L醋酸中进行SP-Sphadex G-75凝胶过滤，去除少量杂蛋白。提纯结果表明，转化酵母中的索马甜约占不溶性蛋白质的20%（或总蛋白质的10%）。

（四）酵母索马甜的分析

细胞提取物经离心、溶解后进行分析。酵母的非水溶性组分经SDS聚丙烯酰胺凝胶电泳发现存在分子质量为23 000Da的蛋白质，即索马甜分子。而对照样不产生类索马甜蛋白质。

为检测酵母索马甜是否具有甜味构型开发了放射免疫分析法（radioimmunoassay，RIA）。小鼠接种纯索马甜A后会产生单特异性抗体（monospecific antibodies），它的免疫血清稀释约50000倍后能选择性地与天然（甜味）构型的索马甜发生反应，而非天然构型、变性索马甜或索马甜的肽段与抗体的结合能力远不及天然索马甜。放射免疫分析法可测定的索马甜最低浓度为1ng/mL，敏感度约是感官品尝试验的1000倍，并且适用范围也更广，对粗提物等都可以测定。将溶于SDS的酵母索马甜经SDS凝胶电泳分离后转移至硝化纤维滤纸富集，用稀释2000倍的老鼠索马甜A血清抗体进行检测，发现富集后的变性索马甜及其溶解在SDS中的部分都能被该血清抗体识别，该被识别组分在电泳中与植物索马甜一起发生迁移。但对酵母提取物进行放射免疫分析法分析，没有发现能发生交叉反应的可溶性蛋白质，这可能是由于酵母细胞内的还原态环境使索马甜的二硫键还原而使蛋白质发生变性沉淀，因而细胞中就不存在天然水溶性的索马甜。并且由于蛋白质N端没有连接分泌信号序列，细胞不分泌蛋白质。

（五）酵母索马甜的折叠复性

提纯得到的索马甜在各水平的放射免疫分析法分析中均未进行交叉反应，也没有甜味，这表明胞内索马甜不会在细胞质中折叠成甜味构型。

为确定变性酵母索马甜能否在体外折叠成甜味构型，先对已被还原的变性植物索马甜进行

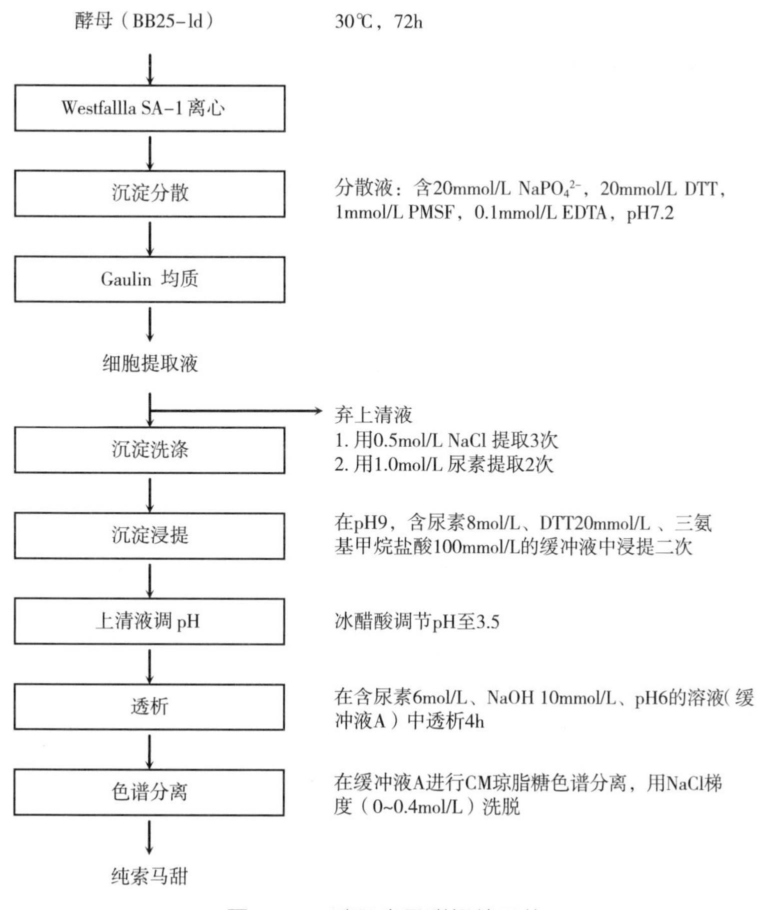

图 9-34　酵母索马甜提纯工艺

（DTT 为 dithiothreitol）

折叠复性预备试验。植物索马甜分子中有 8 个二硫键，因此稳定性很好，但同时也使其还原和复性都很困难。Ellman's 试剂［5，5′-dithiobis-（2-nitrobenzoic acid）］的二硫键还原试验证实了植物索马甜的二硫键对还原作用很稳定：2 个稳定的二硫键需在 37℃、pH9、8mol/L 尿素中经 50mmol/Lβ-巯基乙醇作用 2h 才能完全被还原。

折叠复性试验表明：索马甜不仅还原变性不容易，折叠复性也很困难。在折叠过程中，变性蛋白质的疏水作用和 16 个巯基间形成的不规则二硫键使大部分变性蛋白发生凝聚，因此植物索马甜折叠必须在极低浓度并且可控的条件下缓慢进行。但即使天然索马甜初始浓度为 20μg/mL，最后总得率也只有约 1%（0. 2μg/mL），仅能被放射免疫分析法或高度浓缩后进行品尝试验才能测定。鉴于这些试验成效小，因此需要寻求低成本且更高效地从变性酵母索马甜中得到天然结构的方法。

目前已有多种含巯基试剂如氧化型谷胱甘肽和胱氨酸用于蛋白质折叠复性，其中采用胱氨酸比用氧化型谷胱甘肽成本低。将含巯基化合物胱氨酸合成蛋白质-巯基半胱胺化合物阻隔游离的蛋白质巯基，这样可以有几个好处：变性蛋白的水溶性显著提高；只有加入弱还原剂后巯基才能进行相互交换。用还原型胱胺化合物从变性蛋白质生产天然索马甜的折叠过程如图 9-35 所示，最终得率提高至约 5μg/mL（25%），可以用品尝试验测定。酵母索马甜 A、B 折叠复性的得率较低，酵母索马甜 I 不能折叠成天然（甜味）构型。酵母索马甜的 N 端氨基酸

(丙氨酸）虽被乙酰基阻隔，但经一系列试验证明这种修饰对蛋白质折叠及甜味没有影响。这些结果表明：索马甜Ⅰ和A的另一个不同的氨基酸即第113位的氨基酸可能不是天冬酰胺而是天冬氨酸。

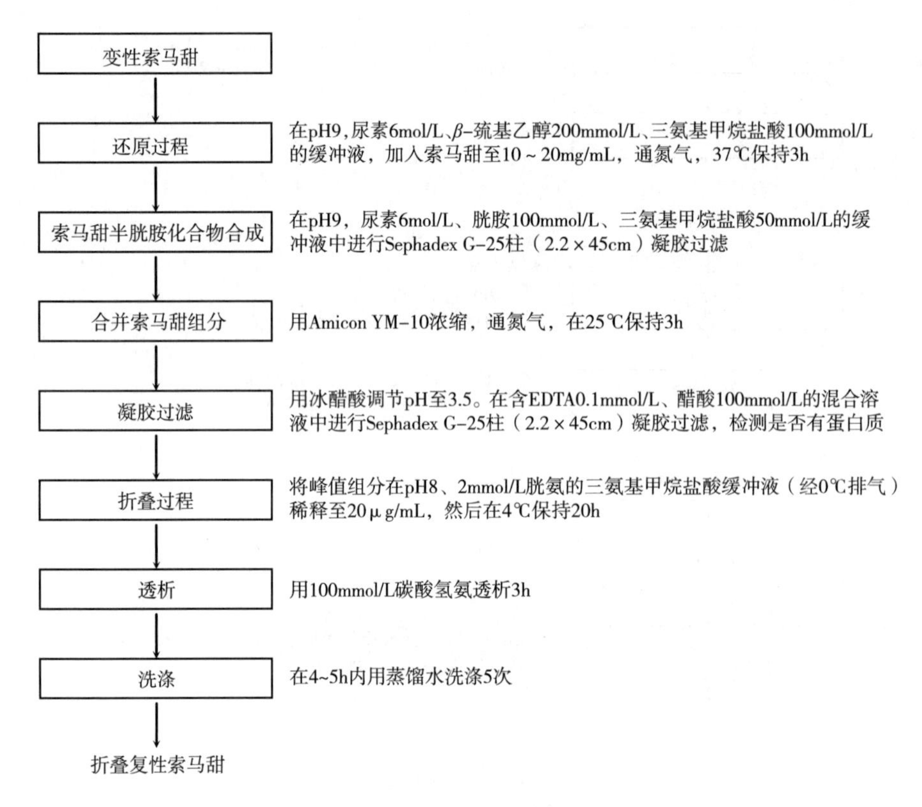

图9-35 变性索马甜体外折叠至天然构型的操作流程

（六）酵母索马甜的分泌表达

酵母分泌索马甜，是生产索马甜另一种方法。植物索马甜也由分泌产生，因此可以模拟植物索马甜的产生过程进行酵母索马甜生产。而且植物和酵母的胞内环境及输出蛋白折叠、形成二硫键的细胞机制相似，因此可以推断分泌的索马甜也将具有甜味构型。将索马甜Ⅰ、A、B的基因分别接在一密码序列的3′末端，该密码序列引导索马甜进入细胞膜分泌途径，并最后分泌到培养基。

当带索马甜基因的质粒转移入酵母，在选择性培养基上培养一段时间后，在相应的培养基中发现了甜味索马甜A、B，且分子质量均与成熟索马甜的分子质量相同。索马甜Ⅰ虽用同样方式生产，但没有出现在培养基中，该结果与它不能在体外折叠相符。由此可以看出单个氨基酸变化对蛋白质结构影响很大。

酵母生产的索马甜并不全部分泌在培养基中，有很大一部分留在细胞内。胞内索马甜与成熟索马甜的分子质量相同，这表明它通过内质网进入了分泌途径，但未通过高尔基体和囊泡完成整个传输过程。胞内蛋白既无免疫特征，也无甜味，约占总索马甜的50%。

经逐步稀释品尝试验测定植物索马甜的甜味阈值为（2.3±0.9）μg/mL，分泌索马甜及折叠型索马甜的甜味阈值均与植物索马甜的相近。

思考题

1. 什么是基因工程技术？基因工程的基本流程包括哪些？
2. 基因工程技术中重要的工具酶有哪些？它们分别有哪些作用？
3. 如何制备目的基因？
4. 什么是发酵工程技术？
5. 影响微生物发酵的因素有哪些？
6. 试举 2~3 个发酵工程技术在食品工业中的例子。
7. 什么是细胞工程技术？它有哪些分类？
8. 简述动物细胞培养的步骤。
9. 固定化酶的制备应该遵循哪些原则？
10. 酶的固定化有哪些方法？
11. 酶反应器有哪些类型？如何选择合适的酶反应器？
12. 定点诱变在蛋白质工程中有哪些作用？
13. 试举 2~3 个蛋白质工程在食品工业中的例子。

参考文献

[1] 郑建仙. 功能性食品学 [M]. 3 版. 北京：中国轻工业出版社，2019.

[2] 郑建仙. 功能性食品生物技术 [M]. 北京：中国轻工业出版社，2004.

[3] 郑建仙. 植物活性成分开发 [M]. 北京：中国轻工业出版社，2005.

[4] 郑建仙. 功能性低聚糖 [M]. 北京：化学工业出版社，2004.

[5] 郑建仙. 功能性糖醇 [M]. 北京：化学工业出版社，2005.

[6] 郑建仙. 功能性膳食纤维 [M]. 北京：化学工业出版社，2005.

[7] 高福成. 食品工程原理 [M]. 北京：中国轻工业出版社，1998.

[8] 高福成. 现代食品工程高新技术 [M]. 北京：中国轻工业出版社，1997.

[9] 高福成. 食品分离重组工程技术 [M]. 北京：中国轻工业出版社，1998.

[10] 王永飞. 细胞工程 [M]. 北京：科学出版社，2014.

[11] 安利国. 细胞工程 [M]. 北京：科学出版社，2016.

[12] 王凤山. 生物技术制药 [M]. 3 版. 北京：人民卫生出版社，2016.

[13] 李志勇. 细胞工程学 [M]. 北京：高等教育出版社，2008.

[14] 杨慧林. 现代生物技术导论 [M]. 北京：科学出版社，2019.

[15] 贺小贤. 现代生物技术与生物工程导论 [M]. 北京：科学出版社，2019.

[16] 聂兴国. 酶工程 [M]. 北京：科学出版社，2013.

[17] MR 格林, J 萨姆布鲁克. 分子克隆实验指南 [M]. 4 版. 北京：科学出版社，2013.

[18] 欧阳丽. 反萃分散组合液膜分离提取中草药中的生物碱研究 [D]. 长沙：湖南师范大学，2010.

[19] 黄寿恩，李忠海，何新益. 果蔬变温压差膨化干燥技术研究现状及发展趋势 [J]. 食品与机械，2013，29 (2)：242-245.

[20] 卢亚婷，罗仓学，史超. 冻融对苹果变温压差膨化效果的影响 [J]. 食品与机械，2014，30 (2)：49-52.

[21] 易建勇, TAMARA A, KARIM A. 农产品可控瞬时压差加工技术研究进展 [J]. 现代食品科技，2017，33 (5)：311-318.

[22] SHARMA C, SHARMA A K, ANEJA K R. Frontiers in Food Biotechnology [J]. Hauppauge, US：Nova Science Publishers Inc., 2016.

[23] SINGH R P, HELDMAN D R. Introduction to Food Engineering [M]. 3rd Edition. Salt Lake City, US：Academic Press, 2001.

[24] JORGE W C, GUSTAVO V B C, JOSE M A. Engineering and Food for the 21st Century [M]. Boca Raton, US：CRC Press Inc., 2002.

[25] ALBERGHINA L. Protein Engineering in Industrial Biotechnology [M]. Amsterdam, US：Harwood Academic Publishers, 2000.

[26] SHAHINA N. Enzymes and Food [M]. Oxford, UK：Oxford University Press Inc., 2002.

[27] KLENING T P. Food Engineering Research Developments [M]. Hauppauge, US: Nova Science Publisher Inc., 2007.

[28] SOMMERS C, FAN X T. Food Irradiation Research and Technology [M]. Blackwell Publishing, 2006.

[29] ZACHARIAS B M, GEORGE D S. Food Process Design (Food Science and Technology) [M]. Boca Raton, US: CRC Press Inc., 2003.

[30] NUNES S P, PEINEMANN K V. Membrane Technology: in the Chemical Industry [M]. 2nd Edition. Weinheim, DE: Wiley-VCH, 2006.

[31] HUI Y H. Food Biochemistry and Food Processing [M]. Blackwell Publishing, 2006.

[32] ALLAF T, ALLAF K. Food Processing [M]. New York, US: Springer, 2014.

[33] MOUNIR S, ALLAF T, MUJUMDAR A S. et al. Swell Drying: Coupling Instant Controlled Pressure Drop Dic to Standard Convection Drying Processes to Intensify Transfer Phenomena and Improve Quality-An Overview [J]. Drying Technology, 2012, 30 (14): 1508-1531.

[34] ALLAF T. Method For Intermittent Solvent Extraction [P]. France, WO2015162393 A1. 2015.

[35] ALLAF T, TOMAO V, BESOMBES C, et al. Thermal and Mechanical Intensification of Essential Oil Extraction From Orange Peel Via Instant Auto Vaporization [J]. Chemical Engineering and Processing, 2013, 72 (10): 24-30.

[36] TAKÁCS K, GUILLAMON E, PEDROSA M M, et al. Study of the Effect of Instant Controlled Pressure Drop (Dic) Treatment on Ige-Reactive Legume-Protein Patterns by Electrophoresis and Immunoblot [J]. Food and Agricultural Immunology, 2014, 25 (2): 173-185.

[37] BUßLER S, EHLBECK J, SCHLÜTER O K. Pre-Drying Treatment of Plant Related Tissues Using Plasma Processed Air: Impact on Enzyme Activity and Quality Attributes of Cut Apple and Potato [J]. Innovative Food Science & Emerging Technologies, 2017, 40: 78-86.

[38] ALI A, ASHRAF Z, KUMAR N, et al. Influence of Plasma-Activated Compounds on Melanogenesis and Tyrosinase Activity [J]. Scientific Reports, 2016, 6. DOI: 10. 1038/srep21779.

[39] HUA H C, CHANG H C, YU K C, et al. An Improved Process for High Nutrition of Germinated Brown Rice Production: Low-Pressure Plasma [J]. Food Chemistry, 2016, 191: 120-127.

[40] TEN B L, PFOHL K, AVRAMIDIS G, et al. Plasma-Based Degradation of Mycotoxins Produced by Fusarium, Aspergillus and Alternaria Species [J]. Toxins, 2017, 9 (3). DOI: 10. 3390/toxins9030097.

[41] SICILIANO I, SPADARO D, PRELLE A, et al. Use of Cold Atmospheric Plasma to Detoxify Hazelnuts from Aflatoxins [J]. Toxins, 2016, 8 (5): 125.

[42] MA R, WANG G, TIAN Y, et al. Non-Thermal Plasma-Activated Water Inactivation of Food-Borne Pathogen on Fresh Produce [J]. Journal of Hazardous Materials, 2015, 300: 643-651.

[43] TIMMERMANS R A H, NIEROP GROOT M N, NEDERHOFF A L, et al. Pulsed Electric Field Processing of Different Fruit Juices: Impact of pH and Temperature on Inactivation of Spoilage and Pathogenic Micro-Organisms [J]. International Journal of Food Microbiology, 2014, 173: 105-111.

[44] WANG L H, WANG M S, ZENG X A, et al. Membrane Destruction and DNA Binding of

Staphylococcus Aureus Cells Induced by Carvacrol and Its Combined Effect With a Pulsed Electric Field [J]. Journal of Agricultural and Food Chemistry, 2016, 64 (32): 6355-6363.

[45] PYATKOVSKYY T I, SHYNKARYK M V, MOHAMED H M, et al. Effects of Combined High Pressure (hpp), Pulsed Electric Field (pef) and Sonication Treatments on Inactivation of *Listeria innocua* [J]. Journal of Food Engineering, 2018, 233: 49-56.

[46] KISLIK V S. Liquid Membranes: Principles and Applications in Chemical Separations and Wastewater Treatment [M]. Amsterdam, US: Elsevier, 2009.

[47] FERRUH E. Optimization in Food Engineering [M]. Boca Raton, US: CRC Press, 2009.

[48] SHRECKN, ROBERT J. Focus on Food Engineering [M]. Hauppauge, US: Nova Science Publishers, 2011.

[49] PERRY J G. Introduction to Food Biotechnology [M]. Boca Raton, US: CRC Press, 2002.

[50] SARAVACOS G D, MAROULIS Z B. Food Process Engineering Operations [M]. Boca Raton, US: CRC Press, 2011.